卓越工程师培养计划 · EDA

基于 Proteus 的 Arduino 可视化设计

周润景　邵　盟　李　楠　编著

電子工業出版社
Publishing House of Electronics Industry
北京·BEIJING

内容简介

本书是基于 Proteus 8.5 的 Visual Designer 教程，围绕 Arduino 328 开发板的一些具体实例进行讲解，包括软件操作、设计原理、可视化程序设计、系统仿真等。本书首先从 Visual Designer 的界面入手，对界面的编辑环境和调试环境进行了详细介绍，使得初学者能够快速熟悉、掌握 Visual Designer 的各项功能；其次对 Arduino 开发板及其与外围设备在 Visual Designer 中的应用进行了详细介绍，其中包括 Arduino 开发板的结构、性能、特点、相关参数、可视化命令等，以及各种类型外围设备的原理、可视化命令、实例等，使读者进一步掌握 Arduino 开发板及其外围设备在 Visual Designer 中的应用；最后以实例的形式由浅入深地进行了分析，以使读者更全面地掌握 Visual Designer 项目的制作及可视化程序设计。

本书讲解深入浅出、图文并茂，不仅适用于 Arduino 初学者，也可作为从事 Arduino 开发板相关设计的技术人员的参考用书，还可作为高等院校相关专业的教学用书。

图书在版编目（CIP）数据

基于 Proteus 的 Arduino 可视化设计/周润景，邵盟，李楠编著．—北京：电子工业出版社，2020.1
（卓越工程师培养计划）
ISBN 978-7-121-38164-5

Ⅰ．①基…　Ⅱ．①周…　②邵…　③李…　Ⅲ．①单片微型计算机-程序设计　Ⅳ．①TP368.1

中国版本图书馆 CIP 数据核字（2019）第 274599 号

策划编辑：张　剑（zhang@ phei. com. cn）
责任编辑：韩玉宏
印　　刷：大厂聚鑫印刷有限责任公司
装　　订：大厂聚鑫印刷有限责任公司
出版发行：电子工业出版社
　　　　　北京市海淀区万寿路 173 信箱　邮编 100036
开　　本：787×1 092　1/16　印张：20.5　字数：524.8 千字
版　　次：2020 年 1 月第 1 版
印　　次：2020 年 1 月第 1 次印刷
定　　价：78.00 元

凡所购买电子工业出版社图书有缺损问题，请向购买书店调换。若书店售缺，请与本社发行部联系，联系及邮购电话：（010）88254888，88258888。

质量投诉请发邮件至 zlts@ phei. com. cn，盗版侵权举报请发邮件至 dbqq@ phei. com. cn。

本书咨询联系方式：zhang@ phei. com. cn。

序

Labcenter公司推出的系统级仿真设计工具Proteus，由于其强大的系统仿真功能、支持主流微控制器、丰富的外围设备与虚拟仪器模型，大大推进了电子与嵌入式系统设计的自动化程度与效率，得到了企业和教育界的一致推崇。

在中国教育领域，Proteus仿真平台已经成为电子信息类专业实验教学不可或缺的仿真平台，在数字电路、模拟电路、单片机原理与应用、嵌入式系统、计算机硬件和电子设计等课程中，Proteus仿真平台精确地模拟了系统运行的细节，揭示了电路运行的秘密，呈现了代码、处理器与外围设备的相互作用关系，为电子课程群的实验教学提供了强大的技术支持，使理虚实一体化教学成为现实。

随着电子技术向智能硬件技术、物联网技术方向演绎，Arduino、Raspberry Pi等标准硬件应运而生，这大大降低了智能硬件、物联网系统的开发门槛，开发者不需过多关注硬件细节，只需采用通用程序开发技术就可快速形成系统。

Proteus Visual Designer for Arduino就是Labcenter公司为Arduino系统的仿真开发提供的又一强大的设计平台，它把基于流程图的可视化设计技术与VSM强大的仿真技术结合，使得开发者甚至只需设计流程图就可生成代码，并在设计电路上仿真运行及调试，然后下载到实际硬件上，设计就完成了。Labcenter还为系统增加了两款机器人模型，使得设计循迹小车、避障机器人等项目变得简单有趣。

本书是周润景教授及其团队共同努力的成果和智慧的结晶，详尽阐述了Proteus Visual Designer for Arduino的技术细节、开发技巧，并收集与开发了大量案例，使得Labcenter的这个可视化设计利器可以很快地服务中国的开发者、教师与学生。

本书除可作为开发者的指导用书外，在教学领域还可作为机器人、物联网等方向的创客课程教学教材，也可作为单片机、嵌入式系统等课程先导课程的教材。

广州市风标电子技术有限公司

匡载华

前　言

Proteus 可视化设计软件包含 Arduino 功能扩展板和外围设备模块。库包括所有常用的显示器、按钮、开关、传感器和电机，以及更强大的器件（如 TFT 显示屏、SD 卡和音频播放器）。用户以拖放的方式和相对少的手动输入来设计原理图，可视化设计简化了编程和控制外围设备的方式，用户仅需要掌握微控制器的基本架构，就可以进行可视化设计，大大降低对编程和控制逻辑的设计要求。完整的 Arduino/Grove 工程可在没有硬件设备的情况下，进行仿真功能设计和开发，节省硬件验证的时间。用户也可以继续在 Proteus VSM 工作环境下用 C++或汇编语言对同一个硬件进行编程。

本书介绍了 Visual Designer 的各种功能及实例工程和演示。对传统编程而言，学习 C 或 C++抑或其他一些机器代码语言的难度极高，熟练运用其进行设计就更难了。对单片机来说，传统的 8 位单片机有着非常烦琐和复杂的控制逻辑，更不用说 32 位单片机了。对一般的外围设备而言，其对存储器级别往往有着非常复杂的控制方式。对程序设计经验不是很丰富的工作者来说，这些问题会给系统设计带来极大的不便，但是 Visual Designer 的出现，无疑让以上问题得以解决。

本书分为 6 章，其主要内容如下。

第 1 章：介绍 Visual Designer 可视化程序设计编辑环境、编辑技巧、流程图模块，以及调试布局环境、仿真与调试技巧。

第 2 章：介绍 Arduino 开发板的基础知识，以及 Arduino 开发板在 Visual Designer 中的使用方法。

第 3 章：介绍 Visual Designer 外围设备，包括 Adafruit 扩展板、Breakout Board 分线板、Grove 传感设备和电机控制。本章对各种类型的设备模块均从概念、电路原理图、可视化命令、简单实例等方面做了详细的介绍。

第 4 章：介绍 5 个基本功能简单的教程实例，包括闪烁的 LED 灯、迷你夜灯、数据存储、电机控制、外围设备设计。

第 5 章：介绍利用 Visual Designer 进行仿真的多个电路实例，包括数控直流稳流电源电路、温室环境测量电路、电阻测量、步进电机、信号发生器、智能窗帘、新型交通灯、数控稳压电源和室内天然气泄漏报警装置。

第 6 章：以介绍机器人控制为例详细介绍可视化命令的使用方法，让读者以点概面地对可视化设计有更加深刻的认识。

本书由周润景、邵盟、李楠编著，其中第 1 章和第 4～6 章由周润景编写，第 2 章由邵盟编写，第 3 章由李楠编写。全书由周润景教授统稿和定稿。本书参考了广州市风标电子技术有限公司提供的 Arduino 设计相关资料，在此表示衷心的感谢。

在本书编写过程中，作者力求完美，但由于水平有限，书中难免存在不妥及疏漏之处，敬请广大读者批评指正。

编著者

目　　录

第 1 章　Proteus Visual Designer

Proteus Visual Designer 是由英国 Labcenter Electronics 公司开发的 EDA 工具软件 Proteus 8.5 中的一项新功能，它是一款通过简单流程图界面来进行嵌入式系统设计，同时能进行仿真和调试的软件。它的集成开发环境最有意义的变革是将代码程序以类似于搭积木式的流程图来取而代之，这在很大程度上降低了编程的难度。

1.1　认识 Visual Designer

Visual Designer 是一个独特的开发工具，使用流程图和 Arduino 允许拖放的扩展板（Shields，也称盾牌）来创建基于 Arduino 的嵌入式系统，如图 1-1 所示。

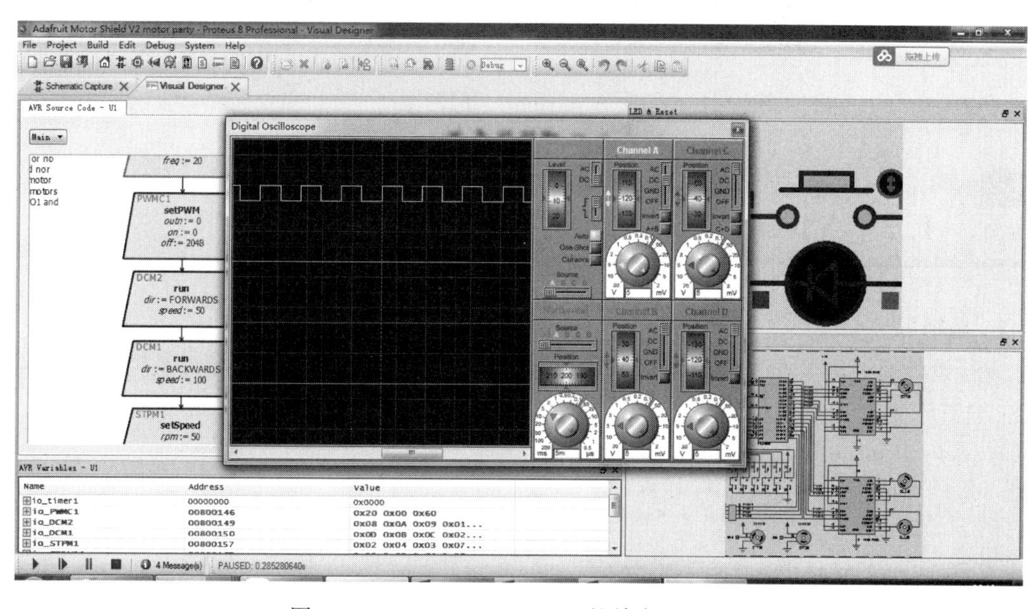

图 1-1　Adafruit Motor Shield 的单步调试过程

本书将介绍 Visual Designer 的各种功能，并包括若干个实例工程和演示。Proteus 系统中的其他模块（如原理图设计和常规仿真）具有自己的帮助文件，可以通过原理图设计模块的帮助菜单或通过 Proteus 主页上的帮助部分找到这些帮助文件，如图 1-2 所示。

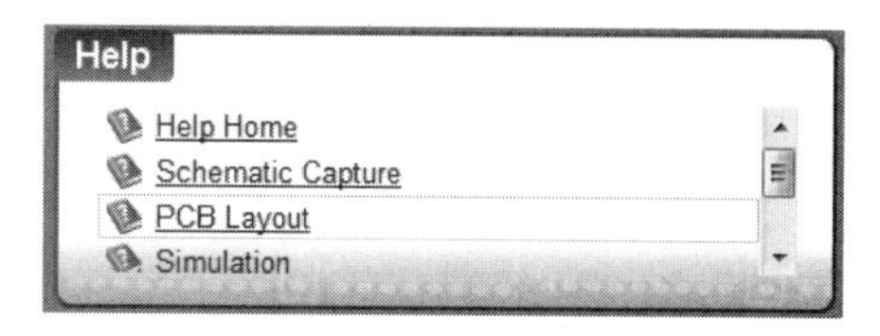

图 1-2　帮助中心

1. Arduino 和 Genuino

Arduino 和 Genuino 是一个开源计算机硬件和软件机制，是基于微控制器的工程和用户社区，设计和制造用于构建数字设备和交互式对象的套件，可以感知和控制物理世界中的对象。

该工程基于微控制器板设计，由若干个供应商制造，使用各种微控制器。这些系统提供了可以连接到各种扩展板和其他电路的数字和模拟 I/O 引脚组。

Arduino 和 Genuino 的名称和图标由 Arduino LLC 注册。

2. Grove

Grove 是一个用于快速原型设计的模块化电子平台。每个模块都有一个功能，如触摸感应、创建音频效果等。只需将需要的模块插入底座，就可以测试想法了。

Grove 入门套件是初学者和学生开始使用 Arduino 的好方法。Arduino 可以连接多达 16 个 Grove 模块，并且很容易连接其他分线板和传感器到 Arduino。Grove 入门套件如图 1-3 所示。

图 1-3　Grove 入门套件

1.2　Visual Designer 编辑环境

1. 编辑界面

进行设计时，需要添加硬件外围设备和嵌入式控制逻辑来创建嵌入式系统。Visual Designer 编辑环境主要分为 6 个区域，如图 1-4 所示。

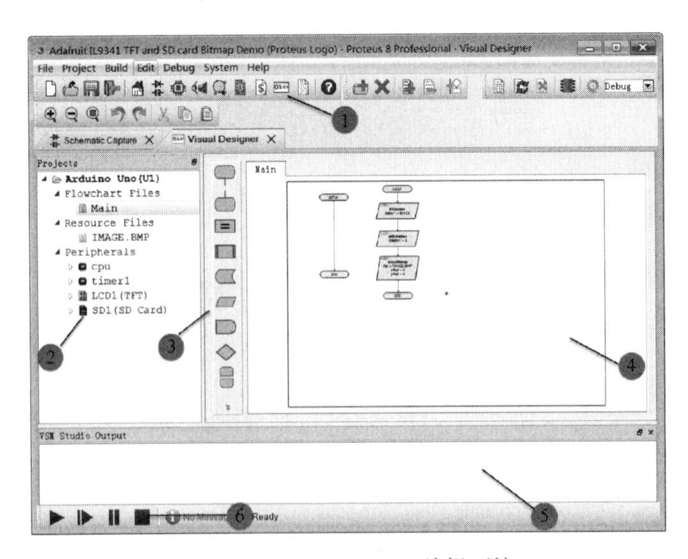

图 1-4　Visual Designer 编辑环境

1）菜单栏、工具栏、选项卡

Visual Designer 的菜单栏、工具栏、选项卡如图 1-5 所示。顶部菜单命令对大部分用户来说是十分熟悉的，相关教程及参考资料中有对菜单对应功能的具体说明。工具栏图标的功能如表 1-1 所示。

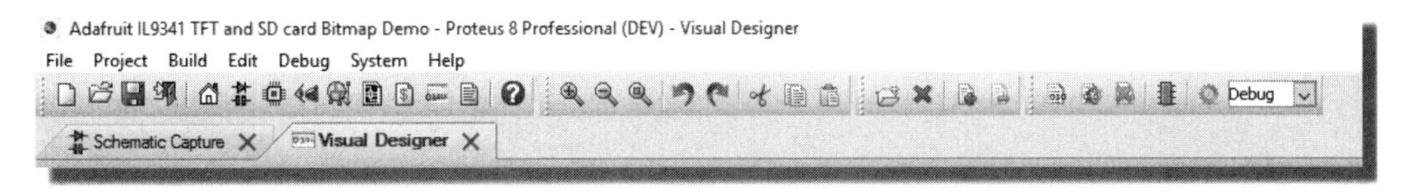

图 1-5　Visual Designer 的菜单栏、工具栏、选项卡

表 1-1　工具栏图标的功能

图　标	说　　明	图　标	说　　明	图　标	说　　明
	New Proteus Project		Open VSM Studio/Visual Designer		Create New Firmware Project
	Open Project		Open Project Notes		Delete Existing Firmware Project
	Save Project		Open the Help Files		Add Source Files to the Existing Project
	Close Project		Zoom In		Remove Source Files from the Existing Project
	Open Proteus Home Page		Zoom Out		Build/Compile Project
	Open Schematic Capture Program		Zoom All		Rebuild/Compile Project
	Open the PCB Layout Program		Undo		Stop Build
	Open the 3D Viewer		Redo		Attached to IDE/Hardware
	Open the Gerber Editor		Cut		Project Settings
	Open the Design Explorer		Copy		Type of Build
	Open the Bill of Materials		Paste		

用户可以通过选项卡实现设计过程中不同工作区域的切换。我们将主要在 Visual Designer 内部工作，我们要构建一个嵌入式系统，并创建一个原理图设计。当向 Visual Designer 添加外围设备时，原理图将自动绘制，但可以随时切换到原理图选项以查看虚拟硬件。如果要同时查看这两个模块，甚至可以将选项卡拖放到不同的显示器上，如图 1-6 所示。

图 1-6　拖曳选项卡至拓展屏

2）工程树

在可视化设计中，工程树（如图 1-7 所示）具有以下 3 个主要作用。

(1) 图纸的控制。当开始设计一个新的工程时，会在设计窗口默认得到一张图纸，名称为 Main。如果程序描述起来较为复杂，则可以添加更多的图纸，如图 1-8 所示。

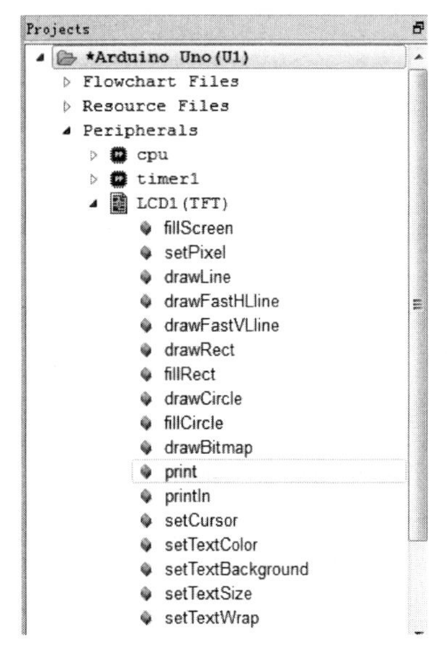

图 1-7 工程树

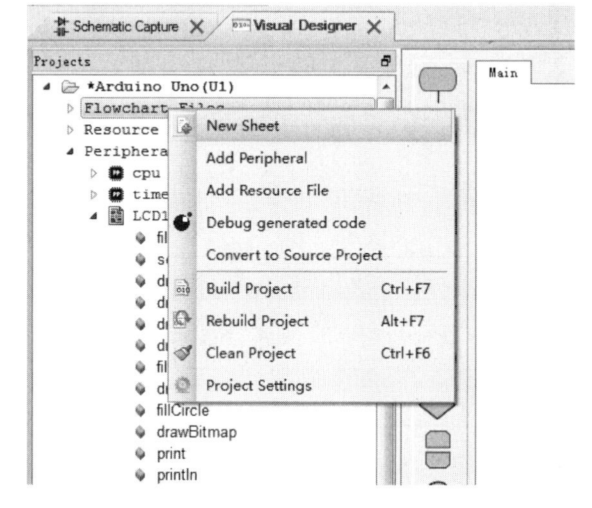

图 1-8 添加新图纸

当工程中有多张图纸时，可以通过双击工程树中的图纸名称快速在图纸之间移动；或者，可以从编辑窗口顶部的图纸选项卡中选择要导航到的图纸。

(2) 嵌入式系统资源文件的控制。资源文件可以将图片与音频文件添加至工程中。可以在工程树中通过右键快捷菜单选择添加或删除资源文件。如果当前工程中有资源文件，则可以直接将其拖至流程图程序的设计规则中进行分配。

(3) 嵌入式系统外围设备的控制。对于一个完整的嵌入式系统开发，可视化设计具有其先进的开发环境。外围设备模块包括 CPU 的板载外围设备及外部外围设备（支持的 Arduino 扩展板或 Grove 传感器），可以通过添加这些外围设备来构建硬件设计。当启动一个新工程时，会看到两个或 3 个外围设备，可通过工程树中的 Peripherals 右键快捷菜单或通过工程菜单中的命令添加额外的外围设备，如图 1-9 所示。

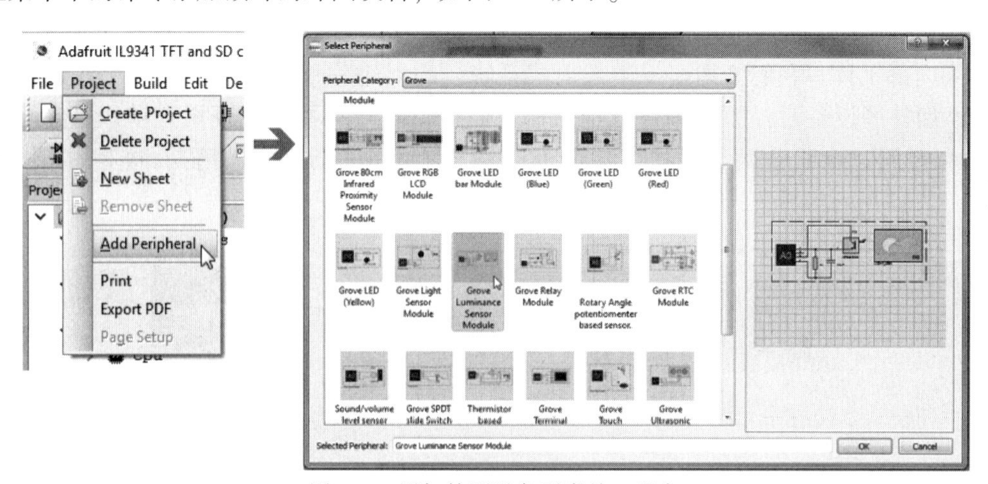

图 1-9 添加外围设备到当前工程中

然后，可以看到外围设备所有可执行的方法，这意味着可以与硬件进行互动，并且可以通过简单拖放的方式将这些方法加入到流程图程序中，如图 1-10 所示。

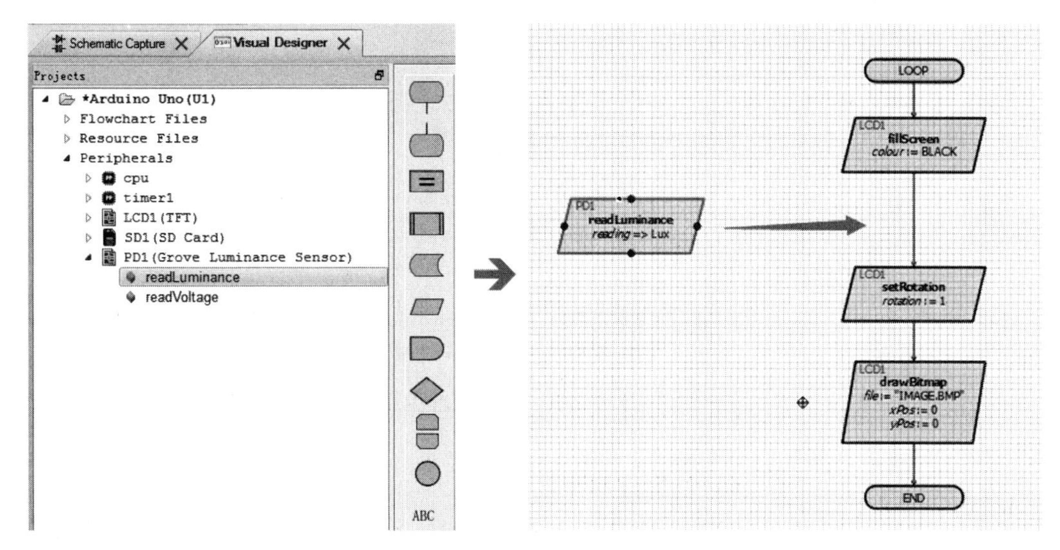

图 1-10　将外围设备方法拖放到流程图程序中

当添加外围设备时，可以重新命名外围设备。这里有非常实用的实例，如果有一些按键或者 LED 在工程中需要特别命名，则可以直接在外围设备上右击，在弹出的快捷菜单中选择重命名命令即可。

3）流程图工具栏

流程图工具栏中的模块是程序编译的模块。可以直接从工程树中相应外围设备下或者从流程图工具栏中拖放外围设备方法到流程图编辑窗口中。事实上，一些设计功能（如延迟模块、循环构造、时间触发等）只可以在流程图工具栏中找到并使用。

4）流程图编辑窗口

流程图编辑窗口（可简称编辑窗口）是放置目前设计的流程图和创建程序的地方。对于需要多张图纸进行编辑的程序或者流程图，流程图编辑窗口提供一些图纸选项卡，可以实现当前图纸和其他图纸间的切换，如图 1-11 所示。

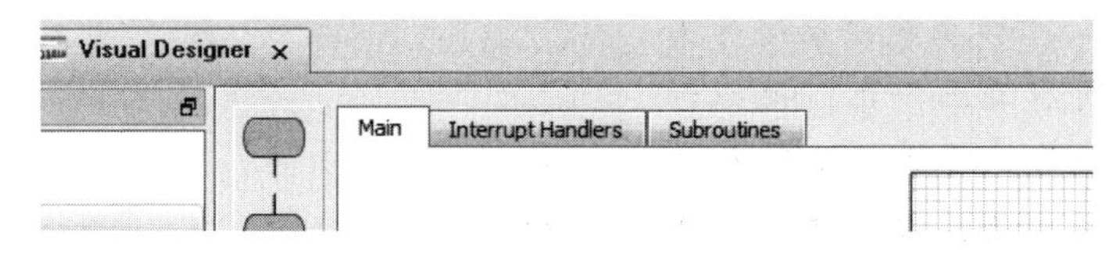

图 1-11　可视化设计中的 3 张图纸，目前显示的是 Main

可以选择工程菜单中的页面设置命令来调整图纸的大小。图纸大小的设置步骤如图 1-12 所示。

☺ 当需要打印物理纸张时，图纸将自动适应页面。

☺ 可以通过鼠标滚轮或者按 F6 键（放大）和 F7 键（缩小）调整编辑窗口。

5）输出窗口

输出窗口提供状态信息存储，并在编译流程图或编程物理硬件时列出所有的错误。

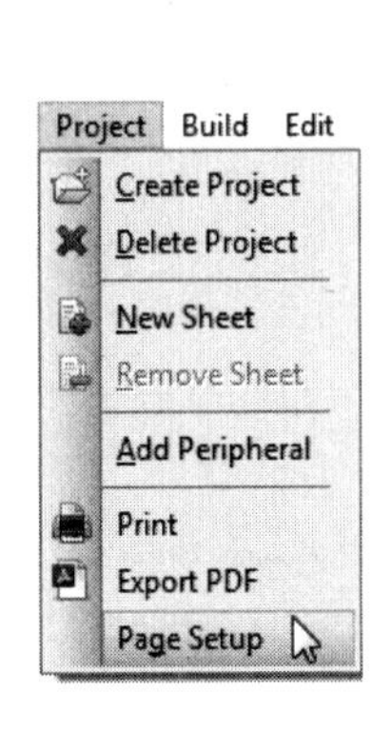

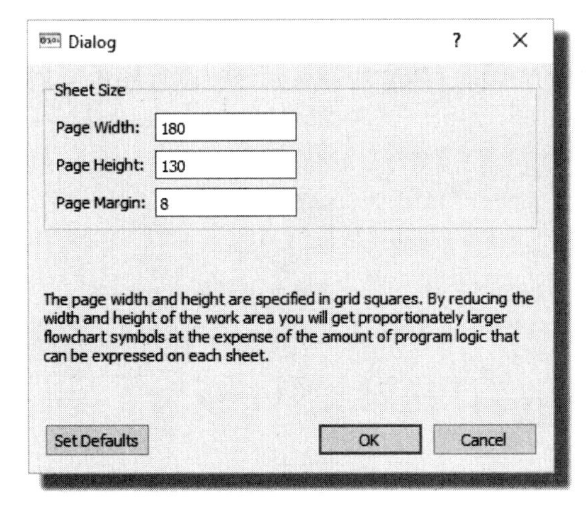

图 1-12　图纸大小的设置步骤

6）仿真控制面板

图 1-13　仿真控制面板

交互式仿真由一个简单的面板控制，其行为就像一个普通的远程遥控。默认情况下，仿真控制面板位于屏幕的左下角，有 4 个按钮用于控制仿真，如图 1-13 所示。

☺ PLAY 按钮：开始仿真。

☺ STEP 按钮：允许以定义的速率逐步浏览动画。如果单击该按钮并释放，则仿真进行一个时间步长；如果该按钮按下，则动画连续前进，直到该按钮被释放。可以从系统菜单中的动画电路配置对话框中调整单步时间增量。步骤时间对于更密切地监视电路是有用的，并且在慢动作中看到什么影响什么。

☺ PAUSE 按钮：单击该按钮可以暂停仿真，然后可以通过再次单击该按钮或通过单击 STEP 按钮单步恢复。如果遇到断点，则模拟器将进入暂停状态。

☺ STOP 按钮：告诉系统停止进行实时仿真，所有动画停止，模拟器从内存中卸载，所有指示器都复位到其无效状态，但制动器（开关等）保持其现有设置。

2. 编辑设置

在可视化设计中，可以根据自己的喜好设置字体、颜色和流程图的风格，如图 1-14 至图 1-16 所示。若要对这些进行修改，则只需打开系统菜单中的编辑器配置。

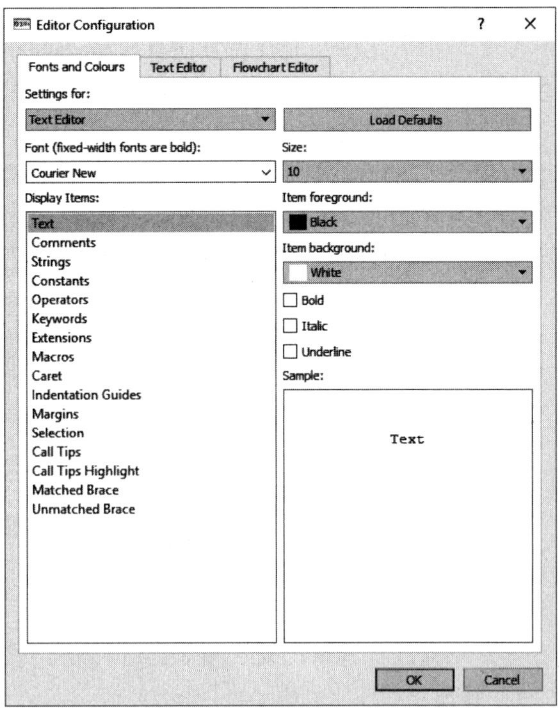

图 1-14　设置字体和颜色

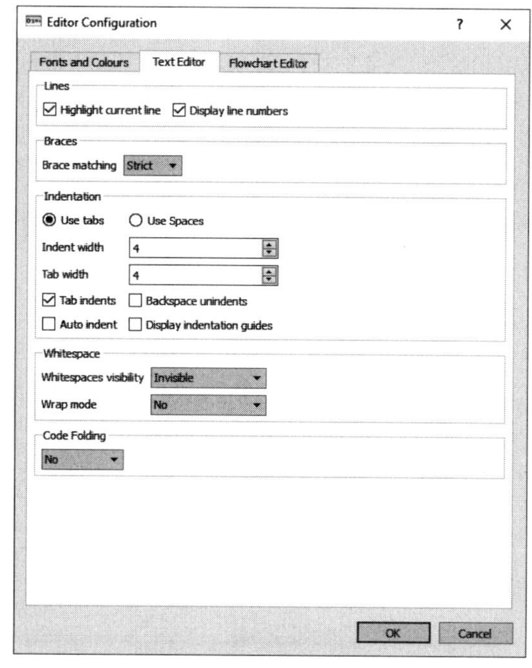

图 1-15　文字编辑器

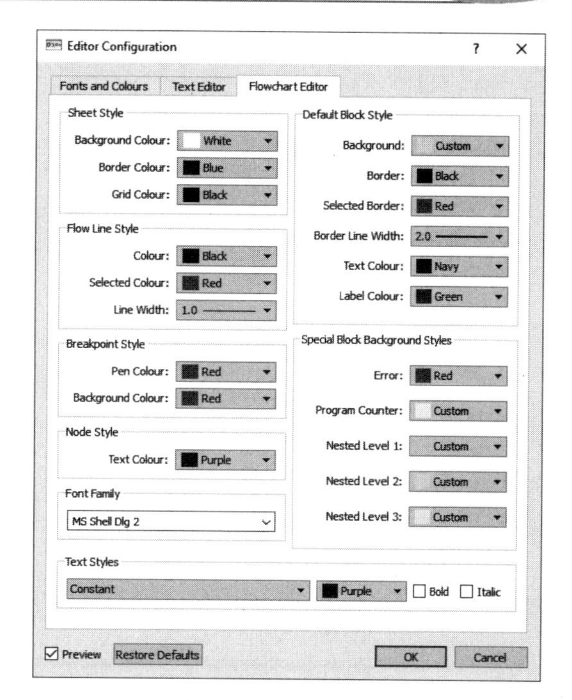

图 1-16　流程图编辑器

1.3　Visual Designer 编辑技巧

本节主要介绍使用软件和创建工程项目的必备技巧。仿真和调试是分开讲解的，同时结合更多详细的题目来说明。

1. 放大和缩小编辑窗口

（1）放大/缩小按钮和编辑窗口如图 1-17 所示。滚动鼠标中间滚轮，可以以鼠标指针为中心放大和缩小编辑窗口。

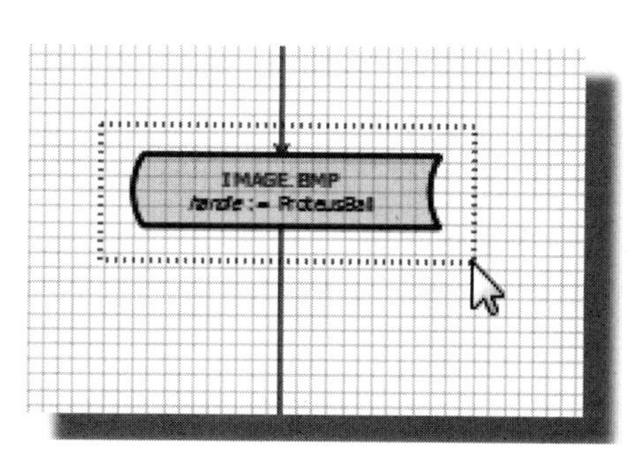

图 1-17　放大/缩小按钮和编辑窗口

（2）单击放大/缩小按钮，可以以编辑窗口中心为中心进行放大和缩小。

（3）按 F6 键，放大；按 F7 键，缩小；按 F8 键，显示整张图纸。

（4）在按下 Shift 键时，用鼠标左键选中元器件或者流程图，然后释放鼠标左键可以放大和缩小。

2. 在编辑窗口中平移图纸

（1）将光标移动到所需位置，向后滚动鼠标中间滚轮，缩小显示；向前滚动鼠标中间滚轮，放大显示。

（2）按住 Shift 键，将指针靠在编辑窗口的侧面，可在编辑窗口中平移图纸。

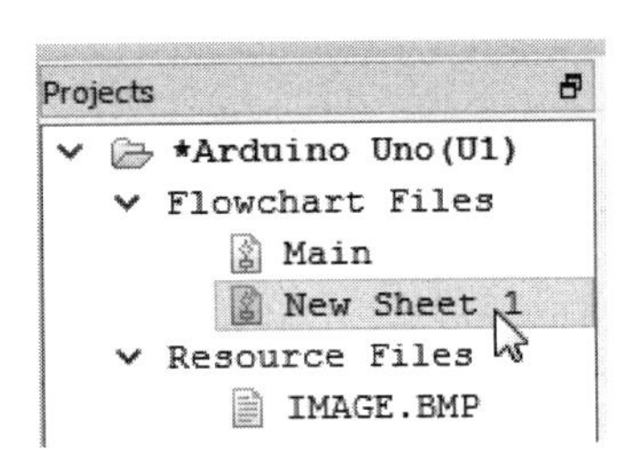

图 1-18　在工程树中双击所需的图纸

3. 在编辑窗口中切换图纸

在编辑窗口的图纸选项卡上单击所需的图纸；也可在工程树中双击所需的图纸，如图 1-18 所示。

4. 放置、选择、删除模块

1）放置一个流程图模块

（1）外围设备模块：如图 1-19 所示，右击工程树中的 Peripherals，在弹出的快捷菜单中选择添加外围设备命令，再将外围设备方法拖放到编辑窗口中。

（2）存储模块：如图 1-20 所示，通过工程树中的 Resource Files 快捷菜单添加资源，然后拖放到编辑窗口中。

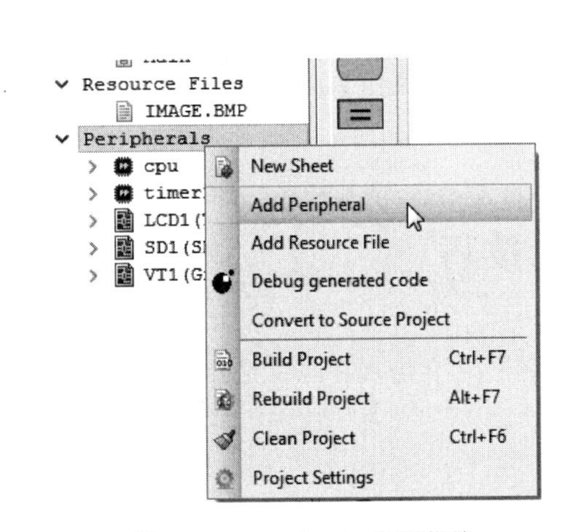

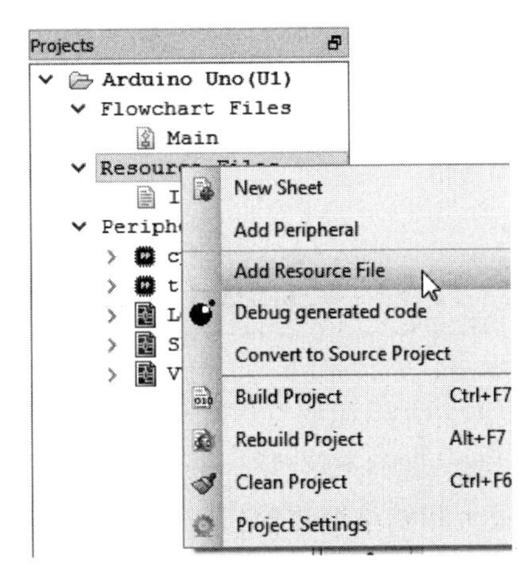

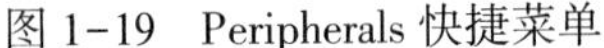

图 1-19　Peripherals 快捷菜单　　图 1-20　Resource Files 快捷菜单

（3）其他类型的模块：将相应的流程图工具栏中的模块拖放到编辑窗口中。

2）选择一个流程图模块

单击一个流程图模块即可选择该模块。

3）选择多个流程图模块

按住鼠标左键，拖出一个框，框选需要选择的部分，具体操作如图 1-21 所示，按住 Shift 键并单击模块。

> 许多动作是特定于单个流程图对象的，因此虽然可以将选定的对象作为一个组移动，但将无法执行其他块操作。

4）删除一个流程图模块

（1）将鼠标指针移到需要删除的模块上，右击，在弹出的快捷菜单中选择删除命令。

（2）将鼠标指针移到需要删除的模块上，连续双击鼠标右键。

(3) 将鼠标指针移到需要删除的模块上，单击，然后按 Delete 键。

5) 删除多个流程图模块

选择需要删除的模块，在编辑菜单中选择删除命令或者按 Delete 键。

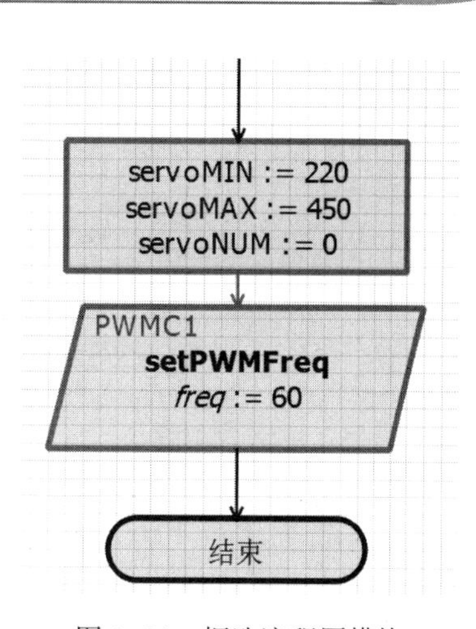

图 1-21 框选流程图模块

5. 移动、插入、分离模块

1) 移动模块

(1) 移动未连接的模块。通过单击选择模块，然后拖动模块。

(2) 移动已连接的模块。选择并拖动模块，这将导致与此模块相邻的模块的运动方向改变，使得连接线不规则弯曲形成影响。这是一个重要的技术，因为它是用来在流程图中插入块的空间的方法。可以通过移动顶部或底部块来快速整理流程图，使所有块之间的间距相同，如图 1-22 所示。

(3) 移动一系列已连接的模块。如果需要移动一系列已经连接的模块，如流程图的开始到结束，则可以简单地拖动一个框，并将其移动到编辑窗口中更好的位置，如图 1-23 所示。

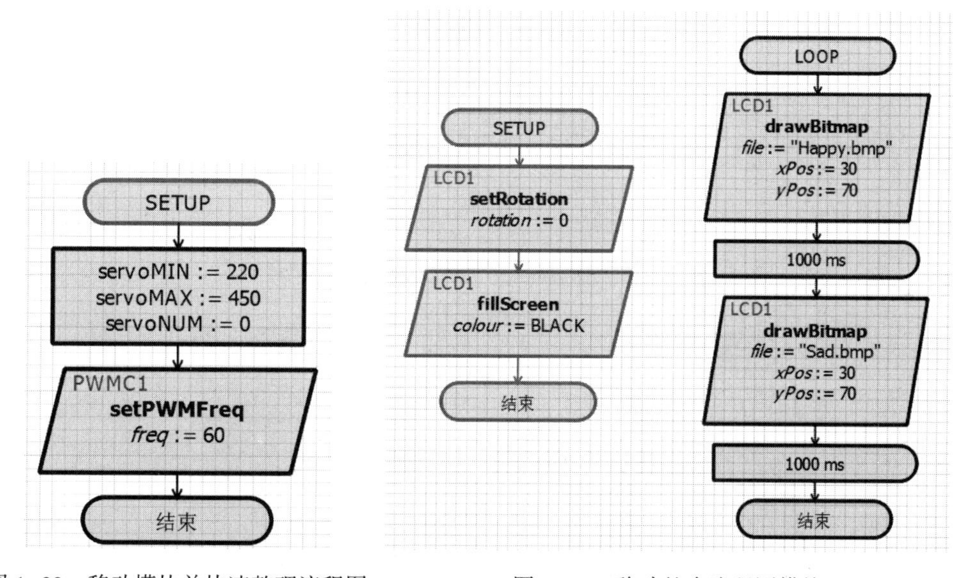

图 1-22 移动模块并快速整理流程图　　图 1-23 移动整个流程图模块

图 1-24 剪贴板

如果需要移动整张图纸所有模块到不同的图纸，则可以将其剪切和粘贴到剪贴板，如图 1-24 所示。

如果需要移动整张图纸中一部分已连接的模块，则可以这样做：

☺ 在编辑菜单中选择剪切命令，就可以把剪切的模块放到任何地方，如图 1-25 所示。

☺ 在当前例程中移动。

◇ 如果垂直移动，则会使其他模块更接近，但不允许更改流程图中所选块的位置。

◇ 如果水平移动，则将水平移动整个流程图模块，如图 1-26 所示。

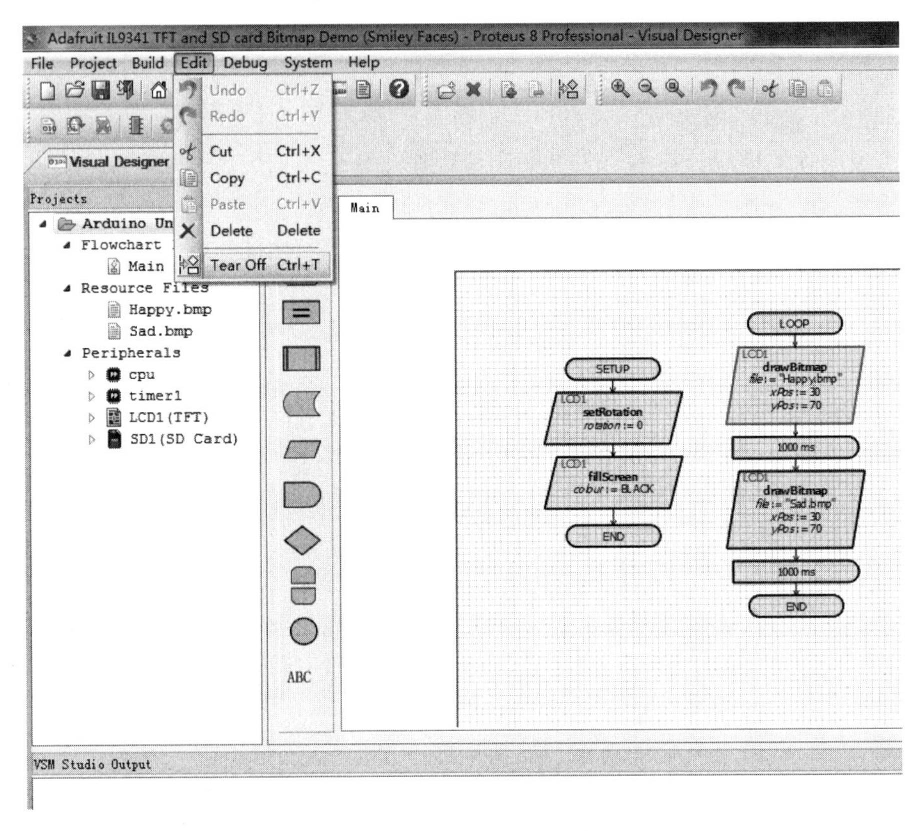

图 1-25　编辑→剪切操作

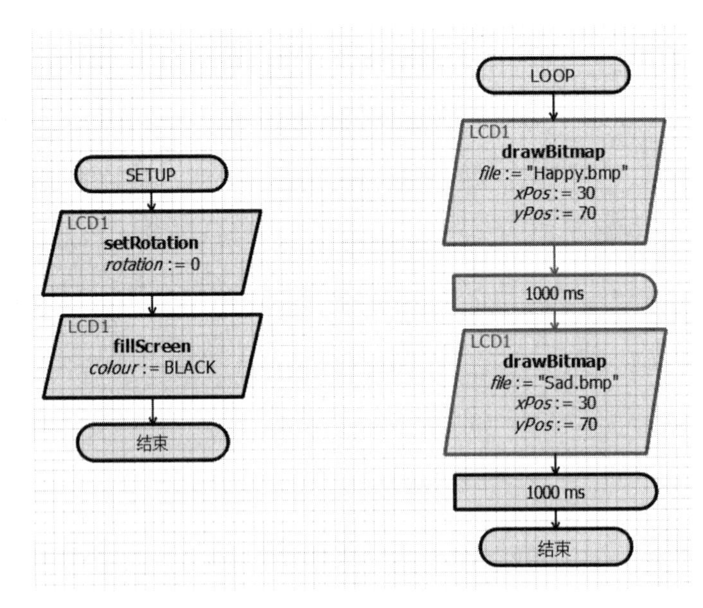

图 1-26　水平移动整个流程图模块

2）插入一个模块

如果想插入一个模块，则可以通过拖放来实现。当拖动流程图模块并看到模块正确放置在向导线上的连接节点时，释放鼠标左键，即可将模块成功连接到流程图，如图 1-27 所示。

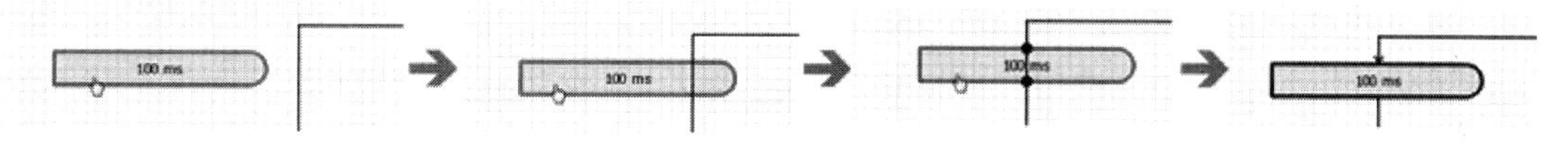

图 1-27　插入一个模块

☺ 可以在初始放置模块时执行此操作，也可以选择放置未连接的模块。

☺ 一些模块只能连接在流程图的顶部或底部（如延迟模块），而另一些模块允许横向连入流程图（如分配模块）。

如果想要插入一个模块，则可能需要先腾出一些空间来。可以通过向上或向下拖动流程图中的其他模块来腾出新模块的区域，如图 1-28 所示。

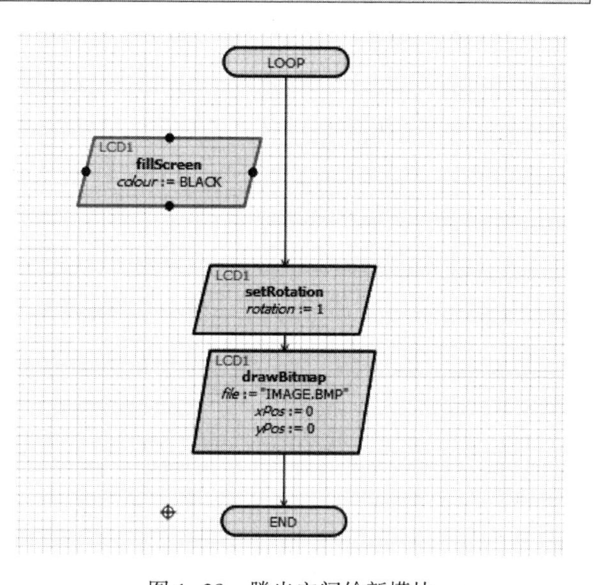

图 1-28　腾出空间给新模块

3）从流程图中分离模块

可以通过以下方式从流程图中分离模块。

（1）右击模块，在弹出的快捷菜单中选择分离命令，如图 1-29 所示，可分离模块并将其略微向侧面重新定位。

（2）选择模块并按住 Ctrl 键，将模块移开，如图 1-30 所示，可从当前流程图中分离模块，然后可以根据需要重新放置模块。

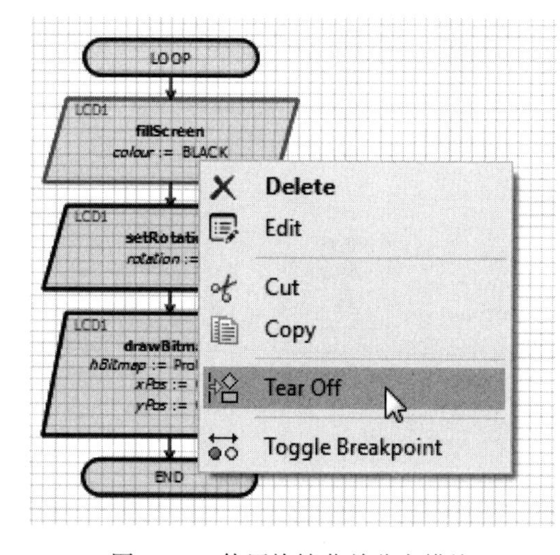

图 1-29　使用快捷菜单分离模块

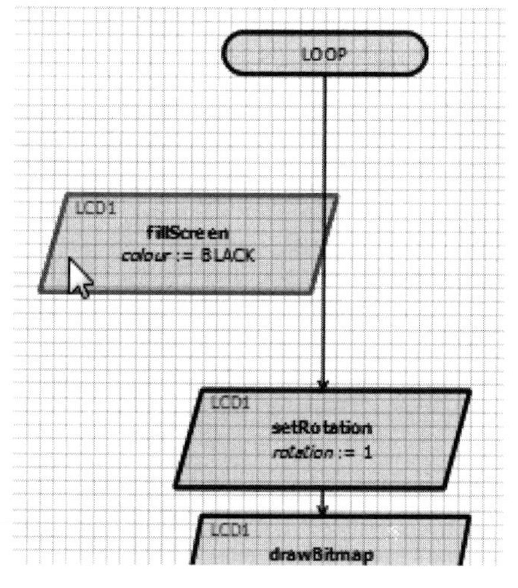

图 1-30　使用快捷键分离模块

4）插入一系列模块

在流程图中要插入模块的地方留出一些空间，选中想要插入的所有模块，移动选中的模块并将其拖放到合理的位置。

5）分离一系列流程图模块

选择需要分离的一系列流程图模块，按住 Ctrl 键并将模块拖离流程图或使用编辑菜单中的分离命令，结果如图 1-31 所示。

> 快捷菜单中的命令适用于单个模块，而编辑菜单中的命令适用于所有选定的模块。这是一个重要的区别，因为一些命令（如编辑）对于多个模块是无意义的。

6. 编辑单个模块

编辑模块可以通过右击选中模块并在弹出的快捷菜单中选择编辑命令（如图 1-32 所示）或者双击鼠标左键实现。

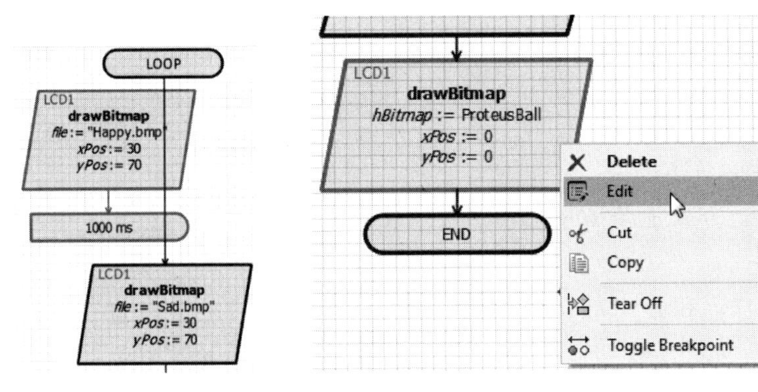

图 1-31　将模块拖离流程图　　　　图 1-32　编辑模块

无论编辑的是哪种类型的模块，都需要输入一个表达式来给模块下定义。在某些情况下，如调用一个子程序，这是非常简单的，但对于其他类型的模块，可能稍微复杂一些。可视化设计软件可以通过以下几种方式来实现。

（1）变量和功能菜单。所有当前变量显示在对话框的左下角，标准库函数显示在对话框的右下角。双击变量/函数将它添加到当前表达式中。如图 1-33 所示，可以通过显示在底部的按钮轻松创建、删除和编辑变量。

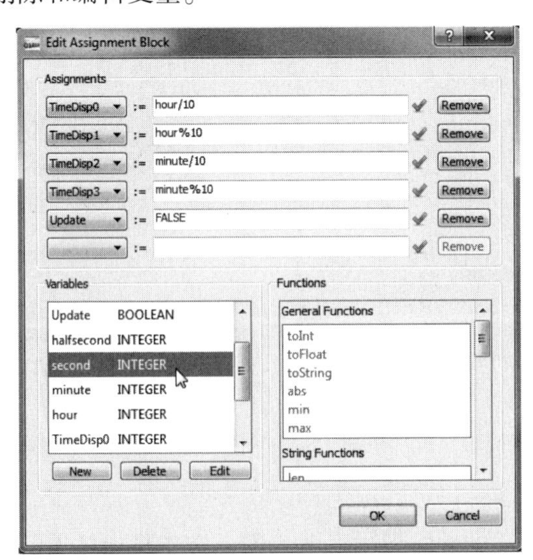

图 1-33　使用变量给多个表达式赋值

通过组合框可限制变量类型的选择，使其尽可能选择正确的变量类型。

（2）自动匹配系统。自动匹配系统将提示要输入的功能（如图 1-34 所示），并在输入时自动完成变量的命名。输入后，按 Tab 键或 Enter 键可以自动完成。

（3）检查语法和类型。在输入表达式时，会进行全面的语法和类型的检查。表达式状态显示在右侧，单击红色信息图标将提供表达式中任何错误的详细信息，如图 1-35 所示。

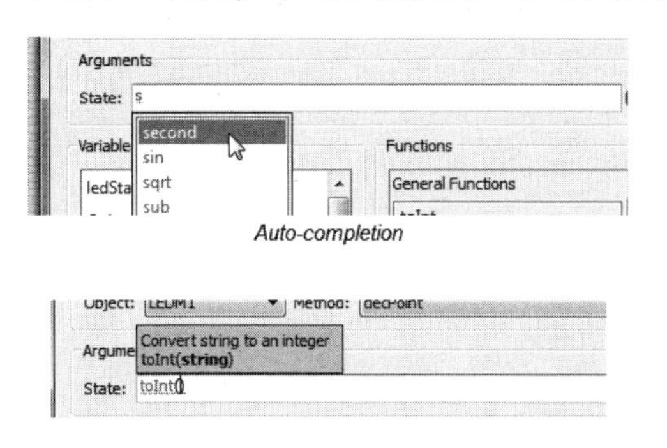

图 1-34　功能提示

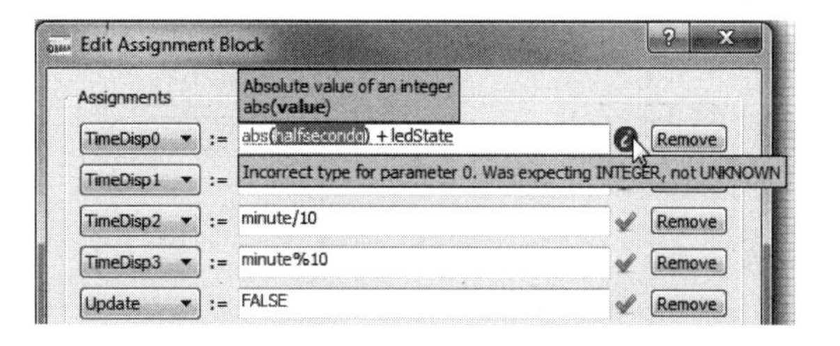

图 1-35　获取有关表达式错误的详细信息

有关更多详细信息，请参阅各个模块类型的详细信息。

7. 连接模块

可视化设计提供点对点的连线，遵循黄金法则：必须从一个模块的输出连接到另一个模块的输入。

（1）通过向导线（也称流程线、流线）连接模块：如图 1-36 所示，单击输出连接节点，将鼠标指针移动到目标（输入）连接节点，单击完成连接。

（2）调整/移动向导线连接：如图 1-37 所示，单击选择向导线，将显示可以移动的方向，按住鼠标左键可拖放向导线。

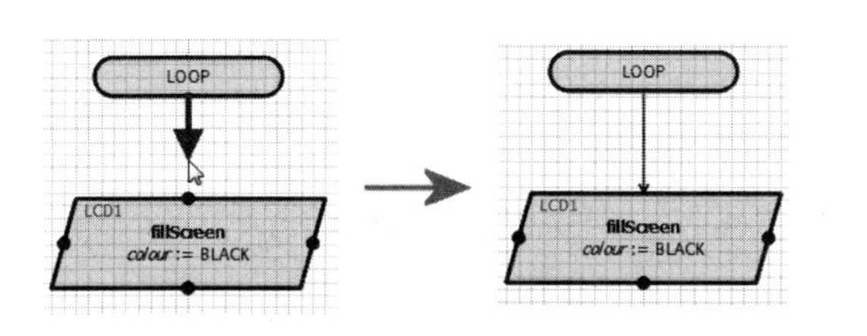

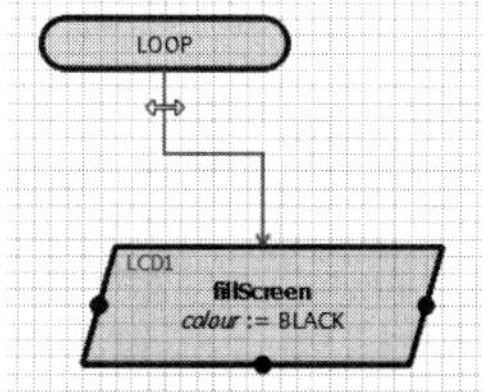

图 1-36　通过向导线连接模块

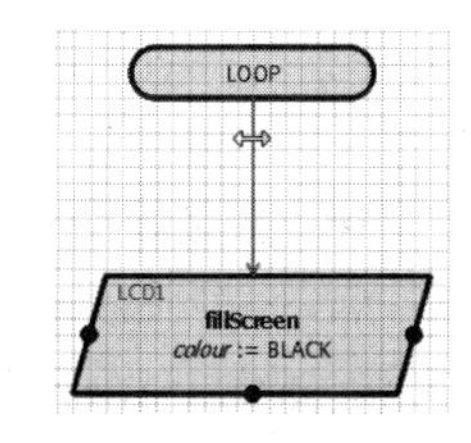

图 1-37　调整/移动向导线连接

（3）删除向导线连接：右击向导线，在弹出的快捷菜单中选择删除命令。

8. 将流程图拆分为两列

如果流程图在单个例程中到达页面底部，则可能需要使用互连模块拆分流程图为两列。如图 1-38 所示，执行以下步骤将流程图拆分为两列。

（1）右击页面底部附近的向导线，在弹出的快捷菜单中选择 Split 命令。

（2）将底部模块向上移动到页面右侧的顶部。

（3）预留一些空间。

（4）继续插入模块。

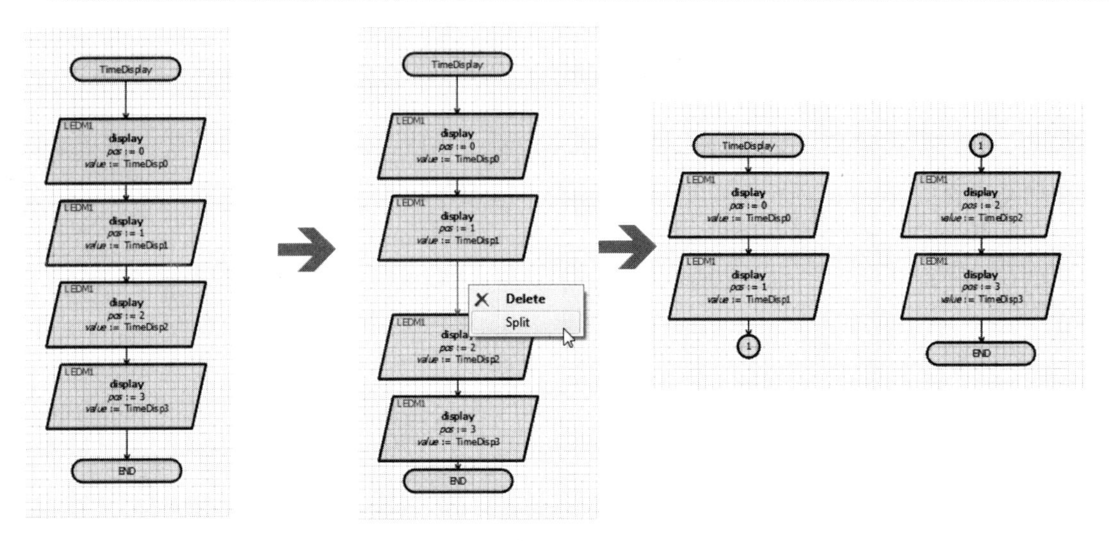

图 1-38　将流程图拆分为两列

9. 设置判断模块

(1) 对应于判断的输出路径放置两条向导线。

(2) 如果 YES、NO 的路径不正确，右击判断模块（也称决策模块），在弹出的快捷菜单中选择 Swap Yes/No 命令，如图 1-39 所示。

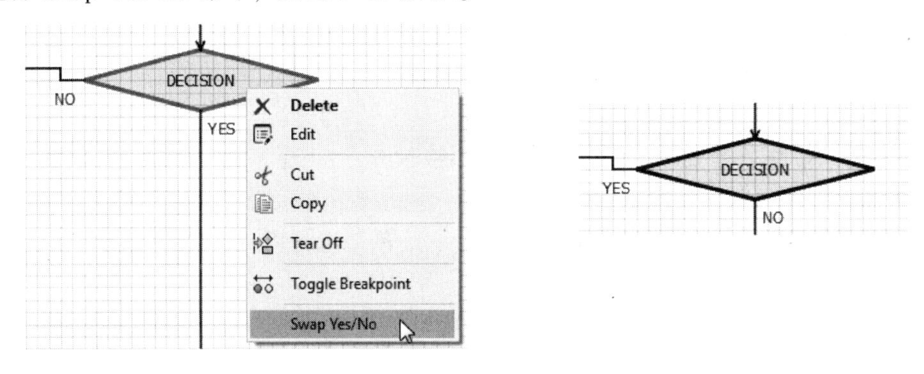

图 1-39　交换判断模块 YES/NO 向导线

10. 剪贴板命令

Visual Designer 中的剪贴板命令以与其他 Windows 应用程序完全相同的方式工作，并且可以以正常方式调用。

☺ Ctrl+X：剪切到剪贴板。

☺ Ctrl+C：复制到剪贴板。

☺ Ctrl+V：从剪贴板粘贴。

☺ 菜单图标。

☺ 编辑菜单中的命令。

在 Visual Designer 中，剪贴板最常见的用途是在编辑窗口中绘制流程图例程，特别是在不同窗口之间移动程序。

在复制和粘贴时，可能会粘贴包含外围设备（如硬件扩展板）的模块。在这种情况下，粘贴会复制流程图模块和任务，但不会在原理图中创建新的硬件。如果这是要做的仿真，则需要添加一个外围设备编辑相关的粘贴模块，并将该程序分配给正确的硬件，如图 1-40 所示。

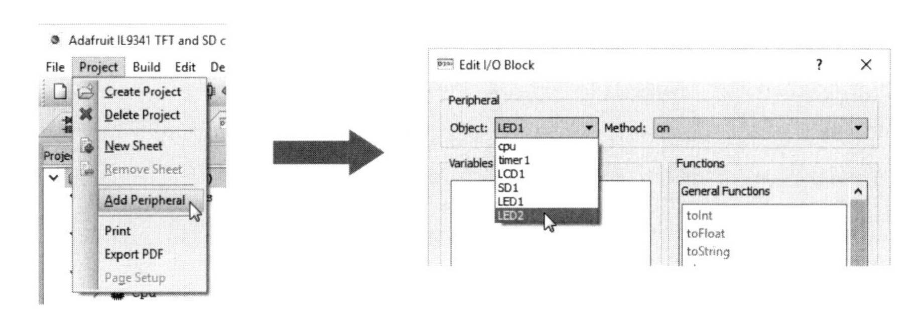

图 1-40　添加外围设备及分配程序

11. 添加、使用和删除外围设备

1）添加外围设备

如图 1-41 所示，在工程菜单中选择添加外围设备命令，从浏览窗口中选择扩展板或 Grove 外围设备。如果使用 Grove 外围设备，则可能需要切换到原理图模块，双击标签并将连接器更改为唯一的 ID 值。

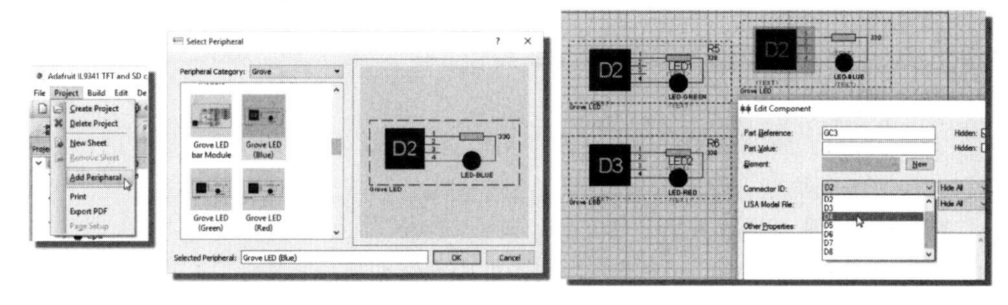

图 1-41　添加外围设备

> 使用 Arduino，很容易添加彼此不兼容的扩展板。例如，如果两个扩展板使用相同的 CPU 定时器，则程序正常工作的可能性不大。需要自己检查此兼容性，因为 Visual Designer 不会干扰 Arduino 驱动程序。

2）使用外围设备

如图 1-42 所示，在工程树中展开菜单，可以访问外围设备的程序语法模块，将外围设备的程序语法模块拖放到流程图中。

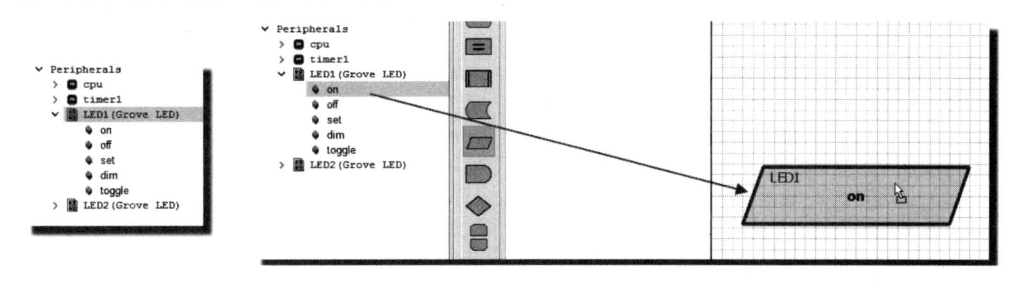

图 1-42　使用外围设备

3）删除外围装备

如图 1-43 所示，在工程树中右击外围设备，在弹出的快捷菜单中选择删除外围设备命令，在弹出的对话框中确认即可。

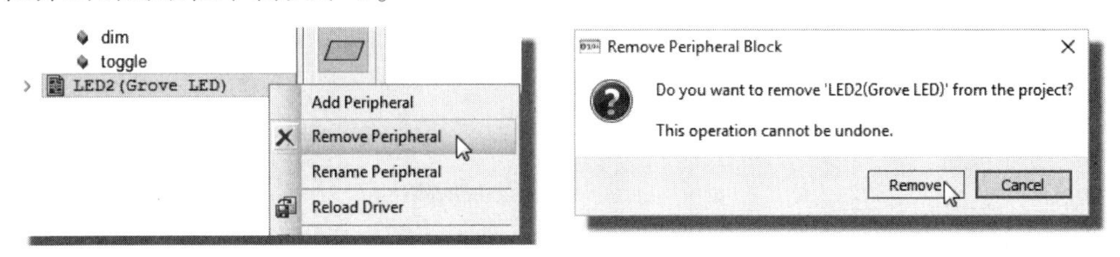

图 1-43　删除外围设备

> 如果删除外围设备，则不会删除引用该设备的任何流程图模块，需要手动调整或删除所有这些模块。

12. 创建、使用、编辑、删除变量

变量在对象编辑对话框中创建和操作，它对于工程是全局变量，支持布尔型（TRUE/FALSE）、整数型（整数）、浮点数型（浮点数）、字符串型（字符串）和句柄型（处理数据）5 种类型。公式编辑器将自动输入检索并赋值。

1）创建变量

如图 1-44 所示，编辑当前模块，在左下角单击新建按钮启动创建变量对话框，输入变量的名称并为其分配类型，单击确定按钮退出对话框。

2）使用现有变量

（1）编辑现有模块，然后在变量下拉列表框中选择变量，如图 1-45 所示。

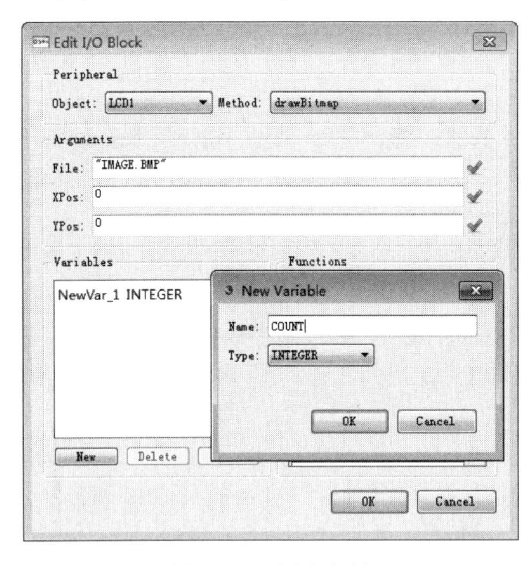

图 1-44　创建变量

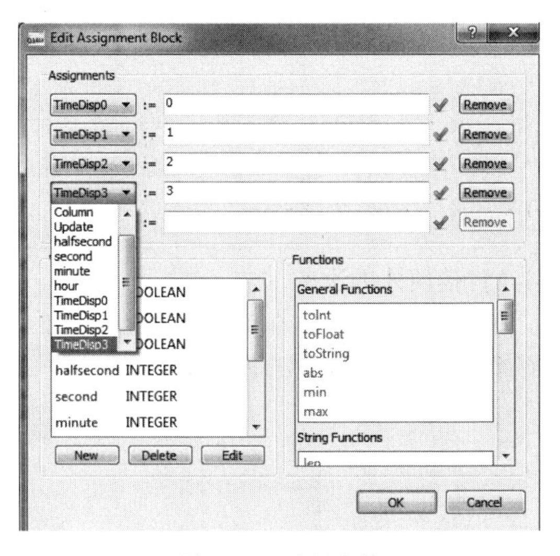

图 1-45　选择变量

（2）使用自动功能输入变量名如图 1-46 所示。

（3）双击列表中的变量以添加到表达式中，如图 1-47 所示。

3）编辑变量

如图 1-48 所示，编辑流程图中的一个模块，从左侧列表中选择变量，单击 Edit 按钮，并更改变量的名称和类型。

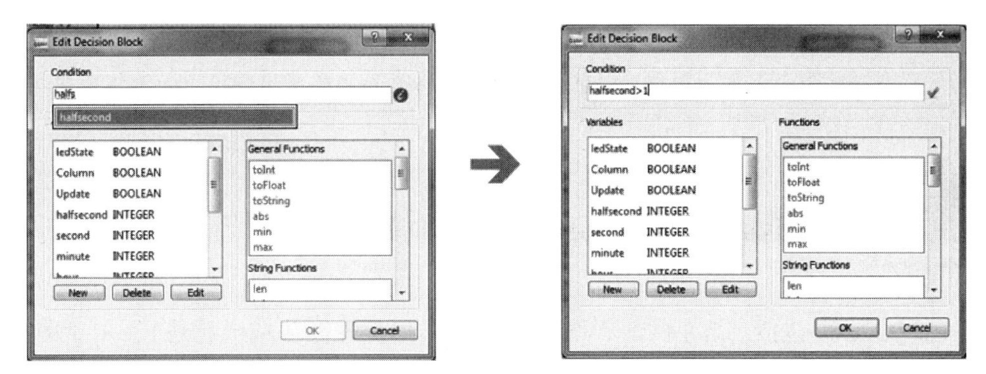

图 1-46　输入变量名

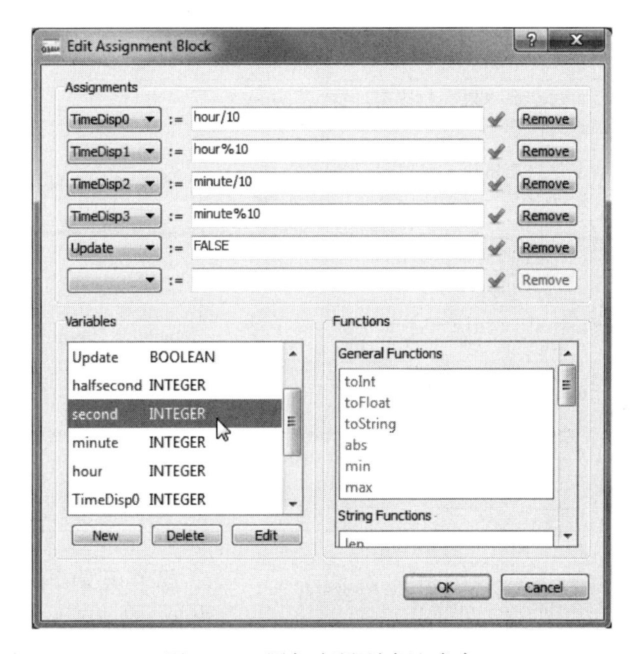

图 1-47　添加变量到表达式中

4）删除变量

如图 1-49 所示，编辑流程图中的一个模块，从左侧列表中选择变量，单击 Delete 按钮以删除变量。

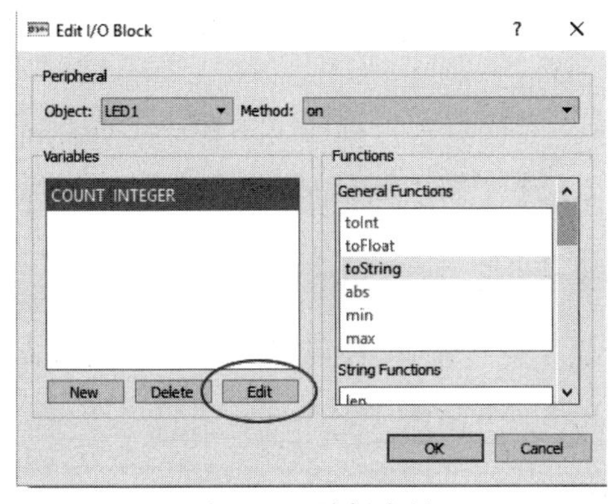

图 1-48　编辑变量

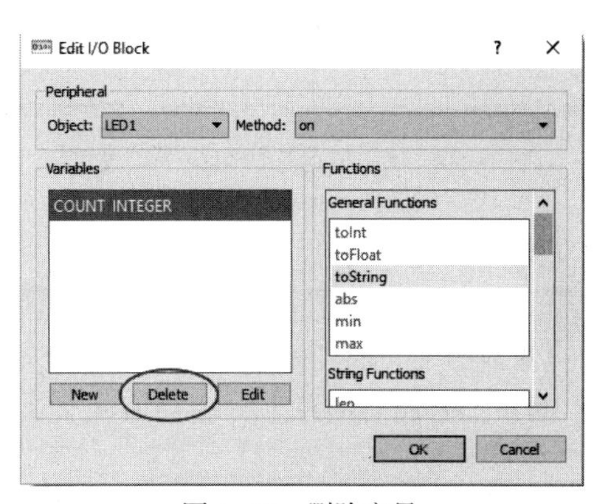

图 1-49　删除变量

如果编辑或删除变量，则需要记住检查和更改所有其他已使用该变量的流程图模块。

1.4 Visual Designer 流程图模块

Visual Designer 包括一组小的流程图模块（也可称流程图块或流程块），用于固件中的编程结构，如表 1-2 所示。

表 1-2 流程图中的小模块

流程图模块	描　述	流程图模块	描　述
	事件开始模块：与结束模块一起使用以定义子程序或事件处理程序		时间延迟模块：程序执行的时间延迟
	结束模块：与事件启动模块一起使用以定义子例程或事件处理程序		判断模块：Boolean 类型
	赋值/分配模块：用于向变量分配值		循环结构模块：用于简化不同类型循环的配置
	子程序调用模块：用于调用子程序		互连模块：成对使用，将较长的块序列连接到编辑器上的单独列中
	数据存储模块：用于指定存储对象（如 SD 卡）上的操作	ABC	注释模块：允许在流程图上添加文本注释
	外围设备（I/O）操作模块：用于在硬件上指定内部对 CPU（如定时器）或外部（如 LCD）的操作		

1. 事件开始/子程序模块

事件开始模块与结束模块一起使用以定义子程序（如写入显示器）和事件处理程序（如处理定时器中断）的开始和结束。

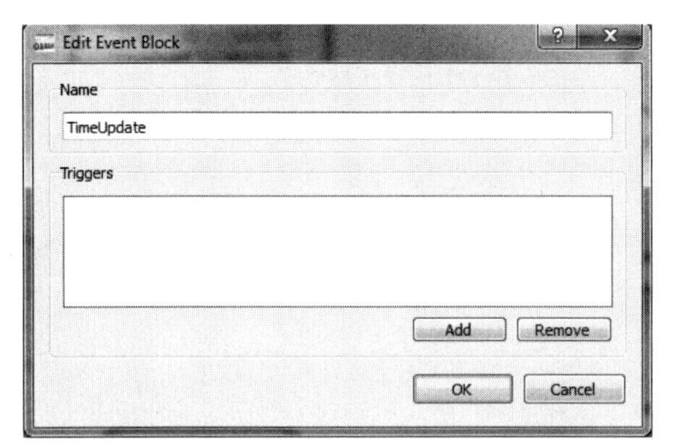

图 1-50　仅需要名称的简单子程序配置

如图 1-50 所示，如果正在创建一个子程序，则所需的全部是模块的名称，这时例程的名称在放置和编辑子程序调用块时可以选择。

如果正在创建一个程序来处理可触发事件（如中断处理程序），那么还需要指定触发器，如图 1-51 所示。

周期触发功能提供了一个非常方便的方式以在规则的时间间隔获得一个可重复的调用。然而，它确实使用了一个 CPU 定时器，所以要注意，如果在这里配置并使用它，就不要在其他地方使用它。

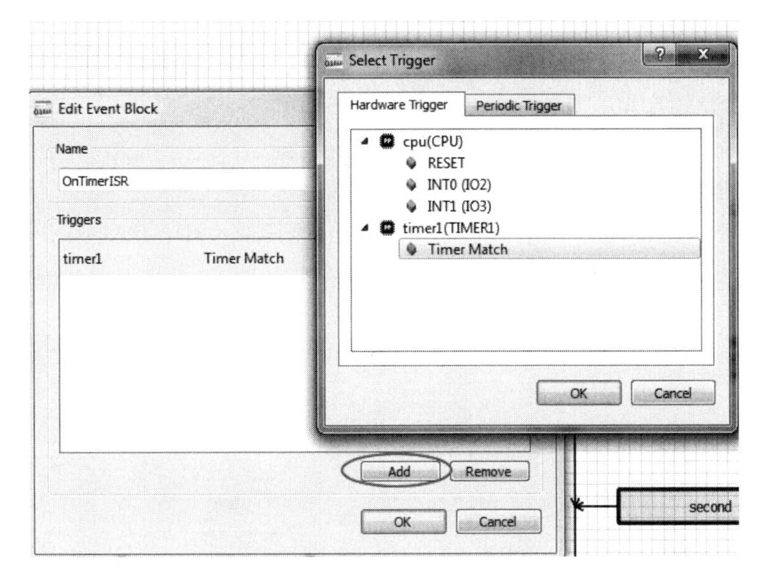

图 1-51 基于 timer1 相关事件设置定时器中断服务程序

2. 结束模块

结束模块用于终止程序或子程序，并且通常放置在事件模块中。

> 典型的 Arduino 工程使用两个程序模块和结束模块进行初始化，一个用于程序设置，另一个用于主程序执行。

3. 赋值/分配模块

赋值/分配模块是标准的用于变量赋值的工具，可以创建、编辑和删除变量，如图 1-52 所示。

4. 子程序调用模块

子程序调用模块可以调用流程图中任何地方定义的函数，如图 1-53 所示。

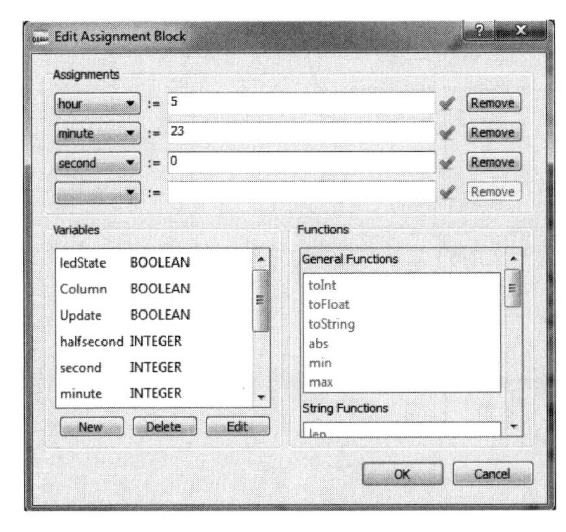

图 1-52 给变量赋值

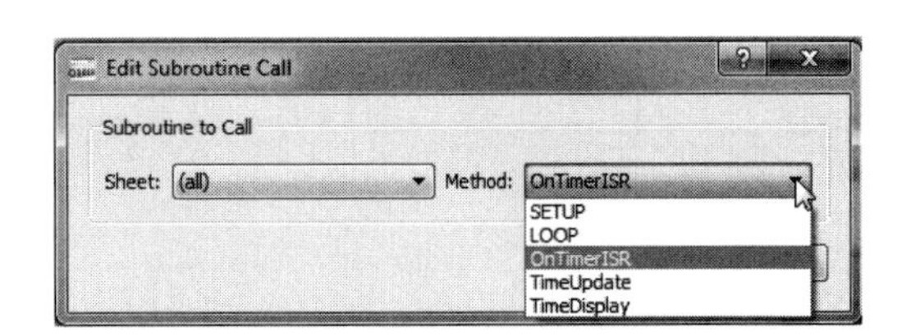

图 1-53 指定调用子程序

必须首先使用事件开始模块和结束模块创建和命名子程序。子程序对话框中的组合框列出所有命名的程序。

5. 数据存储模块

数据存储模块用于表示存储对象（SD 卡）上的操作或方法。该模块通常与资源（如文本文件）一起使用以操纵文件的存储，如图 1-54 所示。

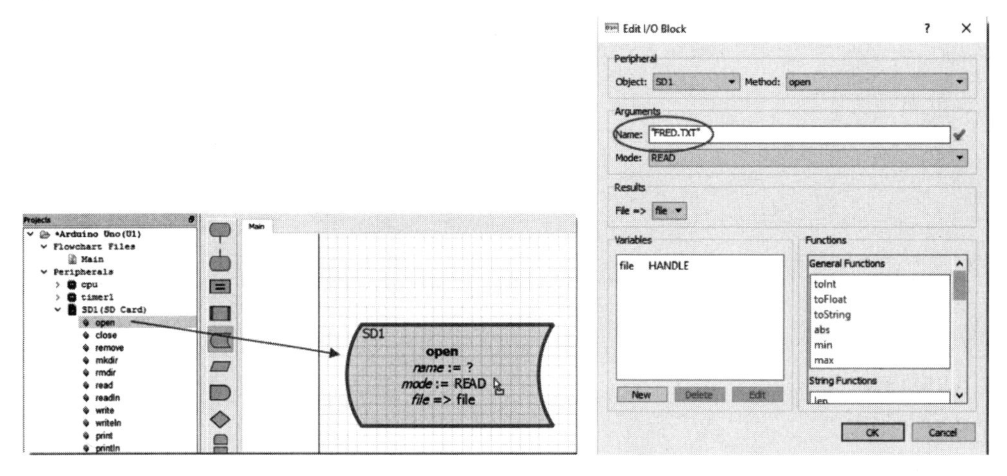

图 1-54 数据存储模块上的操作

当添加一个包含 SD 卡的扩展板时，它一定有一个使用 SD 卡内容的方法。例如，TFT 扩展板具有 DrawBitmap( )程序，而 Wave 扩展板具有 Play( )程序。在这些情况不应使用存储数据模块，而只是将资源拖放到流程图上，如图 1-55 所示。

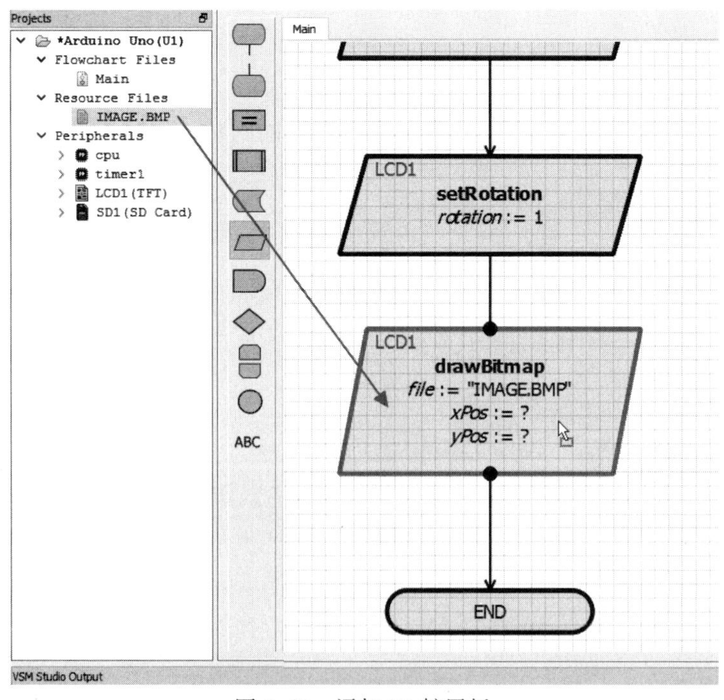

图 1-55 添加 SD 扩展板

6. 外围设备操作模块

外围设备操作模块原则上允许在硬件上对一个新工程执行一个操作，硬件仅由处理器和可用操作组成，因此受到限制，如图 1-56 所示。但是，当向工程添加外围设备扩展板时，通过此模块可进行类型交互并控制其 I/O 口。以 Grove 伺服电机模块为例，其可用程序如图 1-57 所示。

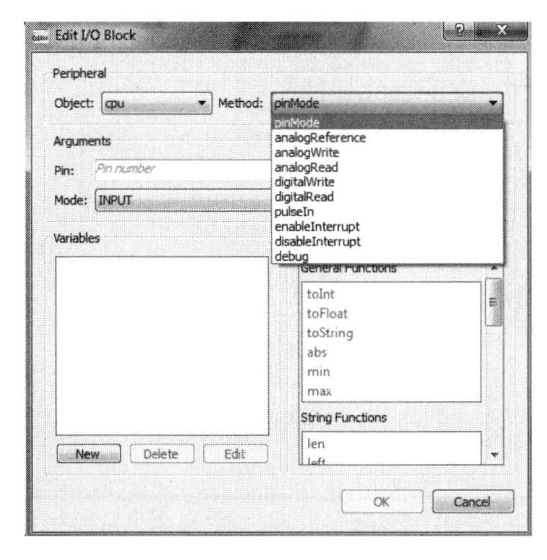

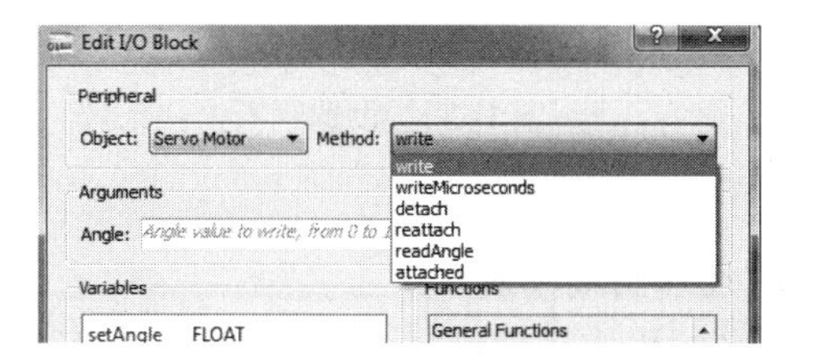

图 1-56　处理器上的可用操作　　图 1-57　Grove 伺服电机模块上的可用程序

7. 时间延迟模块

该模块用于在程序中引入特定的延迟，如图 1-58 所示。

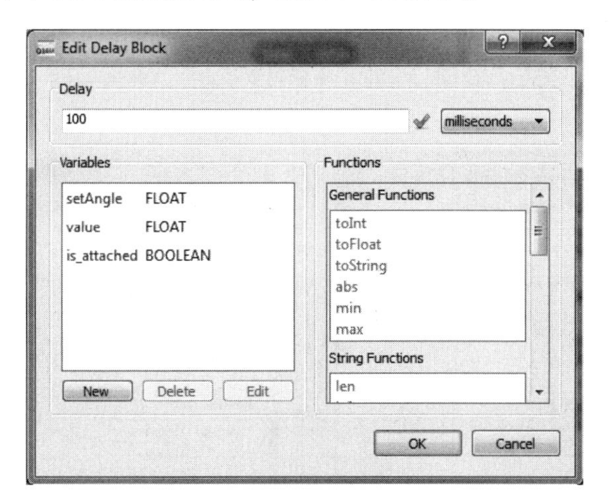

图 1-58　在程序中指定 100ms 延迟

> 注意　在 Arduino 中，在延时函数期间，读取传感器、数学计算和引脚操作等功能均被停止，所以实际上它停止了大多数程序（activity），但是中断和其他特定的功能仍然工作。

8. 判断模块

判断模块的作用是基于是/否问题，进行所需程序流的选择。对话框需要填入一个布尔表达式作为判断条件（如图 1-59 所示），它较代码而言更加直观。

当在流程图上链接了判断模块时，将 YES 和 NO 置于默认位置。如果其位置不符合流程图要求，可以通过快捷菜单对其进行交换，如图 1-60 所示。

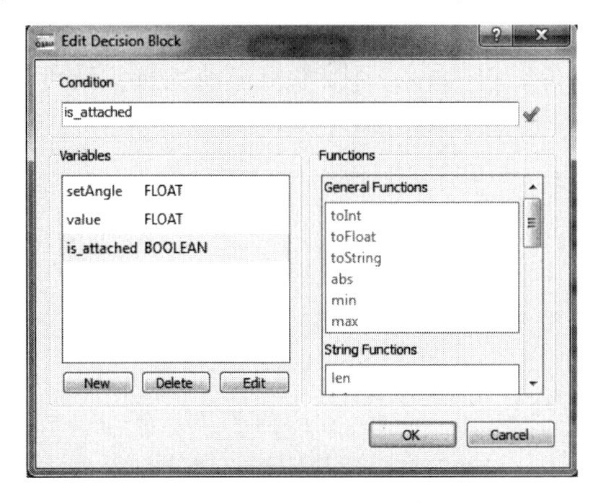

图 1-59　设置判断模块条件

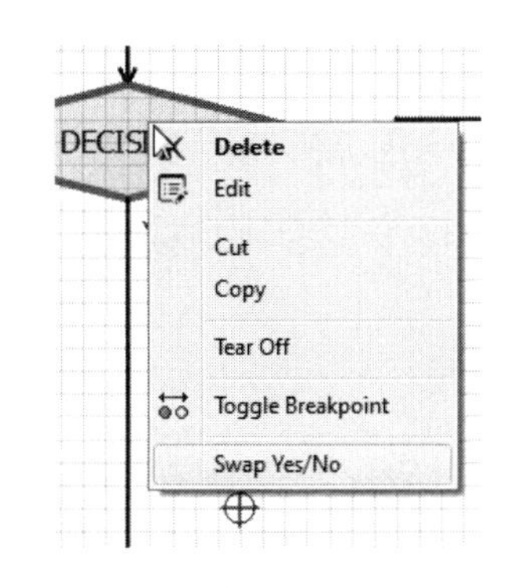

图 1-60　在判断模块上交换 YES 和 NO 流程图连接线

9. 循环结构模块

循环结构模块提供了一个简单的、对话驱动的方式来配置一些常见的程序循环类型。它成对放置，然后将所需的逻辑块连接到循环内。编辑循环对话框需要以下几项。

1）计数循环

计数循环只是执行循环体指定次数的一种方式，如图 1-61 所示。

2）For-Next 循环

For-Next 循环是计数循环的扩展，需要指定开始、停止和步骤等参数来确定循环体执行的频率，如图 1-62 所示。

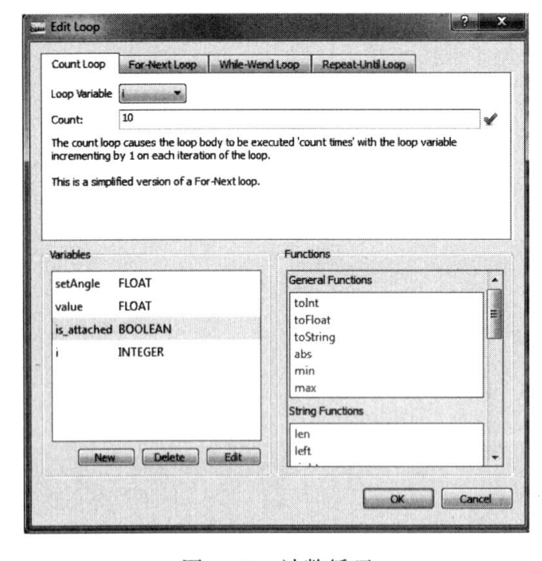

图 1-61　计数循环

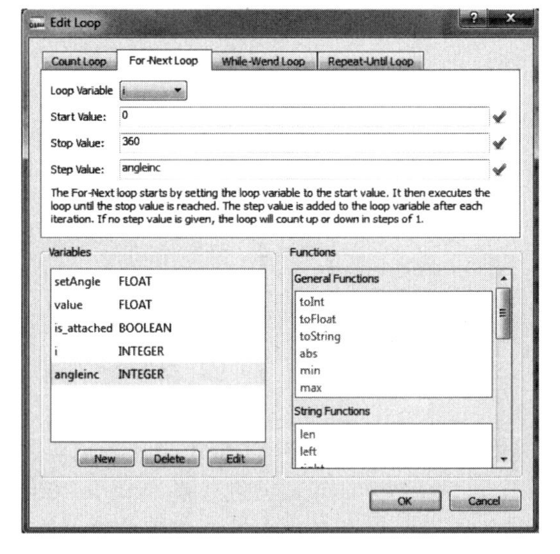

图 1-62　For-Next 循环

3）While-Wend 循环

当测试条件评估为 TRUE 时，此结构函数执行循环体，如图 1-63 所示。

> 注意：测试发生在循环的顶部，所以如果测试条件是 FALSE，则开始循环内容将不会被执行。

4）Repeat-Until 循环

Repeat-Until 循环类似于 While-Wend 循环，它一直执行，直到测试条件的计算结果为 FALSE。

测试发生在循环的底部，因此循环体总是执行至少一次，如图 1-64 所示。

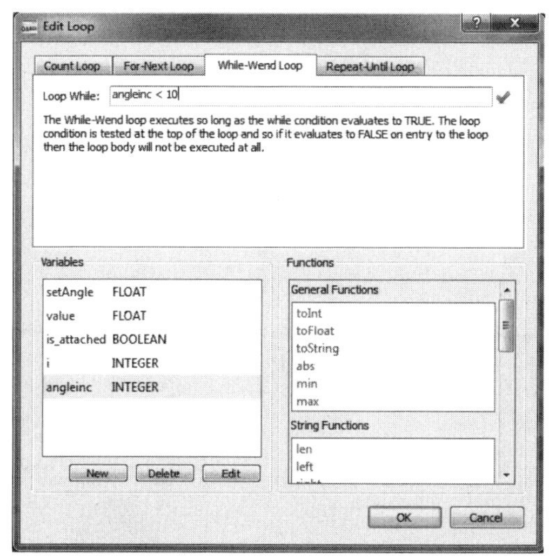

图 1-63　While-Wend 循环

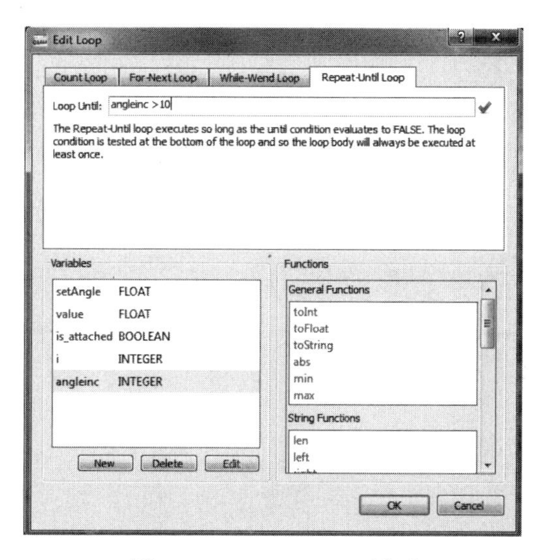

图 1-64　Repeat-Until 循环

10. 互连模块

互连模块基本上是“虚拟连接”，并且需要成对使用。如果两个互连模块具有相同的数字，则可以想象一个看不见的线将其连接在一起。互连模块用于将流程图逻辑拆分为多个列。

可以拖放两个互连模块，将它们链接到流程图，然后重新编号，或者可以右击模块并在弹出的快捷菜单中选择 Split 命令，以分割向导线，如图 1-65 所示。

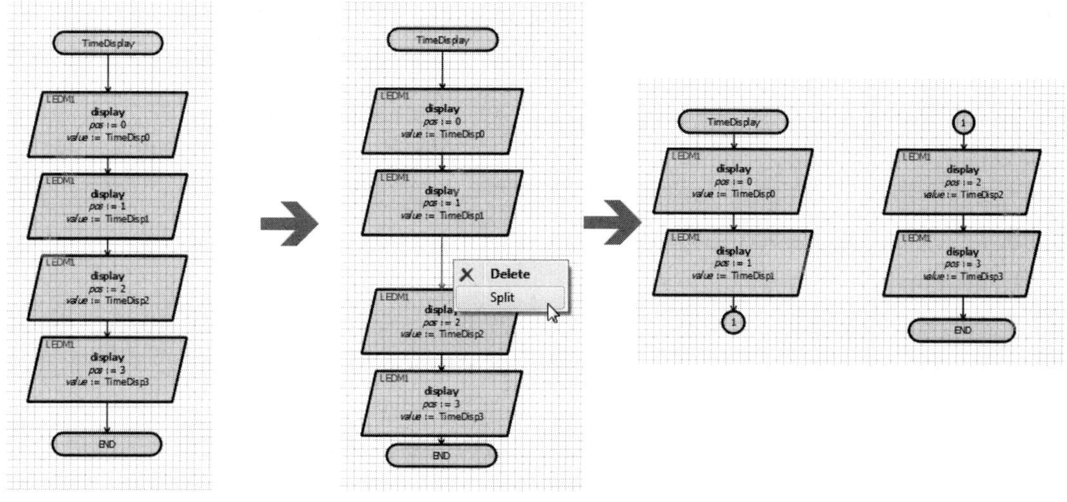

图 1-65　用互连模块实现分割向导线

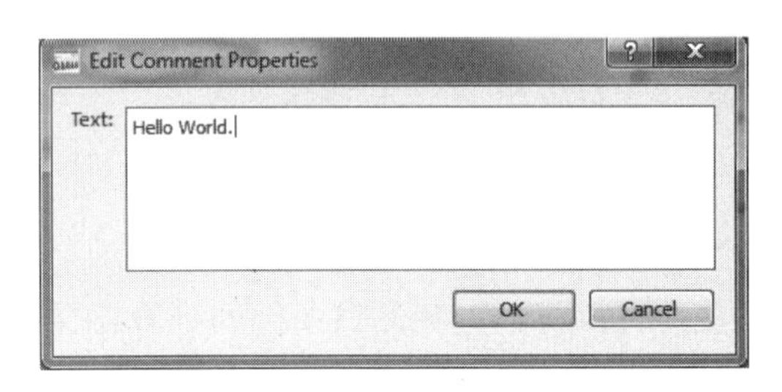

图 1-66　注释模块对话框

可以通过将一个互连模块拖到另一个互连模块的顶部，将两个互连模块连接在一起，使其成为一条线。

11. 注释模块

注释模块用于自由输入描述性文本内容，如图 1-66 所示。

1.5　Visual Designer 调试布局环境

在仿真与调试过程中，工程环境提供了相关工具。调试布局环境如图 1-67 所示。

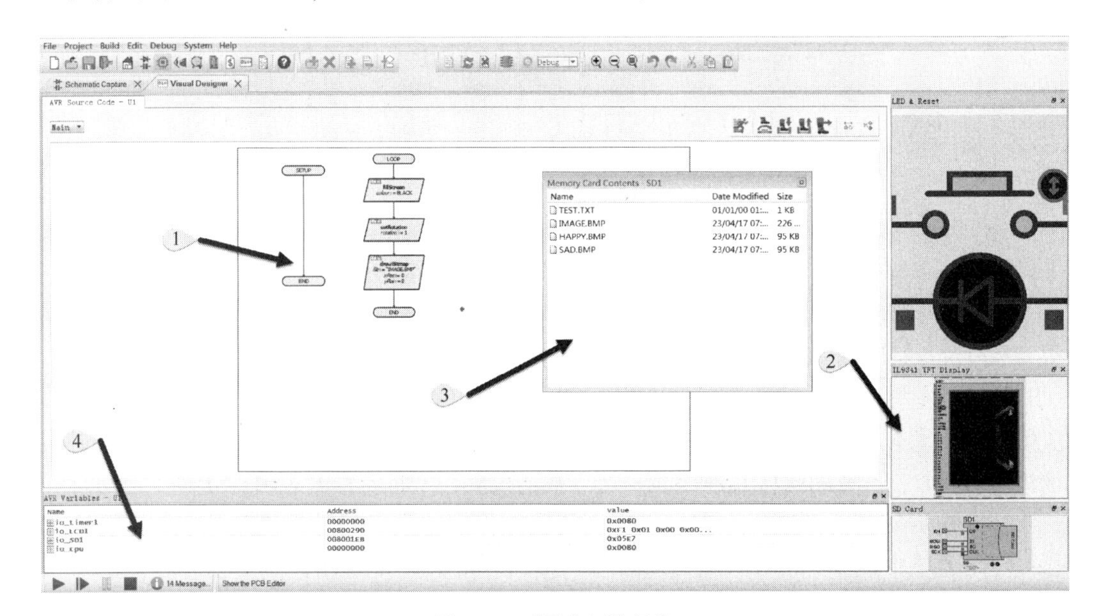

图 1-67　调试布局环境

1. 流程图调试窗口

流程图调试窗口是调试软件设计的基本工具，可以具体细致地对程序进行改进，使我们能更加理想地实现嵌入式系统的功能。当仿真处于暂停状态时，流程图调试窗口将会以红色突出显示当前正在执行的流程图程序，如图 1-68 所示。

2. Pop-up 外围设备窗口

一些外围设备在仿真期间显示一个弹出窗口。例如，如果添加 Grove 终端模块，则将在仿真期间看到一个虚拟终端弹出窗口，可以使用它来读取和写入文本，如图 1-69 所示。

3. 动态弹出窗口

动态弹出窗口可以显示设计中需要监视的区域，其默认在流程图调试窗口的右边显示，主要有以下两个功能。

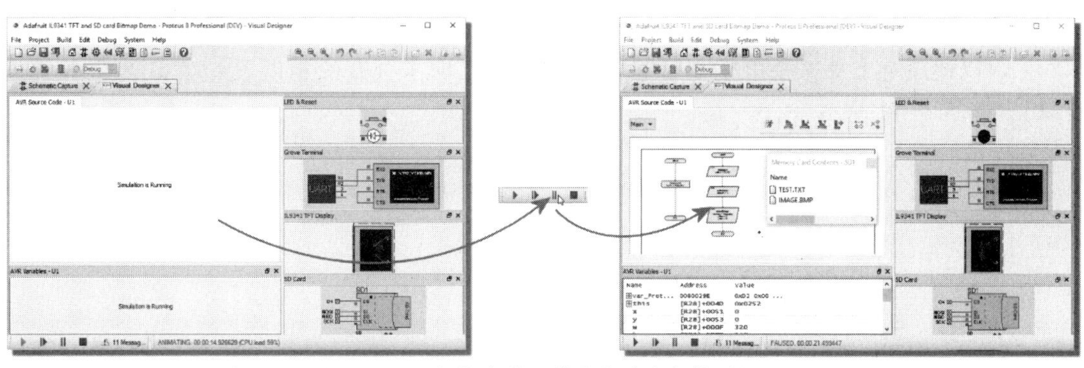

图 1-68　运行仿真并以单步方式在暂停时调试

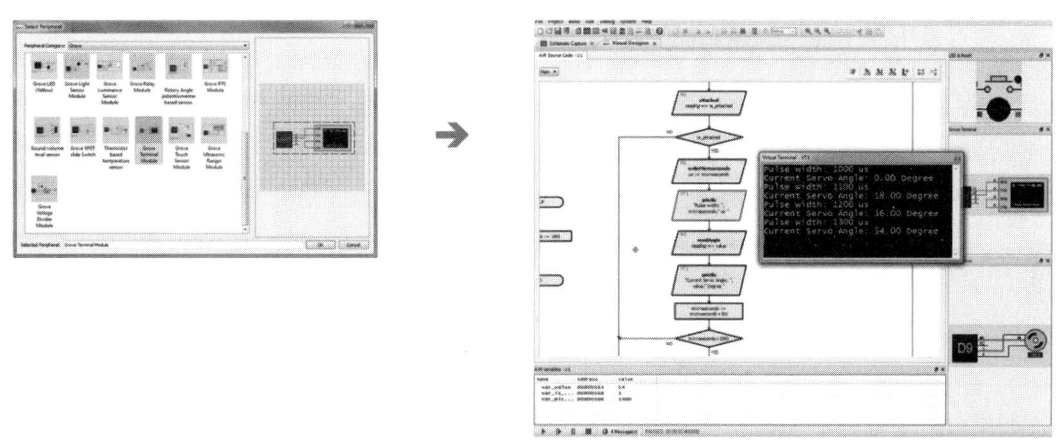

图 1-69　通过虚拟终端将电机位置转储访问

（1）可以在软件执行过程中看到相关的硬件响应，如 LCD 的文字显示。

（2）可以在调试软件时与相关的硬件互动，如按下按键或调节传感器。

动态弹出窗口的好处是用户不需在调试阶段频繁地切换于原理图与显示结果之间。动态弹出窗口使这些相关信息能够同时在一个页面中显示。

4. 变量窗口

变量窗口是一个调试工具，它可以在调试过程中列出所有的程序变量。变量窗口拥有很多十分强大的功能。

（1）数据类型扩展显示。变量窗口将连续显示数据类型（如结构体、数组）和指针，它将指针隐藏的数据类型以扩展树的方式显示，如图 1-70 所示。

AVR Variables - U1

Name	Address	Value
var_ProteusBall	0080029B	0xD2 0x00 0x00 0x01
<anonymous union>	0080029B	
type	0080029B	0x00D2
*type	000000D2	'\0'
	0080029D	0x00 0x01
resource	0080029D	0x0100
*resource	00000100	'I'
file	0080029D	0x0100
*file	00000100	Format (-1) not valid for type (0x00580000).
File	00000100	
operator=	00000100	0x4D49
*operator=	00004D49	Item (0 bytes at 0x00000D49) not within memory...
File	00004D49	
operator=	00004D49	Item (2 bytes at 0x00000D49) not within ...
ptr	0080029D	

图 1-70　数据类型扩展显示

（2）更改以前的值。变量窗口中的变量将在该变量的值发生变化并暂停仿真时高亮显示。还可以通过从上下文菜单中选择显示前一个值选项来查看变量的前一个值（右击变量窗口），如图 1-71 所示。

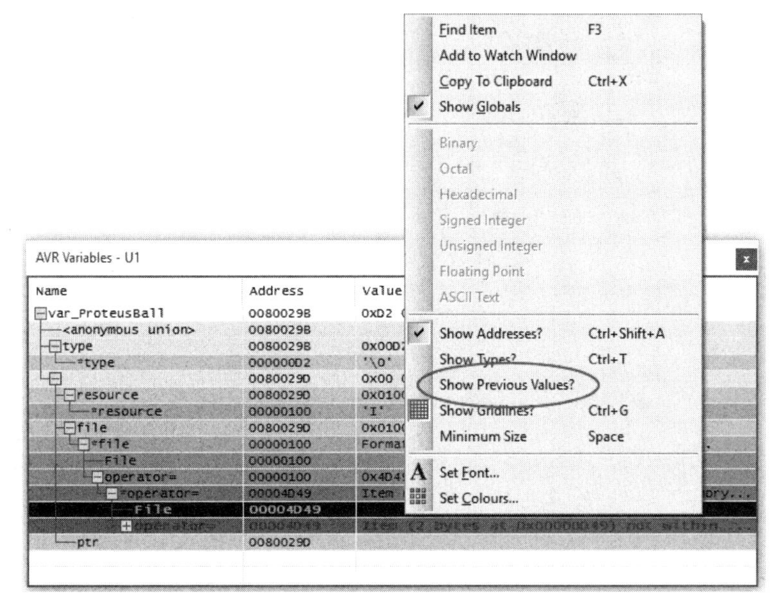

图 1-71　查看变量的前一个值

如果一个复合类型（如一个结构）和一个类型的元素发生改变，那么只有该元素会高亮显示。也就是说，当数据类型不发生变化时，我们在变量窗口中只会看到其中元素的改变。

（3）添加变量至观察窗口。变量窗口在运行仿真时是不可见的，但观察窗口是可见的。我们可以通过右键快捷菜单将变量添加至观察窗口，添加步骤如图 1-72 所示。观察窗口可以在调试菜单中打开。

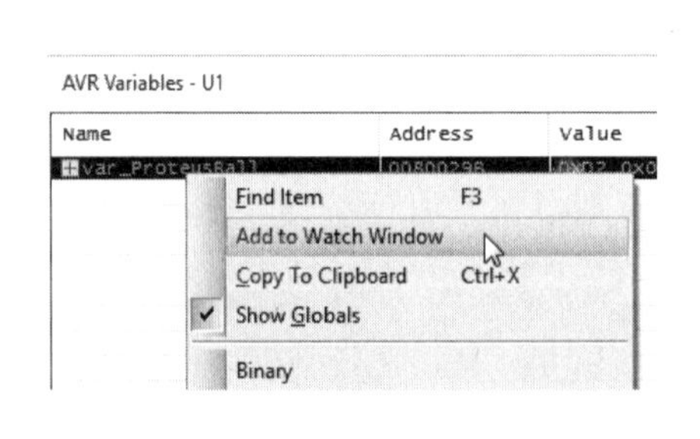

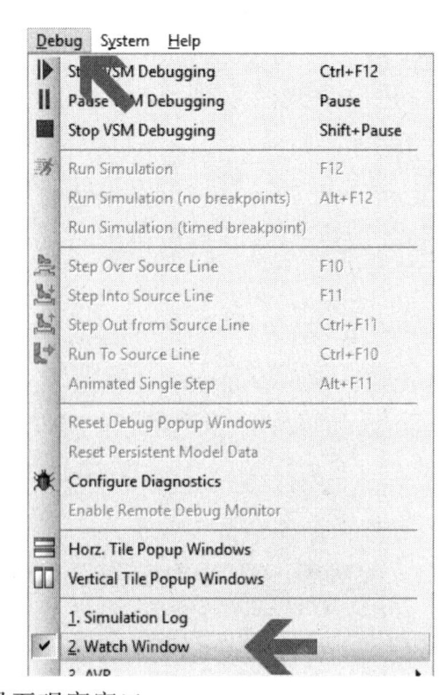

图 1-72　添加变量至观察窗口

如果将变量拖动到观察窗口，然后重新编译程序并重新仿真，则不能保证在观察窗口中查看变量的内容——这取决于编译器如何重新使用内存。观察窗口用于简单地监视存储器中的地址。

1.6　Visual Designer 仿真与调试技巧

在开发嵌入式系统时，可能希望在程序运行或结束时对其进行测试，如果程序出错，则还需要调试程序，以查找和修复错误。使用 Visual Designer 实现这个过程非常简单。下文总结了使用 Visual Designer 仿真（“仿真”也可称为“模拟”）、调试和测量所需的基本技能。

1.6.1　系统级仿真

当在流程图程序中添加外围设备并控制它们时，即正在构建嵌入式系统，简而言之，会有微控制器板和一些代表外围设备的硬件部件。运行系统仿真是 Proteus 的真正威力，对于微控制器及其外围设备的仿真，完全可以在 Proteus 软件套件内建立工程，实现测试、交互、调试的仿真。

1. 开始仿真

按动画控制面板上的播放按钮或 F12 快捷键，程序将开始编译，同时状态栏上显示仿真进度，如图 1-73 所示。

图 1-73　当开始仿真时，仿真进度显示在状态栏上

2. 结束仿真

如图 1-74 所示，可通过动画控制面板停止仿真。

3. 暂停仿真

要暂停运行的仿真，请按键盘上的 Pause 键或单击动画控制面板上的暂停按钮，如图 1-75 所示。仿真将在断点处自动暂停。有关断点的相关知识将在下面的调试技能主题中讨论，并在各种教程主题中演示。每当暂停仿真时，Visual Designer 将切换到完整调试布局，并且流程图和各种调试窗口将可用于检查和交互，如图 1-76 所示。

图 1-74　通过动画控制面板停止仿真　　　图 1-75　暂停仿真

在自由运行仿真期间看不到流程图，因为程序执行得很快，实际上显示它的当前位置是不可能的。

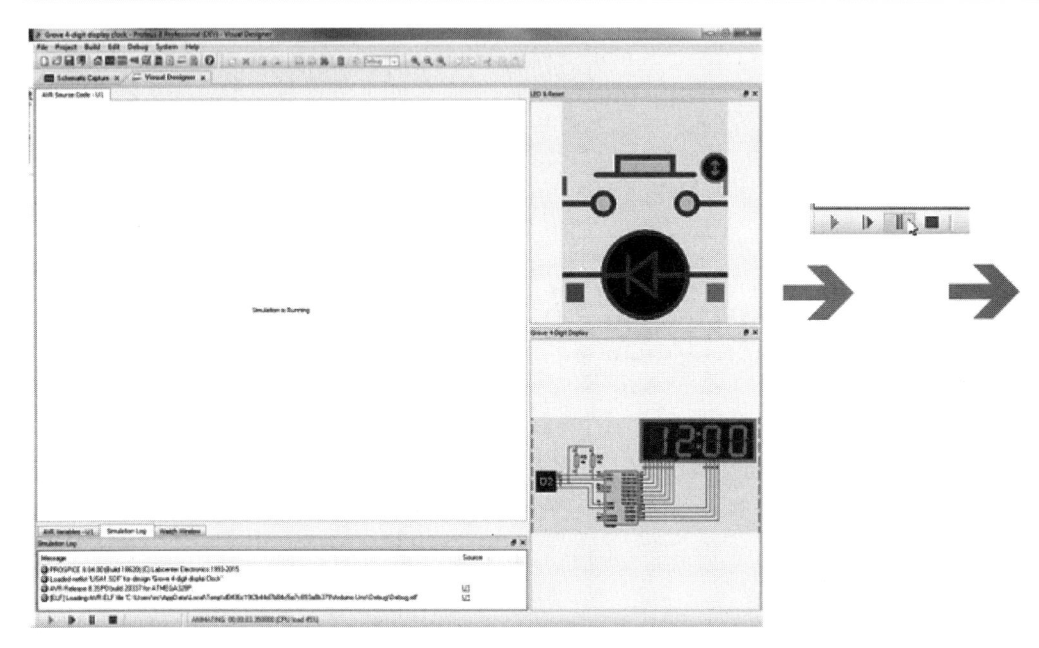

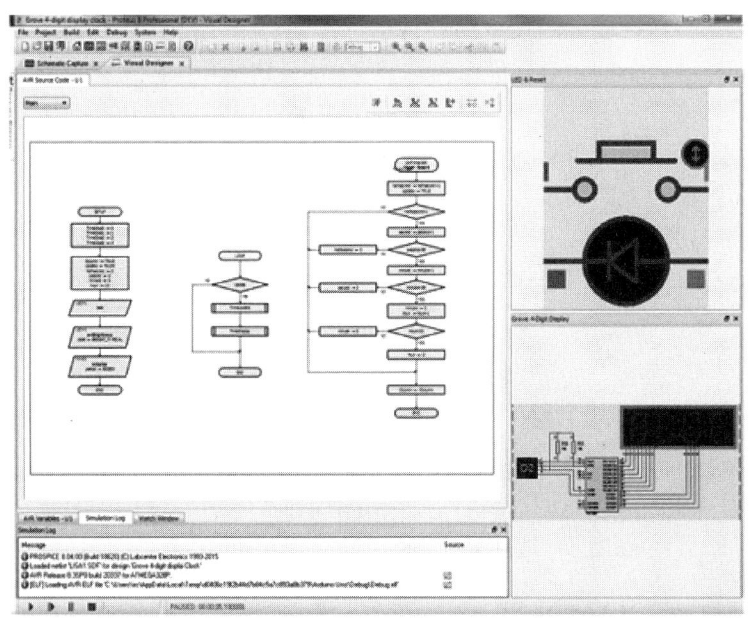

图 1-76　准备暂停仿真，进行 Visual Designer 调试

4. 交互式仿真

当仿真运行时，将在其调试布局中看到 Visual Designer，所有交互式元素在应用程序的右侧对齐。大多数情况下，这将是一个混合的指示器，通过单击执行器为指示器提供触发信号。以下是我们调整红外接近传感器的示例（如图 1-77 所示）：开始仿真，将鼠标指针移到传感器的调整箭头上，根据需要单击向上或向下。

可以轻松地切换到原理图选项卡，并在屏幕上交互。虚拟终端稍有不同，可以在仿真运行时直接单击并输入。这意味着终端可以作为程序的命令接口，它有很多用途。

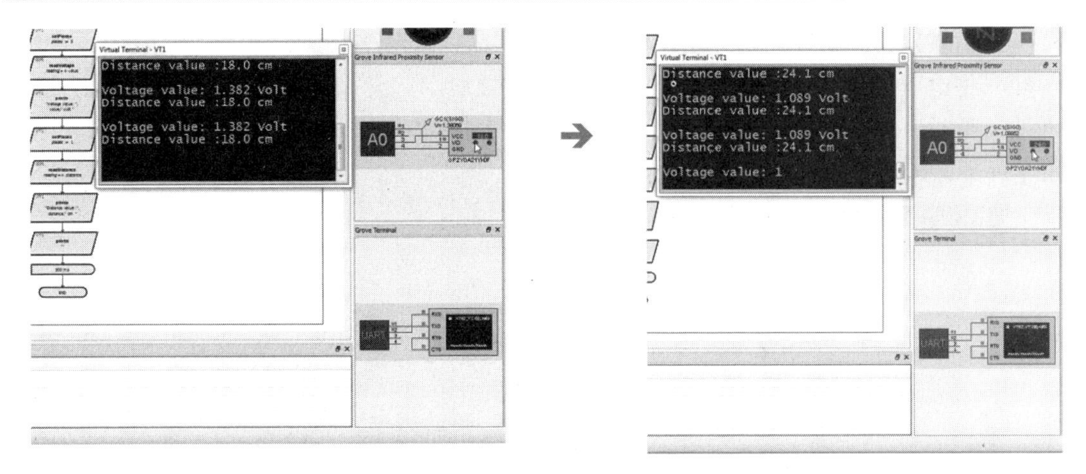

图 1-77　单击红外传感器调节控制仿真物理测试的行为

1.6.2　调试技巧

1. 设置软件断点

在仿真前或仿真暂停时右击流程图块，然后从上下文菜单中选择切换断点命令，如图 1-78 所示。

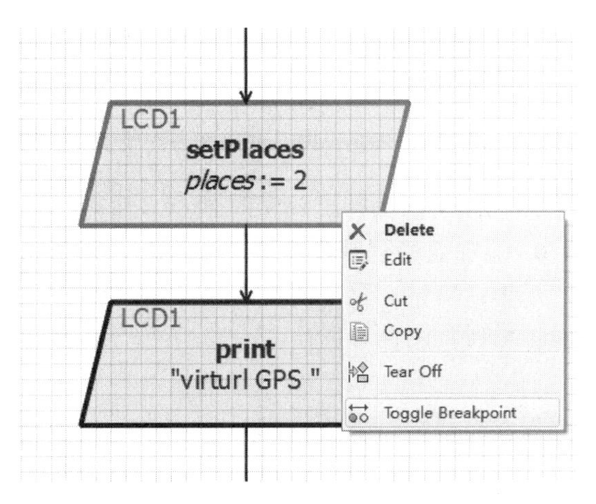

图 1-78　设置软件断点

2. 单步调试流程图

当仿真暂停时，可使用窗口顶部的调试按钮（如图 1-79 所示）或按 F10 和 F11 快捷键单步浏览流程图。

要观察程序流程图，通过单击暂停按钮，然后选择调试菜单中的动画单步命令来尝试仿真运行通常是有帮助的。这个过程足够慢，可以看到程序通过决策块执行的路径，并且通常这是一个发现问题的快速的方法。

3. 步进到流程图上的块

要步进到流程图上的特定块，如图 1-80 所示，首先暂停仿真，然后右击块，并从上下文菜单中选择要执行的步骤。

图 1-79　调试按钮

图 1-80　步进到流程图上的块

4. 设置时间断点

还可以在一段时间后暂停仿真，而不是在特定流程块上。可以通过从调试菜单中选择使用定时断点运行仿真命令来执行此操作。

5. 设置硬件断点

还可以在硬件条件而不是软件条件上设置断点，操作步骤如下。

（1）仿真停止，切换到原理图选项卡，如图 1-81 所示。

（2）将电压探针放到感兴趣的线上，如图 1-82 所示。具有相同名称的端子被认为通过不可见线连接（网络标号）。这是一个简单的方法来保持开发板与外围设备独立，没有电线在整个屏幕交叉。

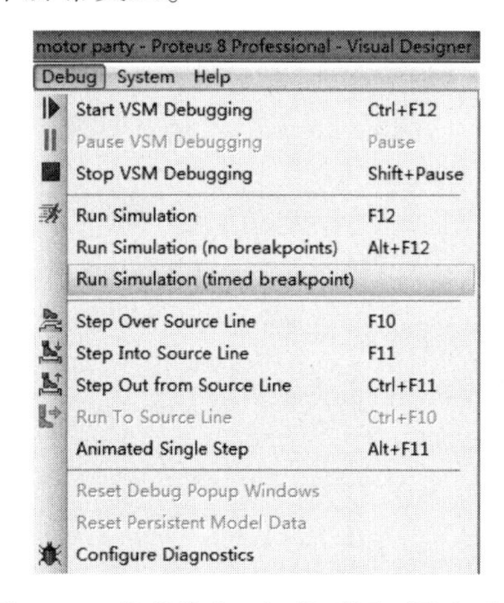

图 1-81　仿真停止，切换到原理图选项卡

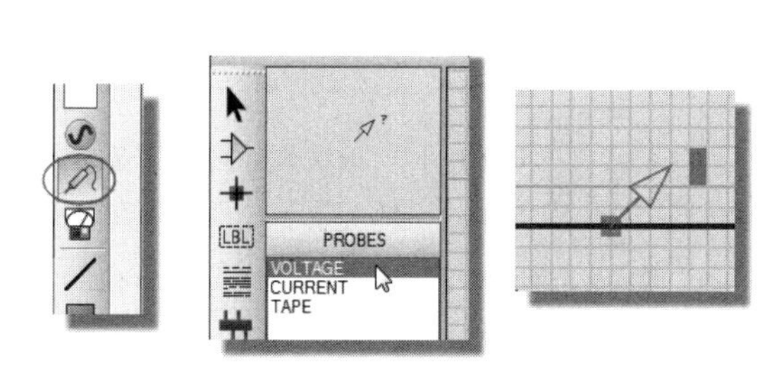

图 1-82　放置电压探针

（3）编辑探头并配置实时断点，运行仿真。

6. 添加变量到观察窗口

观察窗口是在自由仿真期间可用的唯一调试窗口。可以将程序变量添加到观察窗口，以便在程序执行时监视该值。

（1）暂停仿真后，从调试菜单中打开观察窗口，如图 1-83 所示。在默认情况下，窗口将停靠在变量窗口旁边。

（2）切换到变量观察窗口，右击感兴趣的变量，在弹出的快捷菜单中选择添加到观察窗口命令，如图 1-84 所示。

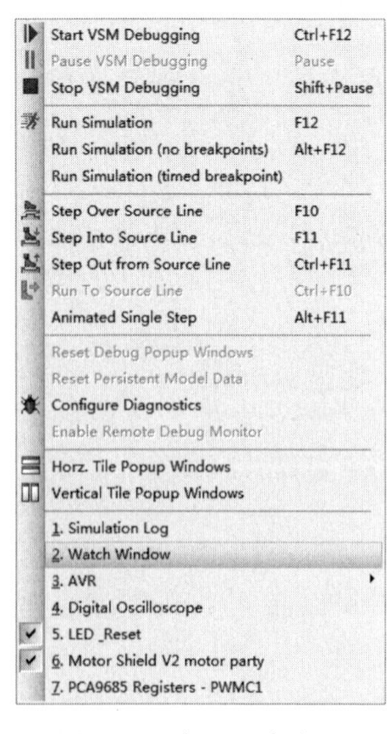

图 1-83　打开观察窗口

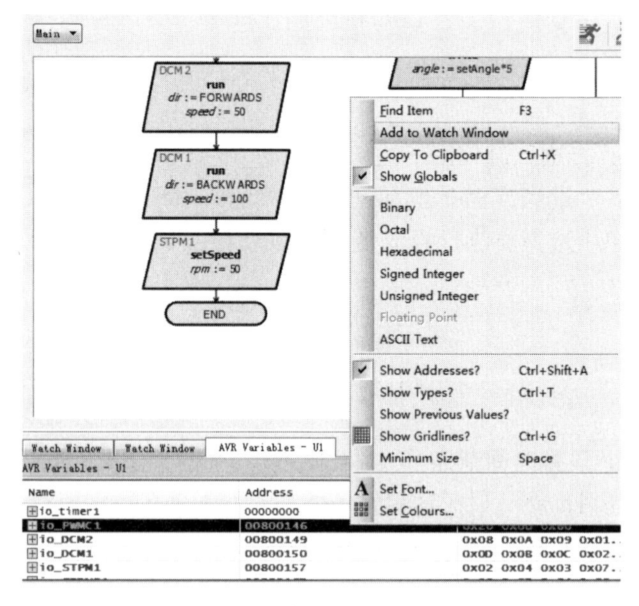

图 1-84　添加变量到观察窗口

(3) 切换回观察窗口并运行仿真，如图 1-85 所示。

变量在观察窗口中按地址标识。如果在仿真运行期间更改程序，编译器将有可能为变量分配一个不同的地址，并且在后续仿真运行中不会监视该变量。这可能非常混乱，最好在编程更改后调试时删除和重新添加变量。

7. 将其他项目添加到观察窗口

观察窗口只是内存上的监视器，可以添加 AVR 寄存器或其他程序位置。添加寄存器到观察窗口的步骤如下。

(1) 在仿真暂停时，确保从调试菜单中打开观察窗口，如图 1-85 所示。

(2) 右击观察窗口，在弹出的快捷菜单中选择按名称添加项目命令，如图 1-86 所示。

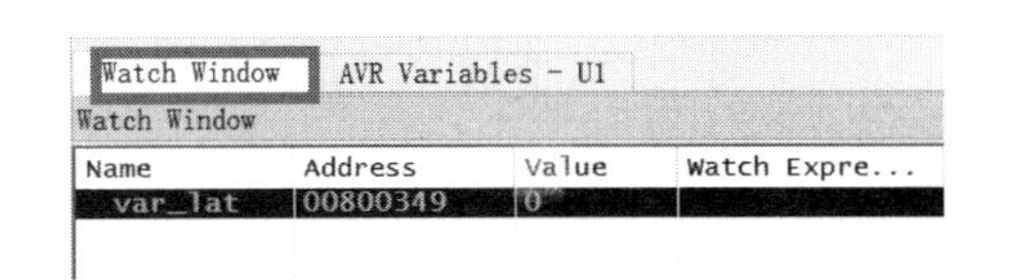

图 1-85 打开观察窗口

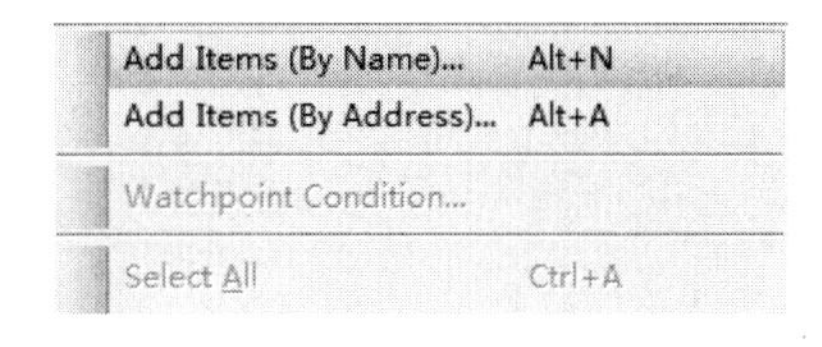

图 1-86 按名称为观察窗口添加项目

(3) 选择要查看的寄存器并将其添加，如图 1-87 所示。

按地址添加内存位置的过程与此非常相似。

8. 设置观察点

观察点（条件断点）是在观察窗口中的项目满足预设条件时设置的断点，经常被用作调试工具。例如，设置观察点是每次定时器溢出时暂停仿真的完美方法。设置观察点的步骤如下。

(1) 将一个变量或一个寄存器添加到观察窗口。

(2) 右击观察窗口中的项目，然后从上下文菜单中选择观察点条件命令。

(3) 在弹出的 Watchpoint Condition 对话框中根据需要进行设置，如图 1-88 所示。

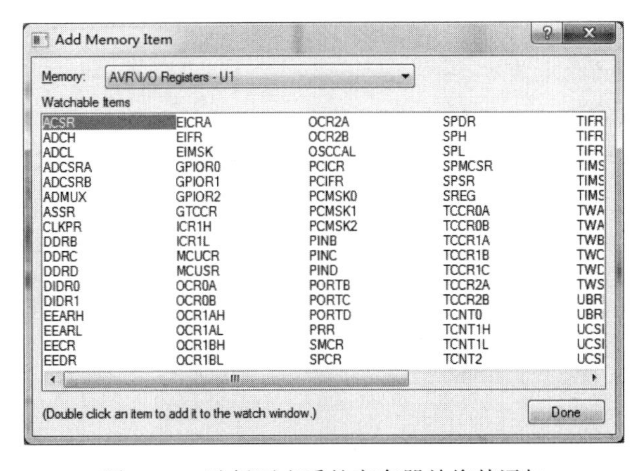

图 1-87 选择要查看的寄存器并将其添加

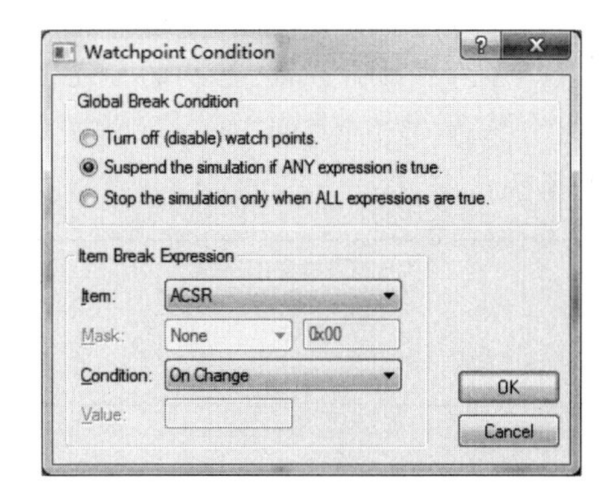

图 1-88 设置观察点条件

(4) 运行仿真。

在 Watchpoint Condition 对话框中有一个选项，用于指定观察点是否为全局中断条件，其只是用于确定当任何项表达式为真时，或仅当所有观察点都为真时，仿真是否暂停。

9. 打开调试窗口

除源代码、变量和观察窗口外，还有一些调试窗口。Proteus 中的调试工具集的功能是非常强大的。通常，可以在屏蔽外围设备模型及处理器型号上打开调试窗口，过程如下。

（1）暂停仿真。

（2）从调试菜单中启动所需的调试窗口，如图 1-89 所示。

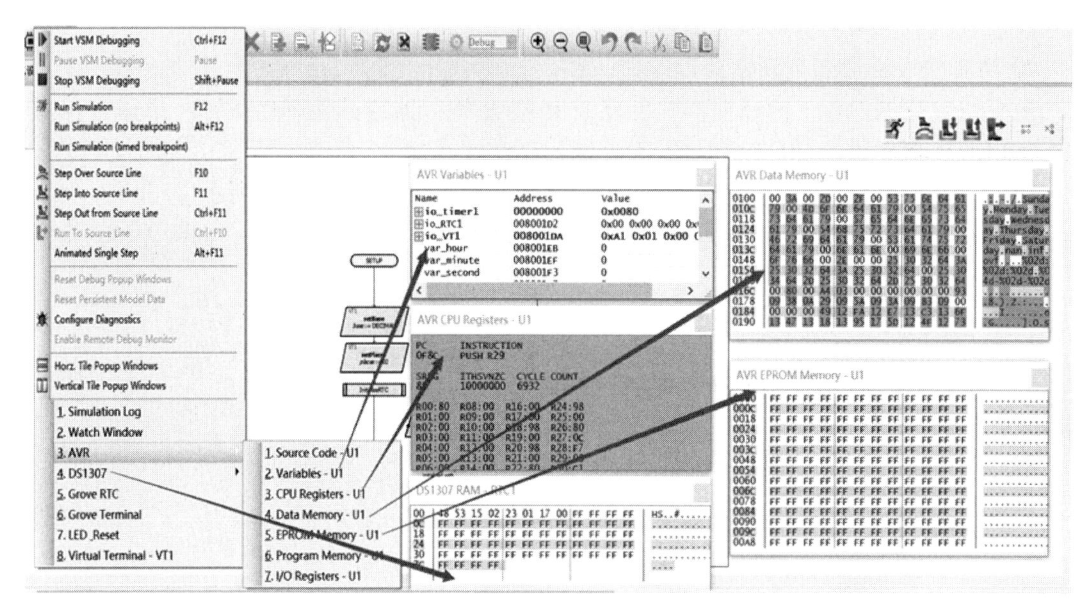

图 1-89　从调试菜单中启动所需的调试窗口

如果屏幕的窗口过多，则可以关闭调试窗口，并在需要时从调试菜单中重新打开它们。此外，除了观察窗口，它们将在自由运行仿真期间消失。

思考与练习

（1）Visual Designer 中的可视化设计的优点有哪些？

（2）Visual Designer 中的可视化流程图设计有哪些模块？

（3）熟悉 Visual Designer 的编辑窗口与调试窗口，试用 Visual Designer 各项命令及技巧。

第 2 章　Arduino 开发板

Arduino 是一个开放源代码的硬件项目平台，该平台包括一块具备简单 I/O 功能的电路板及一套程序开发环境软件。Arduino 可以用来开发交互产品。例如，它可以读取大量的开关和传感器信号，并且可以控制电灯、电机和其他各式各样的物理设备；Arduino 也可以开发出与 PC 相连的周边装置，能在运行时与 PC 上的软件进行通信。Arduino 的硬件电路板可以自行焊接组装，用户也可以购买已经组装好的模块，而程序开发环境的软件则可以从网上免费下载并使用。

2.1　Arduino 的历史

说起 Arduino 的起源，这个话题比较有趣。Massimo Banzi 之前是意大利米兰互动设计学校的老师。他的学生们经常抱怨找不到便宜好用的微控制器。2005 年冬天，Massimo Banzi 跟 David Cuartielles 讨论了这个问题。David Cuartielles 是一位西班牙籍微处理器设计工程师，当时在这所学校做访问学者。两人决定自己设计电路板，并找来 Massimo Banzi 的学生 David Mellis 为电路板设计编程语言。两天以后，David Mellis 就写出了所需的程序。又过了三天，电路板就完工了。Massimo Banzi 喜欢去一家名叫 Bar di re Arduino 的酒吧，该酒吧是以 1000 多年前意大利国王 Arduin 的名字命名的。为了纪念这个地方，他将这块电路板命名为 Arduino。

Banzi 等人当时加工了 200 块电路板，起初他们比较担心这些电路板是否卖得出去，但是几个月后，他们的设计作品大受欢迎，并收到了几个上百块板子的订单。这时他们明白 Arduino 是很有市场价值的。所以，他们决定开始 Arduino 的事业。但是他们有一个原则——开源。他们规定任何人都可以复制、重设计，甚至出售 Arduino 电路板。人们不用花钱购买版权，连申请许可权都不用。但是，如果加工出售 Arduino 原板，版权还是归 Arduino 团队所有。如果在基于 Arduino 的设计上修改，则设计必须也和 Arduino 一样——开源 。Arduino 设计者们唯一所有的就是“Arduino”这个商标。

对于最初决定硬件开源，几位设计者也有不同的动机。Cuartielles 认为自己是一个“左倾”学术主义者，不能因为赚钱而限制大家的创造力，从而导致自己的作品得不到广泛使用。“如果有人要复制它，没问题，复制只会让它更出名。”Cuartielles 在某次演讲中说道。Banzi 则恰恰相反，他更像一个精明的商人。Arduino 开源，相比那些不开源的作品，会激发更多人的兴趣，从而得到更广泛的使用。还有一点就是，一些电子疯狂爱好者会去寻找 Arduino 的设计缺陷，然后要求 Arduino 团队做出改进。利用这种免费的“劳动力”，他们可以开发出更好的新产品，实际情况也正如他所料，很多人提出重新布线、改进编程语言等建议。2006 年，Arduino 方案获得了 Prix Ars Electronica 电子通信类方面的荣誉奖，销售量也与日俱增。Arduino 被广泛地应用于各个领域，如用来设计机器人、调试汽车引擎、制作无人飞机模型等。

2.2　Arduino Uno 概述

Arduino Uno（如图 2-1 和图 2-2 所示）是 Arduino USB 接口系列的最新版本，是

Arduino 平台的参考标准模板。Arduino Uno 的处理器核心是 ATmega328，具有 14 路数字输入/输出口（其中 6 路可作为 PWM 输出）、6 路模拟输入、一个 16MHz 晶体振荡器、一个 USB 口、一个电源插座、一个 ICSP header 和一个复位按钮。

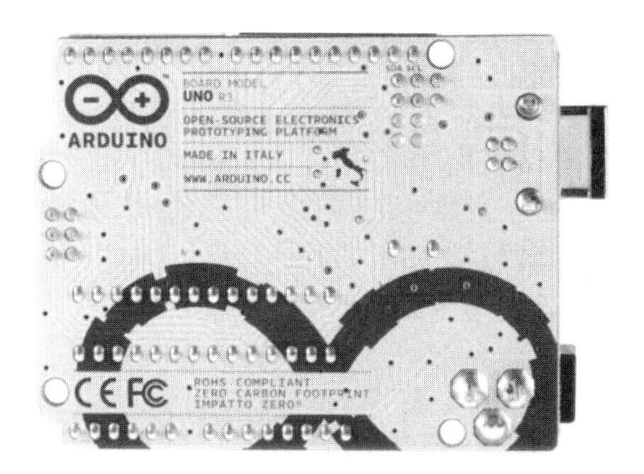

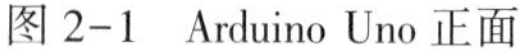
图 2-1　Arduino Uno 正面

图 2-2　Arduino Uno 背面

Uno 已经发布到第 3 版，与前两版相比有以下新的特点。

☺ 在 AREF 处增加了两个引脚——SDA 和 SCL，支持 I2C 接口；增加 IOREF 和一个预留引脚，将来扩展板将能兼容 5V 和 3.3V 核心板。

☺ 改进了复位电路设计。

☺ USB 接口芯片由 ATmega16U2 替代了 ATmega8U2。

1. Arduino Uno 供电

Arduino Uno 可以通过 3 种方式供电，而且能自动选择供电方式外部直流电源，通过电源插座供电。电池连接电源连接器的 GND 和 VIN 引脚。USB 接口直接供电。

电源引脚说明如下。

☺ VIN：当外部直流电源接入电源插座时，可以通过 VIN 向外部供电；也可以通过此引脚向 Arduino Uno 直接供电；VIN 有电时将忽略从 USB 或者其他引脚接入的电源。

☺ 5V：通过稳压器或 USB 的 5V 电压，为 Uno 上的 5V 芯片供电。

☺ 3.3V：通过稳压器产生的 3.3V 电压，最大驱动电流 50mA。

☺ GND：接地脚。

2. 输入/输出

有 14 路数字输入/输出口，工作电压为 5V，每一路能输出和接入的最大电流为 40mA，每一路配置了 20 ～ 50kΩ 内部上拉电阻（默认不连接）。除此之外，某些引脚还有特定的功能。

☺ 串口信号 RX（0 号）、TX（1 号）：与内部 ATmega8U2 USB-to-TTL 芯片相连，提供 TTL 电压水平的串口接收信号。

☺ 外部中断（2 号和 3 号）：触发中断引脚，可设成上升沿、下降沿或同时触发。

☺ 脉冲宽度调制 PWM（3、5、6、9、10 、11）：提供 6 路 8 位 PWM 输出。

☺ SPI［10（SS）、11（MOSI）、12（MISO）、13（SCK）］：SPI 通信接口。

☺ LED（13 号）：Arduino 专门用于测试 LED 的保留接口。输出为高电平时，LED 点亮；反之，输出为低电平时，LED 熄灭。

☺ 6 路模拟输入 A0 ～ A5：每一路具有 10 位的分辨率（即输入有 1024 个不同值），默认输入信号范围为 0 ～ 5V，可以通过 AREF 调整输入上限。除此之外，某些引脚还有特定功能。

☺ TWI 接口（SDA A4 和 SCL A5）：支持通信接口（兼容 I^2C 总线）。
☺ AREF：模拟输入信号的参考电压。
☺ Reset：信号为低电平时，复位单片机芯片。

3. 通信接口

1）串口

☺ ATmega328 内置的 UART 可以通过数字口 0（RX）和 1（TX）与外部实现串口通信。
☺ ATmega16U2 可以访问数字口实现 USB 上的虚拟串口。

2）TWI 接口

☺ 可用于 TWI 通信。
☺ 兼容 I^2C 总线。

3）SPI 接口

☺ Arduino Uno 上的 ATmega328 已经预置了 bootloader 程序，因此可以通过 Arduino 软件直接下载程序到 Uno 中。
☺ 可以直接通过 Uno 上 ICSP header 直接下载程序到 ATmega328。
☺ ATmega16U2 的固件也可以通过 DFU 工具升级。
☺ Arduino Uno 上 USB 口附近有一个可重置的熔丝，对电路起到保护作用。当电流超过 500mA 时，USB 连接会断开。
☺ Arduino Uno 提供了自动复位设计，可以通过主机复位。这样通过 Arduino 软件下载程序到 Uno 中，软件可以自动复位，不需要复位按钮。印制电路板上丝印 RESET EN 处可以使能和禁止该功能。

4. 下载程序

☺ Arduino Uno 上的 ATmega328 已经预置了 bootloader 程序，因此可以通过 Arduino 软件直接下载程序到 Uno 中。
☺ 可以直接通过 Uno 上的 ICSP header 直接下载程序到 ATmega328。
☺ ATmega16U2 的固件也可以通过 DFU 工具升级。

2.3　Arduino Uno R3/ATmega328 芯片硬件功能

Arduino Uno R3 控制板的主控芯片是来自 Atmel 公司的 ATmega328 芯片。ATmega328 引脚图及框架图分别如图 2-3 和图 2-4 所示。

1. 内存单元

ATmega328 芯片主要内置 3 个内存单元：电可擦可编程只读存储器（Electrically Erasable Programmable Read-Only Memory，EEPROM）、静态随机存取存储器（Static Random

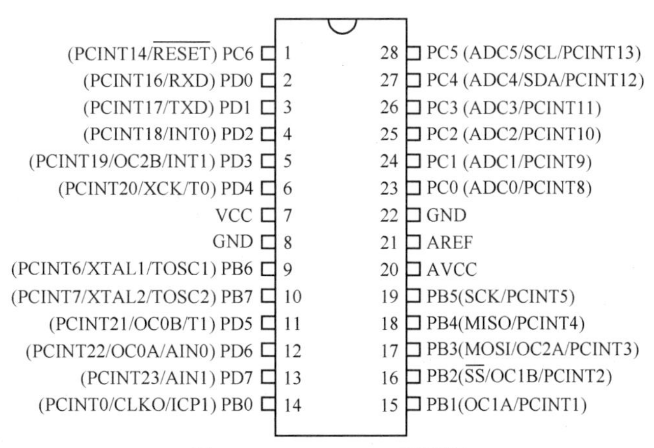

图 2-3　ATmega328 引脚图

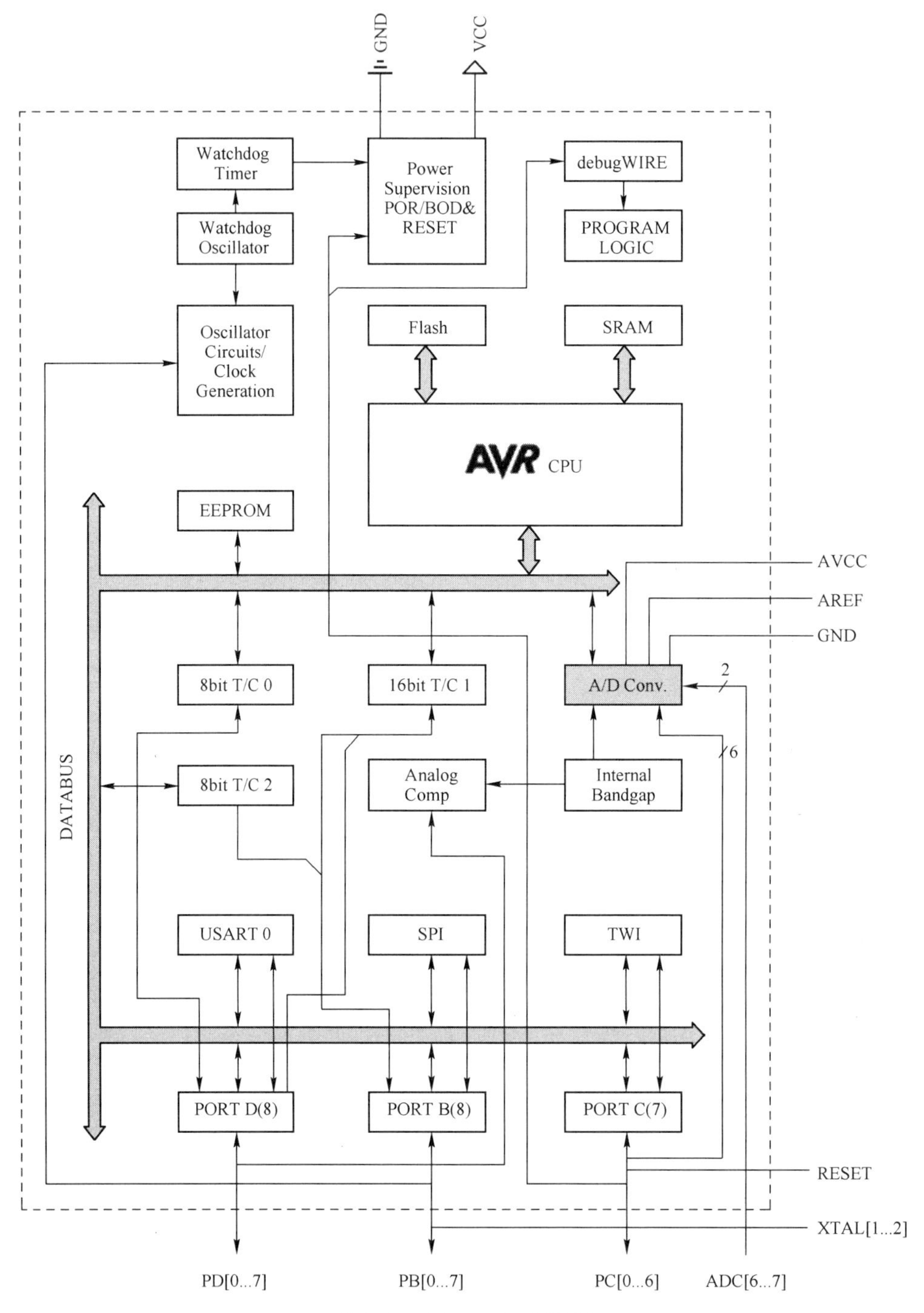

图 2-4　ATmega328 框架图

Access Memory，SRAM）及用于数据存储的字节寻址 EEPROM。接下来简单了解一下这 3 种内存单元的性能。

1）电可擦可编程只读存储器

大容量的电可擦可编程只读存储器（EEPROM）是用于存储程序的。它能够以单个单元的形式被擦除并重复编程。此外，如果一个程序需要大量的常数表，则它可以在程序中以全部变量的形式与其他程序一起被烧录到 EEPROM 空间内。EEPROM 具有非易失性，即当微控制器掉电时，存储器中的内容不会改变或者丢失。ATmega328 配备 32KB 的板载可重复编程 EEPROM 空间。这个内存单元被组织成 16K 个位置，每个位置上包括 16 位（即 2B 的内容）。

2）静态随机存取存储器

静态随机存取存储器（SRAM）是易失性的。也就是说，如果微控制器掉电，则所有的 SRAM 内存区内所存储的内容都将被清空丢失。在程序执行期间，所有的内容都能够被读写。ATmega328 芯片内置 2KB 自己的 SRAM 空间，其中一小部分的 SRAM 空间被分配给了通常的单片机数据寄存单元、板载 I/O 端口及外围子系统的状态存储。在附录 A 和附录 B 中，我们分别提供了一个完整的 ATmega328 芯片的寄存单元列表及头文件信息。程序运行时，SRAM 一般用于存储全局变量，支持动态内存分配的变量，并为堆栈提供位置。

3）字节寻址 EEPROM

在程序执行时，字节寻址 EEPROM 用于存储永久性或会被反复调用的变量。它也是非易失性的。在程序执行时，字节寻址 EEPROM 常被用于对系统故障和故障数据进行记录。同时，在电源故障期间，它能有效地存储必须保留的数据，但需要周期性充电才能维持工作。使用这类内存的应用主要是存储系统参数、电子锁组合及电子门解锁序列等信息。ATmega328 芯片配备 1024B 的 EEPROM。

2. 端口系统

Atmel 公司的 ATmega328 芯片配备 3 个 8 位数字 I/O 端口，被指定为 PORTB（8 位，PORTB[7:0]）、PORTC（7 位，PORTC[6:0]）及 PORTD（8 位，PORTD[7:0]）。所有这些端口还有额外的功能。接下来我们先初步了解一下基本的数字 I/O 端口的功能。

如图 2-5 所示，每个端口都有 3 个相关的寄存器。

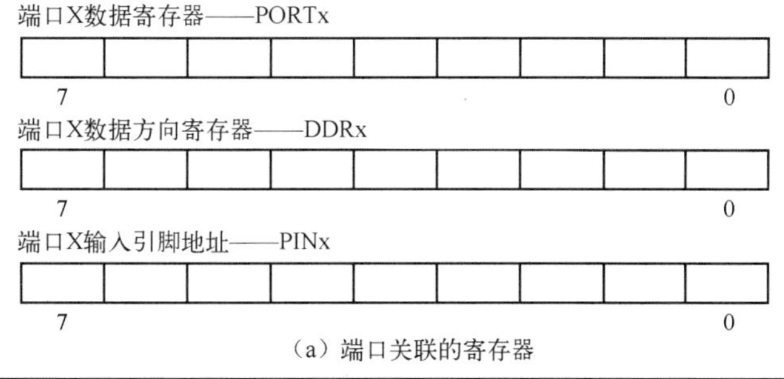

（a）端口关联的寄存器

DDRx	PORTxn	I/O端口	注释	内置上拉电阻
0	0	输入	高阻态模式（Hi-Z）	No
0	1	输入	如果外接低电平则输出电流	Yes
1	0	输出	输出低电平	No
1	1	输出	输出高电平	No

x: 端口标志符（B、C、D）；*n*: 引脚标志符（0~7）

（b）端口引脚配置

图 2-5　ATmega328 端口配置寄存器

☺ 数据寄存器 PORTx：用于对端口写入输出状态。

☺ 数据方向寄存器 DDRx：用于指定引脚方向——输出（1）、输入（0）。

☺ 输入引脚地址 PINx：用于从端口读取输入数据。

这 3 个寄存器描述了将端口配置为输入或输出模式的设置。如果某端口被配置为输入模式，则可以被用于信号输入引脚或者工作在高阻抗（Hi-Z）模式下。

一般来说，在程序运行的第一步，我们就会对控制板的所有端口进行初始化，配置其 I/O 工作状态及初始值。通常，一个端口上的 8 个引脚是同时进行配置的。

3. 内部系统

这里简要介绍 ATmega328 芯片的内部系统，主要说明微控制器内部系统的一些功能特性。这些内置功能使得微控制器能够实现较为复杂的功能和逻辑。

1）时间基准

微控制器是一个复杂的同步状态机。它根据用户编写的程序以连续的方式对程序的每一步做出响应。微控制器的执行序列是一个可预见的读取—解码—执行的步骤。每一个独特的汇编语言程序指令发出一系列的信号，从而控制微控制器的硬件来完成指令有关的操作。

微控制器有序执行这一系列动作的速度取决于一个精准的时间基准，称为时钟。时钟源被连接到整个微控制器的路由系统中，从而提供所有外围子系统的时间基准。ATmega328 芯片能够使用一个用户可配置的内部 RC（电阻-电容）作为时间基准，或者接入外部时钟源。通过选择可编程熔丝位启动内部 RC 时钟。内部时钟提供 4 个时钟工作频率，分别为 1MHz、2MHz、4MHz、8MHz。

为了能够提供更多的工作频率，可以配置微控制器工作在外部时钟源模式下。为了提高准确度和稳定性，外部时钟源能够使用一个外部的 RC 网络、陶瓷谐振器或晶体振荡器。系统设计师需要根据实际应用来选择适当的时间基准频率及时钟源设备。

2）定时子系统

ATmega328 芯片配备辅助的定时器子系统，通过该系统，用户能够生成精确的输出信号，测量输入的数字信号的特性（如周期、占空比及频率等）或者对外部事件进行计数。具体地说，ATmega328 有两个 8 位定时器/计数器及 1 个 16 位计数器。

3）脉宽调制通道

脉冲宽度调制（PWM）信号的特性是固定的频率和不同的占空比。占空比是指重复的信号为逻辑高电平状态在信号周期内的时间百分比。它用公式表达为

$$占空比(\%)=占用时间/时间周期\times100\%$$

ATmega328 芯片内置 4 路 PWM 输出通道。其 PWM 通道拥有从系统时间基准分割出的多路 PWM 子系统时钟频率的灵活性，从而使用户能够根据实际需求，生成各种各样的 PWM 通道信号（从高频率低占空比的信号到低频率高占空比的信号）。

PWM 信号已经在实际应用中得到广泛使用，如伺服电机位置控制及直流电机转速控制等。

4. 串行数据通信

ATmega328 芯片配备不同的串行数据通信子系统，其中包括通用同步/异步串行收发器（Universal Synchronous and Asynchronous Serial Receiver and Transmitter，USART）、串行外围设备接口（Serial Peripheral Interface，SPI）及两线串行通信接口（I^2C/TWI）。所有这些系统通过共同的串行方式来传输数据。在串行通信传输时，计划发送的数据以单个位的形式在固定的时间从发射端被推送到接收端。

1）通用同步/异步串行收发器（USART）

USART—般用于发送器和接收器之间，进行全双工（双向）数据通信。通过 USART 端口能实现 ATmega328 微控制器与其他独立设备的数据收发。USART 的典型应用是异步数据

通信，也就是说，它并不需要在接收器和发送器之间使用一个通用的时钟系统来解决它们的同步问题。在 USART 端口发送字节数据时，USART 通过发送起始位和终止位数据的方式来维持接收器和发送器之间的同步。

ATmega328 芯片的 USART 端口的灵活性很强。它拥有可配置系列数据通信速率（常称为波特率）的功能。USART 端口支持携带 1 个或 2 个终止位数据，发送 5 ～ 9 个字节的数据。此外，ATmega328 配备硬件生成的校验位（偶数或奇数）和奇偶校验硬件的接收器。单奇偶校验位可以用来捕捉 1B 数据中的单个数据位的发送错误。另外，USART 可配置工作于同步模式。

2）串行外围设备接口（SPI）

ATmega328 芯片的串行外围设备接口能够用于接收器和发送器之间的两路串行数据通信。在 SPI 系统中，发送器和接收器需要共享一个通用的时钟源。因此，发送器和接收器需要通过一根额外的时钟线来连接，但是与 USART 通信相比，这一特性为 SPI 通信带来了更高的数据传输速率。

SPI 拥有 16 位同步移位寄存器，其中一半是 8 位数据发送寄存器，而另一半则是 8 位数据接收寄存器。发送器通常被指定为主机，因为它需要为接收器和自身之间的连接提供同步时钟源。接收器称为从机。后面我们会具体讨论 SPI 的操作、编程及应用，这里不再赘述。

3）两线串行通信接口（I^2C/TWI）

TW1 子系统允许系统设计师使用两线互连的方案将一系列相关设备（如微控制器、传感 器、显示器、记忆存储器等设备）以网络的形式连接到同一系统中。TWI 接口最多能同时连接 128 个设备。其中，每个设备具备独立的设备地址，并且能在两线的总线上以高达 400kHz 的频率进行通信。因此，通过 TWI 接口，设备可在小范围网络中自由交换数据。本书后面会具体讨论 TWI 系统，这里不再赘述。

5. 模数转换器

ATmega328 芯片配备 8 路模数转换器（ADC）子系统。ATmega328 芯片的模数转换器系统拥有 10 位的分辨率。这也就意味着，从 0 ～ 5V 的模拟电压信号接入微控制器的模数转换系统后，对微控制器而言，这个电压信号是一个 0 ～ 1024（从十六进制的 00 到十六进制的 3FF）的二进制数值信号。因此，它提供了 ATmega328 芯片感应大约 4.88mV 电压变化的精度。

一个程序的常规执行步骤根据指定的指令序列进行。然而，在实际应用中，我们往往需要对一些源自微控制器外部或者内部的较高优先级的错误或者状态进行快速响应，因而需要打断常规的程序执行步骤。在优先级较高的事件发生时，微控制器必须暂停正常运行并执行特殊事件的行为称为中断服务程序。一旦高优先级事件执行完成，处理器会返回并继续执行常规的程序步骤。

ATmega328 芯片配备 26 个中断源。其中，两个作为外部中断源，其余中断源为微控制器上的外围子系统的高效运作提供支持。本书在后面内容中再继续讨论中断系统的操作、编程及应用，这里不再赘述。

2.4　Visual Designer 中的 Arduino

1. Arduino 基本模块

在硬件方面，Arduino 是一个由相当简单的基板、AVR 微控制器，以及一些支持电子和

Arduino 引脚（连接器）组成的系统，并有大量的外围板（屏）插入到引脚头形成特定工程的硬件。

如图 2-6 所示，在 Arduino 的可视设计器中，创建一个新工程时首先需要确定基板的类型（如 Arduino Uno、Arduino Mega）。创建工程时，其将自动放置在原理图上，如图 2-7 所示。

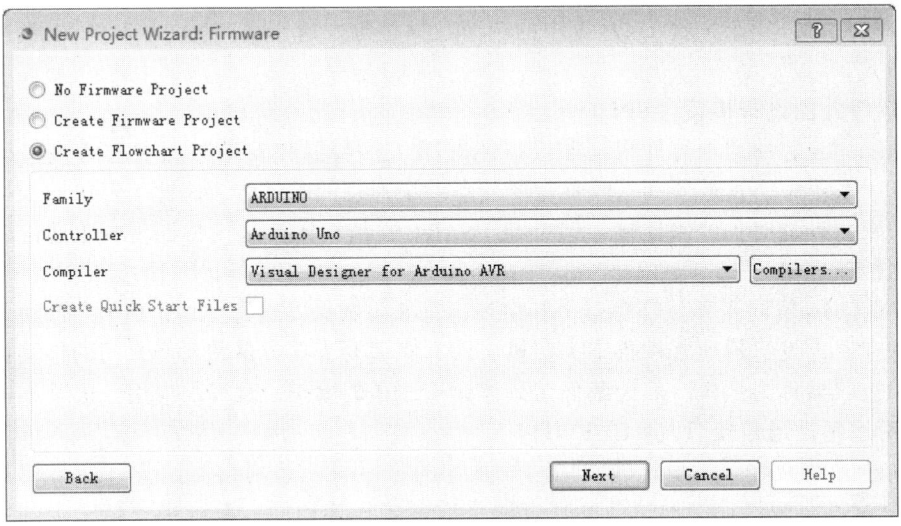

New Project Wizard: Firmware

No Firmware Project
Create Firmware Project
Create Flowchart Project

Family ARDUINO
Controller Arduino Uno
Compiler Visual Designer for Arduino AVR Compilers...
Create Quick Start Files

Back Next Cancel Help

图 2-6　确定基板的类型图

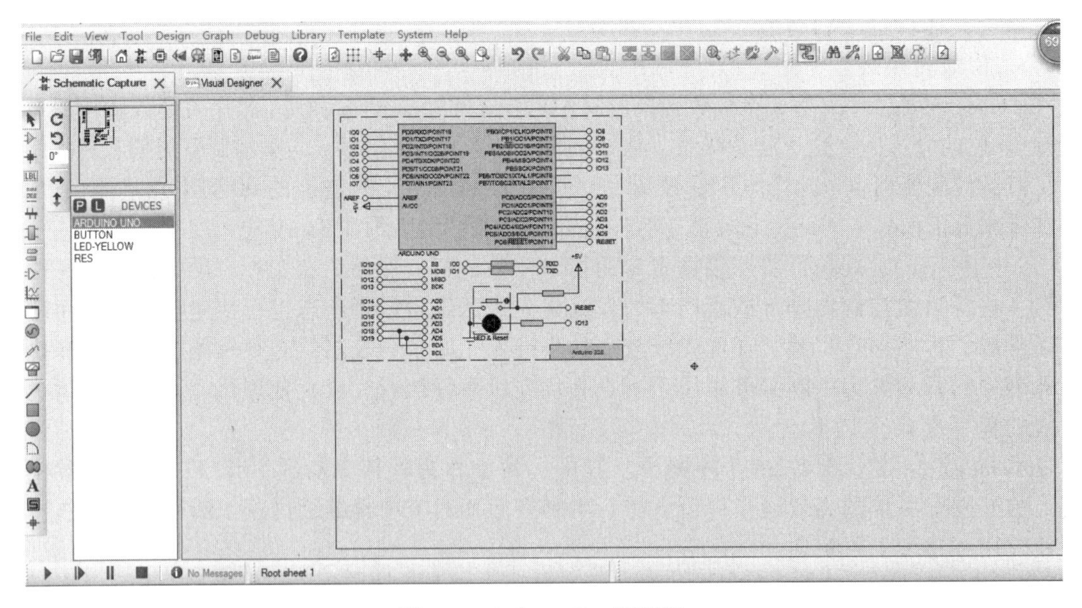

图 2-7　Arduino Uno 原理图

2. Arduino Uno 可视化程序语法模块

Arduino Uno 可视化程序语法模块如图 2-8 所示，分为 CPU 和时钟两个部分。CPU 部分包括配置引脚模块（指定引脚和方向）、配置模拟引脚参考电压模块、写入模拟量模块、读取模拟量模块、写入数字量模块（指定输出引脚和高低电平）、读取数字量模块、读取脉冲时间模块、启用中断模块、禁用中断模块、调试模块。时钟部分包括初始化模块、设置频率模块、启动模块、停止模块、重启模块、继续模块、读取模块、启用 PWM 模块、禁用 PWM 模块、设置 PWM 占空比模块。

3. 可视化硬件

Visual Designer 为工程设计极大地简化了“虚拟硬件”，下面详细介绍各种细节和应用。

1）添加盾牌模块

（1）添加一个屏。当需要在可视设计器中添加盾牌时，右击项目树并从生成的上下文菜单中选择添加外围设备命令。在外围设备浏览器上选择 Adafruit 类别，然后选择要添加的屏幕盾牌，即可自动将屏电子器件放置在原理图上，如图 2-9 所示。

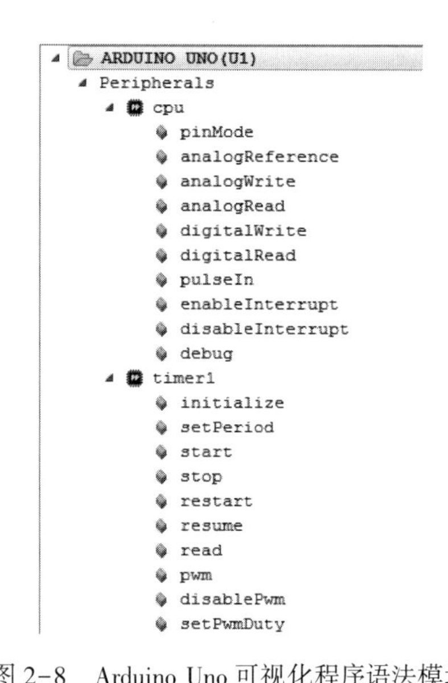

图 2-8　Arduino Uno 可视化程序语法模块

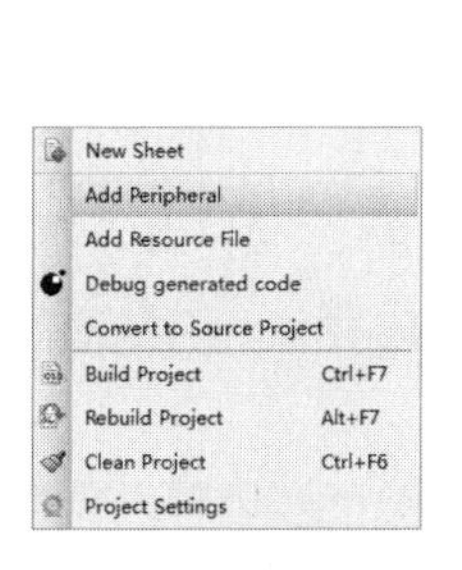

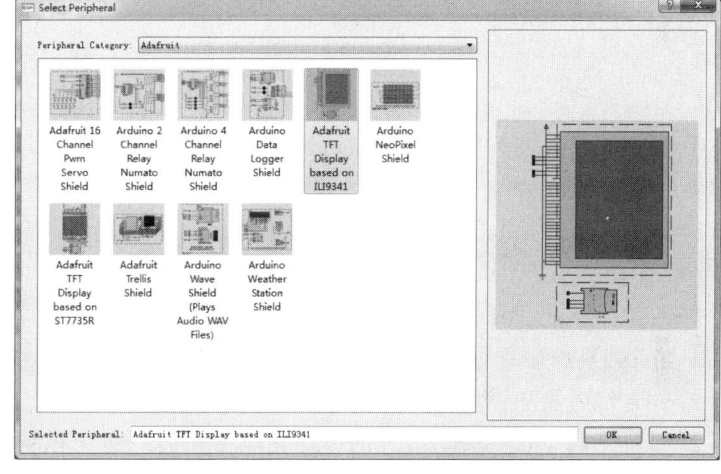

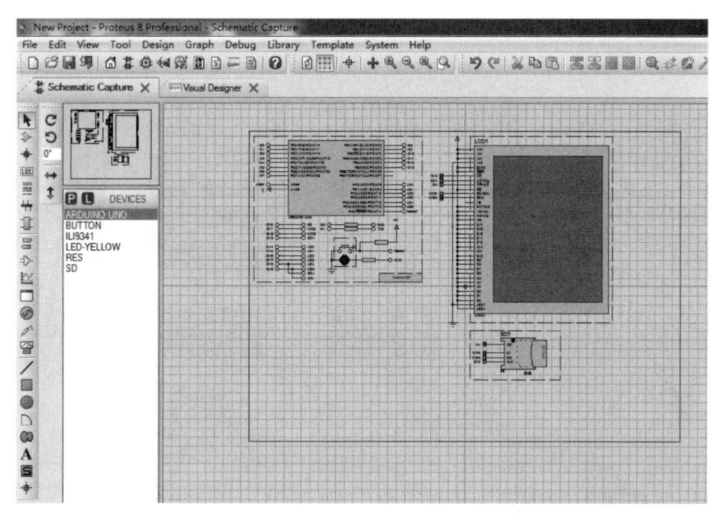

图 2-9　添加外围设备将在原理图上自动放置和自动连接

（2）编程控制屏。一旦从外围设备库中选择外围设备，屏幕的程序语法模块就会出现在 Visual Designer 的工程树中。拖放程序语法模块到流程图可以快速控制连接的电子元件，如图 2-10 所示。

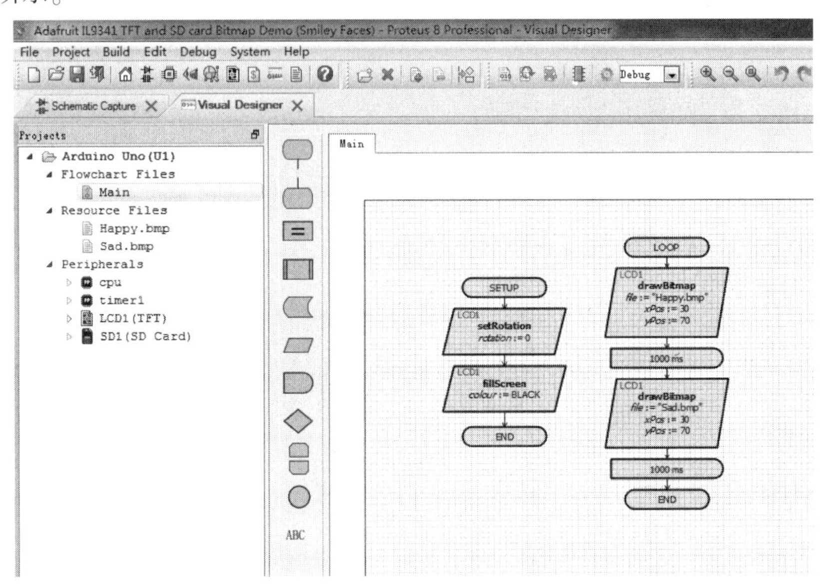

图 2-10　拖放方法驱动屏

（3）潜在的陷阱。使用 Virtual Shields 是在 Visual Designer 中快速创建工程的最简单的方法。然而，需要注意所选择使用的硬件。

① 需要确保使用 Arduino 屏与硬件兼容。例如，一些屏是不兼容的，因为它们使用 CPU 的相同资源（如 Timer1）；其他引脚不兼容。

② 需要确保目标 Arduino 主板有足够的内存来处理添加到它的盾牌。特别是使用 Arduino Uno，如果添加具有大型和复杂软件堆栈的屏，则可能会耗尽内存。

2）Grove 传感器和模块

Grove 是一个用于快速原型设计的模块化电子平台。每个模块都有一个功能，如触摸感应、创建音频效果等。只需将所需的模块插入基座屏，然后以正常方式将基座屏连接到 Arduino 基板。

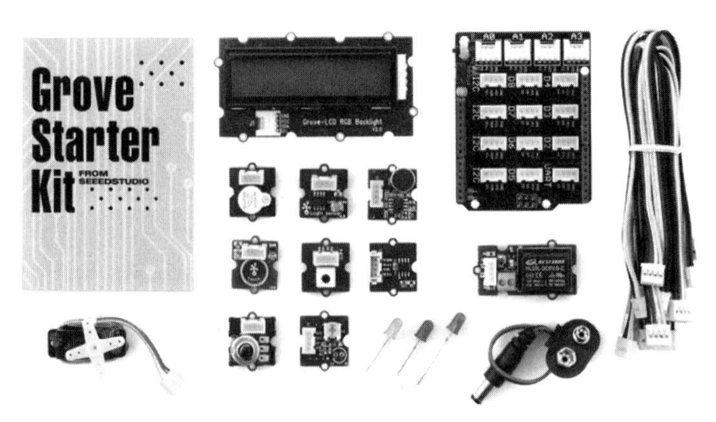

图 2-11　Grove Starter Kit Plus

Grove Starter Kit Plus（如图 2-11 所示）是初学者开始使用 Arduino 的好方法。将 Grove 基础盾牌拖放到现有的 Arduino 上，可使其连接多达 16 个 Grove 模块。Arduino 的头部仍然在其他盾牌的顶部，使其很容易连接其他分线板和传感器到 Arduino 开发板。

（1）添加一个 Grove 模块。添加一个 Grove 模块的方法和添加盾牌的方法一样，只需在 Peripheral 目录下选择 Grove 即可，如图 2-12 所示。

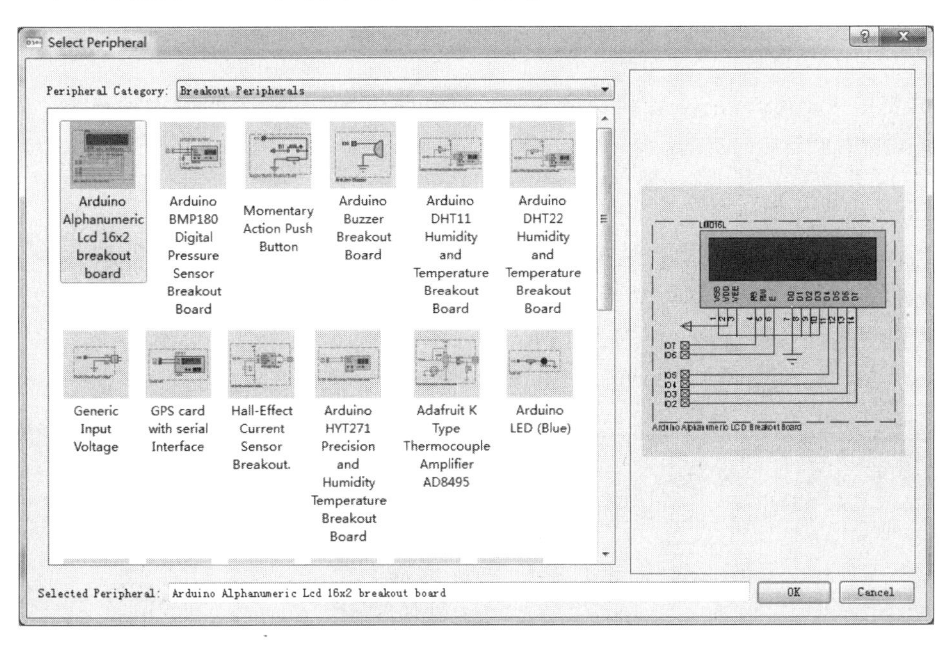

图 2-12　添加 Grove Starter Kit 模型

（2）通过项目树中的高级方法控制 Grove 外围设备。多个外围设备和传感器可以被轻松添加到单个工程中，与使用标准 Arduino 屏相比，它提供了额外的灵活性。

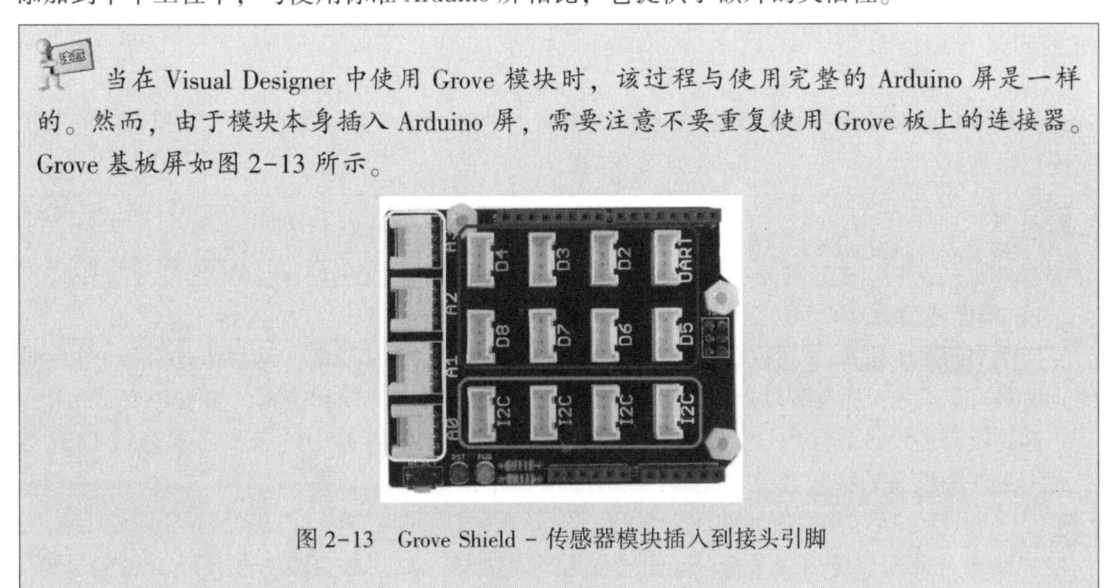

注意　当在 Visual Designer 中使用 Grove 模块时，该过程与使用完整的 Arduino 屏是一样的。然而，由于模块本身插入 Arduino 屏，需要注意不要重复使用 Grove 板上的连接器。Grove 基板屏如图 2-13 所示。

图 2-13　Grove Shield - 传感器模块插入到接头引脚

当添加 Grove 外围设备时，将在原理图上为实际板上的连接器分配一个 ID。如果有重复的，则需要编辑和重命名其中一个连接器到一个空闲插槽，如图 2-14 所示。

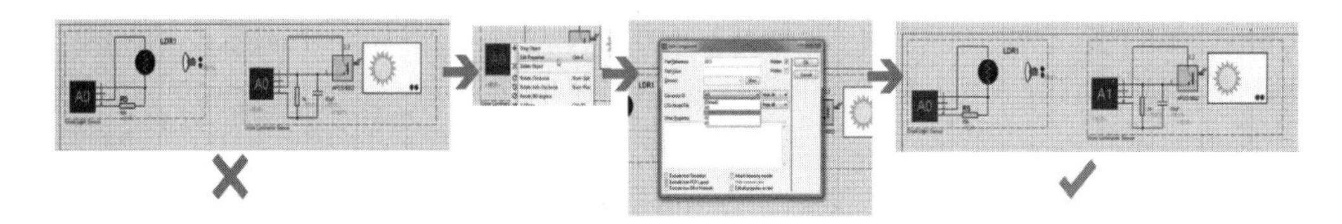

图 2-14　编辑和重命名其中一个连接器到一个空闲插槽

需要确保使用的 Grove 模块与硬件兼容。由于每个插座使用的引脚可重叠，因此很容易错误地使用相同的引脚。

3）分线板和外围设备

在 Peripheral Gallery 中找到的第三类硬件是有用的、有趣的电子元件统称为分线板。Visual Designer 提供了其控制方法。因此，当向工程添加 breakout 外围设备时，可以从它添加到工程树中的方法驱动它，如图 2-15 所示。

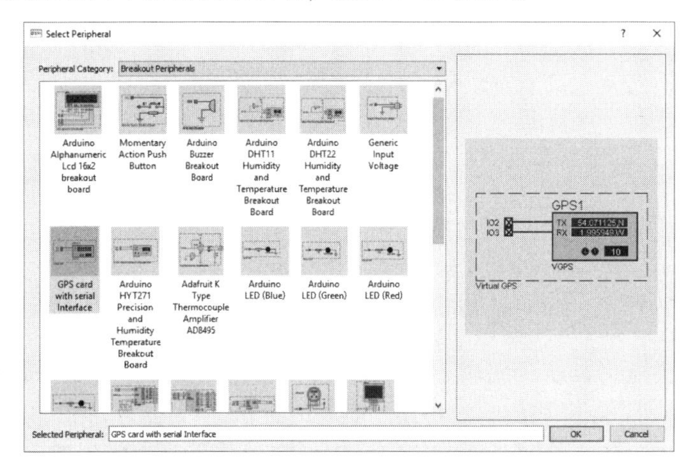

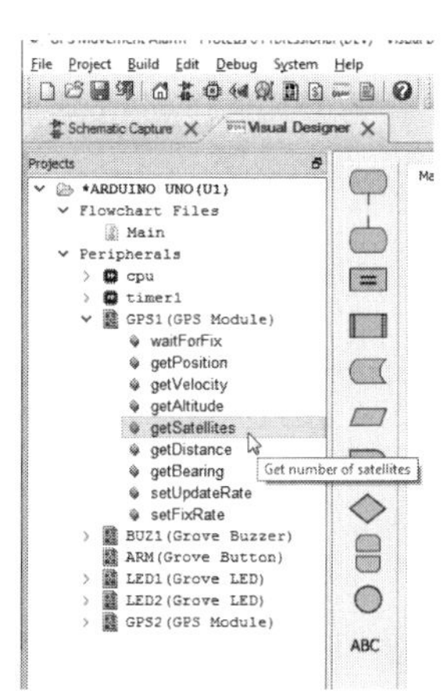

图 2-15　添加分线板

分线板在原理图上提供很大的灵活性。事实上，它们通常连接到想要放置和布线的其他原理图组件。

需要注意 CPU 的资源和硬件分配。

4）原理图设计

使用 Visual Designer，可以访问 Proteus VSM 模拟环境的全部功能。这意味着拥有一个专业的原理图捕获工具，拥有数以万计的嵌入式组件，可以放置、连线和仿真，如图 2-16 所示。

这是所有的设计方法中最灵活的一种。但是，可视化设计器中的编程必须通过 CPU 方法而不是外围设备的特定方法来完成，如图 2-17 所示。

用于仿真的原理图设计是一个大型且相对复杂的工程。除放置和连接外，还需考虑功耗因素，并且需要在适当的情况下编程互连协议。在这个阶段，应该考虑从可视设计器到 Proteus VSM 的转换，因为有一个点需要进行 C 语言编程来有效地设计嵌入式系统。

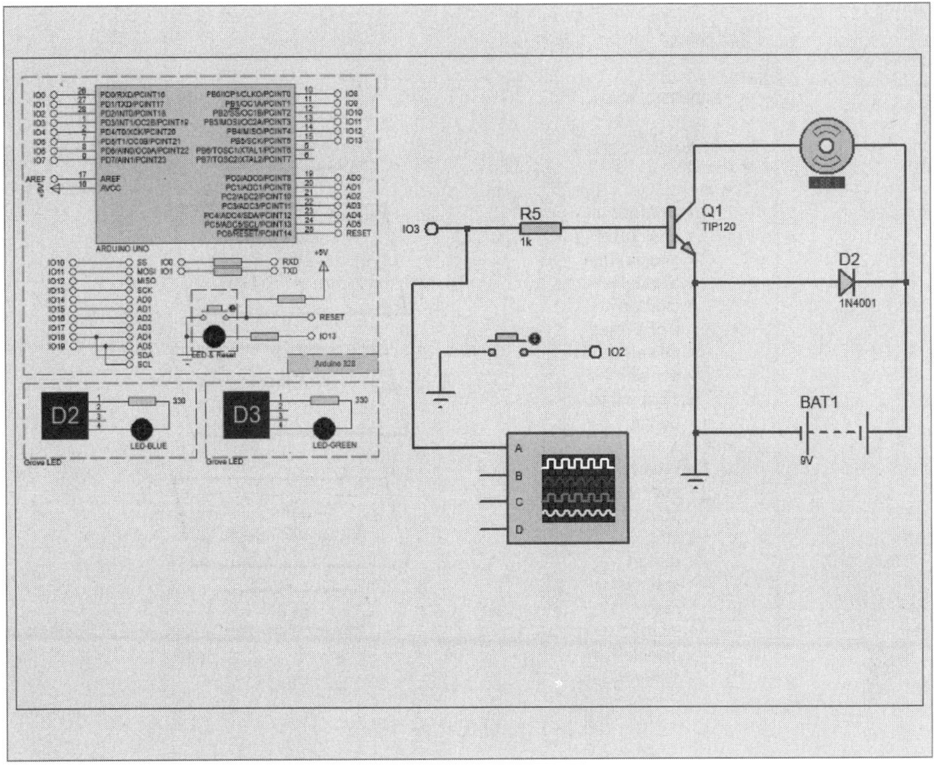

ARDUINO UNO
Arduino 328
D2
D3
LED-BLUE
LED-GREEN
Grove LED
IO3
R5
1k
Q1
TIP120
D2
1N4001
IO2
BAT1
9V
A
B
C
D

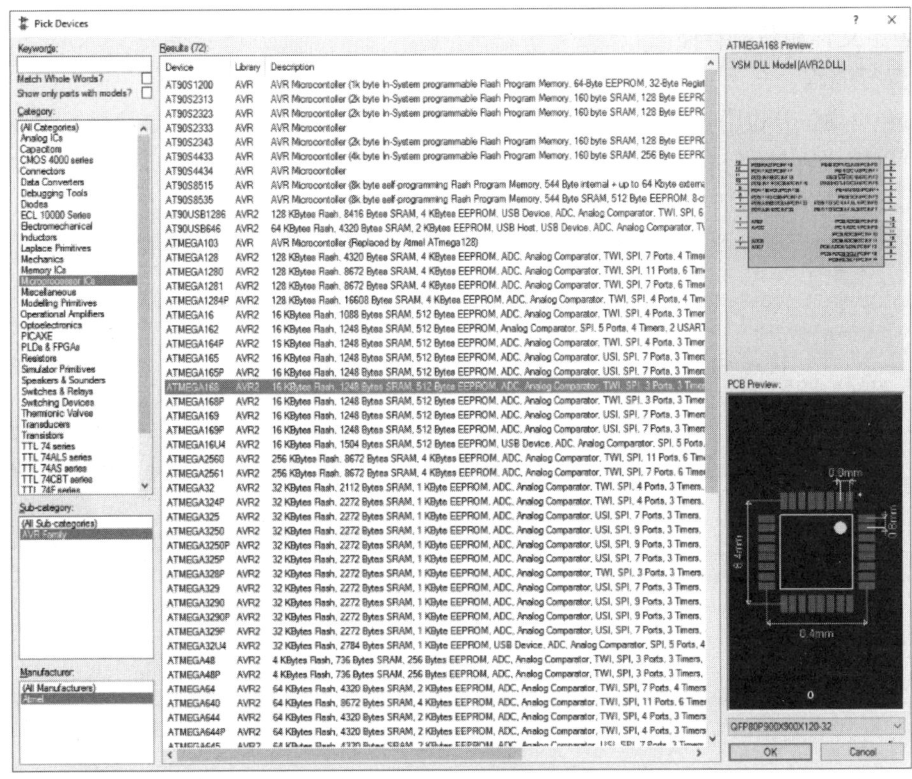

Pick Devices
Keywords:
Match Whole Words?
Show only parts with models?
Category:
Sub-category:
Manufacturer:
Results (72):
Device
Library
Description
ATMEGA168 Preview:
VSM DLL Model [AVR2.DLL]
PCB Preview:
QFP80P900X900X120-32
OK
Cancel

图 2-16　原理图设计

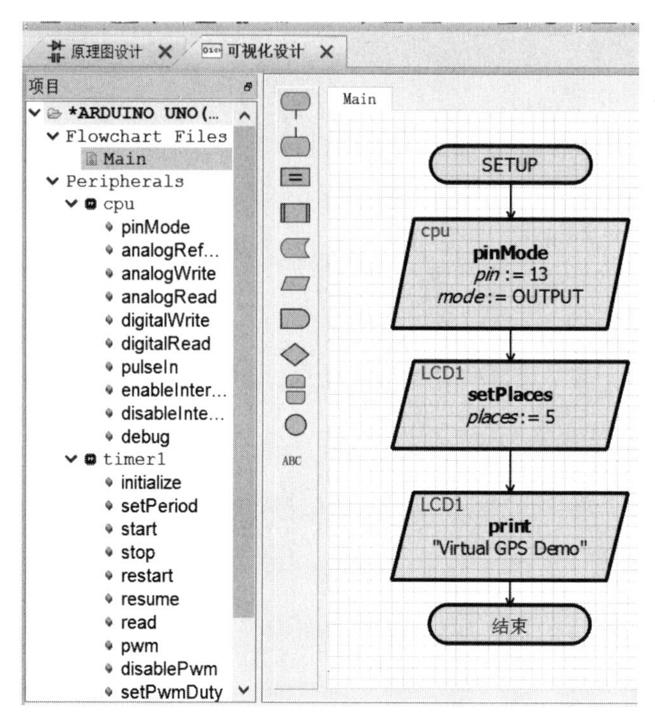

图 2-17　可视化设计方法

4. 资源文件和数据存储

1）运行流程

具有包含 SD 卡和用于使用 SD 卡的内容的其他电子设备的盾牌是非常普遍的。很多示例包含可以渲染存储在 SD 卡上的图片的 TFT 屏和可以播放存储在 SD 卡上的 WAV 文件的 Wave Shield。使用这些盾牌的过程相当简单，具体如下。

（1）添加包含资源文件的盾牌（如 Wave Shield、TFT Shield），如图 2-18 所示。

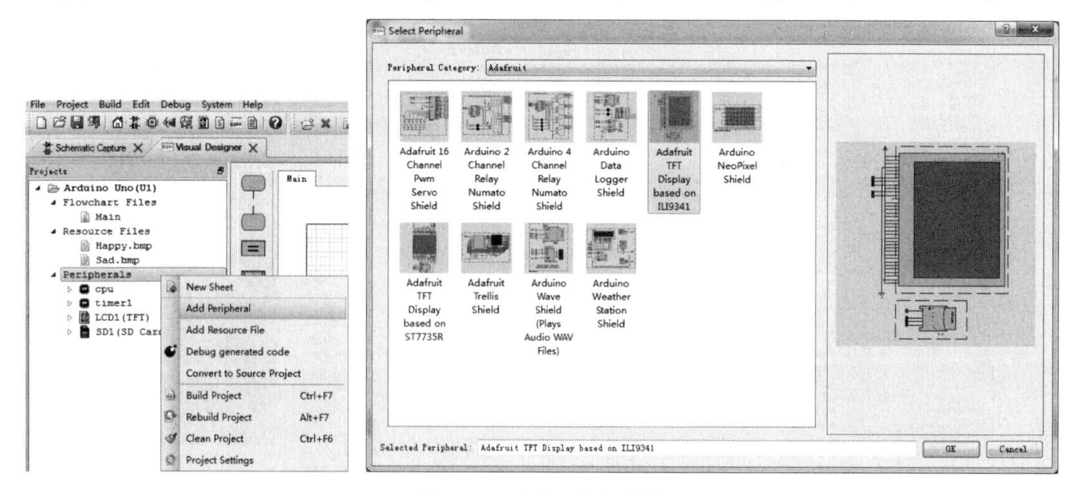

图 2-18　添加盾牌步骤

（2）检查 SD 卡图像大小是否达到预期目的。显然，波形文件的 SD 卡映像大小需要大于图片的大小，如图 2-19 所示。

在软件中，Proteus 在这里用于创建一个正确的大小 FAT 图像。对于正在编程的真正的硬件，需要确保有一个合适大小的 FAT16 或 FAT32 SD 卡（在屏幕的 SD 卡插槽），然后单击程序按钮。

（3）添加资源文件，如图 2-20 所示。

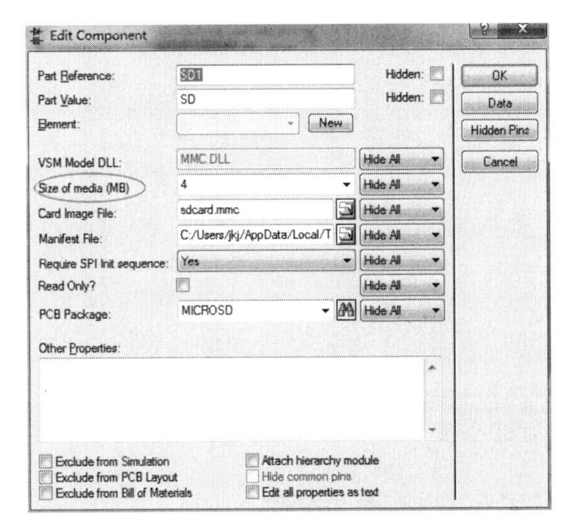

图 2-19　设置 SD 卡图像大小

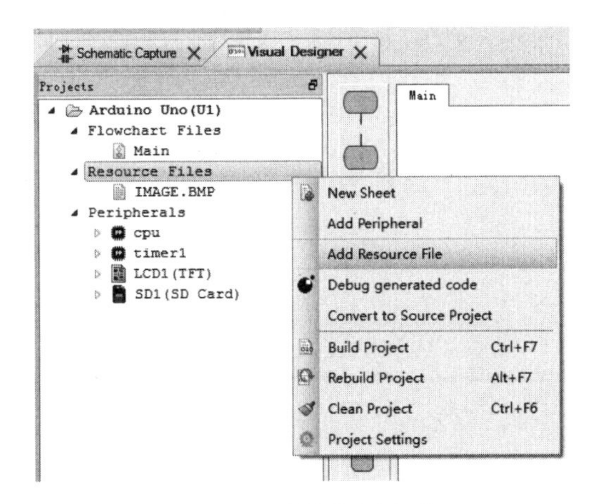

图 2-20　添加资源文件

注意资源文件的命名。Arduino SD 堆栈默认仅支持“8.3”文件名（该名称必须为 8 个字符或更少，扩展名必须为 3 个字符或更少），以支持 FAT16 卡。例如，一个名为 ProteusLogo. bmp 的图片不会加载，而将其重命名为 logo. bmp 或 image. bmp 则可正常加载。

（4）将资源文件拖放到程序中。可视化设计将自动：

☺ 检测资源的目标 IO 例程（如 DrawBitmap( ) 或 Play( )）。

☺ 将例程的源设置为资源。

如果添加资源文件，则必须在包含的屏中有 SD 卡或 SD 卡断开外围设备，否则没有地方将资源存储在硬件中。

2）文件存储

有时只需要在程序中存储和操作数据，文件存储即可实现此功能。具体方法如下，文件存储：

（1）添加资源，这里是正在存储的数据（如文本文件）。

（2）添加 SD 卡，如图 2-21 所示。

（3）使用文件存储器上的方法（存储数据块）打开、读取或以其他方式操作程序中的数据，如图 2-22 所示。

当编程物理硬件时，程序员将处理后的资源传输到 SD 卡（只要硬件中有合适的 SD 卡）。

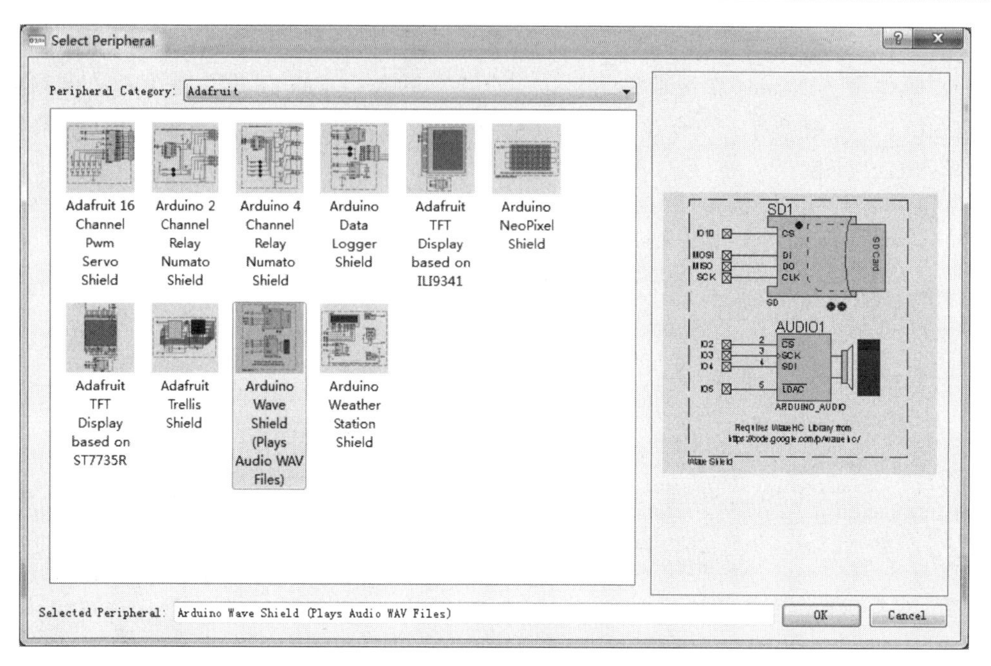

图 2-21 添加 SD 卡

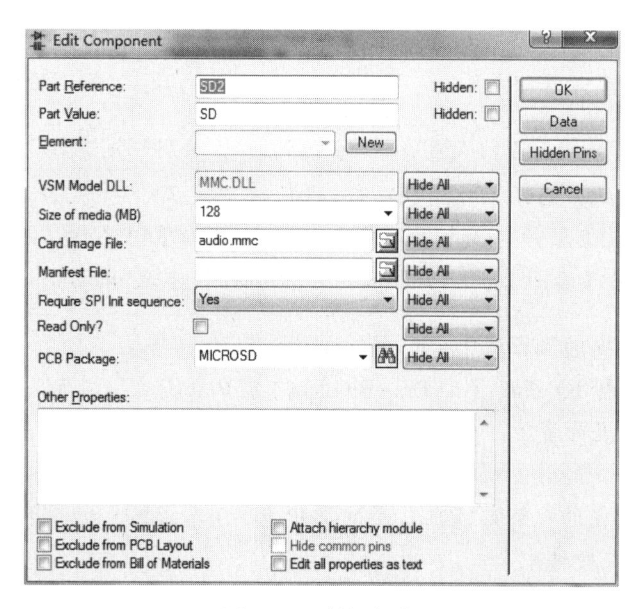

图 2-22 数据操作

5. Arduino 物理硬件编程

本主题讨论如何从 Proteus Visual Designer 中对 Arduino 硬件进行编程，以便可以看到工程在现实世界中的工作状况。

有关技术支持或编程问题，请参阅下面的故障排除指南或 Arduino 资源。

- https://www.arduino.cc/en/Main/FAQ
- https://forum.arduino.cc/
- https://forum.arduino.cc/index.php?topic=261445.0

1）编程快速指南

为方便起见，Proteus Visual Designer 包括 Arduino AVR 编程器的接口。要从 Proteus 内部编程硬件，需要：

（1）确保已安装 Arduino 驱动程序。如果未安装，则可以从 Labcenter 程序组或从其网站安装 Arduino IDE 来进行安装，如图 2-23 所示。

（2）在 Visual Designer 中启动工程设置对话框，如图 2-24 所示。

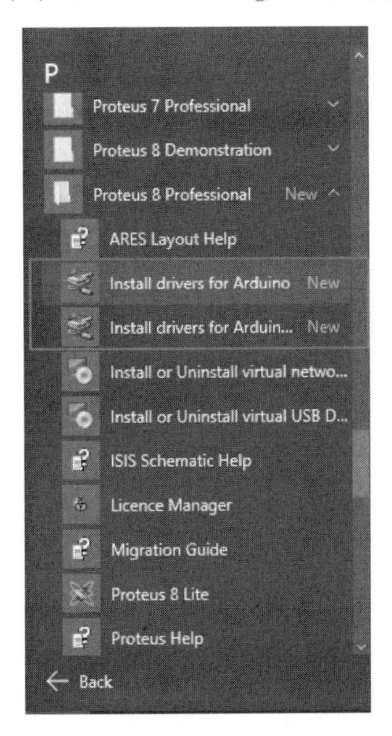

图 2-23　从 Labcenter 程序组安装驱动程序

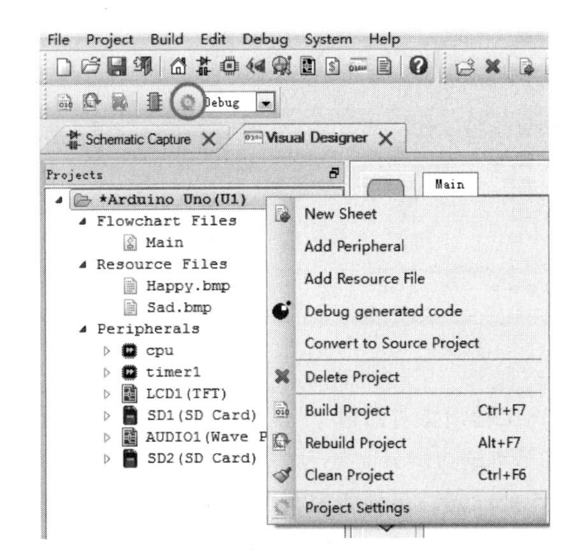

图 2-24　在 Visual Designer 中启动工程设置对话框

（3）指定处理器、系列、控制器等，如图 2-25 所示。

（4）根据连接的物理硬件指定正确的接口。

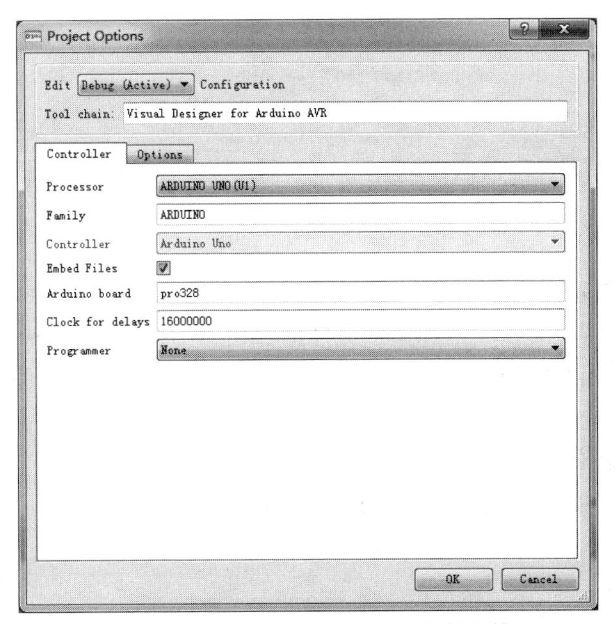

图 2-25　指定处理器、系列、控制器等

(5) 插入硬件，检查设备管理器，然后输入 PC 用于 USB 的 COM 端口，如图 2-26 所示。

(6) 编译程序，然后按程序上传按钮传输给真正的硬件，如图 2-27 所示。应该会收到如图 2-28 所示的消息。

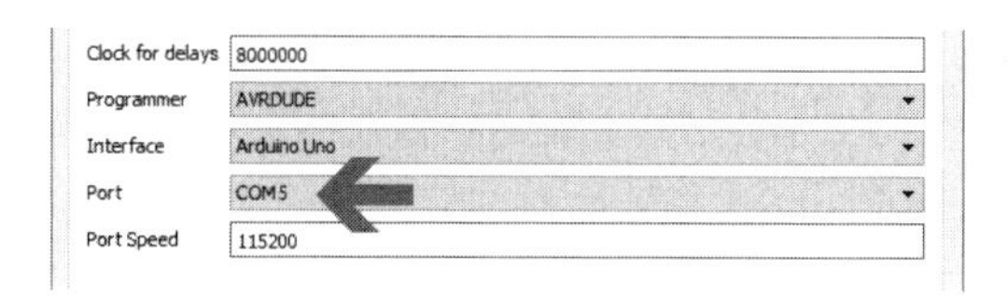

图 2-26　设置正确的 COM 端口

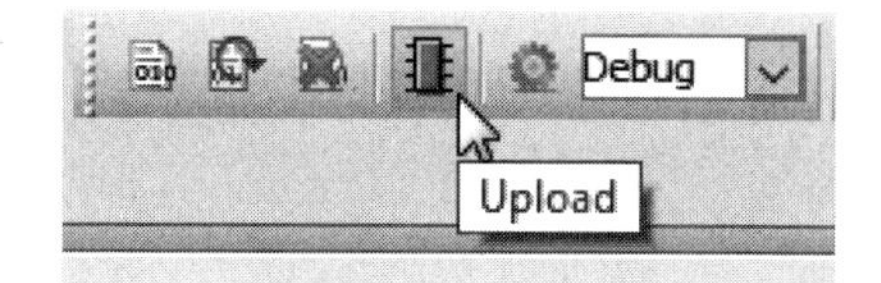

图 2-27　构建和上传到硬件

VSM Studio Output

```
avrdude.exe: AVR device initialized and ready to accept instructions
avrdude.exe: Device signature = 0x1e950f
avrdude.exe: reading input file "C:/Users/djs/AppData/Local/Temp/28ed4db2c4f147e7a441c66c81015348/ARDUINO UNO/Debug/Debug.elf"
avrdude.exe: writing flash (2428 bytes):
avrdude.exe: 2428 bytes of flash written

avrdude.exe done.  Thank you.
Done uploading
```

图 2-28　完成上传到硬件

2）工程设置对话框

除基本的方案外，还有一些对话形式的其他备选方案，如图 2-29 所示。

3）处理器、系列和控制器选项

处理器、系列和控制器选项（“选项”也可称为“字段”）在创建工程时设置，并将在 Project Options 对话框中自动设置，如图 2-30 所示。

图 2-29　启动工程设置对话框

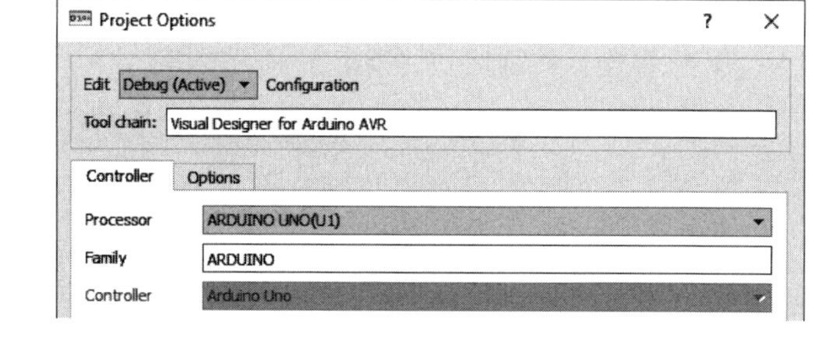

图 2-30　处理器、系列和控制器选项在创建工程时设置

4）嵌入式文件选项

嵌入式文件选项将所有源文件和调试文件保存在 .PDSPRJ 文件中，如图 2-31 所示。这避免了与库和文件的相对路径这种常见问题，以及使工程易于移植。我们不建议在没有充分理由的情况下关闭此选项。

5）Arduino 板选项

Arduino 板选项（如图 2-32 所示）是一个字符串，传递给 Arduino 编译器和连接器，用于识别板上的处理器。一般情况下不需要更改此选项。

6）延迟时钟选项

延迟时钟选项基本上是针对处理器时钟频率而言的。对于仿真，时钟频率会被减半至

8MHz 以确保在适度的计算机上的良好性能。对于真正的硬件，它需要改变为 16MHz，有两种方法可实现这一点。

方法一：如图 2-33 所示，单独保留延迟时钟选项，以获得最佳的仿真性能，同时保证正确编译硬件。

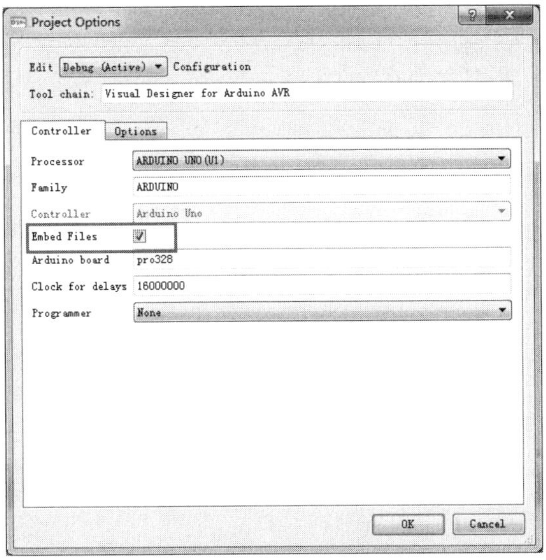

Project Options
Edit Debug (Active) Configuration
Tool chain: Visual Designer for Arduino AVR
Controller Options
Processor ARDUINO UNO (U1)
Family ARDUINO
Controller Arduino Uno
Embed Files ☑
Arduino board pro328
Clock for delays 16000000
Programmer None
OK Cancel

图 2-31　嵌入式文件选项

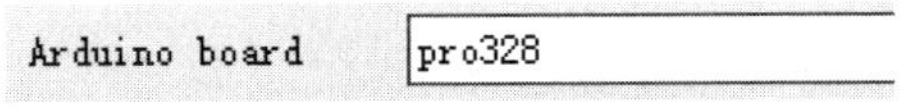

Arduino board pro328

图 2-32　Arduino 板选项

Project Options
Edit Debug (Active) Configuration
Tool chain: Visual Designer for Arduino AVR
Controller Options
Processor ARDUINO UNO(U1)
Family ARDUINO
Controller Arduino Uno
Embed Files ☑
Arduino board pro328
Clock for delays 8000000
Programmer None
OK Cancel

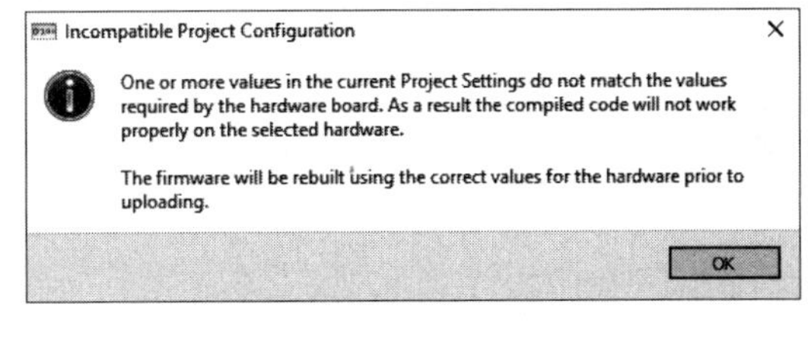

图 2-33　设置延迟时钟选项

方法二：如图 2-34 所示，可以将延迟时钟选项更改为 16MHz。这对于真实硬件是正确的，但可能影响仿真性能。

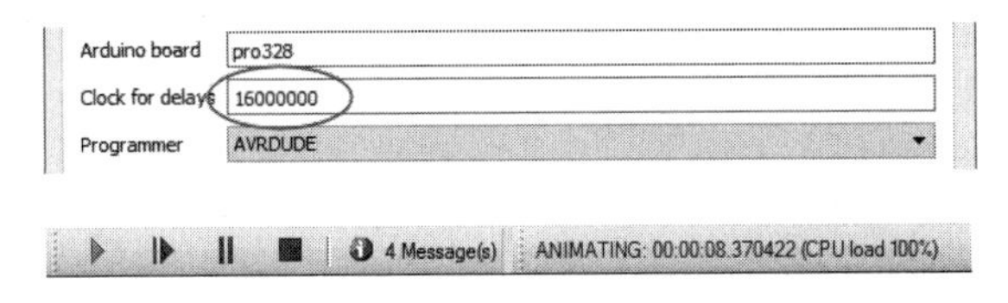

图 2-34　以降低仿真性能为代价，更改延迟时钟选项以进行正确的硬件编译

7）编程器选项

如图 2-35 所示，编程器选项应该设置为 AVRDUDE 编程器。如果其不可用/未安装，那

么可以很容易地从其网站安装 Arduino IDE。

8）接口选项

接口选项应根据实际硬件（如 Uno 板的 Arduino Uno）来设置，如图 2-36 所示。

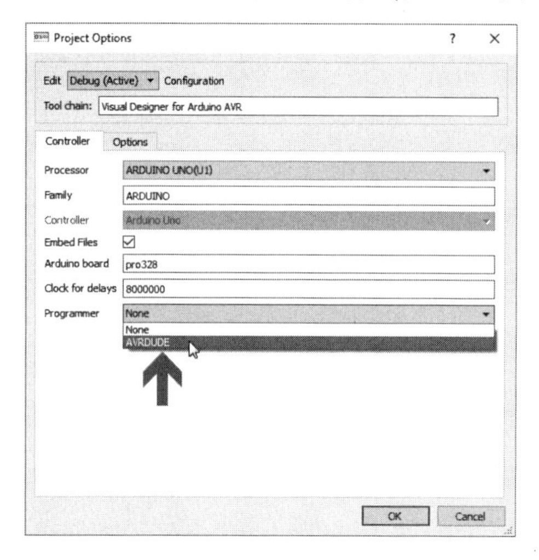

图 2-35　设置编程器选项

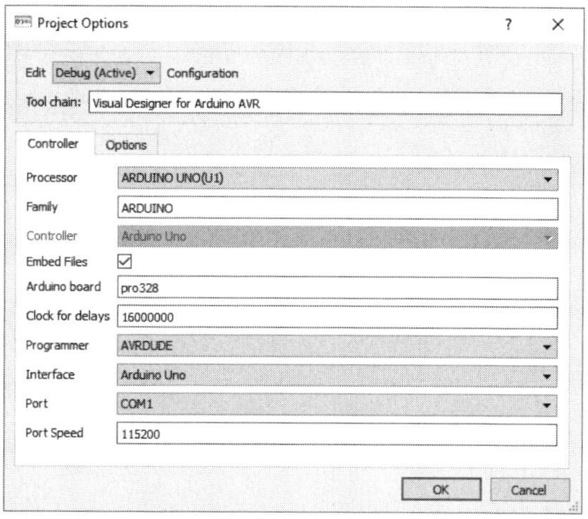

图 2-36　设置接口选项

9）COM 端口选项

COM 端口选项很可能是最混乱的，这在连接 Arduino 硬件到计算机时由 PC 确定，在此选项提供正确的端口号是至关重要的。以下方法能确保提供正确的端口数字：打开设备管理器；插入硬件；记下出现的 COMx 号，并在 COM 端口选项中选择它。

10）端口速度选项

端口速度（波特率）选项在 Arduino 数据表中定义（如 Arduino Uno 为 115200），除非确信自己正在做什么，否则不应更改。

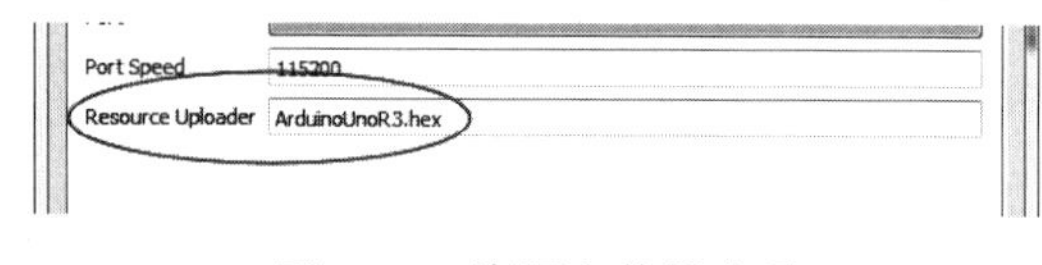

图 2-37　资源上传器选项

11）资源上传器选项

Labcenter 使用资源上传器文件自动将 Visual Designer 资源（如 WAV 文件和位图）传输到 SD 卡。不应该修改此选项，如图 2-37 所示。

12）故障排除指南

（1）上传按钮被禁用（如图 2-38 所示）。

【问题】 当编程器未安装或设置时，会发生这种情况。

【解决】 将 USB 电缆插入电路板和计算机。确保电路板有电源（板上的 LED 将亮起）。Visual Designer 不会自动检测电路板是否已插入，因此上传图标仍可能显示为灰色。单击工程设置图标，如图 2-39 所示。

图 2-38　上传按钮被禁用

图 2-39　工程设置图标

需要让 Proteus 知道希望使用哪个编程器。在这种情况下，Arduino 编程器如果没有列出，则需要安装 Arduino IDE（https://www.arduino.cc/en/Main/Software）。

（2）编译花费很长时间并报告多个错误（如图 2-40 所示）。

可以通过单击工具栏上的停止构建图标随时停止构建或编译程序。

这可能有几个不同的原因。

```
VSM Studio Output
Uploading...

avrdude.exe: stk500_recv(): programmer is not responding
avrdude.exe: stk500_getsync() attempt 1 of 10: not in sync: resp=0x00
avrdude.exe: stk500_recv(): programmer is not responding
avrdude.exe: stk500_getsync() attempt 2 of 10: not in sync: resp=0x00
avrdude.exe: stk500_recv(): programmer is not responding
avrdude.exe: stk500_getsync() attempt 3 of 10: not in sync: resp=0x00
avrdude.exe: stk500_recv(): programmer is not responding
avrdude.exe: stk500_getsync() attempt 4 of 10: not in sync: resp=0x00
avrdude.exe: stk500_recv(): programmer is not responding
avrdude.exe: stk500_getsync() attempt 5 of 10: not in sync: resp=0x00
avrdude.exe: stk500_recv(): programmer is not responding
avrdude.exe: stk500_getsync() attempt 6 of 10: not in sync: resp=0x00
avrdude.exe: stk500_recv(): programmer is not responding
avrdude.exe: stk500_getsync() attempt 7 of 10: not in sync: resp=0x00
avrdude.exe: stk500_recv(): programmer is not responding
avrdude.exe: stk500_getsync() attempt 8 of 10: not in sync: resp=0x00
avrdude.exe: stk500_recv(): programmer is not responding
avrdude.exe: stk500_getsync() attempt 9 of 10: not in sync: resp=0x00
avrdude.exe: stk500_recv(): programmer is not responding
avrdude.exe: stk500_getsync() attempt 10 of 10: not in sync: resp=0x00

avrdude.exe done.  Thank you.
Error code 1

Uploading failed
```

图 2-40　错误报告

① 原因 1。

【问题】 选择了错误的 COM 端口。返回工程设置并选择正确的 COM 端口。

【解决】 如图 2-41 所示，确保电路板插入；打开 Windows 设备管理器；选择 Windows 设备管理器→端口（COM 和 LPT1）→USB 串行设备（COMx）；使用任何可选的 COM 端口号。

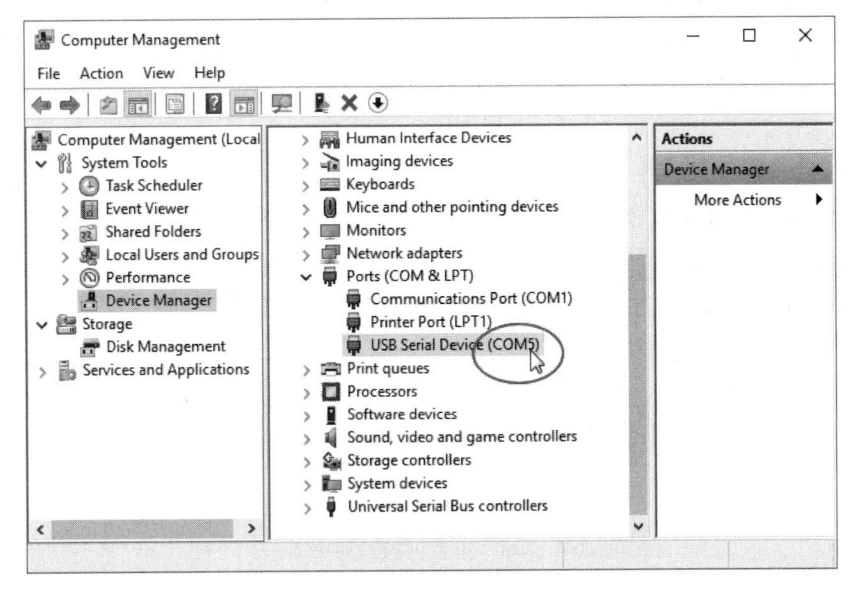

图 2-41　设备管理器

② 原因 2。

【问题】 端口速度不正确。

【解决】 查看数据表，了解端口速度应该是什么，在工程设置对话框中，将其更改为正确的值（一般为 115200），如图 2-42 所示。

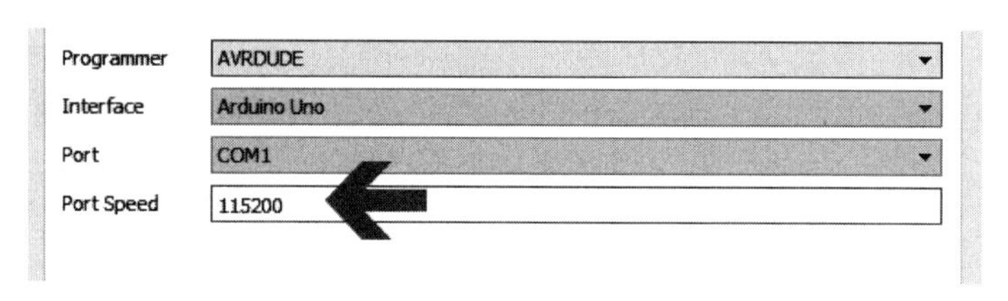

图 2-42　设置端口速度

③ 原因 3。

【问题】 延迟时钟错误，收到如图 2-43 所示的错误消息。

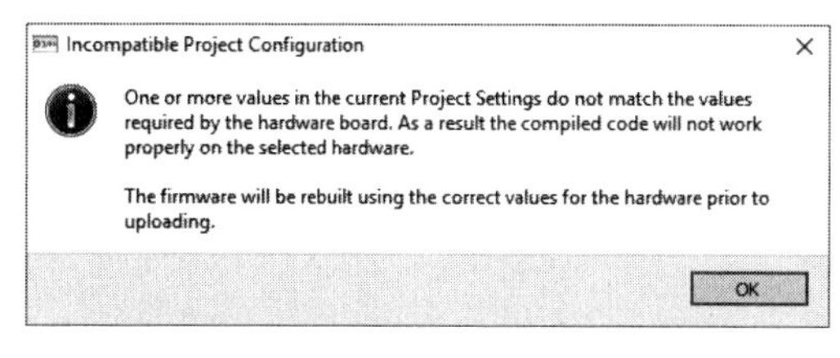

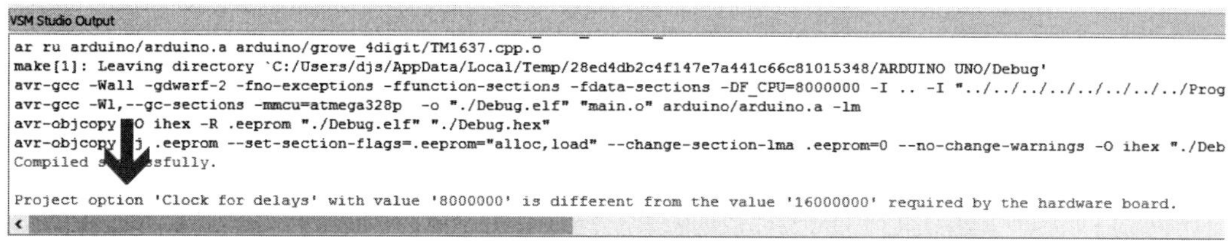

图 2-43　延时时钟错误报告

这通常是因为该特定核心板上的时钟速度/延迟时钟值不同于程序的。在输出窗口的错误消息中，将在工程设置对话框中显示设置值，以及板所需的预期值。软件将使用'expected'编译代码并上传程序，但是不会在设置中更改它，因此每次按下上传按钮时都会出现此错误。

【解决】 这不一定是一个问题。实际上，为了在适度的计算机上获得良好的仿真性能，几乎必须使仿真的时钟速度不同于真实硬件的时钟速度。但是，如果想要将选项更改为一致，则可以转到工程设置对话框，并将延迟时钟选项设置为预期值（如图 2-44 所示），或者读取该变量的数据表，以了解时钟速度。

Embed Files
Arduino board　pro328
Clock for delays　16000000
Programmer　AVRDUDE
Interface　Arduino Uno

图 2-44　设置延迟时钟选项

④ 原因 4。

【问题】 ELF 找不到文件，没有要上传的编译固件。

【解决】 单击构建按钮编译固件，然后重试，如图 2-45 所示。

图 2-45　单击构建按钮

思考与练习

（1）Arduino 开发板和其他开发板相比具有哪些优势？

（2）Visual Designer 中的 Arduino 与传统的 Arduino 有哪些异同？

（3）试用 Visual Designer 新建一个工程并添加外围设备。

第 3 章　Visual Designer 外围设备

3.1　Adafruit 扩展板

3.1.1　16 通道 PWM 伺服器

PCA9685 是一款 I^2C 总线接口的 16 位 LED 控制器，该控制器特别为红/绿/蓝/琥珀（RGBA）色的混合应用进行了优化。每个 LED 输出都有 12 位分辨率（4096 级）、固定频率的独立 PWM 控制器。该 PWM 控制器运行在 40 ～ 1000Hz 范围的频率下，占空比在 0%～100%范围内可调，用于设置 LED 到一个确定的亮度值。所有输出都设置为相同的 PWM 频率。

每个 LED 的输出状态可以为关、开（没有 PWM 控制），或者由其独立 PWM 控制器的值来确定。LED 输出驱动可以编程为在 5V 电压下具有 25mA 电流吸收能力（灌电流）的开漏模式或者在 5V 电压下可吸收 25mA 灌电流及提供 10mA 拉电流的推挽模式。PCA9685 的工作电压范围为 2.3 ～ 5.5V，其输出可承受 5.5V 电压。LED 可以直接连接到 LED 输出引脚（高达 25mA，5.5V），大电流或者高电压的 LED 可以由 PCA9685 加上外部的驱动器及少量分立元件来驱动。

PCA9685 是最新的快速模式 Plus（Fm+）系列中的一员。Fm+器件可以提供更高的频率（高达 1MHz）和更频繁的总线操作（高达 4000pF）。

1. 电路原理图

16 通道 PWM 伺服器是由 16 位 LED 控制器 PCA9685 为微处理器的电路模块，在基于 Proteus 8.5 的 Visual Designer 中主要作为电机驱动电路，通过电路产生 16 位 PWM 分频信号以实现对电机的控制，其电路原理图如图 3-1 所示。

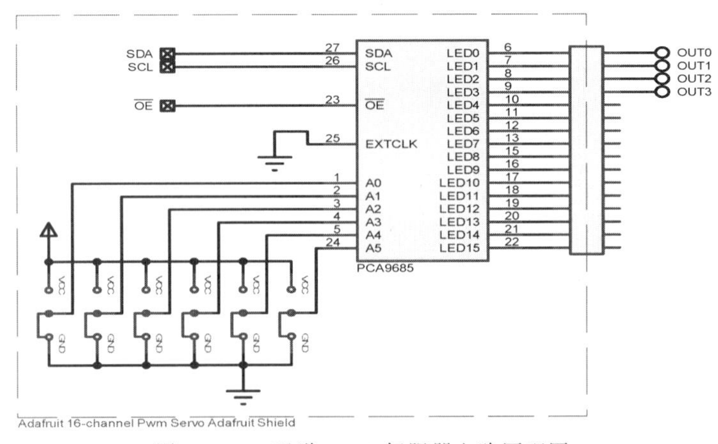

图 3-1　16 通道 PWM 伺服器电路原理图

2. 可视化命令

16 通道 PWM 伺服器可视化命令主要分为 4 个部分，即重设 PWM 模块、设置 PWM 频率模块、设置 PWM 模块和设置引脚模块。通过以上 4 个模块可以控制 16 通道 PWM 伺服器输出需要的 PWM 分频信号以控制电机。其可视化命令如图 3-2 所示。

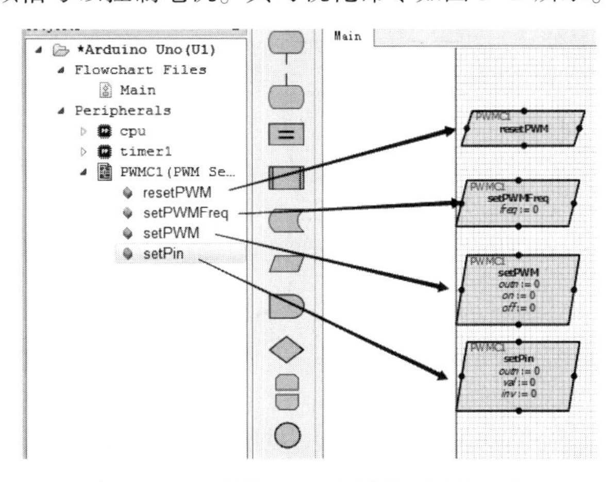

图 3-2　16 通道 PWM 伺服器可视化命令

3. 简单实例：驱动伺服电机

16 通道 PWM 伺服器可用于驱动伺服电机。

【目标功能】驱动 4 个伺服电机从上到下依次正转 180°，然后归位。

在 Proteus 8.5 中，驱动伺服电机电路原理图如图 3-3 所示。

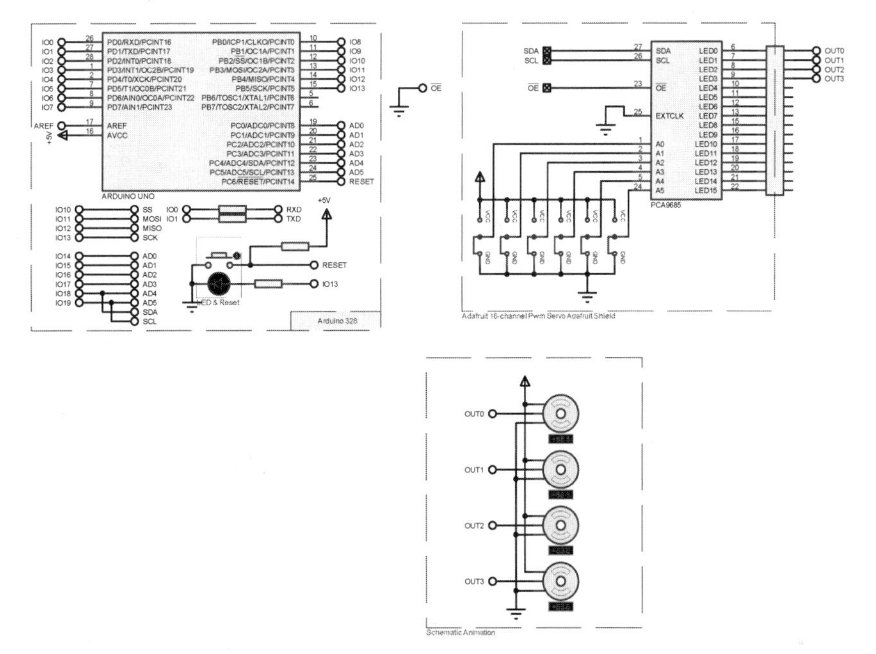

图 3-3　驱动伺服电机电路原理图

系统由 Arduino Uno 开发板、16 通道 PWM 伺服器、伺服电机模块 3 个部分构成。Arduino Uno 开发板通过控制 16 通道 PWM 伺服器产生 4 个 PWM 分频信号以驱动伺服电机。

【可视化流程图】驱动伺服电机可视化流程图如图 3-4 所示。

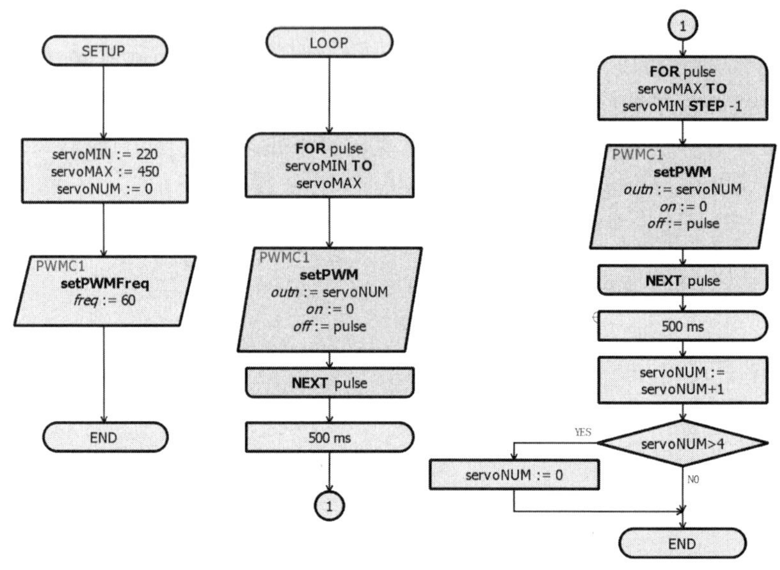

图 3-4　驱动伺服电机可视化流程图

【仿真结果】驱动伺服电机仿真结果如图 3-5 所示，4 个伺服电机从上到下依次正转 180°，然后归位，完全实现了目标功能。

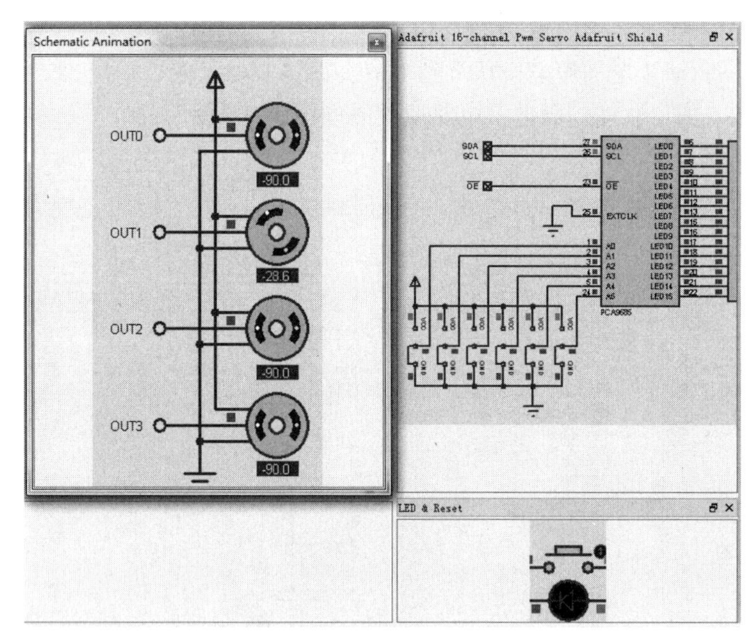

图 3-5　驱动伺服电机仿真结果

3.1.2　Relay 继电器

Relay 继电器是具有隔离功能的自动开关元件，广泛应用于遥控、遥测、通信、自动控制、机电一体化及电力电子设备中，是重要的控制元件。

1. 电路原理图

Relay 继电器在 Proteus 软件中主要有两种，即 2 通道继电器和 4 通道继电器，其电路原理图分别如图 3-6 和图 3-7 所示。

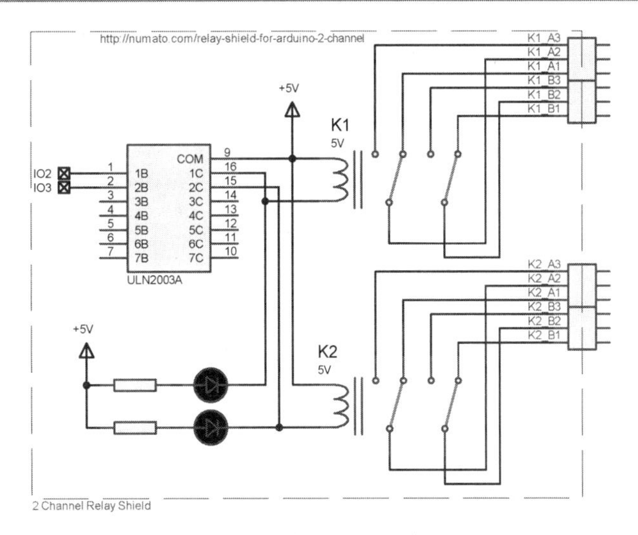

图 3-6　2 通道继电器电路原理图

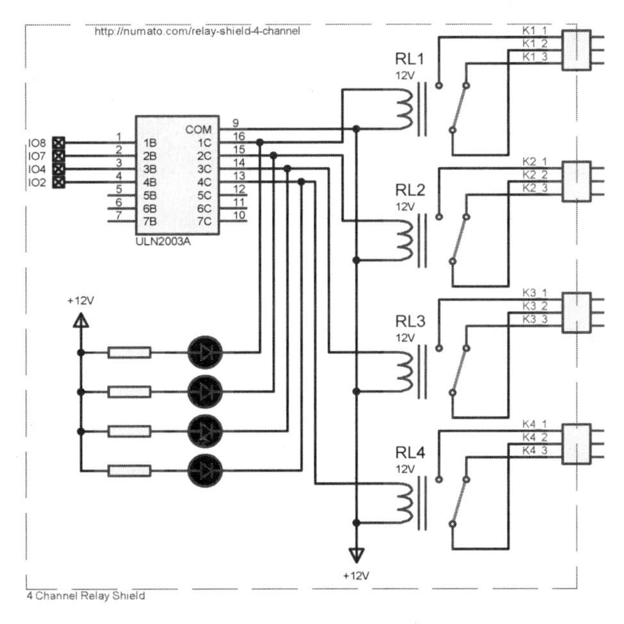

图 3-7　4 通道继电器电路原理图

2. 可视化命令

2 通道继电器与 4 通道继电器的可视化命令相同，包括继电器开模块、继电器关模块、继电器设置模块和继电器状态反馈模块，如图 3-8 所示。

3. 简单实例：2 通道继电器控制发光电阻

【目标功能】继电器开关 K1 打开，与其相连的发光电阻发光，与此同时，继电器开关 K2 闭合，与其相连的发光电阻不发光，反之亦然。

在 Proteus 8.5 中，其电路原理图如图 3-9 所示。系统由 Arduino Uno 开发板、2 通道继电器、发光电阻模块 3 个部分构成。Arduino Uno 开发板通过控制 2 通道继电器以控制电路的开断。

【可视化流程图】可视化流程图如图 3-10 所示。

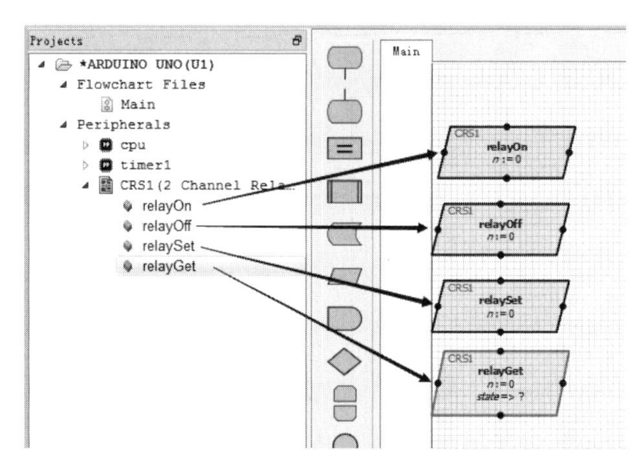

图 3-8　2 通道继电器可视化命令

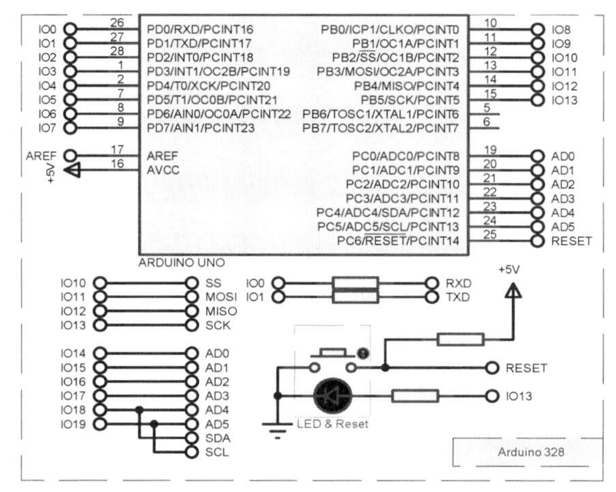

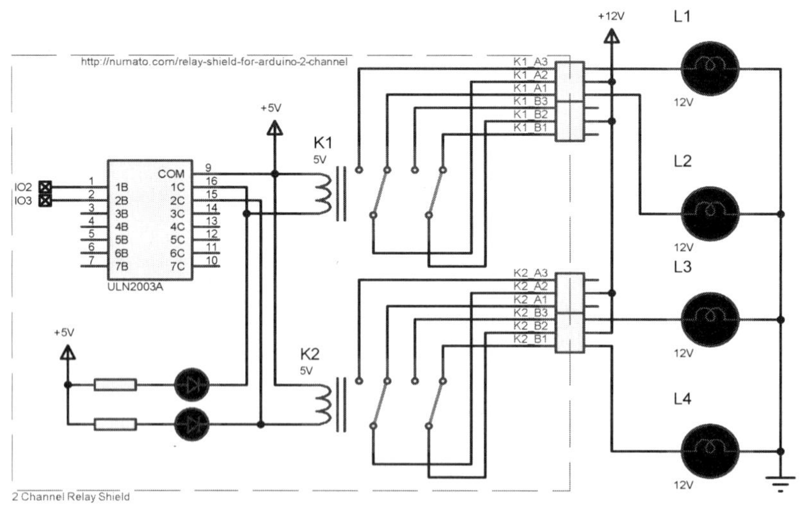

图 3-9　控制发光电阻电路原理图

【仿真结果】仿真结果如图 3-11 所示，继电器开关 K1 打开，与其相连的发光电阻发光，与此同时，继电器开关 K2 闭合，与其相连的发光电阻不发光，反之亦然，完全实现了目标功能。

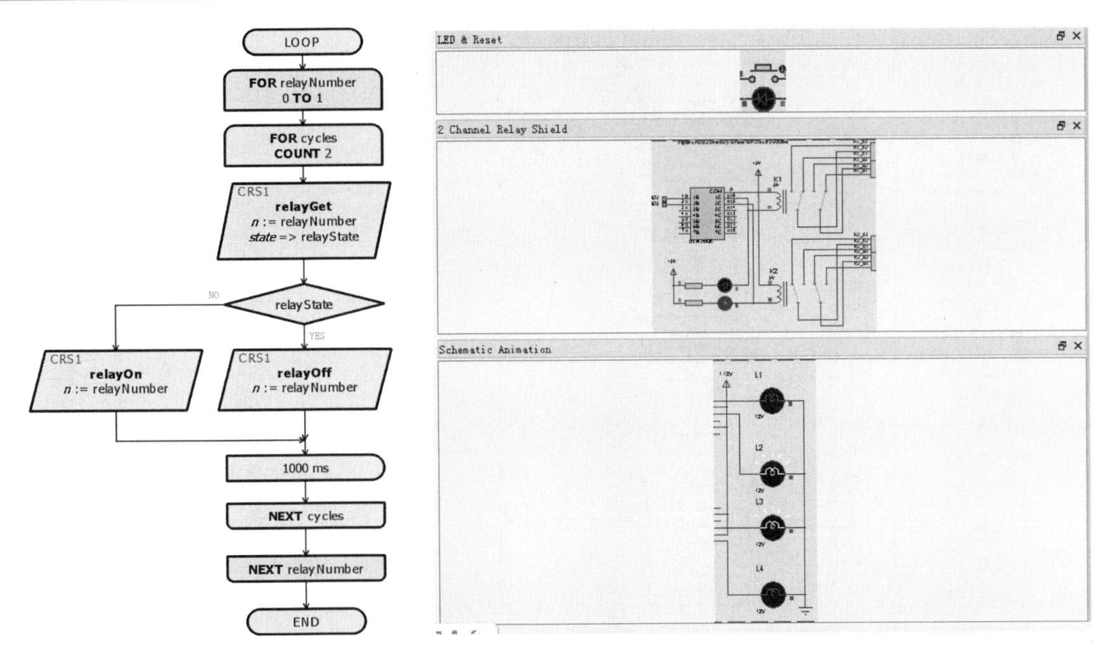

图 3-10　控制发光电阻可视化流程图　　　　图 3-11　控制发光电阻仿真结果

3.1.3　Arduino 数据记录器

Arduino 数据记录器用来将数据保存到文件中任何 FAT16 或 FAT32 格式的 SD 卡，可以读取任何绘图、电子表格或分析程序。

1. 电路原理图

Arduino 数据记录器电路原理图如图 3-12 所示。

2. 可视化命令

Arduino 数据记录器可视化命令包括数据记录、实时时钟和 SD 卡 3 个部分。数据记录部分包括设置绿色 LED 模块、设置红色 LED 模块、切换（隐藏/显示）绿色 LED 模块、切换（隐藏/显示）红色 LED 模块、写入输出的数字量模块、读取数字量模块、读取模拟量原始值模块、读取输入的模拟电压模块，如图 3-13 所示。实时时钟部分包括读取时间模块、读取数据模块、获得实时数据模块、设置方波频率模块、调节实时时钟时间模块、调节实时时钟数据模块、从实时时钟存储器写入数据模块、从实时时钟存储器读取数据模块，如图 3-14 所示。SD 卡部分包括打开文档模块、关闭文档模块、删除文档模块、创建目录模块、删除目录模块、刷新数据模块、读取带分隔符的数据模块、读取带终止换行符并用逗号分隔的数据模块、写入以逗号分隔的数据模块、写入带终止换行符并用逗号分隔的数据模块、输出数据模块、换行输出数据模块，如图 3-15 所示。

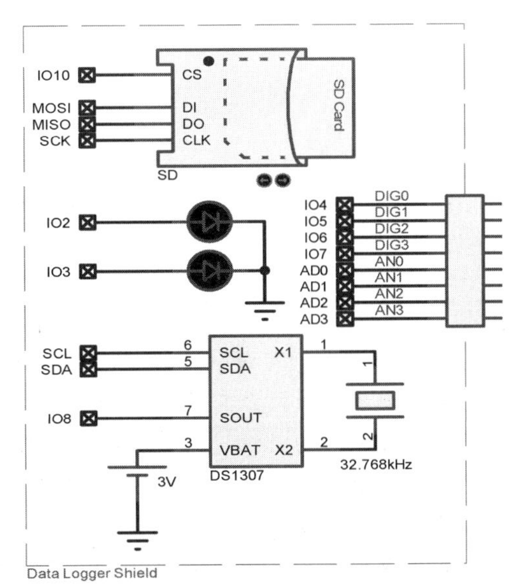

图 3-12　Arduino 数据记录器电路原理图

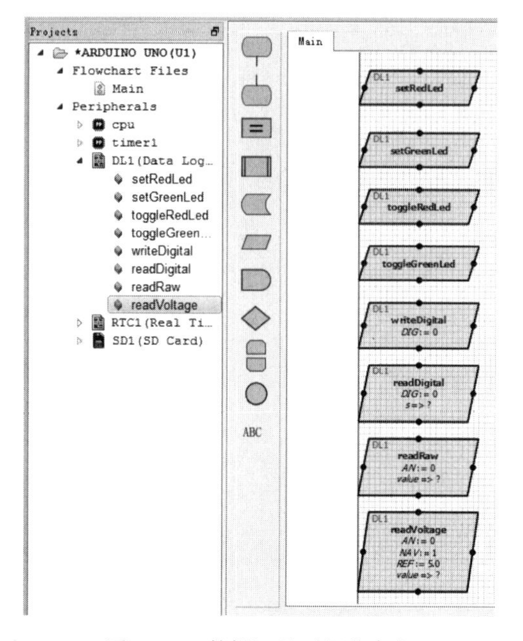

图 3-13　数据记录可视化命令

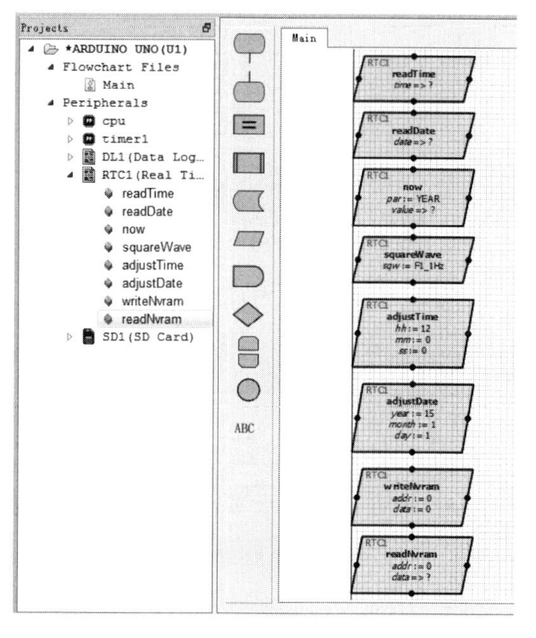

图 3-14　实时时钟可视化命令

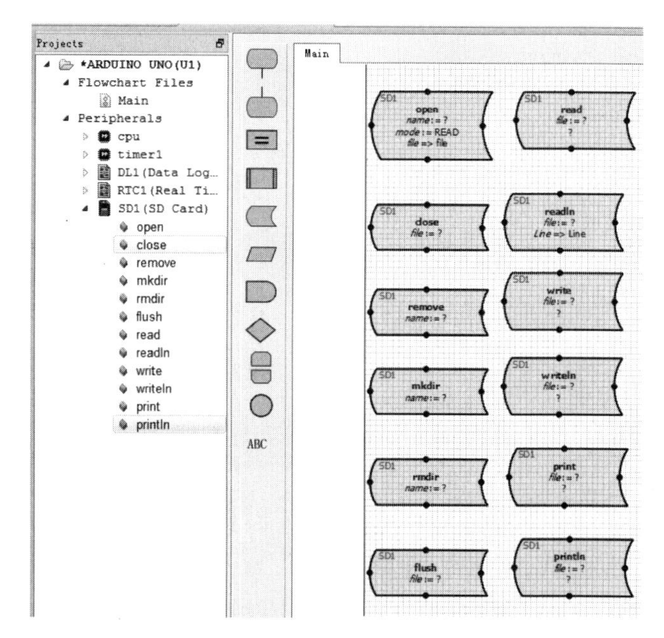

图 3-15　SD 卡可视化命令

在文件 I/O 中，要从一个文件读取数据，应用程序首先要调用操作系统函数并传送文件名，并选一个到该文件的路径来打开文件。该函数取回一个顺序号，即带终止换行符并用逗号分隔的数据（file handle），该带终止换行符并用逗号分隔的数据对于打开的文件是唯一的识别依据。要从文件中读取一块数据，应用程序需要调用函数 ReadFile，并将带终止换行符并用逗号分隔的数据在内存中的地址和要复制的字节数传送给操作系统。当完成任务后，再通过调用系统函数来关闭该文件。

3. 简单实例：Data Logger Shield

【目标功能】所有可用的模拟通道信号被采样并存储在 SD 卡中，每个样本周期为 1s。当收集 50 个样品时，停止记录，将全部存储信息从 SD 卡中读取并输出到虚拟终端。

在 Proteus 8.5 中，Data Logger Shield 电路原理图如图 3-16 所示。系统由 Arduino Uno 开发板、Data Logger Shield、Grove Terminal 及外接四路信号等部分构成。Arduino Uno 开发板通过控制 Data Logger Shield 采样四路信号并存储在 SD 卡中。Arduino Uno 开发板通过控制 Grove Terminal 显示记录存储的信息。

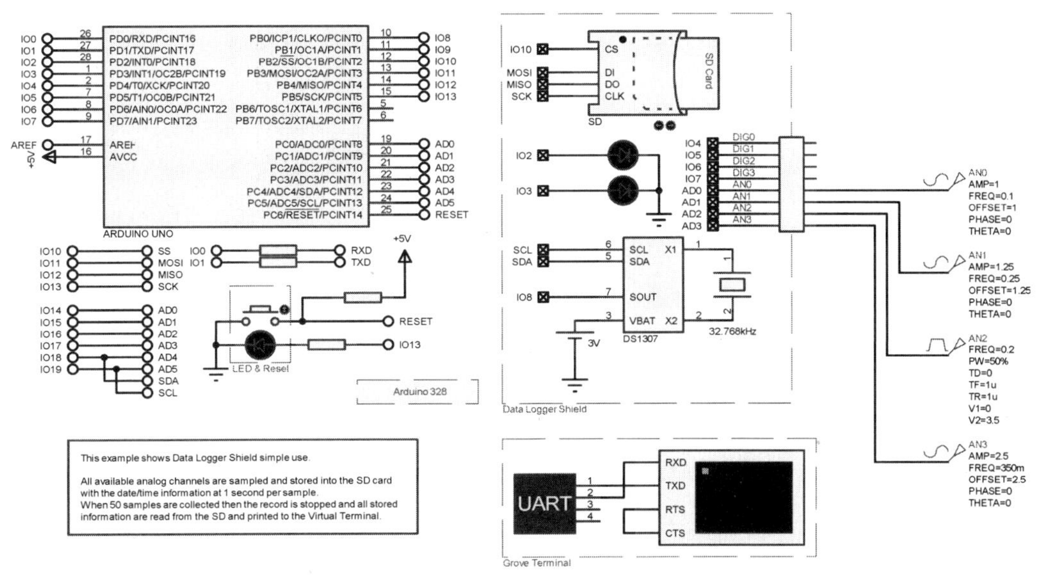

图 3-16　Data Logger Shield 电路原理图

【可视化流程图】Data Logger Shield 可视化流程图如图 3-17 所示。

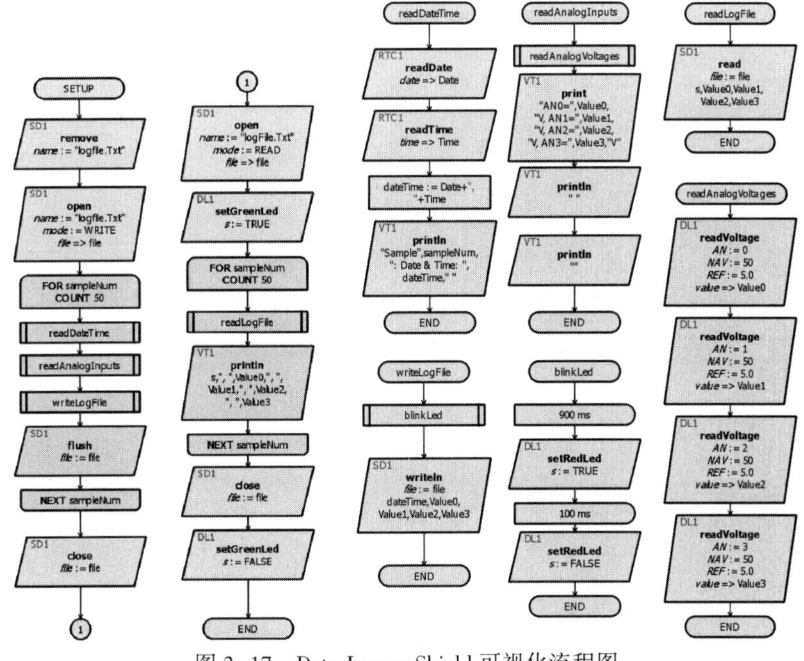

图 3-17　Data Logger Shield 可视化流程图

【仿真结果】Data Logger Shield 仿真结果如图 3-18 所示，所有可用的模拟通道信号被采样并存储在 SD 卡中。当收集 50 个样品时，停止记录，将全部存储信息从 SD 卡中读取并输出到虚拟终端，完全实现了目标功能。

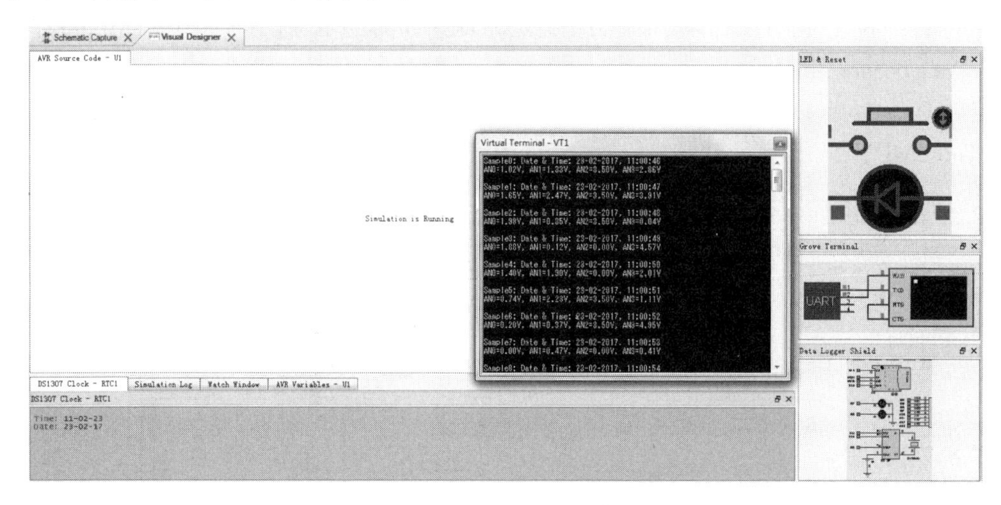

图 3-18　Data Logger Shield 仿真结果

3.1.4　IL9341 TFT 显示器

IL9341 TFT 显示器包括 IL9341 TFT 显示屏和 SD 卡两个部分。其中，IL9341 TFT 显示屏通过 SCK（同步时钟）、MOSI（主输出从输入）、MISO（主输入从输出）与 Arduino 开发板连接在一起，以便于 Arduino 开发板驱动 IL9341 TFT 显示屏显示输出的数据；SD 卡在这里的作用是为 IL9341 TFT 显示屏提供数据记录和存储数据。

1. 电路原理图

在 Proteus 8.5 中，IL9341 TFT 显示屏电路原理图如图 3-19 所示。

在 Proteus 8.5 中，SD 卡电路原理图如图 3-20 所示。

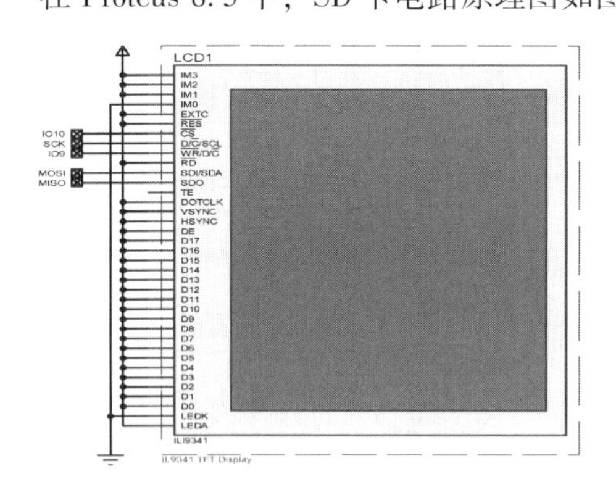

图 3-19　IL9341 TFT 显示屏电路原理图

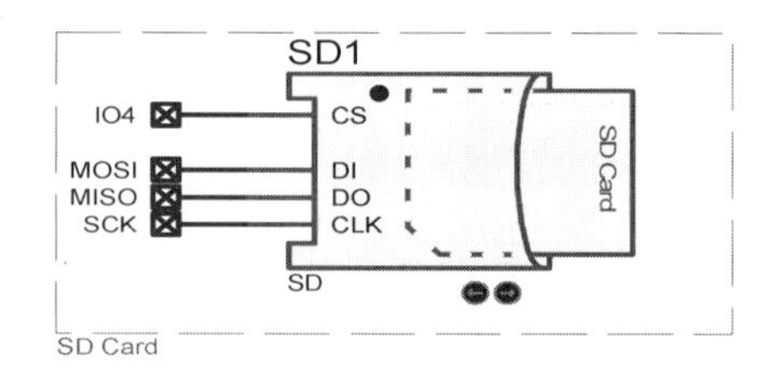

图 3-20　SD 卡电路原理图

2. 可视化命令

IL9341 TFT 显示器可视化命令包括 TFT LCD 可视化命令和 SD 卡可视化命令两个部分。如图 3-21 所示，TFT LCD 可视化命令分为清屏模块、设置像素模块、绘制直线模块、设置高度基准线模块、设置宽度基准线模块、绘制矩形模块、填充矩形模块、绘制圆形模块、填充圆形模块、输出文本模块、换行输出文本模块、设置光标位置模块、设置文本颜色模块、设置文本背景模块、文本字号模块、文本换行模块、设置参数类型模块、设置参数显示精度模块、设置显示方向模块；SD 卡可视化命令分为打开文档模块、关闭文档模块、删除文档模块、创建目录模块、删除目录模块、刷新数据模块、读取带分隔符的数据模块、读取带终止换行符并用逗号分隔的数据模块、写入以逗号分隔的数据模块、写入带终止换行符并用逗号分隔的数据模块、输出数据模块、换行输出数据模块。

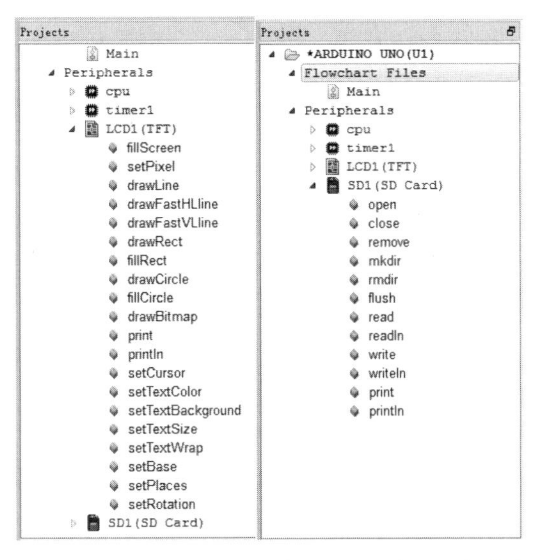

图 3-21　TFT LCD 可视化命令与 SD 卡可视化命令

3. 简单实例：IL9341 TFT 显示器显示 Proteus 图标

【目标功能】使得 IL9341 TFT 显示器显示 Proteus 图标的图片。

在 Proteus 8.5 中，其电路原理图如图 3-22 所示。系统由 Arduino Uno 开发板、IL9341 TFT 显示屏、SD 卡 3 个部分构成。Arduino Uno 开发板通过控制 IL9341 TFT 显示屏和 SD 卡来实现目标功能。

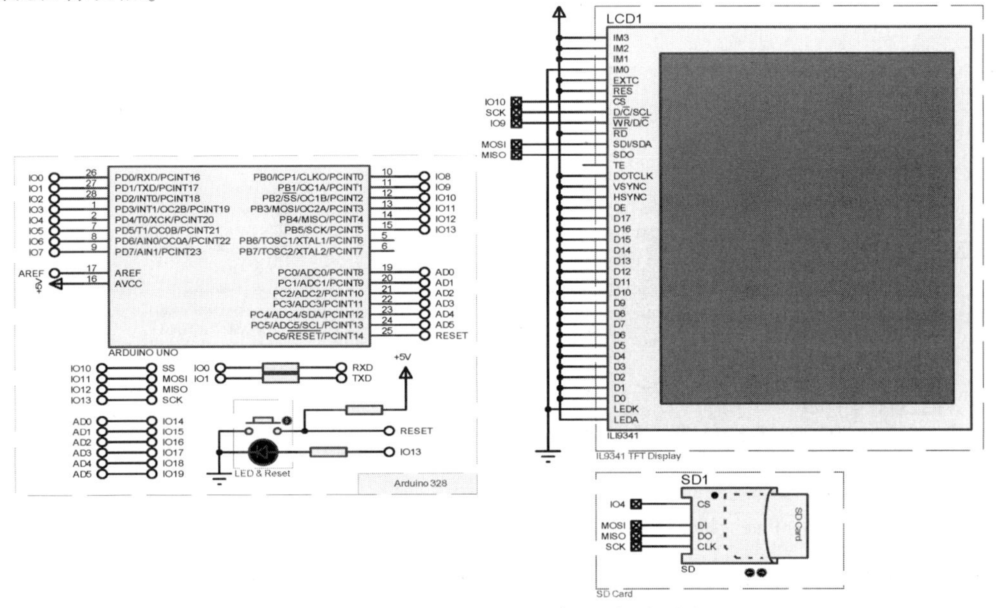

图 3-22　显示 Proteus 图标电路原理图

【可视化流程图】显示 Proteus 图标可视化流程图如图 3-23 所示。

【仿真结果】显示 Proteus 图标仿真结果如图 3-24 所示，IL9341 TFT 显示屏显示 Proteus 图标的图片，完全实现了目标功能。

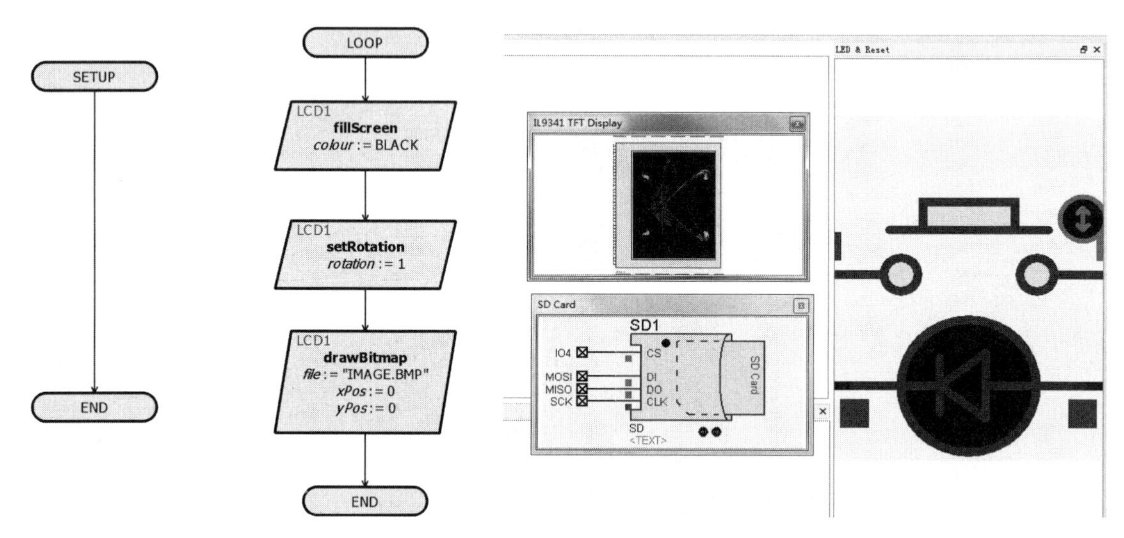

图 3-23　显示 Proteus 图标可视化流程图　　　　图 3-24　显示 Proteus 图标仿真结果

3.1.5　Adafruit NeoPixel Shield

Adafruit NeoPixel Shield 是由 40 个灯珠串联而成灯珠条。

1. 电路原理图

Adafruit NeoPixel Shield 电路原理图如图 3-25 所示。

2. 可视化命令

Adafruit NeoPixel Shield 可视化命令如图 3-26 所示，从上到下依次为显示模块、清屏模块、设置像素强度子元素 RGB 模块、从像素库设置像素模块、调节亮度模块、更新像素数值模块、更新像素类型模块、返回像素的数值模块、设置颜色模块、返回亮度值模块、返回颜色值模块。

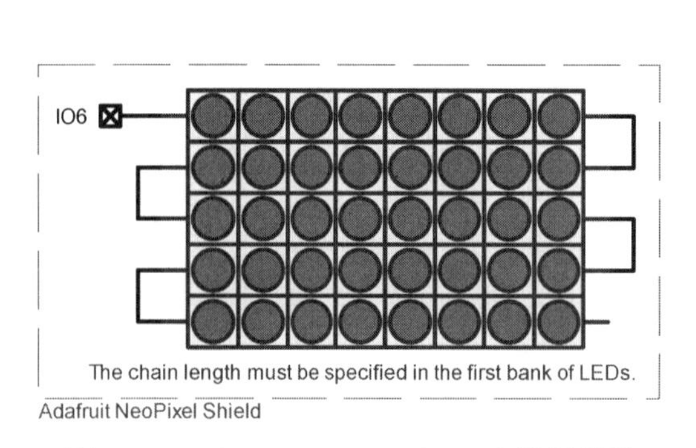

图 3-25　Adafruit NeoPixel Shield 电路原理图

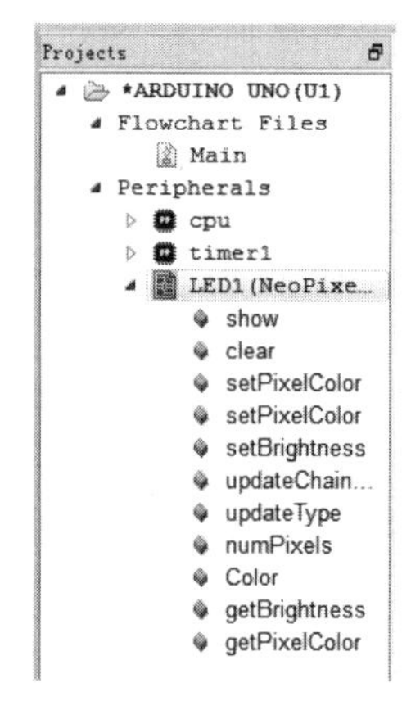

图 3-26　Adafruit NeoPixel Shield 可视化命令

3. 简单实例：Adafruit NeoPixel Shield 应用

【目标功能】使得 Adafruit NeoPixel Shield 首先依次显示红色、绿色、蓝色，然后红色、绿色、蓝色交替显示，最后七彩色循环顺序交替显示。

在 Proteus 8.5 中，其电路原理图如图 3-27 所示。系统由 Arduino Uno 开发板和 Adafruit NeoPixel Shield 两个部分构成。Arduino Uno 开发板通过控制 Adafruit NeoPixel Shield 实现目标功能。

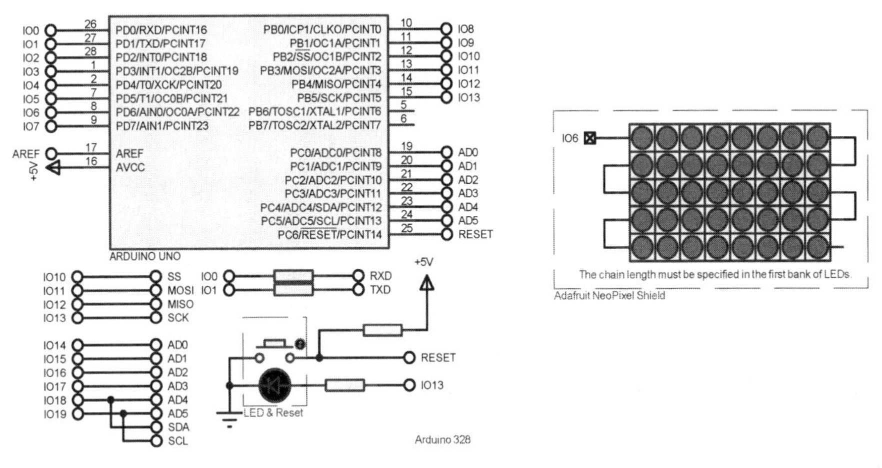

图 3-27　Adafruit NeoPixel Shield 应用电路原理图

【可视化流程图】Adafruit NeoPixel Shield 应用主程序流程图如图 3-28 所示。Adafruit NeoPixel Shield 应用子程序流程图如图 3-29 和图 3-30 所示。

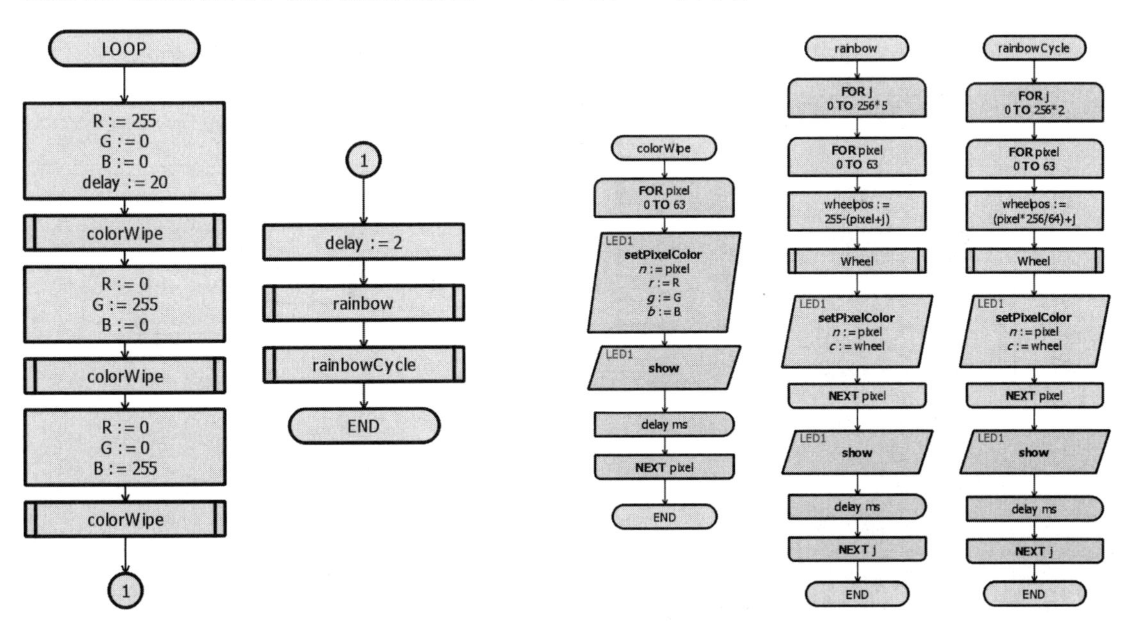

图 3-28　Adafruit NeoPixel Shield 应用主程序流程图

图 3-29　Adafruit NeoPixel Shield 应用子程序流程图（一）

【仿真结果】Adafruit NeoPixel Shield 应用仿真结果如图 3-31 所示，Adafruit NeoPixel Shield 首先依次显示红色、绿色、蓝色，然后红色、绿色、蓝色交替显示，最后七彩色循环顺序交替显示，完全实现了目标功能。

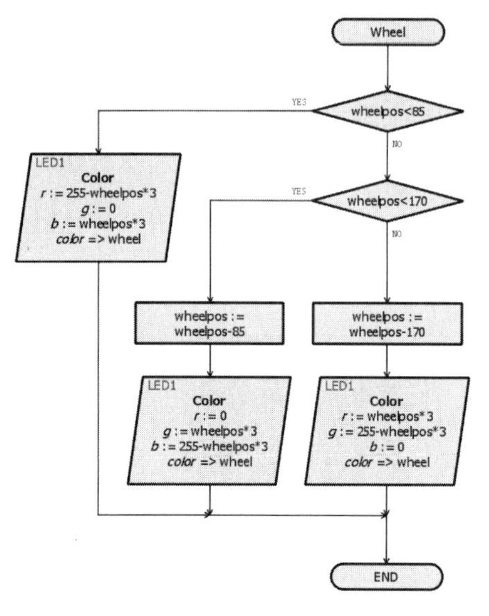

图 3-30 Adafruit NeoPixel Shield 应用子程序流程图（二）

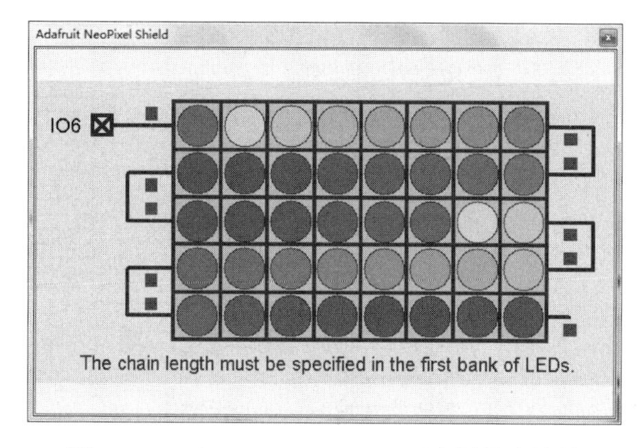

图 3-31 Adafruit NeoPixel Shield 应用仿真结果

3.1.6 ST 7735R 显示器

ST 7735R 显示器由 ST 7735R 显示屏和 SD 卡两个部分构成。

1. 电路原理图

ST 7735R 显示屏电路原理图如图 3-32 所示。SD 卡电路原理图如图 3-33 所示。

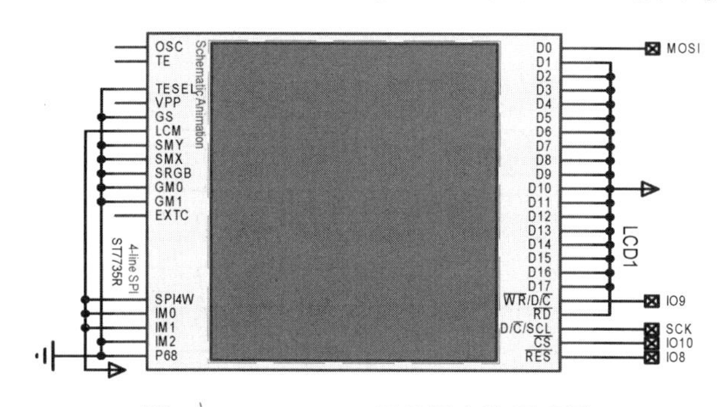

图 3-32 ST 7735R 显示屏电路原理图

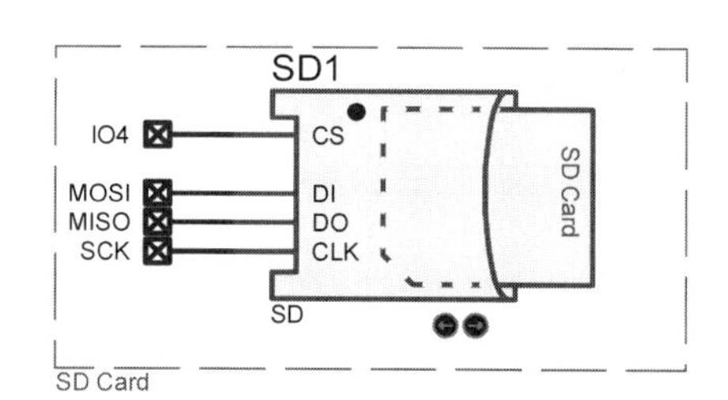

图 3-33 SD 卡电路原理图

2. 可视化命令

ST 7735R 显示器可视化命令包括 TFT LCD 可视化命令和 SD 卡可视化命令两个部分。具体可视化命令同 IL9341 TFT 显示器可视化命令。

3. 简单实例：ST 7735R 显示器应用

实例应用类似于 IL9341 TFT 显示器，这里不再赘述。

3.1.7 Adafruit 网格屏

1. 电路原理图

Adafruit 网格屏电路原理图如图 3-34 所示。

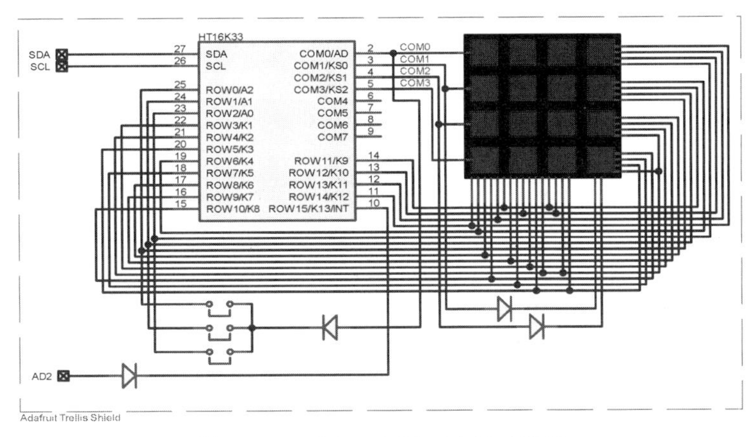

图 3-34 Adafruit 网格屏电路原理图

2. 可视化命令

Adafruit 网格屏可视化命令如图 3-35 所示，从上到下依次是设置亮度模块、设置闪烁速率模块、将显示数据缓冲区内容写入物理 LED 模块、清空数据缓冲区模块、LED 寻址置 1 模块（显示数据缓冲区寻址特定的 LED 时设置为 1）、LED 寻址置 0 模块（显示数据缓冲区寻址特定的 LED 时重置为 0）、LED 寻址置数检测模块（显示数据缓冲区寻址特定的 LED 被设置时返回逻辑值为 TRUE）、读取开关状态模块、正在按键检测模块、按键状态检测模块、按键按下瞬时检测模块、按键释放瞬时检测模块。

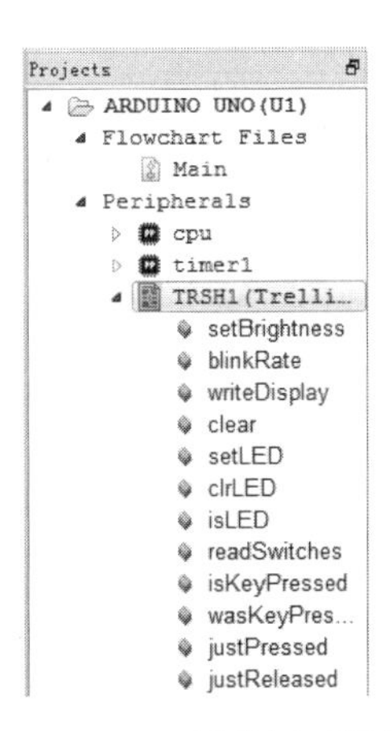

图 3-35 Adafruit 网格屏可视化命令

3. 简单实例：Adafruit 网格屏应用

【目标功能】简单使用 Adafruit 格子盾构建一个瞬间动作键盘。

在 Proteus 8.5 中，其电路原理图如图 3-36 所示。系统由 Arduino Uno 开发板和 Adafruit 网格屏两个部分构成。Arduino Uno 开发板通过控制 Adafruit 网格屏来实现目标功能。

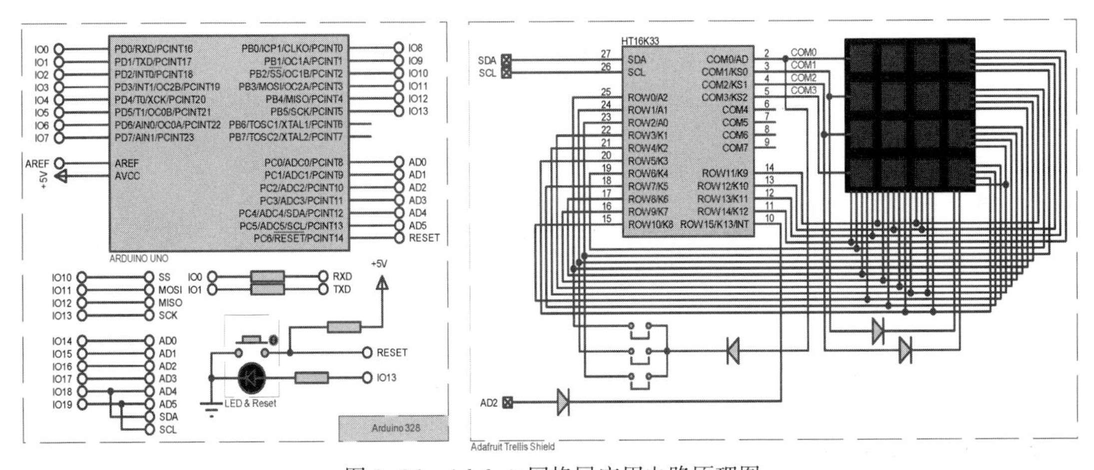

图 3-36 Adafruit 网格屏应用电路原理图

【可视化流程图】Adafruit 网格屏应用可视化流程图如图 3-37 所示。

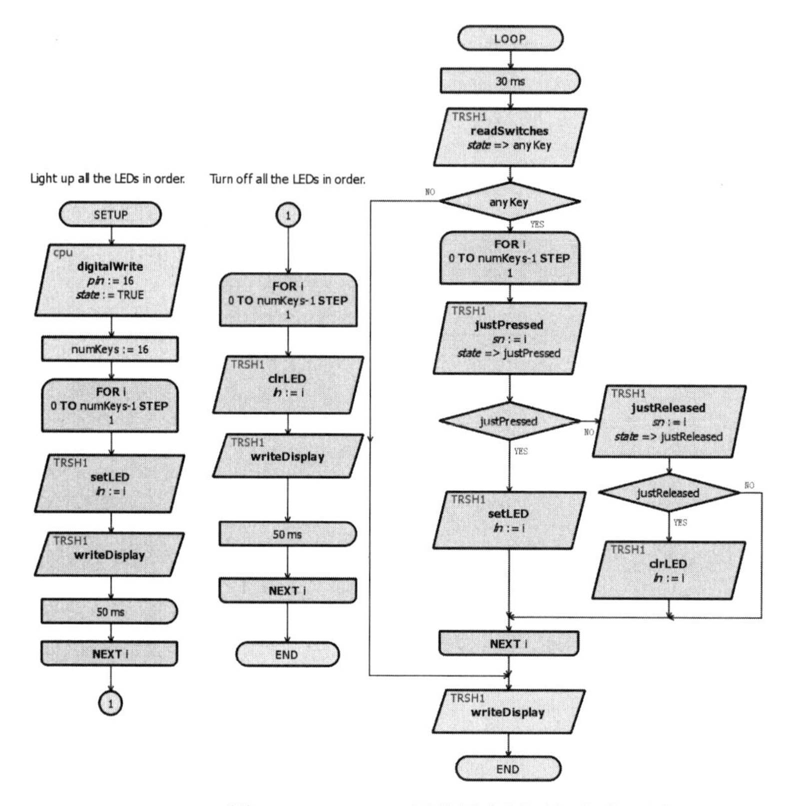

图 3-37　Adafruit 网格屏应用可视化流程图

【仿真结果】Adafruit 网格屏应用仿真结果如图 3-38 所示，Adafruit 网格屏依次点亮，然后依次熄灭，完全实现了目标功能。

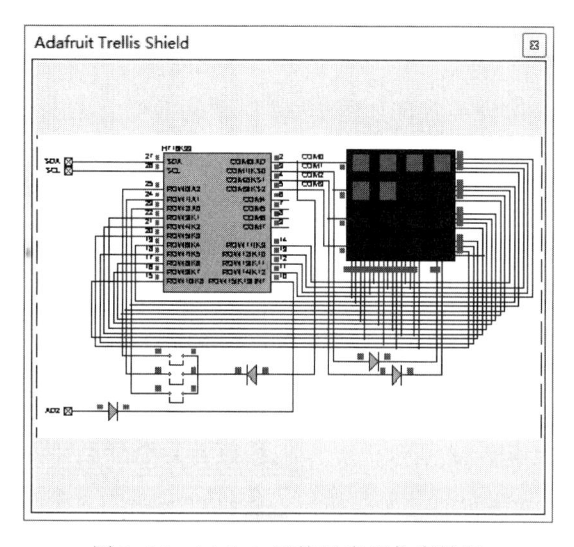

图 3-38　Adafruit 网格屏应用仿真结果

3.1.8　Wave Shield

Wave Shield 由音频设备和 SD 卡两个部分构成。

1. 电路原理图

Wave Shield 电路原理图如图 3-39 所示。

2. 可视化命令

Wave Shield 可视化命令分为音频设备和 SD 卡两个部分。音频设备部分从上到下依次为播放模块、暂停模块、恢复模块、终止模块。SD 卡部分从上到下依次为改变当前目录模块、获取首文件名称模块、获取下一文件名称模块、获取第一子目录模块、获取下一子目录模块。Wave Shield 可视化命令如图 3-40 所示。

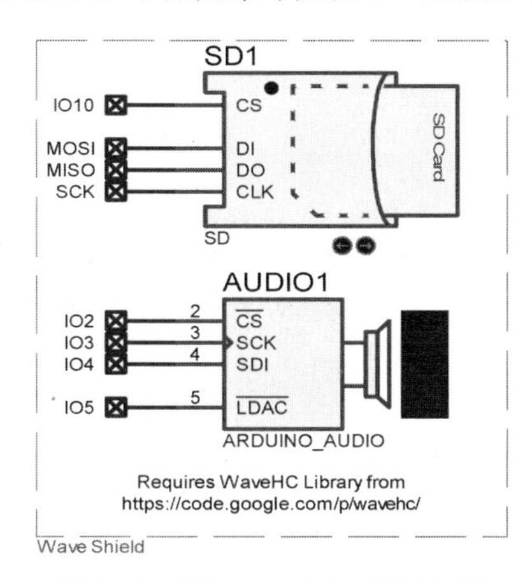

图 3-39 Wave Shield 电路原理图

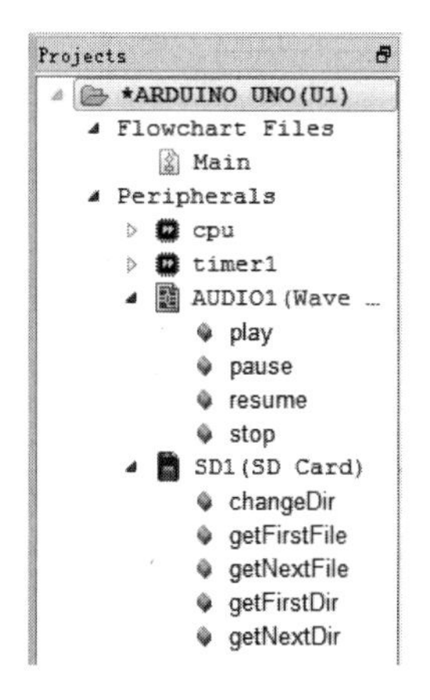

图 3-40 Wave Shield 可视化命令

3. 简单实例：Wave Shield 应用

【目标功能】使音频设备依次报数 one、two、three、four、five。

在 Proteus 8.5 中，其电路原理图如图 3-41 所示。系统由 Arduino Uno 开发板和 Wave Shield 两个部分构成。Arduino Uno 开发板通过控制 Wave Shield 实现目标功能。

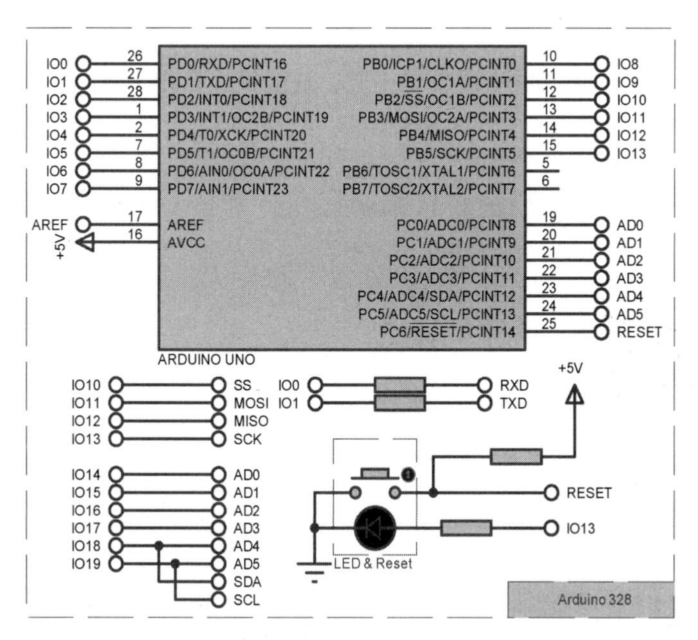

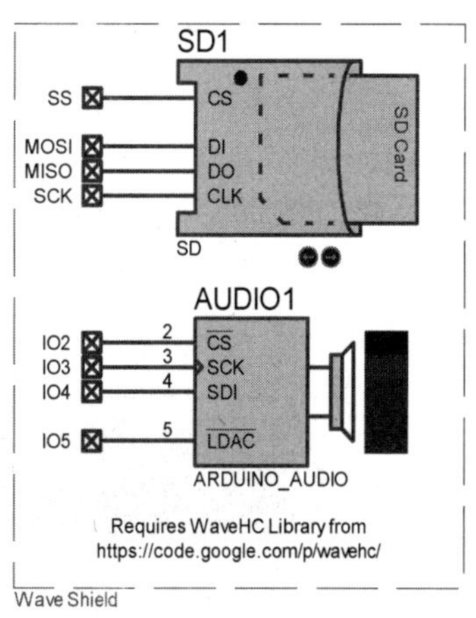

图 3-41 Wave Shield 应用电路原理图

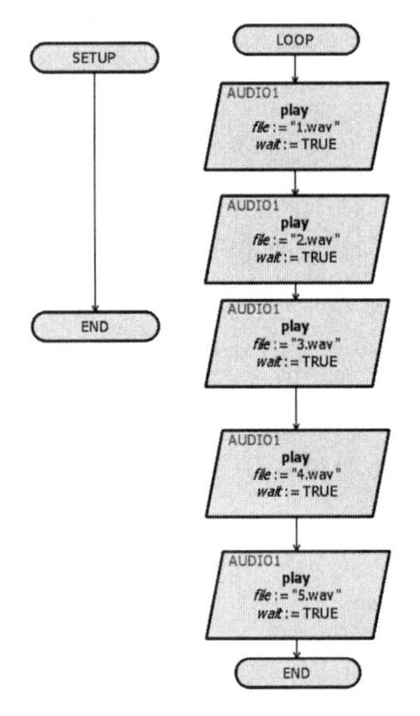

图 3-42　Wave Shield 应用可视化流程图

【可视化流程图】Wave Shield 应用可视化流程图如图 3-42 所示。

【仿真结果】音频设备依次报数 one、two、three、four、five，完全实现了目标功能。

3.1.9　气象站模拟器

气象站模拟器由时钟芯片 DS1307、液晶显示屏 LM016L、电压输出温度传感器 MCP9700A、绝压压力传感器、变送器 MPXA6115A6U 5 个部分构成。

1. 电路原理图

1）LM016L

LM016L 液晶模块采用 HD44780 控制器。HD44780 具有简单而功能较强的指令集，可以实现字符移动、闪烁等功能。LM016L 与单片机 MCU（Microcontroller Unit）通信可采用 8 位或者 4 位并行传输两种方式。

如图 3-43 所示，LM016L 模块采用标准的 14 脚（无背光）接口，接口功能如下。

第 1 脚：VSS 为接地电源。

第 2 脚：VDD 接 5V 正电源。

第 3 脚：VEE 为液晶显示器对比度调整端，接正电源时对比度最弱，接地时对比度最高，对比度过高时会产生“鬼影”现象，使用时可以通过一个 10kΩ 的电位器调整对比度。

第 4 脚：RS 为寄存器选择，高电平时选择数据寄存器，低电平时选择指令寄存器。

第 5 脚：RW 为读写信号线，高电平时进行读操作，低电平时进行写操作。当 RS 和 RW 共同为低电平时，可以写入指令或者显示地址；当 RS 为低电平、RW 为高电平时，可以读忙信号，当 RS 为高电平、RW 为低电平时，可以写入数据。

第 6 脚：E 端为使能端，当 E 端由高电平跳变成低电平时，液晶模块执行命令。

第 7 ～ 14 脚：D0 ～ D7 为 8 位双向数据线。

2）MCP9700A（电压输出温度传感器）

MCP9700A 为 Arduino 模拟温度传感器（如图 3-44 所示），用于将温度转换为模拟电压。它是低成本、低功耗的传感器，其温度范围为-40 ～+125℃。电压输出引脚（VOUT）

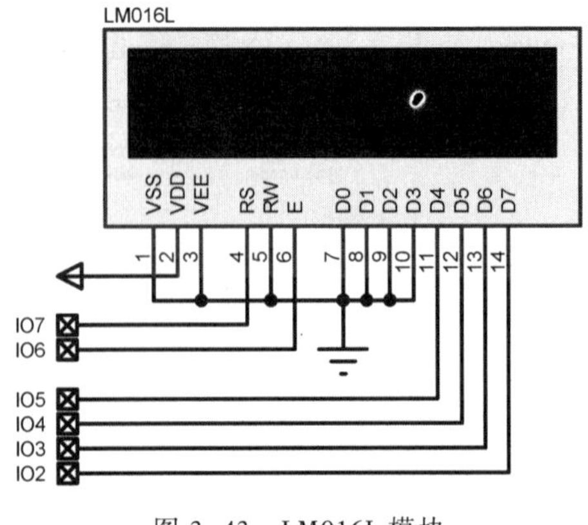

图 3-43　LM016L 模块

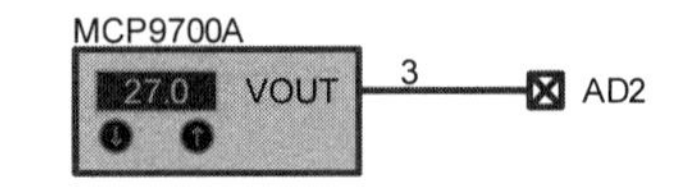

图 3-44　MCP9700A 模块

可直接与单片机的 ADC 输入端相连。此外，该系列不会受到寄生电容的影响，而且可以驱动大的容性负载，这样就能使器件远离单片机，从而为印制电路板（Printed Circuit Board，PCB）的布局提供了灵活性。在输出端连接电容可减少过冲和下冲，有助于提高输出瞬态响应性能。但是，输出端不需要接入容性负载以达到传感器的输出稳定性。

3）MPXA6115A6U（绝压压力传感器/变送器）

MPXA6115A6U 为 Arduino 压力传感器/变送器（如图 3-45 所示），用于将压力转换为模拟电信号。它是低成本、低功耗的传感器，其压力范围在+15 ～+115 Pa。

4）HIH-5030（集成电路湿度传感器）

HIH-5030 是带外壳的集成电路湿度传感器，如图 3-46 所示。

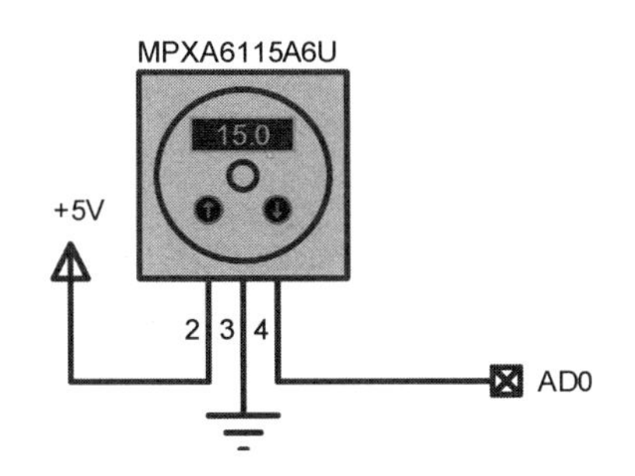

图 3-45 MPXA6115A6U 模块

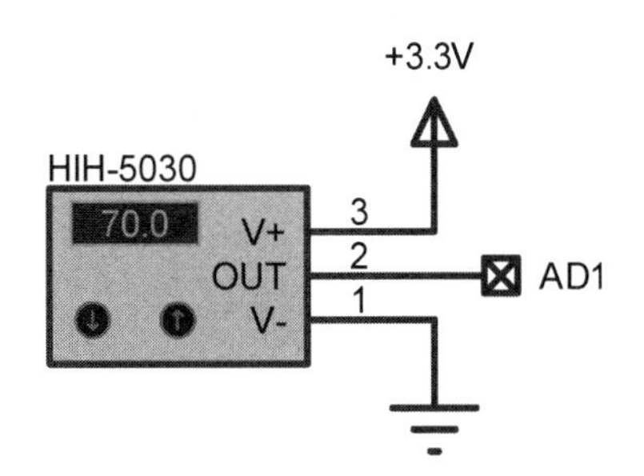

图 3-46 HIH-5030 模块

5）DS1307

DS1307 是一款低功耗、具有 56 字节非失性 RAM 的全 BCD 码时钟日历实时时钟芯片（如图 3-47 所示），地址和数据通过两线双向的串行总线传输，芯片可以提供秒、分、小时等信息，每一个月的天数能自动调整，并且有闰年补偿功能。AM/PM 标志位决定时钟工作是 24 小时模式还是 12 小时模式。芯片有一个内置的电源感应电路，具有掉电检测和电池切换功能。

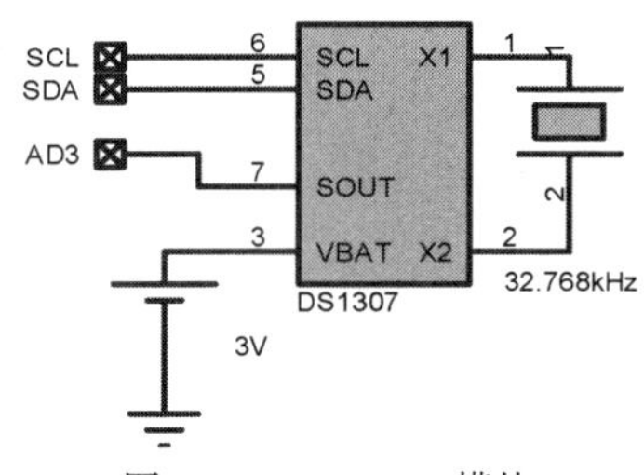

图 3-47 DS1307 模块

操作：DS1307 工作于从设备状态，跟随在“启动条件”之后，主设备提供一从设备寻址字节和要存取的寄存器地址，寄存器就可以被连续地存取直到“停止条件”到来。当 VCC 低于 1.25 VBAT 时，芯片就会中止目前的存取并复位设备地址计数器。这时，向芯片发出的任何信号将被拒绝，以免发生存取错误。当 VCC 低于 VBAT 时，芯片切换到电池备份模式。当 VCC 恢复到大于 VBAT +0.2V 时，芯片由 VCC 供电。当 VCC 大于 1.25 VBAT 时，存取可以正常进行。

气象站模拟器电路原理图如图 3-48 所示。

2. 可视化命令

Arduino 气象站模拟器可视化命令包括 LCD 显示、传感器检测和实时时钟 3 个部分。LCD 显示部分包括清屏模块、还原光标位置模块、启用屏幕模块、禁用屏幕模块、屏幕闪烁模块、停止闪烁模块、显示光标模块、隐藏光标模块、向左滚动显示模块、向右滚动显示模块、光标左侧新增内容模块、光标右侧新增内容模块、启用自动滚动模块、禁用自动滚动模块、设置光标位置模块、输出模块、换行输出模块、设置参数类型模块、设置参数显示精度模块，如图 3-49 所示。传感器检测部分包括读取温度模块、读取压力模块、读取湿度模块。实时时钟部分包括读取时间模块、读取数据模块、获得实时数据模块、设置方波频率模块、调节实时时钟时间模块、调节实时时钟数据模块、从实时时钟存储器写入数据模块、从实时时钟存储器读取数据模块。

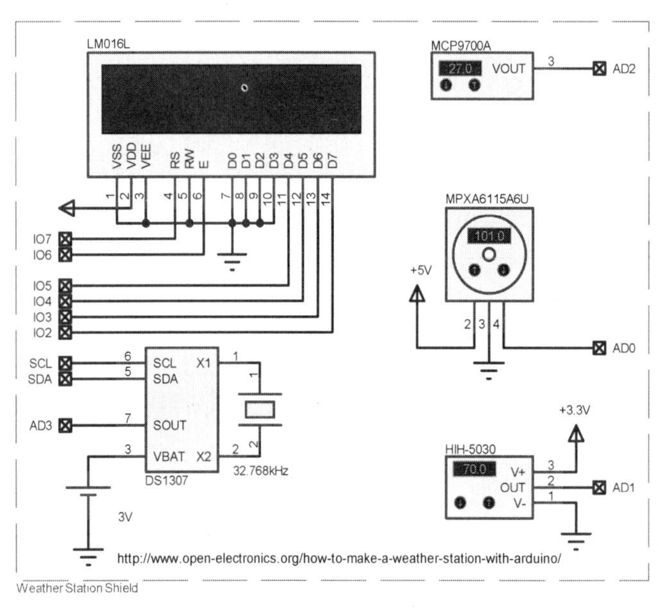

图 3-48　气象站模拟器电路原理图

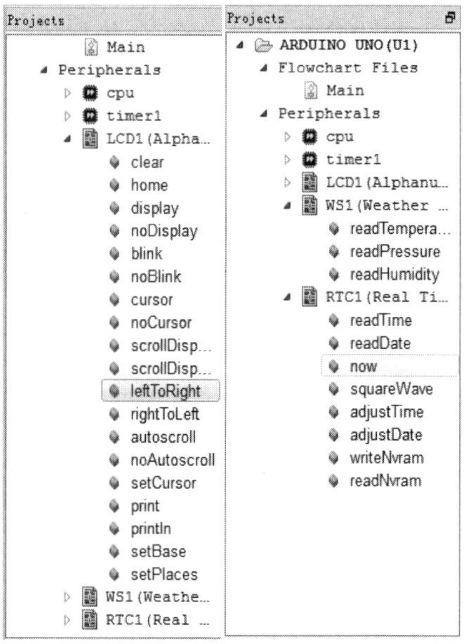

Projects
Main
Peripherals
cpu
timer1
LCD1(Alpha...
clear
home
display
noDisplay
blink
noBlink
cursor
noCursor
scrollDisp...
scrollDisp...
leftToRight
rightToLeft
autoscroll
noAutoscroll
setCursor
print
println
setBase
setPlaces
WS1(Weathe...
RTC1(Real ...

Projects
ARDUINO UNO(U1)
Flowchart Files
Main
Peripherals
cpu
timer1
LCD1(Alphanu...
WS1(Weather ...
readTempera...
readPressure
readHumidity
RTC1(Real Ti...
readTime
readDate
now
squareWave
adjustTime
adjustDate
writeNvram
readNvram

图 3-49　LCD 显示可视化命令

3. 简单实例：气象站模拟器应用

【目标功能】在显示屏实时显示时间、温度、压力、湿度。

在 Proteus 8.5 中，其电路原理图如图 3-50 所示。系统由 Arduino Uno 开发板和气象站模拟器两个部分构成。Arduino Uno 开发板通过控制气象站模拟器实现目标功能。

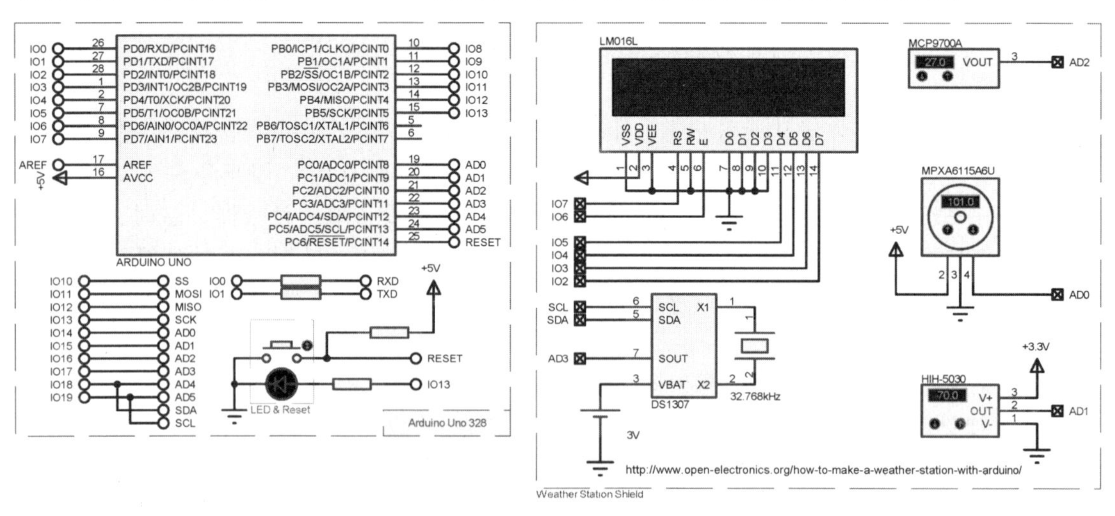

图 3-50　气象站模拟器应用电路原理图

【可视化流程图】气象站模拟器应用可视化流程图如图 3-51 所示。

【仿真结果】如图 3-52 所示，调节 MCP9700A（电压输出温度传感器），LCD 能够实时显示时间和小偏差范围内实时显示温度，完全实现了目标功能。

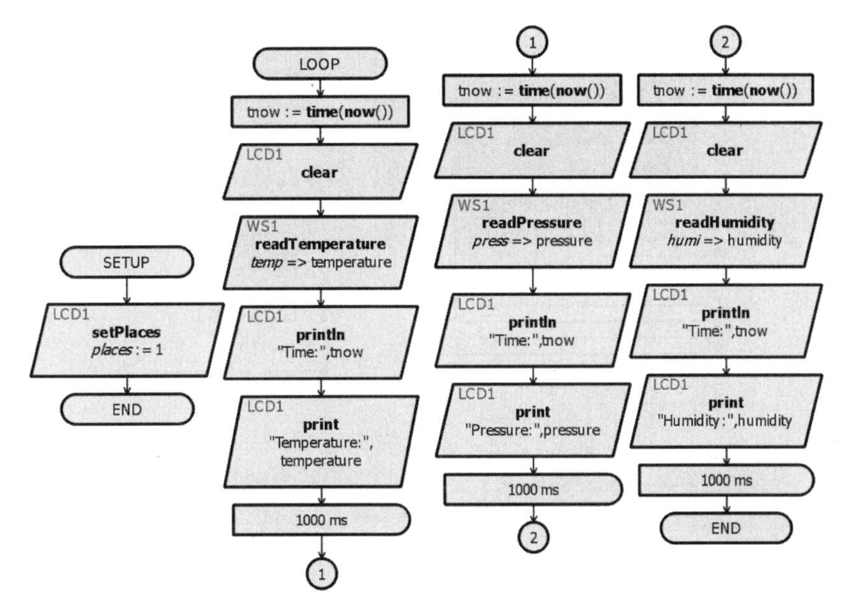

图 3-51　气象站模拟器应用可视化流程图

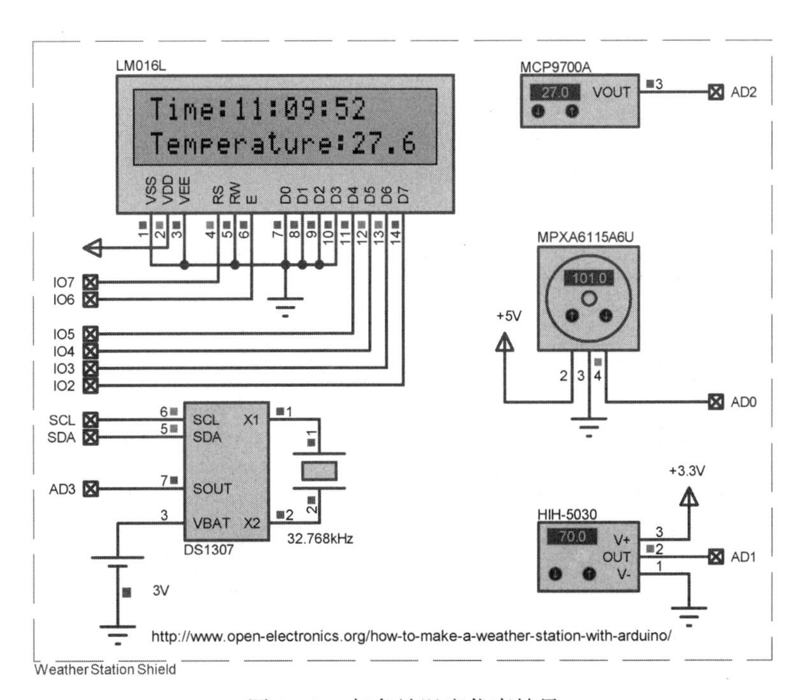

图 3-52　气象站温度仿真结果

如图 3-53 所示，调节 MPXA6115A6U（绝压压力传感器/变送器），LCD 能够实时显示时间和小偏差范围内实时显示气压，完全实现了目标功能。

如图 3-54 所示，调节 HIH-5030 湿度传感器，LCD 能够实时显示时间和小偏差范围内实时显示湿度，完全实现了目标功能。

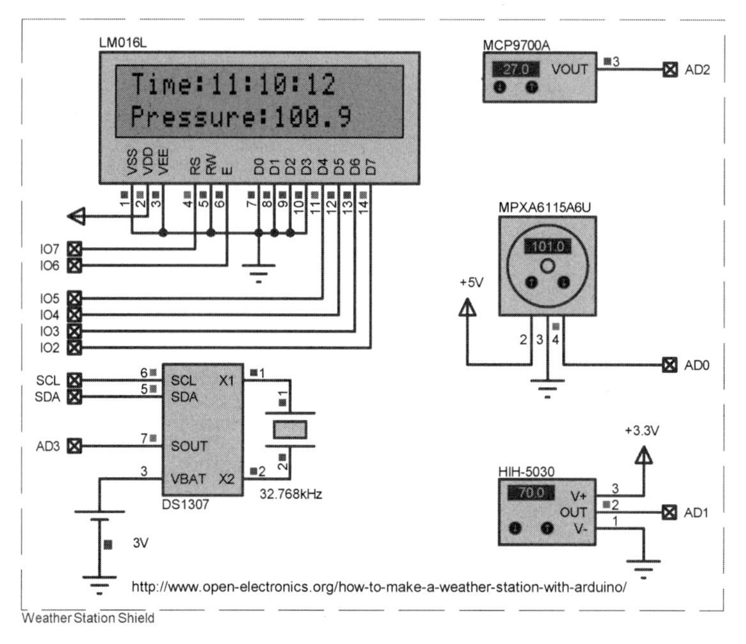

图 3-53　气象站气压仿真结果

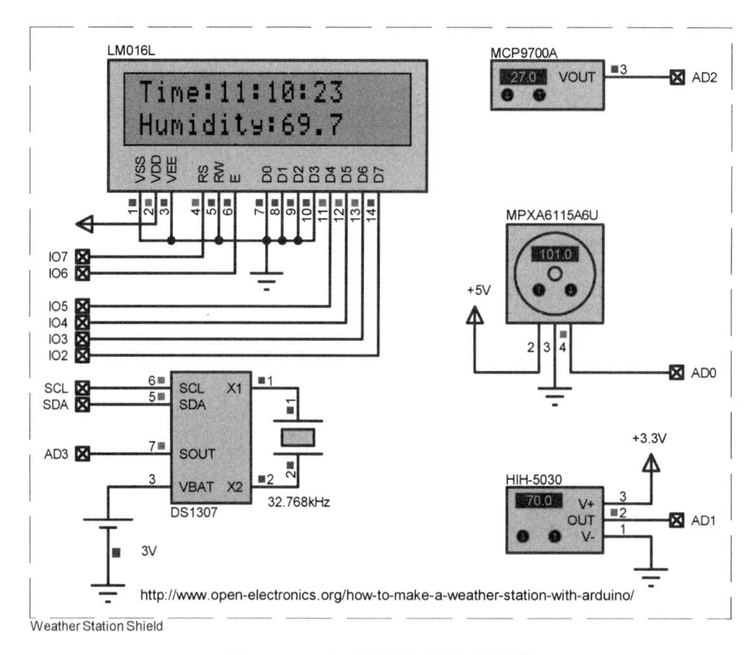

图 3-54　气象站湿度仿真结果

3.2　Breakout Board 分线板

3.2.1　Arduino 16×2 字符型液晶显示器

LM016L 是一款字符型液晶显示屏，是一种专门用于显示字母、数字、符号等的点阵式

LCD，目前常用16×1、16×2、20×2 和 40×2 行等模块。这里介绍 16×2 模块。该模块与 LCD1602 类似，只不过 LM016L 没显示调亮度的两个端口。

LM016L 液晶显示屏的功能及参数在前面章节已做详细介绍，这里不再赘述。

1. 电路原理图

Arduino 16×2 字符型液晶显示器在 Proteus 8.5 的 Visual Designer 中作为一种显示模块实现对数据的输出。LM016L 电路原理图如图 3-55 所示。

2. 可视化命令

LM016L 可视化命令（如图 3-56 所示）包括清屏模块、还原光标位置模块、启用屏幕模块、禁用屏幕模块、屏幕闪烁模块、停止闪烁模块、显示光标模块、隐藏光标模块、向左滚动显示模块、向右滚动显示模块、光标左侧新增内容模块、光标右侧新增内容模块、启用自动滚动模块、禁用自动滚动模块、设置光标位置模块、输出模块、换行输出模块、设置参数类型模块、设置参数显示精度模块。

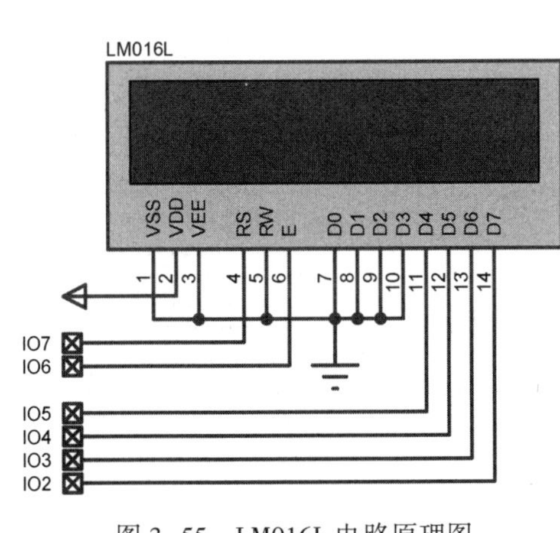

图 3-55　LM016L 电路原理图

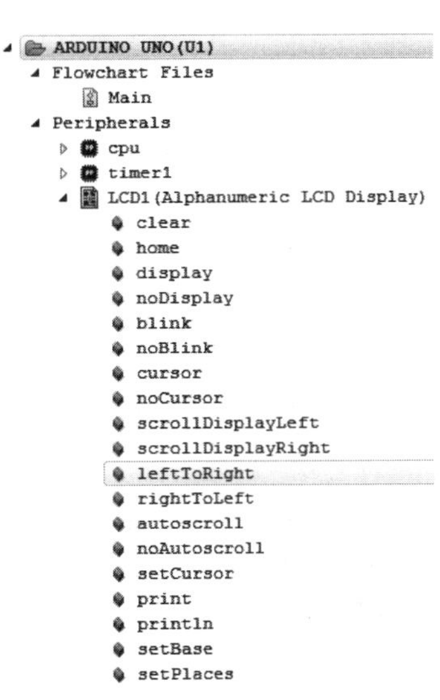

图 3-56　LM016L 可视化命令

3. 简单实例：Arduino 16×2 字符型液晶显示器应用

【目标功能】通过 LM016L 实时显示日期和当前时刻。

在 Proteus 8.5 中，其电路原理图如图 3-57 所示。系统由 Arduino Uno 开发板、LM016L 液晶显示屏模块和实时时钟模块 3 个部分构成。

【可视化流程图】该电路程序（如图 3-58 所示）由 3 个部分组成，即初始化程序、主循环程序、rtcService 子程序。

☺ 初始化程序（SETUP()）：主要用于初始化，这里将实时时钟方波信号输出端 pinSOUT 状态初始化为 FALSE，然后将方波频率清零，最后为方波频率赋值，这里设置成每秒输出一个方波，则会每秒中断一次，读取时间并显示。

☺ 主循环程序（LOOP()）：电路的主程序。实时时钟的方波输出端接的是 Arduino 328 的 IO8 端口，首先读取 IO8 口接收到的实时时钟的方波输出信号（即 pinSOUT），然后判断 pinSOUT 的状态，当 pinSOUT 为真时，执行子程序 rtcService，然后再次读取 IO8 口接收到的实时时钟显示的时间和日期。

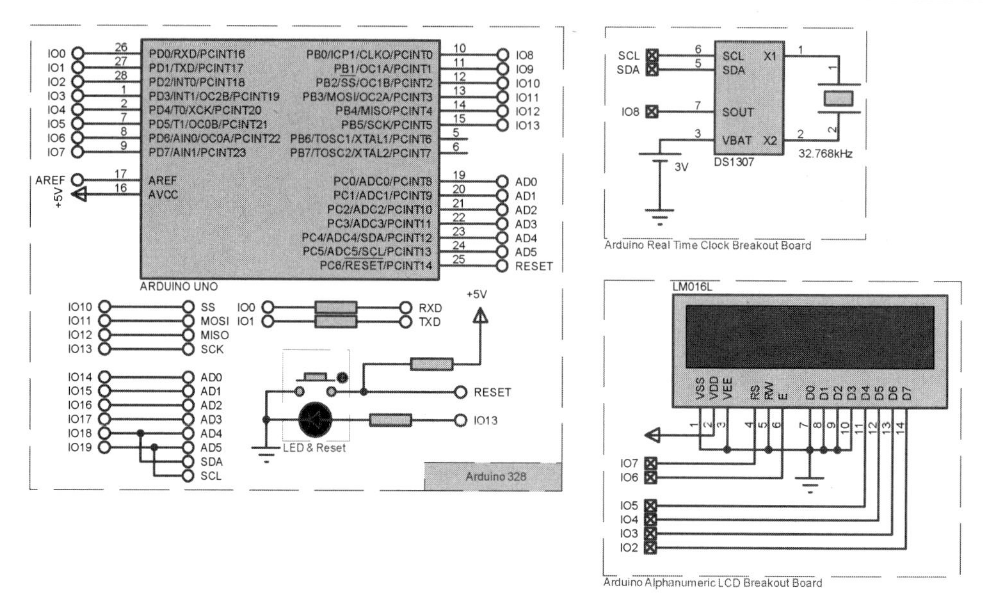

图 3-57　LM016L 应用电路原理图

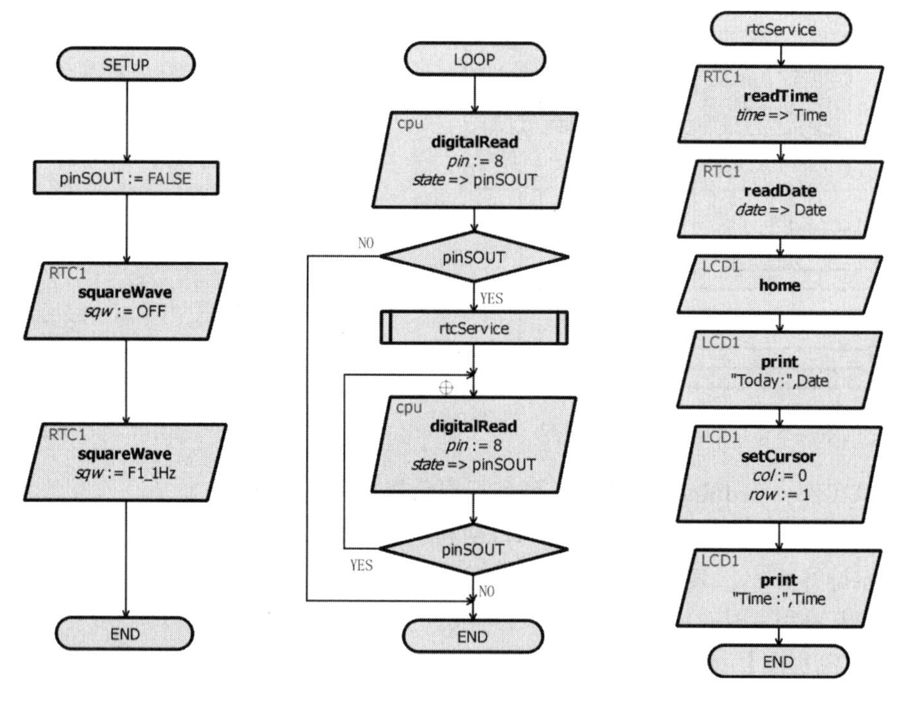

图 3-58　LM016L 应用可视化流程图

☺ rtcService 子程序：主要完成实时时钟时间和日期的读取，以及 LCD 液晶显示屏的设置。

【仿真结果】如图 3-59 所示，LM016L 液晶显示屏能实时显示当前时间和日期，完全实现了目标功能。

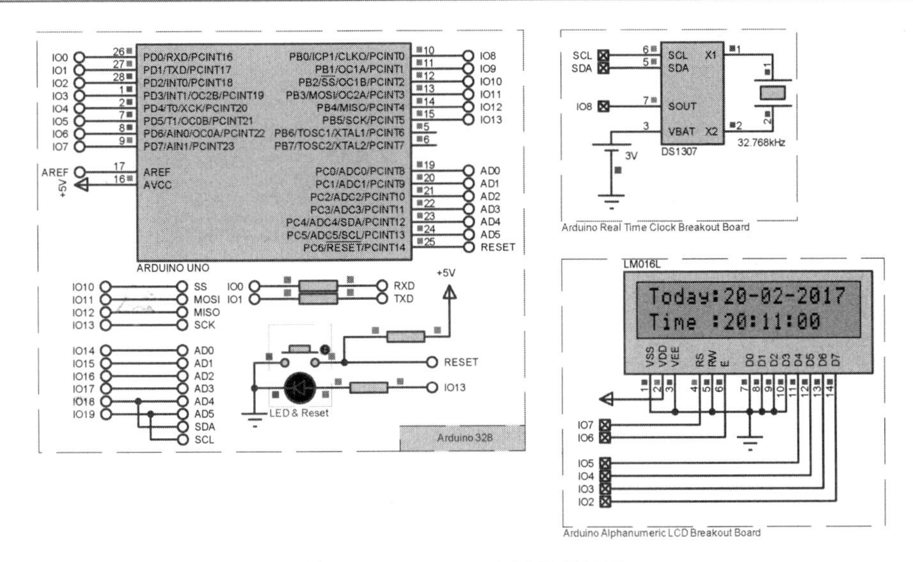

图 3-59 LM016L 应用仿真结果

3.2.2 Arduino BMP180 数字压力温度传感器

Arduino BMP180 是一款功能完全兼容 BMP085 的新一代高精度数字气压传感器模块。凭借着超低功耗和电压，BMP180 可以被完美地应用在手机、PDAs、GPS 和其他移动设备中。BMP180 在低的高度噪声、快速转换的情况下，表现很好，其一般使用 I^2C 进行通信。

该 BMP180 由一个压阻传感器、模拟-数字转换器、EEPROM 和一个具有串行 I^2C 接口的控制单元组成。该传感器的工作过程如下：微控制器发送一个启动序列启动压力或温度测量。转换时间后，结果值（UP 或 UT）可通过 I^2C 接口读取。BMP180 用于计算温度（摄氏度）或测量压力（帕斯卡）时，该校准数据已被使用。这些常数可以从 BMP180 EEPROM 中通过软件初始化 I^2C 接口被读出。采样率可以提高到每秒 128 个样本（标准模式），用于动态测量。在这种情况下，它足以对采样率为每秒一次时的所有压力测量。它可以测量的温度范围为-40 ～+85℃，可以测量的最大压力值为 10000hPa。

引脚功能如表 3-1 所示。

表 3-1 引脚功能

引脚编号	引脚符号	功 能
5	SCL	I^2C 总线时钟输入
6	SDA	I^2C 总线数据端口
3	VDDIO	数字电源

1. 电路原理图

Arduino BMP180 在 Proteus 8.5 的 Visual Designer 中作为一种模拟传感器模块为单片机提供数据采集源，其电路原理图如图 3-60 所示。

2. 可视化命令

Arduino BMP180 可视化命令如图 3-61 所示，从上到下依次为设置采样模式模块、以℃为单位读取环境温度模块、以 hPa 为单位读取气压模块、根据给定的海拔高度读取海平面压力模块、根据海平面压力读取海拔高度模块、读取环境温度的原始值模块、读取环境气压的原始值模块。

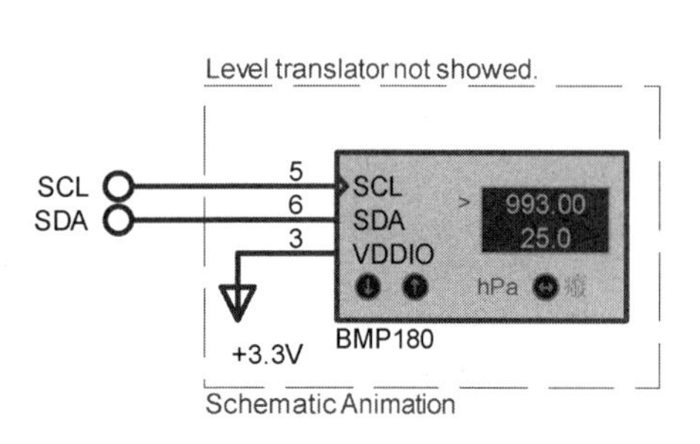

图 3-60　Arduino BMP180 电路原理图

```
*ARDUINO UNO(U1)
  Flowchart Files
    Main
  Peripherals
    cpu
    timer1
    PS1(BMP180 Digital Pressure Sensor)
      setMode
      readTemperature
      readPressure
      readSealevelPressure
      readAltitude
      readRawTemperature
      readRawPressure
      getCalibrationCoeff
```

图 3-61　Arduino BMP180 可视化命令

3. 简单实例：Arduino BMP180 应用

【目标功能】显示终端显示 BMP180 采集到的气压、温度、海平面高度、海平面压力，以及 EEPROM 中的校准系数和未补偿的原始温度和压力值。

在 Proteus 8.5 中，其电路原理图如图 3-62 示。系统由 Arduino Uno 开发板、BMP180 数字压力温度传感器、传感器终端、两个 LED 灯模块构成。

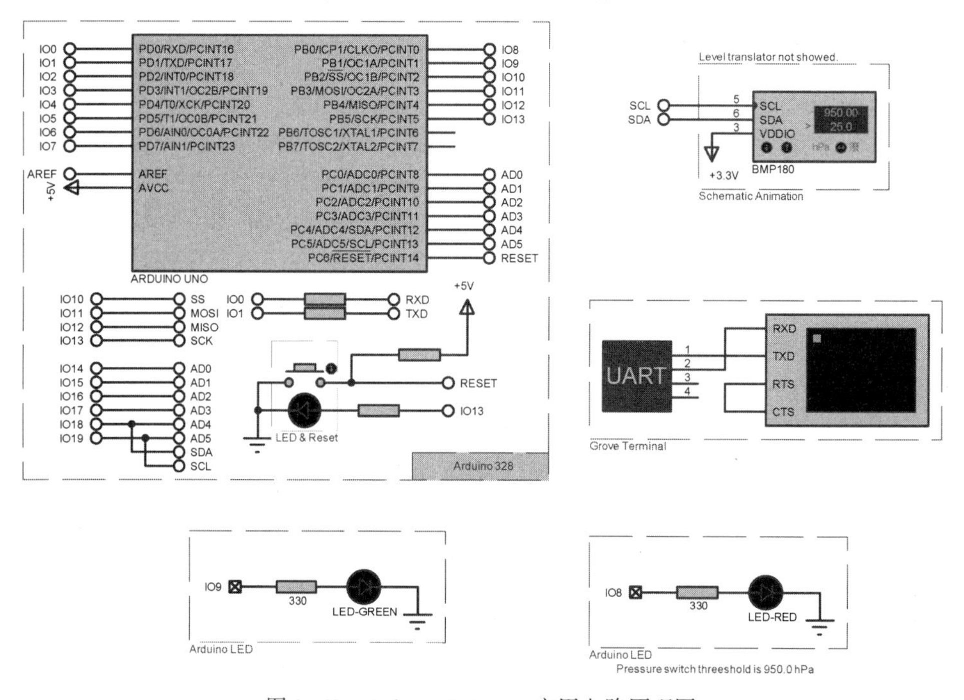

图 3-62　Arduino BMP180 应用电路原理图

【可视化流程图】该电路程序由 3 个部分组成，即初始化程序（SETUP()）、主循环程序（LOOP()）、additionalFunctions 子程序。

☺ 初始化程序（SETUP()）：主要用于初始化，这里首先初始化了传感器终端一个放置给定值的位置，然后初始化了水平位置、海平面压力、触发压力值，接着设置 BMP180 的 setMode，最后调用 additionalFunctions 子程序。

☺ 主循环程序（LOOP()）：电路的主程序（如图 3-63 所示）。电路主程序用于将 BMP180 数字压力温度传感器采集到的气压、温度、海平面高度和海平面压力传递并输出到传感器终端，所以该程序首先读取环境气压值、温度值、给定海平面压力下的海拔高度，然后判断该压力值与触发压力值的大小，当该压力值大于触发压力值时，LED2 亮，LED1 灭，否则 LED2 灭，LED1 亮；然后读取一定水平高度下的压力值。

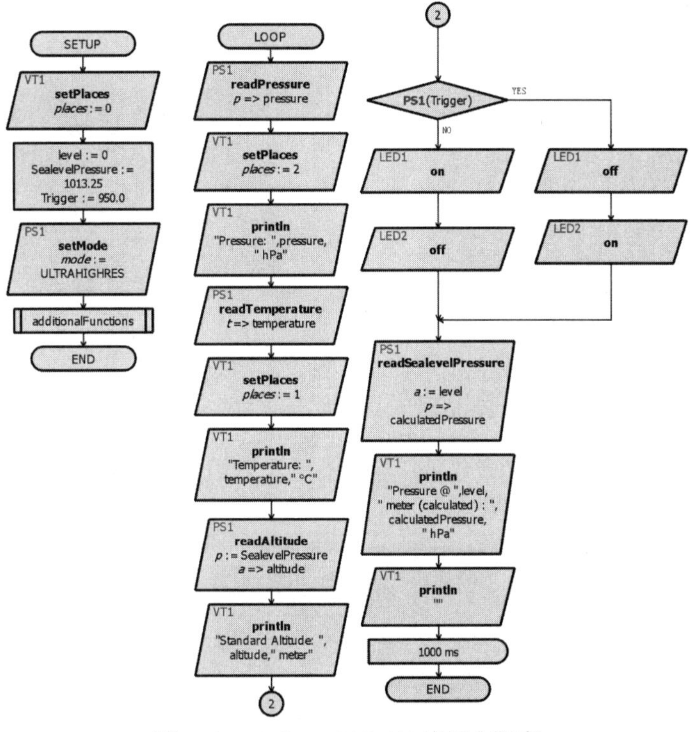

图 3-63　Arduino BMP180 应用主程序

☺ additionalFunctions 子程序：该程序（如图 3-64 所示）主要将 BMP180 数字压力温度传感器 EEPROM 中的校准系数、未补偿的原始温度和压力值输出到传感器终端。

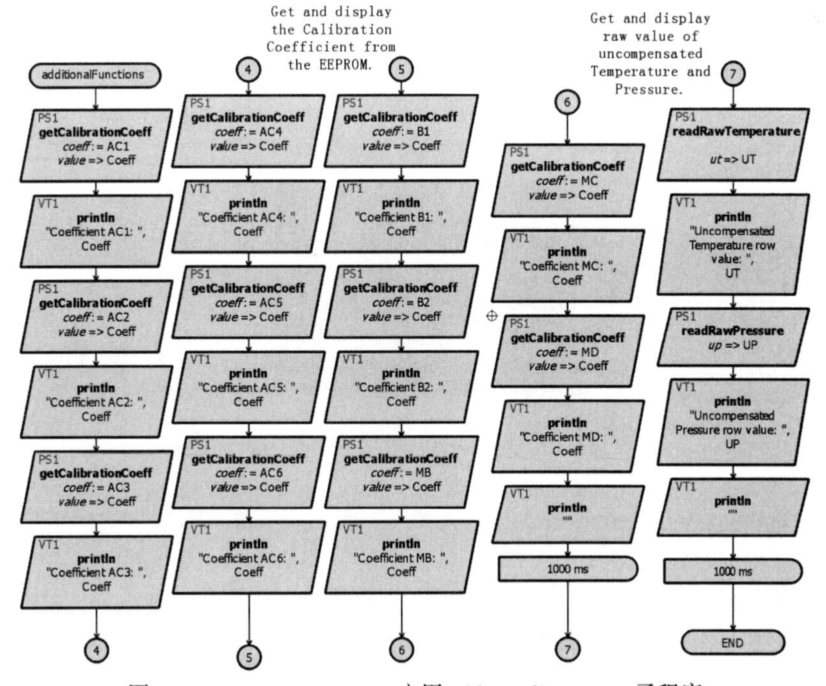

图 3-64　Arduino BMP180 应用 additionalFunctions 子程序

【仿真结果】传感器终端采集和显示 BMP180 数字压力温度传感器 EEPROM 中的校准系数，如图 3-65 所示。传感器终端采集和显示 BMP180 数字压力温度传感器 I²C 输出端未补偿的原始温度和压力值，如图 3-66 所示。

```
Virtual Terminal - VT1
Coefficient AC1: 408
Coefficient AC2: -72
Coefficient AC3: -14383
Coefficient AC4: 32741
Coefficient AC5: 32757
Coefficient AC6: 23153
Coefficient B1: 6190
Coefficient B2: 4
Coefficient MB: -32768
Coefficient MC: -8711
Coefficient MD: 2868
```

图 3-65　Arduino BMP180 应用仿真结果（一）

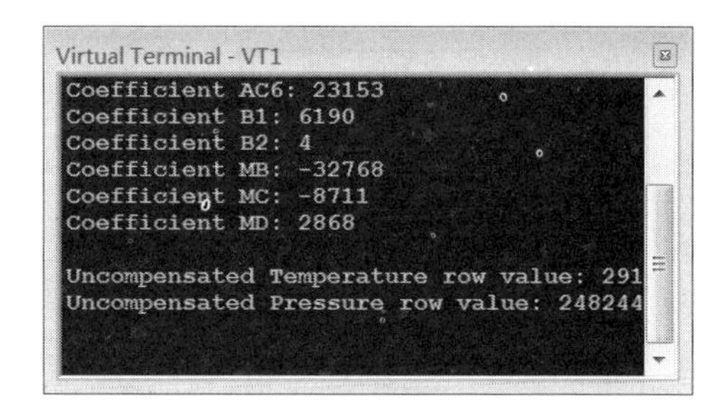

图 3-66　Arduino BMP180 应用仿真结果（二）

压力值为 993hPa、温度值为 25℃时的仿真结果如图 3-67 所示，此时绿灯亮，红灯灭，说明该压力值大于触发压力值。另外，传感器终端可以显示环境气压值、温度值、给定海平面压力下的海拔高度、一定水平高度下的压力值。

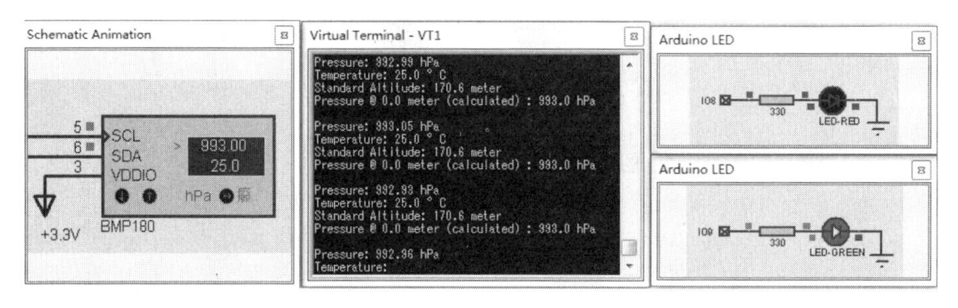

图 3-67　Arduino BMP180 应用仿真结果（三）

压力值为 936hPa、温度值为 25℃时的仿真结果如图 3-68 所示，此时红灯亮，绿灯灭，说明该压力值小于触发压力值。另外，传感器终端可以显示环境气压值、温度值、给定海平面压力下的海拔高度、一定水平高度下的压力值。

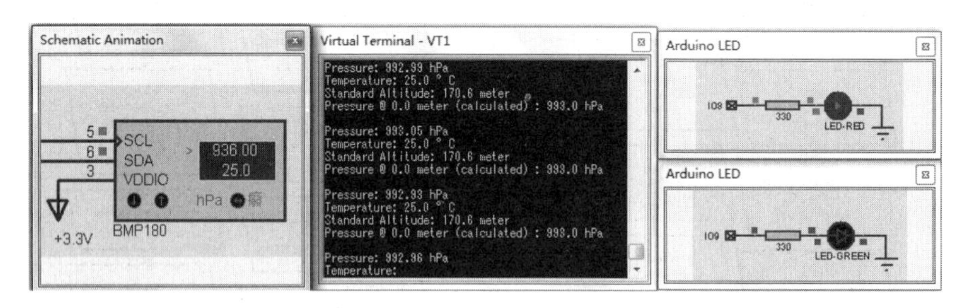

图 3-68　Arduino BMP180 应用仿真结果（四）

3.2.3　数字开关按钮

数字开关按钮用于需要开关控制的电路系统设计中。

数字开关按钮的功能：当按钮按下时，IO2 处于高电平；当按钮没有按下时，IO2 处于低电平。

1. 电路原理图

数字开关按钮在 Proteus 8.5 的 Visual Designer 中作为一种开关模块为单片机引脚提供所需的数字信号，其电路原理图如图 3-69 所示。

2. 可视化命令

数字开关按钮可视化命令（如图 3-70 所示）仅包括检测按钮状态模块。

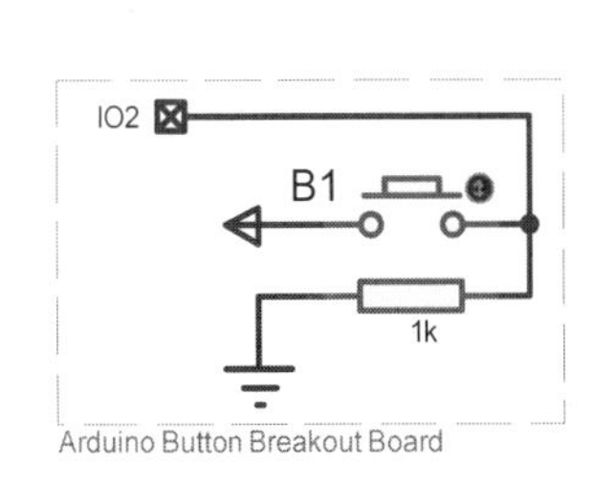

图 3-69　数字开关按钮电路原理图

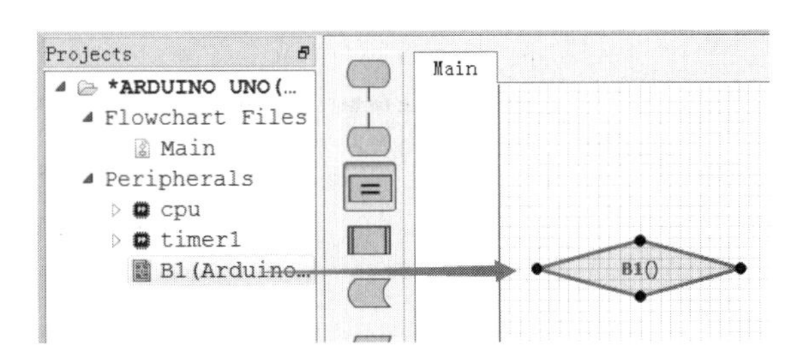

图 3-70　数字开关按钮可视化命令

3. 简单实例：数字开关按钮应用

【目标功能】数字开关按钮控制 LED 灯亮或灭。

在 Proteus 8.5 中，其电路原理图如图 3-71 所示。系统由 Arduino Uno 开发板、LED 模块和数字开关按钮模块 3 个部分构成。

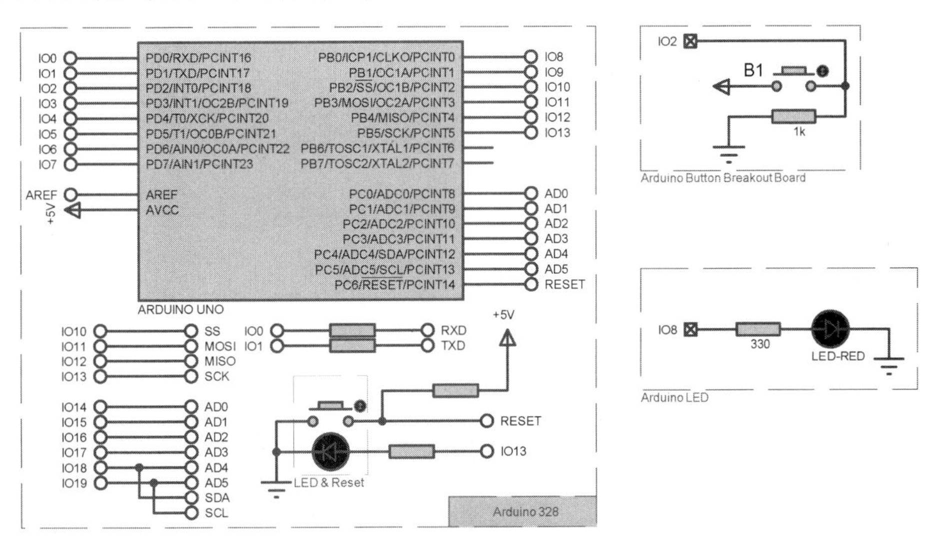

图 3-71　数字开关按钮应用电路原理图

【可视化流程图】数字开关按钮应用可视化流程图如图 3-72 所示，这里使用一个循环结构即可。控制原理：首先判断开关按钮是否按下，当开关按钮按下时，延迟 20ms，再次判断开关按钮是否按下，从而消抖，然后 LED 灯切换状态，再延迟 20ms，再次判断开关是否按下，当开关按钮按下时，保持之前状态，不断进行判断，当开关按钮弹起时，结束此次循环，进入下次循环。

【仿真结果】单击仿真按钮，待程序运行完成后，仿真结果如图 3-73 所示，LED 熄灭，开关按钮处于释放状态。

此时按下数字开关按钮，仿真结果如图 3-74 所示，LED 点亮。

此时释放数字开关按钮，仿真结果如图 3-75 所示，LED 仍然处于点亮状态。

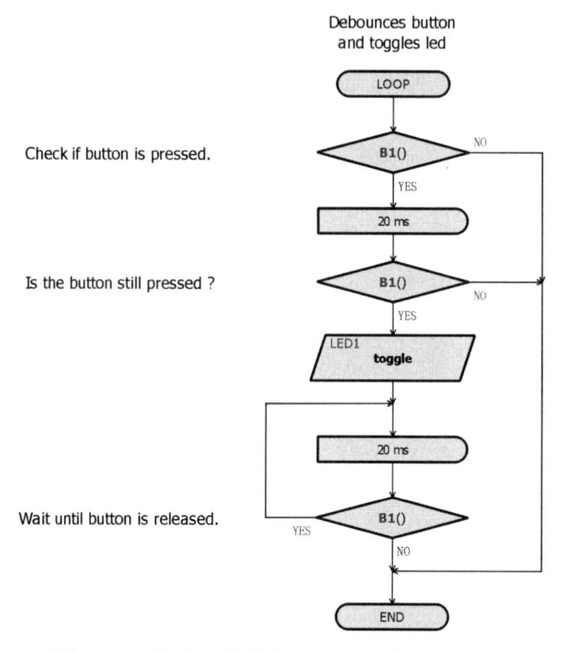

图 3-72　数字开关按钮应用可视化流程图

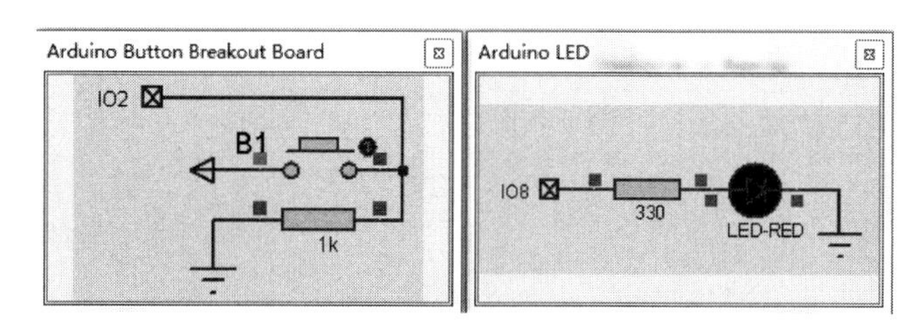

图 3-73　数字开关按钮应用仿真结果（一）

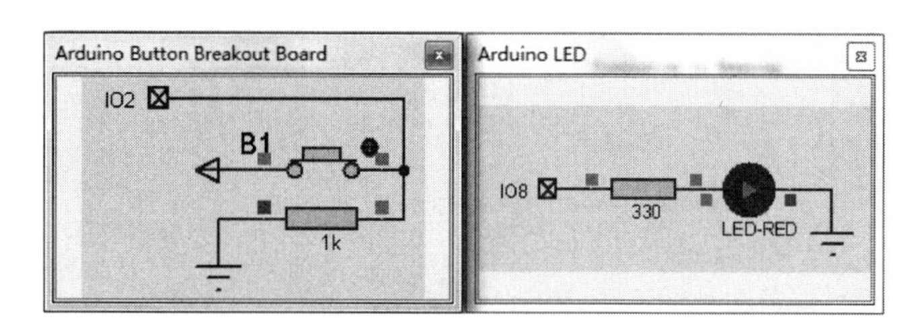

图 3-74　数字开关按钮应用仿真结果（二）

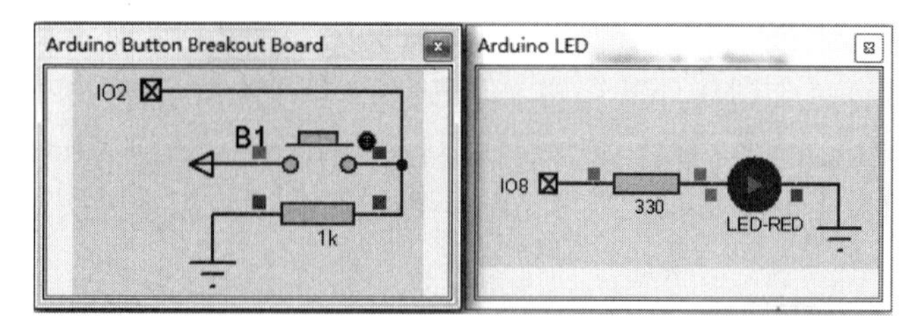

图 3-75　数字开关按钮应用仿真结果（三）

此时释放数字开关按钮，仿真结果如图 3-76 所示，LED 熄灭。

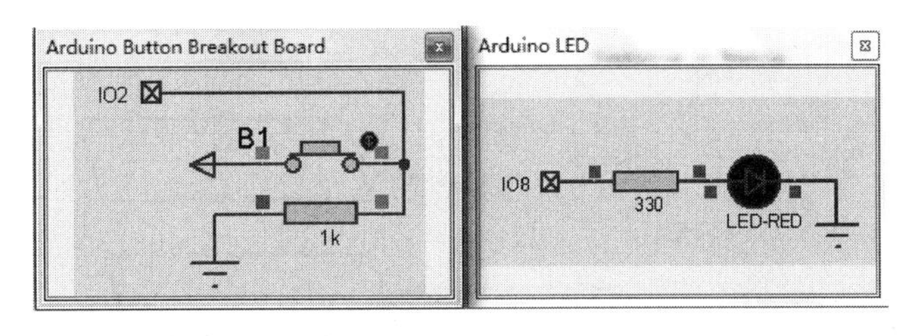

图3-76 数字开关按钮应用仿真结果（四）

此时释放数字开关按钮，仿真结果如图3-77所示，LED仍然处于熄灭状态。

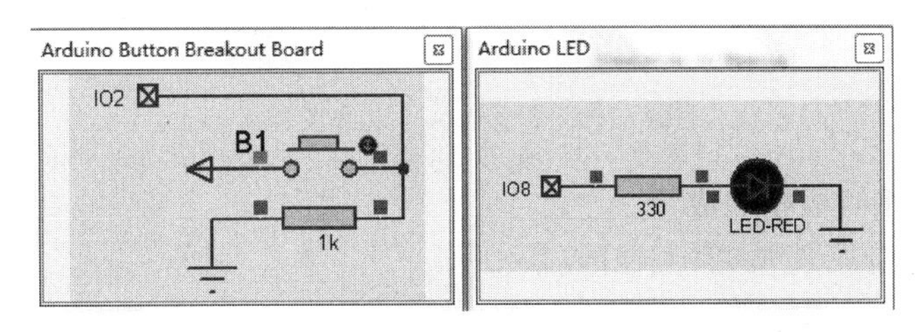

图3-77 数字开关按钮应用仿真结果（五）

3.2.4 蜂鸣器模块

蜂鸣器是一种一体化结构的电子讯响器，采用直流电压供电，广泛应用于计算机、打印机、复印机、报警器、电子玩具、汽车电子设备、电话机、定时器等电子产品中做发声器件。蜂鸣器主要分为压电式蜂鸣器和电磁式蜂鸣器两种类型。蜂鸣器在电路中用字母“H”或“HA”（旧标准用“FM”“ZZG”“LB”“JD”等）表示。

蜂鸣器又可以分为有源蜂鸣器和无源蜂鸣器。有源蜂鸣器直接接上额定电源（新的蜂鸣器在标签上都有注明）就可连续发声；而无源蜂鸣器和电磁扬声器一样，需要接在音频输出电路中才能发声。

注意 有源蜂鸣器与无源蜂鸣器的区别：这里的“源”不是指电源，而是指振荡源。也就是说，有源蜂鸣器内部带振荡源，所以只要一通电就会发声；而无源蜂鸣器内部不带振荡源，所以如果采用直流信号，则无法发声，必须用2～5kHz的方波去驱动它。有源蜂鸣器往往比无源蜂鸣器贵，就是因为多一个振荡电路。

无源蜂鸣器的优点：便宜；声音频率可控，可以做出“多来米发索拉西”的效果；在一些特例中，可以和LED复用一个控制口。

有源蜂鸣器的优点：程序控制方便。

1. 电路原理图

蜂鸣器模块在Proteus 8.5的Visual Designer中作为一种报警模块，用于报警系统的设计，其电路原理图如图3-78所示。

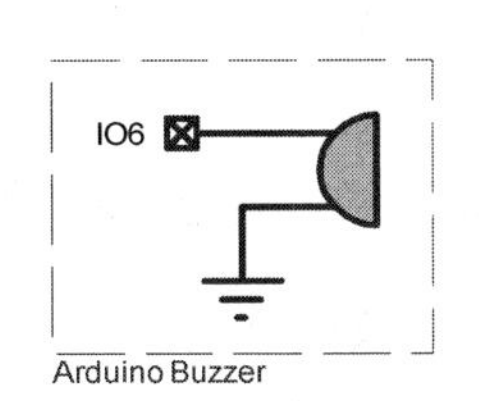

图3-78 蜂鸣器模块电路原理图

2. 可视化命令

蜂鸣器模块可视化命令（如图3-79所示）由3个部分组成，即蜂鸣器开模块、蜂鸣器关模块、蜂鸣器状态设置模块。

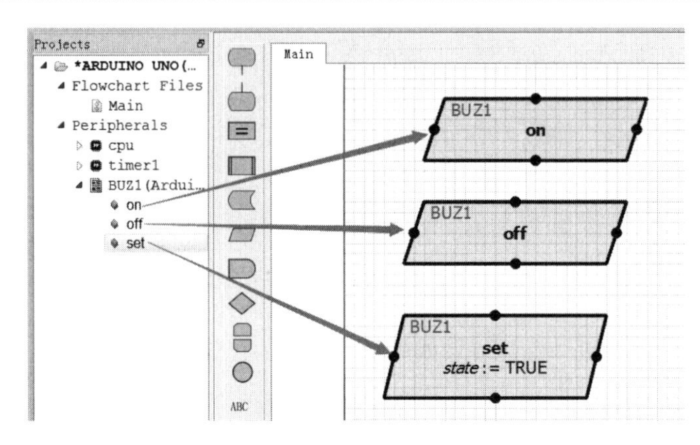

图 3-79　蜂鸣器模块可视化命令

3. 简单实例：蜂鸣器模块应用

【目标功能】数字开关按钮控制蜂鸣器报警。

在 Proteus 8.5 中，其电路原理图如图 3-80 所示。系统由 Arduino Uno 开发板、蜂鸣器模块和数字开关按钮模块 3 个部分构成。

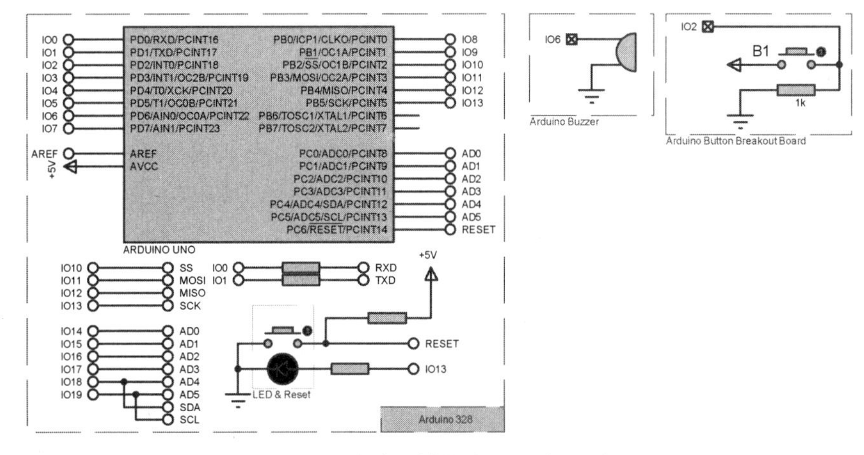

图 3-80　蜂鸣器模块应用电路原理图

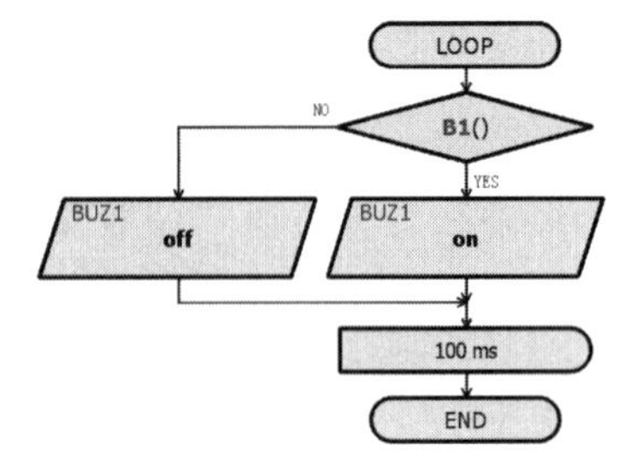

图 3-81　蜂鸣器模块应用可视化流程图

【可视化流程图】蜂鸣器模块应用可视化流程图如图 3-81 所示，这里使用了一个循环结构，控制原理如下：首先判断开关按钮是否按下，当开关按钮按下时，IO2 端口为高电平，驱动蜂鸣器报警；当开关按钮处于开启状态时，蜂鸣器关闭。

【仿真结果】当开关按钮按下时，IO2 端口为高电平，驱动蜂鸣器报警；当开关按钮处于开启状态时，蜂鸣器关闭。

3.2.5　Arduino 压电发声器模块

压电效应是电介质材料中一种机械能与电能互换的现象。压电效应在声音的产生和侦测、高电压的生成、电频生成、微量天平和光学器件的超细聚焦方面有着重要的运用，这里是将压电效应应用在声音的控制领域。压电效应可分为正压电效应和逆压电效应。

☺ 正压电是指当晶体受到某固定方向外力的作用时，内部就产生电极化现象，同时在某两个表面上产生符号相反的电荷；当外力撤去后，晶体又恢复到不带电的状态；当外力作用方向改变时，电荷的极性也随之改变；晶体受力所产生的电荷量与外力的大小成正比。

☺ 逆压电是指对晶体施加交变电场引起晶体机械变形的现象。压电敏感元件的受力变形有厚度变形型、长度变形型、体积变形型、厚度切变型、平面切变型5种基本形式。压电晶体是各向异性的，并非所有晶体都能在这5种状态下产生压电效应。

压电效应的原理是，如果对压电材料施加压力，则它便会产生电位差（称之为正压电效应），反之施加电压，则产生机械应力（称为逆压电效应）。如果压力是一种高频振动，则产生的就是高频电流。高频电信号加在压电陶瓷上，则产生高频声信号（机械振动），这就是我们平常所说的超声波信号。也就是说，压电陶瓷具有机械能与电能之间的转换和逆转换的功能，这种相互对应的关系确实非常有意思。这就是压电发声器的原理。Arduino压电发声器模块与蜂鸣器模块的作用是一样的，它们均被用在电路设计中起到发声作用。

1. 电路原理图

Arduino压电发声器模块在Proteus 8.5的Visual Designer中作为一种报警模块，用于报警系统的设计，其电路原理图如图3-82所示。

2. 可视化命令

Arduino压电发声器模块可视化命令（如图3-83所示）包括驱动压电发声模块、启用压电发声模块及禁用压电发声模块。

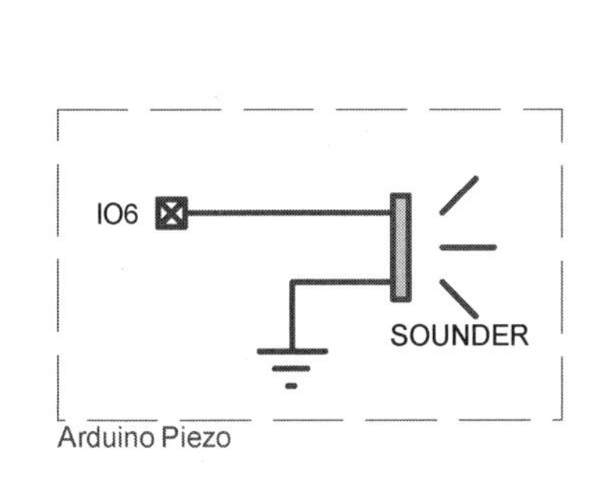

图3-82 Arduino压电发声器模块电路原理图

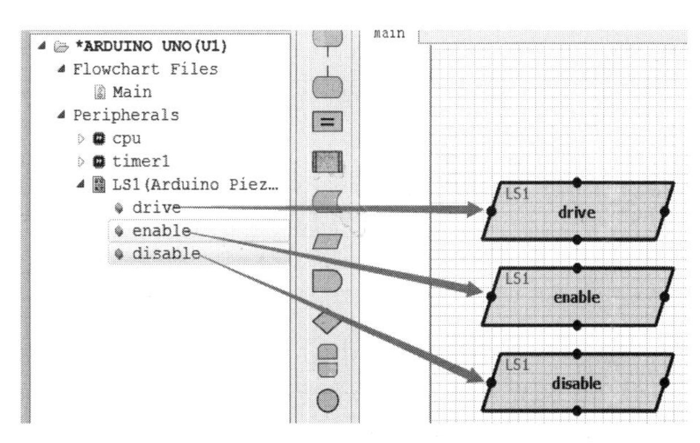

图3-83 Arduino压电发声器模块可视化命令

3. 简单实例：压电发声器模块应用

【目标功能】数字开关按钮控制压电发声器模块报警。

在Proteus 8.5中，其电路原理图如图3-84所示。系统由Arduino Uno开发板、Arduino压电发声器模块和数字开关按钮模块3个部分构成。

【可视化流程图】压电发声器模块应用可视化流程图如图3-85所示，该电路设计的目的是通过开关按钮来驱动发声器工作，这里采用时钟中断来实现此功能。该程序由3个部分组成，即初始化程序（SETUP()）、主循环程序（LOOP()）及时钟触发程序（Timer()）。

☺ 初始化程序（SETUP()）：使Arduino压电发声器模块的初始状态为禁用状态。

☺ 时钟触发程序（Timer()）：启用中断触发以驱动压电发声模块工作。

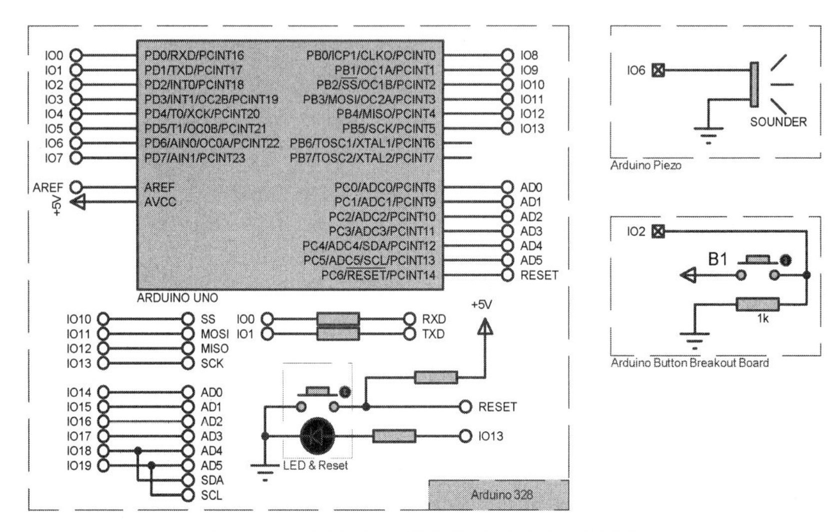

图 3-84　压电发声器模块应用电路原理图

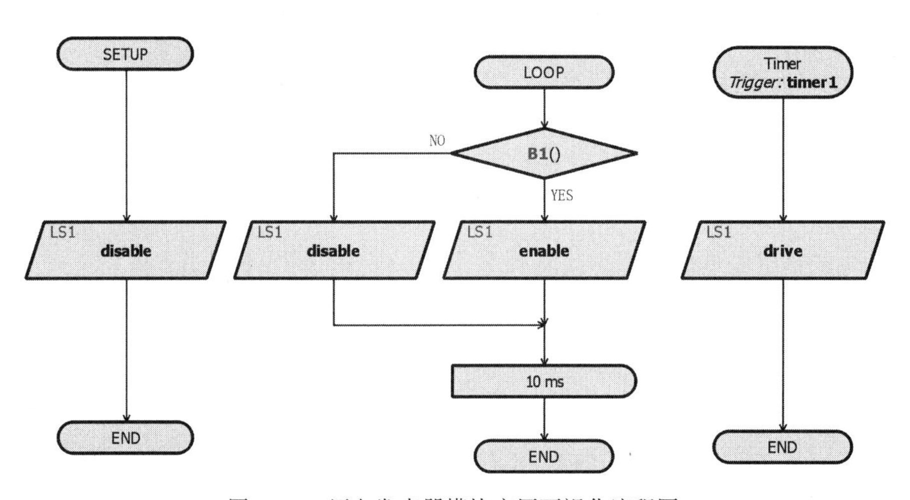

图 3-85　压电发声器模块应用可视化流程图

☺ 主循环程序（LOOP()）：判断开关按钮的状态，当开关按钮按下时，启用发声模块使其发声，反之禁用发声模块。

【仿真结果】当开关按钮按下时，IO2 端口为高电平，驱动压电发声器发声；当开关按钮处于释放状态时，压电发声器关闭。

3.2.6　DHT11 温湿度传感器模块

DHT11 温湿度传感器是一款含有已校准数字信号输出的温湿度复合传感器。它应用专用的数字模块采集技术和温湿度传感技术，确保产品具有极高的可靠性与卓越的长期稳定性。

传感器包括一个电阻式感湿元件和一个 NTC 测温元件，并与一个高性能 8 位单片机相连接。该产品具有品质卓越、超快响应、抗干扰能力强、性价比极高等优点。每个 DHT11 传感器都在极为精确的湿度校验室中进行校准。校准系数以程序的形式储存在 OTP 内存中，传感器内部在检测信号的处理过程中要调用这些校准系数。单线制串行接口，使系统集成变得简易快捷；超小的体积、极低的功耗，信号传输距离可达 20m 以上，使其成为各类应用甚至最为苛刻的应用场合的最佳选择。该传感器为 4 针单排引脚封装，连接方便，封装形式可根据用户需求而提供。

引脚功能如表 3-2 所示。

表 3-2　引脚功能

引脚编号	引脚符号	类　型	功　能
1	VDD	电源	正电源输入，3 ～ 5.5V DC
2	DATA	输出	单总线，数据 I/O 引脚
3	NC	空	空脚，扩展未用
4	GND	地	接地

☺ 电源引脚：DHT11 的供电电压为 3 ～ 5.5V。传感器上电后，要等待 1s 以越过不稳定状态，在此期间无须发送任何指令。电源引脚（VDD，GND）之间可增加一个 100nF 的电容，用于去耦滤波。

☺ 串行接口（单线双向）：DATA 用于微处理器与 DHT11 之间的通信和同步，采用单总线数据格式，一次通信时间 4ms 左右，用户 MCU 发送一次开始信号后，DHT11 从低功耗模式转换到高速模式，等待主机开始信号结束后，DHT11 发送响应信号，送出 40bit 的数据，并触发一次信号采集，用户可选择读取部分数据。从模式下，DHT11 接收到开始信号触发一次温湿度采集，如果没有接收到主机发送开始信号，则 DHT11 不会主动进行温湿度采集，采集数据后转换到低速模式。

1. 电路原理图

DHT11 温湿度传感器模块在 Proteus 8.5 的 Visual Designer 中作为一种传感器模块，用于模拟采集温湿度数据并输出给 Arduino Uno 开发板，其电路原理图如图 3-86 所示。

2. 可视化命令

DHT11 温湿度传感器模块可视化命令（如图 3-87 所示）包括读取温度值模块、读取湿度百分数模块、计算热量指数模块、摄氏度/华氏温度值转化模块、华氏/摄氏度温度值转化模块。

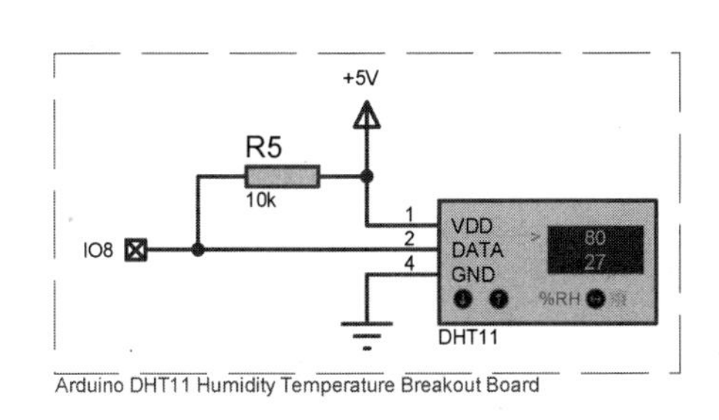

图 3-86　DHT11 温湿度传感器模块电路原理图

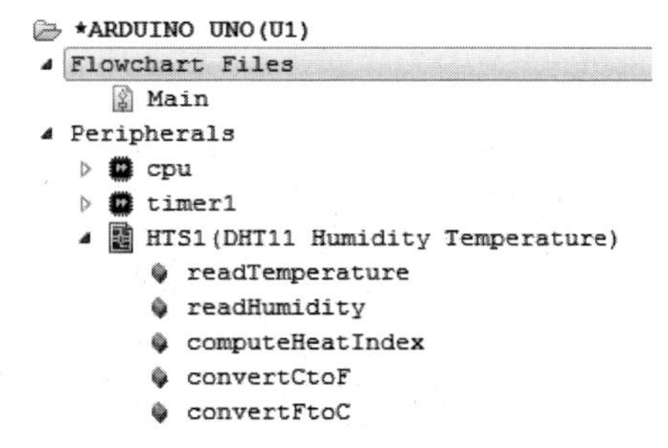

图 3-87　DHT11 温湿度传感器模块可视化命令

3. 简单实例：DHT11 温湿度传感器模块应用

【目标功能】DHT11 温湿度传感器采集温湿度数据，传递并输出到 Grove 显示终端。

在 Proteus 8.5 中，其电路原理图如图 3-88 所示。系统由 Arduino Uno 开发板、DHT11 温湿度传感器模块和 Grove 显示终端模块 3 个部分构成。

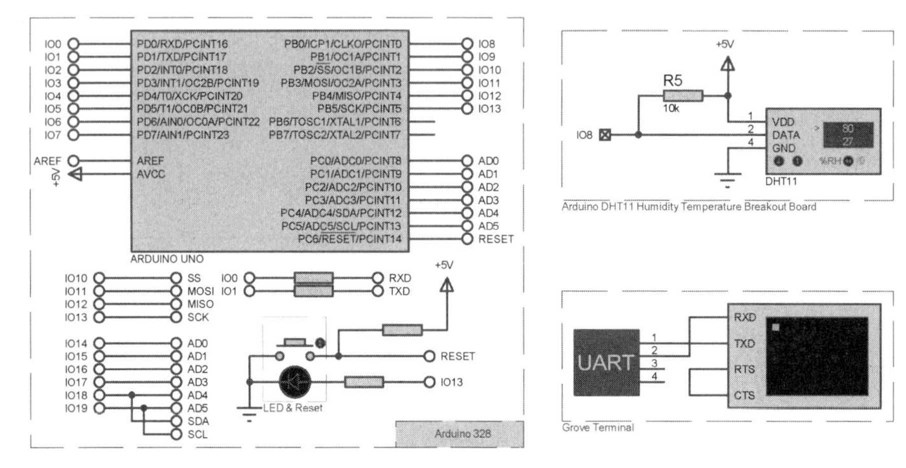

图 3-88　DHT11 温湿度传感器模块应用电路原理图

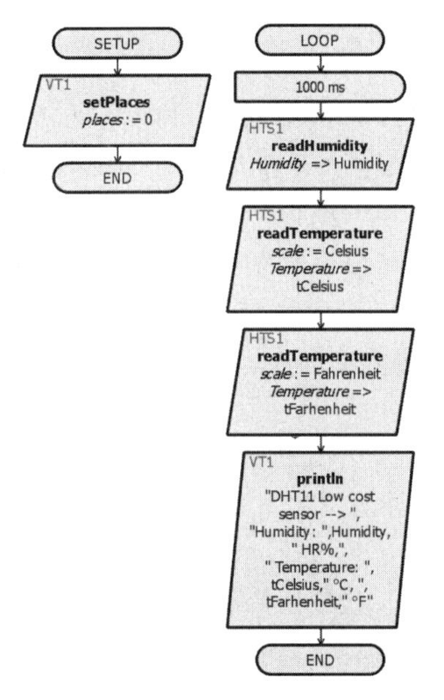

图 3-89　DHT11 温湿度传感器模块应用可视化流程图

【可视化流程图】该电路程序（如图 3-89 所示）由两个部分组成，即初始化程序（SETUP( )）、主循环程序（LOOP( )）。

☺ 初始化程序（SETUP( )）：主要用于初始化，这里初始化了传感器终端放置给定值的位置起点。

☺ 主循环程序（LOOP( )）：电路的主程序。电路主程序用于将 DHT11 温湿度传感器采集到温湿度数据传递并输出到传感器终端。首先延迟 1000ms，然后读取传感器的湿度值，然后以℃为单位读取温度值，接着读取华氏温度值，最后输出。

【仿真结果】单击仿真按钮，待程序运行完成后，调节传感器实际湿度，仿真结果如图 3-90 所示，Grove 显示终端能够实时显示 DHT11 温湿度传感器采集到的湿度。

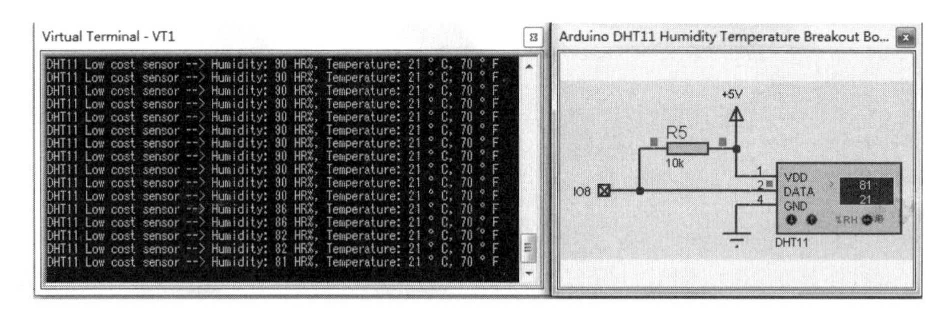

图 3-90　DHT11 温湿度传感器模块应用仿真结果（一）

调节传感器实际温度，仿真结果如图 3-91 所示，Grove 显示终端能够实时显示 DHT11 温湿度传感器采集到的温度。

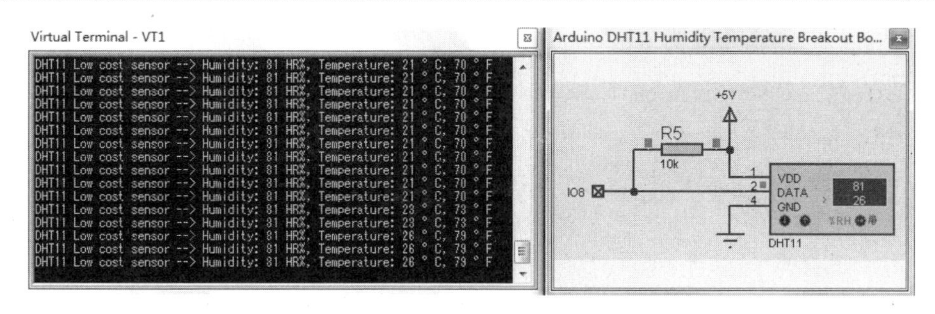

图 3-91　DHT11 温湿度传感器模块应用仿真结果（二）

3.2.7　HYT271 数字温湿度传感器模块

HYT271 数字温湿度传感器结构坚固、耐化学腐蚀、抗结露，尺寸仅有 10.2mm×5.1mm×1.8mm 大小，受到广泛应用并具有高性价比。经过精确校准的 HYT 271 具有±1.8%、±0.2℃的精度，适合复杂的大规模应用。跟所有 HYGROCHIP 产品家族的其他产品一样，HYT271 集成了电容式高分子湿度传感器的高精度与 ASIC 芯片的高集成度多功能的优势。在传感器中，信号处理部分完成数据处理并将测得的温湿度数据转换成符合 I^2C 接口的数字信号。

HYT271 模块经过厂家的精确校准，因此无须调整就具有可互换性。线性误差跟温度漂移一样，均通过估算在片上被校准，因此在很广泛的应用中表现得特别精准。很强的耐化学腐蚀性能、抗结露设计和长期的稳定性能充分体现了 HYT271 模块的与众不同。

HYT271 数字温湿度传感器的特性如下。

☺ 测量范围：0～100%，-40～+125℃。

☺ 精度：±1.8%，±0.2℃。

☺ 数字 I^2C 接口，可以直接连接微控制器芯片。

☺ 已经过精确的校准和温度补偿。

☺ 抗化学腐蚀、抗结露。

☺ 低迟滞，线性误差小，温度漂移小。

☺ 工作电压：2.7～5.5V。

☺ 正常电流消耗：1μA（25℃，睡眠模式）。

☺ 高品质陶瓷材料。

☺ SIL 引脚，插拔结构，引脚间距 1.27mm。

☺ 构造小，高互换性。

☺ 结构坚固。

☺ 高性价比。

☺ 符合 RoHS 环保指令规定。

引脚功能如表 3-3 所示。

表 3-3　引脚功能

引脚编号	引脚符号	功　能
4	SCL	串行时钟信号线
1	SDA	串行数据线

说明 I^2C 总线是由数据线 SDA 和时钟信号线 SCL 构成的串行总线，可发送和接收数据，在 CPU 与被控 IC 之间、IC 与 IC 之间进行双向传送，最高传送速率 100kb/s。各种控制电路均并联在这条总线上，但像电话机一样只有拨通各自的号码才能工作，所以每个电路和模块都有唯一的地址，在信息的传输过程中，I^2C 总线上并接的每一个模块电路既是主控器（或被控器），又是发送器（或接收器），这取决于它所要完成的功能。CPU 发出的控制信号分为地址码和控制量两个部分。地址码用来选址，即接通需要控制的电路，确定控制的种类；控制量决定该调整的类别（如对比度、亮度等）及需要调整的量。这样，各控制电路虽然并联在同一条总线上，却彼此独立，互不相关。

I^2C 总线在传送数据过程中有 3 种类型信号，即开始信号、结束信号和应答信号。

开始信号：SCL 为高电平时，SDA 由高电平向低电平跳变，开始传送数据。

结束信号：SCL 为高电平时，SDA 由低电平向高电平跳变，结束传送数据。

应答信号：接收数据的 IC 在接收到 8bit 数据后，向发送数据的 IC 发出特定的低电平脉冲，表示已收到数据。

CPU 向受控单元发出一个信号后，等待受控单元发出一个应答信号，CPU 接收到应答信号后，根据实际情况做出是否继续传递信号的判断。若未收到应答信号，则判断为受控单元出现故障。在这些信号中，起始信号是必需的，结束信号和应答信号可以不要。

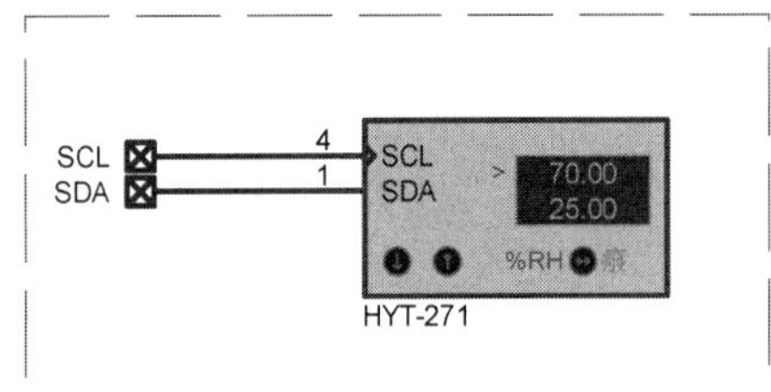

图 3-92　HYT271 数字温湿度传感器模块电路原理图

1. 电路原理图

HYT271 数字温湿度传感器模块（如图 3-92 所示）在 Proteus 8.5 的 Visual Designer 中作为一种传感器模块，用于模拟采集温湿度数据并输出给 Arduino Uno 开发板。

2. 可视化命令

HYT271 数字温湿度传感器模块可视化命令（如图 3-93 所示）包括读取原始值模块（从 I^2C 总线读取原始湿度值和温度值）、获取温度值模块、获取湿度百分数值模块、读取温度值模块、读取湿度百分数值模块。

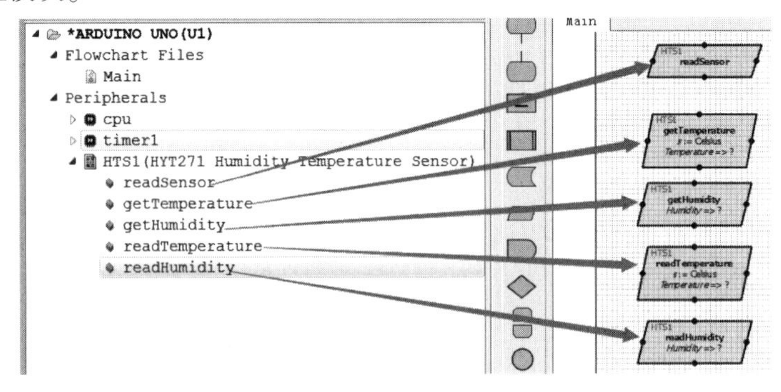

图 3-93　HYT271 数字温湿度传感器模块可视化命令

3. 简单实例：HYT271 数字温湿度传感器模块应用

【目标功能】HYT271 数字温湿度传感器采集温湿度数据，传递并输出到 Grove 显示终端。

在 Proteus 8.5 中，其电路原理图如图 3-94 所示。系统由 Arduino Uno 开发板、HYT271 数字温湿度传感器模块和 Grove 显示终端模块 3 个部分构成。

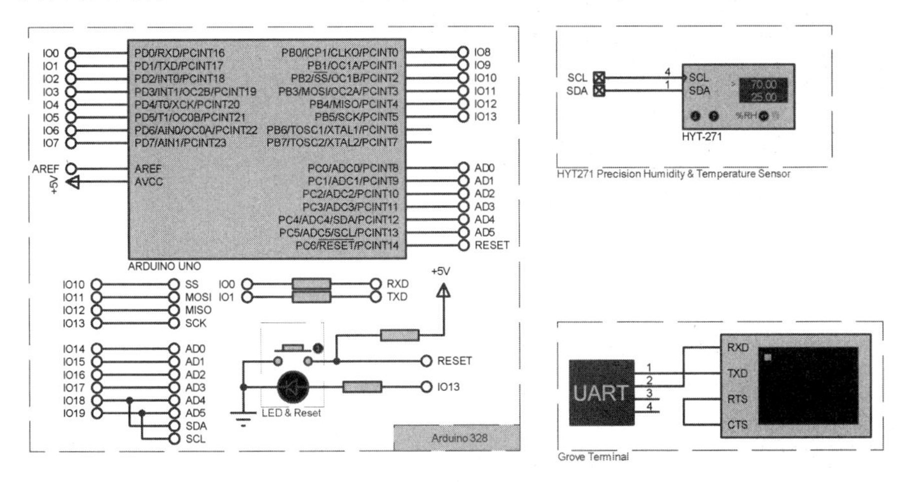

图 3-94　HYT271 数字温湿度传感器模块应用电路原理图

【可视化流程图】该电路程序（如图 3-95 所示）仅由主循环程序 LOOP( )组成。

LOOP 程序模块是电路主程序。电路主程序用于将 HYT271 数字温湿度传感器采集到的温湿度数据传递并输出到传感器终端。首先读取传感器的温湿度值，然后得到相对湿度百分数，然后得到摄氏度温度值，接着得到华氏温度值，最后输出，再延迟 500ms。

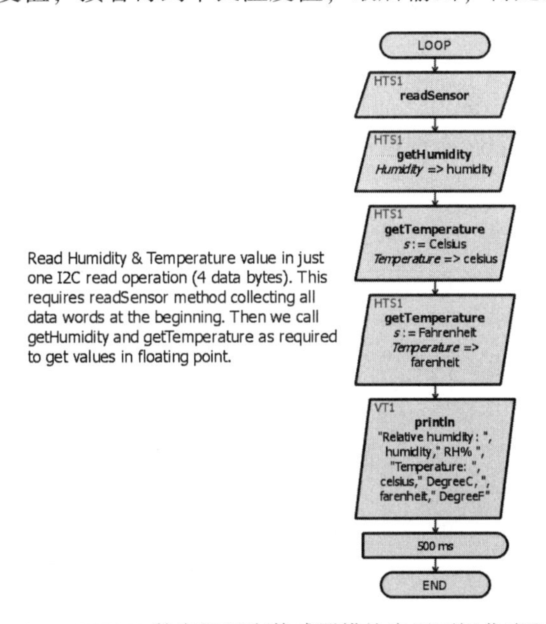

图 3-95　HYT271 数字温湿度传感器模块应用可视化流程图

【仿真结果】单击仿真按钮，待程序运行完成后，调节传感器实际湿度，仿真结果如图 3-96 所示，Grove 显示终端能够实时显示 HYT271 数字温湿度传感器采集到的湿度。

调节传感器实际温度，仿真结果如图 3-97 所示，Grove 显示终端能够实时显示 HYT271 数字温湿度传感器采集到的温度。

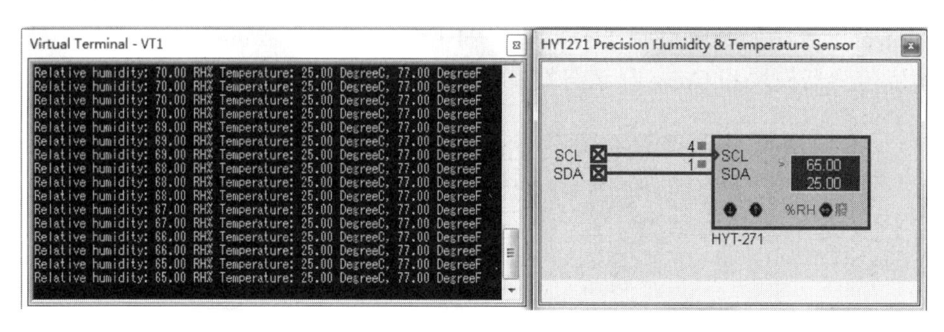

图 3-96 HYT271 数字温湿度传感器模块应用仿真结果（一）

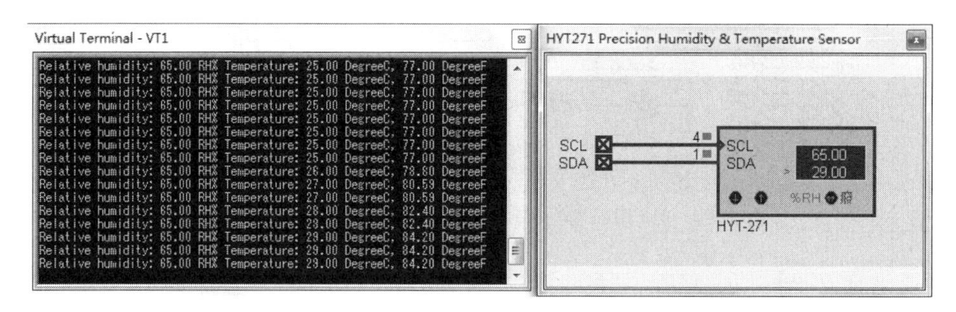

图 3-97 HYT271 数字温湿度传感器模块应用仿真结果（二）

3.2.8 通用输入电压模块

通用输入电压模块的设计可以方便电路设计者在电路设计时使用通用的任意电压，只需要在接线口添加开关和电压即可。通用输入电压模块制作成本低、效率高、尺寸小、全密封。通用输入电压模块能同时实现输入欠压保护、过压保护等功能。

引脚功能如表 3-4 所示。

表 3-4 引脚功能

引脚符号	类型	功能
VIN	电源	输入任意通用电压
GND	地	接地

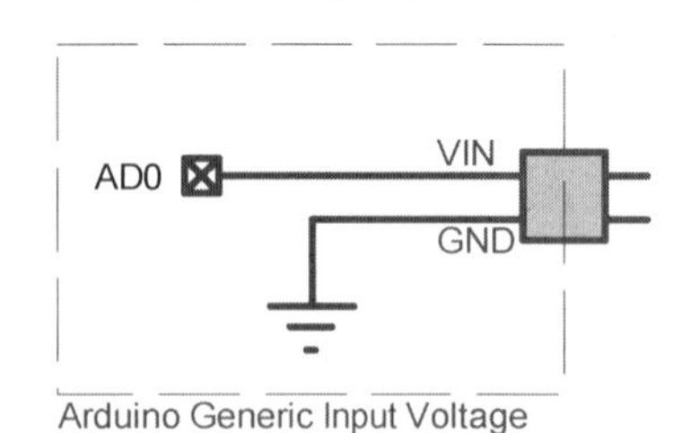

图 3-98 通用输入电压模块电路原理图

1. 电路原理图

通用输入电压模块在 Proteus 8.5 的 Visual Designer 中作为一种输入模块。主要作用是为系统提供所需的通用电压。其电路原理图如图 3-98 所示。

2. 可视化命令

通用输入电压模块可视化命令（如图 3-99 所示）包括读取 Adc 通道、读取平均输入电压值、读取输入电压值。

3. 简单实例：通用输入电压模块应用

【目标功能】Grove 显示终端实时显示通用电压输入模块不同的电压值。

在 Proteus 8.5 中，其电路原理图如图 3-100 所示。系统由 Arduino Uno 开发板、通用电压

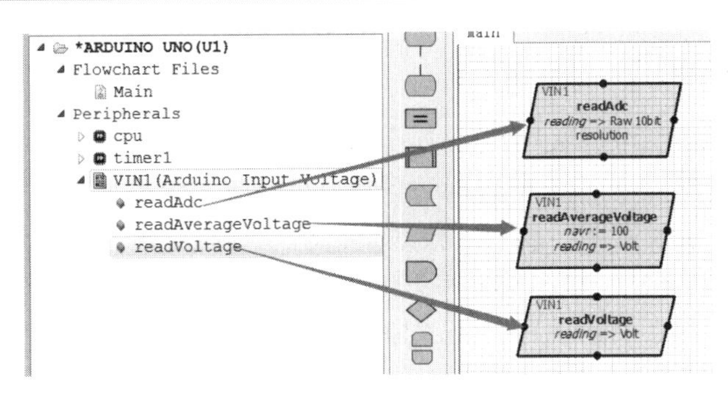

图 3-99　通用输入电压模块可视化命令

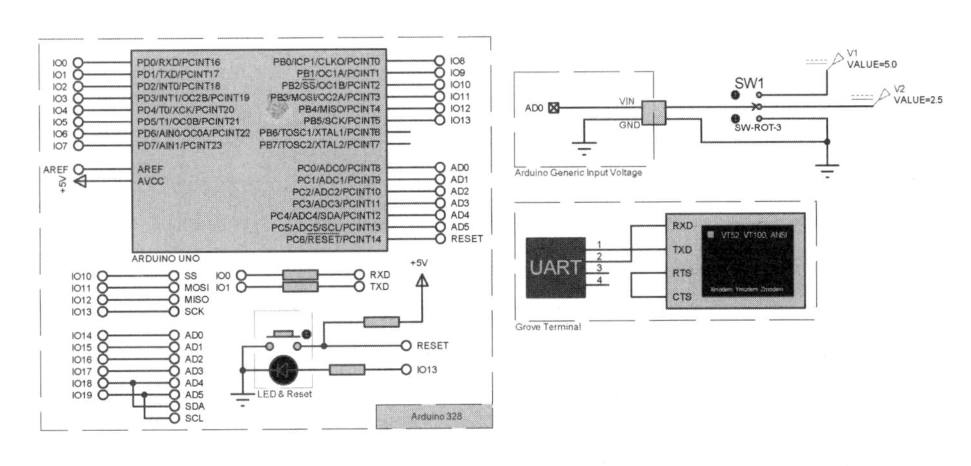

图 3-100　通用输入电压模块应用电路原理图

输入模块和 Grove 显示终端模块 3 个部分构成。

【可视化流程图】通用输入电压模块应用可视化流程图如图 3-101 所示。该程序无须初始化，仅需要 LOOP( )程序模块即可。程序流程：首先读取 Adc 通道的原始值，然后读取平均电压值，接着读取电压值，最后输出 Adc 通道的电压值和平均电压值。

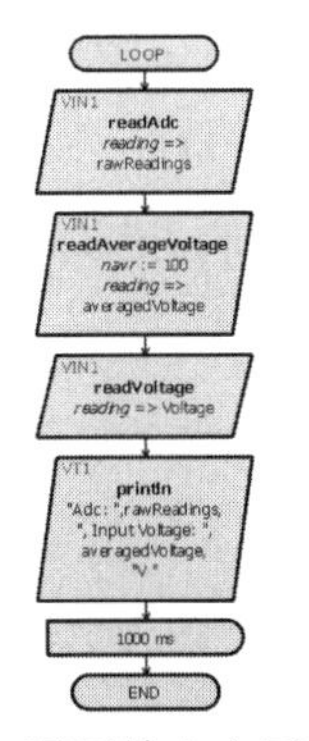

图 3-101　通用输入电压模块应用可视化流程图

【仿真结果】当通用电压输入模块接 2.5V 时，仿真结果如图 3-102 所示。当通用电压输入模块接 5V 电压时，仿真结果如图 3-103 所示。

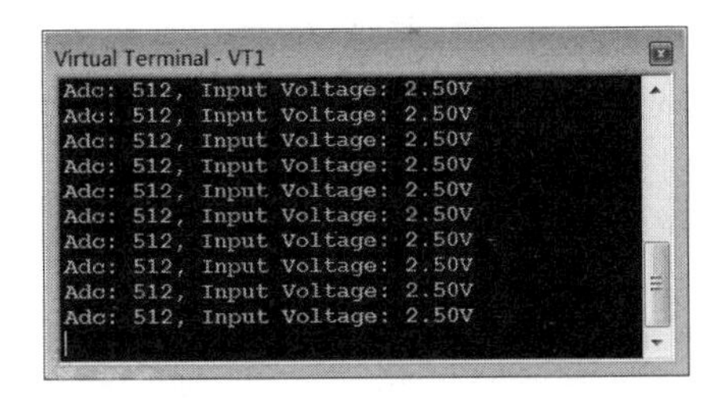

图 3-102　通用输入电压模块应用仿真结果（一）

图 3-103　通用输入电压模块应用仿真结果（二）

3.2.9　Virtual GPS

GPS 是英文 Global Positioning System（全球定位系统）的简称，而其中文简称为“球位系”。GPS 是 20 世纪 70 年代由美国研制的空间卫星导航定位系统，它是伴随现代科技的迅速发展而建立起来的精密卫星导航和定位系统，不仅具有全球性、全天候、连续的三维测速、导航、定位与授时能力，而且具有良好的抗干扰性和保密性。GPS 提供的定位信息包括经度、纬度、海拔、速度、航向、磁场、时间、卫星个数及其编号等卫星信息，其接收的信息全面、精度高，被广泛应用在各种定位系统中。

GPS 由 GPS 卫星星座（空间部分）、地面监控系统（地面控制部分）和 GPS 信号接收机（用户设备部分）3 个部分构成。GPS 的基本定位原理是将高速运动的卫星瞬间位置作为已知的起算数据，采用空间距离后方交汇的方法，确定待测点的位置。

引脚功能如表 3-5 所示。

表 3-5　引脚功能

引脚符号	功　　能
TXD	异步串行数据输出口，输出相位信号
RXD	异步串行数据输入口，输入串行差分 GPS 信号

1. 电路原理图

Virtual GPS 在 Proteus 8.5 的 Visual Designer 中作为一种通信模块，主要作用是模拟采集 GPS 信号传输给 Arduino Uno 开发板。其电路原理图如图 3-104 所示。

2. 可视化命令

Virtual GPS 可视化命令（如图 3-105 所示）包括等待定位更新模块、获得当前的精度和纬度模块、获得当前的速度和方向模块、获得海拔高度模块、获得卫星个数模块、使用半正矢公式获得两个位置之间的距离模块、获得两个位置之间的磁场模块、设置 GPS 信息更新速率模块、获取 GPS 定位的效率模块。

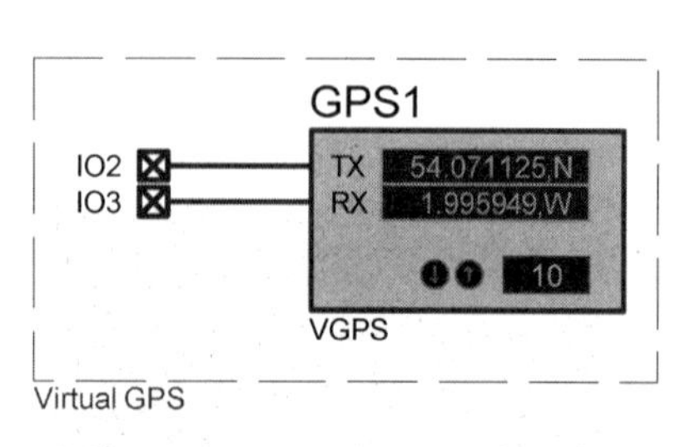

图 3-104　Virtual GPS 电路原理图

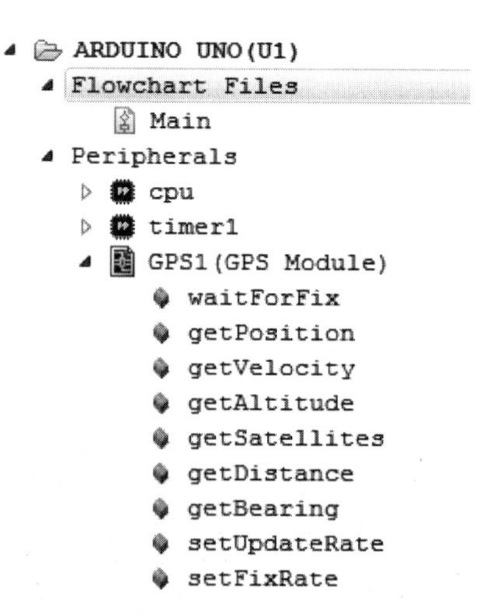

图 3-105　Virtual GPS 可视化命令

3. 简单实例：Virtual GPS 应用

【目标功能】LCD 液晶显示屏显示 GPS 模块采集到的经纬度数据。

在 Proteus 8.5 中，其电路原理图如图 3-106 所示。系统由 Arduino Uno 开发板、带有串行口的 GPS 模块和 JHD-2X16-I2C 液晶显示屏 3 个部分构成。

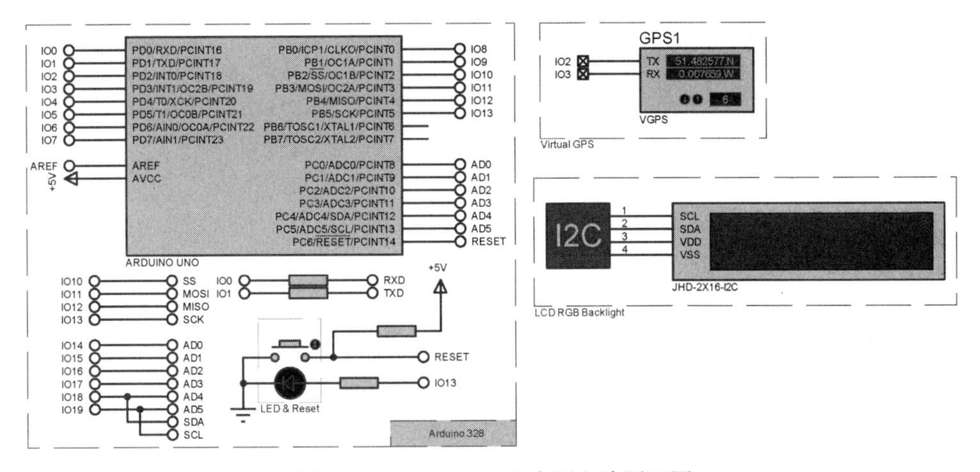

图 3-106 Virtual GPS 应用电路原理图

【可视化流程图】Virtual GPS 应用可视化流程图如图 3-107 所示。该电路程序由 3 个部分组成，即初始化程序（SETUP( )）、主循环程序（LOOP( )）及 DisplayFix( )子程序。

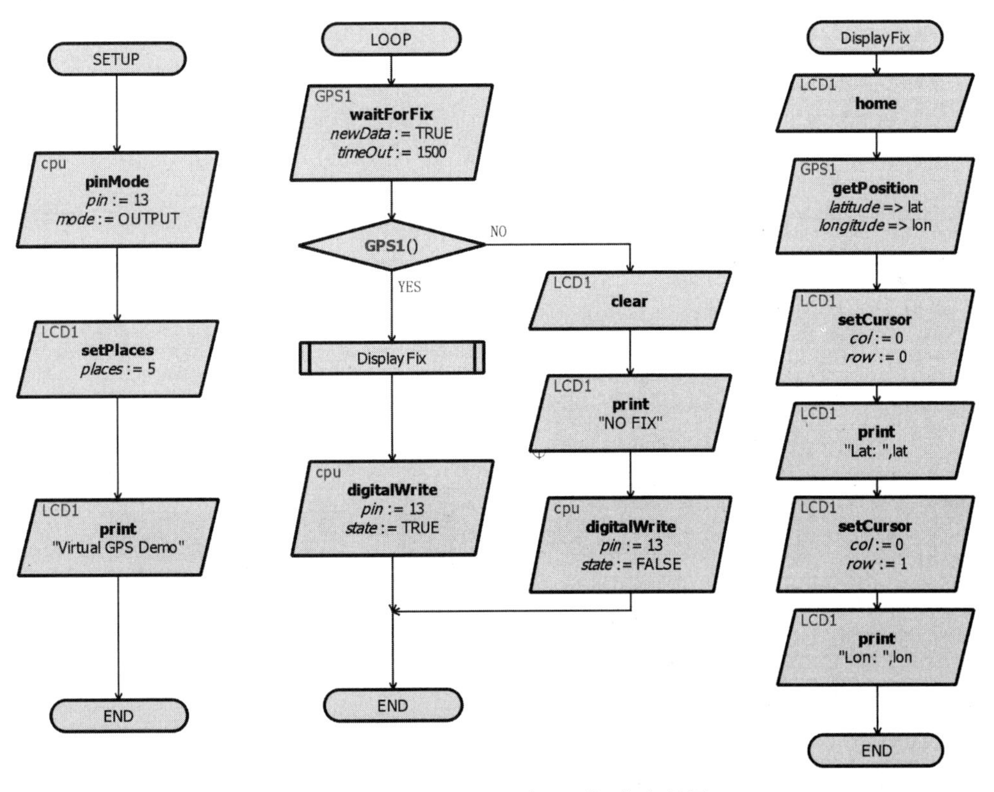

图 3-107 Virtual GPS 应用可视化流程图

☺ 初始化程度（SETUP( )）：主要用于初始化，这里定义 IO13 为输出端口，设置 LCD 显示浮点值的位置为 5 个，初始化液晶显示屏一开始显示“Virtual GPS Deno”。

☺ 主循环程序（LOOP( )）：电路的主程序。电路主程序用于将 GPS 模块采集到的经纬度显示到 LCD 液晶显示屏上。程序流程：首先获取新的定位点并获取该定位点的相关信息，然后判断是否获取到定位点，当判断条件为真时，执行 DisplayFix 子程序，引脚 13 输出，反之，LCD 屏清屏，输出“NO FIX”，13 引脚输出为假。

☺ DisplayFix 子程序：该子程序主要获取并显示定位点的经纬度。程序流程：设置光标到原始位置，获得定位点的经纬度，设置光标位置，LCD 上输出“lat 和 lon”，设置 LCD 上 lat 在第一行，lon 在第二行，最后在 LCD 上输出经纬度。

【仿真结果】单击仿真按钮，待程序运行完成后，仿真结果如图 3-108 所示，LCD 显示屏显示初始化结果“Virtual GPS Demo”。

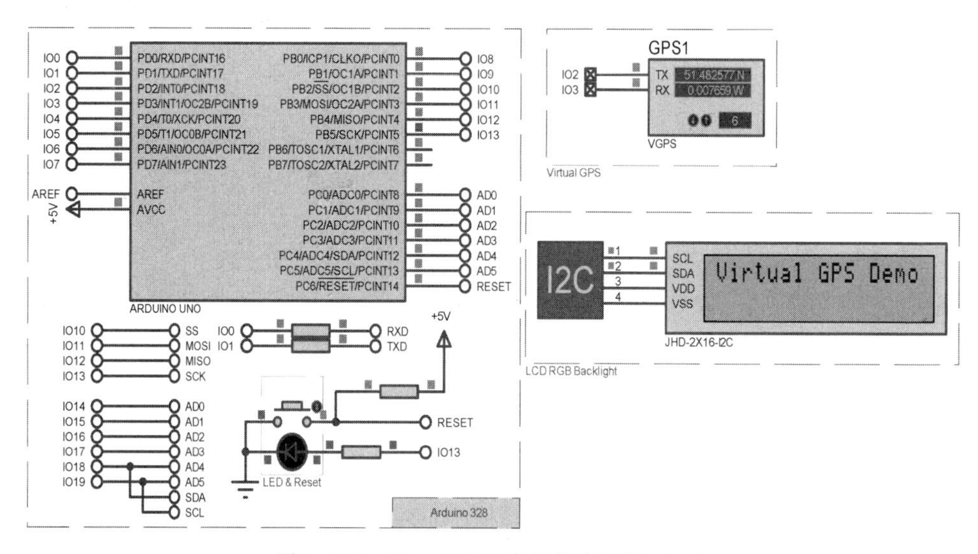

图 3-108　Virtual GPS 应用仿真结果（一）

当 GPS 没有搜索到定位点时，LCD 显示屏显示“NO FIX”，IO13 引脚所接的 LED 负载不亮，如图 3-109 所示。

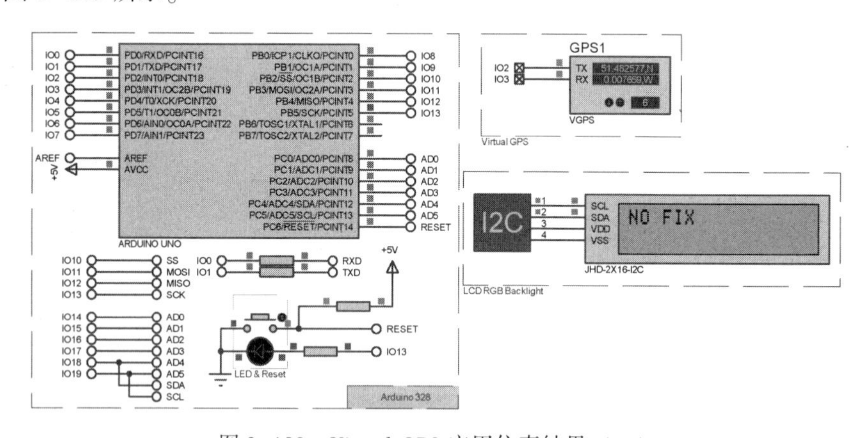

图 3-109　Virtual GPS 应用仿真结果（二）

当 GPS 搜索到定位点时，LCD 显示屏显示经纬度，IO13 引脚所接的 LED 负载亮，如图 3-110 所示。

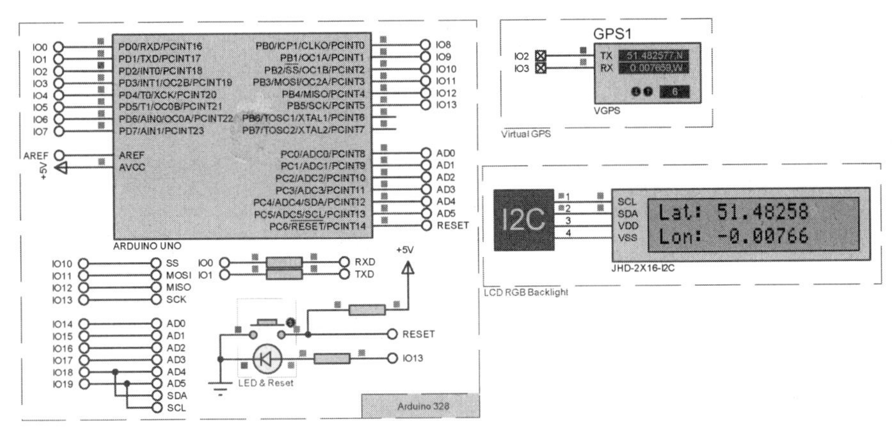

图 3-110　Virtual GPS 应用仿真结果（三）

3.2.10　霍尔效应电流传感器模块

近年来，自动化系统中大量使用大功率晶体管、整流器和晶闸管，普遍采用交流变频调速及脉宽调制电路，使得电路中不再只是传统的 50 周的正弦波，出现了各种不同的波形。对于这类电路，采用传统的测量方法不能反映其真实波形，而且电流、电压检出元件也不适应中高频、高 di/dt 电流波形的传感和检测。霍尔效应传感器可以测量任意波形的电流和电压。输出端能真实地反映输入端电流或电压的波形参数。针对霍尔效应传感器普遍存在温度漂移大的缺点，采用补偿电路进行控制，有效地减少了温度对测量精度的影响，确保测量准确；具有精度高、安装方便、售价低的特点。

霍尔效应电流传感器包括开环式和闭环式两种，高精度的霍尔电流传感器大多属于闭环式，闭环式霍尔效应电流传感器基于磁平衡式霍尔原理，即闭环原理，当一次电流产生的磁通通过高品质磁芯集中在磁路中时，霍尔元件固定在气隙中检测磁通，通过绕在磁芯上的多匝线圈输出反向的补偿电流，用于抵消一次电流产生的磁通，使得磁路中磁通始终保持为零。经过特殊电路的处理，传感器的输出端能够输出精确反映一次电流的变化。

霍尔效应电流传感器广泛应用于变频调速装置、逆变装置、UPS 电源、通信电源、电焊机、电力机车、变电站、数控机床、电解电镀、微机监测、电网监测等需要隔离检测电流、电压的设施中。

引脚功能如表 3-6 所示。

表 3-6　引脚功能

引 脚 编 号	引 脚 符 号	功　　能
5	GND	接地
6	FILTER	过滤端
7	VIOUT	电流输出端
8	VCC	电源

1. 电路原理图

霍尔效应电流传感器模块在 Proteus 8.5 的 Visual Designer 中作为一种传感器模块，主要作用是为交流信号和直流信号提供精确的电流测量并传输给 Arduino Uno 开发板。其电路原

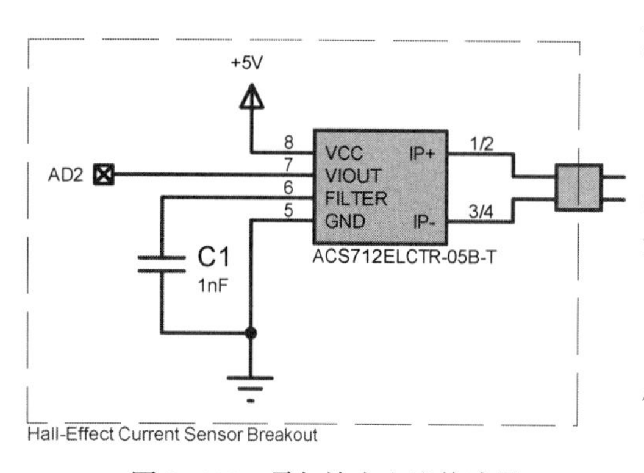

图 3-111　霍尔效应电流传感器模块电路原理图

理图如图 3-111 所示。

2. 可视化命令

霍尔效应电流传感器模块可视化命令如图 3-112所示，包括读取交流电流模块和读取直流电流模块。

3. 简单实例：霍尔效应电流传感器模块应用

【目标功能】液晶显示屏显示霍尔效应电流传感器模块采集到的交流电信号数据。

在 Proteus 8.5 中，其电路原理图如图 3-113 所示。系统由 Arduino Uno 开发板、霍尔效应电流传感器模块和数字液晶显示屏 3 个部分构成。其中，霍尔效应电流传感器模块搭建交流输入电路，调节滑动变阻器可以改变输入的电流值大小。

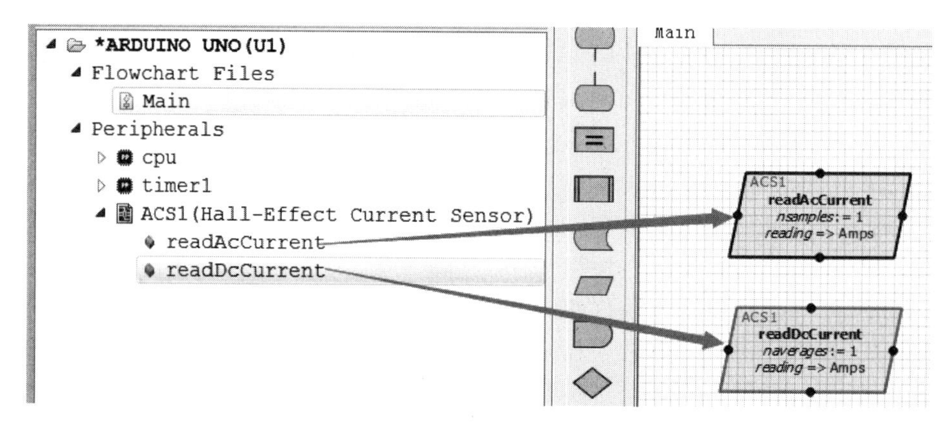

图 3-112　霍尔效应电流传感器模块可视化命令

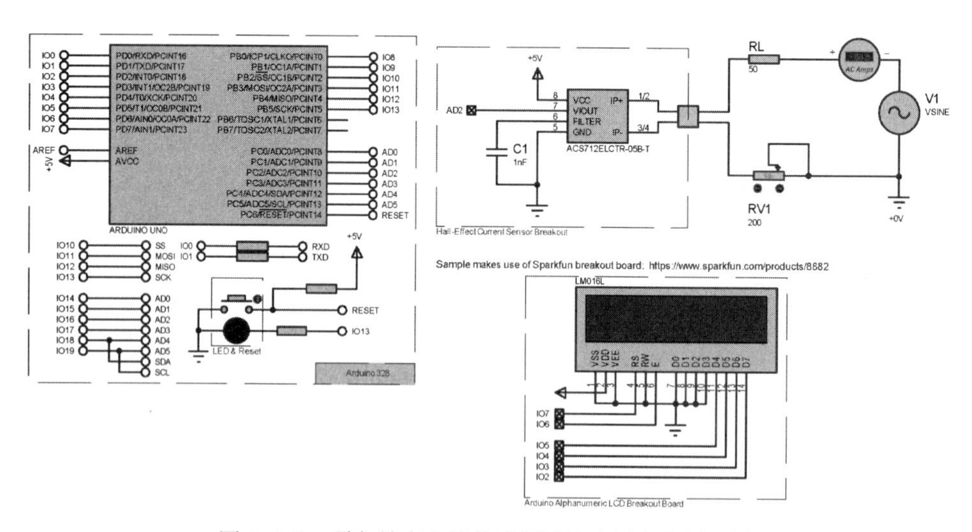

图 3-113　霍尔效应电流传感器模块应用电路原理图

【可视化流程图】霍尔效应电流传感器模块应用可视化流程图如图 3-114 所示。该电路程序由两个部分组成，即初始化程序（SETUP()）、主循环程序（LOOP()）。

☺ 初始化程序（SETUP()）：主要用于初始化，这里定义了一个电流触发变量threshold并赋值为4.0。

☺ 主循环程序（LOOP()）：电路的循环程序。首先判断当前电流值是否大于触发电流值4.0A，若当前电流值大于或等于触发电流值，则LCD输出“ALARM”和“Current too high”，反之，读取当前电流值，输出电流值。

【仿真结果】当输入电流值为1.01A时，仿真结果如图3-115所示，当前电流值小于触发电流值，液晶显示屏显示当前电流值。

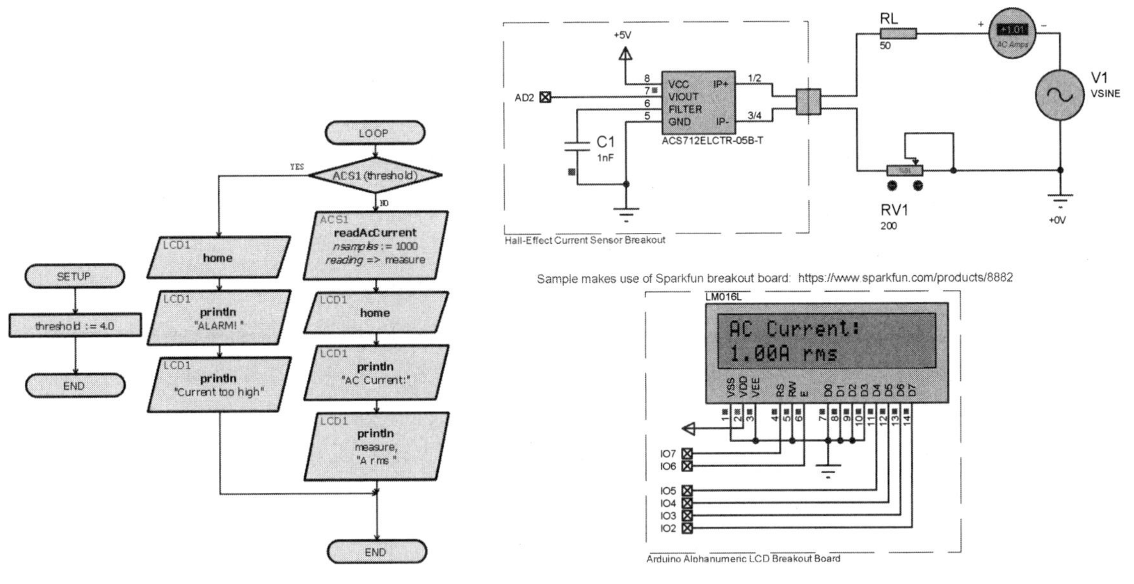

图3-114　霍尔效应电流传感器模块应用可视化流程图

图3-115　霍尔效应电流传感器模块应用仿真结果（一）

调节滑动变阻器使输入电流值为4.37A，此时当前电流值大于触发电流值，所以液晶显示屏显示“ALARM”和“Current too high”，仿真结果如图3-116所示。

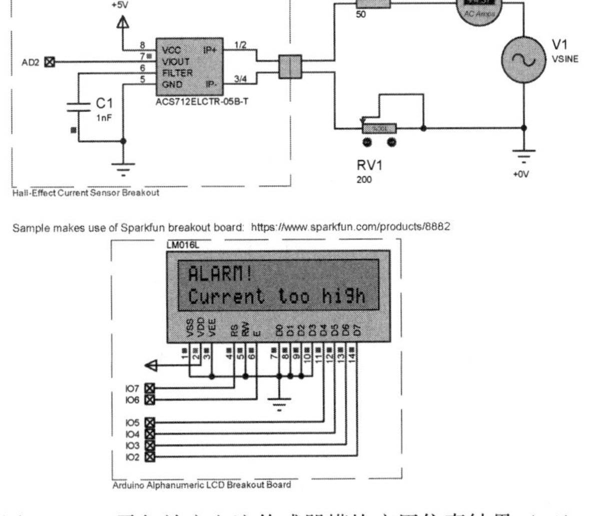

图3-116　霍尔效应电流传感器模块应用仿真结果（二）

3.2.11 基于 AD8495 的 K 型热电偶放大器测温模块

基于 AD8495 的 K 型热电偶放大器测温模块是一种信号放大冷端补偿一体化的热电偶测温装置，它集成了冷端温度补偿功能的热电偶放大器 AD8495，可实现热电偶输出的放大和冷端补偿，具有较高的可靠性。

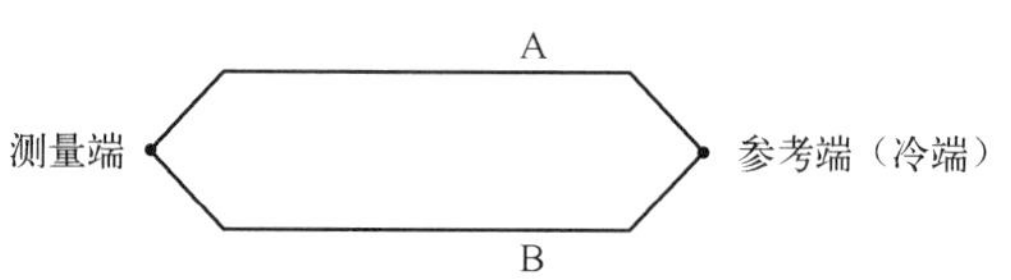

图 3-117 热电偶的结构

☺ 热电偶原理：热电偶是一种结实耐用的低成本温度传感器，其输出与测量端和冷端之间的温度差成正比。热电偶的结构如图 3-117 所示。其工作原理是基于赛贝克效应，即如果 A、B 是由两种不同成分的均质导体组成的闭合回路，则当两端存在温度梯度(T,T_n)时，回路中就有电流通过，那么两端之间就存在赛贝克电势——热电势，记为 EAB(T,T_n)。热电势的值与组成热电偶的金属材料性质、测量端与冷端的温度差有关，而与热电极的长短、直径大小无关。此不同导体的组合称热电偶。通过测量 EAB(T,T_n)就可以根据下面这个公式计算出测量端温度：

$$T=T_n+\Delta T=T_n+\varphi(\mathrm{EAB}(T,T_n))$$

式中，T 为测量端温度；T_n 为参考端（冷端）温度；EAB(T,T_n)为两端的热电势。

☺ 冷端温度补偿原理：由于反映热电偶所测热源温度的热电势是在其冷端温度为 0℃ 时测量的，记 T_0=0℃，而实际应用中热电偶冷端的温度往往不是 0℃，而是受环境影响不断变化，这种环境温度变化可使热电偶的测量产生巨大误差，如不进行冷端补偿必将严重影响设备精确监控。冷端补偿的依据是中间温度定律：热电偶 AB 的测量端温度为 T，参考端温度为 T_0 时的热电势 EAB(T,T_0)等于 AB 在结点的温度，分别为 T、T_n 和 T_n、T_0 时的热电势 EAB(T,T_n)和 EAB(T_n,T_0)的代数和，即

$$\mathrm{EAB}(T,T_0)=\mathrm{EAB}(T,T_n)+\mathrm{EAB}(T_n,T_0)$$

☺ AD8495 架构：AD8495 电路框图如图 3-118 所示。AD8495 内置一个固定增益的仪表放大器，能够针对 K 型热电偶产生 5mV/℃ 的输出。该放大器具有高共模抑制性能，能够抑制热电偶的长引线拾取的共模噪声。它还内置一个用于冷端补偿的温度传感器，此温度传感器用来测量热电偶的冷端温度并用于冷端补偿。

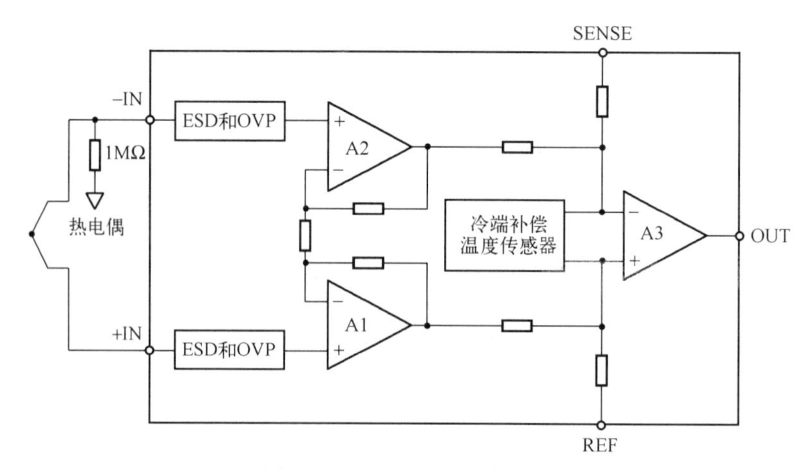

图 3-118 AD8495 电路框图

1. 电路原理图

基于 AD8495 的 K 型热电偶放大器测温模块在 Proteus 8.5 的 Visual Designer 中作为一种传感器模块，主要作用是测量温度信号数据并传输给 Arduino Uno 开发板。其电路原理图如图 3-119所示。

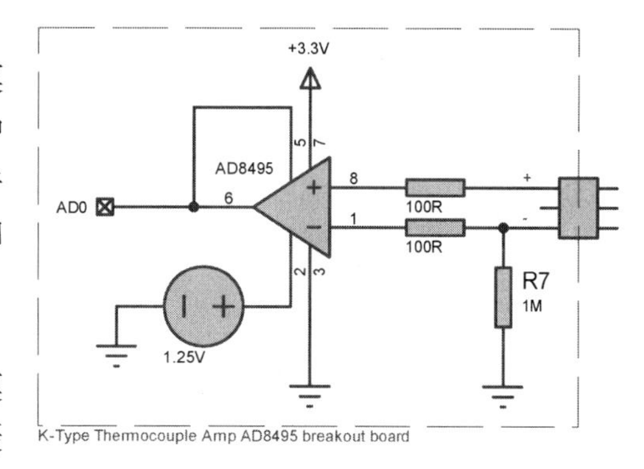

图 3-119　基于 AD8495 的 K 型热电偶放大器测温模块电路原理图

2. 可视化命令

基于 AD8495 的 K 型热电偶放大器测温模块可视化命令（如图 3-120 所示）包括读取摄氏度温度值模块、读取华氏温度值模块和读取 Adc 转换值模块。

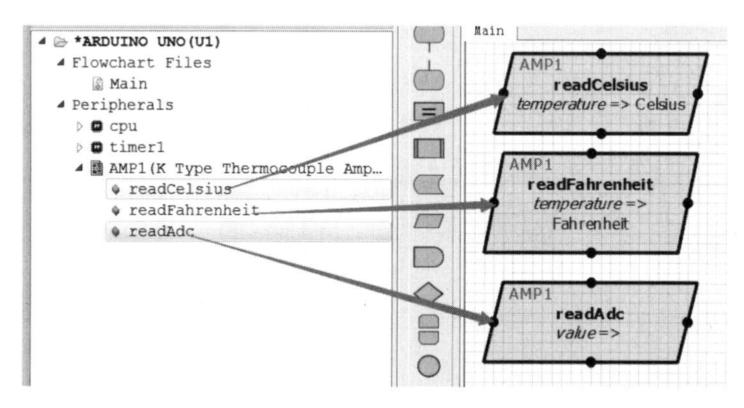

图 3-120　基于 AD8495 的 K 型热电偶放大器测温模块可视化命令

3. 简单实例：K 型热电偶放大器测温模块应用

【目标功能】K 型热电偶放大器测温模块采集摄氏温度和华氏温度，并输出到显示终端。在 Proteus 8.5 中，其电路原理图模块如图 3-121 所示。系统由 Arduino Uno 开发板、K 型热电偶放大器测温模块和 Grove 显示终端模块 3 个部分构成。

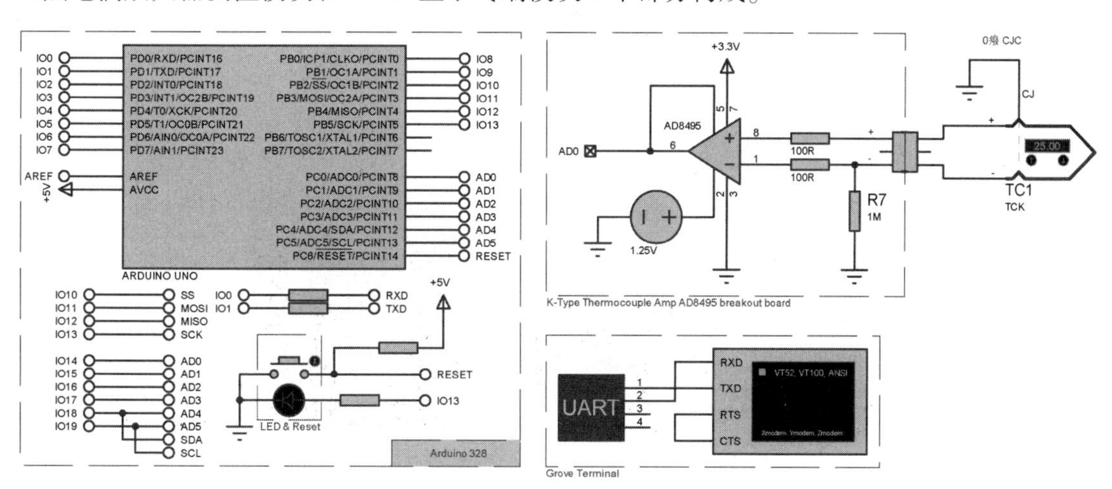

图 3-121　K 型热电偶放大器测温模块应用电路原理图

【可视化流程图】K 型热电偶放大器测温模块应用可视化流程图如图 3-122 所示，该电路程序仅由主循环程序（LOOP( )）组成。

LOOP( )程序是电路的循环程序。程序流程如下：读取传感器的摄氏温度值，读取华氏温度值，Grove 显示终端输出摄氏温度和华氏温度。

【仿真结果】单击仿真按钮，待程序运行完成后，此时传感器采集到的温度值为 25℃，仿真结果如图 3-123 所示。

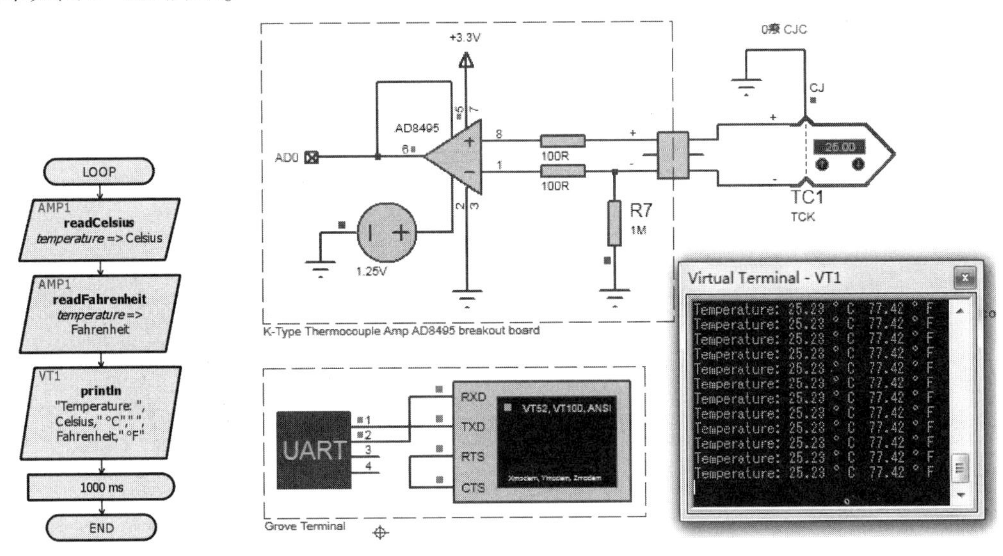

图 3-122　K 型热电偶放大器测温模块应用可视化流程图

图 3-123　K 型热电偶放大器测温模块应用仿真结果（一）

调节传感器实际温度依次增加为 25、26、27、28……，仿真结果如图 3-124 所示，Grove 显示终端能够实时显示 K 型热电偶放大器测温模块采集到的温度。

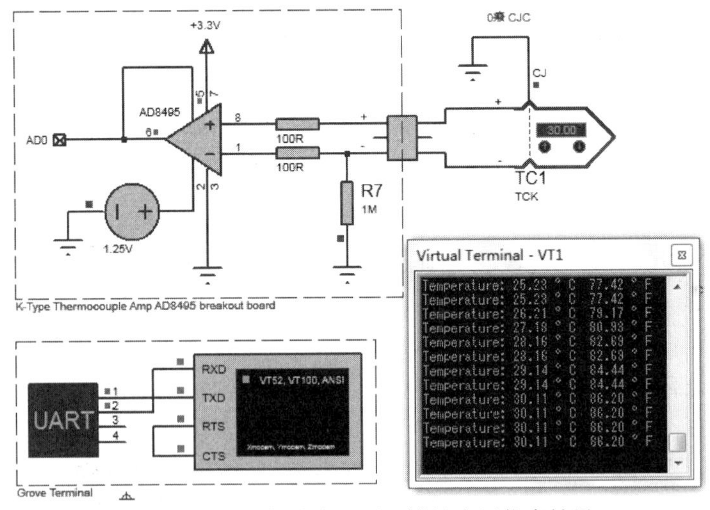

图 3-124　K 型热电偶放大器测温模块应用仿真结果（二）

3.2.12　Arduino LED 模块

发光二极管（LED）是一种电致发光的光电器件。LED 常被用在电路设计中作为一种指示灯，这里将 LED 模块单独做出来，方便了电路设计者设计。当端口为高电平时，LED 点亮，反之则不亮。

Arduino LED 模块在 Proteus 8.5 中有红、绿、黄、蓝 4 种颜色的 LED，它们除了颜色不同外，其他方面完全相同，因此接下来只以蓝色 Arduino LED 为例来介绍它。

1. 电路原理图

Arduino LED 模块电路原理图如图 3-125 所示。

2. 可视化命令

Grove LED 模块可视化命令如图 3-126 所示，从上到下依次为点亮 LED 模块、熄灭 LED 模块、设置 LED 状态模块、设置 LED 亮度模块、切换 LED 状态模块。

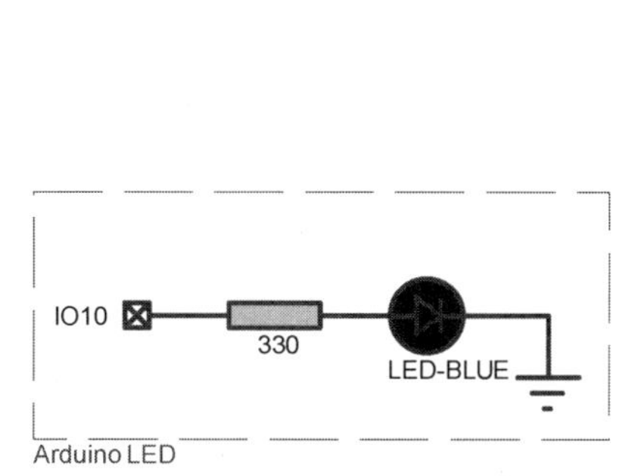

图 3-125　Arduino LED 模块电路原理图

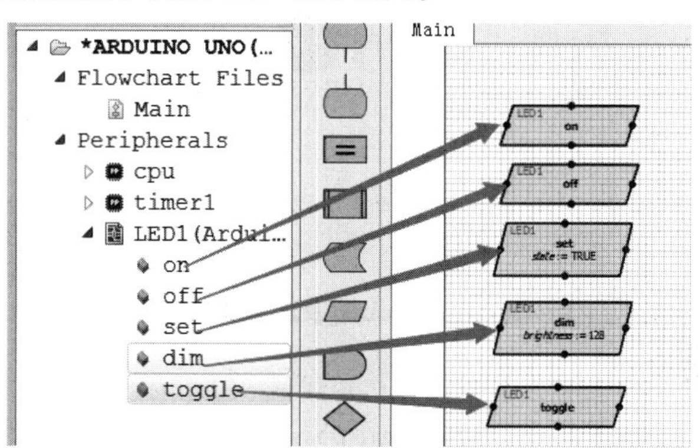

图 3-126　Arduino LED 模块可视化命令

3. 简单实例：Arduino LED 模块应用

【目标功能】实现红灯和绿灯的循环亮灭。

在 Proteus 8.5 中，其电路原理图如图 3-127 所示。系统由 Arduino Uno 开发板、红色 LED 模块及绿色 LED 模块 3 个部分构成。

【可视化流程图】该电路设计的目的是实现红灯和绿灯的循环亮灭，程序仅由一条 LOOP( )程序组成，如图 3-128 所示。程序流程：首先 LED1 亮、LED2 灭，延迟 1000ms，然后 LED2 亮、LED1 灭。

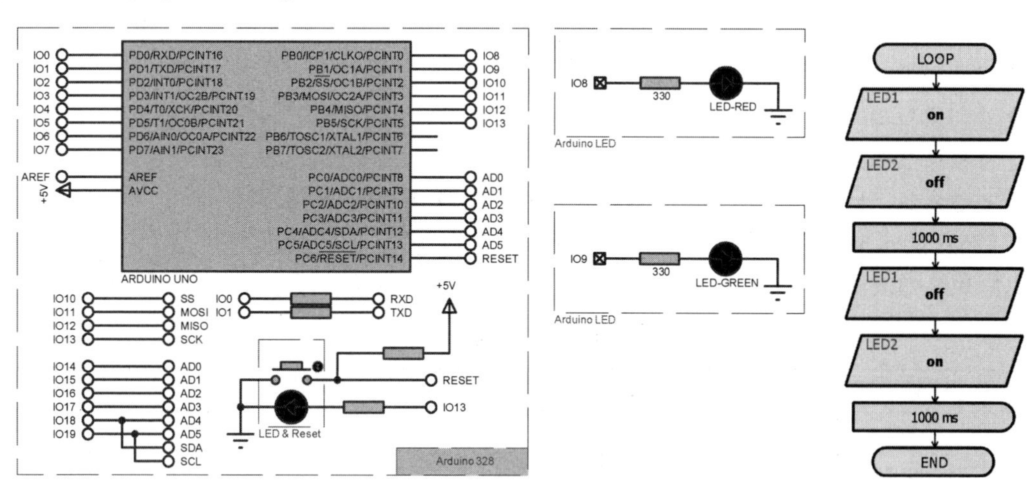

图 3-127　Arduino LED 模块应用电路原理图

图 3-128　Arduino LED 模块应用可视化流程图

【仿真结果】单击仿真按钮，待程序运行完成后，仿真结果如图 3-129 所示，红灯点亮，绿灯熄灭。1000ms 后，仿真结果如图 3-130 所示，绿灯亮，红灯灭。

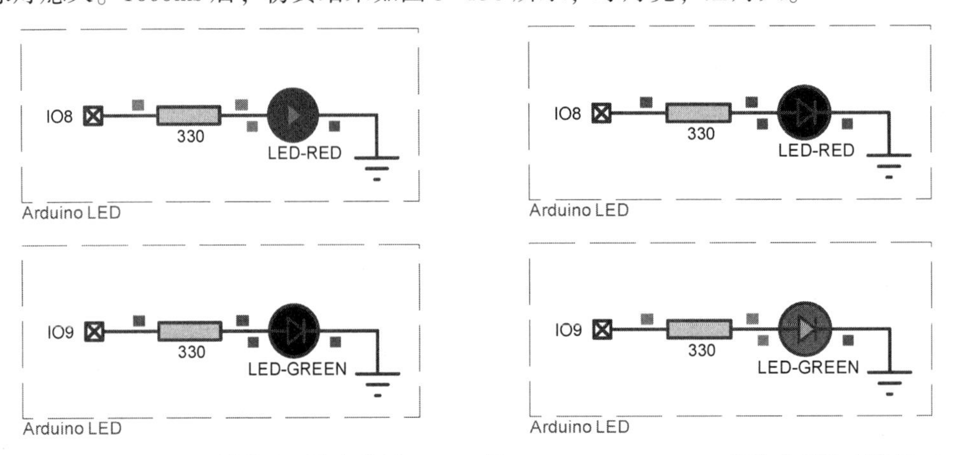

图 3-129 Arduino LED 模块应用仿真结果（一） 图 3-130 Arduino LED 模块应用仿真结果（二）

3.2.13 Arduino MCP23008 I/O 扩展器

MCP23X08 器件为 I^2C 总线或 SPI 应用提供 8 位的通用串行 I/O 扩展，有 MCP23008 和 MCP23S08 两种。其中，MCP23008 采用了 I^2C 接口，有 3 个地址引脚。MCP23008 由用于输入、输出和极性选择的多个 8 位配置寄存器组成。系统主器件可通过写入 I/O 配置位将 I/O 使能为输入或输出。每个输入或输出的数据都保存在对应的输入或输出寄存器中。输入端口寄存器的极性可用极性反转寄存器反转。所有寄存器都可由系统主器件读取。

MCP23008 的特性如下。

☺ 8 位远程双向 I/O 端口，I/O 引脚默认设为输入引脚。

☺ 高速 I^2C 接口，频率可以为 100kHz、400kHz、1.7MHz。

☺ 硬件地址引脚：MCP23008 有 3 个引脚，最多允许总线上连接 8 个器件。

☺ 可配置的中断输出引脚：可配置为高电平有效、低电平有效或漏极开路。

☺ 可配置的中断源：根据已配置默认值或引脚电平变化而发生的电平变化中断。

☺ 用于配置输入端口数据极性的极性反转寄存器。

☺ 外部复位输入。

☺ 待机电流低：1μA（最大值）。

☺ 工作电压：1.8～5.5V（工业温度级-40～+85℃），2.7～5.5V（工业温度级-40～+85℃），4.5～5.5V（扩展温度级-40～+125°）。

引脚功能如表 3-7 所示。

表 3-7 引脚功能

引脚编号	引脚符号	类型	功能
1	SCL	I	串行时钟输入
2	SDA	I/O	串行数据 I/O
3	A2	I/O	硬件地址输入，A2 必须从外部偏置
4	A1	I	硬件地址输入，A1 必须从外部偏置

续表

引脚编号	引脚符号	类　型	功　能
5	A0	I	硬件地址输入，A0 必须从外部偏置
6	$\overline{\text{RESET}}$	I	外部复位输入
8	INT	O	中断输出，可被配置为高电平有效、低电平有效或开漏输出
10～17	GP0～GP7	I/O	双向 I/O 引脚，可被使能用于电平变化中断和/或内部弱上拉电阻器

1. 电路原理图

Arduino MCP23008 I/O 扩展器电路原理图如图 3-131 所示。

2. 可视化命令

Arduino MCP23008 I/O 扩展器可视化命令（如图 3-132 所示）包括设置端口方向模块（设置 GPIO 端口为输入端口或输出端口）、设置端口状态模块（设置 GPIO 端口的状态为 0 或 1）、添加上拉电阻模块（给一个 GPIO 输入端口接入上拉电阻）、读取端口状态模块、数据读取模块（从 GPIO 寄存器读取其字节）、数据写入模块（写入字节到 GPIO 寄存器。）

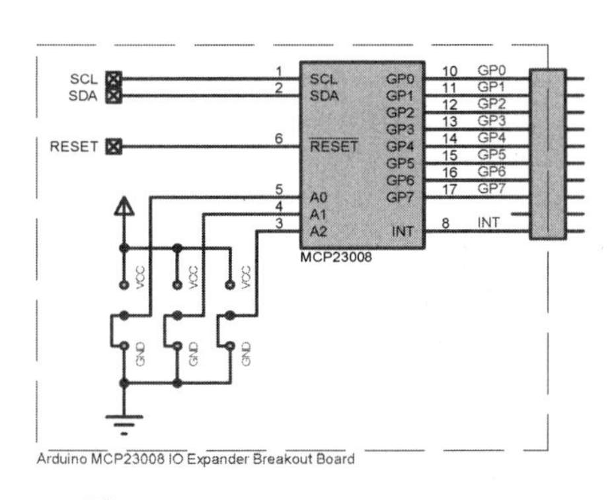

图 3-131　Arduino MCP23008 I/O 扩展器电路原理图

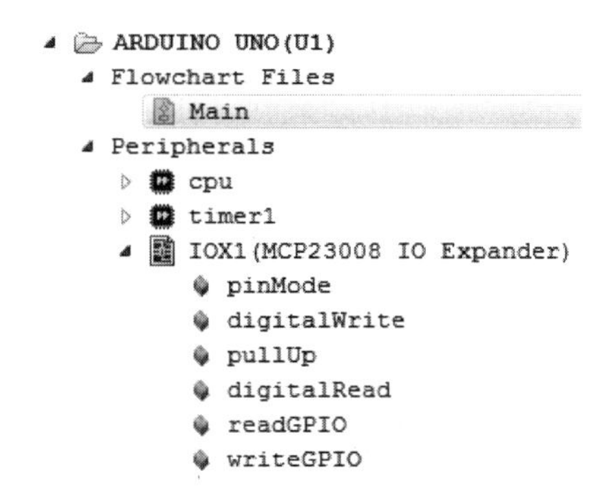

图 3-132　Arduino MCP23008 I/O 扩展器可视化命令

3. 简单实例：Arduino MCP23008 I/O 扩展器应用

【目标功能】利用输入开关按钮控制 MCP23008 I/O 扩展器来依次点亮 LED 灯条组前 6 个灯条。在 Proteus 8.5 中，其电路原理图如图 3-133 所示。系统由 Arduino Uno 开发板、MCP23008 I/O 扩展器模块、LED 灯条组及按钮开关模块构成。

【可视化流程图】Arduino MCP23008 I/O 扩展器应用可视化流程图如图 3-134 所示。该电路程序由两个部分组成，即 SETUP( ) 和 LOOP( )。

☺ SETUP( ) 程序：作为初始化程序。程序流程：首先定义了 HIGH、LOW、ENABLED、DISABLED、pin_Output 及 pin_Input 变量，然后定义了一个循环程序，在其中定义了 7 个输出端口并赋值为 0～6，然后定义了 pin_Input 作为输入端口，并初始化第一个输出端口 GP0 为高电平。

☺ LOOP( ) 程序：作为电路的主程序。程序流程：首先给输入端口的状态赋值为按钮状态并读取，然后延迟 10ms，判断按钮状态是否为 0，当为真时，不断读取按钮状态直到按钮状态为 1，然后给输出端口赋予状态低，并把下一个输出端口的值赋值给该输出端口，再判断输出引脚是否小于 7，当为真时，使输出端口状态为高，反之，使输出端口状态为低。

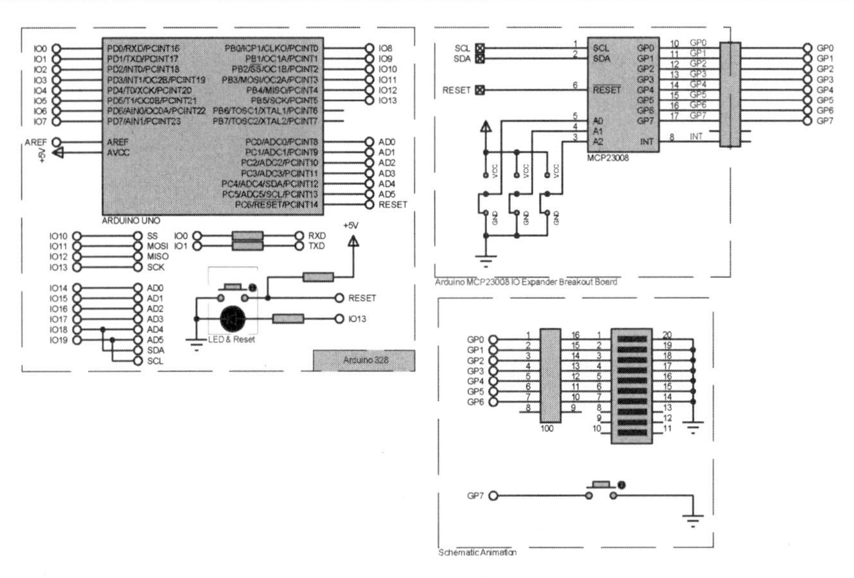

图 3-133　Arduino MCP23008 I/O 扩展器应用电路原理图

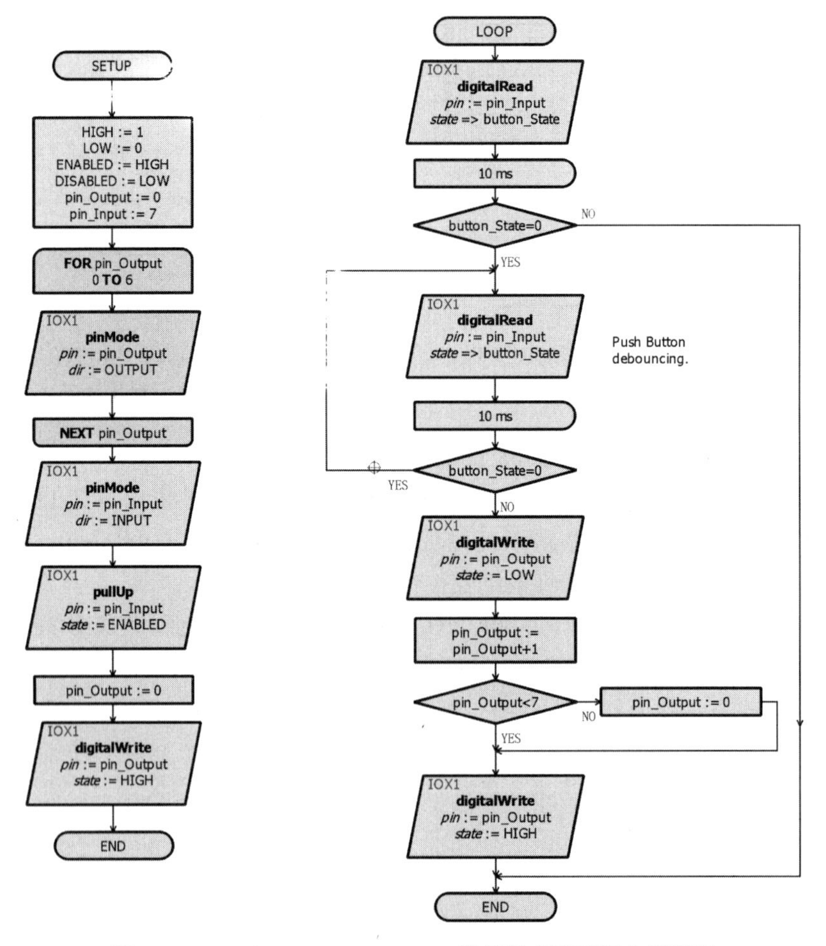

图 3-134　Arduino MCP23008 I/O 扩展器应用可视化流程图

【仿真结果】单击仿真按钮，待程序运行完成后，仿真结果如图 3-135 所示，LED 灯条组第一个灯条点亮。

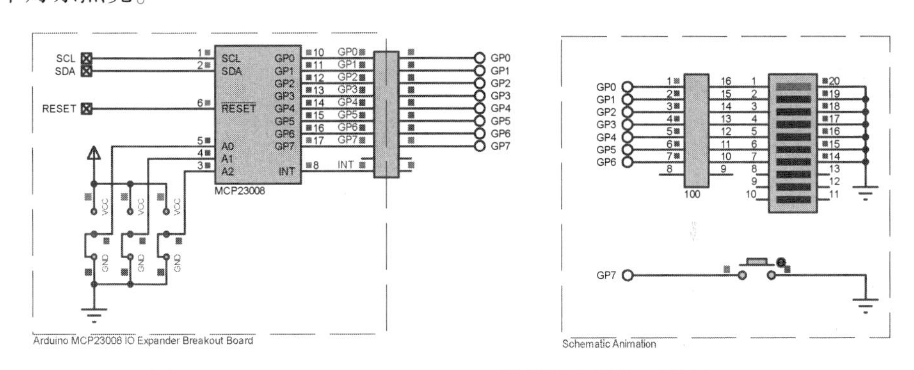

图 3-135　Arduino MCP23008 I/O 扩展器应用仿真结果（一）

当按下输入开关按钮后，LED 灯条组状态无变化。当释放输入开关按钮时，LED 灯条组第一个灯条熄灭，第二个灯条点亮，如图 3-136 所示。

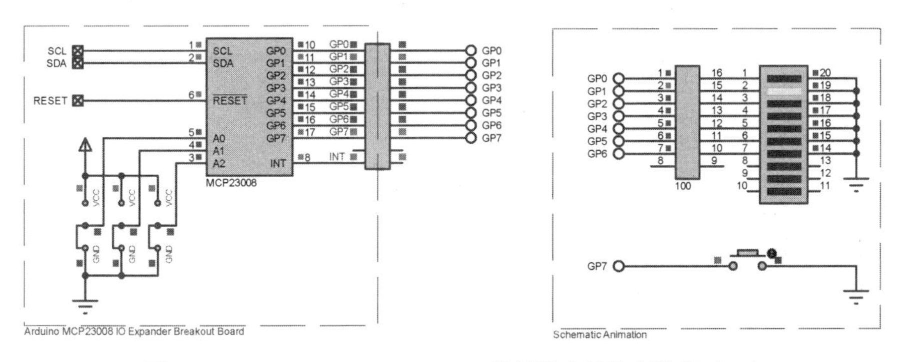

图 3-136　Arduino MCP23008 I/O 扩展器应用仿真结果（二）

当再次按下输入开关按钮后，LED 灯条组状态无变化。当再次释放输入开关按钮时，LED 灯条组第二个灯条熄灭，第三个灯条点亮，仿真结果如图 3-137 所示。

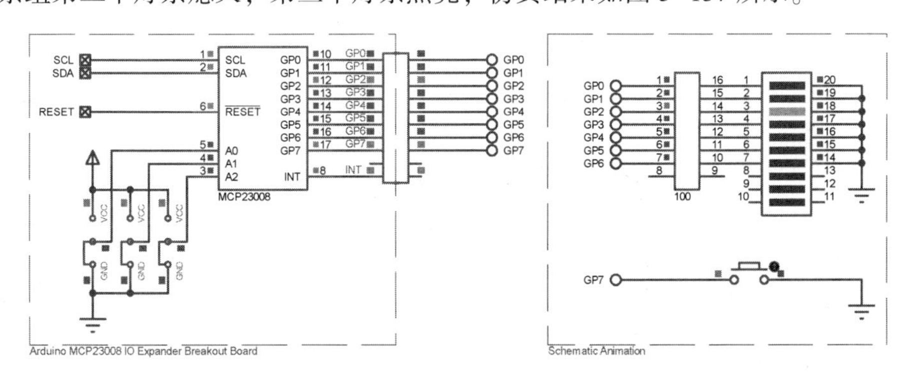

图 3-137　Arduino MCP23008 I/O 扩展器应用仿真结果（三）

依次类推，当每次按下并释放输出开关按钮时，点亮 LED 灯条组下一个灯条，直至点亮第六个灯条，一个循环完成。

3.2.14 MCP3208 12 位模数转换器

MCP3208 是 Microchip Technology 公司推出的一款 12 位 8 输入通道的模数转换器。它采用 CMOS 工艺和逐次逼近型结构。其重要特点是采样速度快（每秒可达 100kbit）；低功耗，工作电流 400μA，静态电流 500nA；宽工作电压范围（2.7 ～ 5.5V）；小线性误差（±1LSB）；工业级温度范围（-40 ～+85℃）；保证不丢失代码，工业标准 SPI 总线接口串行输出。现该产品可提供 PDIP、SOIC 两种封装形式，并可为嵌入式控制应用提供功能强大的开发工具。

MCP3208 12 位模数转换器可广泛应用于数据采集、多通道数据记录器、测量仪器、工业 PC、电机控制、机器人技术、工业自动化、智能传感器等领域。

引脚功能如表 3-8 所示。

表 3-8 引脚功能

引脚编号	引脚符号	功能
1～8	CH0～CH7	模拟信号输入通道
10	$\overline{CS}$/SHDN	片选/关断控制端
11	DIN	通道选择的串行数据输入端
12	DOUT	A/D 转换的数字结果串行输出端
13	CLK	时钟输入端
14	AGND	模拟地
15	VREF	外接参考电压输入端

1. 电路原理图

MCP3208 12 位模数转换器电路原理图如图 3-138 所示。

2. 可视化命令

MCP3208 12 位模数转换器可视化命令（如图 3-139 所示）包括读取单通道输入数据模块、读取通道组差分输入数据模块、设置 SPI 时钟分频器模块、模拟/电压转换模块（把原始模拟数字量转换为数字电压的伏值信号输出）。

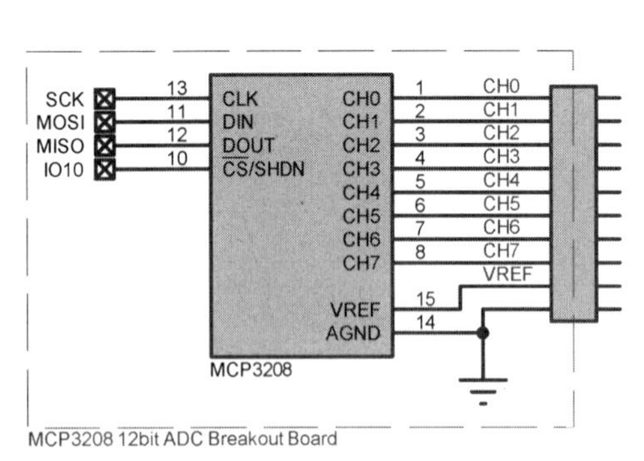

图 3-138 MCP3208 12 位模数转换器电路原理图

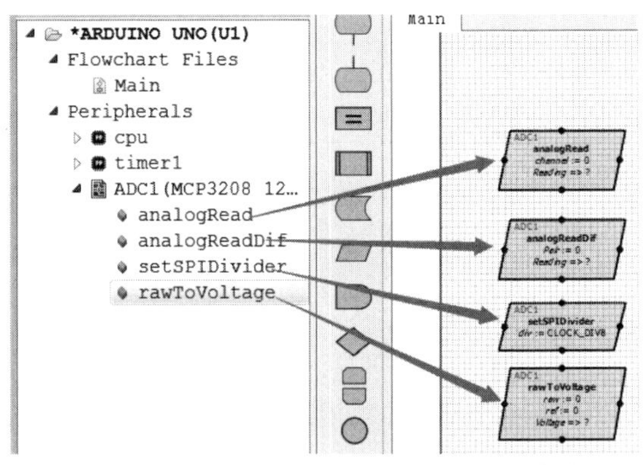

图 3-139 MCP3208 模数转换器可视化命令

3. 简单实例：MCP3208 12 位模数转换器应用

【目标功能】Grove 显示终端实时显示输入 8 个通道的电压值及 4 组通道的电压差值。

在 Proteus 8.5 中，其电路原理图如图 3-140 所示。系统由 Arduino Uno 开发板、MCP3208 12 位模数转换器模块、8 个通道输入信号产生电路和 Grove 显示终端模块 4 个部分构成。

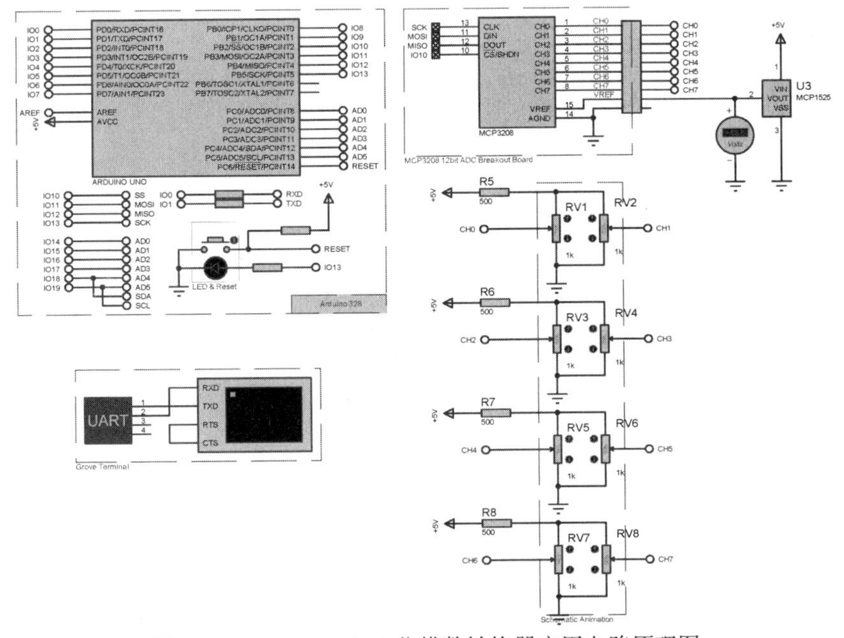

图 3-140　MCP3208 12 位模数转换器应用电路原理图

【可视化流程图】为实现对 MCP3208 12 位模数转换器单端输入电压和差分对输入电压的读取，该电路程序由 3 个部分组成，即 SETUP( )、LOOP( )及 Header( )。

☺ SETUP( )：初始化程序，如图 3-141 所示。程序流程：设置 MCP3208 的 SPI 时钟分频器的分频数，调用子程序 Header( )。

☺ LOOP( )：读取各单通道数据和通道组差分数据，并进行模数转换，如图 3-142 所示。

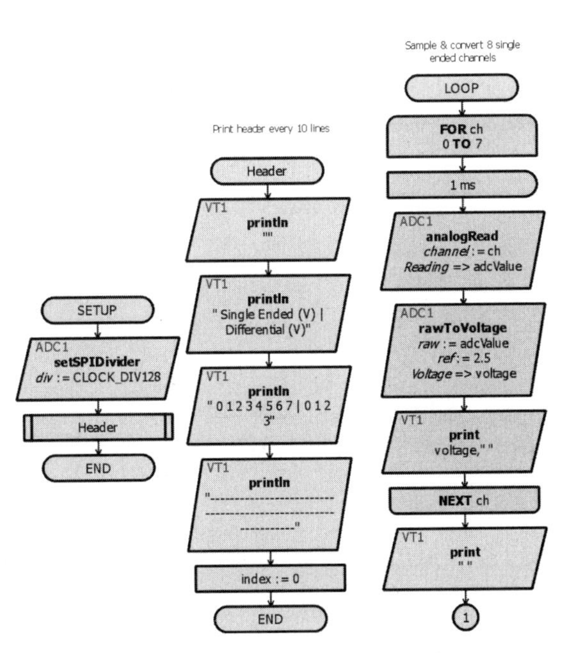

图 3-141　MCP3208 12 位模数转换器应用可视化流程图（一）

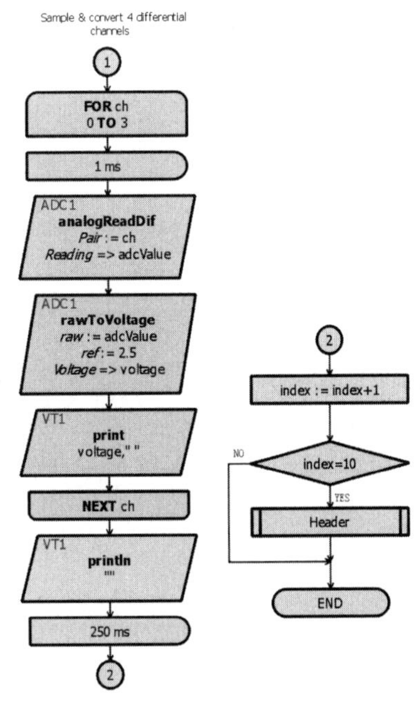

图 3-142　MCP3208 12 位模数转换器应用可视化流程图（二）

☺ Header()：在显示终端首先输出“Single Ended(V) | Defferential(V)”，其次输出“0 1 2 3 4 5 6 7 |0 1 2 3”，最后输出“……”，初始化 index=0，如图 3-141 所示。

【仿真结果】单击仿真按钮，待程序运行完成后，仿真结果如图 3-143 所示，Grove 显示终端显示输入 8 个通道的电压值及 4 组通道的电压差值。

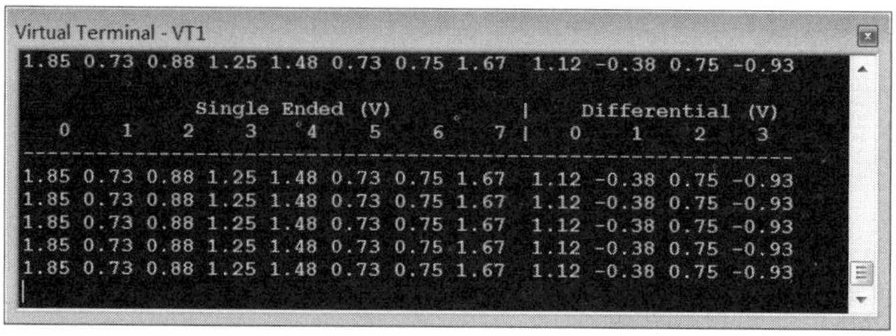

```
Virtual Terminal - VT1
1.85 0.73 0.88 1.25 1.48 0.73 0.75 1.67  1.12 -0.38 0.75 -0.93

          Single Ended (V)               |   Differential (V)
  0    1    2    3    4    5    6    7   |  0    1    2    3
----------------------------------------------------------------
1.85 0.73 0.88 1.25 1.48 0.73 0.75 1.67  1.12 -0.38 0.75 -0.93
1.85 0.73 0.88 1.25 1.48 0.73 0.75 1.67  1.12 -0.38 0.75 -0.93
1.85 0.73 0.88 1.25 1.48 0.73 0.75 1.67  1.12 -0.38 0.75 -0.93
1.85 0.73 0.88 1.25 1.48 0.73 0.75 1.67  1.12 -0.38 0.75 -0.93
1.85 0.73 0.88 1.25 1.48 0.73 0.75 1.67  1.12 -0.38 0.75 -0.93
```

图 3-143　MCP3208 12 位模数转换器应用仿真结果（一）

调节 8 个通道的输入电压信号，Grove 显示终端显示结果随之变化，如图 3-144 所示。

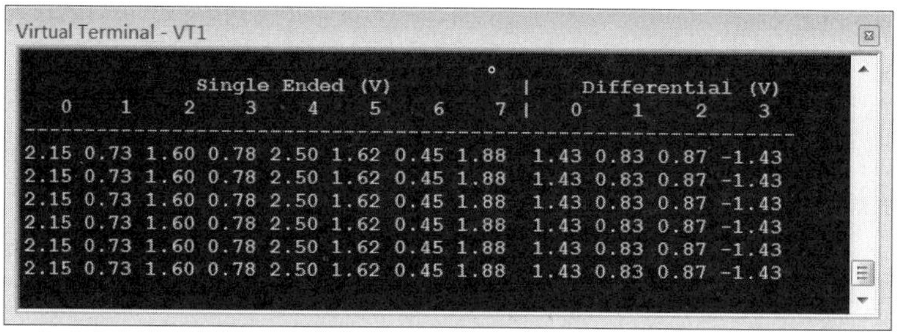

```
Virtual Terminal - VT1
          Single Ended (V)               |   Differential (V)
  0    1    2    3    4    5    6    7   |  0    1    2    3
----------------------------------------------------------------
2.15 0.73 1.60 0.78 2.50 1.62 0.45 1.88  1.43 0.83 0.87 -1.43
2.15 0.73 1.60 0.78 2.50 1.62 0.45 1.88  1.43 0.83 0.87 -1.43
2.15 0.73 1.60 0.78 2.50 1.62 0.45 1.88  1.43 0.83 0.87 -1.43
2.15 0.73 1.60 0.78 2.50 1.62 0.45 1.88  1.43 0.83 0.87 -1.43
2.15 0.73 1.60 0.78 2.50 1.62 0.45 1.88  1.43 0.83 0.87 -1.43
2.15 0.73 1.60 0.78 2.50 1.62 0.45 1.88  1.43 0.83 0.87 -1.43
```

图 3-144　MCP3208 12 位模数转换器应用仿真结果（二）

3.2.15　MCP4921 12 位数模转换器

MCP4921 器件为单通道 12 位缓冲电压输出数模转换器。其可以在 2.7 ～ 5.5V 单电源下工作，并具有 SPI 兼容串行外围设备接口。用户通过设置选择选项位（增益为 1 或 2）将器件的满量程配置为 VREF 或 2VREF。用户可以配置寄存器位来关断器件，在关断模式下，绝大部分内部电路被关断以节省功耗，输出放大器配置成连接到已知的高阻抗输出负载（500Ω）。器件包含双缓冲寄存器，允许使用 $\overline{\text{LDAC}}$ 引脚对 DAC 输出进行更新。器件也包含上电复位（POR）电路，以保证可靠的上电。器件采用电阻串结构，具有低差分非线性（DNL）误差和快速稳定时间的优点。

该器件为消费类和工业应用提供高精度和低噪声性能，在这些应用中，通常需要对信号（如温度、压力和湿度）进行校正和补偿。MCP4921 12 位数模转换器的特性如下。

☺ MCP4921 为 12 位电压输出数模转换器。

☺ 轨对轨输出。

☺ SPI 接口支持 20MHz 时钟。

☺ $\overline{\text{LDAC}}$ 引脚用于锁定 DAC 同时输出。

☺ 4.5μs 的快速稳定时间。

☺ 可以选择单位增益或 2x 增益输出。

☺ 外部电压基准输入。

☺ 外部复用器模式。

☺ 扩展级温度范围：-40 ～+125℃。

引脚功能如表 3-9 所示。

表 3-9　引脚功能

引脚编号	引脚符号	功　　能
2	$\overline{CS}$	片选输入
3	SCK	串行时钟输入
4	SDI	串行数据输入
5	$\overline{LDAC}$	DAC 输出同步输入，用于将输入寄存器中的内容传递到输出寄存器（VOUT）
6	VREF	电压基准输入
8	VOUT	DAC 模拟输出

1. 电路原理图

MCP4921 12 位数模转换器电路原理图如图 3-145 所示。

2. 可视化命令

MCP4921 12 位数模转换器可视化命令（如图 3-146 所示）包括设置数模转换器增益模块、设置 SPI 时钟分频数模块、输出模拟量模块、设置基准电压模块、关闭转换模块（设参考非缓存/缓存输入及停止 DA 转换）。

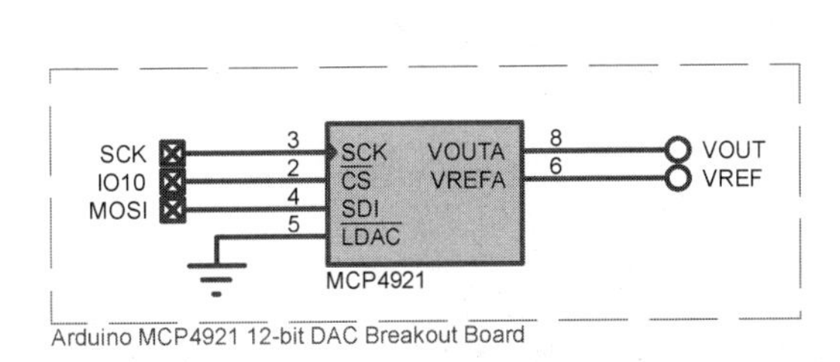

图 3-145　MCP4921 12 位数模转换器电路原理图

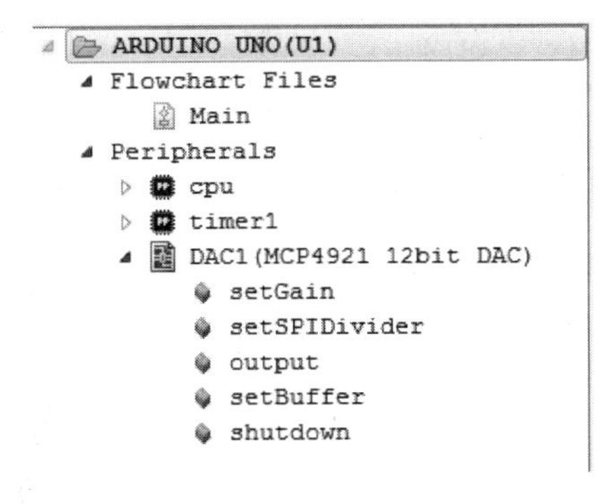

图 3-146　MCP4921 数模转换器可视化命令

3. 简单实例：MCP4921 12 位数模转换器应用

【目标功能】示波器显示 MCP4921 12 位数模转换器输出的模拟信号。

在 Proteus 8.5 中，其电路原理图如图 3-147 所示。系统由 Arduino Uno 开发板、MCP4921 12 位数模转换器、精准电源模块及示波器构成。

【可视化流程图】MCP4921 12 位数模转换器应用可视化流程图如图 3-148 所示。该电路程序由两个部分组成，即 SETUP( )和 LOOP( )。

☺ SETUP( )：作为初始化程序，主要初始化一些变量。程序流程：首先设置 MCP4921 的时钟分频数，为 MCP4921 设置参考缓存输入。

☺ LOOP( )：作为电路的主程序。程序流程：定义了两个循环事件以实现输出，输出以三角波的形式出现。第一个循环：循环变量 outValue 为 1024 ～ 2048，实时输出 outValue 经 DAC 转化后的值。第二个循环：循环变量 outValue 为 2048 ～ 1024，实时输出 outValue 经 DAC 转化后的值。

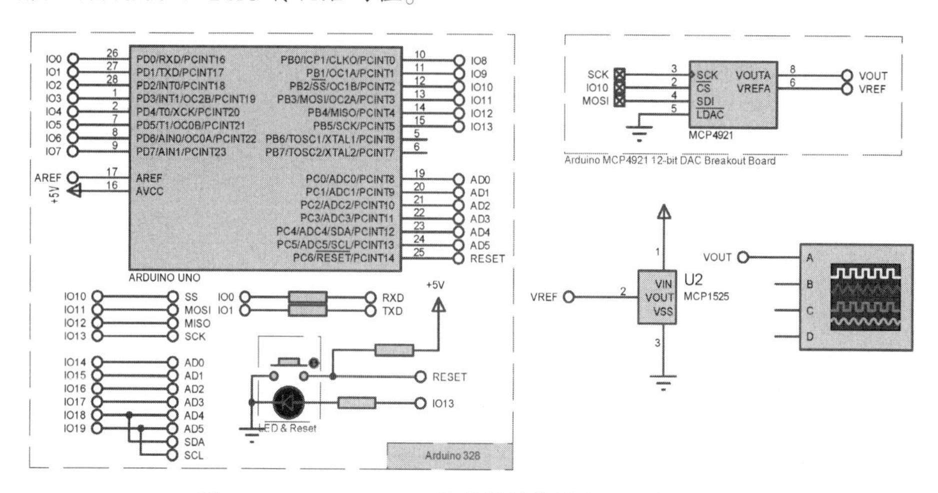

图 3-147 MCP4921 12 位数模转换器应用电路原理图

【仿真结果】MCP4921 12 位数模转换器应用仿真结果如图 3-149 所示，最后输出了三角波，符合设计目的。

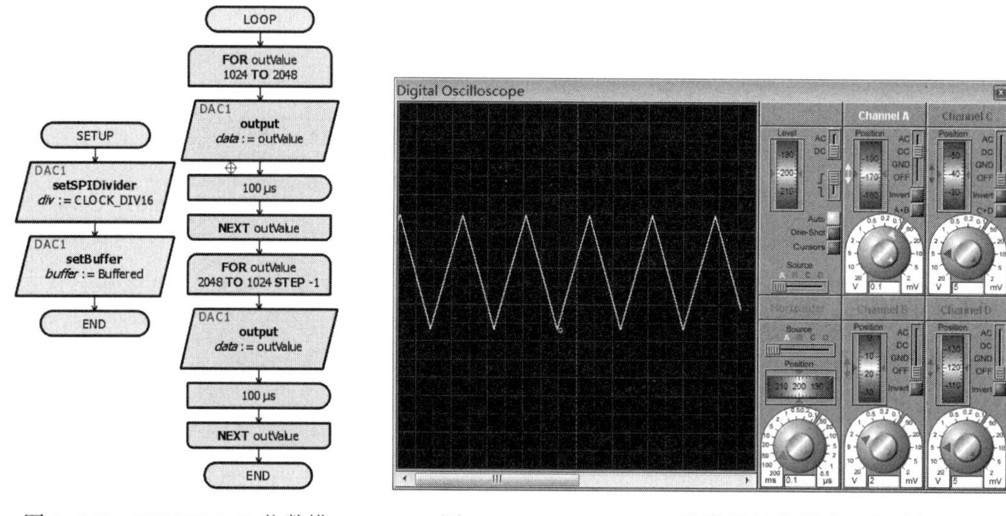

图 3-148 MCP4921 12 位数模转换器应用可视化流程图

图 3-149 MCP4921 12 位数模转换器应用仿真结果

3.2.16 Arduino MPX4250AP 气压计

Arduino MPX4250AP 是 6 引脚、具有 SIP 封装、单端口的绝对压力传感器。它主要用于汽车发动机控制系统中，可测量发动机进气管道的绝对压力，再通过计算机计算出每个气缸所需要的燃料量，以保证发动机处于最佳工作状态。

该集成传感器芯片除具有压阻式压力传感器外，还有信号放大器及用作温度补偿的薄膜电阻网络。薄膜网络可用激光技术进行校准。

Arduino MPX4250AP 的特性如下。

☺ 测压范围为 20 ～ 250kPa。

☺ 相应的输出电压为 0.2 ～ 4.9V。
☺ 工作温度范围为 -40 ～ +125℃。
☺ 采用片上信号调节，可进行温度补偿和校准。
☺ 温度在 0 ～ 85℃时，最大误差为 1.5%。
☺ 与现有的混合模块相比，质量和体积减小。
☺ 非汽车应用的理想选择。
☺ 电源电压范围为 4.85 ～ 5.35V。
☺ 灵敏度为 20mV/kPa。
☺ 响应时间为 1ms。

引脚功能如表 3-10 所示。

表 3-10 引脚功能

引脚编号	引脚符号	功　　能
1	VOUT	模拟输出
2	GND	接地
3	VS	电源
4	N/C	内部连接，不连接到外部电路或地面
5	N/C	内部连接，不连接到外部电路或地面
6	N/C	内部连接，不连接到外部电路或地面

1. 电路原理图

Arduino MPX4250AP 气压计电路原理图如图 3-150 所示。

2. 可视化命令

Arduino MPX4250AP 气压计可视化命令（如图 3-151 所示）包括以 kPa 为单位读取气压值、将当前以 kPa 为单位的气压值转化为经常使用的度量单位及读取模数转换后的数值。

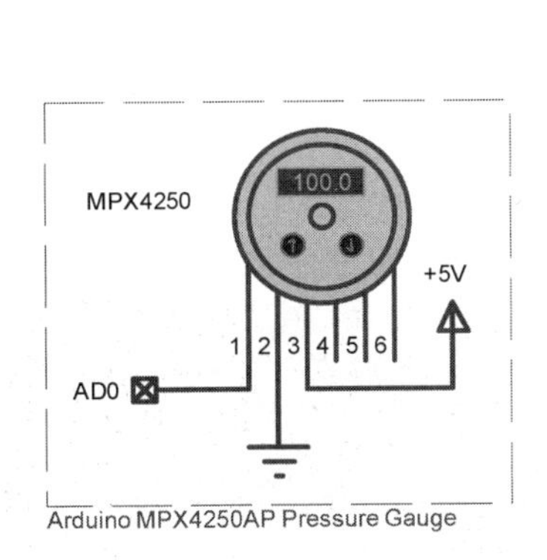

图 3-150 Arduino MPX4250AP 气压计电路原理图

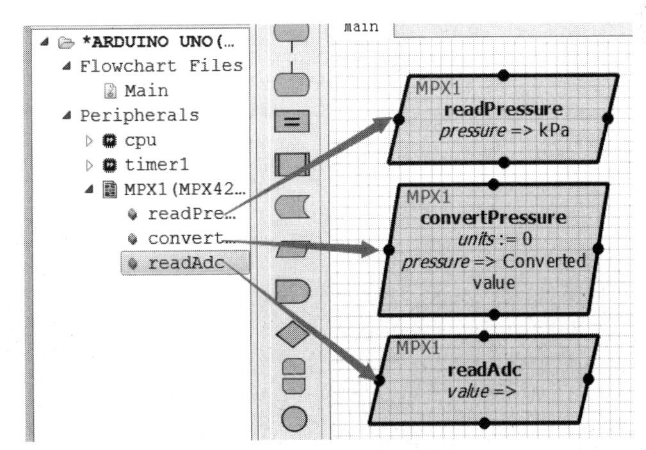

图 3-151 Arduino MPX4250AP 气压计可视化命令

3. 简单实例：Arduino MPX4250AP 气压计应用

【目标功能】应用 Arduino MPX4250AP 气压计采集气压值并将采集到的气压值输出到 Grove 显示终端。在 Proteus 8.5 中，其电路原理图如图 3-152 所示。系统由 Arduino Uno 开发板、MPX4250AP 气压计模块和 Grove 显示终端构成。

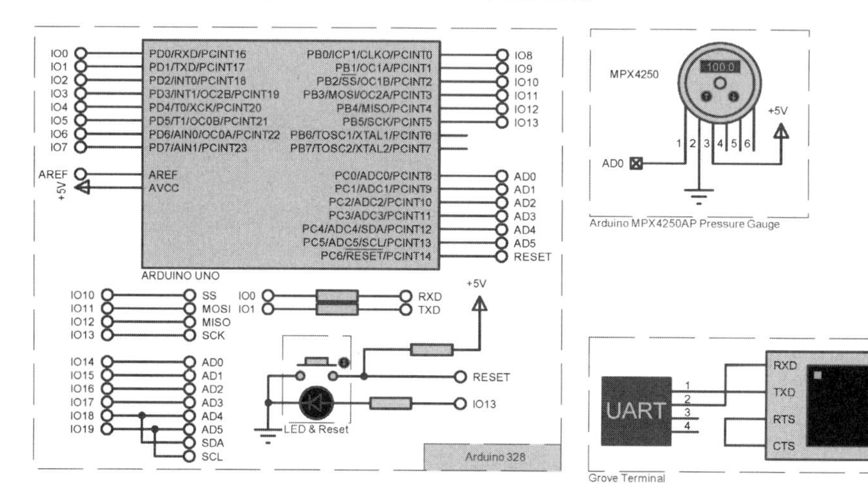

图 3-152　Arduino MPX4250AP 气压计应用电路原理图

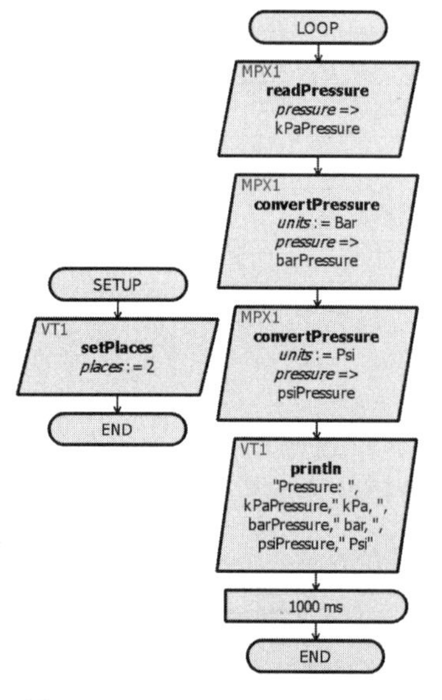

图 3-153　Arduino MPX4250AP 气压计应用可视化流程图

【可视化流程图】Arduino MPX4250AP 气压计应用可视化流程图如图 3-153 所示。该电路程序由两个部分组成，即 SETUP( ) 和 LOOP( )。

☺ SETUP( )：作为初始化程序，主要初始化一些变量。程序流程：定义了传感器终端放置浮点值的位置为 2。

☺ LOOP( )：作为主循环程序。程序流程：以 kPa 为单位读取气压传感器采集到的气压值 kPaPressure，将其转换为以 bar 为单位的气压值并输出气压值 barPressure，将其转化为以 psi 为单位的气压值并输出气压值 psiPressure，将 3 个值全部输出。

【仿真结果】当传感器采集到的气压值为 100kPa 时，传感器终端显示的 3 个量度的气压值如图 3-154 所示。当传感器采集到的气压值为 80kPa 时，传感器终端显示的 3 个量度的气压值如图 3-155 所示。

Virtual Terminal - VT1

```
Pressure: 99.89 kPa, 1.00 bar, 14.49 Psi
Pressure: 99.89 kPa, 1.00 bar, 14.49 Psi
Pressure: 99.89 kPa, 1.00 bar, 14.49 Psi
Pressure: 99.89 kPa, 1.00 bar, 14.49 Psi
Pressure: 99.89 kPa, 1.00 bar, 14.49 Psi
Pressure: 99.89 kPa, 1.00 bar, 14.49 Psi
Pressure: 99.89 kPa, 1.00 bar, 14.49 Psi
Pressure: 99.89 kPa, 1.00 bar, 14.49 Psi
Pressure: 99.89 kPa, 1.00 bar, 14.49 Psi
Pressure: 99.89 kPa, 1.00 bar, 14.49 Psi
```

图 3-154　Arduino MPX4250AP 气压计应用仿真结果（一）

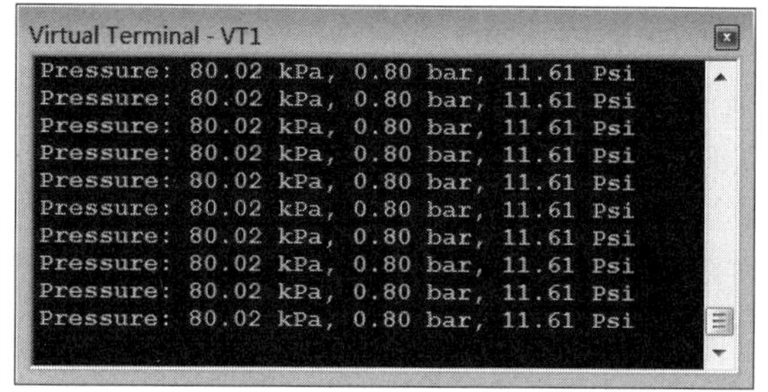

Virtual Terminal - VT1

```
Pressure: 80.02 kPa, 0.80 bar, 11.61 Psi
Pressure: 80.02 kPa, 0.80 bar, 11.61 Psi
Pressure: 80.02 kPa, 0.80 bar, 11.61 Psi
Pressure: 80.02 kPa, 0.80 bar, 11.61 Psi
Pressure: 80.02 kPa, 0.80 bar, 11.61 Psi
Pressure: 80.02 kPa, 0.80 bar, 11.61 Psi
Pressure: 80.02 kPa, 0.80 bar, 11.61 Psi
Pressure: 80.02 kPa, 0.80 bar, 11.61 Psi
Pressure: 80.02 kPa, 0.80 bar, 11.61 Psi
Pressure: 80.02 kPa, 0.80 bar, 11.61 Psi
```

图 3-155　Arduino MPX4250AP 气压计应用仿真结果（二）

3.2.17　Arduino PCD8544诺基亚3310液晶显示屏

诺基亚3310液晶屏的驱动控制器为PCD8544，PCD8544是一块低功耗的CMOS LCD控制驱动器，设计为驱动48行84列的图形显示。所有必需的显示功能集成在一块芯片上，包括LCD电压及偏置电压发生器，只需很少外部元件且功耗小。PCD8544与微控制器的接口使用串行总线。PCD8544采用CMOS工艺。

3310液晶显示屏的工作电压为2.7～3.3V，3310液晶显示屏支持SPI功能，可以直接使用AVR单片机的SPI来驱动3310液晶显示屏。

Arduino PCD8544诺基亚3310液晶显示屏的特性如下。

☺单芯片LCD控制/驱动。

☺48行、84列输出。

☺显示数据RAM 48×84位。

☺芯片集成：集成了LCD电压发生器（也可以使用外部电压供应）、LCD偏置电压发生器；振荡器不需要外接元件（也可以使用外部时钟）。

☺外部RES（复位）输入引脚。

☺串行界面最高4.0Mbit/s。

☺CMOS兼容输入。

☺混合速率：48Hz。

☺逻辑电压范围VDD～VSS：2.7～3.3V。

☺显示电压范围VLCD～VSS：

◇6.0～8.5V LCD内部电压发生器（充许电压发生器）；

◇6.0～9.0V LCD外部电压供应（电压发生器关闭）。

☺低功耗，适用于电池供电系统。

☺关于VLCD的温度补偿。

☺使用温度范围：-25～+70℃。

引脚功能如表3-11所示。

表3-11　引脚功能

引脚编号	引脚符号	功　能	引脚编号	引脚符号	功　能
1	GND	地	5	D/C	数据/命令
2	VCC	电源	6	CS	芯片使能端
3	CLK	时钟输入端	7	RST	复位端
4	DIN	数据输入端	8	LED	—

1. 电路原理图

Arduino PCD8544诺基亚3310液晶显示屏电路原理图如图3-156所示。

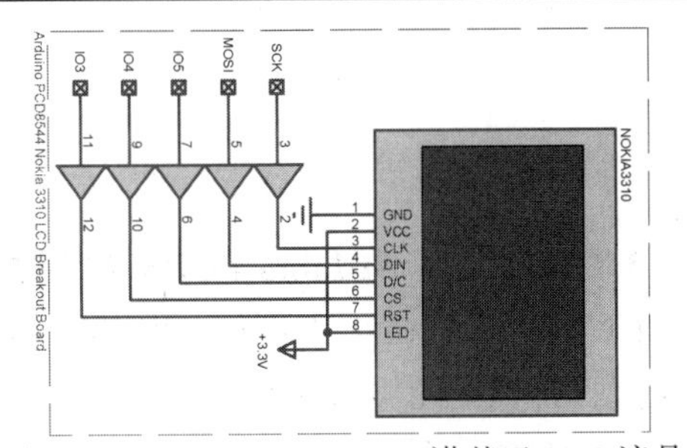

图3-156　Arduino PCD8544诺基亚3310液晶显示屏电路原理图

2. 可视化命令

Arduino PCD8544诺基亚3310液晶显示屏可视化命令（如图3-157和图3-158所示）包括写于一条控制命令、写入数据、清屏、屏幕显示、为屏幕设置填充色、绘制单一像素点、绘制一条线、绘制一个矩形、添加一个矩形、绘制一个圆形、添加一个圆形、填写显示的文本内容、填写文本并将光标移动到新的一行、设置基数用于整数值、为浮点值设置空间个数、填写一个字符、设置文本光标的位置、设置文本颜色、设置文本背景颜色、设置文字字体大小、设置文本换行及设置显示的方向。

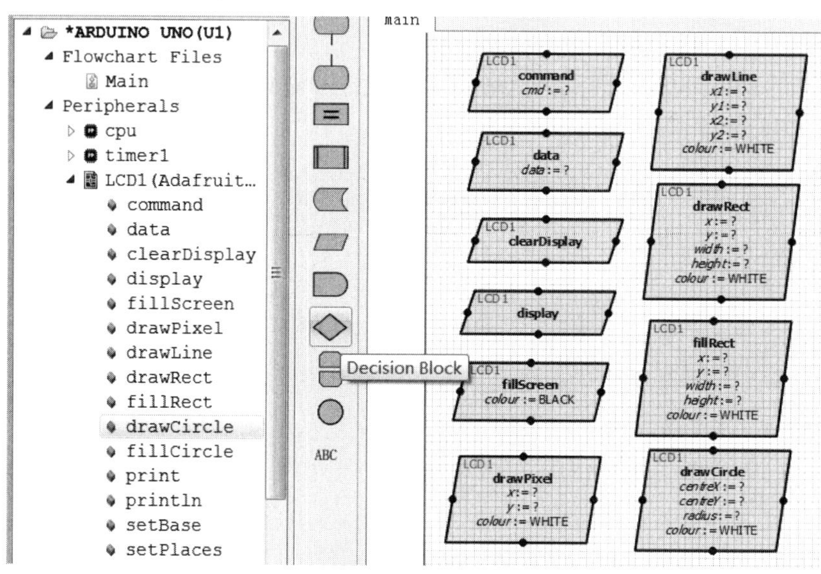

图 3-157　Arduino PCD8544 诺基亚 3310 液晶显示屏可视化命令（一）

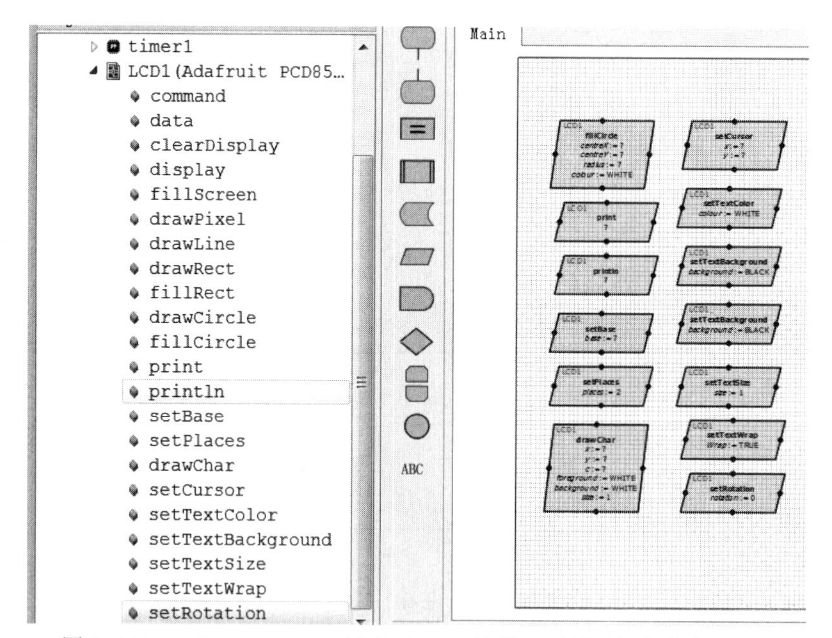

图 3-158　Arduino PCD8544 诺基亚 3310 液晶显示屏可视化命令（二）

3. 简单实例：Arduino PCD8544 诺基亚 3310 液晶显示屏应用

【目标功能】由于 Arduino PCD8544 诺基亚 3310 液晶显示屏具有显示字符、数字及图像的功能，特别是能够添加并显示线条、矩形、圆形，通过程序将这些功能加以组合可以使显示屏显示漂亮的图案。本电路作为 Arduino PCD8544 诺基亚 3310 液晶显示屏模块的应用，目的就是利用可视化命令实现这些功能，其电路原理图如图 3-159 所示。系统由两个部分构成，即 Arduino 328 模块和 Arduino PCD8544 诺基亚 3310 液晶显示屏模块。

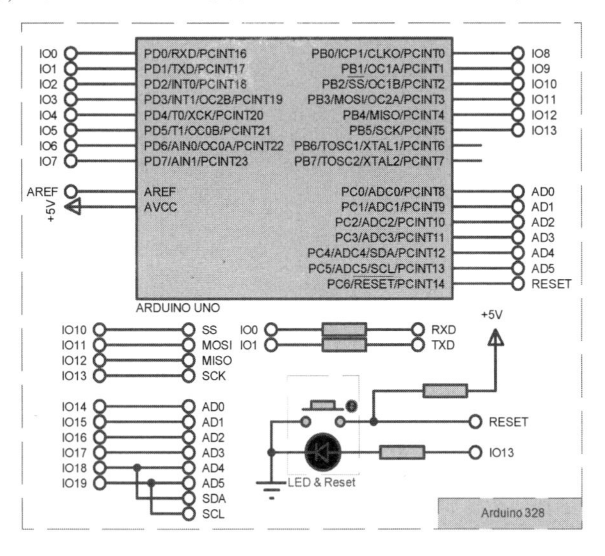

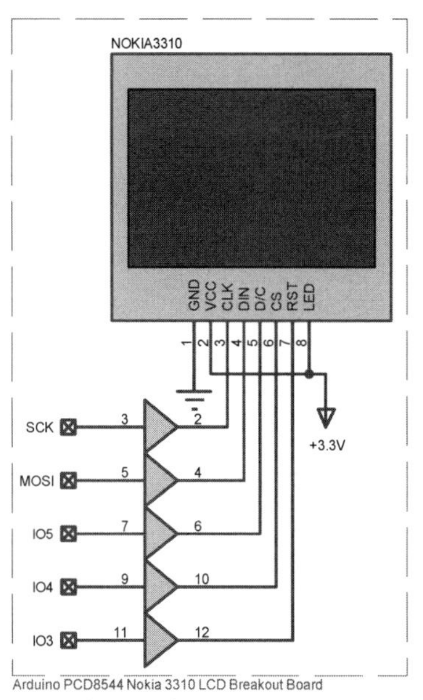

图 3-159　Arduino PCD8544 诺基亚 3310 液晶显示屏应用电路原理图

【可视化流程图】该电路程序由 4 个部分组成，即主程序 SETUP( ) 及子程序 testdrawline( )、testdrawrect( )、testdrawcircle( )。

☺ SETUP( )：作为初始化程序，主要初始化一些变量，如图 3-160 所示。程序流程：显示屏幕→延迟 1000ms→清屏→输入显示“PRINT TEST”并换行→显示屏幕→延迟 1000ms→输入显示“2nd Line Print”并换行→屏幕显示延迟 1000ms→清屏→绘制一个坐标为(10,10)的像素点→显示屏幕→延迟 1000ms→调用 testdrawline( ) 子程序→调用 testdrawrect( ) 子程序→调用 testdrawcircle( )。

☺ 子程序 testdrawline( )：如图 3-161 所示，该子程序首先在屏幕上显示 83×48 的发散线条矩形，线条起点均为(0,0)点，其次在屏幕上显示 83×47 的发散线条矩形，线条起点均在(0,47)点，然后在屏幕上显示 83×47 的发散线条矩形，线条起点均为(83,47)点，最后在屏幕上显示 83×47 的发散线条矩形，线条起点均为(83,0)点。

☺ 子程序 testdrawrect( )：如图 3-162 所示，该子

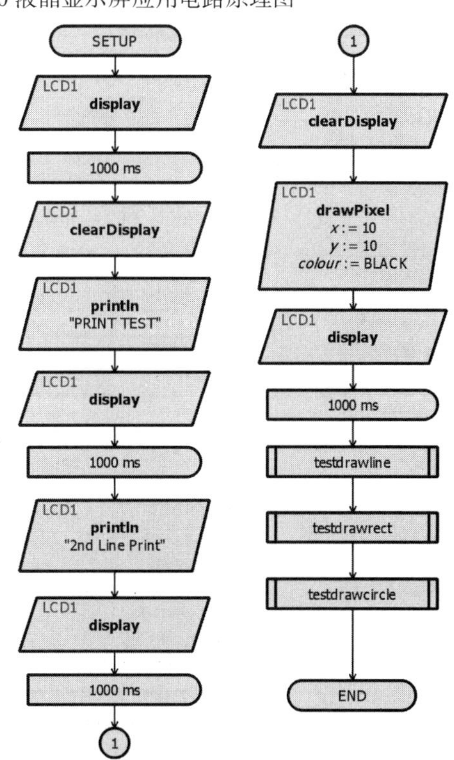

图 3-160　Arduino PCD8544 诺基亚 3310 液晶显示屏应用可视化流程图（一）

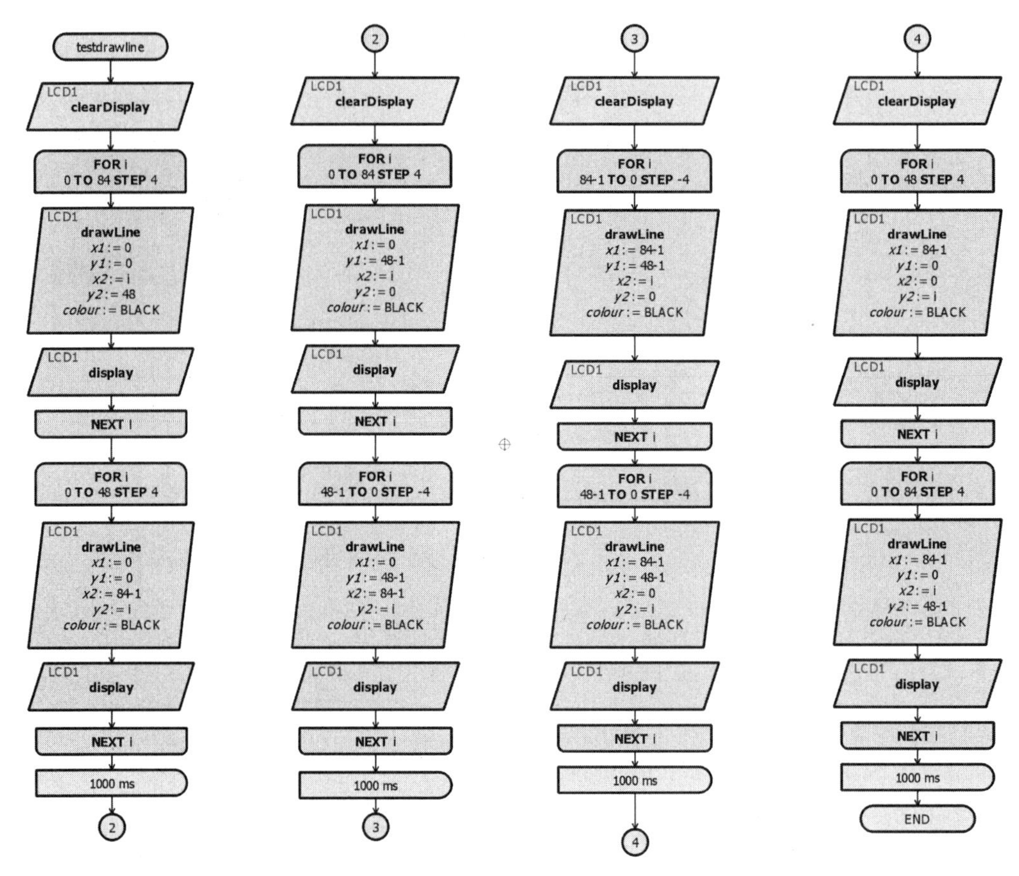

图 3-161　Arduino PCD8544 诺基亚 3310 液晶显示屏应用可视化流程图（二）

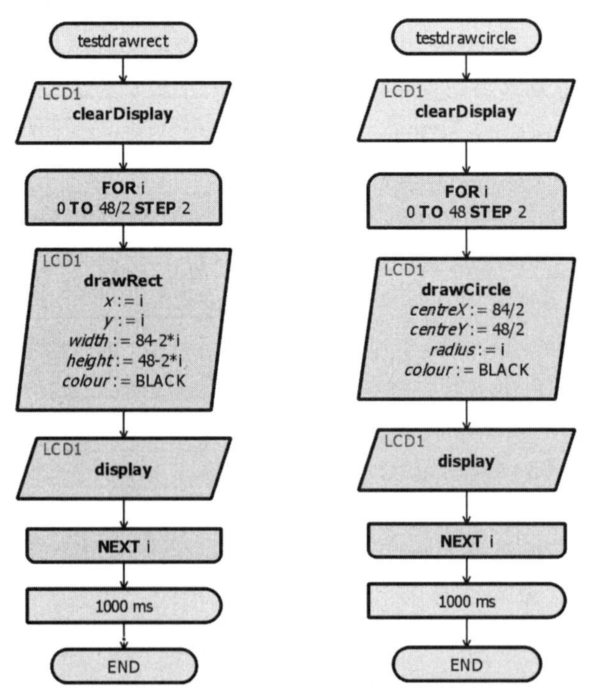

图 3-162　Arduino PCD8544 诺基亚 3310 液晶显示屏应用可视化流程图（三）

程序设计的目的是在屏幕上显示长一组 $84-2i$、宽 $84-2i$ 的矩形框，其中 i 的范围为 0 ~ 24，i 的变化基数是 2。

☺ 子程序 testdrawcircle()：该子程序设计的目的是在屏幕上显示一组以(42,24)为圆心、半径为 i 的圆形，其中 i 的范围为 0 ~ 48，i 的变化基数是 2。

【仿真结果】如图 3-163 所示，在显示屏上显示字符。

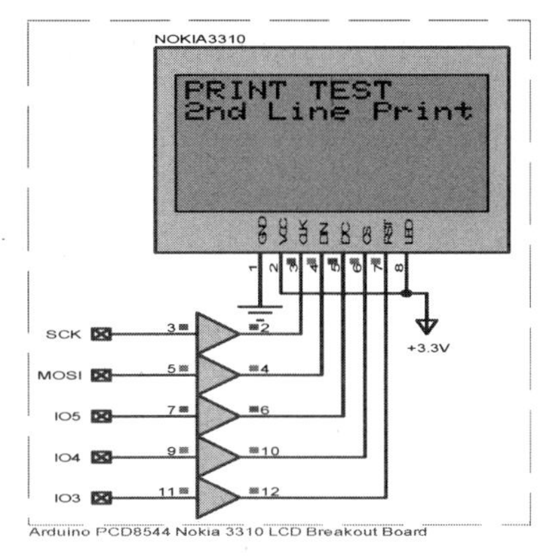

图 3-163 Arduino PCD8544 诺基亚 3310 液晶显示屏应用仿真结果（一）

如图 3-164 所示，在显示屏上显示 83×48 的发散线条矩形。

如图 3-165 所示，在显示屏上显示一组长 $84-2i$、宽 $84-2i$ 的矩形框和一组以(42,24)为圆心、半径为 i 的圆形。

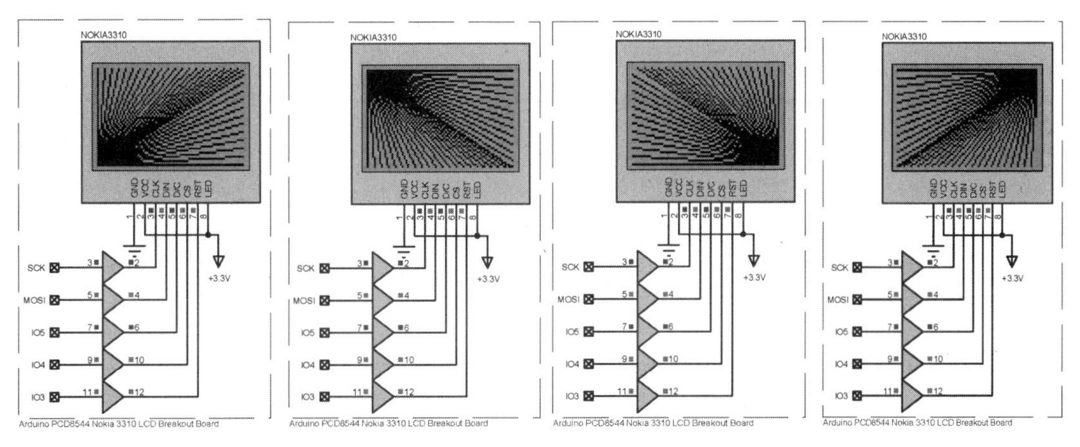

图 3-164 Arduino PCD8544 诺基亚 3310 液晶显示屏应用仿真结果（二）

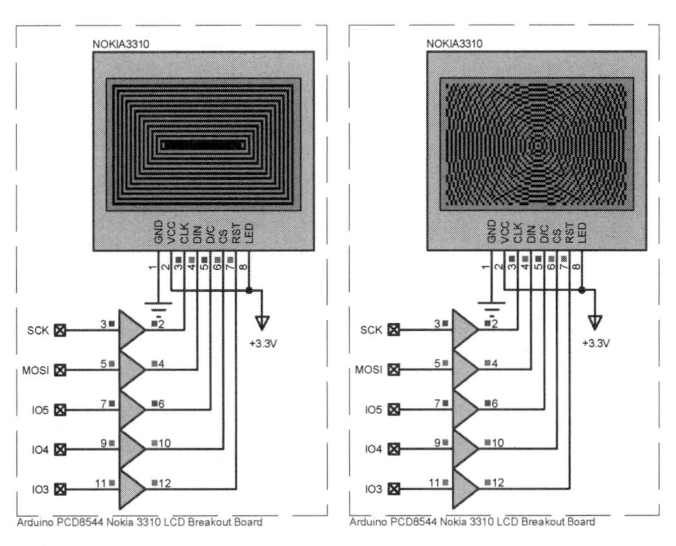

图 3-165 Arduino PCD8544 诺基亚 3310 液晶显示屏应用仿真结果（三）

3.2.18 Arduino DS1307 实时时钟模块

该模块是基于 DS1307 的高精度实时时钟模块，通过 I^2C 接口与单片机通信，可读取实时的年、月、日、星期、时、分、秒。扣上纽扣电池时，即使模块掉电，时钟芯片也会持续计时。片内有 8 个特殊寄存器和 56B 的 SRAM，是一种低功耗、基于 BCD 码的 8 引脚实时时钟芯片。

模块特点如下：可计时至 2100 年；控制接口为 I^2C 接口；电源建议为 5V DC；模块上的 DS1307 地址为 0x68；控制接口电平可为 5V 或 3.3V；具有 4 个 M2 螺钉定位孔，便于安装。

引脚功能如表 3-12 所示。

表 3-12 引脚功能

引脚编号	引脚符号	功能
1	X1	32.768kHz 的晶振输入端
2	X2	32.768kHz 的晶振输入端
3	VBAT	+3V 电池电源输入端
5	SDA	串行数据线
6	SCL	串行时钟线
7	SOUT	方波信号输出端

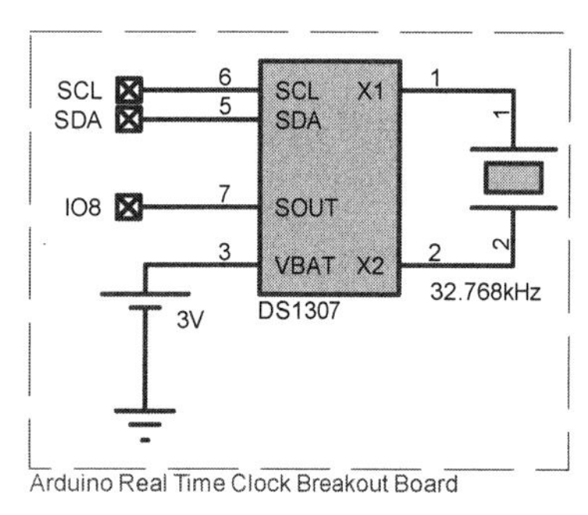

图 3-166 Arduino DS1307 实时时钟模块电路原理图

1. 电路原理图

Arduino DS1307 实时时钟模块电路原理图如图 3-166 所示。

2. 可视化命令

Arduino DS1307 实时时钟模块可视化命令（如图 3-167 所示）包括读取实时时钟的时间模块、读取数据模块、获得到时间/日期模块、设置输出端的方波频率模块、调整时间模块、调整日期模块、写入数据模块（写入实时时钟的非易失性随机访问存储器中）、读取数据模块（从实时时钟的非易失性随机访问存储器中的数据）。

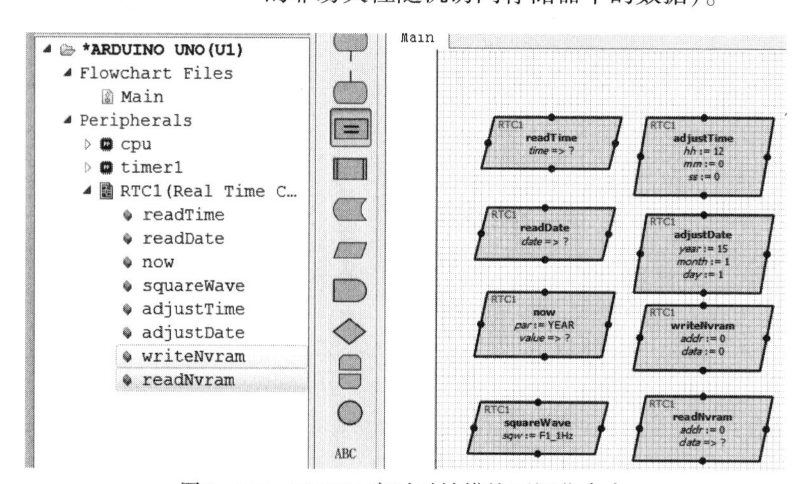

图 3-167 DS1307 实时时钟模块可视化命令

3. 简单实例：Arduino DS1307 实时时钟模块应用

Arduino DS1307 实时时钟模块的应用实例与前面 Arduino 16×2 字符型液晶显示器的应用实例一样，具体详见 Arduino 16×2 字符型液晶显示器的应用实例。

3.2.19　Arduino 旋转角度传感器模块

Arduino 旋转角度传感器模块基于可调电位计工作原理而设计，其不仅可以作为可调电阻控制电机转速，而且可以在其旋转头部安装单摆轮，测量倾角，旋转角度为 0°～360°。

电位器是具有 3 个引出端、阻值可按某种变化规律调节的电阻元件。电位器通常由电阻体和可移动的电刷组成。当电刷沿电阻体移动时，输出端即获得与位移量呈一定关系的电阻值或电压。电位器既可做三端元件使用，也可做二端元件使用。后者可视作一可变电阻器，由于它在电路中的作用是获得与输入电压（外加电压）呈一定关系的输出电压，因此称为电位器。电位器的作用是调节电压（含直流电压与信号电压）和电流的大小。

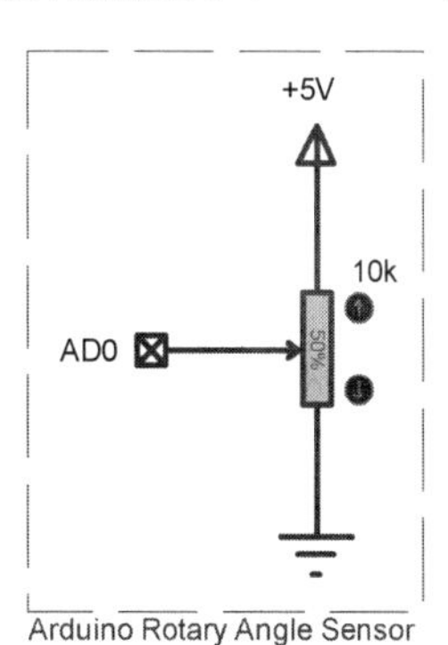

图 3-168　Arduino 旋转角度传感器模块电路原理图

1. 电路原理图

Arduino 旋转角度传感器模块电路原理图如图 3-168 所示。

2. 可视化命令

Arduino 旋转角度传感器模块可视化命令（如图 3-169 所示）包括读取角度模块和读取 ADC 的原始值模块。

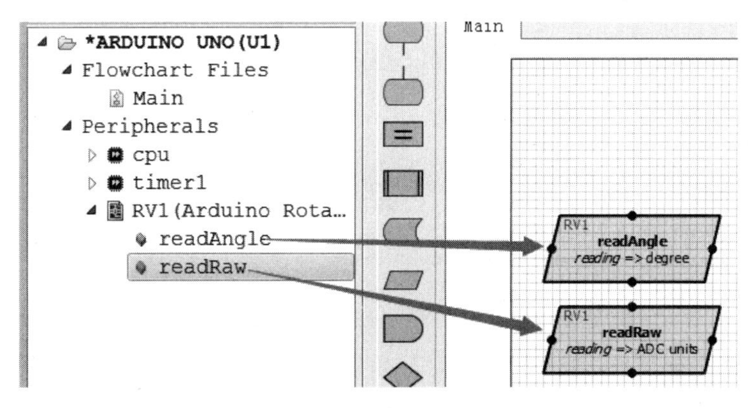

图 3-169　Arduino 旋转角度传感器可视化命令

3. 简单实例：Arduino 旋转角度传感器模块应用

【目标功能】该电路设计的目的是利用 Arduino 旋转角度传感器模块来控制电机转速。Arduino 旋转角度传感器模块的旋转角度范围是 0°～360°，而要求电机的转速范围是 0°～180°，角度转换之后需要显示到 Arduino 16×2 字符型液晶显示器。其电路原理图如图 3-170 所示。系统由 4 个部分构成，即 Arduino 328 模块、Arduino 旋转角度传感器模块、Arduino 伺服电机及 Arduino 16×2 字符型液晶显示器模块。

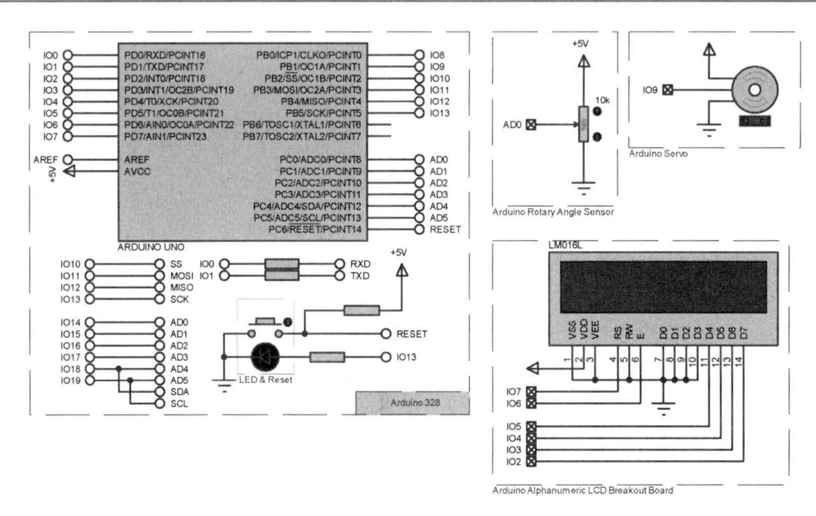

图 3-170　Arduino 旋转角度传感器模块应用电路原理图

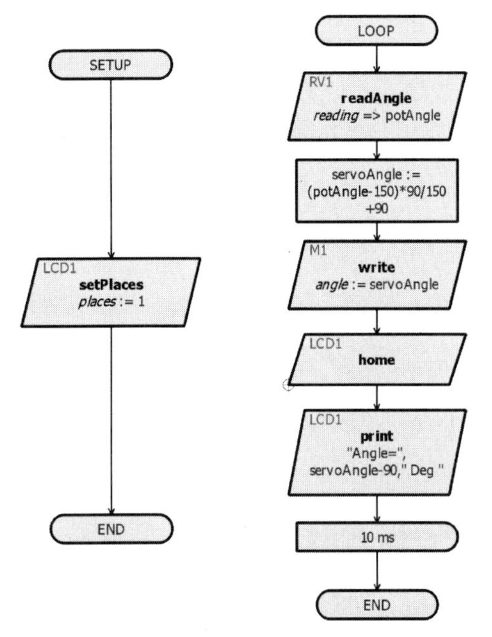

图 3-171　Arduino 旋转角度传感器模块应用可视化流程图

【可视化流程图】Arduino 旋转角度传感器模块应用可视化流程图如图 3-171 所示。该电路程序由两个部分组成，即主程序 SETUP( ) 和循环程序 LOOP( )。

☺ SETUP( )：作为初始化程序，主要初始化一些变量。程序流程：仅设置了放置浮点值的一个位置。

☺ LOOP( )：作为主循环程序。程序流程：读取 RV1 的角度值 potAngle→将 potAngle 转化为 servoAngle→将 servoAngle 写入 M1→将 LCD 上的光标置于原始位置→在 LCD 上输出 Angle = servoAngle - 90°，即将伺服电机的角度范围限定在 -90° ～ 90°→延时 10ms。

【仿真结果】如图 3-172 所示，当 Arduino 旋转角度传感器模块为 9%时，电机角速度为-73.6，此时液晶显示屏显示“Angle=-73.8 Deg”。

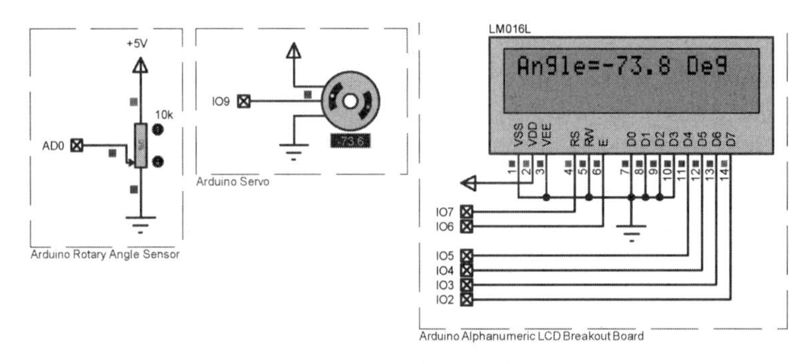

图 3-172　Arduino 旋转角度传感器模块应用仿真结果

3.2.20 SPI 接口的 SD 卡模块

SD 卡（Secure Digital Memory Card，安全数字存储卡，简称 SD 卡）是基于 Flash 存储介质的新一代记忆设备，由日本松下、东芝及美国 SanDisk 公司于 1999 年 8 月在 MMC（Multi Media Card）基础上共同开发研制。它具有体积小、容量大、数据传输快、移动灵活、安全性能好及兼容 MMC 等特点，广泛地应用于数码照相机、PDA 和多媒体播放器等便携式装置上。SD 卡有 SD 和 SPI 两种工作模式，相对于 SD 模式，SPI 模式可以简化主机设计，降低成本。

SD 模式多用于对 SD 卡读写速度要求较高的场合，SPI 模式则是以牺牲读写速度换取更好的硬件接口兼容性。由于 SPI 协议是目前广泛流行的通信协议，大多数高性能单片机都配备了 SPI 硬件接口，硬件连接相对简单，因此，在对 SD 卡读写速度要求不高的情况下，采用 SPI 模式无疑是一个不错的选择。

引脚功能如表 3-13 所示。

表 3-13 引脚功能

引脚编号	引脚符号	功 能	引脚编号	引脚符号	功 能
1	CS	片选	7	DO	主出从入（MISO）
2	DI	主出从入（MOSI）	5	CLK	时钟输入端（SCK）

1. 电路原理图

SPI 接口的 SD 卡模块电路原理图如图 3-173 所示。

2. 可视化命令

SPI 接口的 SD 卡模块可视化命令（如图 3-174 所示）包括打开文件模块、关闭文件模块、删除文件模块、创建目录模块、删除目录模块、刷新数据模块、读取带分隔符的数据模块、读取一行模块、写入数据模块（具有逗号分隔符的数据）、写具有逗号分隔符的数据并换行模块、输出数据模块及输出数据并换行模块。

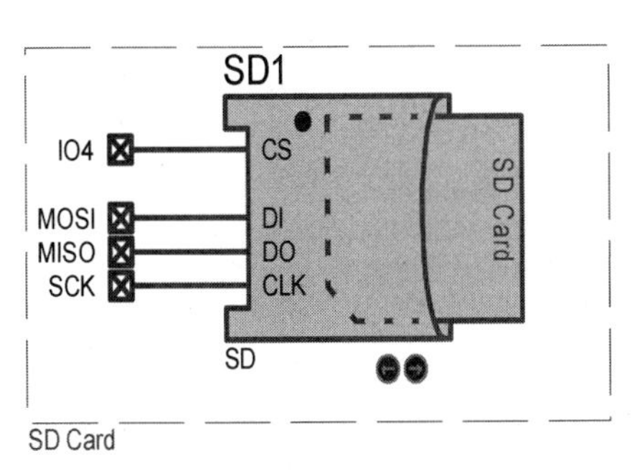

图 3-173 SPI 接口的 SD 卡模块电路原理图

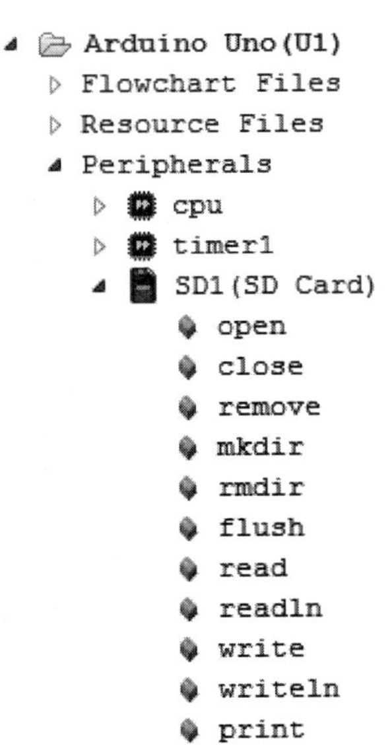

图 3-174 SPI 接口的 SD 卡模块可视化命令

3. 简单实例：SPI 接口的 SD 卡模块应用

【目标功能】该电路设计的目的是利用 SD 卡模块，将数据写入 TEXT. txt，然后读取相应的数据并输出到传感器终端。其电路原理图如图 3-175 所示。系统由 3 个部分构成，即 Arduino 328 模块、SPI 接口的 SD 卡模块及传感器终端。

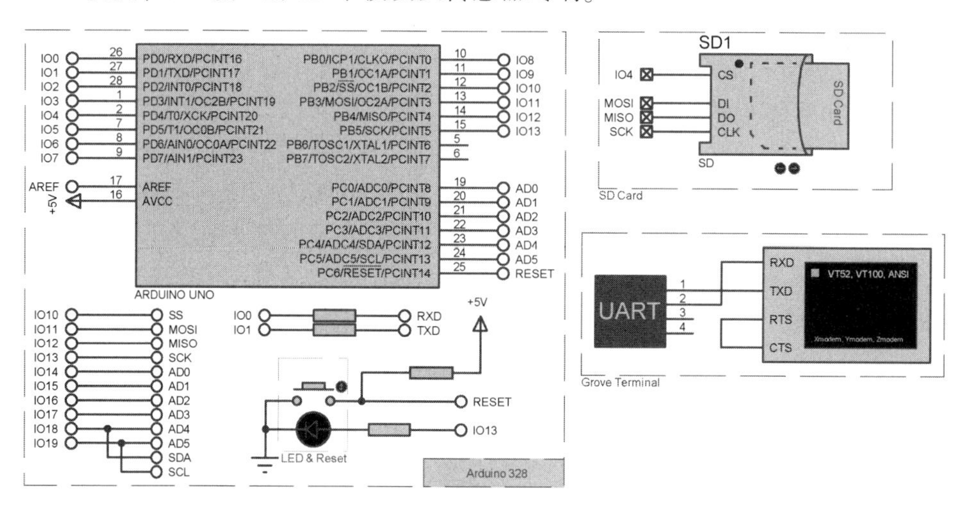

图 3-175　SPI 接口的 SD 卡模块应用电路原理图

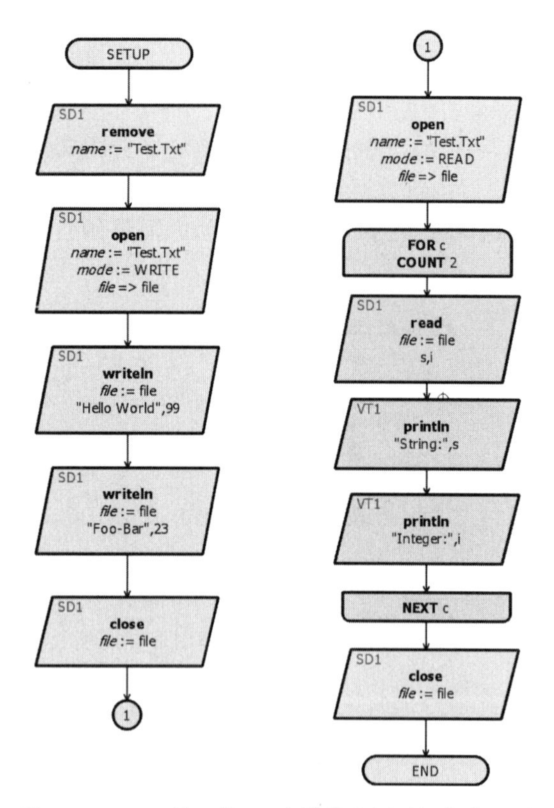

图 3-176　SPI 接口的 SD 卡模块应用可视化流程图

【可视化流程图】SPI 接口的 SD 卡模块应用可视化流程图如图 3-176 所示。为将文本数据写入 SD 卡并读取，该电路程序仅由 SETUP( ) 构成。程序流程：删除名为“TEXT. txt”的文件的内容→以写的方式打开 TEXT. txt 文件→在该文件中写入“Hello World，99”→再在该文件中写入“Foo-Bar，23”→关闭文件→以只写方式打开 TEXT. txt 文件→读取该文件的所有字符串和整型变量→关闭文件。

【仿真结果】仿真结果如图 3-177 所示，传感器终端可以显示 Text. txt 文件的所有字符串和整型变量。进入调试界面，执行 Debug→Memory Card Contents 命令，可以查看 SD 卡的文件，如图 3-178 所示。

进入调试界面，执行 Debug→AVR→AVR Data Memory 命令，可以查看 SD 卡中的所有数据，如图 3-179 所示。

进入调试界面，执行 Debug→AVR→AVR CPU Register 命令，可以查看 CUP 的寄存器，执行单步运行可以查看其变化，如图 3-180 所示。

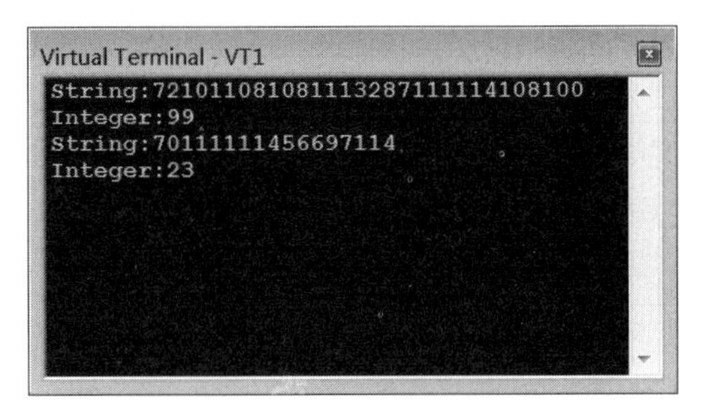

图 3-177　SPI 接口的 SD 卡模块应用仿真结果（一）

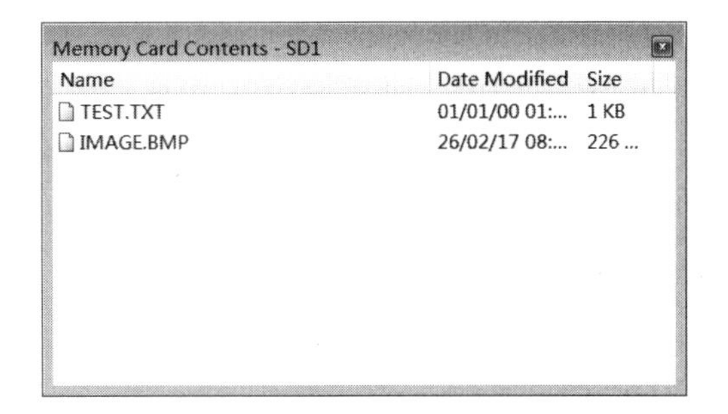

图 3-178　SPI 接口的 SD 卡模块应用仿真结果（二）

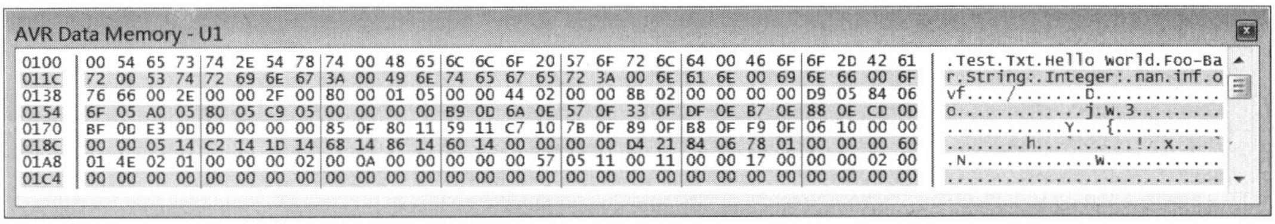

图 3-179　SPI 接口的 SD 卡模块应用仿真结果（三）

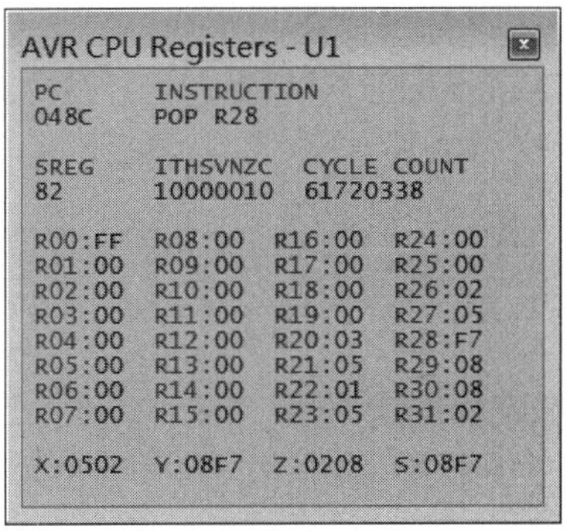

图 3-180　SPI 接口的 SD 卡模块应用仿真结果（四）

3.2.21　Arduino 伺服电机模块

伺服电机是指在伺服系统中控制机械元件运转的发动机，是一种辅助电机的间接变速装置。

伺服电机可使控制速度、位置精度非常准确，可以将电压信号转化为转矩和转速以驱动控制对象。伺服电机转子转速受输入信号控制，并能快速反应，在自动控制系统中，用作执行元件，且具有机电时间常数小、线性度高、始动电压等特性，可把所收到的电信号转换成电动机轴上的角位移或角速度输出。伺服电机分为直流伺服电机和交流伺服电机两大类，其主要特点是当信号电压为零时无自转现象，转速随着转矩的增加而匀速下降。

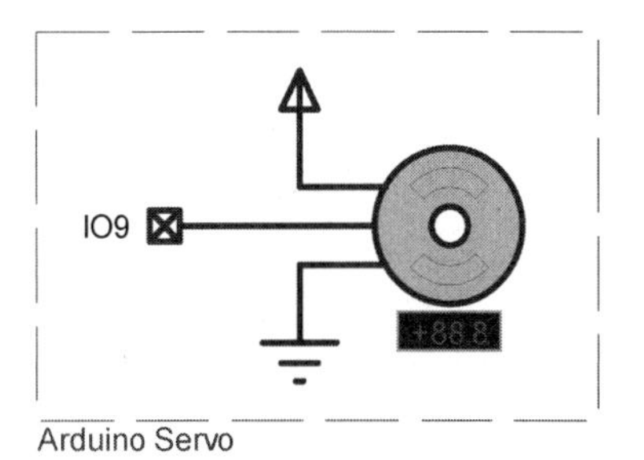

图 3-181　Arduino 伺服电机模块电路原理图

1. 电路原理图

Arduino 伺服电机模块电路原理图如图 3-181 所示。

2. 可视化命令

Arduino 伺服电机模块可视化命令（如图 3-182 所示）包括读取伺服电机转角模块、设置伺服电机转角模块、读取脉冲宽度模块、设置脉冲宽度模块、重新连接模块（将伺服控制器重新连接到其引脚上）和断开连接模块（将伺服控制器从其引脚上分离）。

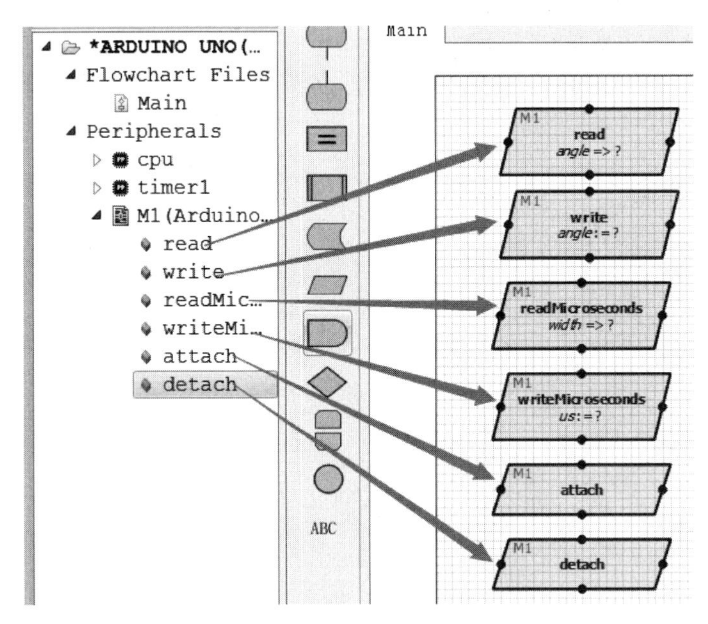

图 3-182　Arduino 伺服电机模块可视化命令

3. 简单实例：Arduino 伺服电机模块应用

【目标功能】该电路设计的目的是设置并读取伺服电机角度，然后输出到传感器终端并通过示波器观察输出。其电路原理图如图 3-183 所示。系统由 3 个部分构成，即 Arduino 328 模块、LM016L 液晶显示屏及 Arduino 伺服电机模块。

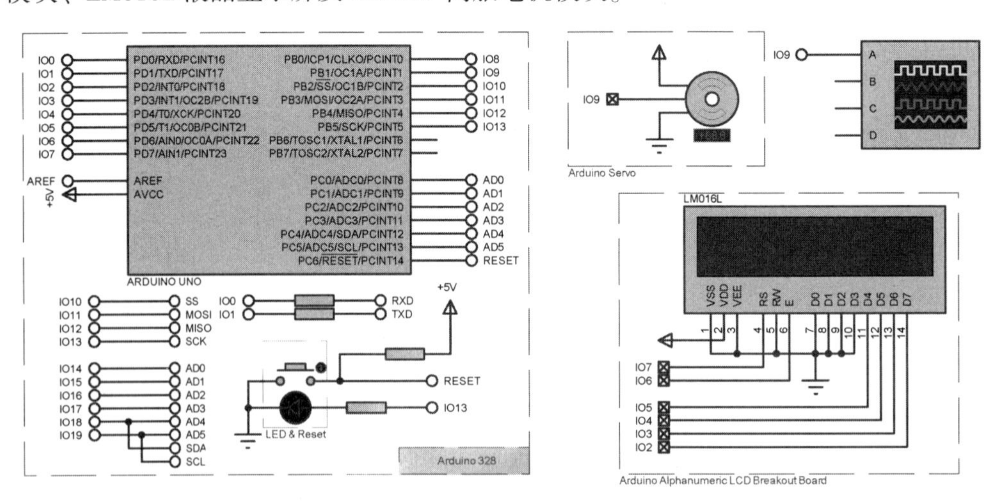

图 3-183　Arduino 伺服电机模块应用电路原理图

【可视化流程图】Arduino 伺服电机模块应用可视化流程图如图 3-184 所示。该电路程序由两个部分组成，即 SETUP( ) 和 LOOP( ) 循环程序。

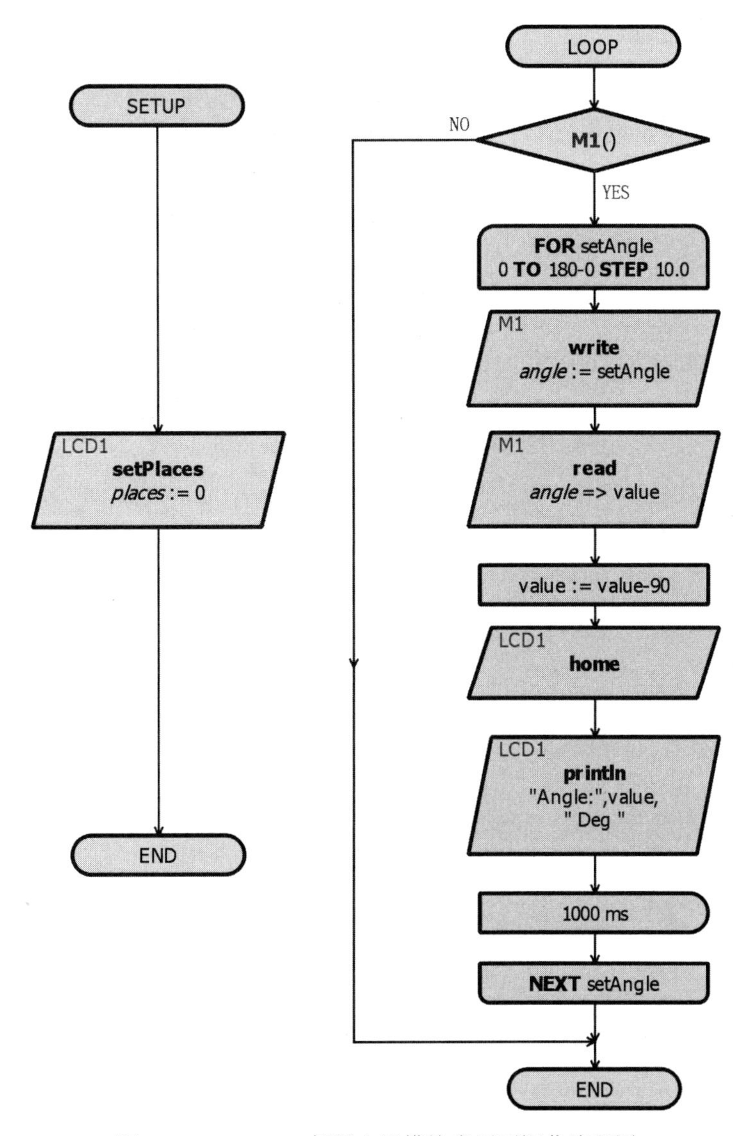

图 3-184　Arduino 伺服电机模块应用可视化流程图

☺ SETUP( )：初始化程序。程序流程：设置了 LCD 上放置浮点数的位置为 0。

☺ LOOP( )：首先判断伺服电机的输出引脚是否连接控制器，当伺服电机的输出引脚连接控制器时，设置电机的控制角度，然后读取转角并将其转化到-90°～+90°范围上，然后输出到 LCD 液晶显示屏。

【仿真结果】仿真结果如图 3-185 所示，当电机转角为-9.52°时，液晶显示屏显示“Angle：-10 Deg”，示波器输出方波。

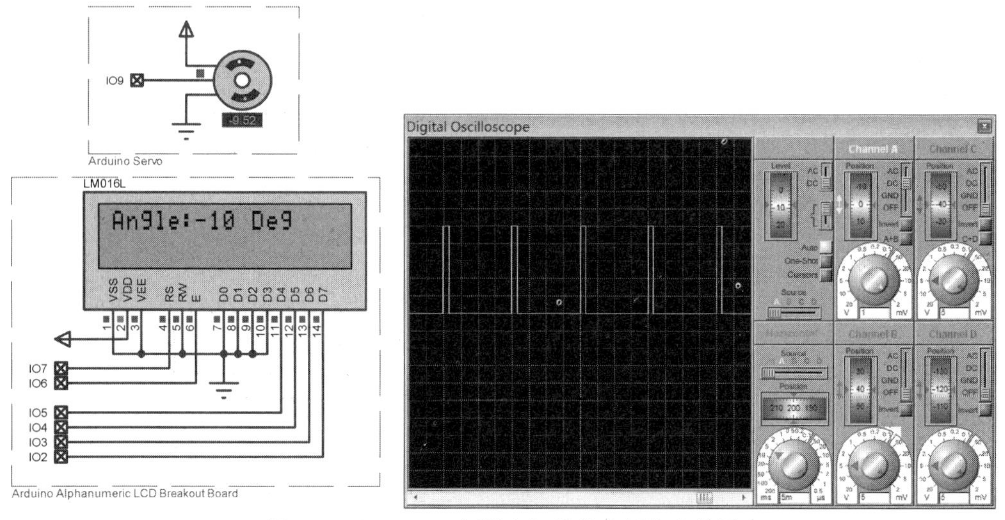

图 3-185　Arduino 伺服电机模块应用仿真结果

3.2.22　Arduino 开关模块

Arduino 开关模块常被用在电路设计中控制设备的开启或关闭。Arduino 开关模块有两种状态，即高电平和低电平。通过控制单刀双掷开关就可以控制引脚电平的状态。

1. 电路原理图

Arduino 开关模块电路原理图如图 3-186 所示。

2. 可视化命令

Arduino 开关模块可视化命令（如图 3-187 所示）仅有一条：判断语句。

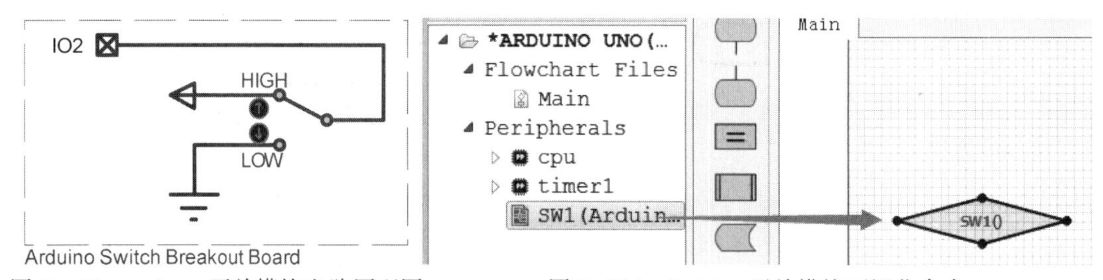

图 3-186　Arduino 开关模块电路原理图　　图 3-187　Arduino 开关模块可视化命令

3. 简单实例：Arduino 开关模块应用

【目标功能】该电路设计的目的是通过控制 Arduino 开关模块来控制 LED 灯的亮灭。其电路原理图如图 3-188 所示。系统由 3 个部分构成，即 Arduino 328 模块、Arduino 开关模块及 LED 灯模块。

【可视化流程图】Arduino 开关模块应用可视化流程图如图 3-189 所示。该电路程序仅由 LOOP( )循环程序组成。

☺ LOOP( )：首先判断开关的状态，当其为高电平时，LED1 灭、LED2 亮，反之，LED1 亮、LED2 灭，然后延时 200ms。

【仿真结果】当开关按钮处于高电平时，仿真结果如图 3-190 所示。此时 LED1 灭（即红灯灭），LED2 亮（即绿灯亮）。当开关按钮处于低电平时，仿真结果如图 3-191 所示。LED1 亮（即红灯亮），LED2 灭（即绿灯灭）。

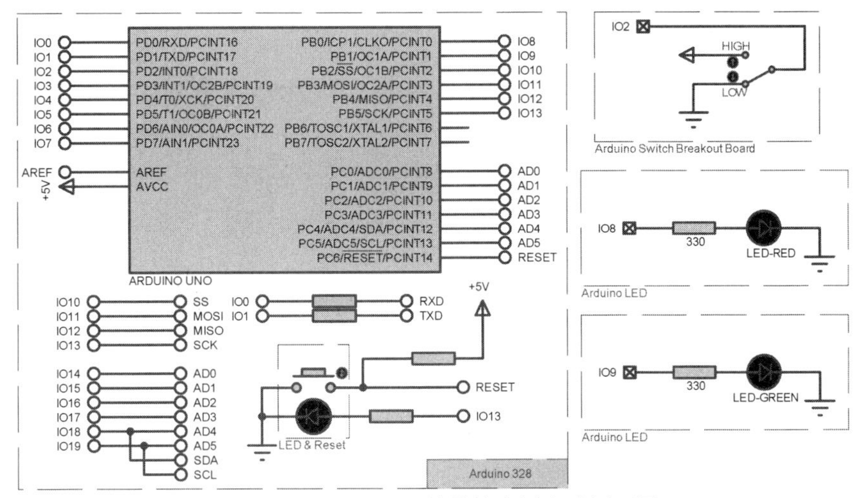

图 3-188　Arduino 开关模块应用电路原理图

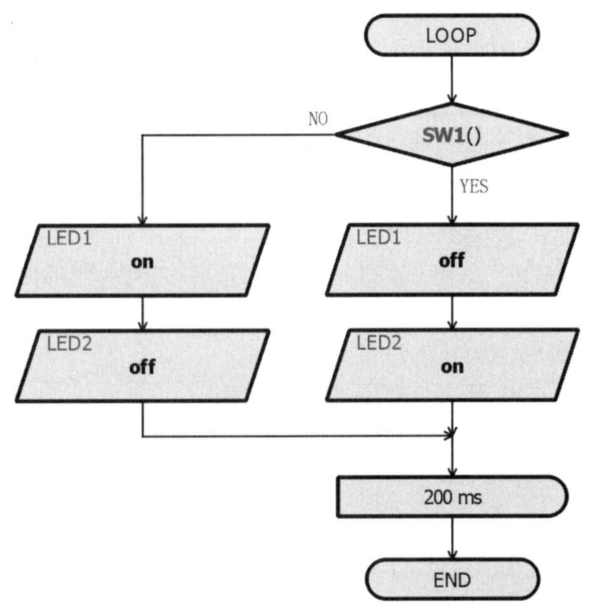

图 3-189　Arduino 开关模块应用可视化流程图

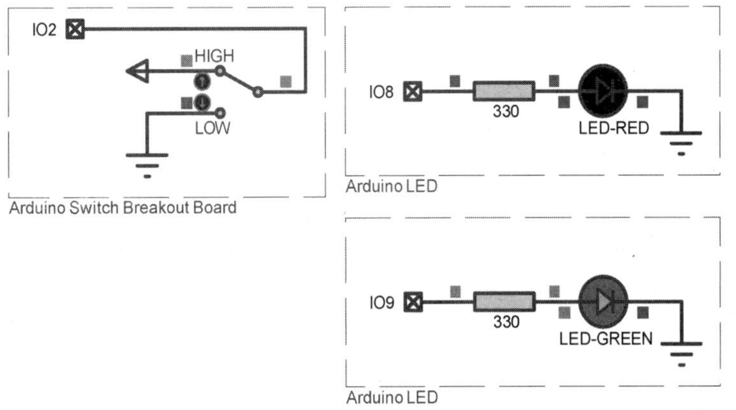

图 3-190　Arduino 开关模块应用仿真结果（一）

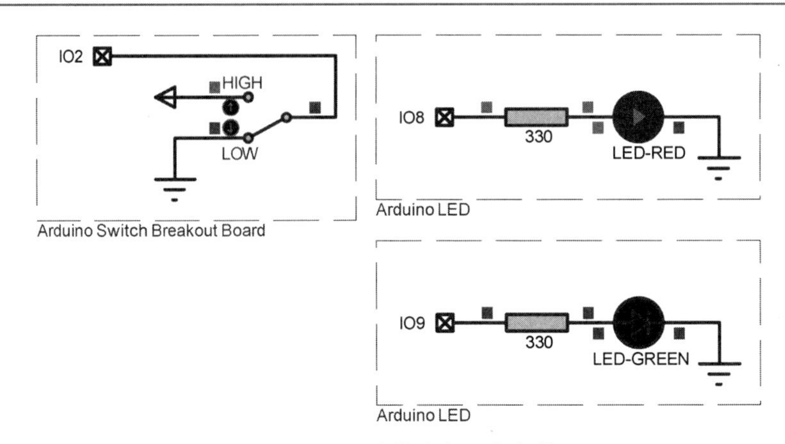

图 3-191　Arduino 开关模块应用仿真结果（二）

3.2.23　Arduino TC74 温度传感器模块

Arduino TC74 是特别适用于低成本和小尺寸应用场合的可串行读取的数字温度传感器。内部温度检测元件的温度被转换成数据，并以 8 位数字的方式提供。

Arduino TC74 的通信通过与两线 SMBus/I^{2}C 兼容的接口来完成。该总线用来实现多点、多位置的温度监控。CONFIG 寄存器中的 SHDN 位可用来启动低功耗待机模式。温度分辨率为 1℃，标称的转换速率为 8 次采样/s。在正常工作下，静态电流为 200μA（典型值）。在待机工作下，静态电流为 5μA（典型值）。小尺寸、低安装成本及便捷的使用使得 Arduino TC74 成为实现不同系统温度管理的理想选择。

Arduino TC74 温度传感器模块的特性如下。

☺ SOT-23-5 或 TO-220 封装的数字温度传感器。

☺ 以 8 位数字格式输出温度值。

☺ 简单 SMBus/I^{2}C 串行接口。

☺ 固态温度检测：

◇ +25 ～+85℃ 的精度为±2℃（最大值）；

◇ 0 ～+125℃ 的精度为±3℃（最大值）。

☺ 2.7 ～ 5.5V 的电源电压。

☺ 低功耗：

◇ 工作电流为 200μA（典型值）；

◇ 待机模式电流为 5μA（典型值）。

引脚功能如表 3-14 所示。

表 3-14　引脚功能

引脚编号	引脚符号	类　型	功　能
4	SCLK	输入	SMBus/I^{2}C 串行时钟
5	SDA	双向	SMBus/I^{2}C 串行数据

1. 电路原理图

Arduino TC74 温度传感器模块电路原理图如图 3-192 所示。

2. 可视化命令

Arduino TC74 温度传感器模块可视化命令（如图 3-193 所示）包括两条：读取温度值和手动分配一个器件的地址。

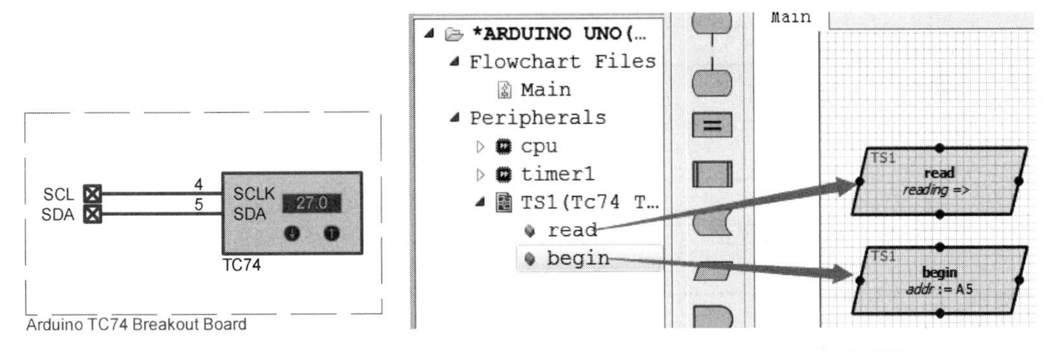

图 3-192　Arduino TC74 温度传感器模块电路原理图

图 3-193　Arduino TC74 温度传感器模块可视化命令

3. 简单实例：Arduino TC74 温度传感器模块应用

【目标功能】该电路设计的目的是通过 Arduino TC74 温度传感器模块采集温度并将其输出到液晶显示屏，由于 Arduino TC74 的通信需要通过与两线 SMBus/I^2C 兼容的接口来完成，所以硬件电路中增加了 I^2C 模块，电路原理图如图 3-194 所示。系统主要由 4 个部分构成，即 Arduino 328 模块、Arduino TC74 温度传感器模块、I^2C 模块及液晶显示屏模块。

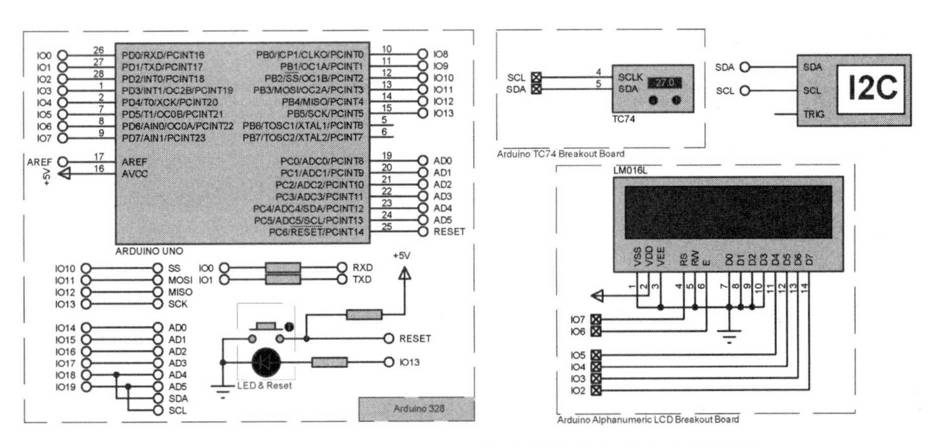

图 3-194　Arduino TC74 温度传感器模块应用电路原理图

【可视化流程图】为了实现该电路的设计目的，其可视化流程图如图 3-195 所示。该电路程序由两个部分组成，即 SETUP( ) 和 LOOP( )。

☺ SETUP( )：初始化程序。程序流程：设置基数用于整数值，然后分配了传感器数据的地址。

☺ LOOP( )：延迟 250ms→读取传感器的温度值→将温度值输出到液晶显示屏。

【仿真结果】Arduino TC74 温度传感器模块应用仿真结果如图 3-196 所示，当传感器采集到的温度值是 27℃时，LM016L 液晶显示屏显示“Temp：27 degC”。

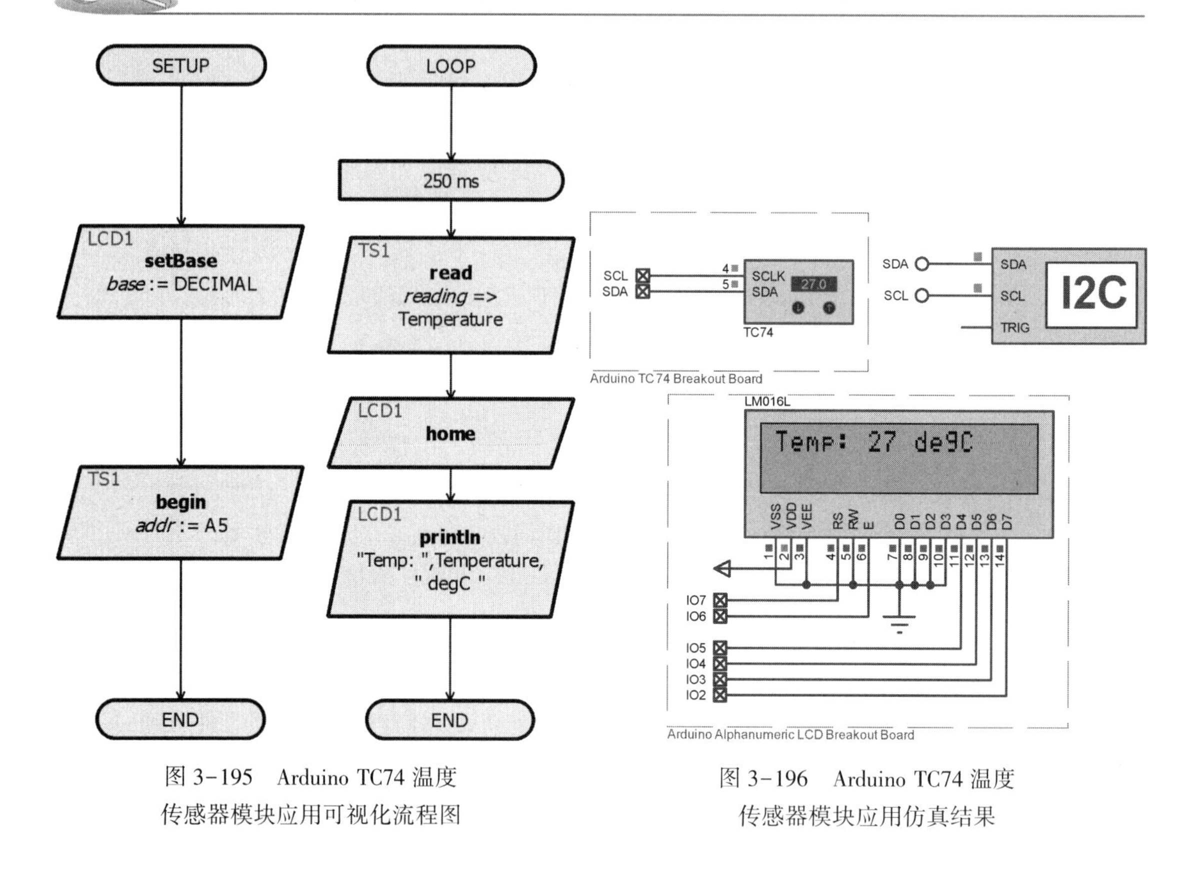

图 3-195　Arduino TC74 温度传感器模块应用可视化流程图

图 3-196　Arduino TC74 温度传感器模块应用仿真结果

3.2.24　基于 MCP23008 的 Arduino 键盘模块

MCP23008 为具有 I^2C 总线、8 位的通用串行 I/O 扩展口的器件。MCP23008 具有 3 个地址引脚，由用于输入、输出和极性选择的多个 8 位配置寄存器组成。系统主器件可通过写入 I/O 配置位将 I/O 使能为输入或输出。每个输入或输出的数据都保存在对应的输入或输出寄存器中。输入端口寄存器的极性可用极性反转寄存器反转。所有寄存器都可由系统主器件读取。

基于 MCP23008 的 Arduino 键盘模块是将 MCP23008 的 GP0 ～ GP7 双向 I/O 引脚接到键盘上，从而通过键盘控制 MCP23008。

引脚功能如表 3-15 所示。

表 3-15　引脚功能

引脚编号	引脚符号	类　型	功　能
1	SCL	I	串行时钟输入
2	SDA	I/O	串行数据 I/O
3	A2	I/O	硬件地址输入，必须从外部偏置
4	A1	I	硬件地址输入，必须从外部偏置
5	A0	I	硬件地址输入，必须从外部偏置
6	$\overline{RESET}$	I	外部复位输入
8	INT	O	中断输出，可配置为高电平有效、低电平有效或开漏输出
10～17	GP0～GP7	I/O	双向 I/O 引脚，可被使能用于电平变化中断和/或内部弱上拉电阻器

1. 电路原理图

基于 MCP23008 的 Arduino 键盘模块电路原理图如图 3-197 所示。

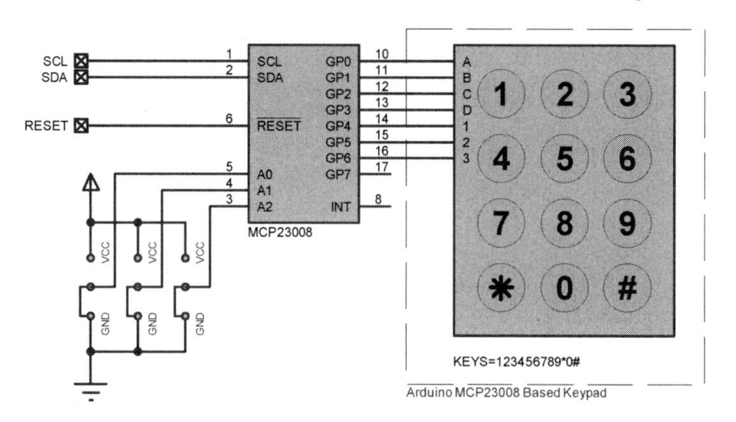

图 3-197 基于 MCP23008 的 Arduino 键盘模块电路原理图

2. 可视化命令

基于 MCP23008 的 Arduino 键盘模块可视化命令（如图 3-198 所示）包括返回按下的键、等待按键按下及等待所有按键释放。

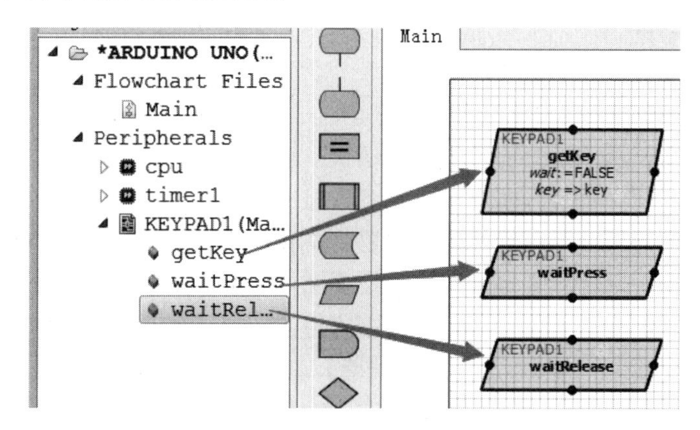

图 3-198 基于 MCP23008 的 Arduino 键盘模块可视化命令

3.3 Grove 传感设备

3.3.1 Grove 128×64 OLED 显示屏

Grove 128×64 OLED 显示屏是一款单色 OLED 显示屏，具有 128 像素×64 像素，采用 Grove 的 I^2C 接口。和 LCD 相比，OLED 的优势包括高亮度、自发射、高对比度、较窄的边框、可视角度宽、工作温度容差大、低功耗等，同时 128 像素×64 像素允许显示更多的内容。

1. 电路原理图

Grove 128×64 OLED 显示屏电路原理图如图 3-199 所示。

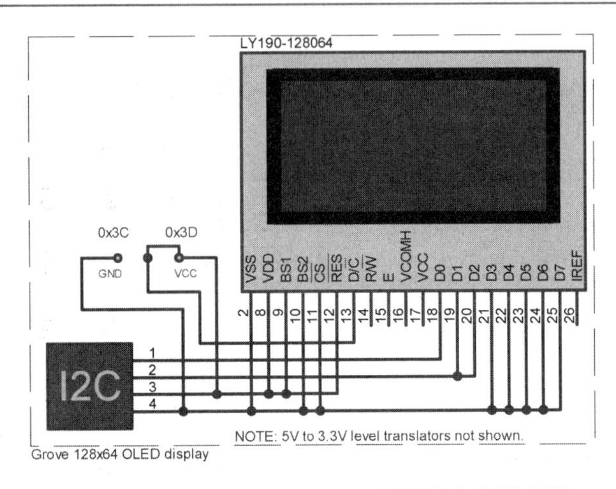

图 3-199 Grove 128×64 OLED 显示屏电路原理图

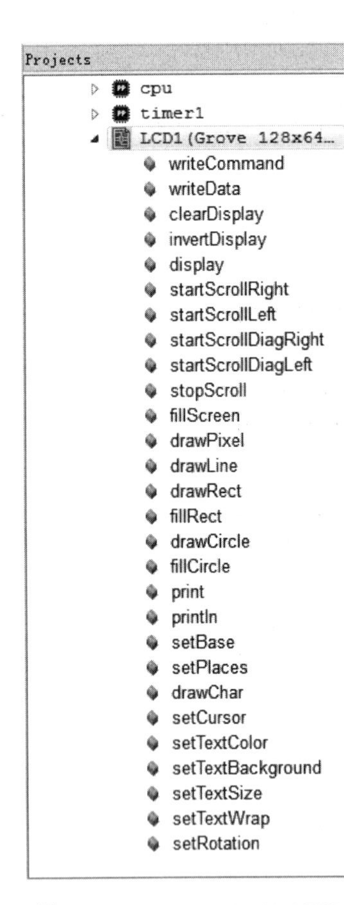

图 3-200 Grove 128×64 OLED 显示屏可视化命令

2. 可视化命令

Grove 128×64 OLED 显示屏可视化命令如图 3-200 所示，从上到下依次为写入指令模块、写入数据模块、屏初始化模块、反置屏底色模块、显示模块、启用左滚动行模块、启用右滚动行模块、启用左对角线滚动行模块、启用右对角线滚动行模块、停止滚动模块、屏填充色模块、绘制点模块、绘制线模块、绘制矩形模块、填充矩形模块、绘制圆模块、填充圆模块、输出模块、换行输出模块、设置参数类型模块、设置参数显示精度模块、绘制字符模块、设置光标位置模块、设置文本背景色模块、设置文本前景色、设置文本格式模块、设置文本换行模块、设置显示方向模块。

3. 简单实例：Grove 128×64 OLED 显示屏应用

【目标功能】使用 Grove 128×64 OLED 显示图形闪烁 20 下，然后向右滚动显示，而后向左滚动显示，接下来沿左对角线向右下滚动显示，最后沿左对角线向右下滚动显示。

在 Proteus 8.5 中，其电路原理图如图 3-201 所示。系统由 Arduino Uno 开发板、Grove 128×64 OLED 显示屏、串行通信端口转换器 3 个部分构成。Arduino Uno 开发板通过串行通信端口转换器与 128×64 OLED 显示屏相连，以实现对其控制。

【可视化流程图】Grove 128×64 OLED 显示屏应用可视化流程图如图 3-202所示。

【仿真结果】Grove 128×64 OLED 显示屏应用仿真结果如图 3-203 所示，128×64 OLED 显示图形闪烁 20 下，然后向右滚动显示，而后向左滚动显示，接下来沿左对角线向右下滚动显示，最后沿左对角线向右下滚动显示。

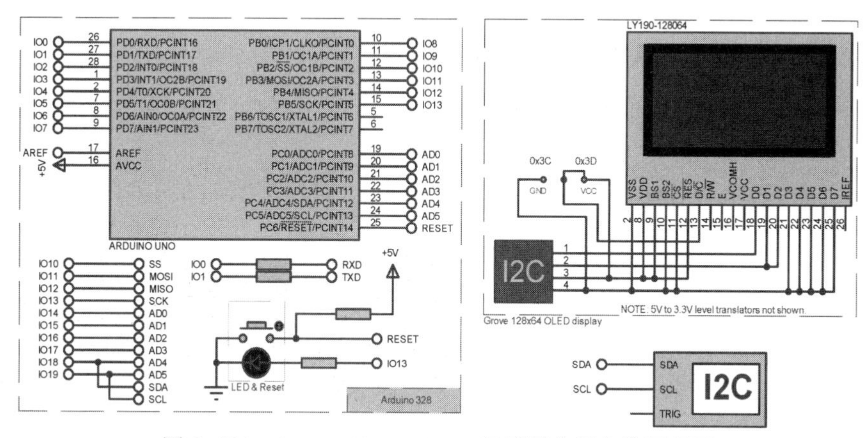

图 3-201　Grove 128×64 OLED 显示屏应用电路原理图

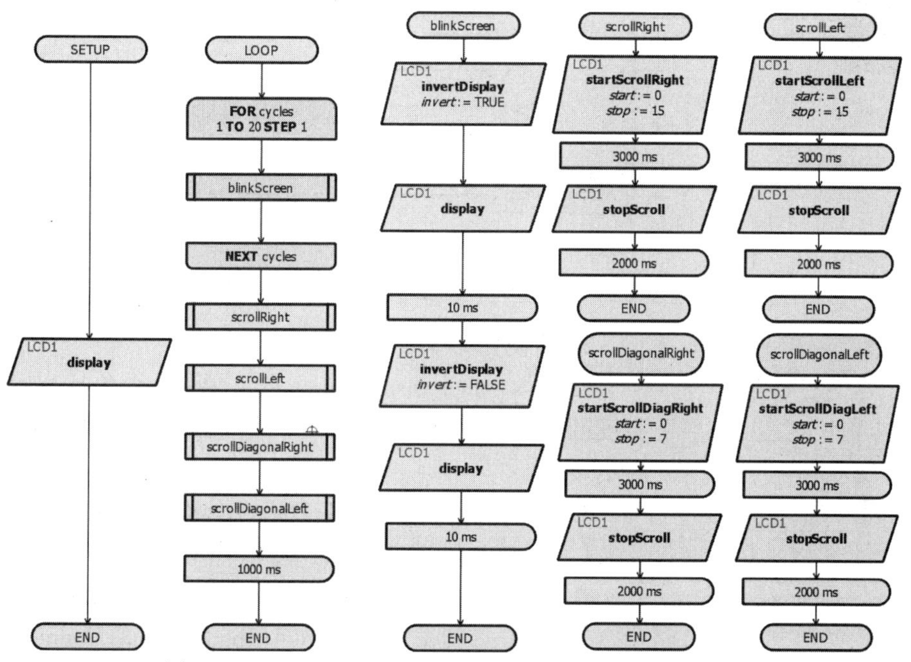

图 3-202　Grove 128×64 OLED 显示屏应用可视化流程图

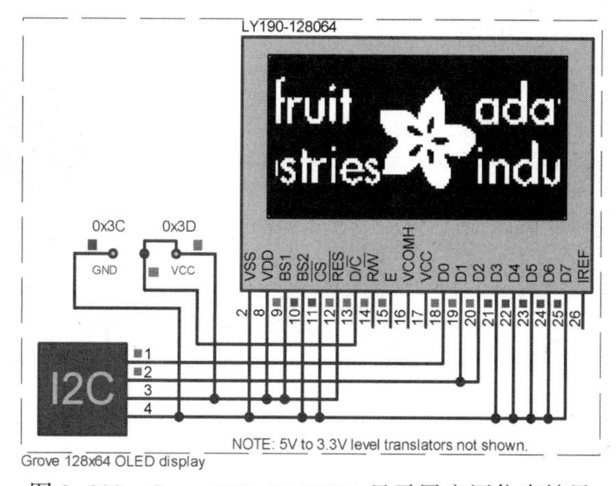

图 3-203　Grove 128×64 OLED 显示屏应用仿真结果

3.3.2 Grove 4-Digit Display Module

Grove 4-Digit Display Module 是一种具有 12 引脚的 4 位数字显示传感器显示模块。

1. 电路原理图

在 Proteus 软件中，Grove 4-Digit Display Module 电路原理图如图 3-204 所示。

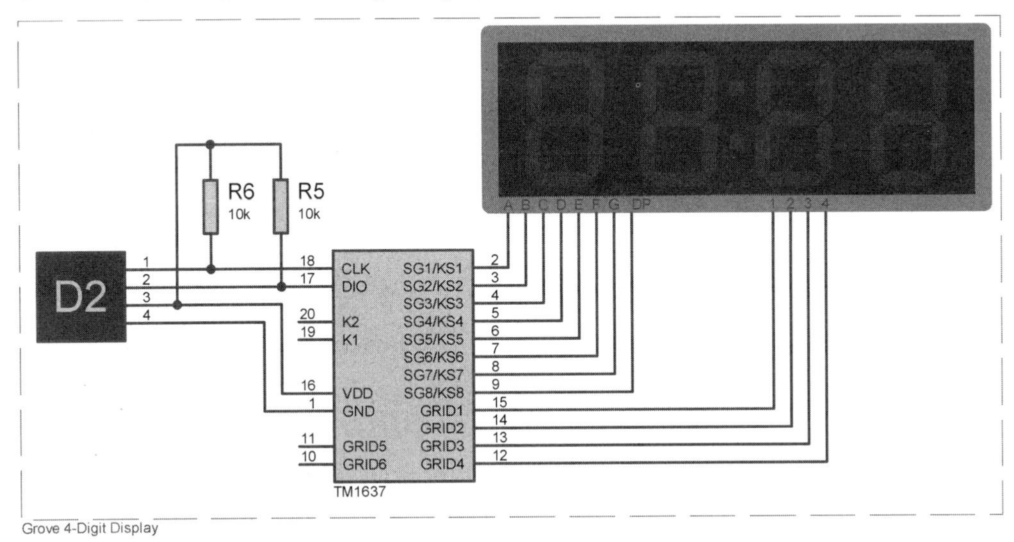

图 3-204　Grove 4-Digit Display Module 电路原理图

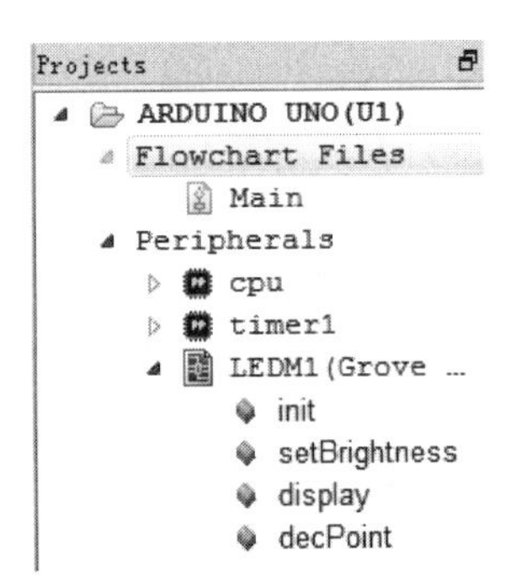

图 3-205　Grove 4-Digit Display Module 可视化命令

2. 可视化命令

Grove 4-Digit Display Module 可视化命令包括初始化模块、亮度调节模块、数字显示模块和小数点开关模块，如图 3-205 所示。

3. 简单实例：Grove 4-Digit Display Module 应用

【目标功能】液晶屏显示从 12 点开始的 24 时制时间。

在 Proteus 8.5 中，其电路原理图如图 3-206 所示。系统由 Arduino Uno 开发板、Grove 4-Digit Display Module 两个部分构成。Arduino Uno 开发板通过控制 Grove 4-Digit Display Module 来显示时间。

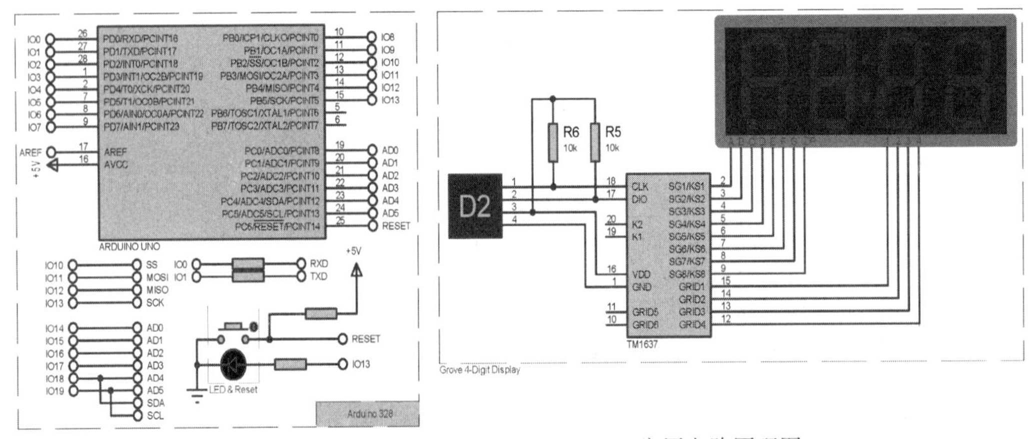

图 3-206　Grove 4-Digit Display Module 应用电路原理图

【可视化流程图】其主程序可视化流程图如图 3-207 所示。

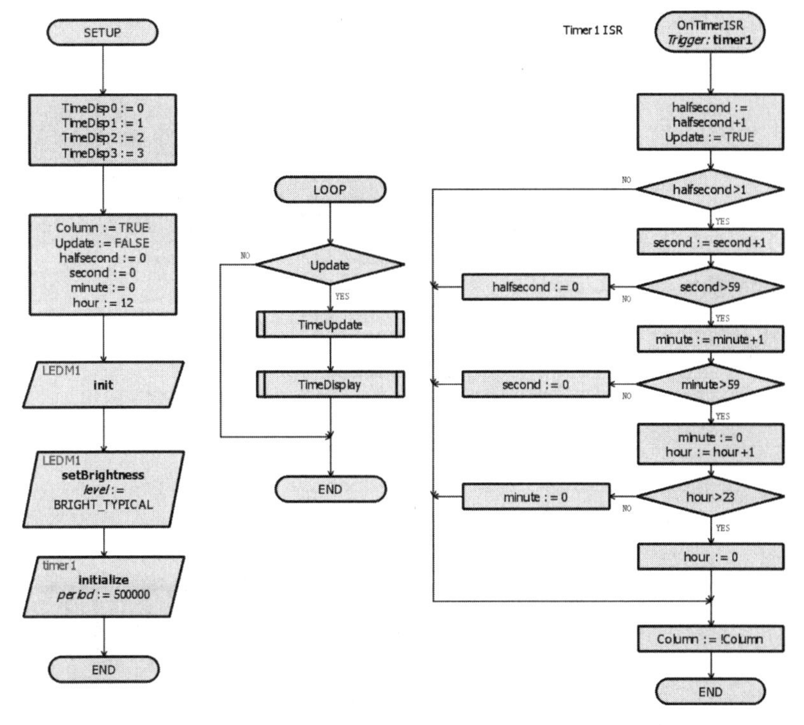

图 3-207　Grove 4-Digit Display Module 应用主程序可视化流程图

其子程序可视化流程图如图 3-208 所示。

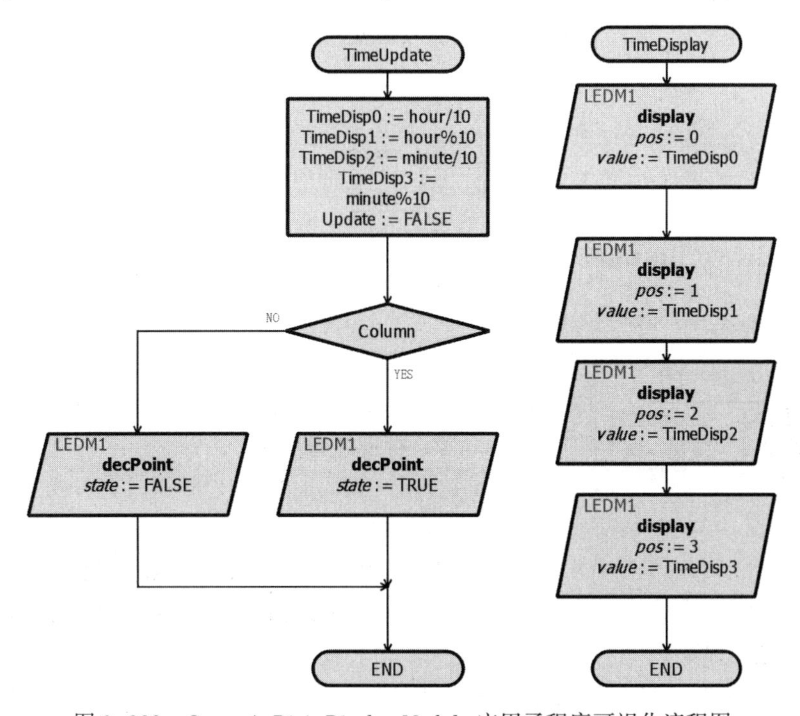

图 3-208　Grove 4-Digit Display Module 应用子程序可视化流程图

【仿真结果】其仿真结果如图 3-209 和图 3-210 所示。单击仿真按钮，待程序运行完成后，显示屏显示 12:00，从此刻开始计时，一分钟时间跳变为 12:01，如图 3-210 所示。每分钟后两位显示增加 1，每小时前两位数增加 1，完全实现了目标功能。

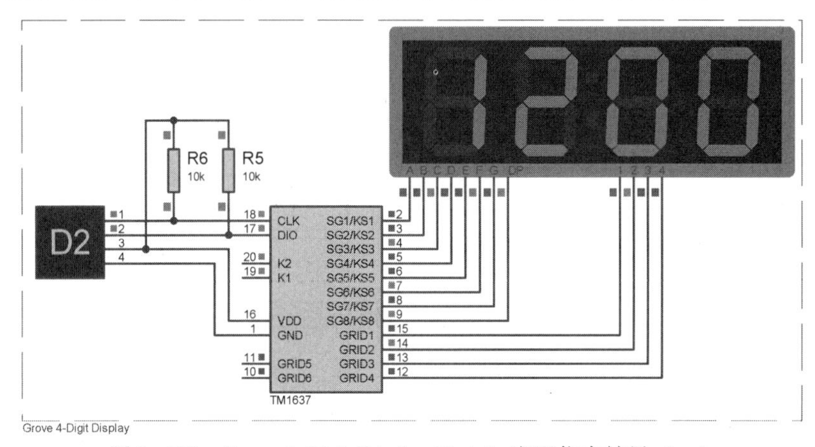

图 3-209 Grove 4-Digit Display Module 应用仿真结果（一）

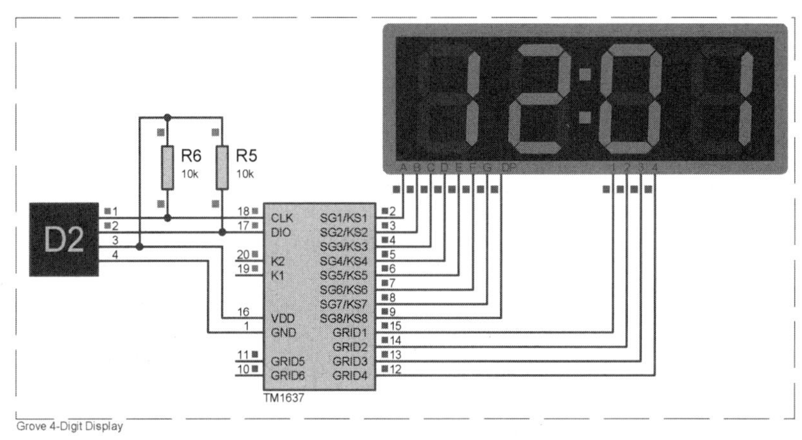

图 3-210 Grove 4-Digit Display Module 应用仿真结果（二）

3.3.3 Grove Button

Grove Button 是一个瞬时按键，一般情况输出 LOW。

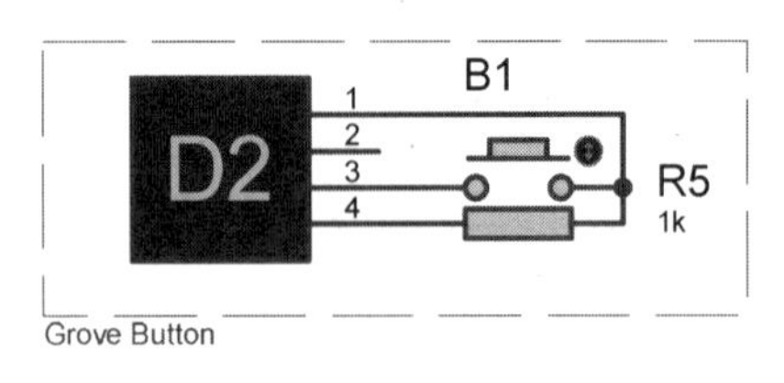

图 3-211 Grove Button 电路原理图

1. 电路原理图

Grove Button 电路原理图如图 3-211 所示。

2. 可视化命令

Grove Button 可视化命令只有开关状态检测模块，如图 3-212 所示。

3. 简单实例：Grove Button 应用

【目标功能】Grove Button 按下，LED 点亮；Grove Button 弹起，LED 熄灭。

在 Proteus 8.5 中，其电路原理图如图 3-213 所示。系统由 Arduino Uno 开发板、Grove Button 和 Grove LED 3 个部分构成。Arduino Uno 开发板通过检测 Grove Button 的状态来控制 LED 的亮灭。

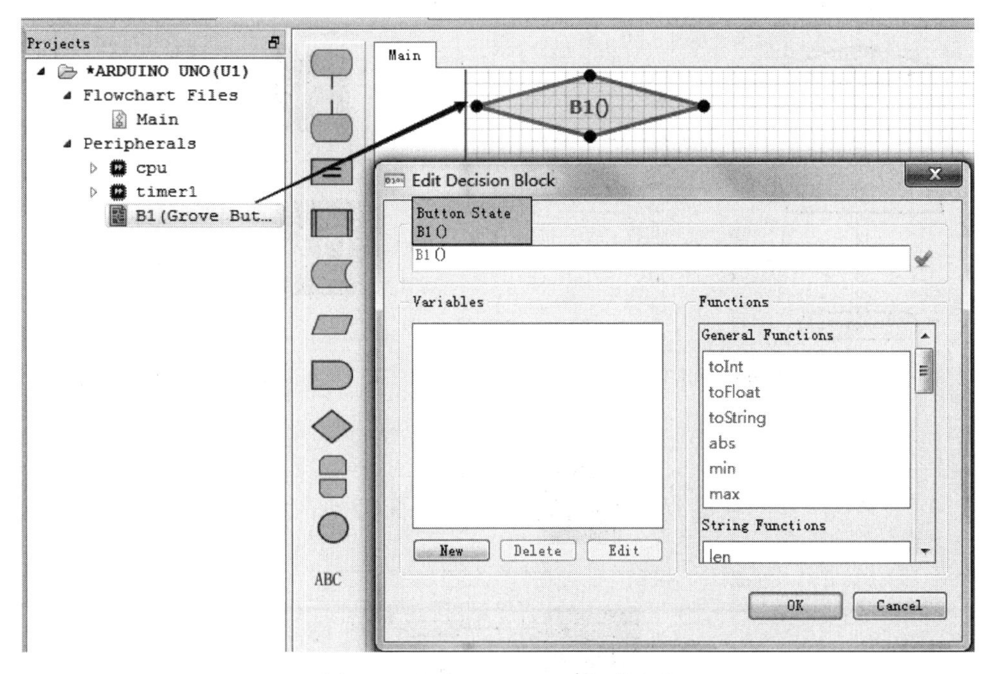

图 3-212　Grove Button 可视化命令

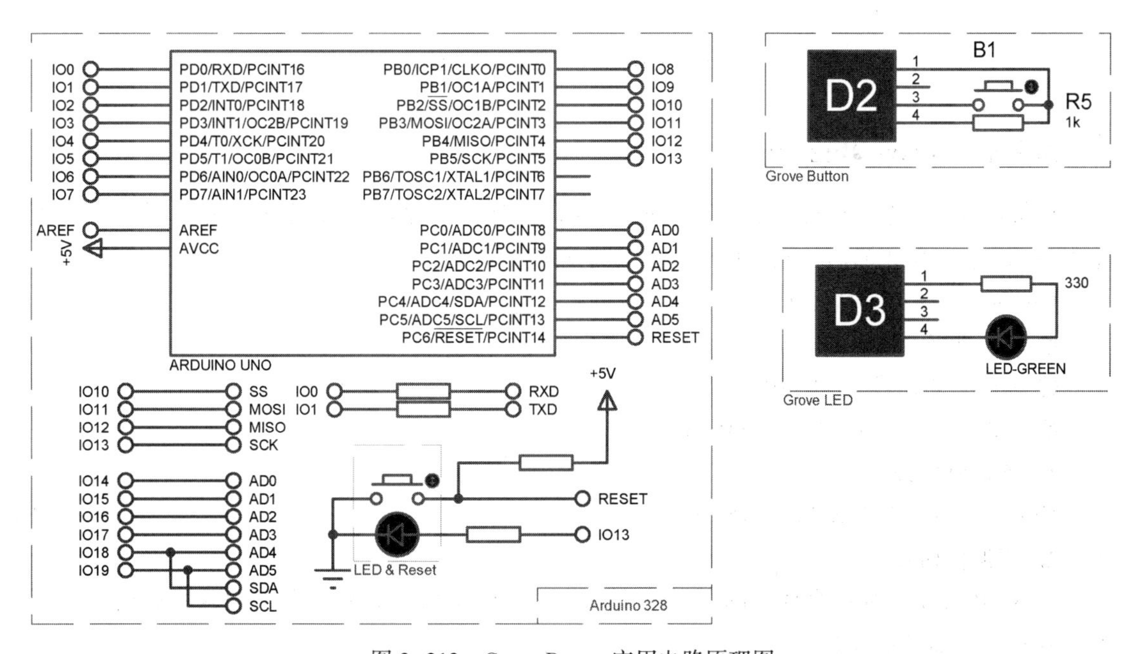

图 3-213　Grove Button 应用电路原理图

【可视化流程图】Grove Button 应用可视化流程图如图 3-214 所示。

【仿真结果】单击仿真按钮，待程序运行完成后，Grove Button 按下，LED 点亮，如图 3-215 所示。Grove Button 弹起，LED 熄灭，如图 3-216 所示。综上，完全实现了目标功能。

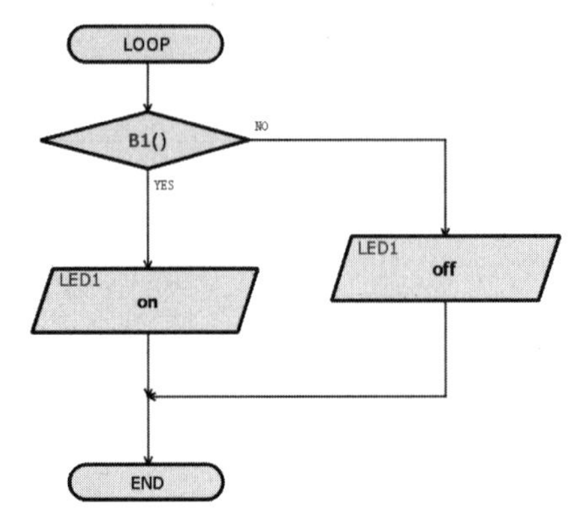

图 3-214 Grove Button 应用可视化流程图

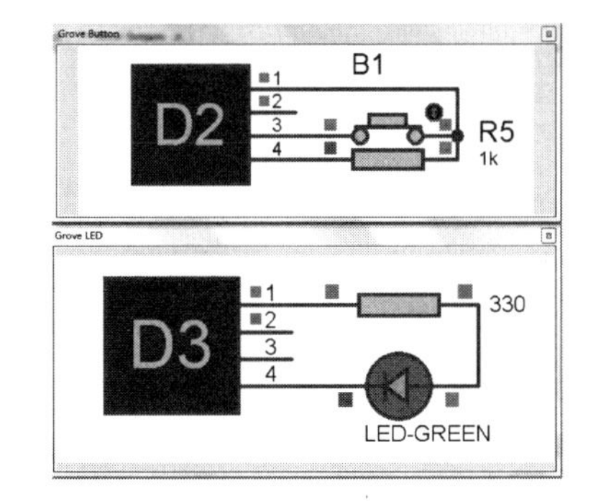

图 3-215 Grove Button 应用仿真结果（一）

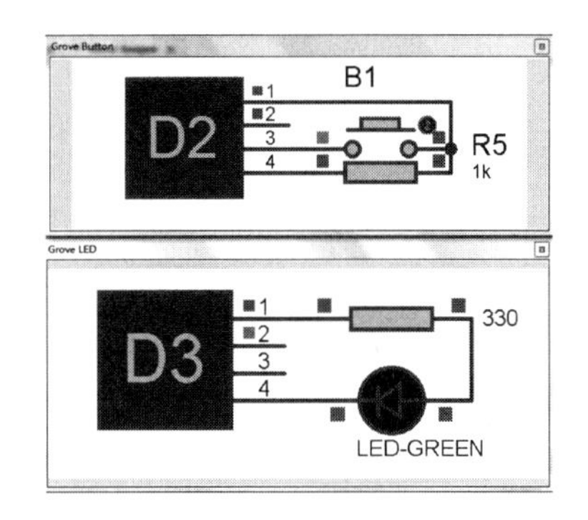

图 3-216 Grove Button 应用仿真结果（二）

3.3.4 Grove Buzzer

Grove Buzzer 是一个无源蜂鸣器模块。当用数字信号控制时，它会发出单一的声音，但是如果用模拟 PWM 输出控制，则可以发出不同声调的声音。

Grove Buzzer 的参数如下。

☺ 工作电压范围：4 ～ 8V。

☺ 输出声音强度：≥85dB。

☺ 音强最高频率：(2300±300) Hz。

1. 电路原理图

Grove Buzzer 电路原理图如图 3-217 所示。

2. 可视化命令

Grove Buzzer 可视化命令如图 3-218 所示，从上到下依次为蜂鸣器开模块、蜂鸣器关模块、切换蜂鸣器状态模块。

3. 简单实例：Grove Buzzer 应用

【目标功能】Grove Button 按下时，Grove Buzzer 发出“嘀嘀嘀……”的报警声，Grove Button 弹起时，报警结束。

在 Proteus 8.5 中，其电路原理图如图 3-219 所示。系统由 Arduino Uno 开发板、Grove Button 和 Grove Buzzer 3 个部分构成。Arduino Uno 开发板通过检测 Grove Button 的状态来控制蜂鸣器报警。

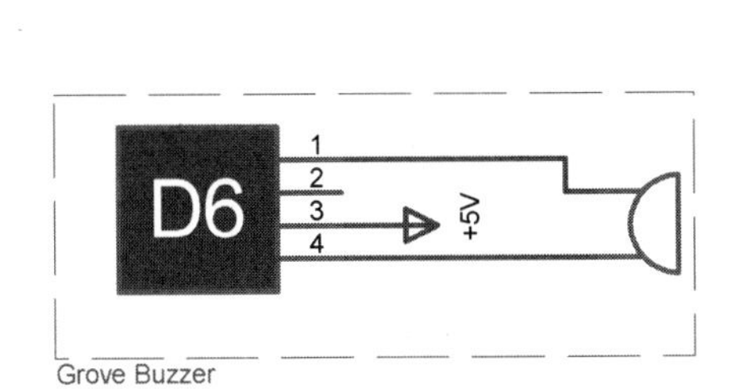

图 3-217　Grove Buzzer 电路原理图

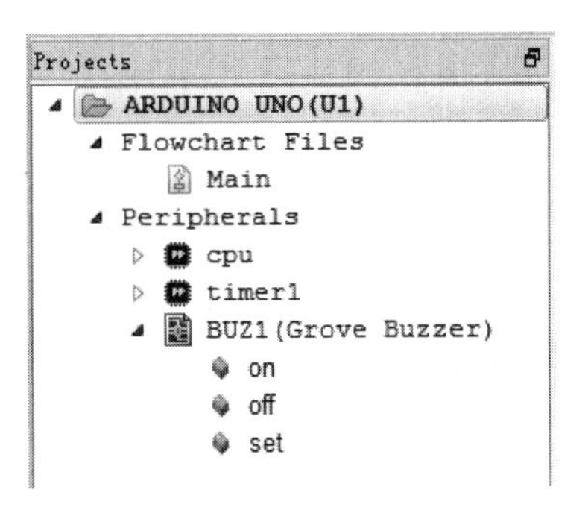

图 3-218　Grove Buzzer 可视化命令

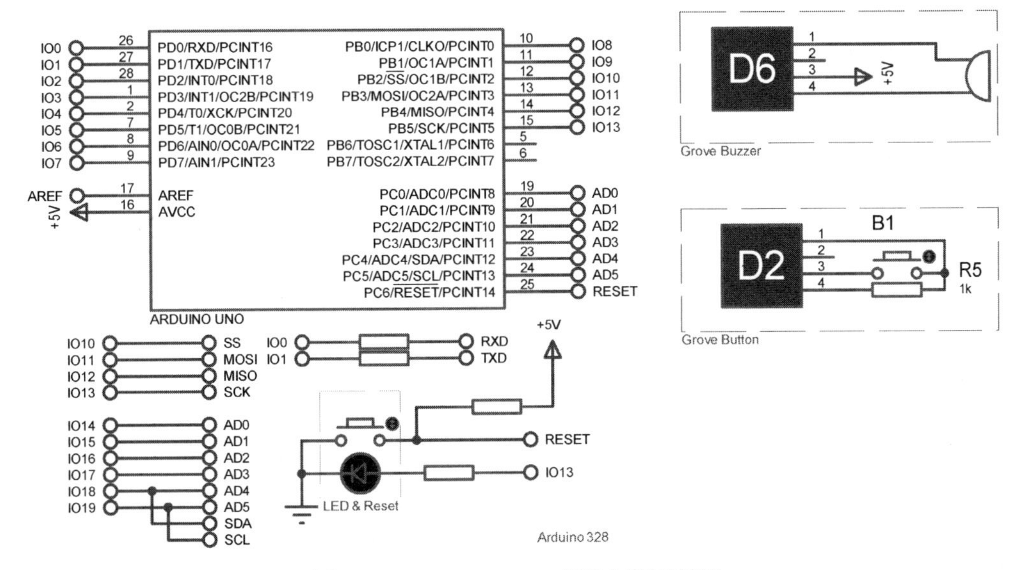

图 3-219　Grove Buzzer 应用电路原理图

【可视化流程图】Grove Buzzer 应用可视化流程图如图 3-220 所示。

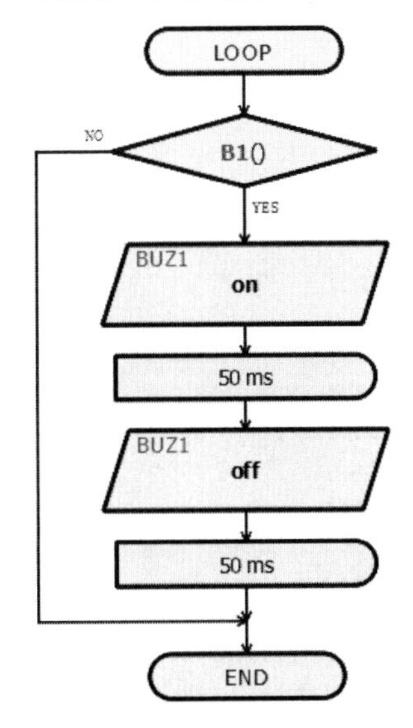

图 3-220　Grove Buzzer 应用可视化流程图

【仿真结果】单击仿真按钮，待程序运行完成后，Grove Buzzer 发出“嘀嘀嘀……”的报警声，仿真结果（图中蜂鸣器电路显示高电平位置实际为高低电平交替）如图 3-221 所示。弹起 Grove Button，此时报警结束，仿真结果如图 3-222 所示。综上，完全实现了目标功能。

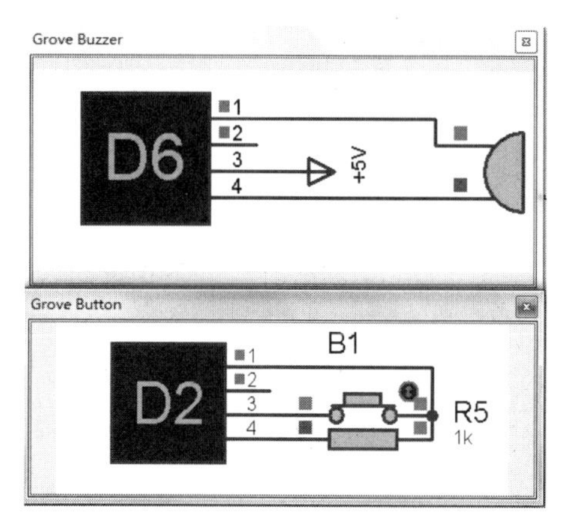

图 3-221 Grove Buzzer 应用仿真结果（一）

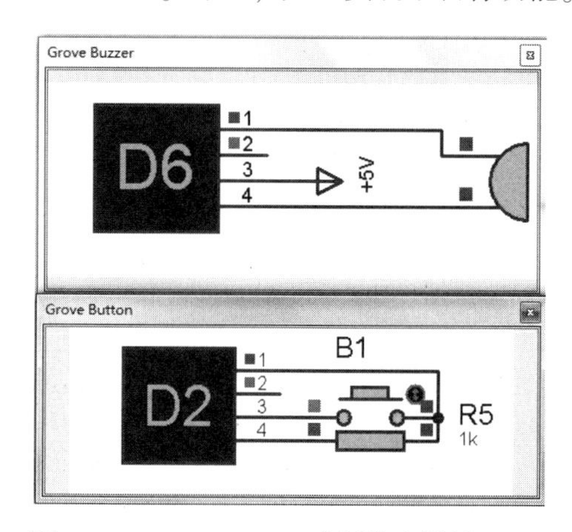

图 3-222 Grove Buzzer 应用仿真结果（二）

3.3.5 Grove Differential Amplifier Module

Grove Differential Amplifier Module 是一种差分放大器模块。

1. 电路原理图

在 Proteus 软件中，Grove Differential Amplifier Module 电路原理图如图 3-223 所示。

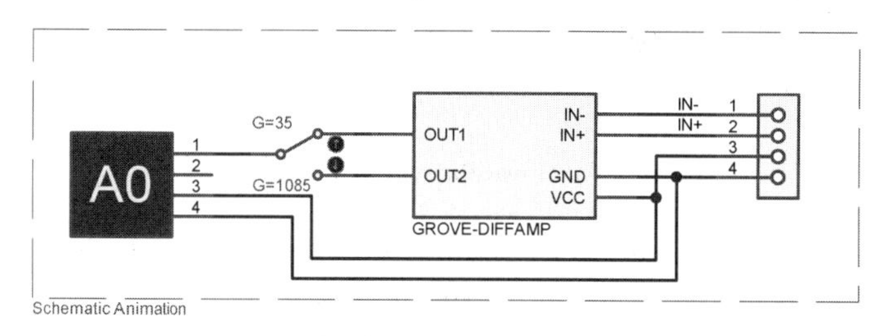

图 3-223 Grove Differential Amplifier Module 电路原理图

2. 可视化命令

Grove Differential Amplifier Module 可视化命令包括读取模拟通道电压模块、读取模拟通道有效电压值模块、读取输出电压模块，如图 3-224 所示。

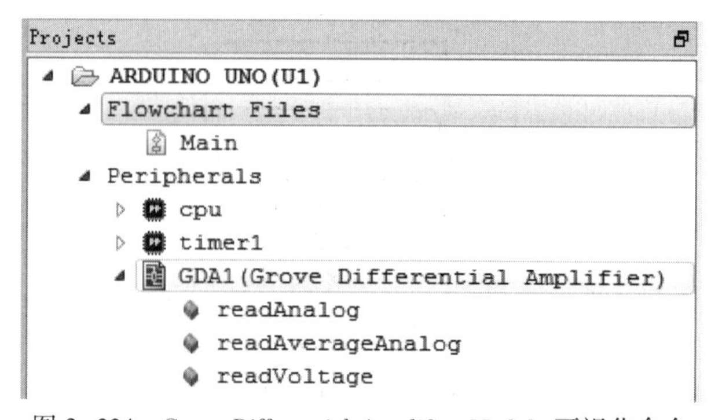

图 3-224 Grove Differential Amplifier Module 可视化命令

3. 简单实例：Grove Differential Amplifier Module 应用

【目标功能】设计测温电路，使得显示终端准确显示温度。

在 Proteus 8.5 中，其电路原理图如图 3-225 所示。系统由 Arduino Uno 开发板、Grove Differential Amplifier Module、Grove Terminal 及温度采集电路 4 个部分构成。Grove Differential Amplifier Module 从温度采集电路获得两路输入电压，经其内部差分放大后将信号输出给 Arduino Uno 开发板，开发板内部依据此信号控制显示终端显示当前电压及实时温度。

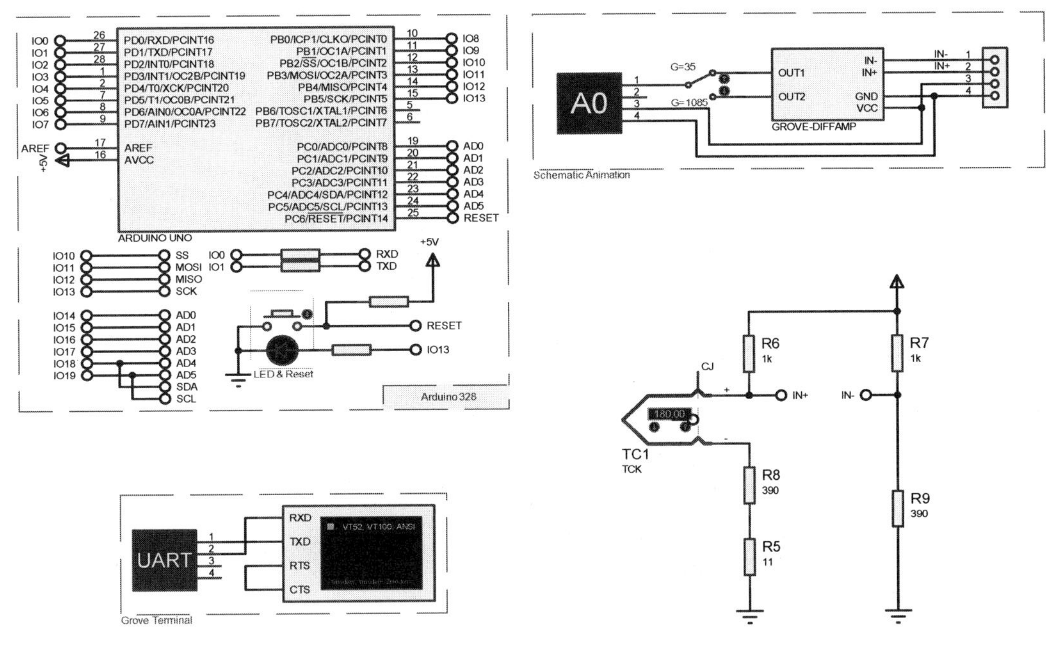

图 3-225 Grove Differential Amplifier Module 应用电路原理图

【可视化流程图】Grove Differential Amplifier Module 应用可视化流程图如图 3-226 所示。

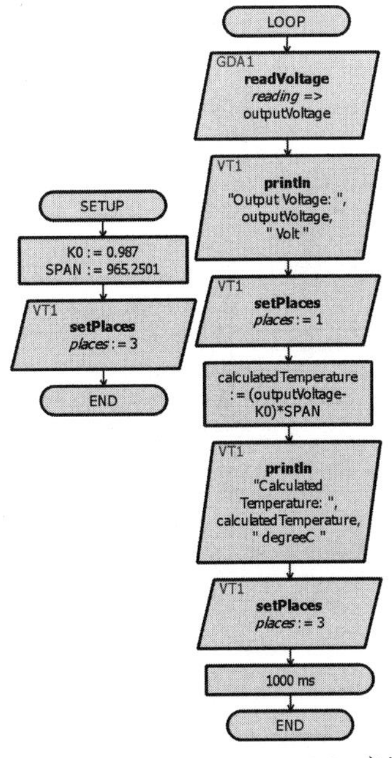

图 3-226 Grove Differential Amplifier Module 应用可视化流程图

【仿真结果】Grove Differential Amplifier Module 应用仿真结果如图 3-227 所示。单击仿真按钮，待程序运行完成后，显示终端显示输出电压及实时温度，从数据可以看出显示温度与实际温度偏差极小，可以认为是在误差允许的范围内实现了精确测温，完全实现了目标功能。

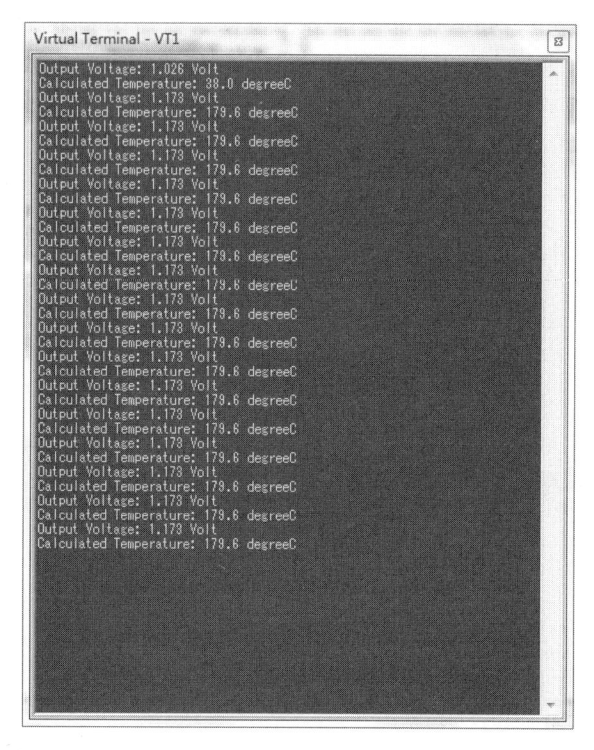

图 3-227 Grove Differential Amplifier Module 应用仿真结果

3.3.6 Grove I2C 12-bit ADC

Grove I2C 12-bit ADC 是一个 12 位模数转换模块，用于将模拟信号转化为数字信号。

1. 电路原理图

Grove I2C 12-bit ADC 电路原理图如图 3-228 所示。

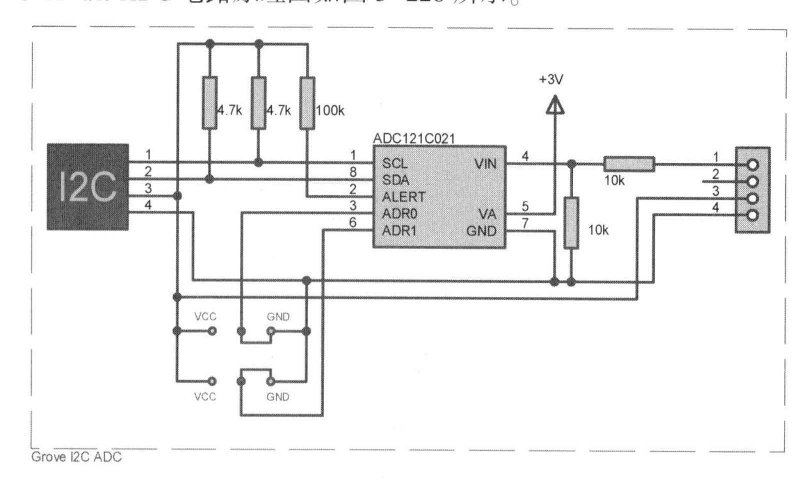

图 3-228 Grove I2C 12-bit ADC 电路原理图

2. 可视化命令

Grove I2C 12-bit ADC 可视化命令包括读取模拟通道电压模块、读取模拟通道有效电压值模块、读取输出电压模块，如图 3-229 所示。

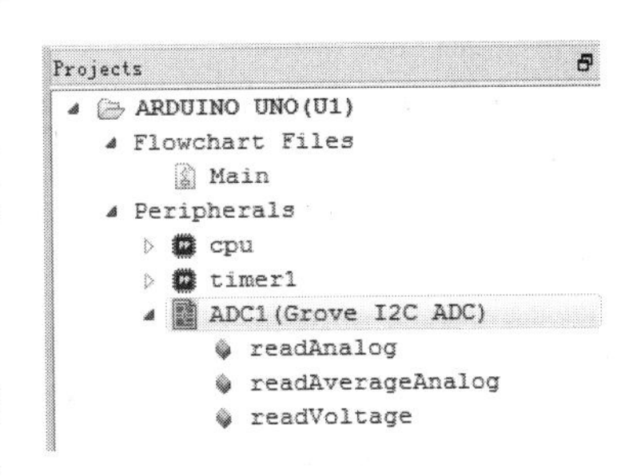

图 3-229　Grove I2C 12-bit ADC 可视化命令

3. 简单实例：Grove I2C 12-bit ADC 应用

【目标功能】给 Grove I2C 12-bit ADC 输入 3V 电压信号，使显示终端输出输入电压及 ADC 输出数值。在 Proteus 8.5 中，其电路原理图如图 3-230 所示。系统由 Arduino Uno 开发板、Grove I2C 12-bit ADC 和 Grove Terminal 3 个部分构成。Arduino Uno 开发板通过检测 I2C 12-bit ADC 输出信号来控制显示终端显示数据。

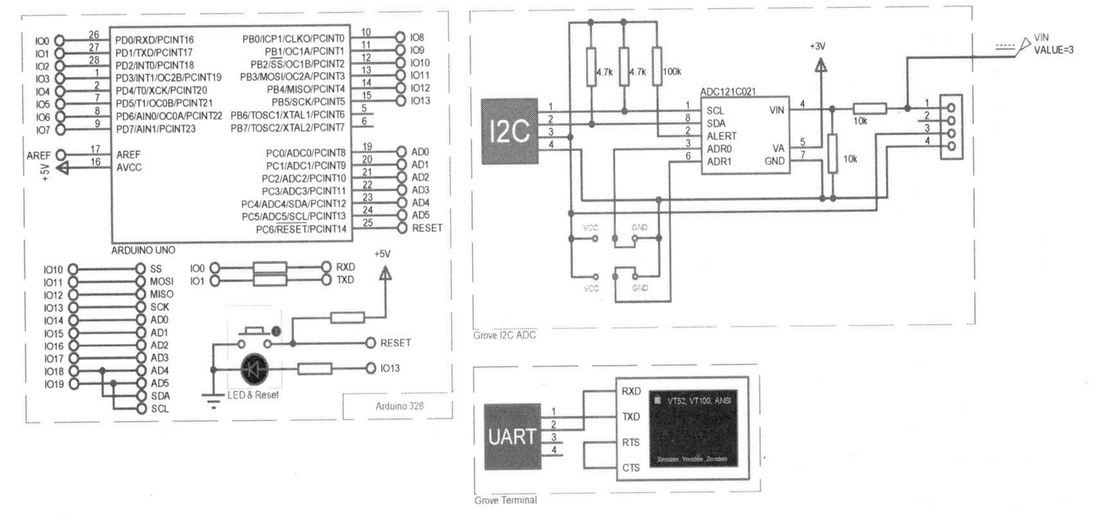

图 3-230　Grove I2C 12-bit ADC 应用电路原理图

【可视化流程图】Grove I2C 12-bit ADC 应用可视化流程图如图 3-231 所示。

【仿真结果】单击仿真按钮，待程序运行完成后，显示终端实时显示输入模拟电压值及经数模转换后 ADC 输出的数值，如图 3-232 所示。综上，完全实现了目标功能。

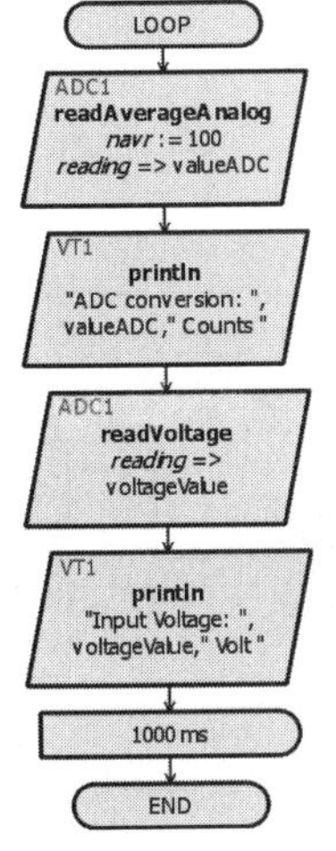

图 3-231　Grove I2C 12-bit ADC 应用可视化流程图

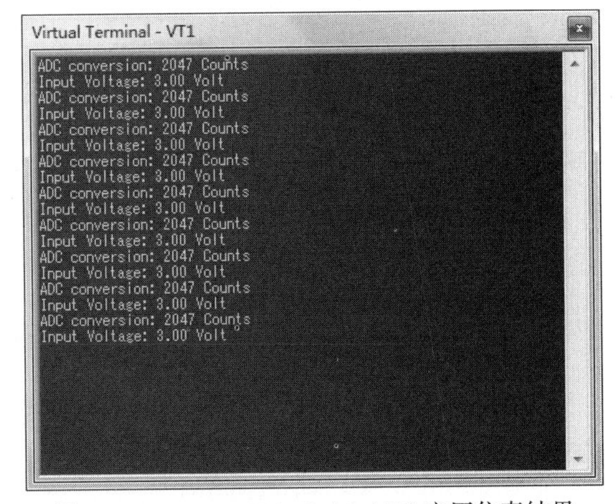

图 3-232　Grove I2C 12-bit ADC 应用仿真结果

3.3.7 Grove Infrared Proximity Sensor Module

Grove Infrared Proximity Sensor Module 是一种红外线测距离电压输出传感器，它的测距范围为 0 ～ 80cm。

1. 电路原理图

Grove Infrared Proximity Sensor Module 电路原理图如图 3-233 所示。

2. 可视化命令

Grove Infrared Proximity Sensor Module 可视化命令如图 3-234 所示，从上到下依次读取电压模块、读取距离模块。

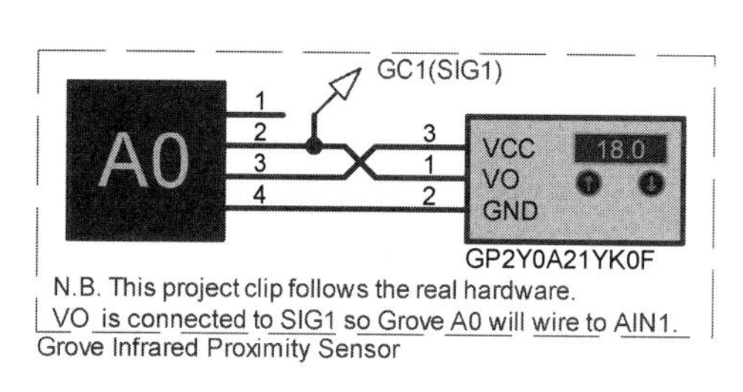

图 3-233 Grove Infrared Proximity Sensor Module 电路原理图

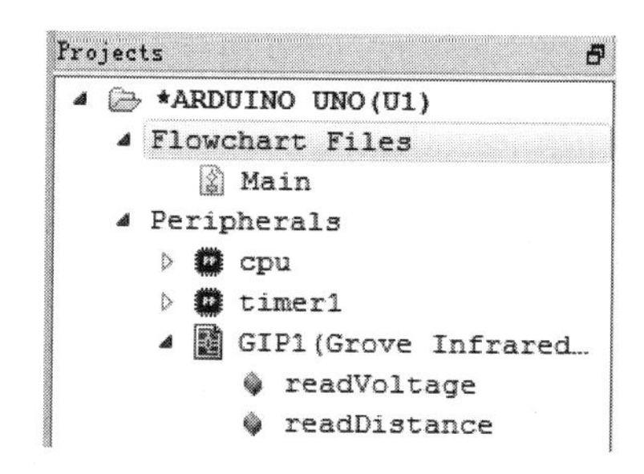

图 3-234 Grove Infrared Proximity Sensor Module 可视化命令

3. 简单实例：Grove Infrared Proximity Sensor Module 应用

【目标功能】显示终端实时高精度显示读取的距离值和传感器输出的电压值。

在 Proteus 8.5 中，其电路原理图如图 3-235 所示。系统由 Arduino Uno 开发板、Grove Infrared Proximity Sensor Module、Grove Terminal 3 个部分构成。Arduino Uno 开发板通过检测 Grove Infrared Proximity Sensor Module 输出信号来控制显示终端显示数据。

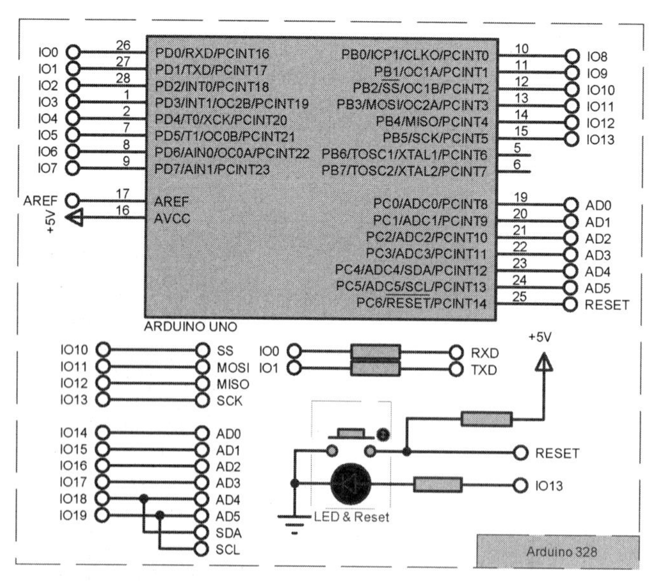

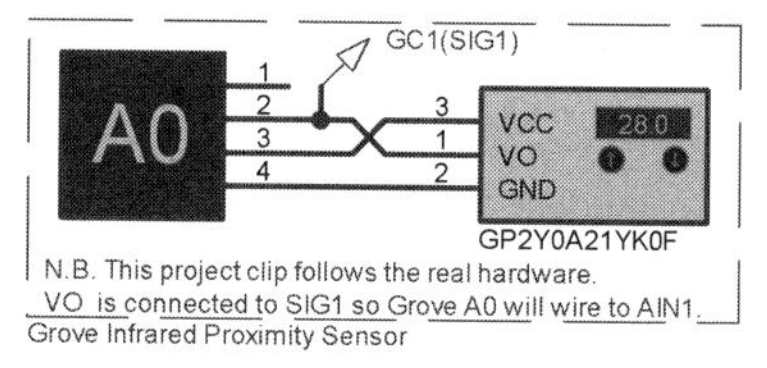

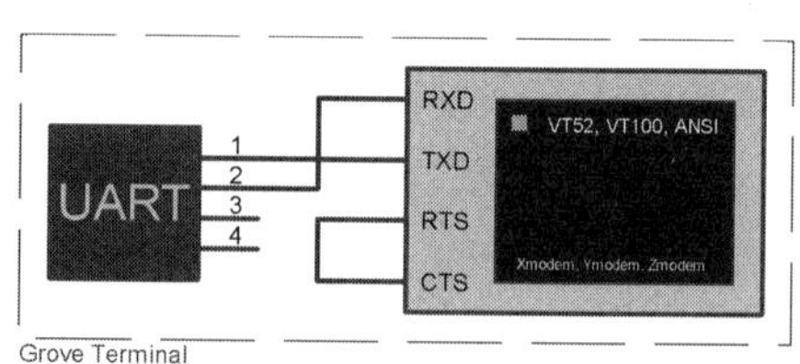

图 3-235 Grove Infrared Proximity Sensor Module 应用电路原理图

【可视化流程图】Grove Infrared Proximity Sensor Module 应用可视化流程图如图 3-236 所示。

【仿真结果】单击仿真按钮，待程序运行完成后，显示终端实时显示读取的距离值 28.2cm 及传感器输出的电压值 0.957V，从数据可以看出，显示距离 28.2cm 与实际距离 28cm 偏差极小，可以认为是在误差允许的范围内实现了精确距离测量，如图 3-237 所示。当我们改变传感器实际距离值为 29cm 时，显示终端立即跳变为 29.1cm（如图 3-238 所示），仍然符合精确测量距离允许偏差范围，不论实际距离怎么改变，显示终端总是能够在误差允许范围内显示测量距离，完全实现了目标功能。

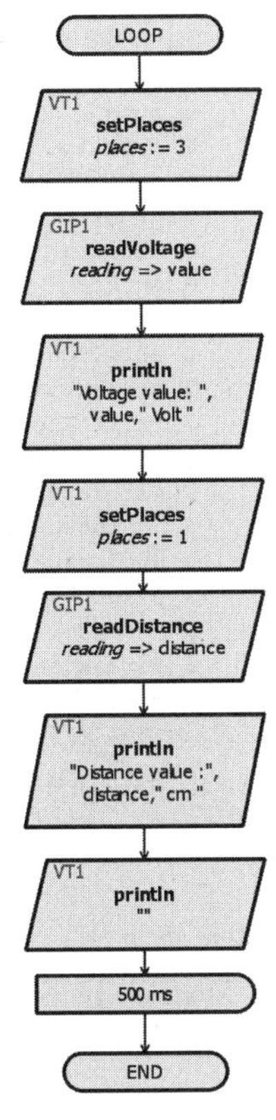

图 3-236　Grove Infrared Proximity Sensor Module 应用可视化流程图

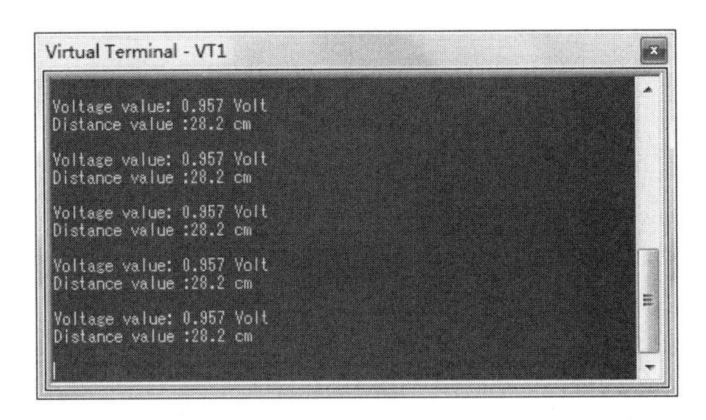

图 3-237　Grove Infrared Proximity Sensor Module 应用仿真结果（一）

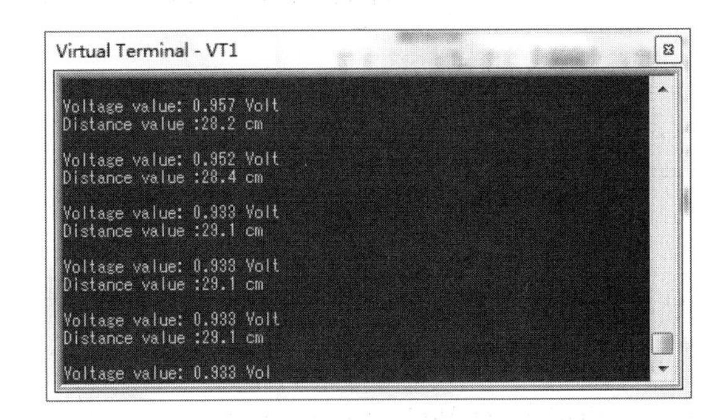

图 3-238　Grove Infrared Proximity Sensor Module 应用仿真结果（二）

3.3.8　Grove RGB LCD Module

Grove RGB LCD Module 是一种 RGB 液晶显示模块。它采用 I^2C 与微控制器进行通信。数据交换和背光控制所需的引脚数量为 2 个，极大缓解了复杂任务中 I/O 口不够用的情况。此外，Grove LCD RGB 背光支持用户定义的字符和颜色，用户可以通过简单和简洁的 Grove 界面将颜色设置为任何喜欢的颜色，并设计所需要的字符。

1. 电路原理图

在 Proteus 软件中，Grove RGB LCD Module 电路原理图如图 3-239 所示。

2. 可视化命令

Grove RGB LCD Module 可视化命令如图 3-240 所示，从上到下依次为清屏模块、还原光标位置模块、启用屏幕模块、禁用屏幕模块、屏幕闪烁模块、停止闪烁模块、显示光标模块、隐藏光标模块、向左滚动显示模块、向右滚动显示模块、光标左侧新增内容模块、光标右侧新增内容模块、启用自动滚动模块、禁用自动滚动模块、设置光标位置模块、输出模块、设置参数类型模块、设置参数显示精度模块、设置背景灯模块。

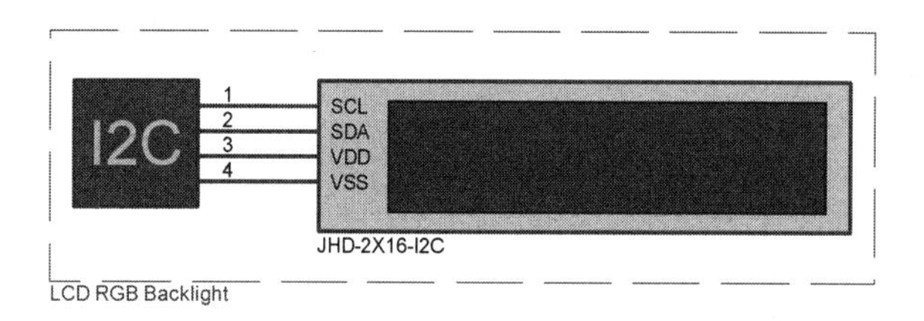

图 3-239 Grove RGB LCD Module 电路原理图

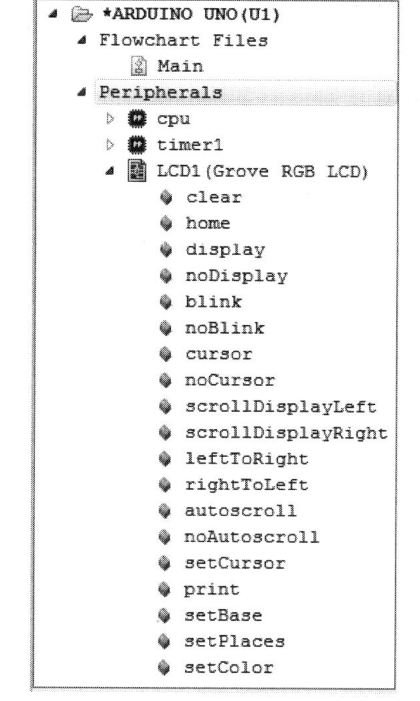

图 3-240 Grove RGB LCD Module 可视化命令

3. 简单实例：Grove RGB LCD Module 应用

【目标功能】LCD 显示温度传感器测量的精确温度值。在 Proteus 8.5 中，其电路原理图如图 3-241 所示。系统由 Arduino Uno 开发板、Grove RGB LCD Module 和 Grove Temperature Sensor 3 个部分构成。Arduino Uno 开发板通过检测 Grove Temperature Sensor 输出信号来控制 Grove RGB LCD Module 显示测量温度值。

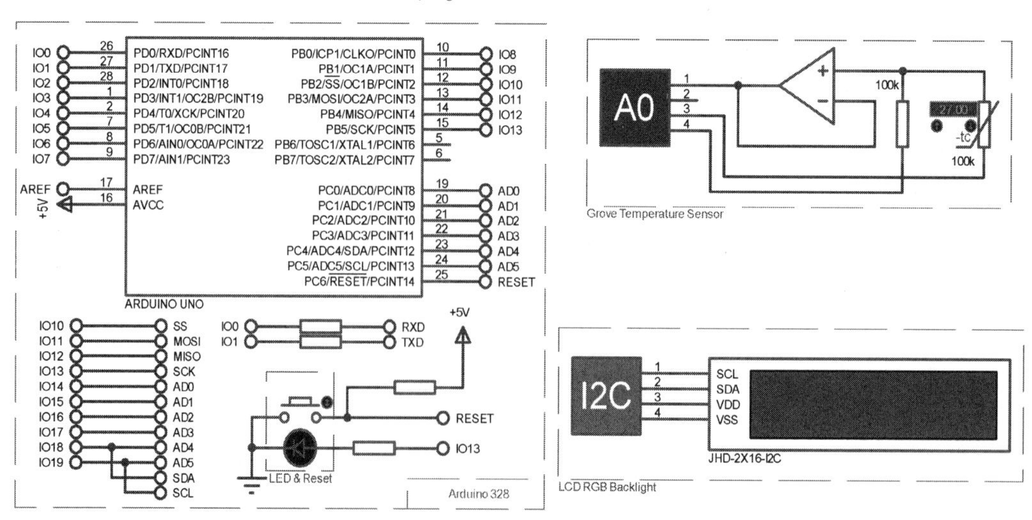

图 3-241 Grove RGB LCD Module 应用电路原理图

【可视化流程图】Grove RGB LCD Module 应用可视化流程图如图 3-242 所示。

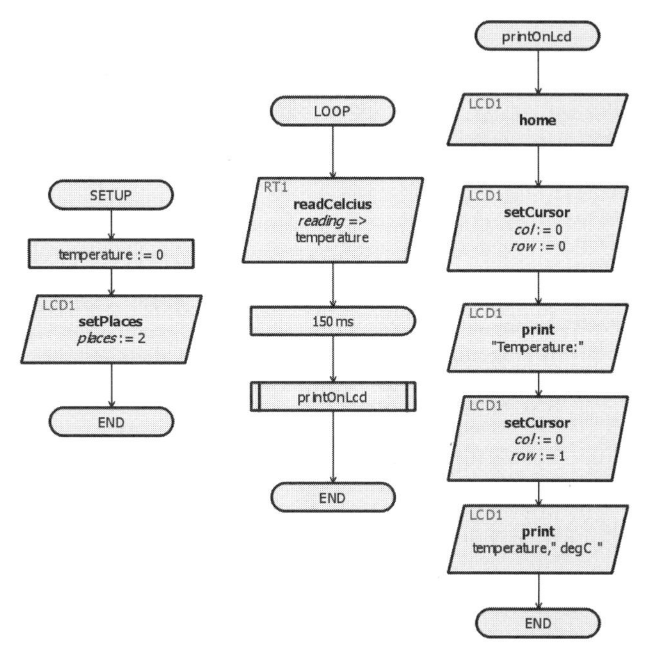

图 3-242　Grove RGB LCD Module 应用可视化流程图

【仿真结果】单击仿真按钮，待程序运行完成后，LCD 显示测量的温度值 27.16℃，从数据可以看出测量温度 27.16℃与实际温度 27℃偏差极小，可以认为是在误差允许的范围内实现了精确温度测量，如图 3-243 所示。当改变传感器时间距离为 28℃时，LCD 显示数据立即跳变为 28.14℃（如图 3-244 所示），仍然符合精确测量距离允许偏差范围，不论实际温度怎么改变，LCD 总是能够在误差允许范围内显示测量温度，完全实现了目标功能。

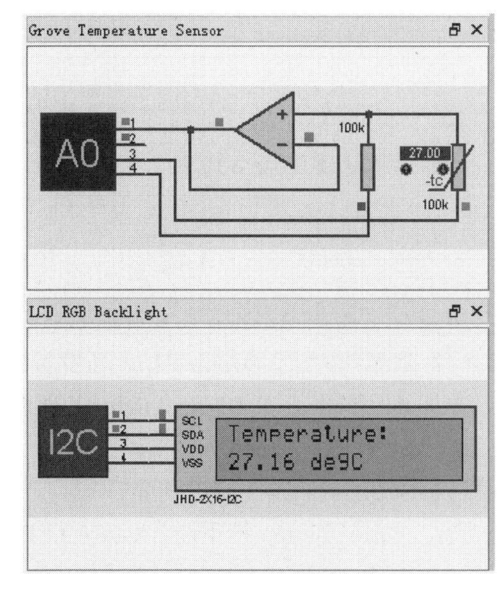

图 3-243　Grove RGB LCD Module 应用仿真结果（一）

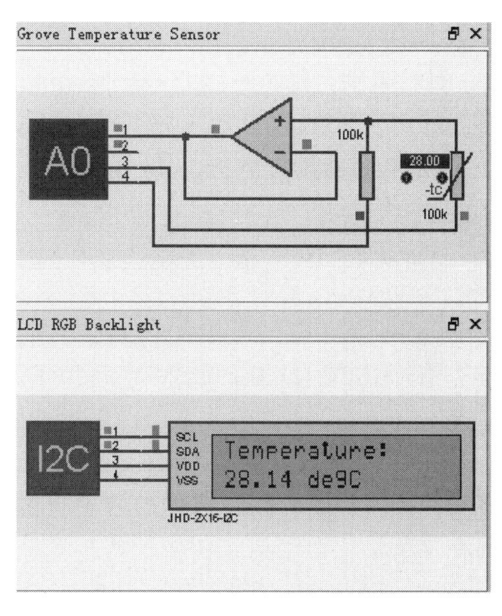

图 3-244　Grove RGB LCD Module 应用仿真结果（二）

3.3.9 Grove LED bar Module

Grove LED bar Module 是一个条状发光二极管模块。它由 10 个条状不同颜色的 LED（一红、一黄、一浅绿色和其余绿色）构成，它可以用作一个剩余指标显示，如电池寿命、电压、水位、音乐音量或其他需要渐变显示的值。

1. 电路原理图

Grove LED bar Module 电路原理图如图 3-245 所示。

2. 可视化命令

Grove LED bar Module 可视化命令如图 3-246 所示，从上到下依次为设置方向模块、点亮前 *n* 层数模块、指定层 LED 灯条点亮模块、指定层 LED 灯条状态切换模块、灯条显示二进制数模块、读取灯条显示数模块。

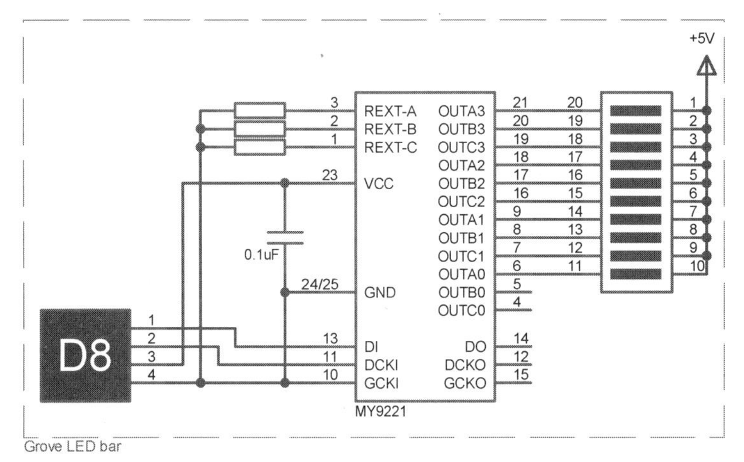

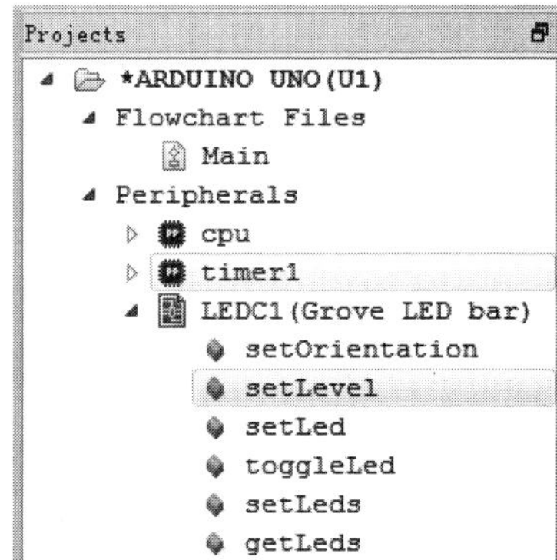

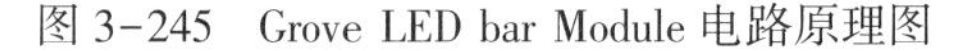
图 3-245 Grove LED bar Module 电路原理图

图 3-246 Grove LED bar Module 可视化命令

3. 简单实例：Grove LED bar Module 应用

【目标功能】Grove Button 按下时，Grove LED bar Module 首先从红到绿逐层点亮，熄灭 1s 后，从绿到红逐层点亮，Grove Button 弹起时，显示屏从 0 逐位显示到 9。

灯条从红到绿表示二进制从低位到高位。

在 Proteus 8.5 中，其电路原理图如图 3-247 所示。系统由 Arduino Uno 开发板、Grove Button、Grove LED bar Module 和 LCD RGB Backlight 4 个部分构成。Arduino Uno 开发板通过检测 Grove Button 的状态来控制 Grove LED bar Module 和 LCD RGB Backlight 实现目标功能。

【可视化流程图】Grove LED bar Module 应用可视化流程图如图 3-248 所示。

【仿真结果】单击仿真按钮，待程序运行完成后，Grove Button 按下时，Grove LED bar Module 首先从红到绿逐层点亮（如图 3-249 所示），熄灭 1s 后，从绿到红逐层点亮（如图 3-250 所示）。Grove Button 弹起时，显示屏从 0 逐位显示到 9，如图 3-251 和图 3-252 所示，完全实现了目标功能。

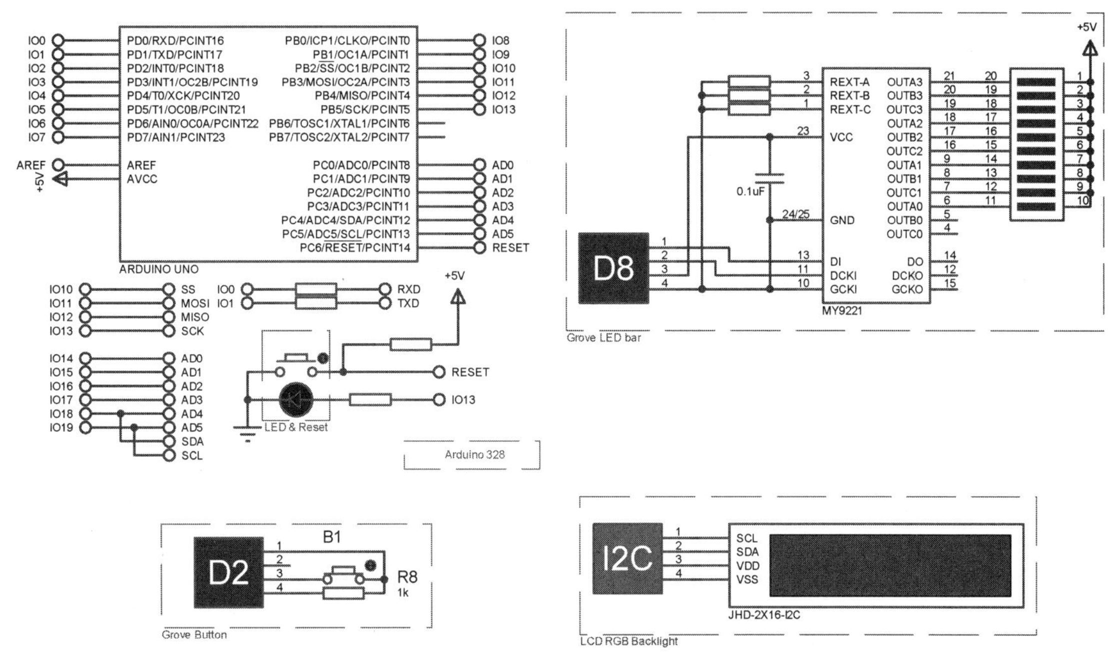

图 3-247　Grove LED bar Module 应用电路原理图

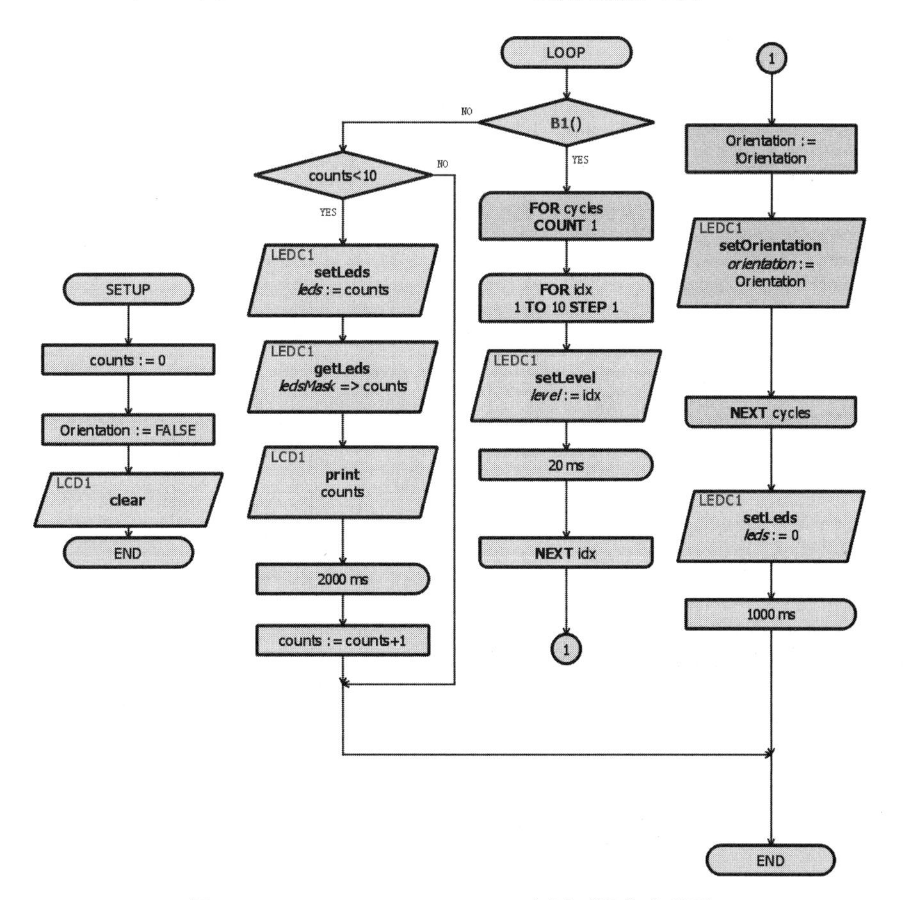

图 3-248　Grove LED bar Module 应用可视化流程图

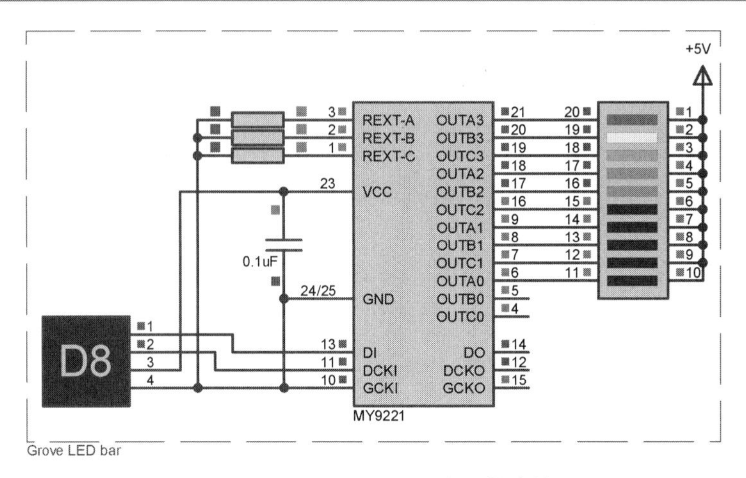

图 3-249 Grove LED bar Module 应用仿真结果（一）

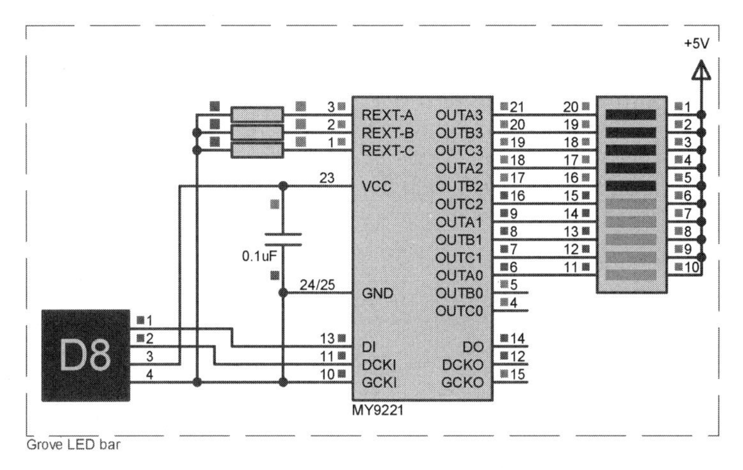

图 3-250 Grove LED bar Module 应用仿真结果（二）

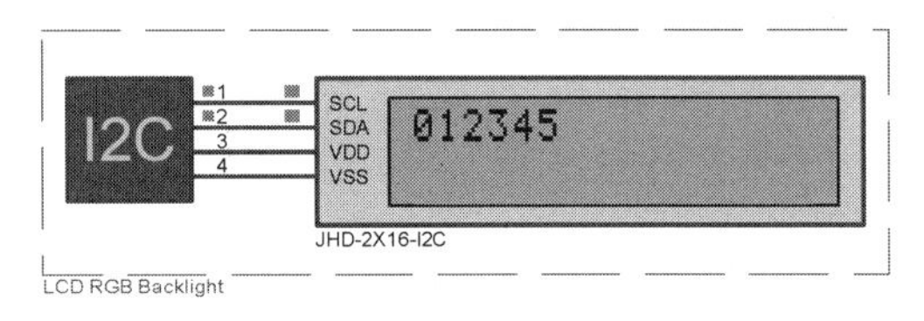

图 3-251 Grove LED bar Module 应用仿真结果（三）

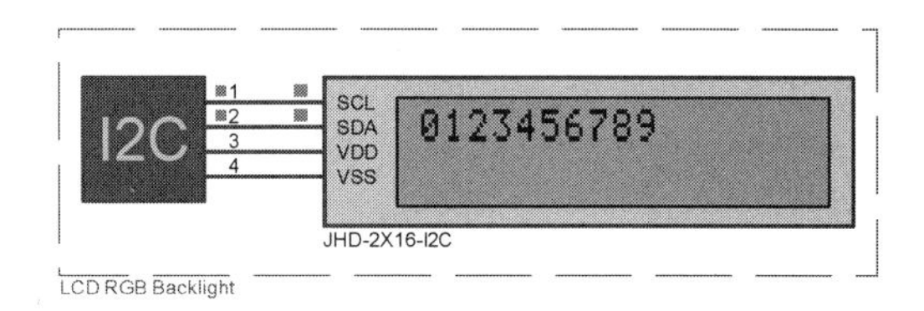

图 3-252 Grove LED bar Module 应用仿真结果（四）

3.3.10 Grove LED

Grove LED 模块在 Proteus 8.5 中有红、绿、黄、蓝 4 种颜色的 LED，它们除了颜色不同外，其他方面完全相同，因此接下来以蓝色 LED 为例来介绍 Grove LED。

1. 电路原理图

Grove LED 电路原理图如图 3-253 所示。

2. 可视化命令

Grove LED 可视化命令如图 3-254 所示，从上到下依次为点亮 LED 模块、熄灭 LED 模块、设置 LED 状态模块、设置 LED 亮度模块、切换 LED 状态模块。

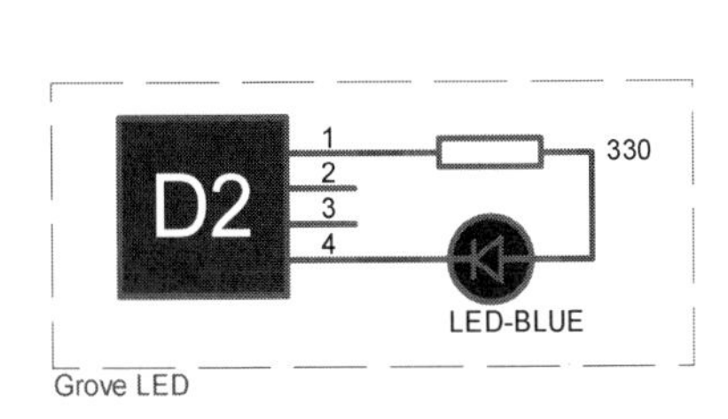

图 3-253　Grove LED 电路原理图

图 3-254　Grove LED 可视化命令

3. 简单实例：Grove LED 应用

关于 Grove LED 应用前面的章节多处用到此模块，这里不再赘述。

3.3.11　Grove Light Sensor

Grove Light Sensor 是一种可测量光照强度的传感器模块。

1. 电路原理图

在 Proteus 软件中，Grove Light Sensor 电路原理图如图 3-255 所示。

2. 可视化命令

Grove Light Sensor 可视化命令包括读取光照强度模块、读取电阻值模块、读取原始值模块，如图 3-256 所示。

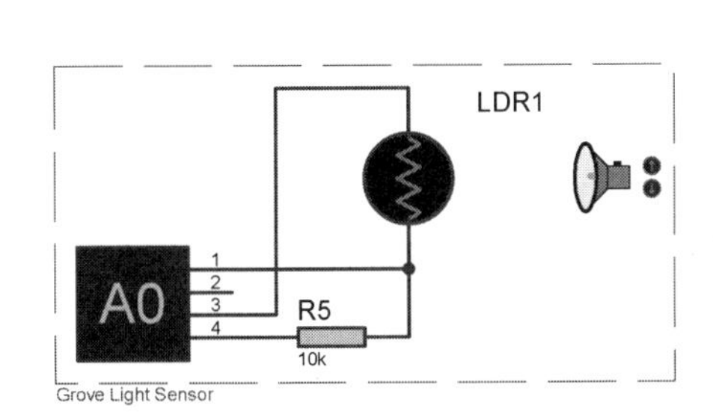

图 3-255　Grove Light Sensor 电路原理图

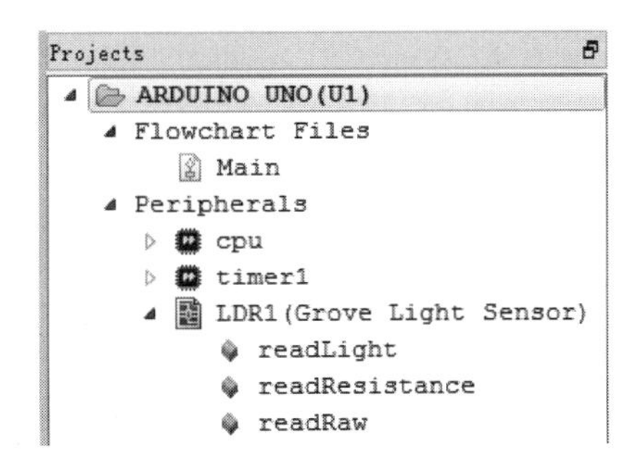

图 3-256　Grove Light Sensor 可视化命令

3. 简单实例：Grove Light Sensor 应用

【目标功能】显示终端实时显示光照强度值、电阻值、原始值。当光照强度不大于 0.1Lux 时，继电器开关打开，发光电阻发光，显示终端显示光照强度为“dark”。

在 Proteus 8.5 中，其电路原理图如图 3-257 所示。系统由 Arduino Uno 开发板、Grove Light Sensor、Grove Terminal、Grove Relay 及发光电阻控制电路 5 个部分构成。Arduino Uno 开发板通过接收 Grove Light Sensor 的输出信号来控制 Grove Terminal 显示数据和继电器状态，Grove Relay 通过控制发光电阻来控制电路通断状态。

【可视化流程图】Grove Light Sensor 应用可视化流程图如图 3-258 所示。

【仿真结果】单击仿真按钮，待程序运行完成后，显示终端实时显示光照强度值、电阻值、原始值且发光电阻熄灭（如图 3-259 所示）。

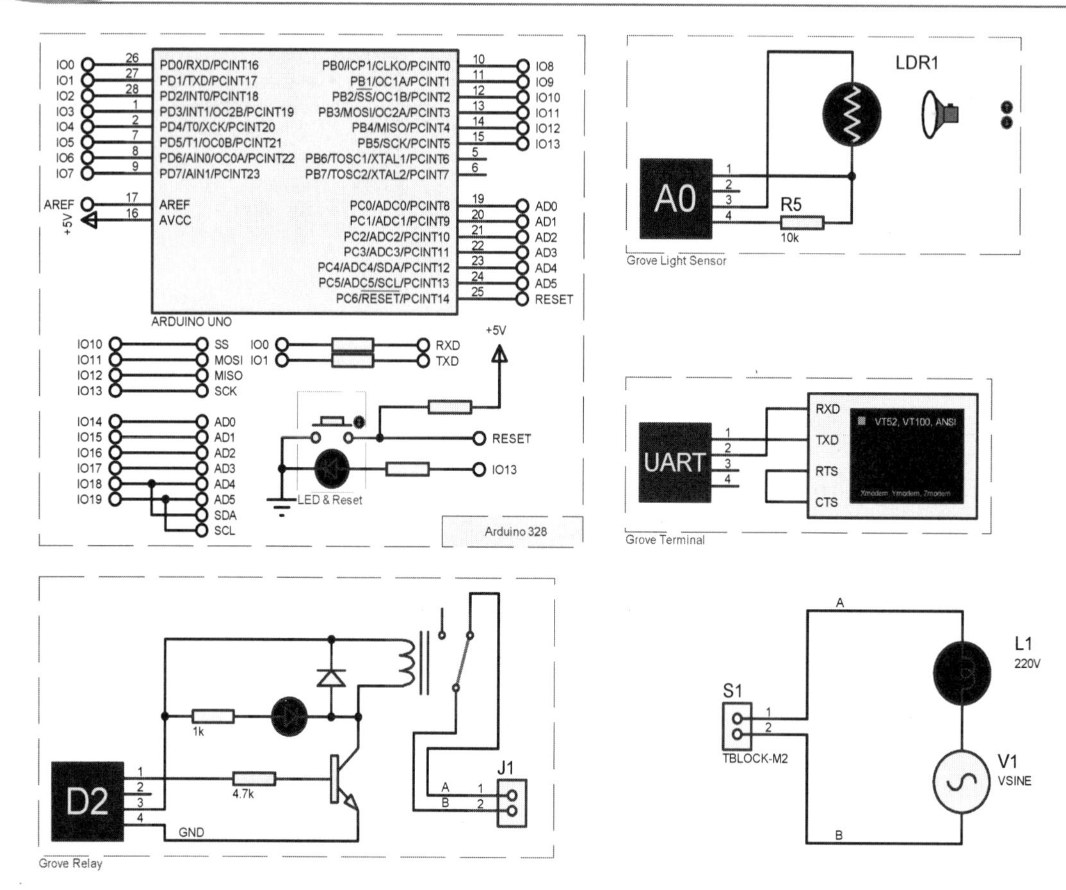

图 3-257　Grove Light Sensor 应用电路原理图

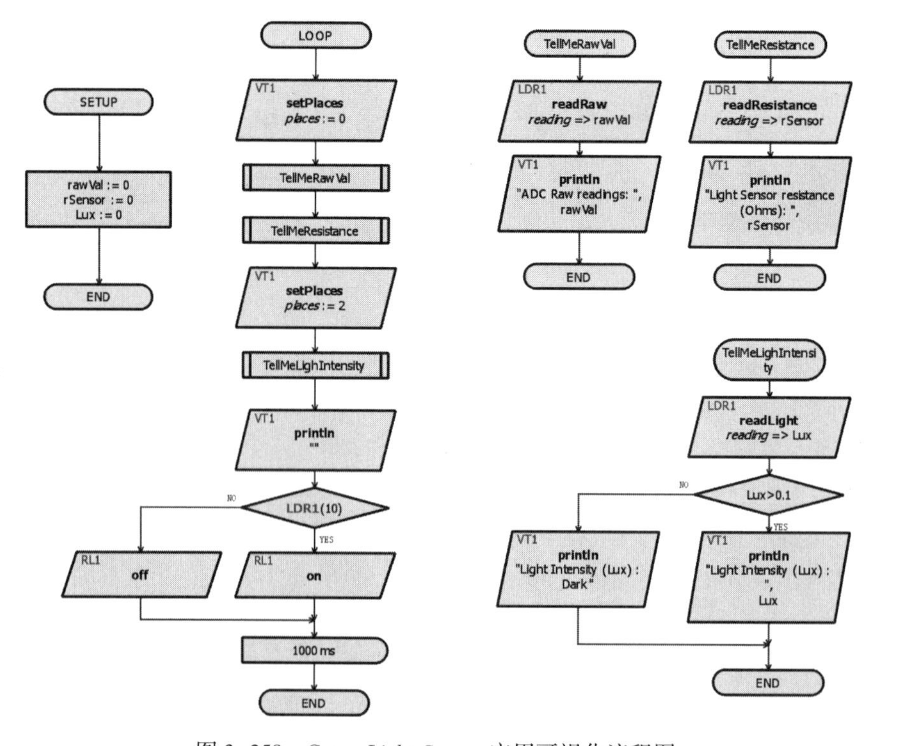

图 3-258　Grove Light Sensor 应用可视化流程图

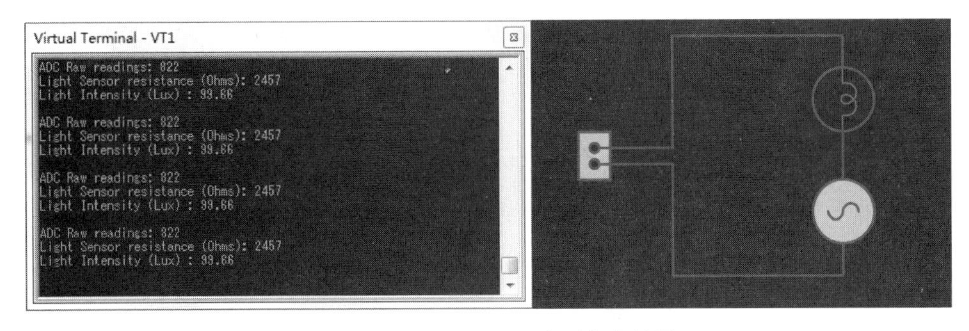

图 3-259　Grove Light Sensor 应用仿真结果（一）

当调节光照强度不大于 0.1Lux 时，继电器开关打开，发光电阻发光，显示终端显示光照强度跳变为“dark”，如图 3-260 所示。

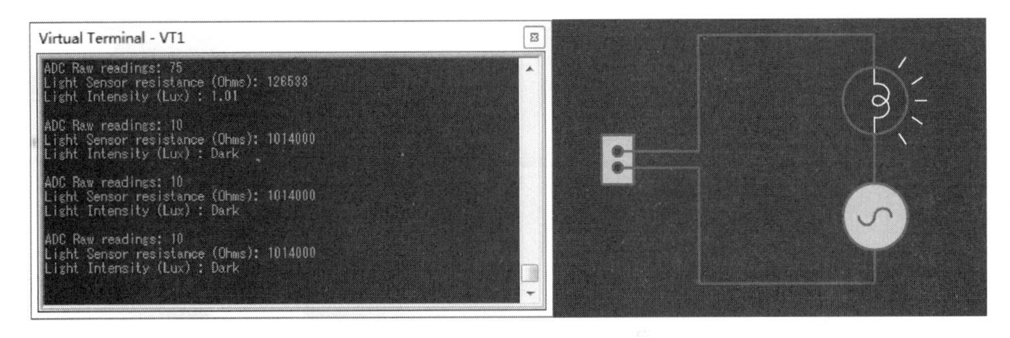

图 3-260　Grove Light Sensor 应用仿真结果（二）

3.3.12　Grove Luminance Sensor

Grove Luminance Sensor 是一个检测亮度的传感器模块。

1.　电路原理图

Grove Luminance Sensor 电路原理图如图 3-261 所示。

2.　可视化命令

Grove Luminance Sensor 可视化命令包括读取亮度模块、读取输出电压模块，如图 3-262 所示。

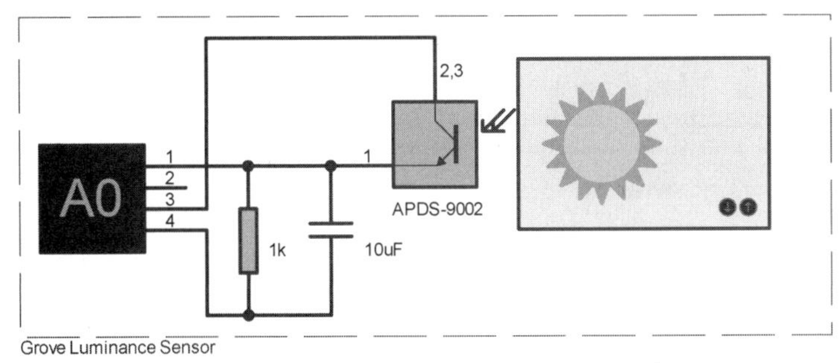

图 3-261　Grove Luminance Sensor 电路原理图

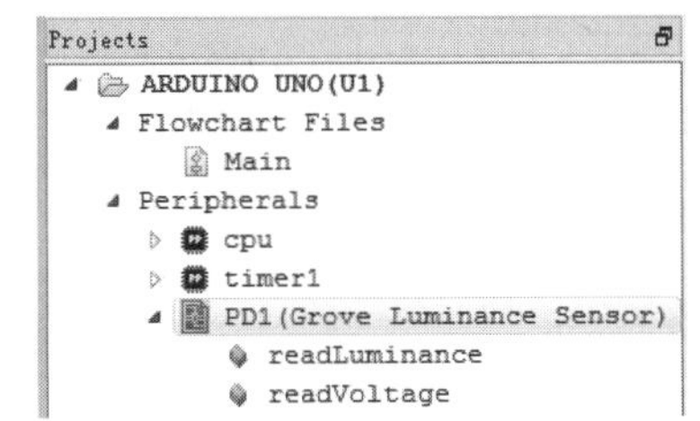

图 3-262　Grove Luminance Sensor 可视化命令

3. 简单实例：Grove Luminance Sensor 应用

【目标功能】Grove Terminal 实时显示亮度。

在 Proteus 8.5 中，其电路原理图如图 3-263 所示。系统由 Arduino Uno 开发板、Grove Terminal 和 Grove Luminance Sensor 3 个部分构成。Arduino Uno 开发板通过检测 Grove Luminance Sensor 的输出信号来控制 Grove Terminal 显示传感器获得的数据。

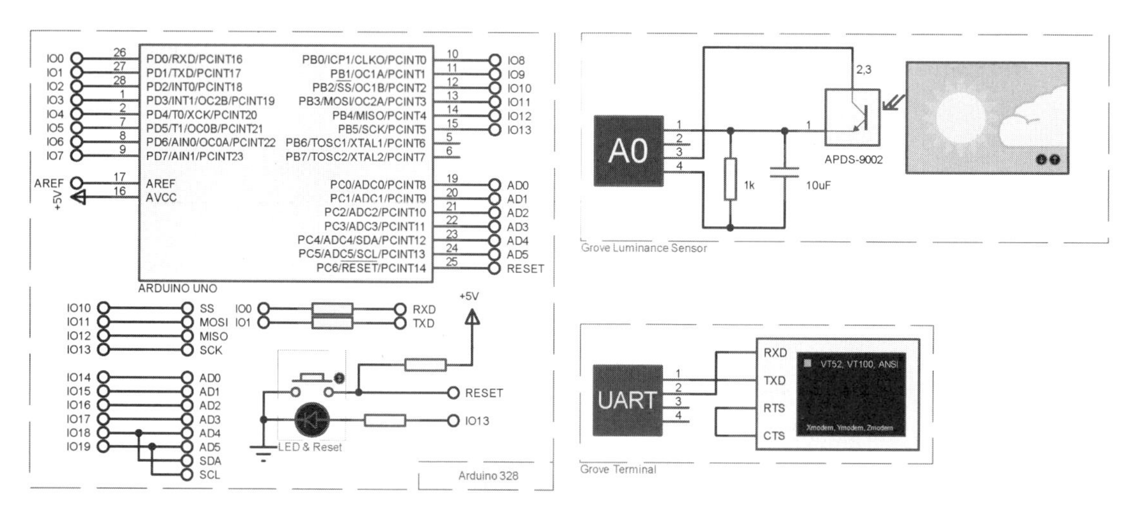

图 3-263 Grove Luminance Sensor 应用电路原理图

【可视化流程图】Grove Luminance Sensor 应用可视化流程图如图 3-264 所示。

【仿真结果】单击仿真按钮，待程序运行完成后，不管如何调节传感器实际亮度，Grove Terminal 始终可以实时显示亮度。

当没有乌云时，亮度稳定在 1000.71Lux，如图 3-265 所示。

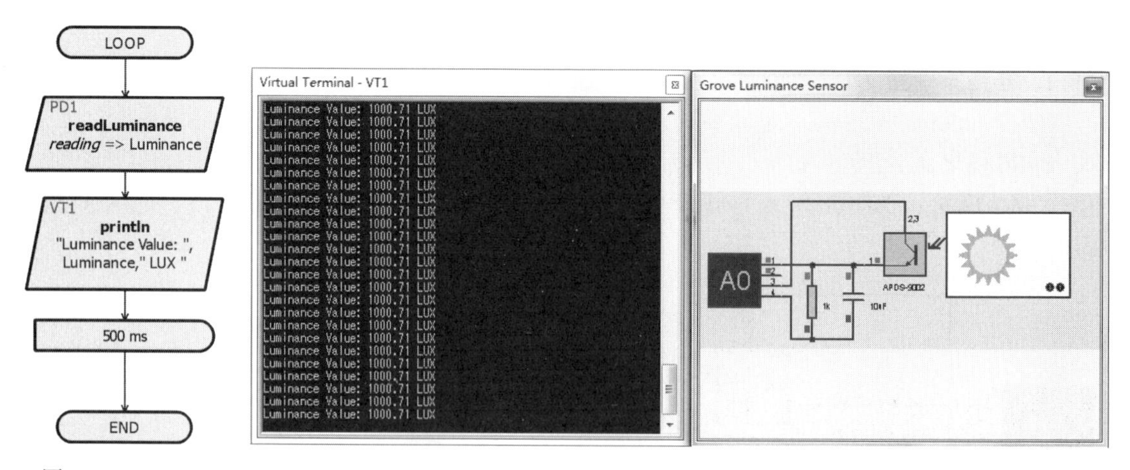

图 3-264 Grove Luminance Sensor 应用可视化流程图

图 3-265 Grove Luminance Sensor 应用仿真结果（一）

调节 Grove Luminance Sensor 使得乌云逐渐遮盖太阳直至出现月亮，在这个过程中，Grove Terminal 显示的亮度逐渐减小直至为零，如图 3-266 所示。

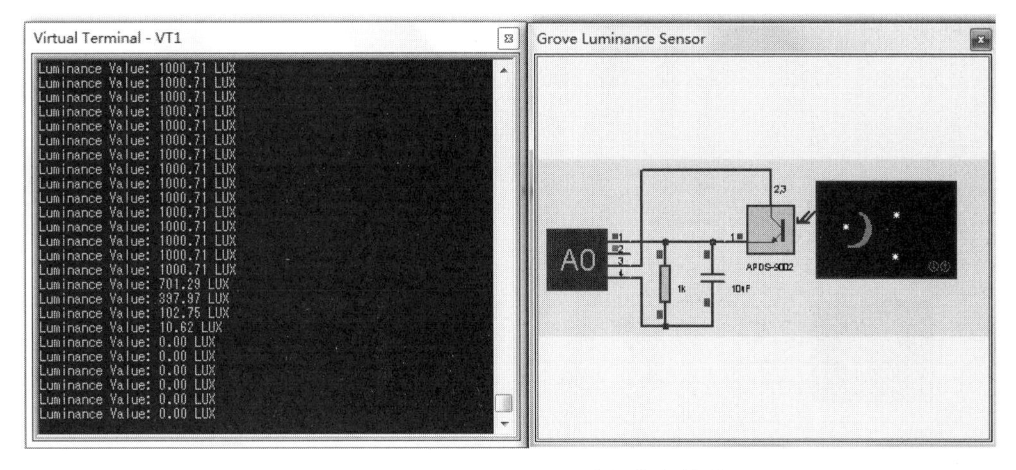

图 3-266　Grove Luminance Sensor 应用仿真结果（二）

3.3.13　Grove Relay

Grove Relay 是一种数字常开开关模块。控制继电器能够切换比正常 Arduino 板可控电压和电流更高的电压和电流。当将其设置为 HIGH 时，LED 亮起，继电器关闭，允许电流流动。峰值电压能力为 250V/10A。

1. 电路原理图

Grove Relay 电路原理图如图 3-267 所示。

2. 可视化命令

Grove Relay 可视化命令如图 3-268 所示，从上到下依次为继电器开模块、继电器关模块、设置继电器状态模块。

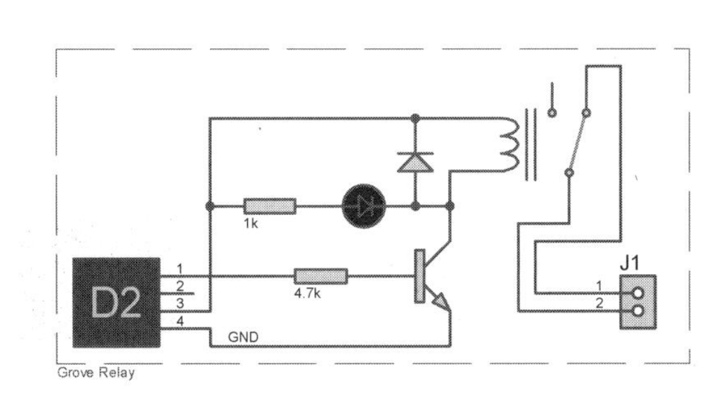

图 3-267　Grove Relay 电路原理图

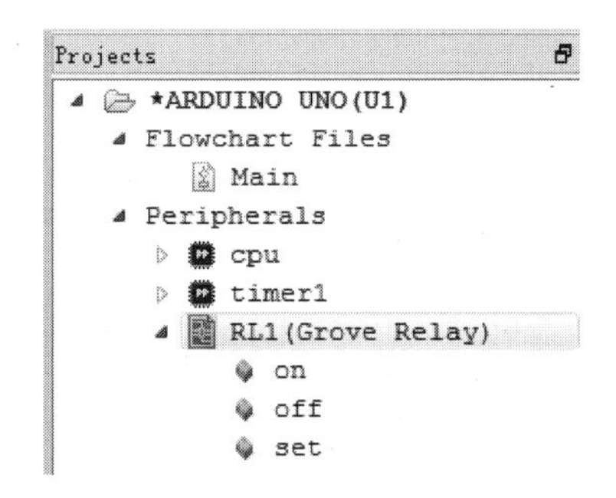

图 3-268　Grove Relay 可视化命令

3. 简单实例：Grove Relay 应用

Grove Relay 应用实例同 Grove Light Sensor 简单实例，在此不再赘述。

3.3.14　Rotary Angle Sensor

Rotary Angle Sensor 是一种基于旋转角度电位器的传感器模块。

1. 电路原理图

在 Proteus 软件中，Rotary Angle Sensor 电路原理图如图 3-269 所示。

2. 可视化命令

Rotary Angle Sensor 可视化命令包括读取角度模块、读取原始值模块，如图 3-270 所示。

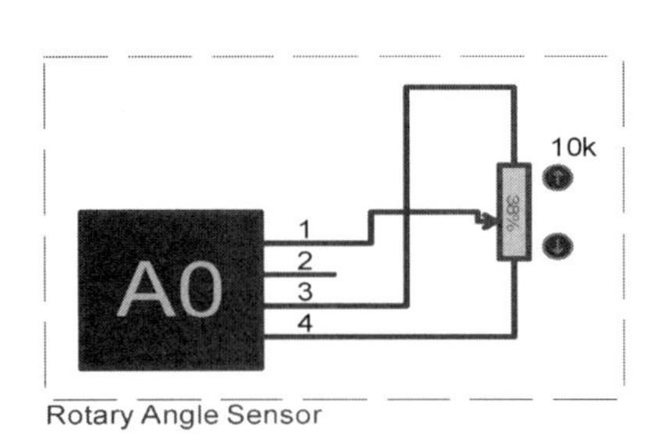

图 3-269　Rotary Angle Sensor 电路原理图

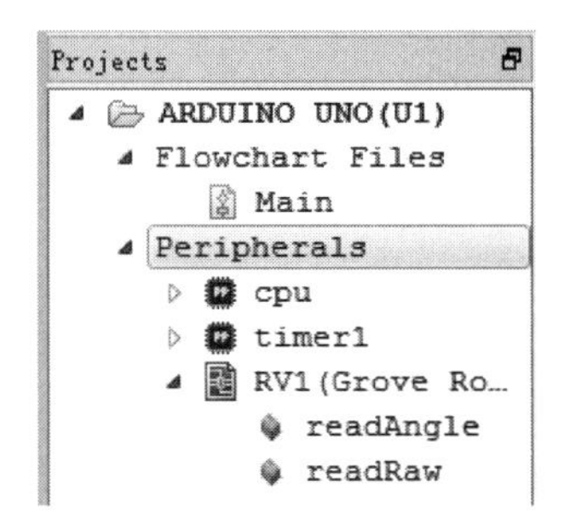

图 3-270　Rotary Angle Sensor 可视化命令

3. 简单实例：Rotary Angle Sensor 应用

【目标功能】Grove Terminal 显示实时角度和原始值。在 Protues 8.5 中，其电路原理图如图 3-271 所示。系统由 Arduino Uno 开发板、Grove Terminal 和 Rotary Angle Sensor 3 个部分构成。Arduino Uno 开发板通过检测 Rotary Angle Sensor 的输出信号来控制 Grove Terminal 显示传感器获得的数据。

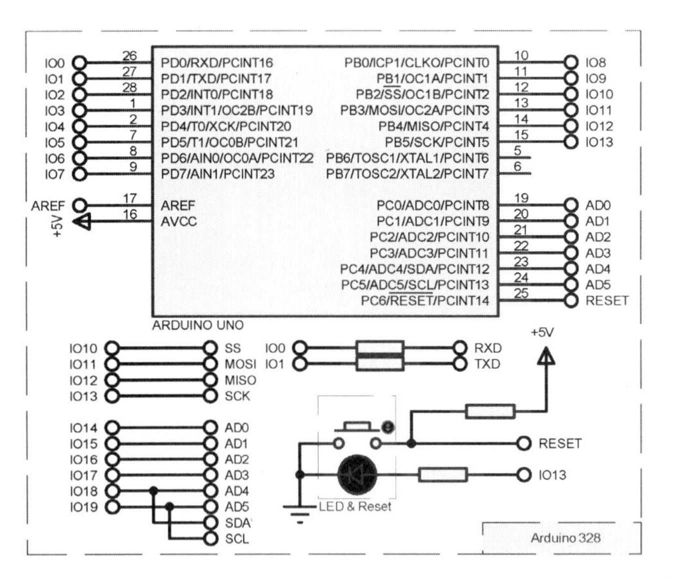

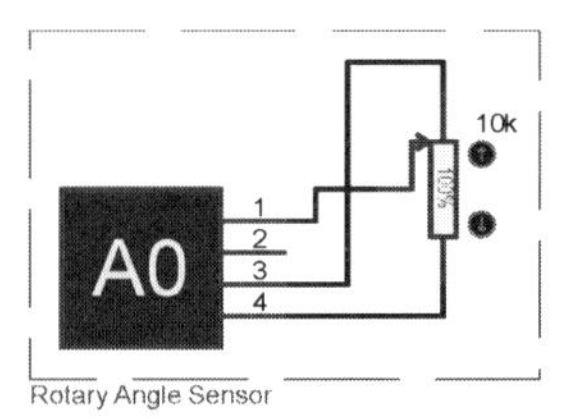

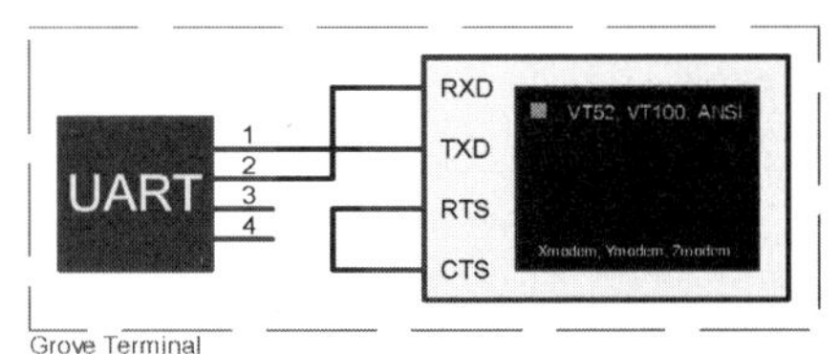

图 3-271　Rotary Angle Sensor 应用电路原理图

【可视化流程图】Rotary Angle Sensor 应用可视化流程图如图 3-272 所示。

【仿真结果】单击仿真按钮，待程序运行完成后，不管如何调节传感器实际亮度，Grove Terminal 始终可以显示实时角度和原始值。

当没有乌云时，角度显示为 0°，原始值显示为 0，如图 3-273 所示。

调节 Rotary Angle Sensor 电阻值为 0 ～ 10kΩ，在这个过程中，Grove Terminal 显示的角度逐渐增大直至 299. 71°，原始值显示为 1023，如图 3-274 所示。

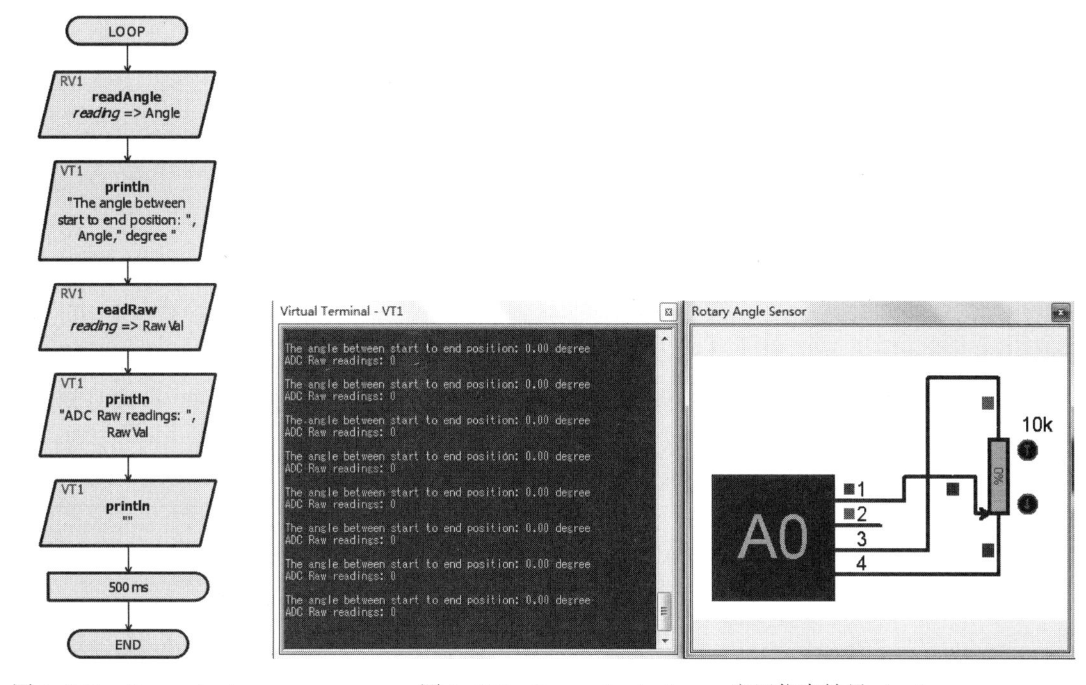

图 3-272　Rotary Angle Sensor 应用可视化流程图

图 3-273　Rotary Angle Sensor 应用仿真结果（一）

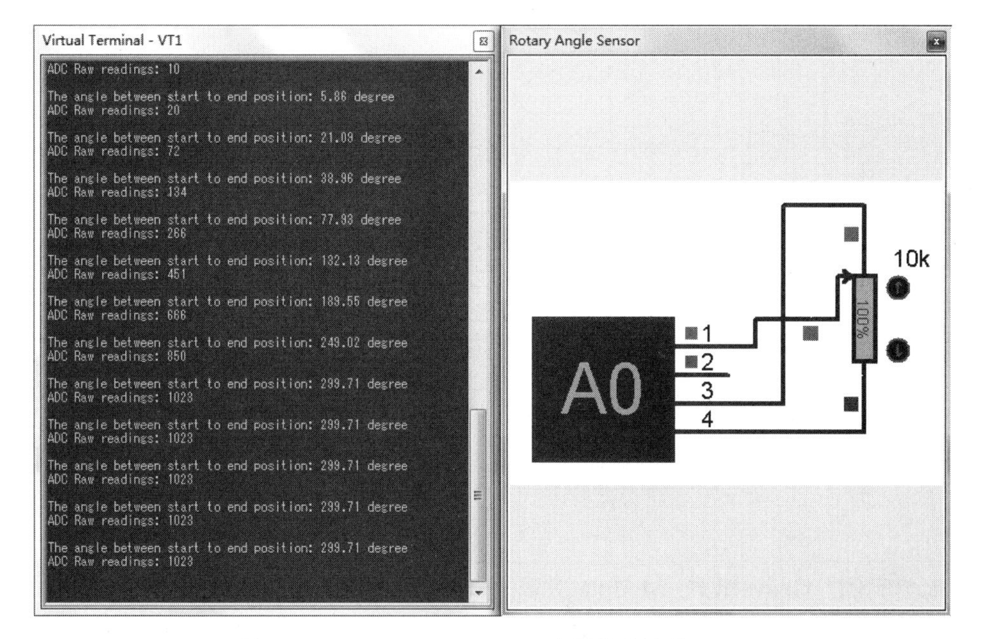

图 3-274　Rotary Angle Sensor 应用仿真结果（二）

3.3.15　Grove RTC Module

Grove RTC Module 是一个实时时钟模块。它基于时钟芯片 DS1307 及模拟电路设计构成，并支持 I^2C 总线通信。它采用 BAT 电池供电。时钟/日历提供秒、分钟、小时、日、日期、月和年信息，带有月底自动调整数功能，包括闰年的修正。时钟可以显示为 24 小时制计时或区分上午/下午的 12 小时制计时。

1. 电路原理图

Grove RTC Module 电路原理图如图 3-275 所示。

2. 可视化命令

Grove RTC Module 可视化命令如图 3-276 所示，从上到下依次为开始计数模块、停止计数模块、读取时间和日期模块、写入时间和日期模块、设置时初值模块、设置分初值模块、设置秒初值模块、设置年初值模块、设置月初值模块、设置时月天数模块、设置周天数模块、获取时初值模块、获取分初值模块、获取秒初值模块、获取年初值模块、获取月初值模块、获取时月天数模块、获取周天数模块。

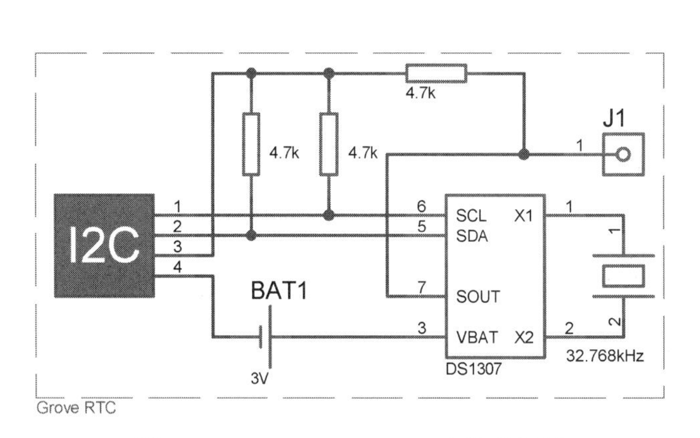

图 3-275 Grove RTC Module 电路原理图

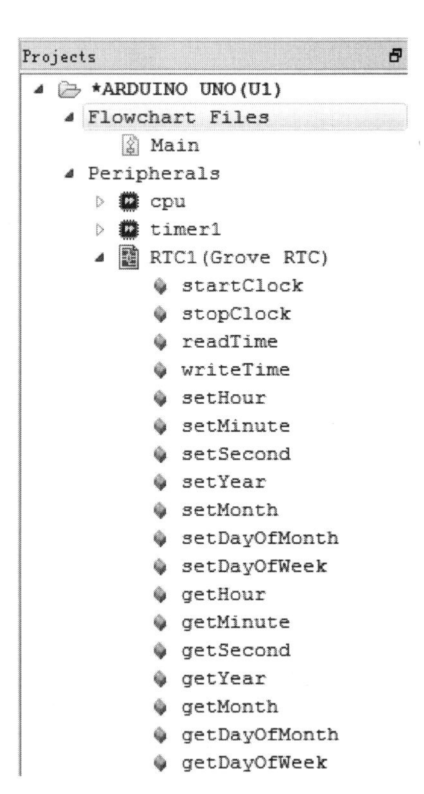

图 3-276 Grove RTC Module 可视化命令

3. 简单实例：Grove RTC Module 应用

【目标功能】Grove Terminal 显示实时年、月、日、时、分、秒、星期。在 Protues 8.5 中，其电路原理图如图 3-277 所示。系统由 Arduino Uno 开发板、Grove Terminal 和 Grove RTC Module 3 个部分构成。Arduino Uno 开发板通过检测 Grove RTC Module 的输出信号来控制 Grove Terminal 显示实时年、月、日、时、分、秒、星期。

【可视化流程图】Grove RTC Module 应用可视化流程图如图 3-278 所示。

【仿真结果】单击仿真按钮，待程序运行完成后，Grove Terminal 显示实时年、月、日、时、分、秒、星期，与计算机时间完全同步，如图 3-279 所示。

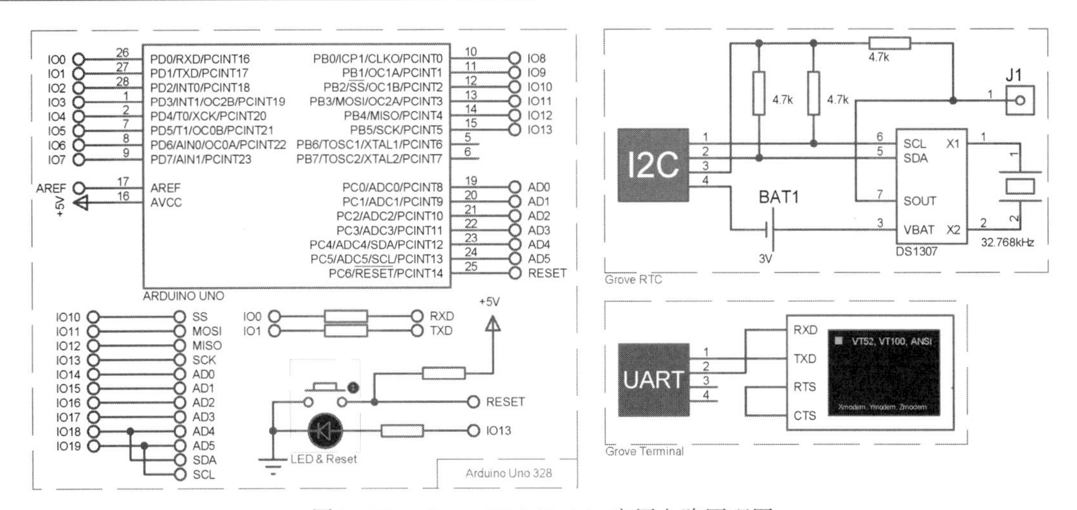

图 3-277 Grove RTC Module 应用电路原理图

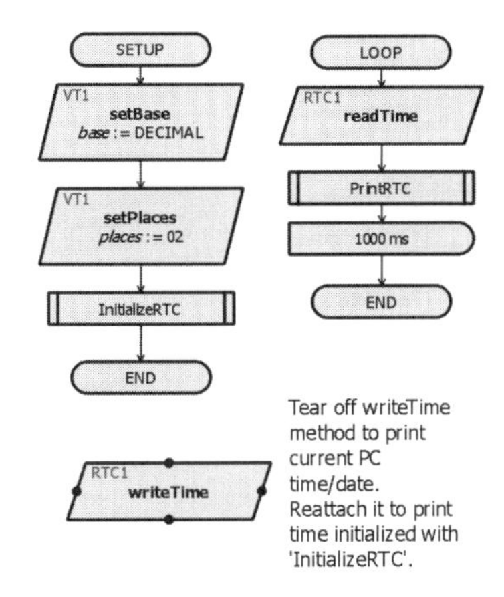

图 3-278 Grove RTC Module 应用可视化流程图

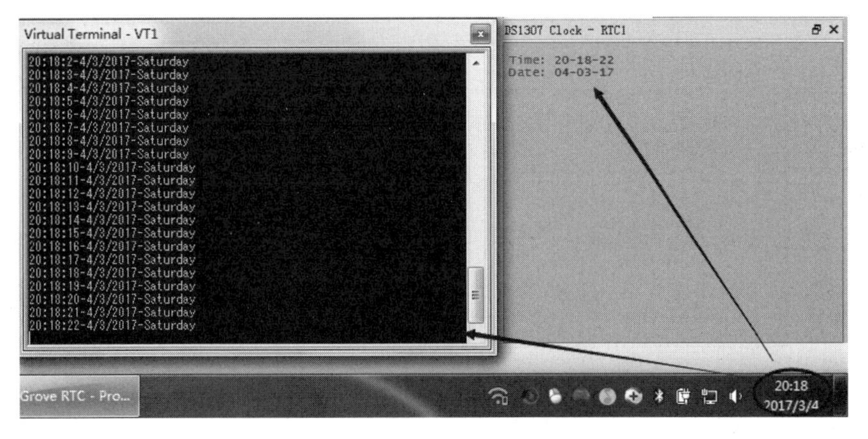

图 3-279 Grove RTC Module 应用仿真结果

3.3.16 Grove Servo

Grove Servo 是伺服电机模块，伺服电机是指在伺服系统中控制机械元件运转的发动机，是一种补助马达间接变速装置。

伺服电机可使控制速度、位置精度非常准确，可以将电压信号转化为转矩和转速以驱动控制对象。伺服电机转子转速受输入信号控制，并能快速反应，在自动控制系统中，用作执行元件，且具有机电时间常数小、线性度高、始动电压等特性，可把所收到的电信号转换成电动机轴上的角位移或角速度输出。伺服电机分为直流伺服电机和交流伺服电机两大类，其主要特点是当信号电压为零时无自转现象，转速随着转矩的增加而匀速下降。

1. 电路原理图

Grove Servo 电路原理图如图 3-280 所示。

2. 可视化命令

Grove Servo 可视化命令如图 3-281 所示，分别为读取伺服电机的转角模块、设置伺服电机转角模块、读取脉冲宽度模块、设置脉冲宽度模块、重新连接模块（将伺服控制器重新连接到其引脚上）和断开连接模块（将伺服控制器从其引脚上分离）。

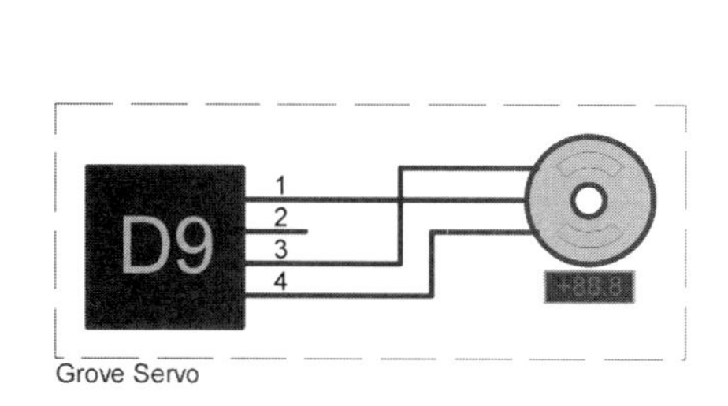

图 3-280 Grove Servo 电路原理图

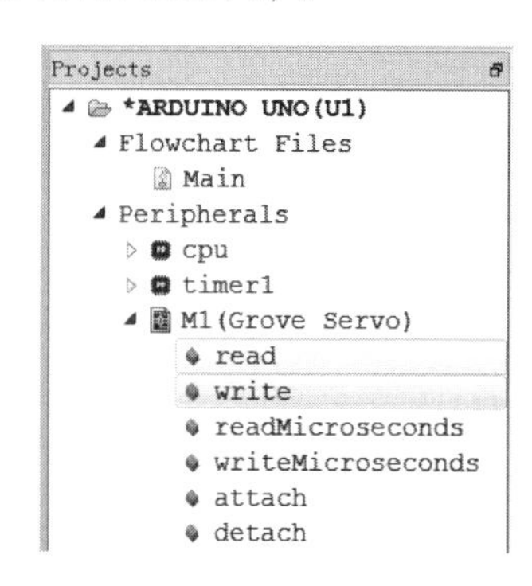

图 3-281 Grove Servo 可视化命令

3. 简单实例：Grove Servo 应用

【目标功能】Grove Servo 连接时，通过控制输入的脉宽来控制电机的转速。在 Proteus 8.5 中，其电路原理图如图 3-282 所示。系统由 Arduino Uno 开发板和 Grove Servo 两个部分构成。

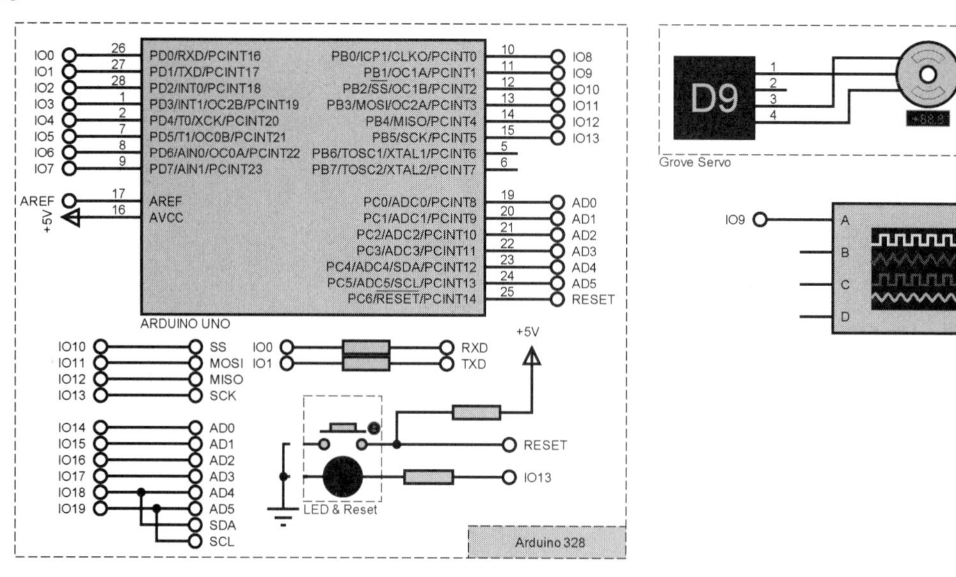

图 3-282 Grove Servo 应用电路原理图

【可视化流程图】Grove Servo 应用可视化流程图如图 3-283 所示。

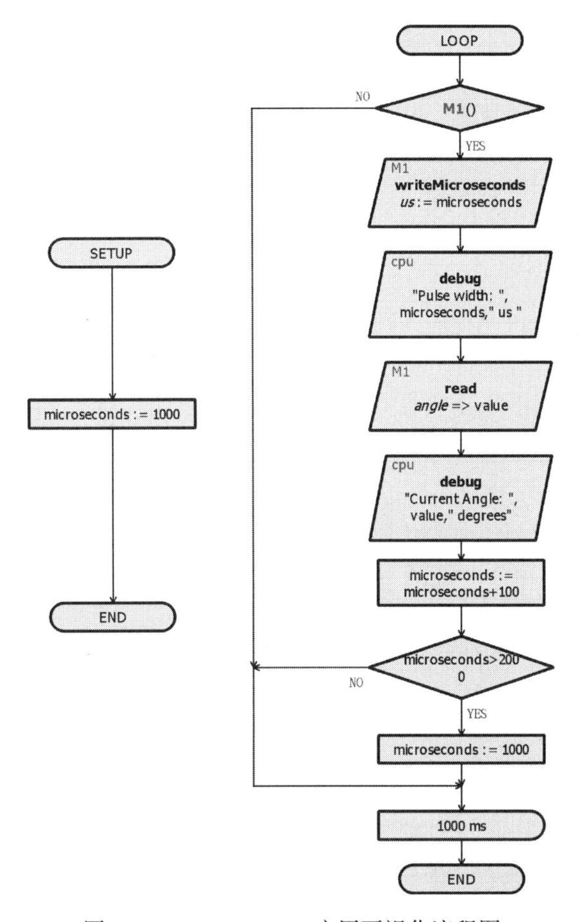

图 3-283　Grove Servo 应用可视化流程图

【仿真结果】单击仿真按钮，待程序运行完成后，在示波器上可以观察输入的脉冲宽度，如图 3-284 所示，随着脉宽的变化，电机的转速也随之增大或减小。

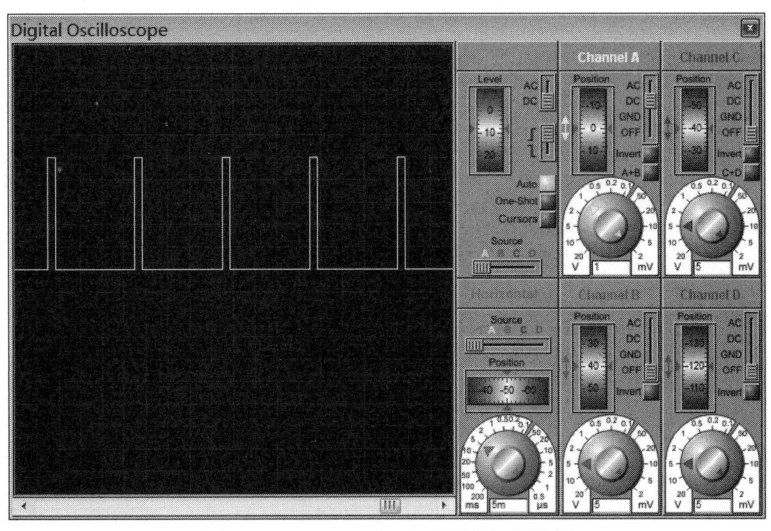

图 3-284　Grove Servo 应用仿真结果

3.3.17 Grove Sound Sensor

Grove Sound Sensor 为声音/音量传感器，它的作用相当于一个话筒（麦克风），它用来接收声波，显示声音的振动图像，但不能对噪声的强度进行测量。

声音传感器的原理：传感器内置一个对声音敏感的电容式驻极体话筒。声波使话筒内的驻极体薄膜振动，导致电容发生变化，而产生与之对应变化的微小电压。这一电压随后被转化成 0 ~ 5V 的电压，经过 A/D 转换被数据采集器接收，并传送给计算机。

1. 电路原理图

Grove Sound Sensor 电路原理图如图 3-285 所示。

2. 可视化命令

Grove Sound Sensor 可视化命令仅有一个，即读取当前音量值，如图 3-286 所示。

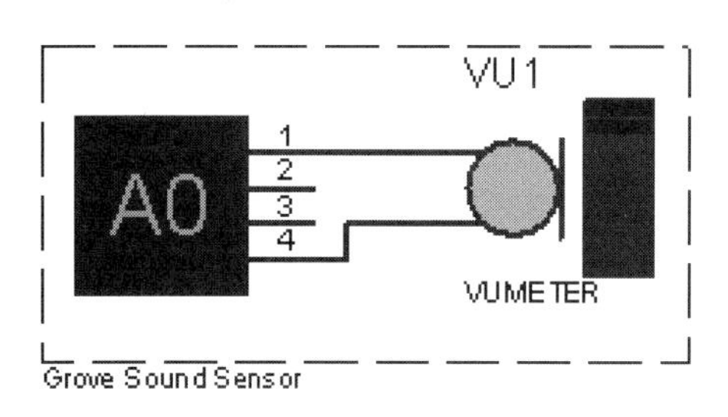

图 3-285 Grove Sound Sensor 电路原理图

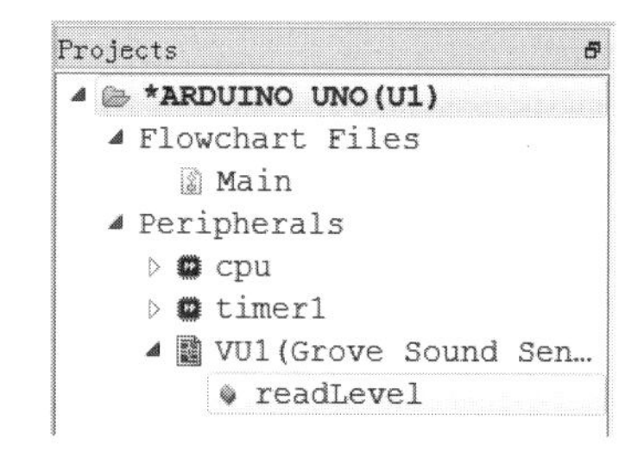

图 3-286 Grove Sound Sensor 可视化命令

3. 简单实例：Grove Sound Sensor 应用

【目标功能】该电路设计的目的是当音量超过 512dB 时，LED 灯亮，低于 512dB 时，LED 灯灭。在 Proteus 8.5 中，其电路原理图如图 3-287 所示。系统由 Arduino Uno 开发板、Grove Sound Sensor 和 Grove LED 3 个部分构成。

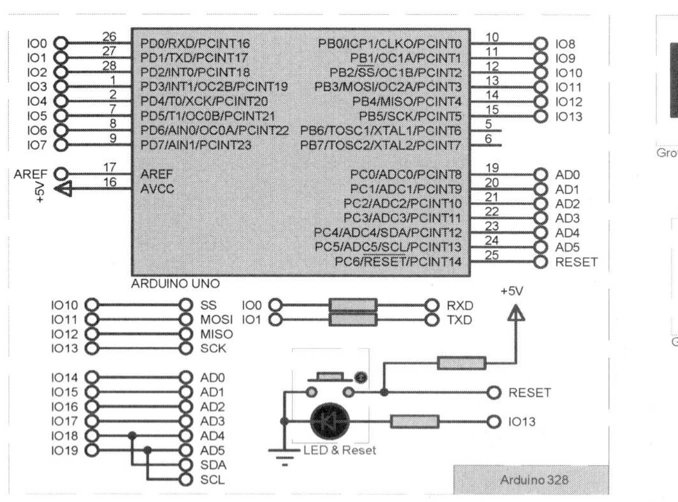

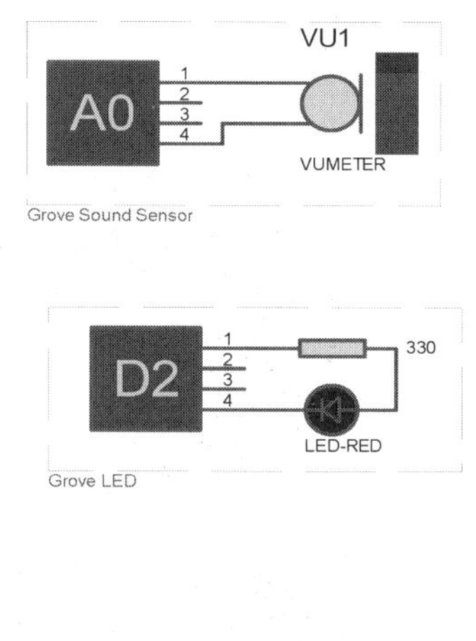

图 3-287 Grove Sound Sensor 应用电路原理图

【可视化流程图】Grove Sound Sensor 应用可视化流程图如图 3-288 所示。

【仿真结果】单击仿真按钮，待程序运行完成后，调节外部音量，当外界音量高于 512dB 时，声音传感器变亮且 LED 灯变亮，如图 3-289 所示。

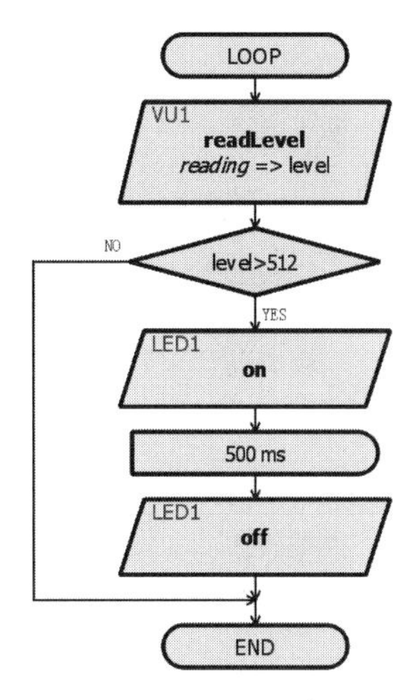

图 3-288　Grove Sound Sensor 应用可视化流程图

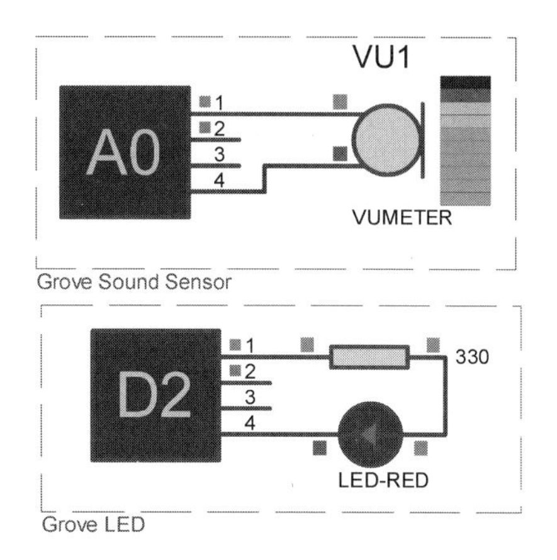

图 3-289　Grove Sound Sensor 应用仿真结果

3.3.18　Grove Switch

Grove Switch 为单刀双掷滑动开关模块，常被电路设计者用于电路设计中以控制设备的启停，如电机的启停、LED 灯亮灭的控制等。

1. 电路原理图

Grove Switch 电路原理图如图 3-290 所示。它总有两种状态，即一边是高电平，另一边是低电平，具体控制根据设计要求而定。

2. 可视化命令

Grove Switch 可视化命令仅有一个，即判断开关处于什么状态，如图 3-291 所示。

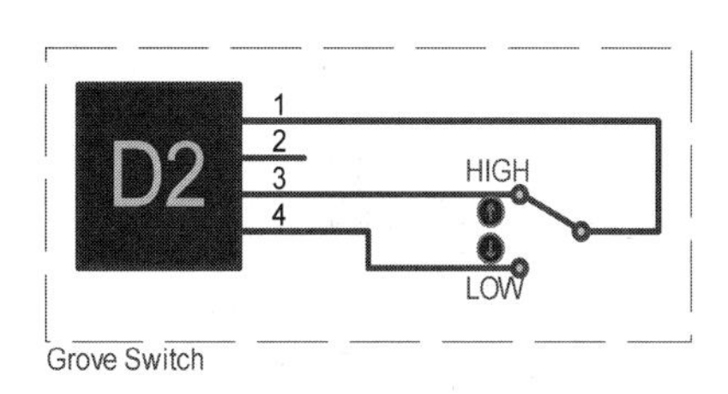

图 3-290　Grove Switch 电路原理图

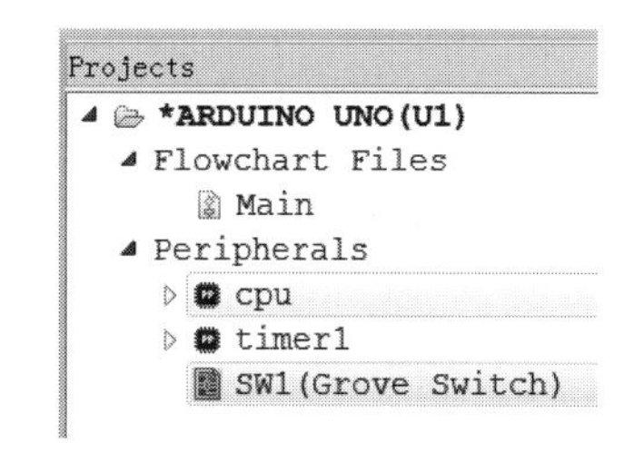

图 3-291　Grove Switch 可视化命令

3. 简单实例：Grove Switch 应用

【目标功能】该电路设计的目的是通过开关的切换来控制 LED 灯的状态，并将开关的状态输出到传感器终端。当开关处于高电平时，传感器终端显示“Switch high!”且 LED 灯亮；当开关处于低电平时，传感器终端显示“Switch Low!”且 LED 灯灭。在 Proteus 8.5 中，其电路原理图如图 3-292 所示。系统由 Arduino Uno 开发板、Grove Switch、Grove LED 及 Grove Terminal 4 个部分构成。

【可视化流程图】Grove Switch 应用可视化流程图如图 3-293 所示。

【仿真结果】单击仿真按钮，待程序运行完成后，调节开关。当开关处于高电平时，传感器终端显示“Switch high!”且 LED 灯亮，如图 3-294 所示。

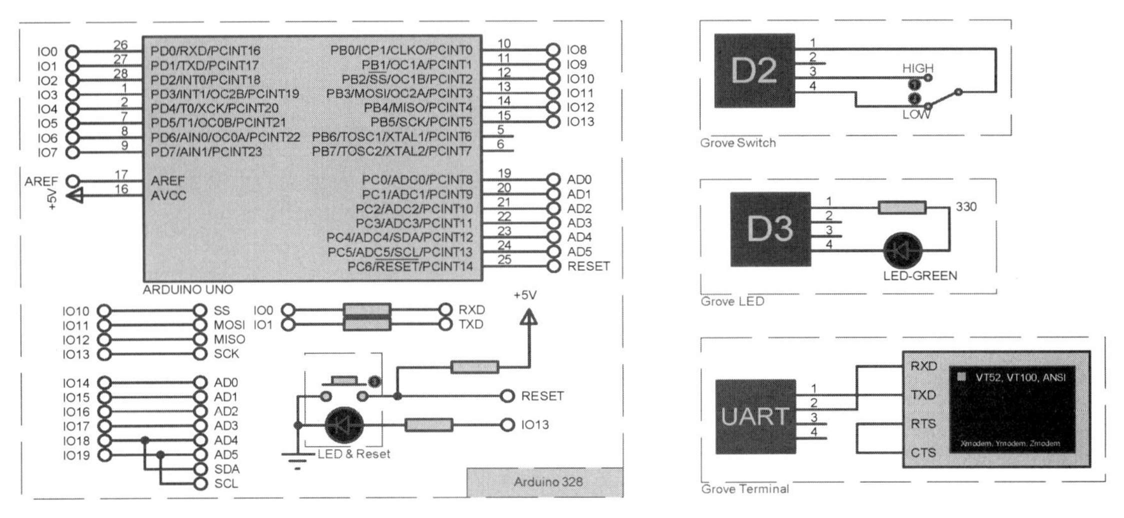

图 3-292　Grove Switch 应用电路原理图

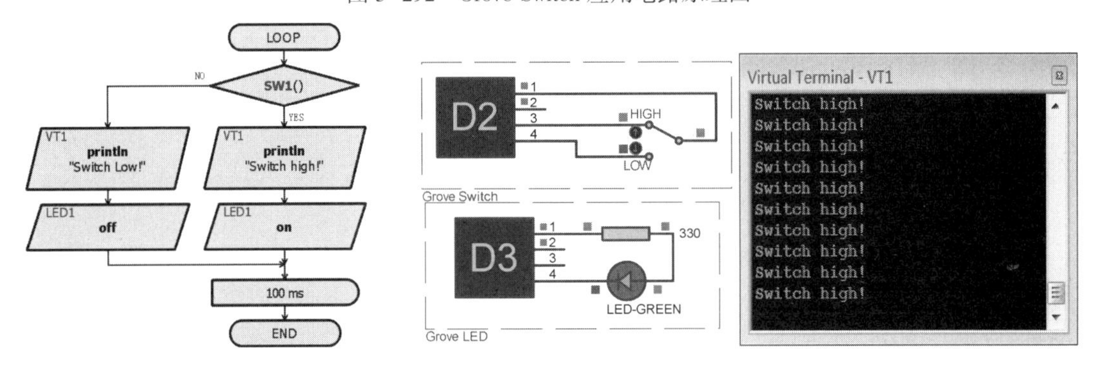

图 3-293　Grove Switch 应用可视化流程图

图 3-294　Grove Switch 应用仿真结果（一）

当开关处于低电平时，传感器终端显示“Switch Low!”且 LED 灯灭，如图 3-295 所示。

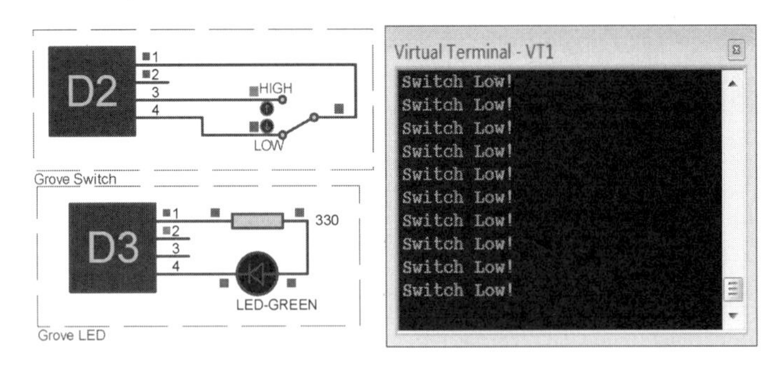

图 3-295　Grove Switch 应用仿真结果（二）

3.3.19　Grove Temperature Sensor

Grove Temperature Sensor 为热敏电阻温度传感器，它的测温原理如下：热电阻是利用导体的电阻率随温度变化这一物理现象来测量温度的。铂易于提纯，是物理化学性质稳定、电阻率较大、能耐较高温度的材料，因此用 PT100 作为实现温标的基准器。

PT100 是铂热电阻，简称为 PT100 铂电阻，其电阻值会随着温度的变化而改变。“PT”

后的“100”表示其在0℃时电阻值为100Ω，在100℃时它的电阻值约为138.5Ω。它的工业原理如下：当PT100在0℃时，其电阻值为100Ω，随着温度的上升，其电阻值是匀速增长的。它的国际测温标准为-40～+450℃，可选环境温度为-40～70℃，精度为±0.1℃，且安装尺寸小，可直接安装在PCB上，可焊SIP封装。

1. 电路原理图

该模块是一种典型电路，其电路原理图如图3-296所示。

2. 可视化命令

Thermistor Temperature Sensor 可视化命令包括读取摄氏度温度值、读取法式度温度值及读取 Kelvin 温度值，如图3-297所示。

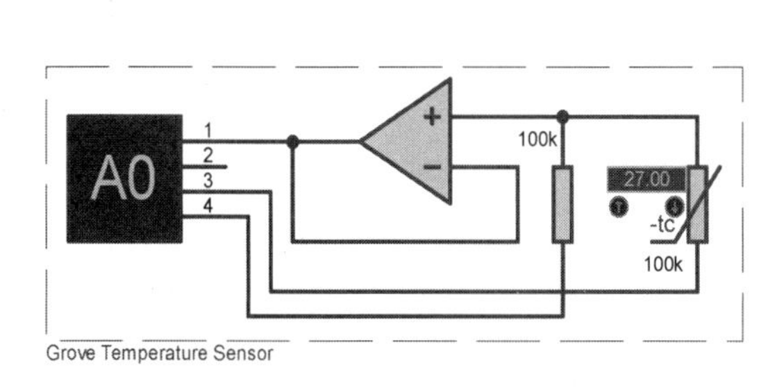

图3-296 Grove Temperature Sensor 电路原理图

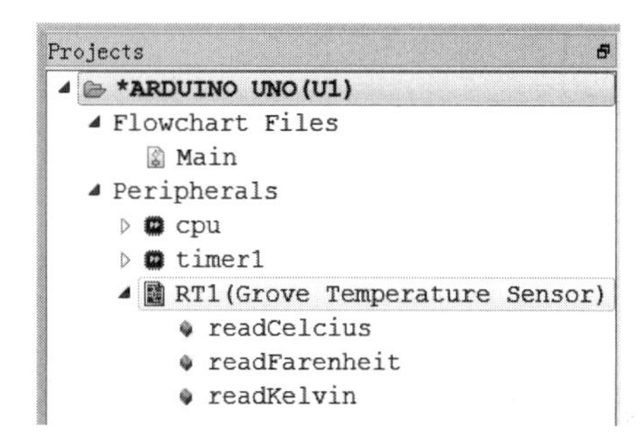

图3-297 Grove Temperature Sensor 可视化命令

3. 简单实例：Grove Temperature Sensor 应用

【目标功能】该电路设计的目的是通过热敏电阻温度传感器检测到的温度值来控制延迟模块的启停。在 Proteus 8.5 中，其电路原理图如图3-298所示。系统由 Arduino Uno 开发板、Grove Temperature Sensor 及 Grove Relay 3个部分构成。

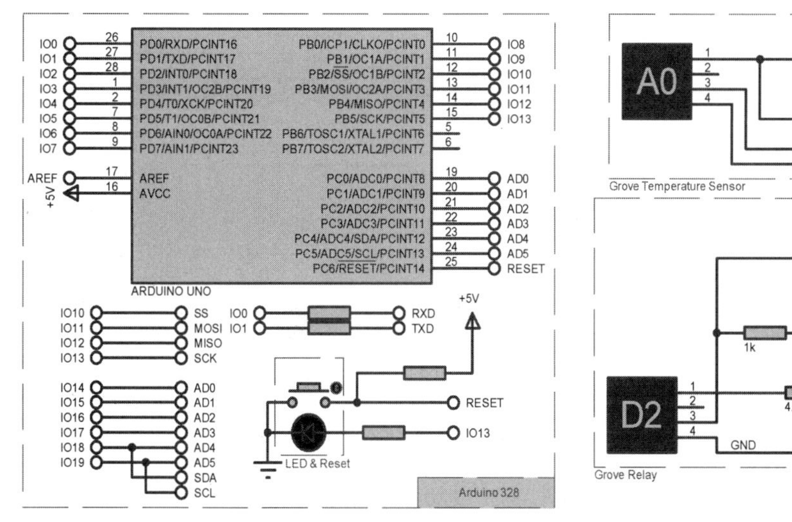

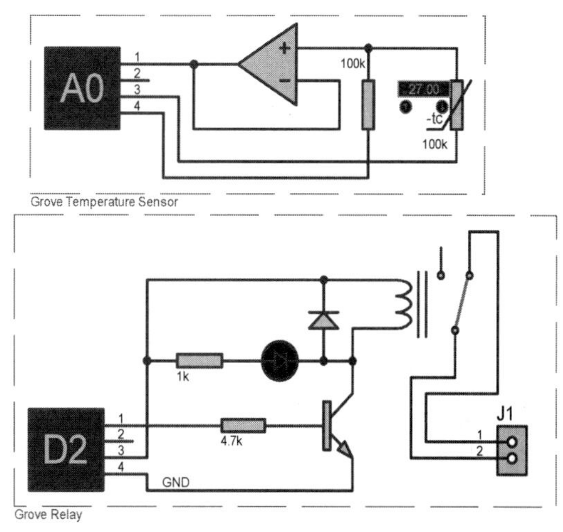

图3-298 Grove Temperature Sensor 应用电路原理图

【可视化流程图】Grove Temperature Sensor 应用可视化流程图如图3-299所示。当采集到的平均温度值小于20℃时，Grove Relay 模块关闭；当采集到的平均温度值不小于20℃时，Grove Relay 模块开始工作，处于开状态。

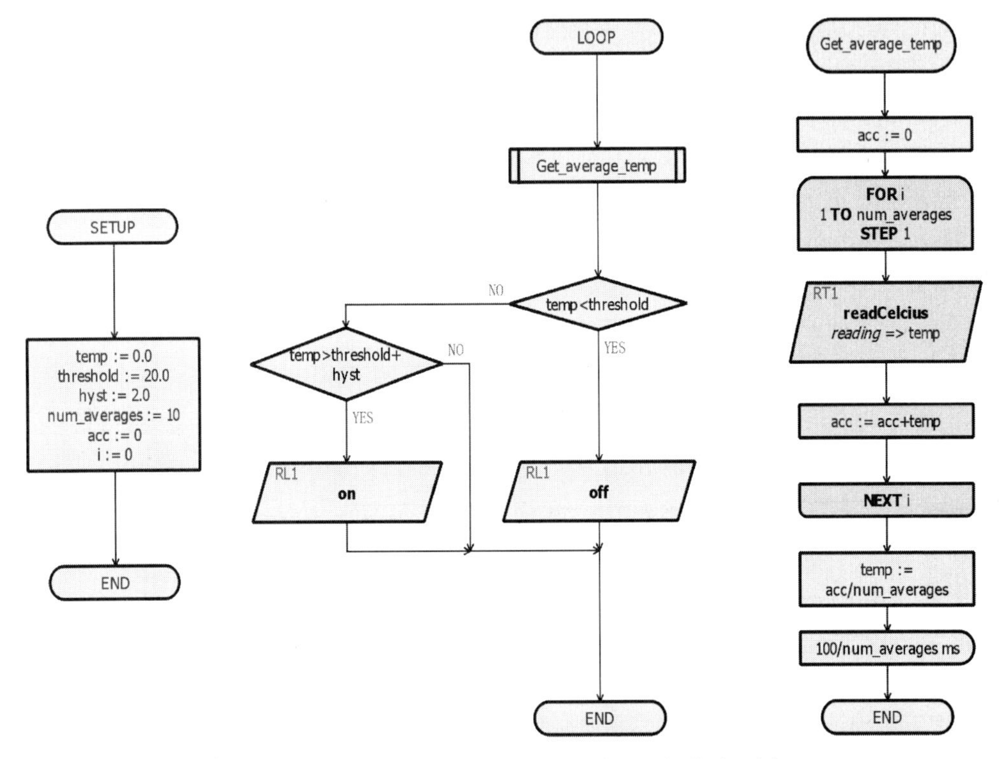

图 3-299　Grove Temperature Sensor 应用可视化流程图

【仿真结果】当采集到的平均温度值为 64℃（大于 20℃）时，Grove Relay 模块开始工作，处于开状态，如图 3-300 所示。当采集到的平均温度值为 19℃（小于 20℃）时，Grove Relay 模块关闭，如图 3-301 所示。

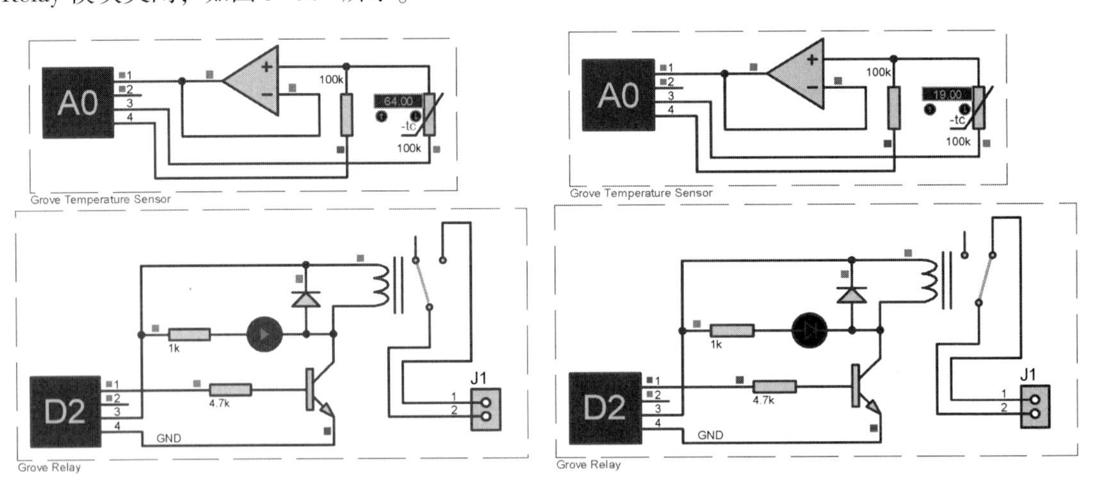

图 3-300　Grove Temperature Sensor 应用仿真结果（一）

图 3-301　Grove Temperature Sensor 应用仿真结果（二）

3.3.20　Grove Terminal Module

Grove Terminal Module 为 Grove 终端模块，它是一个电子通信终端并且具有显示字符的作用，常常用来接收各种传感器的信息。

1. 电路原理图

Grove Terminal Module 电路原理图如图 3-302 所示，该模块具有通信功能。下面介绍该模块各个引脚的功能。

☺ RXD：此引脚用于接收外部设备送来的数据。

☺ TXD：此引脚用于将计算机的数据发送给外部设备。

☺ RTS：请求发送。

☺ CTS：清除发送。

2. 可视化命令

Grove Terminal Module 可视化命令包括输出数据不换行、输出数据并换行、为整型值设置基点及为浮点值设置区间个数，如图 3-303 所示。

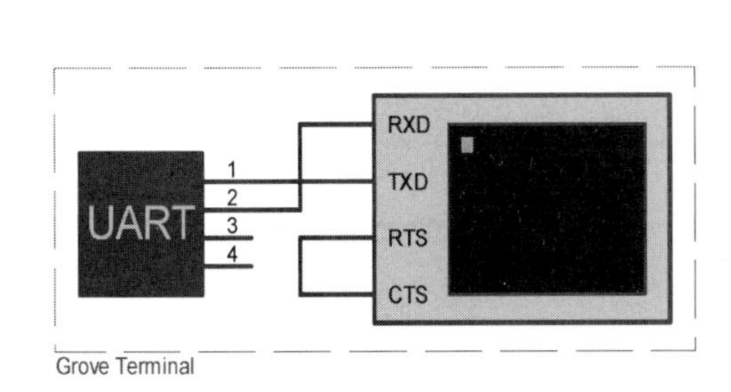

图 3-302 Grove Terminal Module 电路原理图

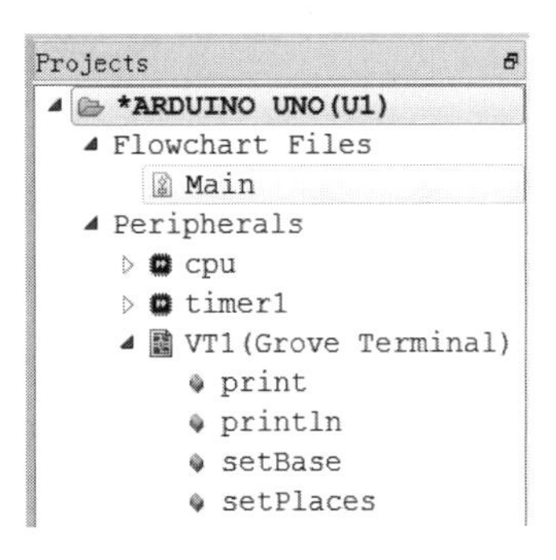

图 3-303 Grove Terminal Module 可视化命令

3. 简单实例：Grove Terminal Module 应用

【目标功能】给定整型值 1 ~ 100，判断这些值是否能被 3、5 整除，相应输出对应字符，最后将其输出到 Grove 终端模块。在 Proteus 8.5 中，其电路原理图如图 3-304 所示。系统由 Arduino Uno 开发板和 Grove Terminal Module 两个部分构成。

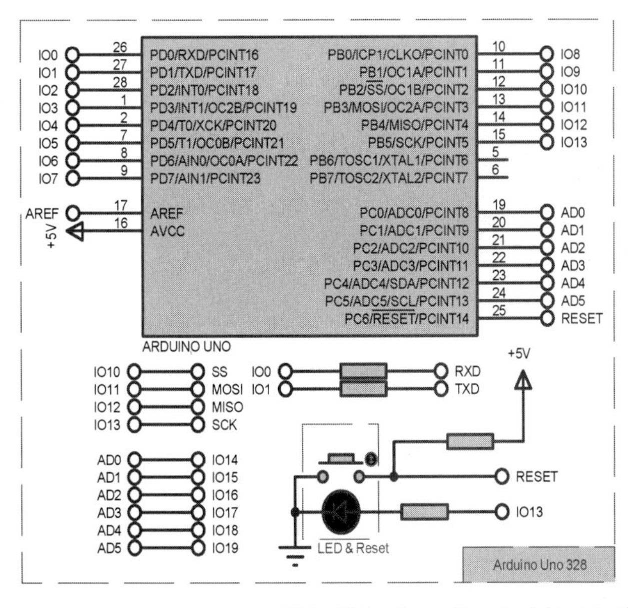

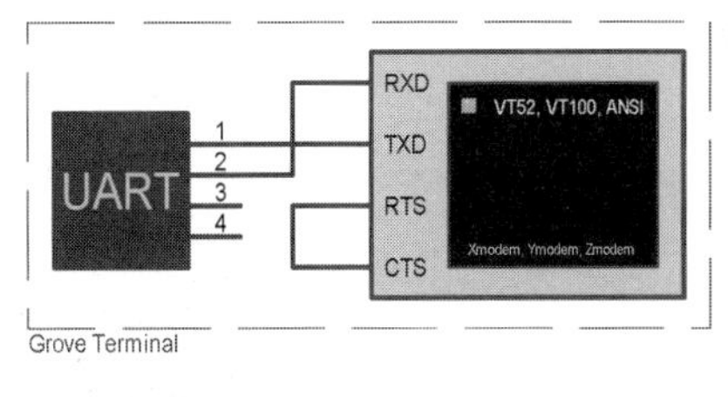

图 3-304 Grove Terminal Module 应用电路原理图

【可视化流程图】Grove Terminal Module 应用可视化流程图如图 3-305 所示。当数值既能被 3 整除又能被 5 整除时，输出“FizzBuzz”；当数值只能被 3 整除不能被 5 整除时，输出“Fizz”；当数值不能被 3 整除仅能被 5 整除时，输出“Buzz”；当数值既不能被 3 整除又不能被 5 整除时，仅输出对应数值。

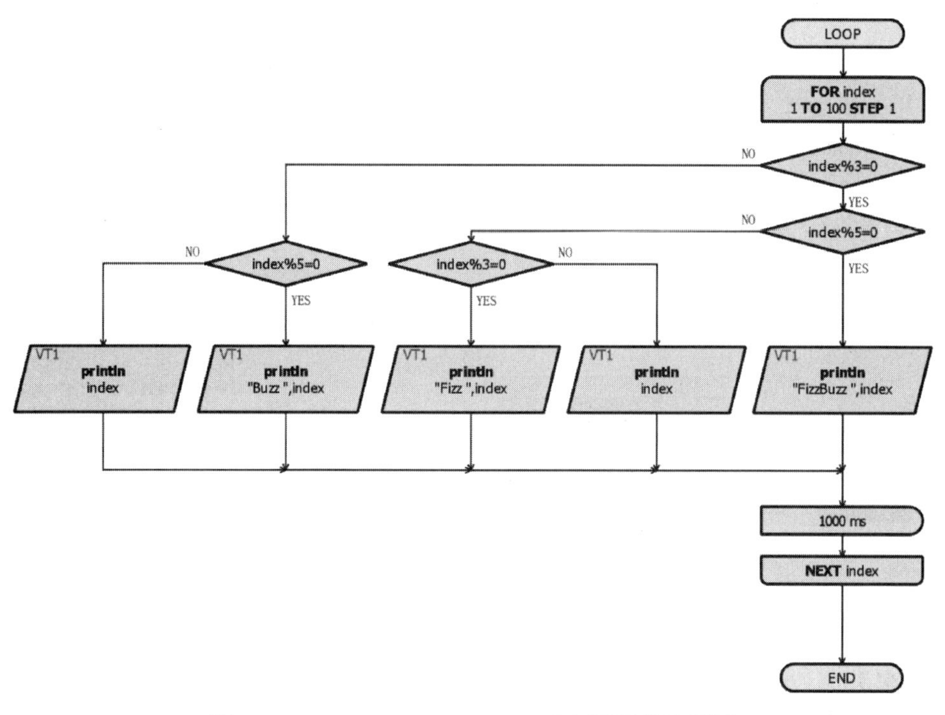

图 3-305 Grove Terminal Module 应用可视化流程图

【仿真结果】Grove Terminal Module 应用仿真结果如图 3-306 所示。

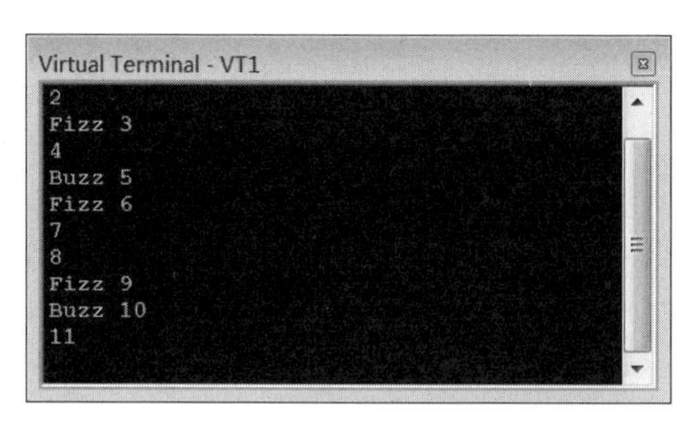

图 3-306 Grove Terminal Module 应用仿真结果

3.3.21 Grove Touch Sensor Module

Grove Touch Sensor Module 为 Grove 触摸传感器模块，它是基于电容感应的触摸开关模块，除了直接触摸 Touch 区域感应外，在该范围隔着一定厚度的塑料、玻璃等材料也可以感应到。模块输出引脚可以与单片机 I/O 口连接，也可以与 Arduino 主控板或者扩展板结合使用，制作有趣的互动作品。应用领域：适用于 LED 灯触控、隔离触控开关、玩具人体感应检测、游戏配件设备触摸感应，也可替代开关功能；还可以用于单片机学习、电子竞赛、产品开发、毕业设计等。

1. 电路原理图

Grove Touch Sensor Module 电路原理图如图 3-307 所示。

2. 可视化命令

Grove Touch Sensor Module 可视化命令（如图 3-308 所示）仅有一条判断语句，即判断是否触摸上。

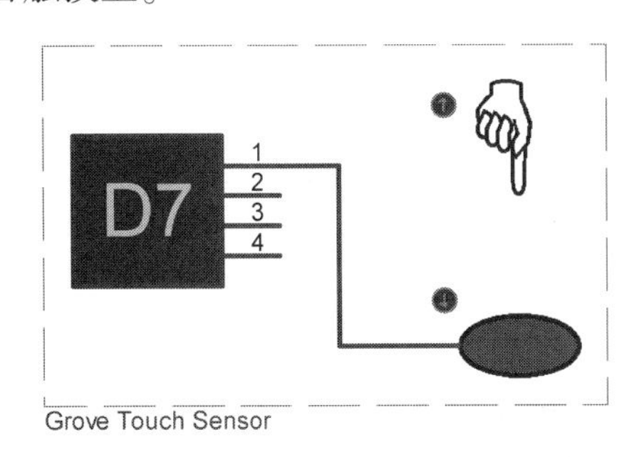

图 3-307 Grove Touch Sensor Module 电路原理图

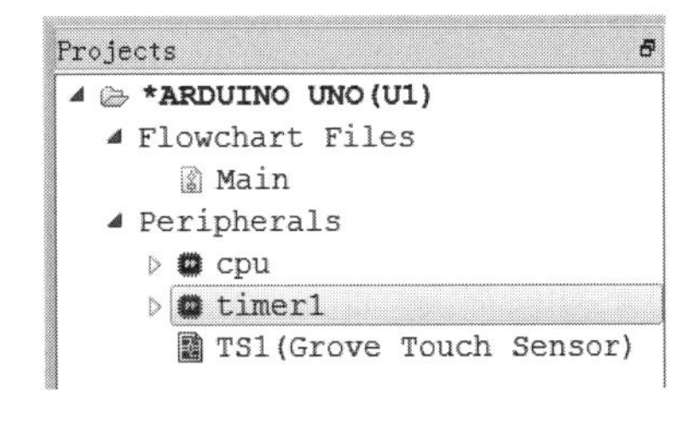

图 3-308 Grove Touch Sensor Module 可视化命令

3. 简单实例：Grove Touch Sensor Module 应用

【目标功能】该电路设计的目的是应用触摸传感器模块来控制 LED 灯的亮灭。在 Proteus 8.5 中，其电路原理图如图 3-309 所示。系统由 Arduino Uno 开发板、Grove Touch Sensor Module 及两个 LED 模块构成。

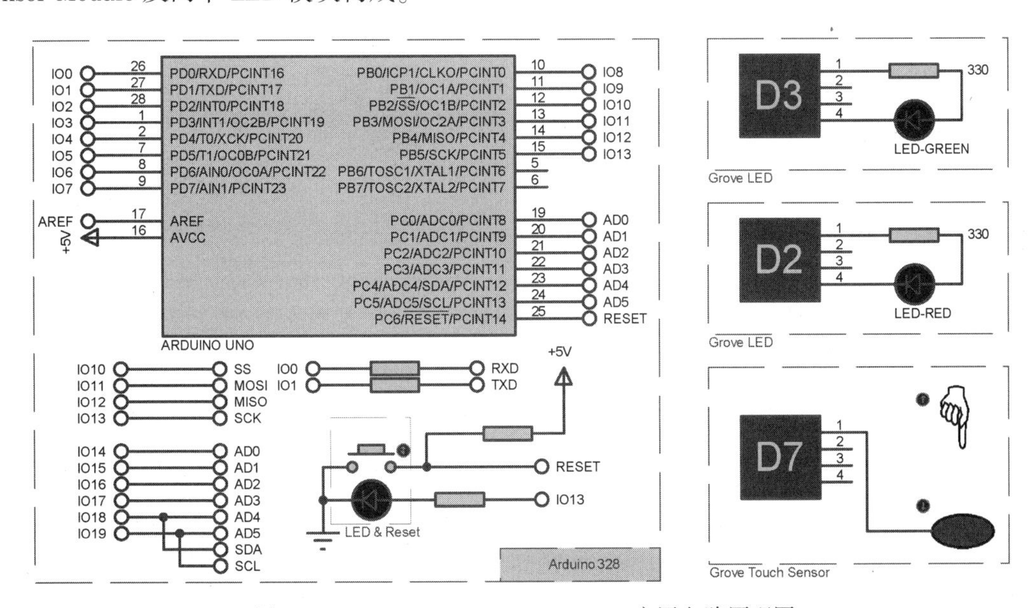

图 3-309 Grove Touch Sensor Module 应用电路原理图

【可视化流程图】Grove Touch Sensor Module 应用可视化流程图如图 3-310 所示。当触摸到传感器时，LED1 亮，LED2 灭；当没有触摸到传感器时，LED1 灭，LED2 亮。

【仿真结果】当触摸到感器时，LED1 亮，LED2 灭，如图 3-311 所示。当没有触摸到传感器时，LED1 灭，LED2 亮，如图 3-312 所示。

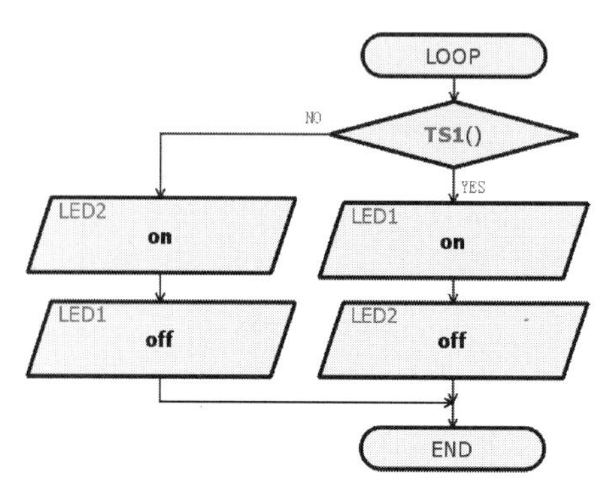

图 3-310　Grove Touch Sensor Module 应用可视化流程图

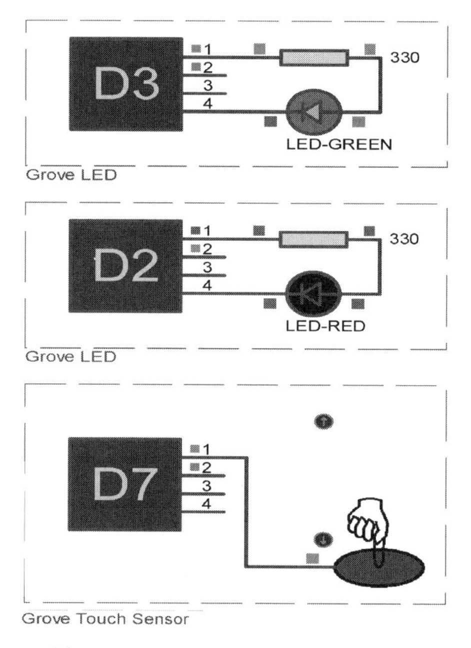

图 3-311　Grove Touch Sensor Module 应用仿真结果（一）

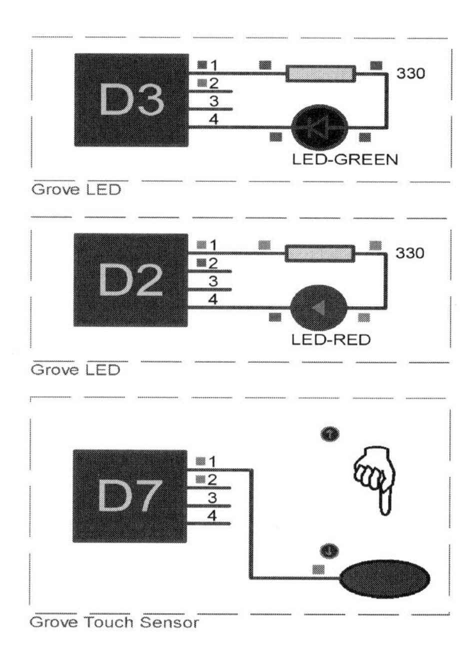

图 3-312　Grove Touch Sensor Module 应用仿真结果（二）

3.3.22　Grove Ultrasonic Ranger Module

Grove Ultrasonic Ranger Module 是 Grove 超声波测距模块。该模块有多种类型，目前比较常用的有 URM37 超声波传感器，默认是 232 接口，可以调为 TTL 接口；URM05 大功率超声波传感器测试距离能达到 10m，是目前测试距离比较远的一款了；另外，比较常用的还有国外的几款 SRF 系列的超声波模块，目前的超声波模块精度能达到 1cm。

超声波是指频率高于 20kHz 的机械波。为了以超声波作为检测手段，必须产生超声波和接收超声波。完成这种功能的装置就是超声波传感器，习惯上称其为超声波换能器或超声波探头。超声波传感器有发送器和接收器，一个超声波传感器也可具有发送和接收声波的双重作用。超声波传感器利用压电效应的原理实现电能和超声波相互转化，即在发射超声波的时候，将电能转换为超声波，发射超声波；而在收到回波的时候，则将超声振动转换成电信号。

超声波测距一般采用渡越时间法（Time of Flight，TOF）。首先测出超声波从发射到遇到障碍物返回所经历的时间，再乘以超声波的速度就得到二倍的声源与障碍物之间的距离。

1. 电路原理图

Grove Ultrasonic Ranger Module 电路原理图如图 3-313 所示。

2. 可视化命令

Grove Ultrasonic Ranger Module 可视化命令（如图 3-314 所示）包括以厘米为单位读取距离和以英寸为单位读取距离。

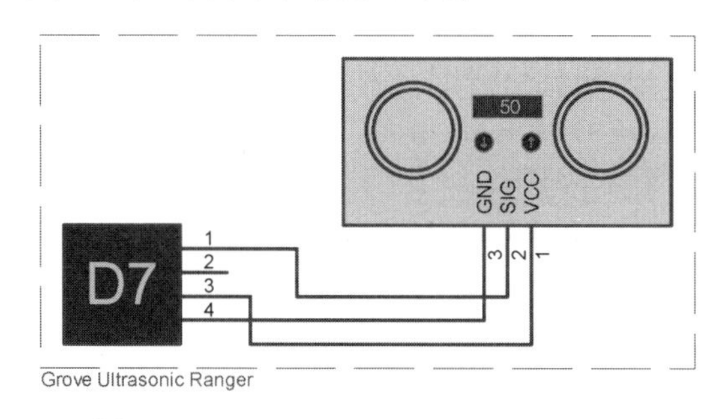

图 3-313　Grove Ultrasonic Ranger Module 电路原理图

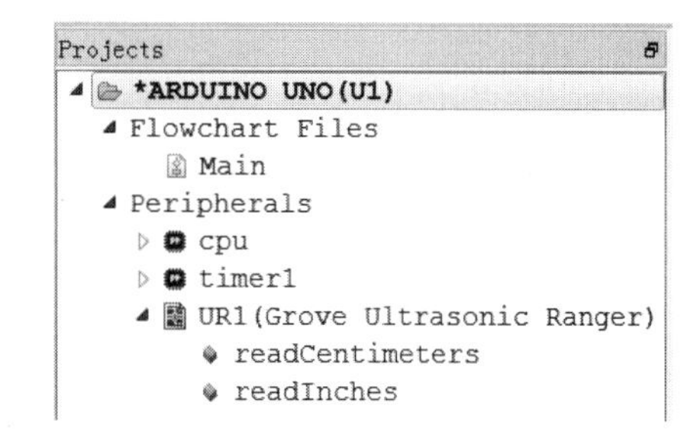

图 3-314　Grove Ultrasonic Ranger Module 可视化命令

3. 简单实例：Grove Ultrasonic Ranger Module 应用

【目标功能】该电路设计的目的是将超声波传感器测得的距离值传递到 I²C 液晶显示模块和 Grove 终端模块上，并将距离值输出到 I²C 液晶显示模块和 Grove 终端模块。

在 Proteus 8.5 中，其电路原理图如图 3-315 所示。系统由 Arduino Uno 开发板、Grove Ultrasonic Ranger Module、Grove 终端模块及 I²C 液晶显示模块构成。

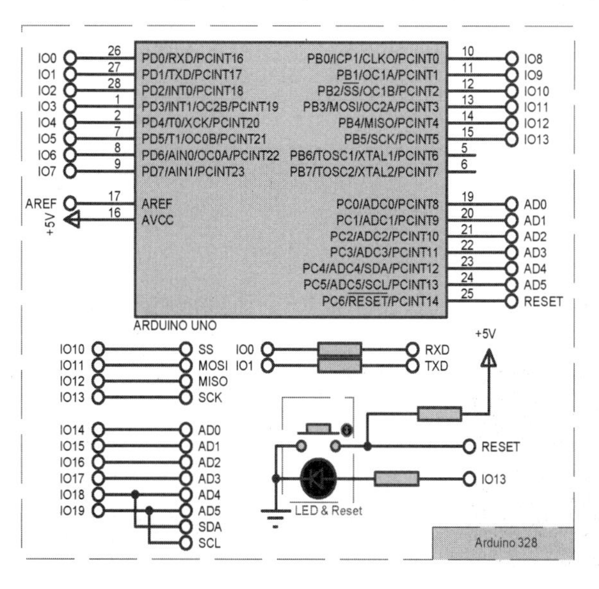

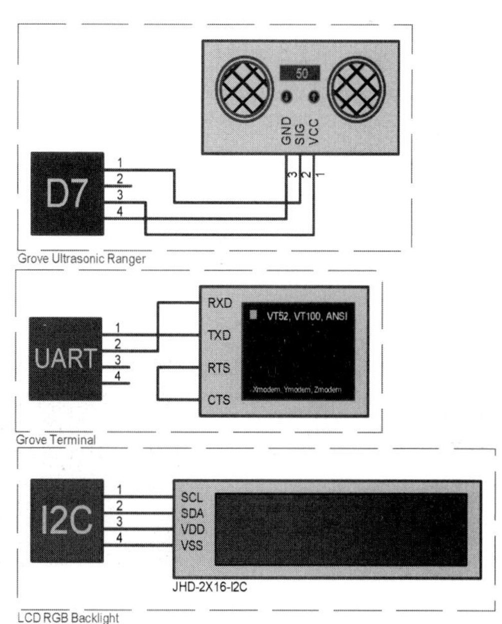

图 3-315　Grove Ultrasonic Ranger Module 应用电路原理图

【可视化流程图】Grove Ultrasonic Ranger Module 应用可视化流程图如图 3-316 所示。当距离小于 400cm 时，液晶显示屏显示距离值，反之，液晶显示屏显示“Out of range”。

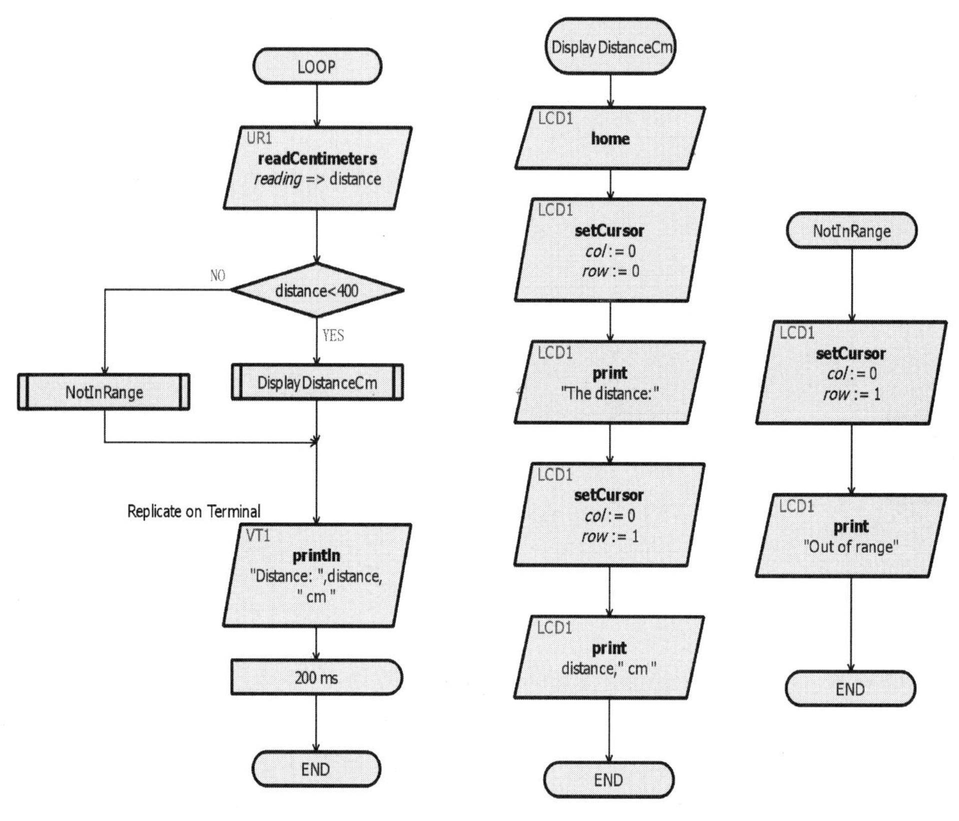

图 3-316 Grove Ultrasonic Ranger Module 应用可视化流程图

【仿真结果】当超声波传感器采集到的距离为 380cm 时，液晶显示屏显示距离值为 381cm，如图 3-317 所示，这是因为精度为 1cm，Grove 终端交替显示 380cm 和 381cm。

当超声波传感器采集到的距离为 414cm 时，由于其大于 400cm，液晶显示屏显示“Out of range”，在 Grove 上显示的距离值与之不匹配，如图 3-318 所示。

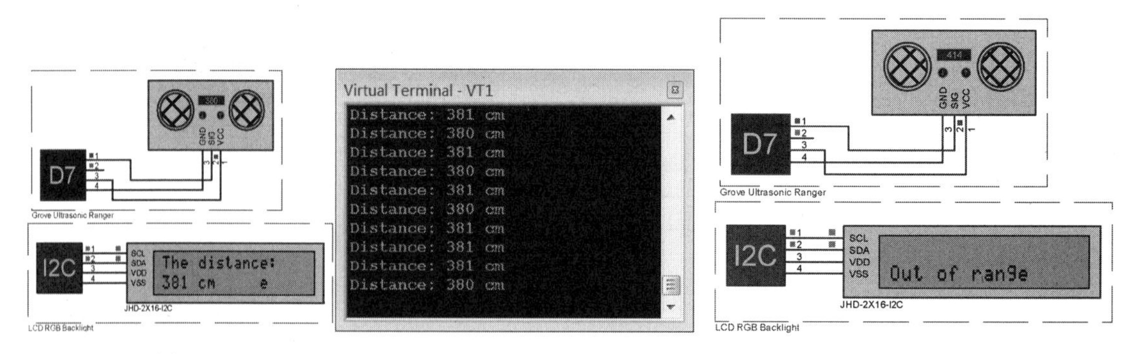

图 3-317 Grove Ultrasonic Ranger Module 应用仿真结果（一）

图 3-318 Grove Ultrasonic Ranger Module 应用仿真结果（二）

3.3.23 Grove Voltage Divider Module

Grove Voltage Divider Module是Grove电压分压模块，分压器能够提供测量电源电压的接口，不需要连接到输入接口的电阻。电压增益可以通过选位开关选择。该模块是一个非常容易使用的模块，可以放在各种项目中且具有非常有竞争力的价格，广泛应用在供暖、通风、电机控制及空调、台式计算机、洗衣机、电冰箱等领域。

该模块具有以下特性。

☺ 工作电压2.7～5V。

☺ 在-40～125℃温度范围内工作。

☺ 低功耗关断模式。

☺ 无交互失真。

☺ 低电源电流。

☺ 轨到轨输出摆幅。

1. 电路原理图

Grove Voltage Divider Module电路原理图如图3-319所示。这里电压分压利用的是电位器，当电位器位置改变时，相应的输出电压改变。

2. 可视化命令

Grove Voltage Divider Module可视化命令（如图3-320所示）包括读取模拟电压值、读取平均模拟电压值及读取输入电压值。

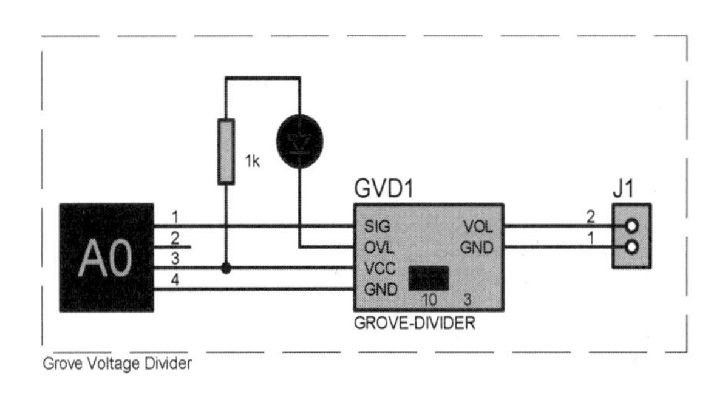

图3-319 Grove Voltage Divider Module 电路原理图

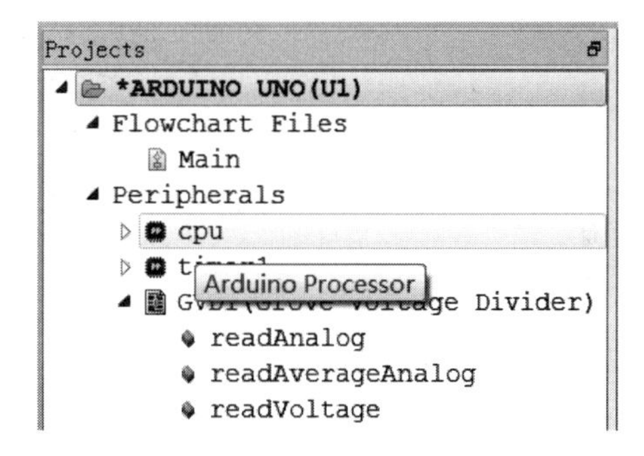

图3-320 Grove Voltage Divider Module 可视化命令

3. 简单实例：Grove Voltage Divider Module应用

【目标功能】该电路设计的目的是读取电压分压传感器采集到的输入原始值和输入电压值，并将其传递和输出到Grove终端模块。

在Proteus 8.5中，其电路原理图如图3-321所示。系统由Arduino Uno开发板、Grove Voltage Divider Module及Grove终端模块构成。

【可视化流程图】Grove Voltage Divider Module应用可视化流程图如图3-322所示。对于输入电压原始值，采集500次取其平均值。

【仿真结果】单击仿真按钮，仿真结果如图3-323所示。当滑动变阻器为56%时，Grove终端显示输入平均原始值为229，输入电压值为11.193V。

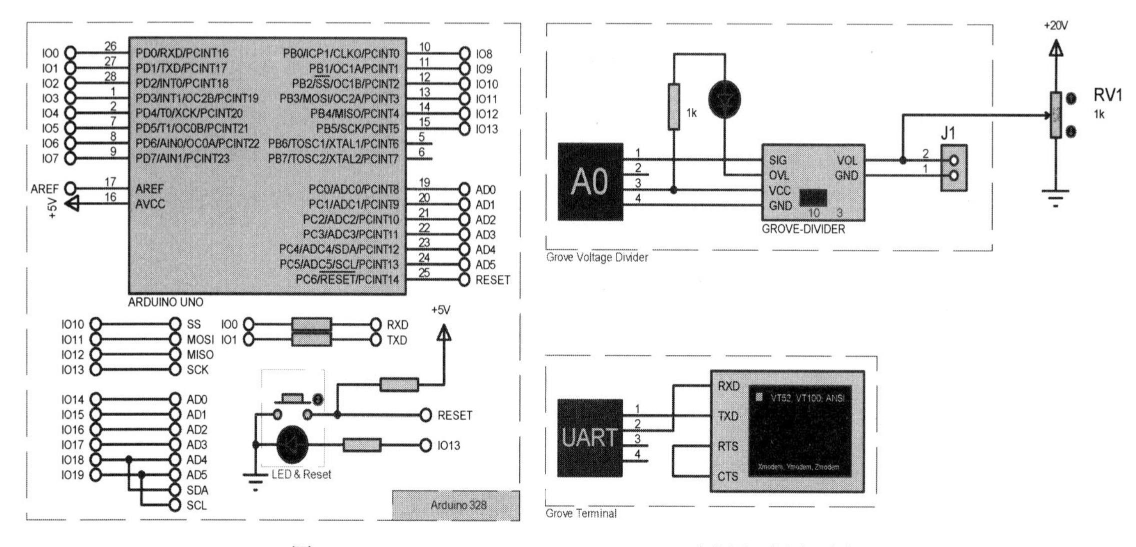

图 3-321　Grove Voltage Divider Module 应用电路原理图

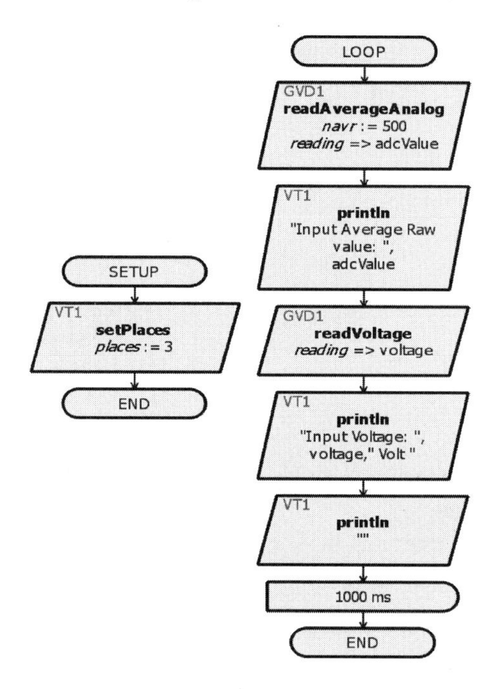

图 3-322　Grove Voltage Divider Module 应用可视化流程图

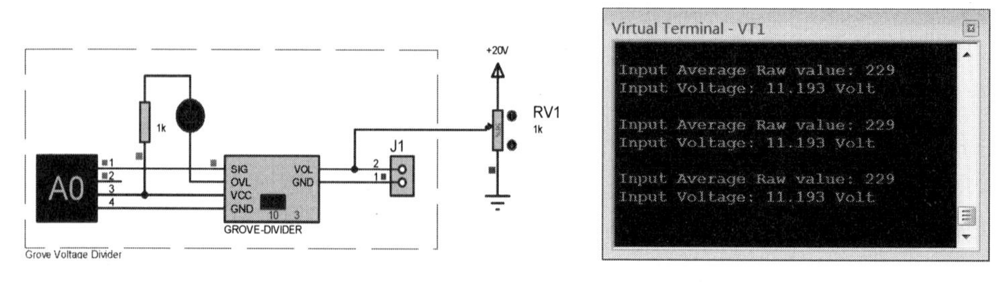

图 3-323　Grove Voltage Divider Module 应用仿真结果

3.4　电机控制

3.4.1　具有直流电机及步进电机的电机模块

具有直流电机及步进电机的电机模块由 PCA9685 模块、TB6612FNG 模块、步进电机、直流电机及伺服电机构成。该模块由 PCA9685 模块的输出端产生 PWM 波进而驱动 TB6612FNG 来控制电机工作。

1. 电机模块的构成

1）PCA9685 模块

PCA9685 是一款基于 I^2C 总线接口的 16 位 LED 控制器，该控制器特别为红、绿、蓝、琥珀（RGBA）色的混合应用进行了优化。每个 LED 输出都有自己 12 位分辨率（4096 级）固定频率的独立 PWM 控制器。该 PWM 控制器运行在 40 ～ 1000Hz 范围的频率下，占空比在 0%～ 100%范围内可调，用于设置 LED 到一个确定的亮度值。所有输出都设置为相同的 PWM 频率。

引脚功能如表 3-16 所示。

表 3-16　引脚功能

引脚编号	引脚符号	功　能
1～5、24	A0～A5	地址输入端口
6～22	LED0～LED15	LED 输出驱动
23	$\overline{OE}$	低电平输出使能
25	EXTCLK	外部时钟输入
26	SCL	串行时钟线
27	SDA	串行数据线

2）TB6612FNG 模块

TB6612FNG 模块是一款新型驱动器件，具有大电流 MOSFET-H 桥结构，双通道电路输出，能独立双向控制 2 个直流电机。它具有很高的集成度，同时能提供足够的输出能力，运行性能和能耗方面也具有优势，因此在集成化、小型化的电机控制系统中，它可以作为理想的电机驱动器件。

TB6612FNG 模块具有以下特性。

☺ 每通道输出最高 1.2A 的连续驱动电流，启动峰值电流达 2A/3.2A（连续脉冲/单脉冲）。

☺ 4 种电机控制模式：正转、反转、制动、停止。

☺ PWM 支持频率高达 100kHz。

☺ 待机状态。

☺ 具有片内低压检测电路与热停机保护电路。

☺ 工作温度：-20 ～+85℃。

☺ SSOP24 小型贴片封装。

引脚功能如表 3-17 所示。

表 3-17 引脚功能

引脚编号	引脚符号	功 能
1、2	AO1/AO1′	2 路电机控制输出端
3、4	PGND1、PGND1′	接地端
5、6	AO2、AO2′	电机控制输出端
7、8	BO2/BO2′	2 路电机控制输出端
9、10	PGND2、PGND2′	接地端
11、12	BO1、BO1′	电机控制输出端
13、14、24	VM2、VM3、VM1	电机驱动电压输入（4.5～15 V）
23、15	PWMA、PWMB	控制信号输入端
17、16	BIN1、BIN2	控制信号输入端
19	STBY	正常工作/待机状态控制引脚
21、22	AIN1、AIN2	控制信号输入端

3）步进电机

步进电机是将电脉冲信号转变为角位移或线位移的开环控制元件。在非超载的情况下，电机的转速、停止的位置只取决于脉冲信号的频率和脉冲数，而不受负载变化的影响，当步进驱动器接收到一个脉冲信号，它就驱动步进电机按设定的方向转动一个固定的角度（称为步距角），它的旋转是以固定的角度一步一步运行的。可以通过控制脉冲个数来控制角位移量，从而达到准确定位的目的；同时可以通过控制脉冲频率来控制电机转动的速度和加速度，从而达到调速的目的。

步进电机是一种感应电机，它的工作原理是利用电子电路，将直流电变成分时供电的、多相时序控制电流，用这种电流为步进电机供电，步进电机才能正常工作。驱动器就是为步进电机提供分时供电的多相时序控制器。

4）直流电机

直流电机是指能将直流电能转换成机械能（直流电动机）或将机械能转换成直流电能（直流发电机）的旋转电机。它是能实现直流电能和机械能互相转换的电机。当它作为电动机运行时，它是直流电动机，将电能转换为机械能；当它作发电机运行时，它是直流发电机，将机械能转换为电能。

直流电机内部固定有环状永磁体，电流通过转子上的线圈产生安培力，当转子上的线圈与磁场平行时，再继续转，磁场方向将改变，此时转子末端的电刷跟转换片交替接触，从而线圈上的电流方向也改变，产生的洛伦兹力方向不变，所以电机能保持在一个方向转动。

5）伺服电机

关于伺服电机，前面章节已经做了详细介绍，这里不再赘述。

2. 电路原理图

具有直流电机及步进电机的电机模块的电路原理图如图 3-324 所示。

3. 可视化命令

具有直流电机及步进电机的电机模块由 PCA9685 模块、TB6612FNG 模块、步进电机、直流电机及伺服电机构成，其可视化命令也由这些模块的可视化模块构成，如图 3-325 所示。

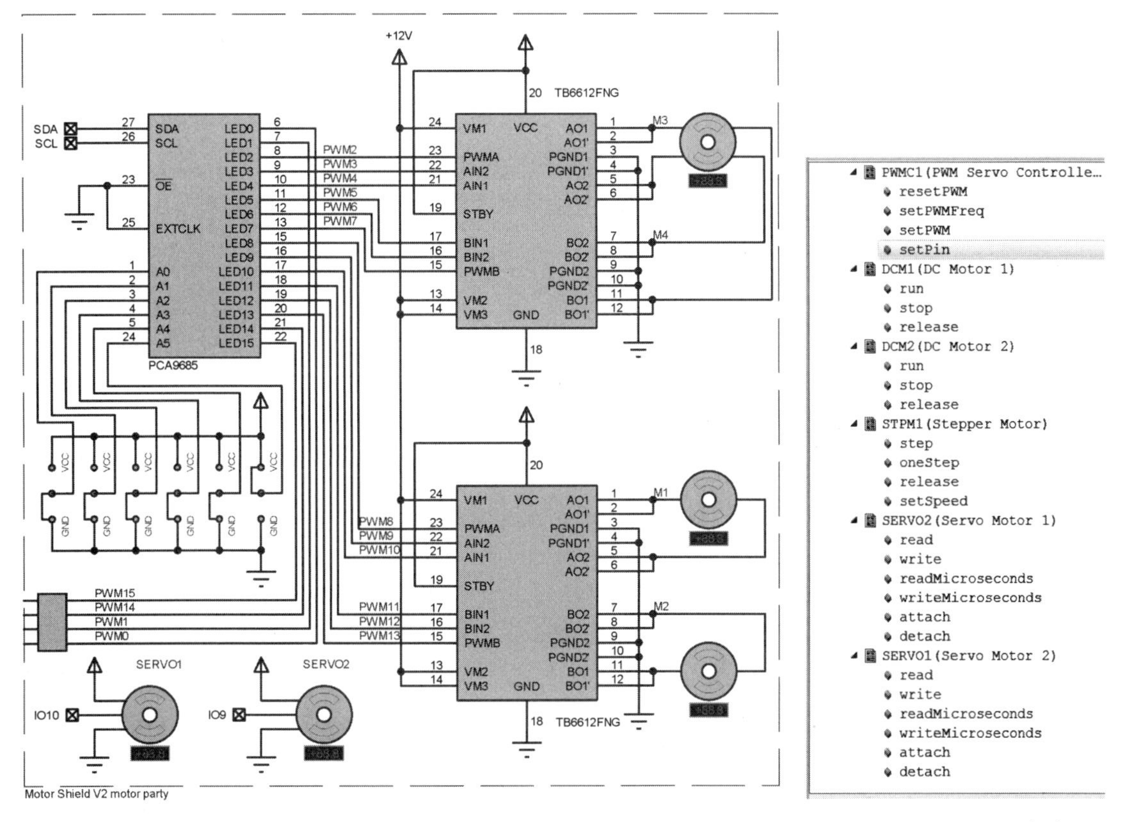

图 3-324　电路原理图　　　　图 3-325　可视化命令

PCA9685 模块的可视化命令主要分为 4 个部分，分别为重设 PWM 模块、设置 PWM 频率模块、设置 PWM 模块、设置引脚模块。直流电机模块的可视化命令包括运行模块、停止模块和电机空转模块。步进电机模块的可视化命令包括指定的步数前进模块、单步前进模块、空转模块。伺服电机模块的可视化命令包括读取伺服电机的转角模块、设置伺服电机的转角模块、读取控制电机的脉冲宽度模块、设置控制电机的脉冲宽度模块、将伺服控制器重新连接到其引脚模块及将伺服控制器从其引脚分离模块。

4. 简单实例

【目标功能】该电路设计的目的是由 PCA9685 模块的输出端产生 PWM 波进而驱动 TB6612FNG 来控制直流电机 M1、M2 和步进电机 M3 按照设计者的意愿工作。电路原理图如图 3-326 所示。系统由 3 个部分构成，即 Arduino 328，I^2C 总线模块及具有伺服、直流及步进电机的模块。

【可视化流程图】可视化流程图如图 3-327 所示。该电路程序由两个部分组成，即 SETUP( )和 LOOP( )。

☺ SETUP( )：初始化程序。程序流程：定义变量值 *i*→设置 PCA9685 模块的 PWM 波频率→设置 PCA9685 模块开启状态的各种参数值→使直流电机 DCM2 运行并设置其为正转且转角为 50°→使直流电机 DCM1 运行并设置其为反转且转角为 100°→设置步进电机的转角为 50°。

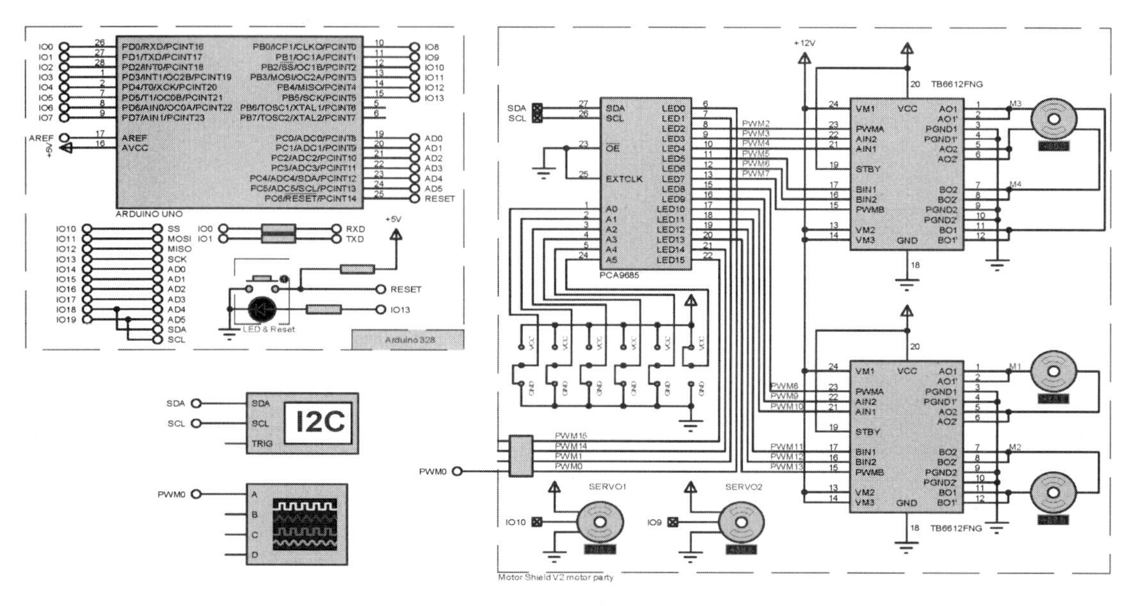

图 3-326　电路原理图

☺ LOOP( )：主循环程序。程序流程：① 第一个循环。定义循环变量 setAngle 范围为 1 ～180，增加量度为 1→设置伺服电机 SERVO1 的转角为 setAngle→设置伺服电机 SERVO2 的转角为 5 * setAngle→设置步进电机 STPM1 正向以一步的步数前进→执行下一个 setAngle 数据。② 第二个循环。定义循环变量 setAngle 范围为 1 ～ 180，以量度 1 递减→设置伺服电机 SERVO1 的转角为 setAngle→设置伺服电机 SERVO2 的转角为 5setAngle→设置步进电机 STPM1 反向以一步的步数反转→执行下一个 setAngle 数据。

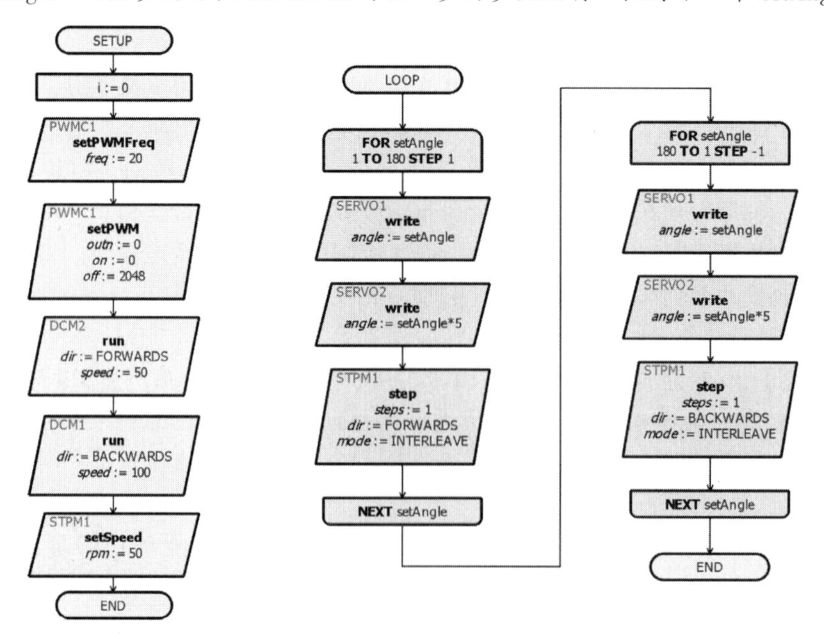

图 3-327　可视化流程图

【仿真结果】应用仿真结果如图 3-328 所示，M1 正转且转角大约为 95°，M2 反转且转速大约为 190°；SERVO1 和 SERVO2 交替从-90°到+90°连续变化；当 SERVO1 角度增加时，步进电机正转且转数增加；当 SERVO1 角度减小时，步进电机反转且转数减少。示波器输出的是 PWM0 的输出波。

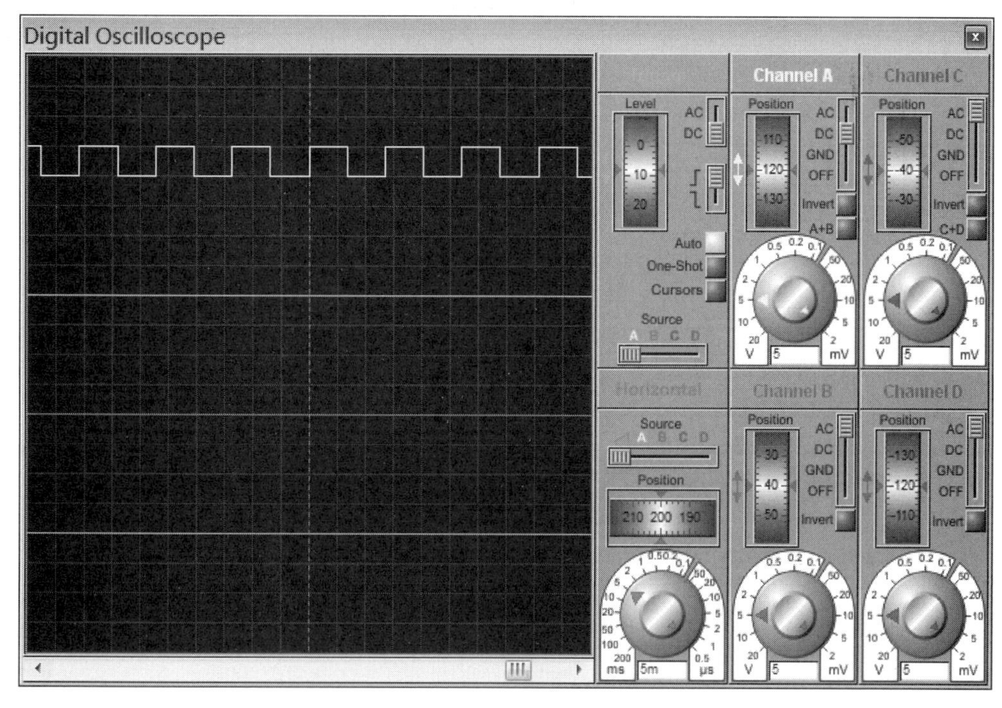

图 3-328　应用仿真结果

3.4.2　带两个步进电机的电机模块 V2

带两个步进电机的电机模块 V2 与前面具有直流电机及步进电机的电机模块的构成几乎一样，只不过带两个步进电机的电机模块 V2 由 PCA9685 模块、TB6612FNG 模块、步进电机及伺服电机构成。该模块也是由 PCA9685 模块的输出端产生 PWM 波进而驱动 TB6612FNG 来控制电机工作。

1. 电路原理图

其电路原理图如图 3-329 所示。

2. 可视化命令

带两个步进电机的电机模块 V2 由 PCA9685 模块、TB6612FNG 模块、步进电机及伺服电机模块构成，其可视化命令也由这些模块的可视化模块构成，如图 3-330 所示。

PCA9685 模块的可视化命令主要分为 4 个部分，分别为重设 PWM 模块、设置 PWM 频率模块、设置 PWM 模块、设置引脚模块。

步进电机模块的可视化命令包括按指定的步数前进模块、单步前进模块、释放电机让其空转模块及设置电机的转速模块。

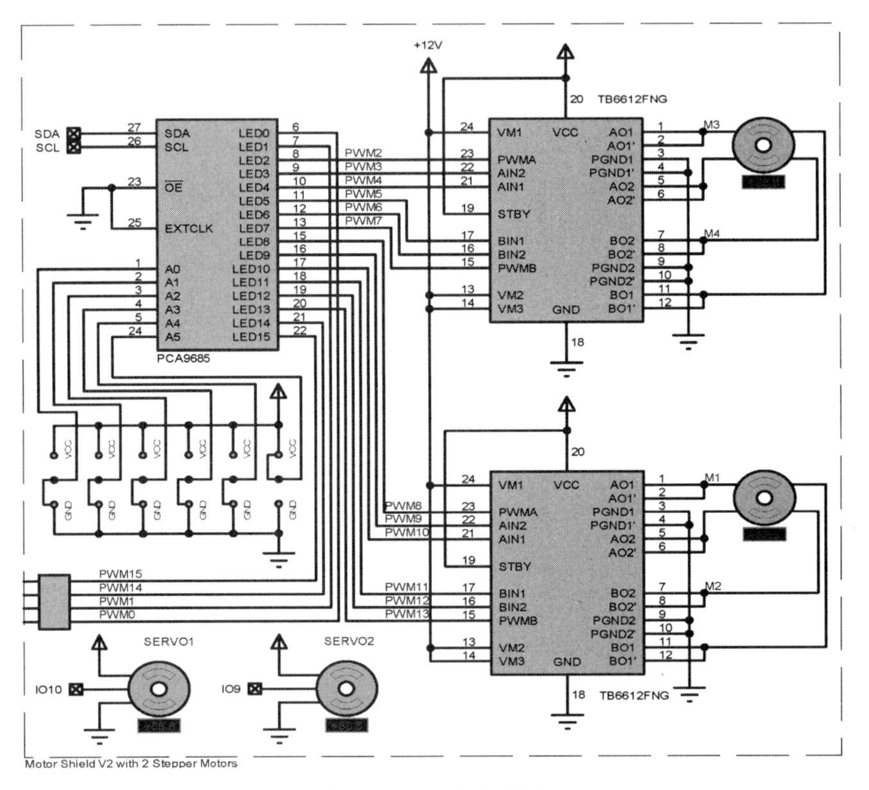

图 3-329 电路原理图

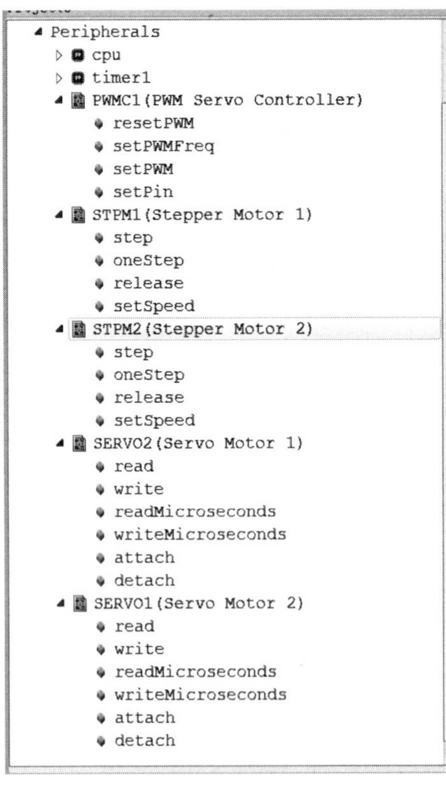

图 3-330 可视化命令

伺服电机模块的可视化命令包括读取伺服电机的转角模块、设置伺服电机的转角模块、读取控制电机的脉冲宽度模块、设置控制电机的脉冲宽度模块、将伺服控制器重新连接到其引脚模块及将伺服控制器从其引脚分离模块。

3. 简单实例

【目标功能】该电路设计的目的是控制 PCA9685 模块的输出端产生 PWM 波进而驱动 TB6612FNG 来控制电机工作。电路原理图如图 3-331 所示，该电路中没有使用 SERVO1 和 SERVO2。具体控制信息由程序给出。

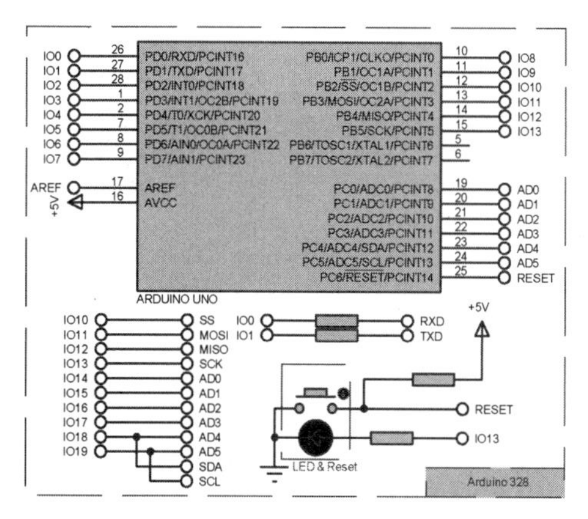

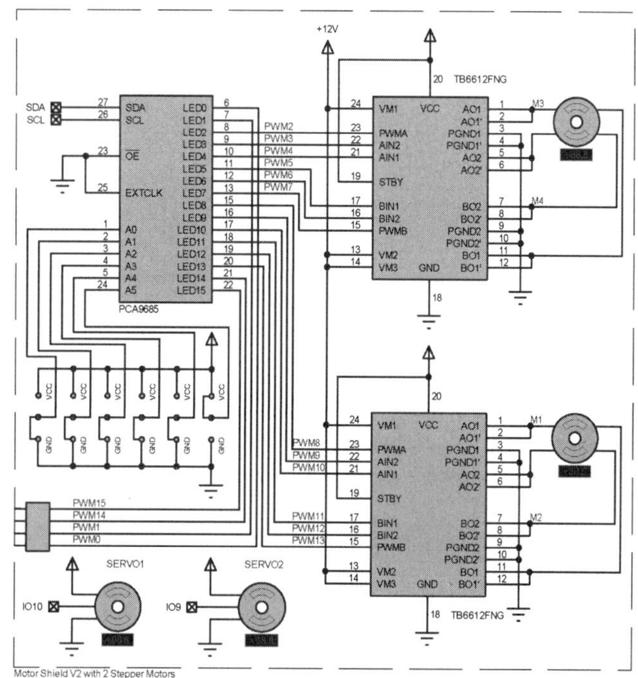

图 3-331　电路原理图

【可视化流程图】可视化流程图如图 3-332 所示。该电路程序由两个部分组成，即 SETUP( )和 LOOP( )。

☺ SETUP( )：初始化程序。程序流程：设置 PCA9685 模块的 PWM 波频率→将 SERVO1 的连接断开→将 SERVO2 的连接断开→设置步进电机 STMP1 的转速为 50r/min→设置步进电机 STMP2 的转速为 50r/min。

☺ LOOP( )：主循环程序。程序流程：① 第一个循环。定义循环变量 i 范围为 0 ～ 80，增加量度为 1→设置步进电机 STPM1 正向以 2 步的步数前进→设置步进电机 STPM2 正向以 4 步的步数前进→执行下一个 i 数据。② 第二个循环。定义循环变量 i 范围为 0 ～ 80，以 1 的量度递减→设置步进电机 STPM1 反向以 2 步的步数前进→设置步进电机 STPM2 反向以 4 步的步数前进→执行下一个 i 数据。

【仿真结果】应用仿真结果如图 3-333 所示，电路中的 SERVO1 和 SERVO2 不工作，两个步进电机循环进行正转和反转。

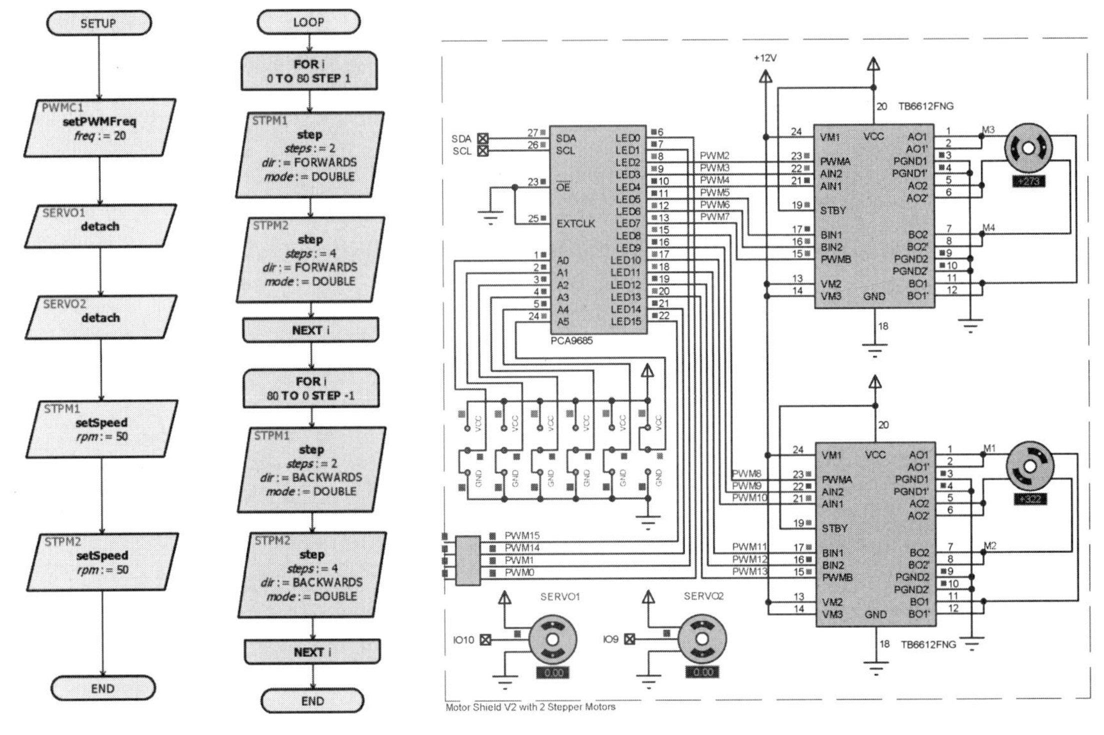

图 3-332　可视化流程图　　　　图 3-333　应用仿真结果

3.4.3　带 4 个直流电机的电机模块 V2

带 4 个直流电机的电机模块 V2 与前面具有直流电机及步进电机的电机模块的构成几乎一样，只不过带 4 个直流电机的电机模块 V2 由 PCA9685 模块、TB6612FNG 模块、直流电机及伺服电机构成。该模块也是由 PCA9685 模块的输出端产生 PWM 波进而驱动 TB6612FNG 来控制电机工作。

1. 电路原理图

其电路原理图如图 3-334 所示。

2. 可视化命令

带 4 个直流电机的电机模块 V2 由 PCA9685 模块、TB6612FNG 模块、直流电机及伺服电机模块构成，其可视化命令也由这些模块的可视化模块构成，如图 3-335 所示。

PCA9685 模块的可视化命令主要分为 4 个部分，分别为重设 PWM 模块、设置 PWM 频率模块、设置 PWM 模块、设置引脚模块。

直流电机模块的可视化命令包括使电机运行模块、使电机停止工作模块及释放电机让其空转模块。

伺服电机模块的可视化命令包括读取伺服电机的转角模块、设置伺服电机的转角模块、读取控制电机的脉冲宽度模块、设置控制电机的脉冲宽度模块、将伺服控制器重新连接到其引脚及将伺服控制器从其引脚分离模块。

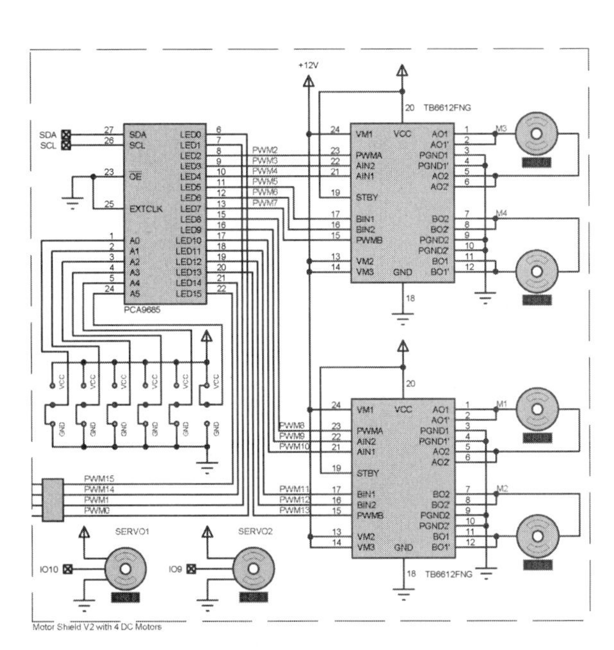

图 3-334　电路原理图

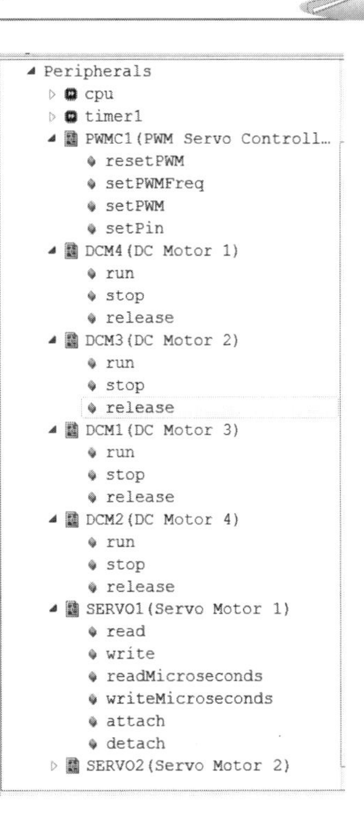

图 3-335　可视化命令

3. 简单实例

【目标功能】该电路设计的目的是控制 PCA9685 模块的输出端产生 PWM 波进而驱动 TB6612FNG 来控制 4 个直流电机工作。电路原理图如图 3-336 所示，该电路中没有使用 SERVO1 和 SERVO2。

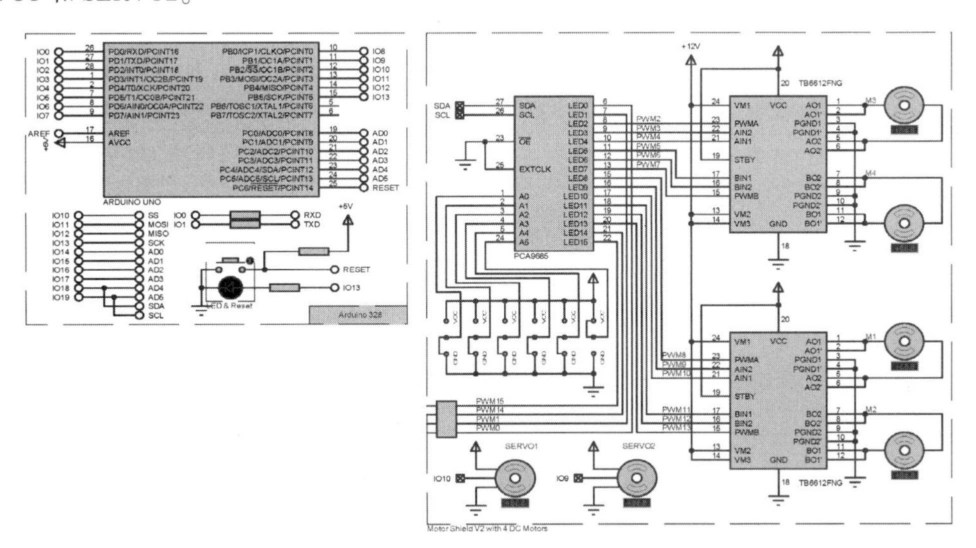

图 3-336　电路原理图

【可视化流程图】可视化流程图如图 3-337 所示。该电路程序由两个部分组成，即 SETUP( )和 LOOP( )。

☺ SETUP( )：初始化程序。程序流程：设置 PCA9685 模块的 PWM 波频率→设置

PCA9685 模块开启状态时的相关参数→将 SERVO1 的连接断开→将 SERVO2 的连接断开。

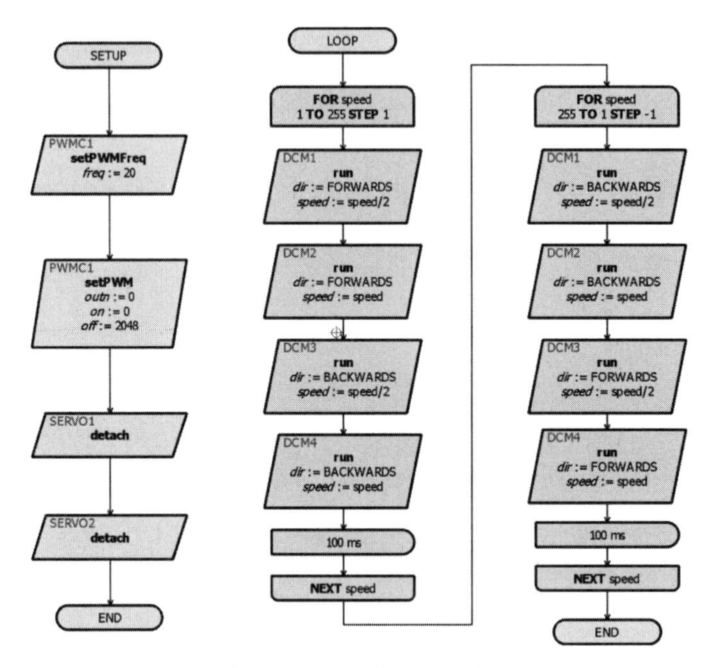

图 3-337　可视化流程图

☺ LOOP( )：主循环程序。程序流程：① 第一个循环。定义循环变量 speed 范围为 1 ～ 255，增加量度为 1→设置直流电机 DCM1 正向以 speed/2 速度前进→设置直流电机 DCM2 正向以 speed 速度前进→设置直流电机 DCM3 反向以 speed/2 速度前进→设置直流电机 DCM4 反向以 speed 速度前进→延迟 100ms→执行下一个 speed 数据。② 第二个循环。定义循环变量 speed 范围为 1 ～ 255，递减量度为 1→设置直流电机 DCM1 反向以 speed/2 速度前进→设置直流电机 DCM2 反向以 speed 速度前进→设置直流电机 DCM3 正向以 speed/2 速度前进→设置直流电机 DCM4 正向以 speed 速度前进→延迟 100ms→执行下一个 speed 数据。

【仿真结果】应用仿真结果如图 3-338 所示，电路中 SERVO1 和 SERVO2 不工作，M1、M2 与 M3、M4 两组电机转动方向循环交替变化且 M2 的转速是 M1 的两倍，M4 的转速是 M3 的两倍。

3.4.4　带直流电机的 Arduino 电机模块（R3）

L298N 是 ST 公司生产的一种高电压、大电流电机驱动芯片。该芯片采用 15 脚封装。主要特点如下：①工作电压最高可达 46V，输出电流瞬间峰值可达 3A，持续工作电流为 2A，额定功率为 25W；②内含两个 H 桥的高电压、大电流全桥式驱动器，可以用来驱动直流电动机、步进电动机、继电器线圈等感性负载；③采用标准逻辑电平信号控制；④具有两个使能控制端，在不受输入信号影响的情况下允许或禁止器件工作有一个逻辑电源输入端，使内部逻辑电路部分在低电压下工作；⑤可以外接检测电阻，将变化量反馈给控制电路。

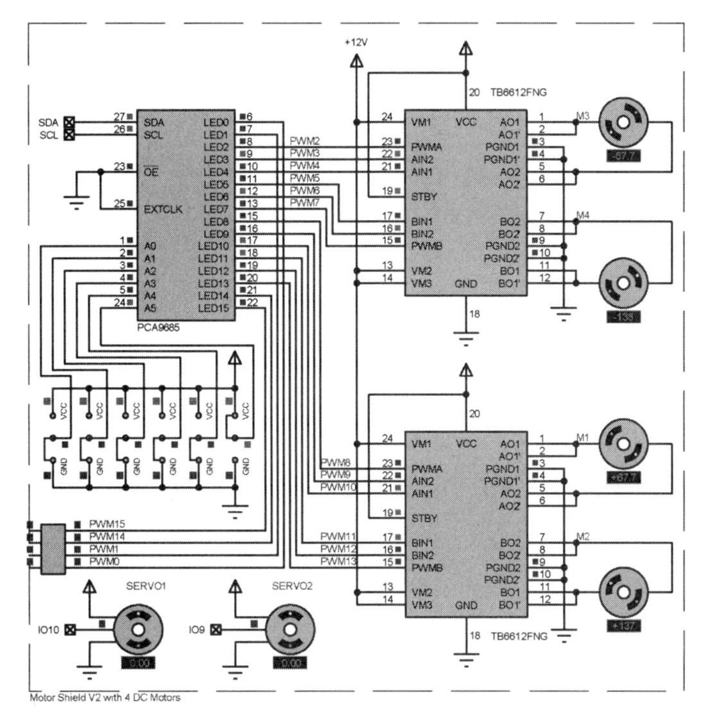

图 3-338　应用仿真结果

引脚功能如表 3-18 所示。

表 3-18　引脚功能

引脚编号	引脚符号	功　能
1、15	SENSA、SENSB	电流监测端，通常情况下这两个引脚可以直接接地
2、3、13、14	OUT1～OUT4	输出端
5、7、10、12	IN1～IN4	逻辑输入端
6、11	ENA、ENB	使能端，高电平有效
4	VS	电源
8	GND	接地
9	VCC	L298N 芯片供电 5V，此模块需要外接

Arduino 电机模块基于用于驱动电感负载（如继电器、螺线管、DC 和步进电机）的双全桥驱动器 L298，它能够利用 Arduino 板驱动两个 DC 电机，独立控制每个电机的速度和方向，还可以测量各个电机的吸收电流。模块是 TinkerKit 兼容型的，这意味着可以通过将 TinkerKit 模块插到电路板上来迅速创建项。这种模块有两个单独的通道，分别为 A 通道和 B 通道，每个通道使用 4 个引脚来选择旋转方向、变化速度、快速制动或流经电机的电流。模块上总共有 8 个引脚可供使用，可以分别使用每个通道来驱动两个直流电机或组合它们以一个双极步进电机驱动。

1. 电路原理图

其电路原理图如图 3-339 所示，由 L298 驱动电路驱动，由两个使能端 ENA 和 ENB 输入 PWM 波调速；IN1、IN2 控制电机 M1，IN3、IN4 控制电机 M2。例如，IN1 输入高电平 1，

IN2 输入低电平 0，对应电机 M1 正转；IN1 输入低电平 0，IN2 输入高电平 1，对应电机 M1 反转。输出端 OUT1 ～ OUT4 接两个直流电机且每个输出接 LED 灯以显示其状态。

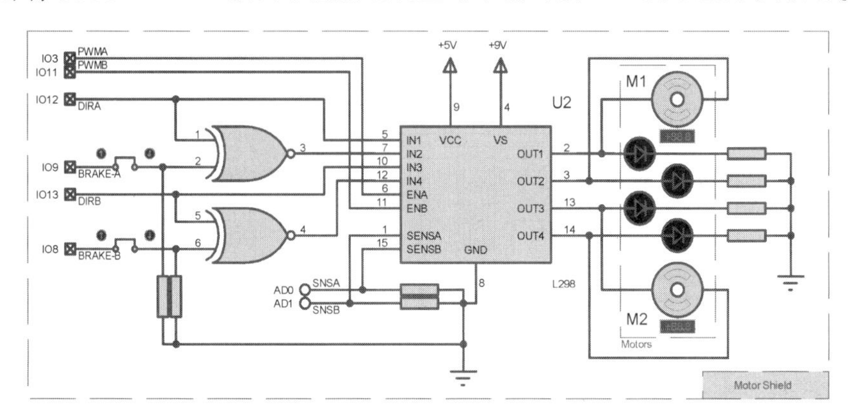

图 3-339　电路原理图

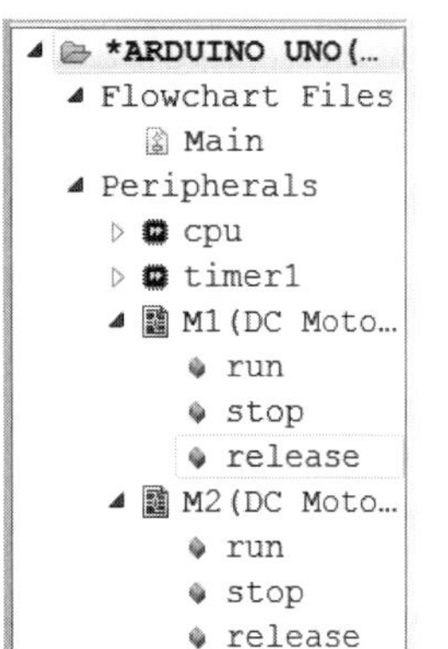

图 3-340　可视化命令

2. 可视化命令

其可视化命令由两个直流电机的可视化命令构成（如图 3-340 所示），这里仅介绍一个直流电机的可视化命令，即使电机运行、使电机停止运行及释放电机使其空转。

3. 简单实例

【目标功能】该电路的电机驱动模块已经集成好了，只需要将接口与 Arduino 328 连接就可以驱动两个电机工作，具体由程序给出。该电路（如图 3-341 所示）由两个部分构成，即 Arduino 328 与带直流电机的 Arduino 电机模块。

【可视化流程图】可视化流程图如图 3-342 所示。该电路程序由 3 个部分组成，即 SETUP( )、LOOP( ) 及 STOP( )（子程序）。

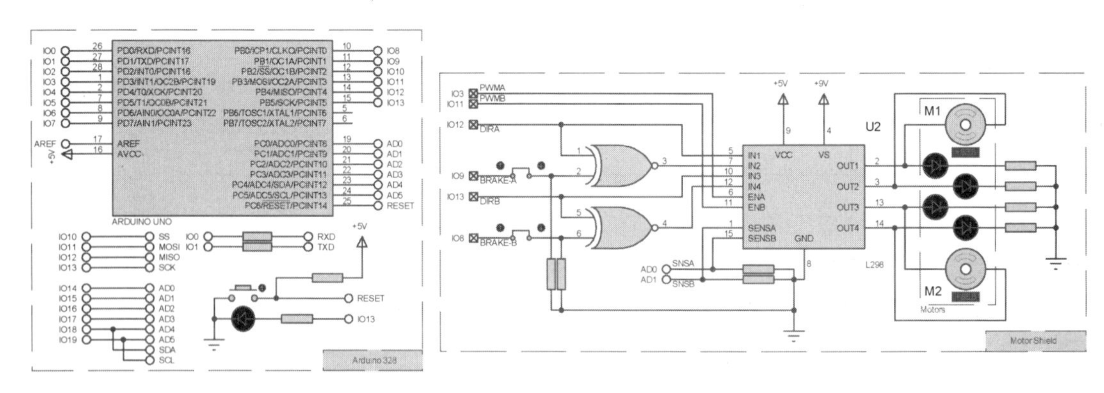

图 3-341　电路原理图

☺ SETUP( )：初始化程序，定义了 speed 这个变量并赋值 200。

☺ LOOP( )：主循环程序。程序流程为使直流电机 M1 正向以给定的 speed 速度运行→使直流电机 M2 反向以给定的 speed 速度运行→延时 5s→调用 stop( ) 子程序→使直流电机 M1 反向以给定的 speed 速度运行→使直流电机 M2 正向以给定的 speed 速度运行

→延时 5s→调用 stop( ) 子程序。

☺ STOP( )：程序流程为使 M1 停止→使 M2 停止→延时 5s。

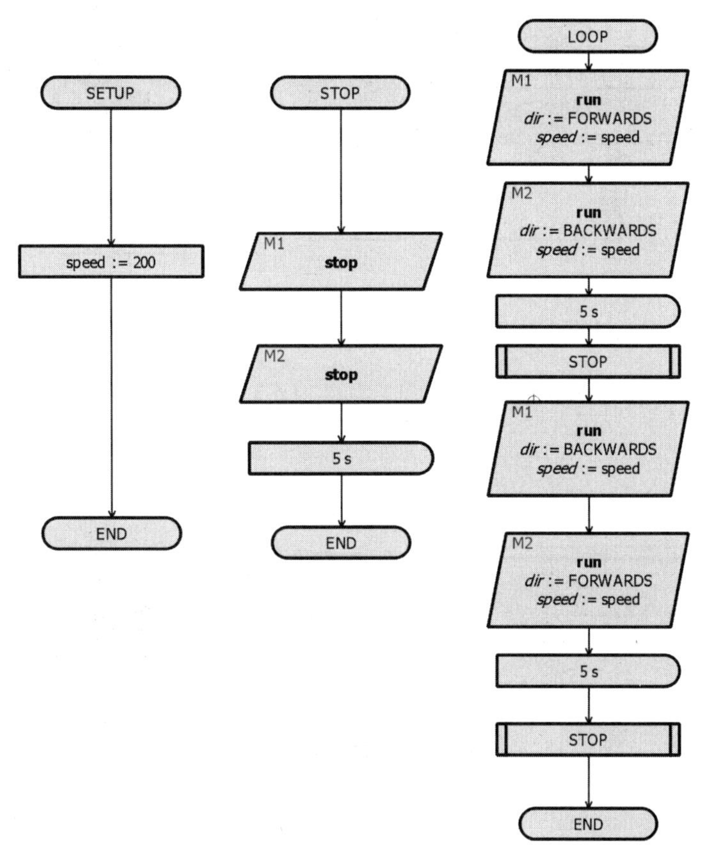

图 3-342　可视化流程图

【仿真结果】应用仿真结果如图 3-343 所示，当 OUT1 为 0、OUT2 为 1、OUT3 为 1、OUT2 为 0 时，M1 反转，M2 正转。

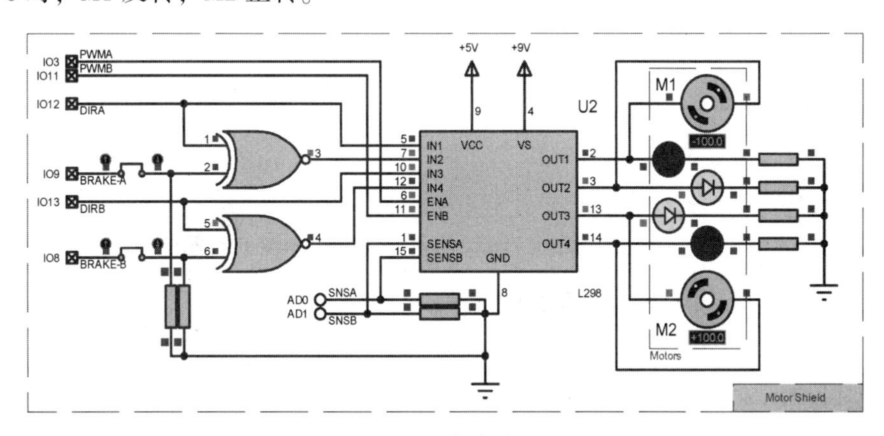

图 3-343　应用仿真结果（一）

如图 3-344 所示，当 OUT1 为 1、OUT2 为 0、OUT3 为 0、OUT2 为 1 时，M1 正转，M2 反转。

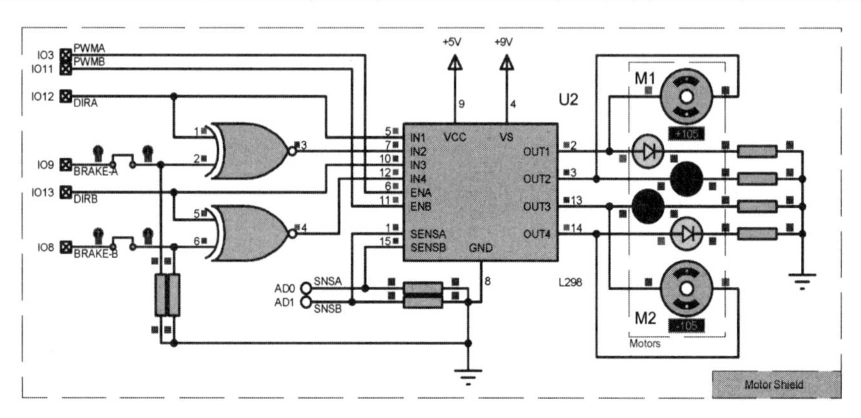

图 3-344 应用仿真结果（二）

如图 3-345 所示，当 OUT1 为 0、OUT2 为 0、OUT3 为 1、OUT2 为 1 时，M1 和 M2 停止运转。

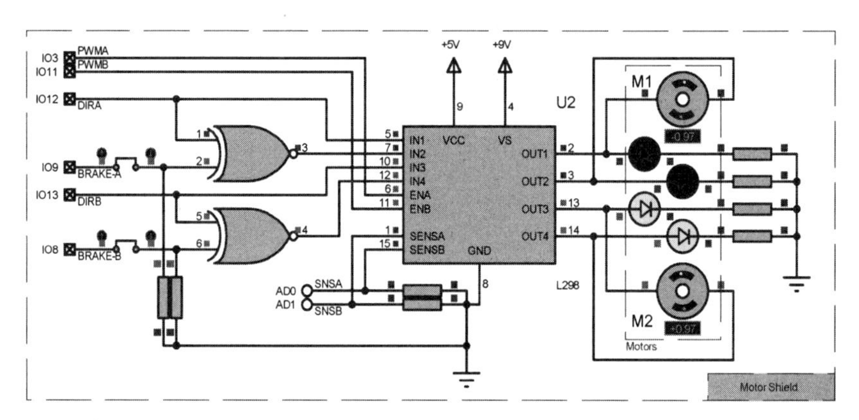

图 3-345 应用仿真结果（三）

如图 3-346 所示，当 OUT1 为 1、OUT2 为 1、OUT3 为 0、OUT2 为 0 时，M1 和 M2 停止运转。

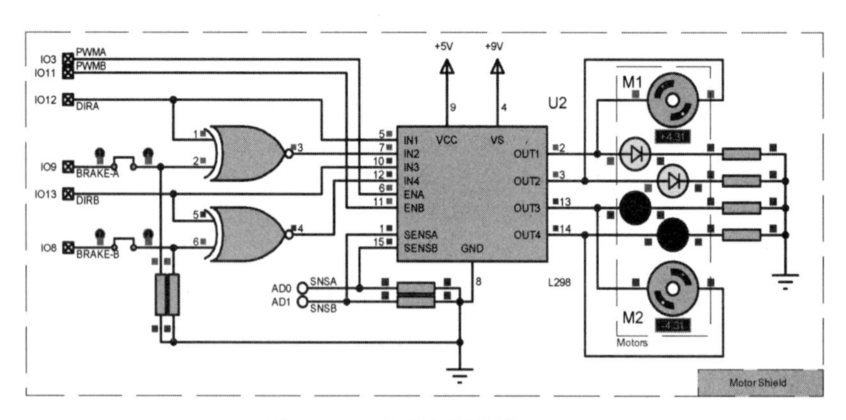

图 3-346 应用仿真结果（四）

3.4.5 带步进电机的 Arduino 电机模块（R3）

带步进电机的 Arduino 电机模块与前面带直流电机的电机模块的驱动原理是一样的，只不过这里的输出驱动的是一个步进电机，故这里就不做详细介绍了，详细原理见带直流电机的电机模块的驱动原理。

1. 电路原理图

其电路原理图如图 3-347 所示，由 L298 驱动电路驱动，由两个使能端 ENA 和 ENB 输入 PWM 波调速；IN1、IN2、IN3 和 IN4 作为输入端；输出端 OUT1 ～ OUT4 接步进电机且每个输出接 LED 灯以显示其状态。

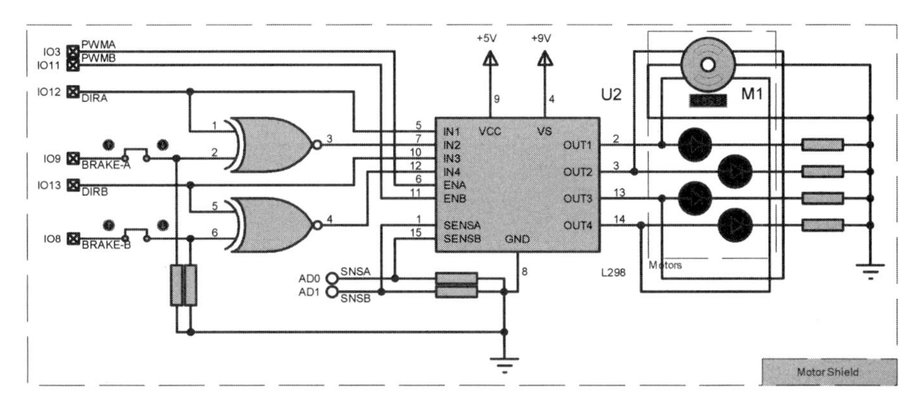

图 3-347　电路原理图

2. 可视化命令

其可视化命令（如图 3-348 所示）由步进电机的可视化程序构成，即按指定的步数前进、单步前进、释放电机让其空转及设置电机的转速。

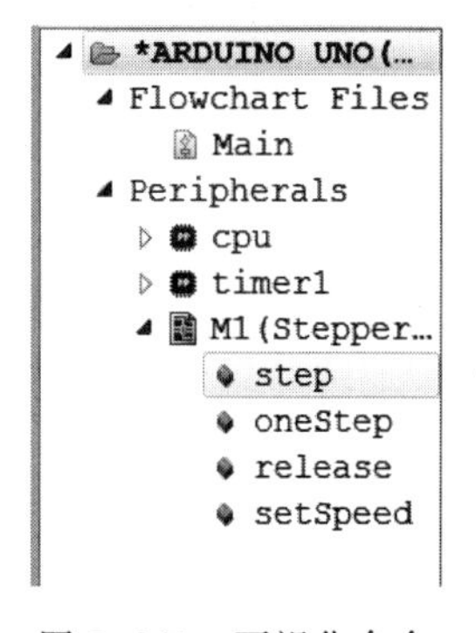

图 3-348　可视化命令

3. 简单实例

【目标功能】该电路的电机驱动模块已经集成好了，只需要将接口与 Arduino 328 连接就可以驱动两个电机工作，具体由程序给出。电路原理图如图 3-349 所示。系统由两个部分构成，即 Arduino 328 与带直流电机的 Arduino 电机模块。

【可视化流程图】可视化流程图如图 3-350 所示。该电路程序由两个部分组成，即 SETUP( )、LOOP( )。

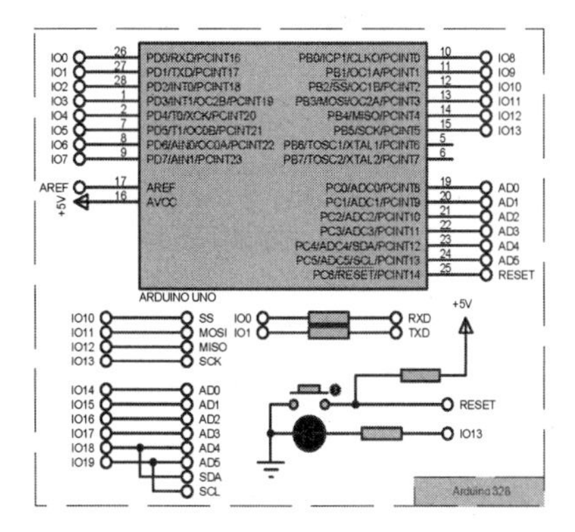

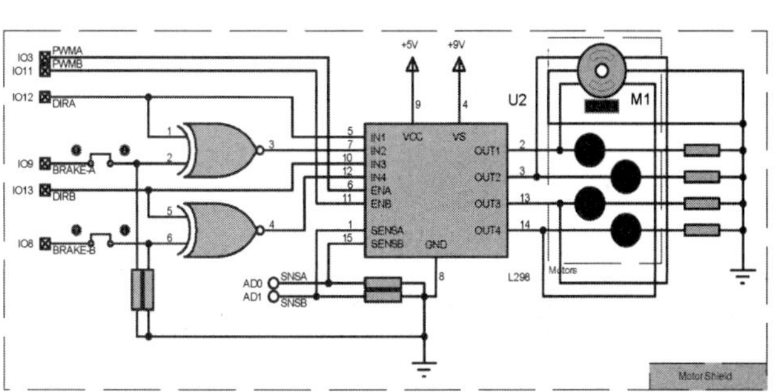

图 3-349　电路原理图

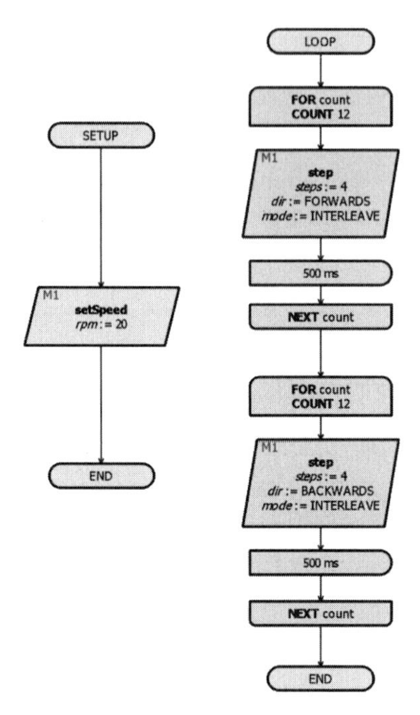

图 3-350　可视化流程图

☺ SETUP( )：初始化程序，设置了步进电机 M1 的转速。

☺ LOOP( )：主循环程序。程序流程：① 第一个循环。定义循环变量 count （循环次数）为 12→设置步进电机 M1 正向以 4 步的量度前进→延迟 500ms→执行下一个 count。② 第二个循环。定义循环变量 count （循环次数） 为 12→设置步进电机 M1 反向以 4 步的量度前进→延迟 500ms→执行下一个 count。

【仿真结果】应用仿真结果如图 3-351 所示，M1 电机循环正向和反向运转。

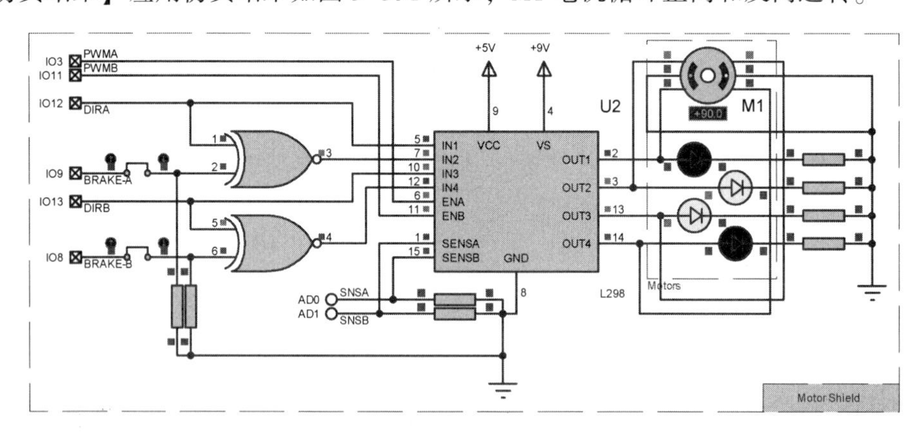

图 3-351　应用仿真结果

3.4.6　Arduino 智能机器人 Turtle

机器人是自动控制机器的俗称，自动控制机器包括一切模拟人类行为或思想及模拟其他生物的机械（如机器狗、机器猫等）。狭义上对机器人的定义还有很多分类法及争议，有些计算机程序甚至也被称为机器人。在当代工业中，机器人指能自动执行任务的人造机器装置，用以取代或协助人类工作。理想中的高仿真机器人是高级整合控制论、机械电子、计算机与人工智能、材料学和仿生学的产物，目前科学界正在向此方向研究开发。

机器人一般由执行机构、驱动装置、检测装置、控制系统和复杂机械等组成。Arduino 机器人模块作为一个开源平台，可以实现一些简单的机器操作，Arduino 机器人模块相当于执行机构。

1. 电路原理图

其电路原理图如图 3-352 所示。

2. 可视化命令

其可视化命令（如图 3-353 所示）由 3 个部分组成，即 DRIVE（驱动模块）、SH（声呐模块）及 LH（线路搜索模块）。其中 DRIVE（驱动模块）的可视化命令包括 5 个部分，即驱动电机正转或反转、驱动机器人前进、驱动机器人后退、使机器人改变方向及使机器人停止。SH（声呐模块）的可视化命令包括设置声呐头的角度、设置声呐头能够接收不做出回应的最大范围及机器人到目标物体的距离。LH（线路搜索模块）的可视化命令仅有一条判断语句，即如果所有参数一致，则机器人搜索到物体。

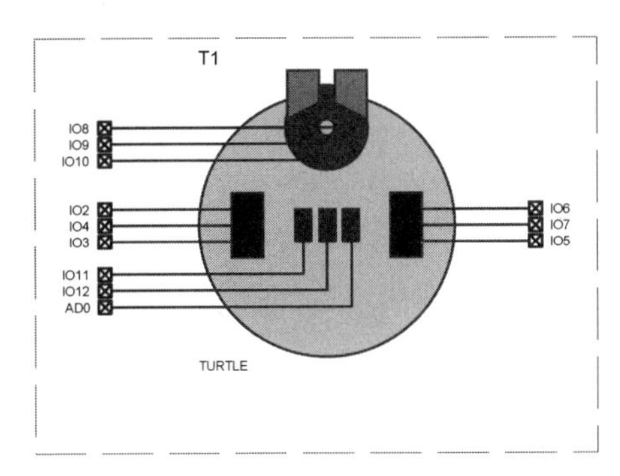

图 3-352　电路原理图

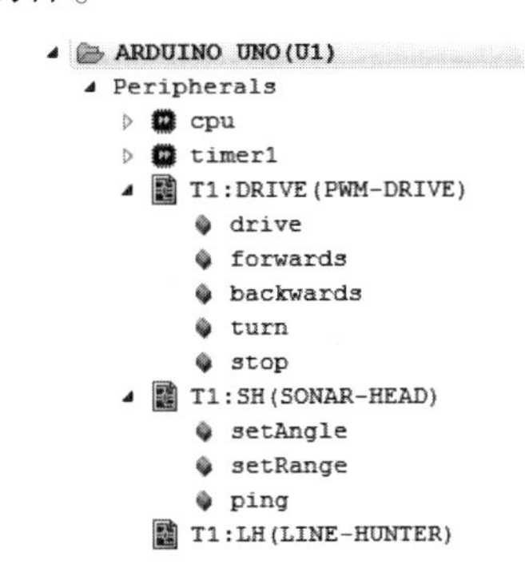

图 3-353　可视化命令

3. 简单实例

【目标功能】该电路设计的目的是让机器人能够绕过障碍物前进、后退或者转弯。电路原理图如图 3-354 所示。系统由两个部分构成，即 Arduino 328 模块和 Arduino 智能机器人 Turtle 模块。

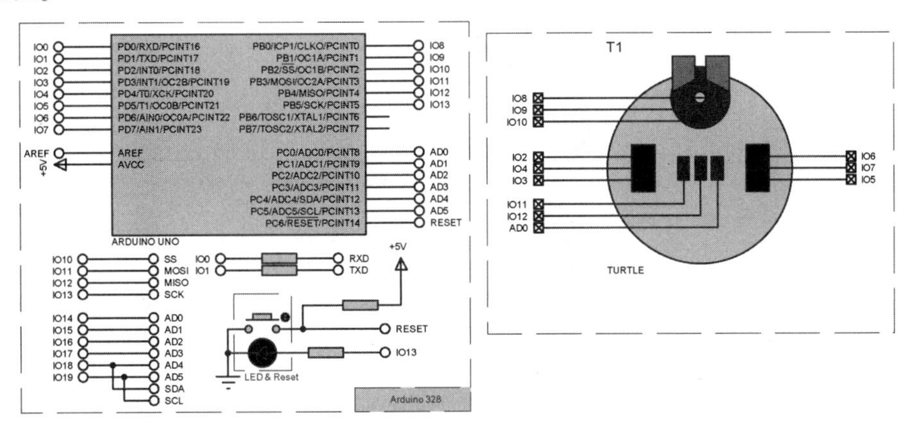

图 3-354　电路原理图

【可视化流程图】可视化流程图如图 3-355 所示。

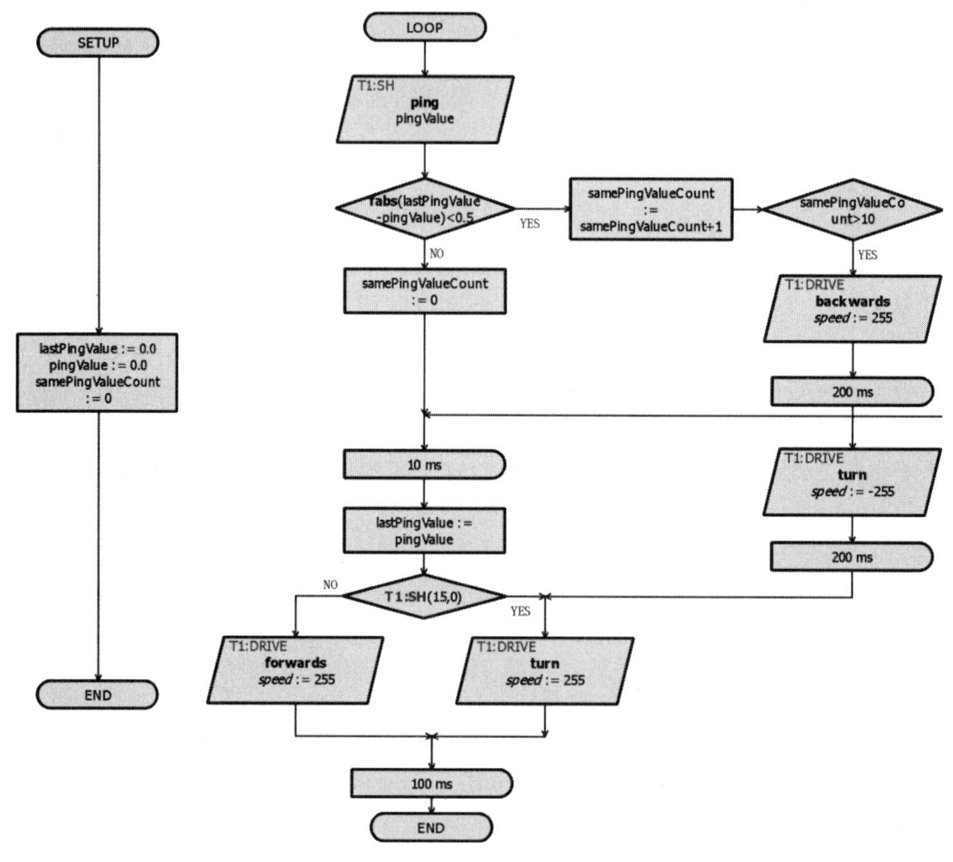

图 3-355　可视化流程图

【仿真结果】应用仿真结果如图 3-356 所示，机器人可以通过声呐测距，当遇到障碍物时，机器人可以躲避障碍物继续前进。

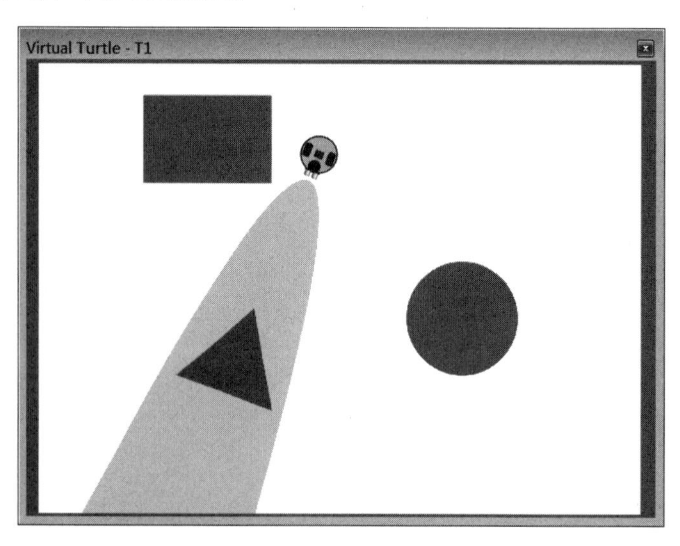

图 3-356　应用仿真结果

思考与练习

（1）Visual Designer 中的外围扩展板有哪几种类型？有何异同？

（2）Visual Designer 中的外围扩展板的可视化命令较传统的机器语言代码（如 C 语言）有何优势？

（3）试用 Visual Designer 新建一个工程并添加外围扩展板设计一个简单的声、光、距离报警系统。

第4章　教程实例

4.1　闪烁的 LED 灯

打开 Proteus 后在 Proteus 搭建工程控制闪烁的 LED 灯，这里的目标是用最简单的工程来覆盖基础知识。

1. 创建工程

Visual Designer 集成在 Proteus 设计套件中，所以应该从 Proteus 主页开始 Visual Designer 工程。通过新建工程向导创建可视化设计工程毫无疑问是最简单和最好的方式，如图 4-1 所示。

向导的第一页允许选择工程的名称和保存路径，如图 4-2 所示。

图 4-1　Proteus 主页的新建工程向导

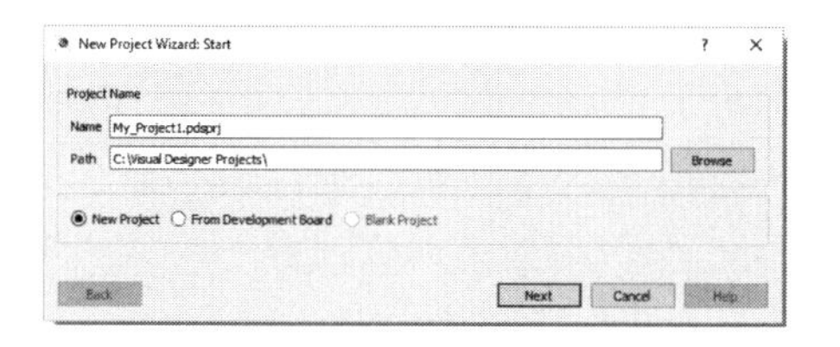

图 4-2　选择工程的名称和保存路径

向导的第二页允许选择想要的原理图纸的尺寸，如图 4-3 所示。除非用户需要使用特别大的原理图纸，一般情况下，选择默认值即可，这里对闪烁的 LED 灯工程是肯定适用的。

如果许可证包括 Proteus PCB 设计模块，下一页将会提供一个选项，以创建与该工程相关的 PCB。这里不需要 PCB，所以将保留选项禁用，如图 4-4 所示。

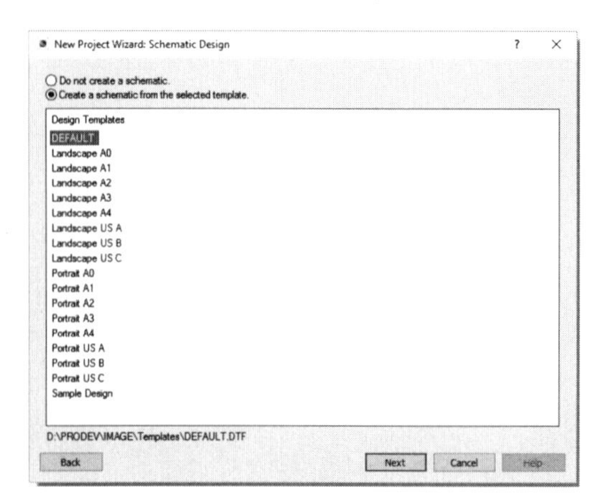

图 4-3　选择原理图纸的尺寸

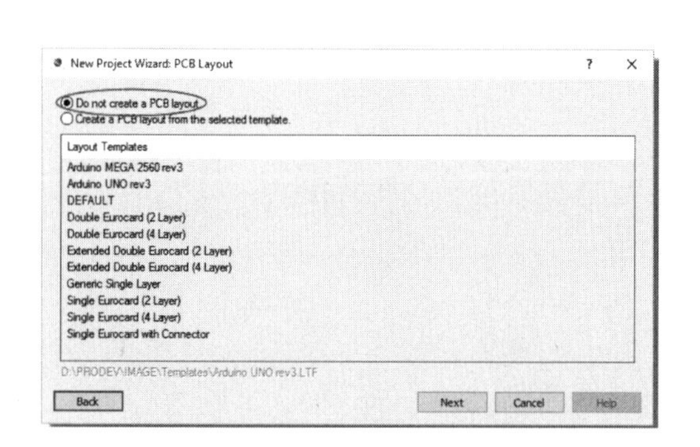

图 4-4　创建与该工程相关的 PCB 选项

如果许可证不包括 PCB 设计模块，则将看不到 PCB 设计创建向导页面。

接下来是固件屏幕，这里真正地定义了我们的 Visual Designer 工程。首先，将顶部的单选按钮更改为流程图工程的选项，然后从控制器组合框中选择 Arduino 系列和 Arduino Uno 或 Arduino Mega，如图 4-5 所示。

固件选择是指 Proteus VSM 仿真工程，而不是 Visual Designer 流程图工程。

最后，将看到一个配置的摘要页面，如图 4-6 所示。

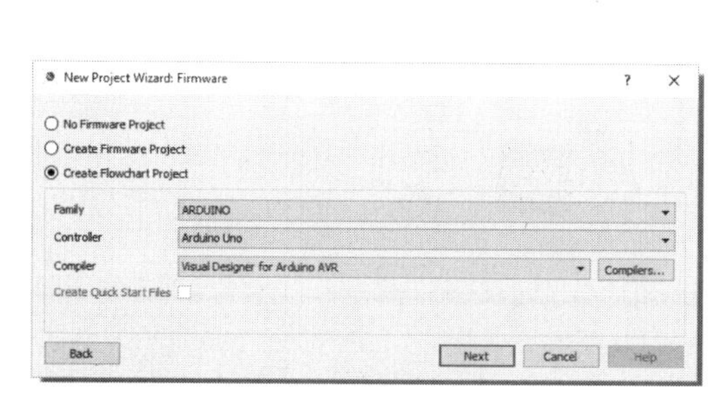

图 4-5　创建相关的 PCB 选项

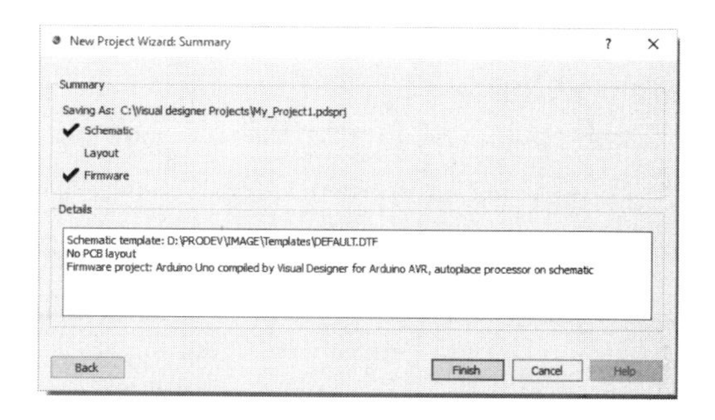

图 4-6　配置的摘要页面

退出对话框后，创建工程，将看到 Arduino 处理器放置的骨架原理图及编辑窗口中熟悉的 Setup 和 Loop 例程的框架图工程，如图 4-7 所示。

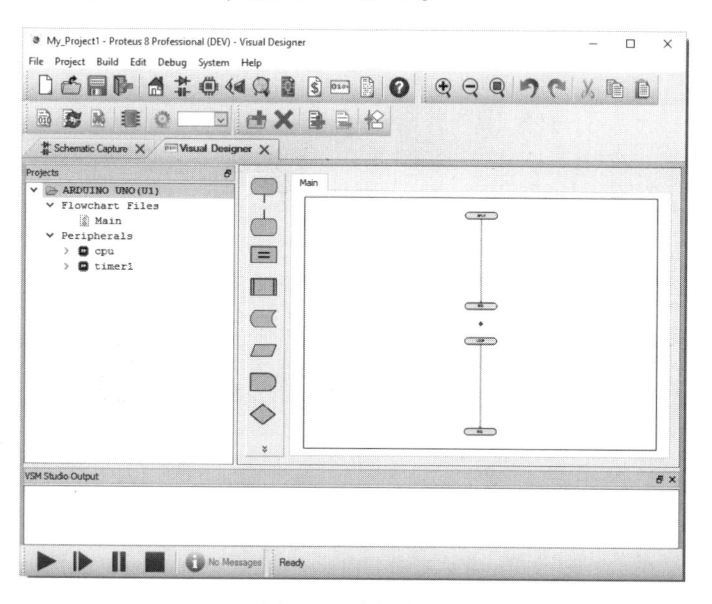

图 4-7　编辑窗口

说明　标准 Arduino Sketch 包括两个功能，即设置和循环。设置功能用于一次性初始化，循环功能为主程序循环提供一个位置。基于 Arduino 的可视化设计使用相同的范例，并且流程图中必须至少具有这两个结构中的一个，以便进行编译。如果删除了它们，则只需添加一个事件块并适当命名。

2. 添加外围设备

首先要做的是添加工程的外围设备，可以是 Arduino 封装或只是小的 Grove 传感器。Grove 系统包括一个 Arduino 封装，带有许多 4 针接头，可以插入任意数量的传感器、按钮和 LED，这使得它可作为非常灵活和理想的实验环境。

我们将添加一个 Grove LED。在 Visual Designer 中，右击项目树并选择 Add Peripheral 命令。接下来，切换到 Grove 并选择一个 LED，如图 4-8 所示。

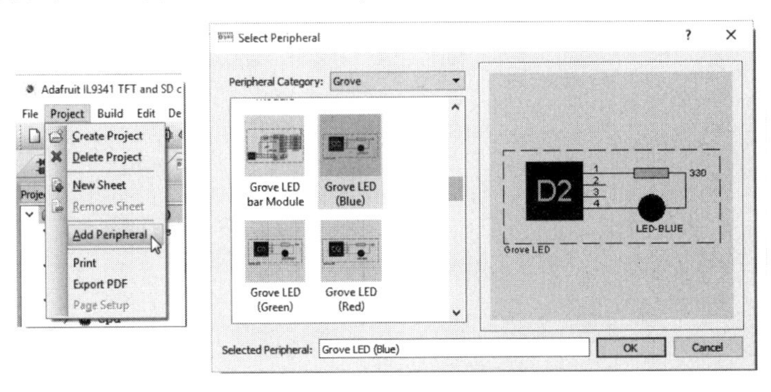

图 4-8　添加 LED 模块

重复此过程以添加 Grove 按钮。如果随后切换到原理图选项卡，则将看到“虚拟硬件”已自动放置，如图 4-9 所示。

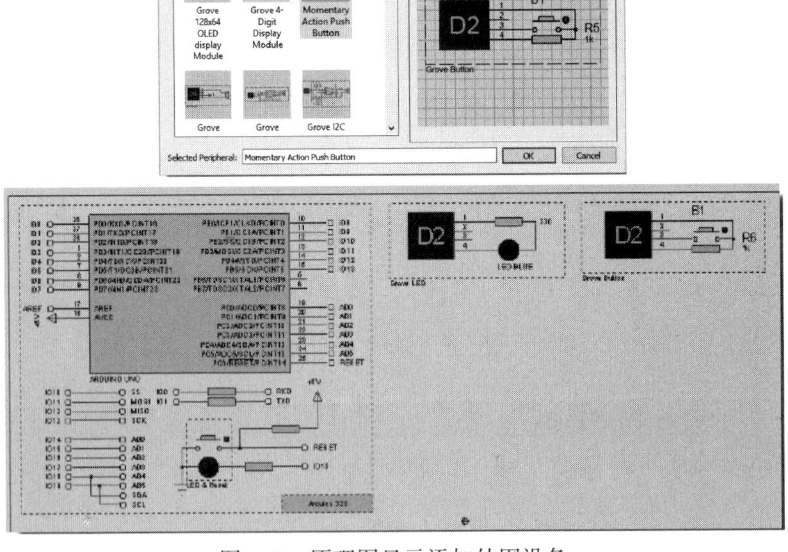

图 4-9　原理图显示添加外围设备

为了避免原理图上的杂乱，通过给端子赋予相同的名称在原理图上进行连接。具有相同名称的任何终端可以被认为它们之间具有不可见的导线，如图 4-10 所示。

在实际硬件中，这相当于将 Grove 按钮和 Grove LED 连接到封装，并将屏封装接到 Arduino Uno，如图 4-11 所示。

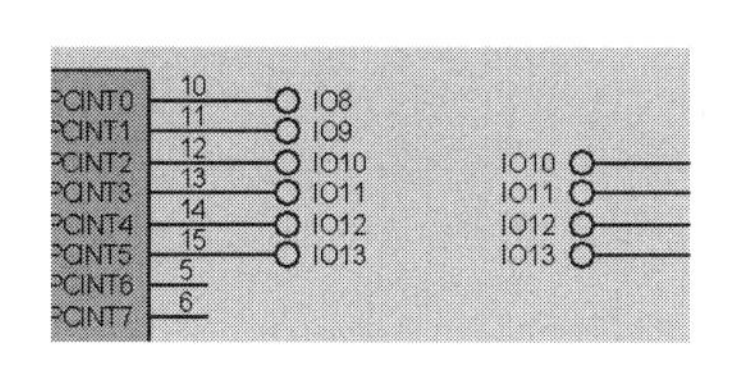

图 4-10　相同名称的端子相连

图 4-11　Grove LED 和按钮连接到 Arduino Uno

必须将外围设备插入 Grove 传感器上与 Proteus 原理图指定的相同的连接器，还必须确保原理图上没有两个具有相同连接器 ID 的外围设备，如果有的话，则需要切换到原理图并更改其中一个外围设备的连接 ID，如图 4-12 所示。

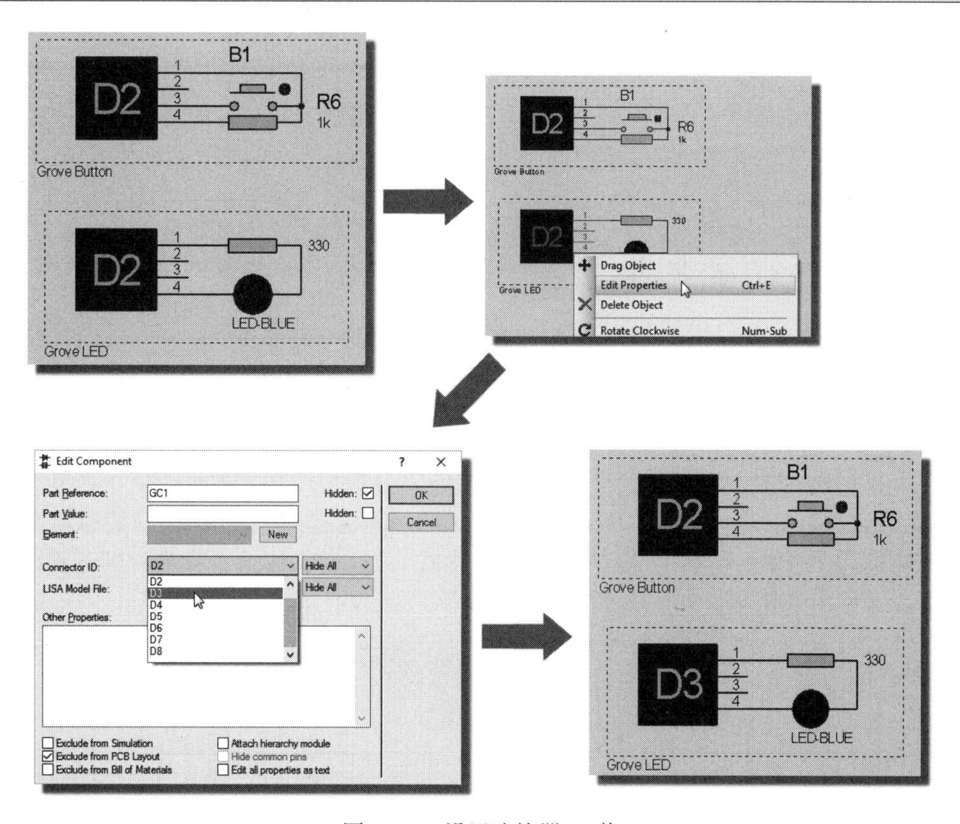

图 4-12　设置连接器 ID 值

3. 设计程序与编译、仿真

回到 Visual Designer 中，会发现工程树在外围设备部分有两个条目，如图 4-13 所示。

Visual Designer 的美妙之处在于，用户可以查找扩展外围设备的方法列表。这些方法是用户与硬件交互的主要方式。例如，将 LED 的 ON 方法拖放到循环程序中，如图 4-14 所示。

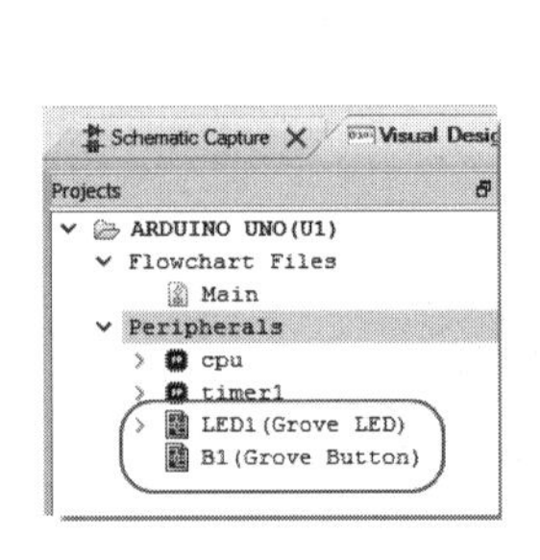

图 4-13　工程树显示外围设备条目

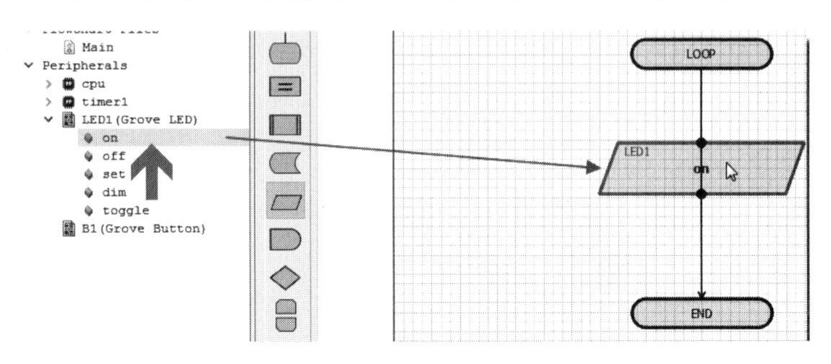

图 4-14　拖放程序块到流程图

要测试这一点，只需单击播放按钮。程序进行编译，模拟器启动，LED 打开，并且可以通过 Visual Designer 右侧的 Active 弹出窗口或通过切换到原理图选项卡来查看，仿真界面如图 4-15 所示。

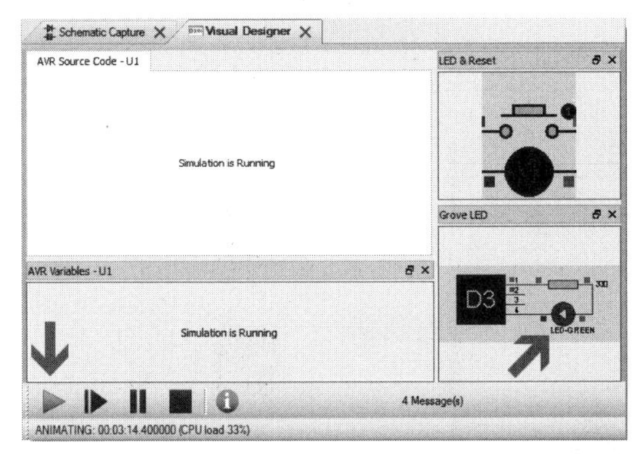

图 4-15　仿真界面

单击停止按钮退出仿真，程序将停止运行，通过按钮来打开和关闭 LED，如图 4-16 所示。

关于按钮，因为其有所谓的“传感器功能”，根据基本外围设备功能是否为真，传感器函数返回 TRUE 或 FALSE，我们需要的唯一明确的信息是知道它是否被按下。例如，按钮的传感器功能是在按钮按下时返回 TRUE，否则返回 FALSE。类似地，LED 的传感器功能是在 LED 亮起时返回 TRUE，在 LED 关闭时返回 FALSE。可通过将按钮本身拖放到流程图的循环功能上来设置按钮的传感器功能，如图 4-17 所示。

图 4-16　仿真停止按钮

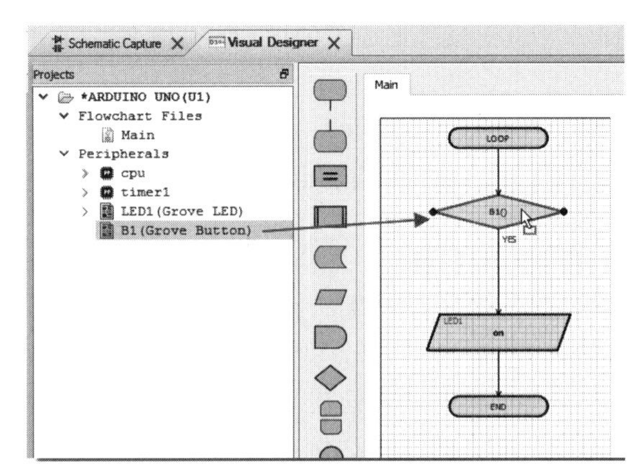

图 4-17　设置按钮的传感器功能

此时会发现它显示为一个决策块。传感器函数总是返回 TRUE 或 FALSE，并且决策块允许将代码拆分为两个条件路径，如图 4-18 所示。不断测试按钮，看其是否被按下，如果其被按下，则执行 LED 打开；如果其未被按下，则执行 LED 关闭。因此，可以将 LED 关闭的可视化命令拖放到 on 操作旁边的空间中，如图 4-19 所示。

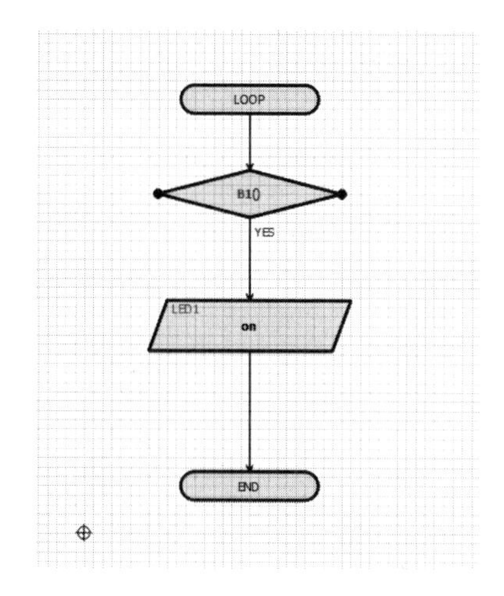

图 4-18　循环例程

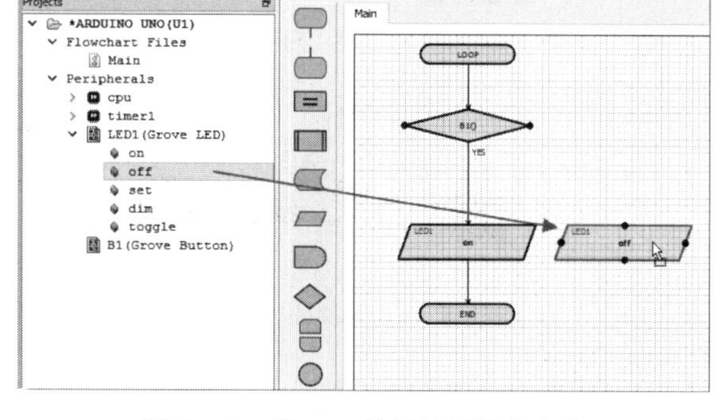

图 4-19　将 LED 关闭的可视化命令拖放到 on 操作旁边的空间中

现在，需要从决策块连线到 OFF 命令的顶部。要在输出节点（决策块）上单击向导线，将鼠标指针移到可用的输入节点（OFF 例程的顶部），然后再次单击，如图 4-20 所示。

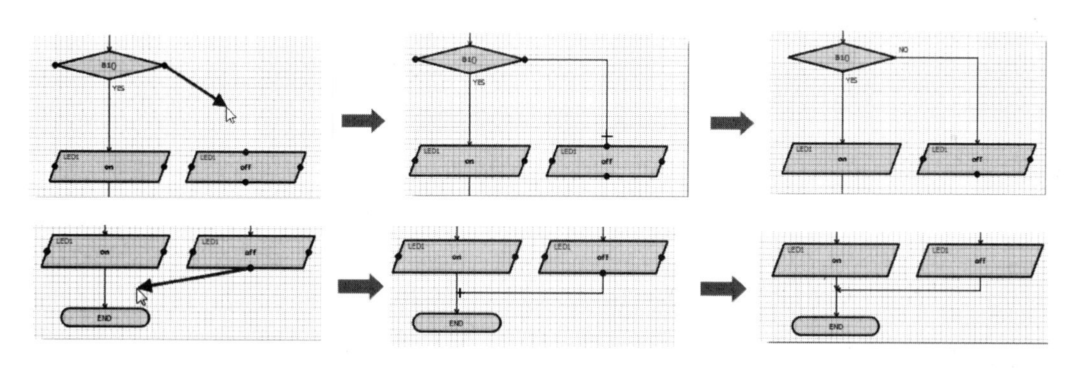

图 4-20　连接各程序块间的向导线

类似地，需要将来自 OFF 命令底部的流程连接回主循环。程序如图 4-21 所示。

> 判定结果为 TRUE（是），决策块指示出遵循一个代码路径；判定结果为 FALSE（否），决策块指示出遵循另一个代码路径。如果这些方式不正确，则可以通过右击决策块并从快捷菜单中选择交换命令来切换它们，如图 4-22 所示。

完成此更改后，程序已经设置为在按钮关闭时关闭 LED，在按钮释放时打开 LED。要编译和测试，首先单击播放按钮，然后单击相应按钮，仿真结果如图 4-23 所示。

除此之外，添加延迟模块也是很有用的方法，如图 4-24 所示。

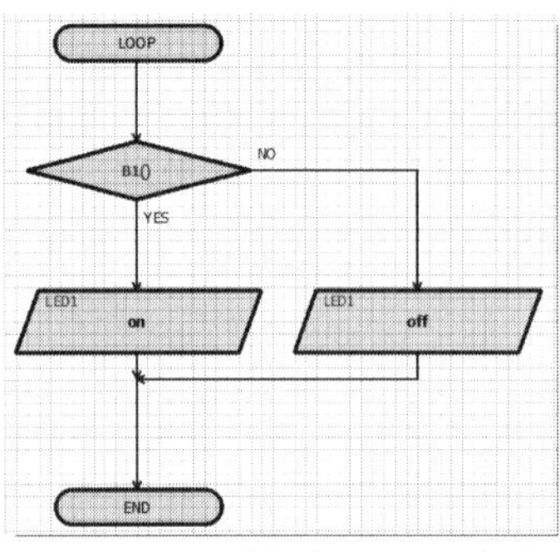

图 4-21　开关控制 LED 程序块

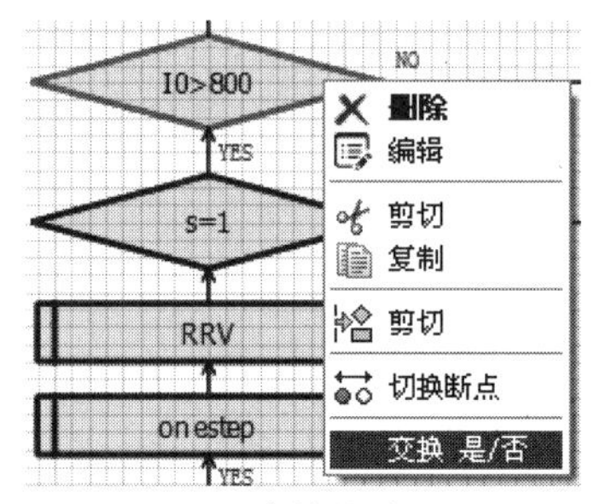

图 4-22　决策块路径设置

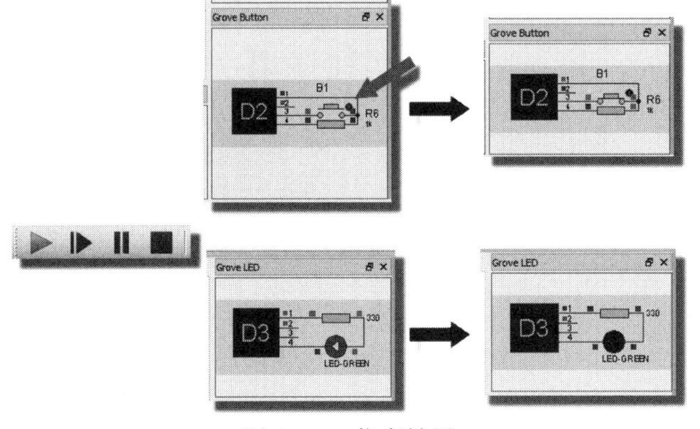

图 4-23　仿真结果

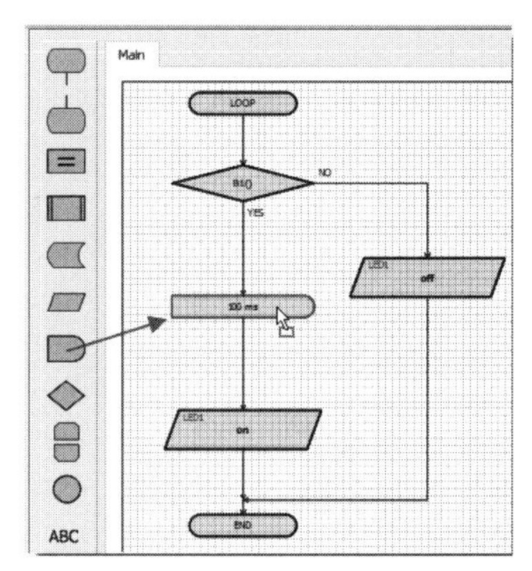

图 4-24　添加延迟模块到流程图

4.2　迷你夜灯

本节将使用几个 Grove 传感器和一个 LED 来设计一个迷你夜灯。

> 说明　可以在 Labcenter YouTube 频道上观看本教程的短片，网址为 https://www.youtube.com/channel/UCFNnl5S532GMtwXJUYRo-wQ。

1. 创建工程

创建工程的方法已在4.1 节进行介绍，所以假设已有一个空白的Arduino Uno 工程，如图4-25 所示。

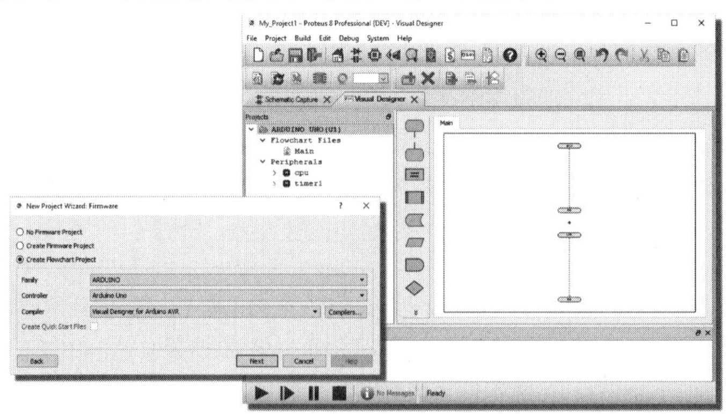

图 4-25　空白工程

2. 添加外围设备

这里用到的硬件有 Grove 红外距离传感器、Grove 亮度传感器和 Grove LED。这些模块可以通过工程菜单上的增加外围设备命令来选择，如图 4-26 和图 4-27 所示。

图 4-26　增加外围设备

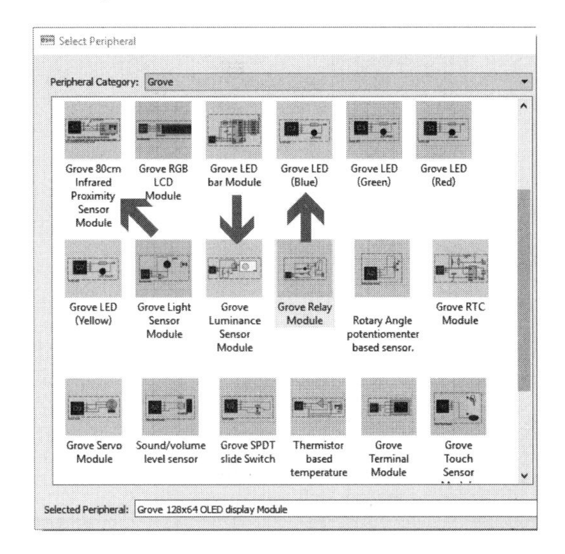

图 4-27　选择外围设备

在将它们添加到工程中之后，将在工程树中看到控制外围设备的可视化命令，并可以在原理图上看到放置好的外围设备的“虚拟硬件”，如图 4-28 所示。

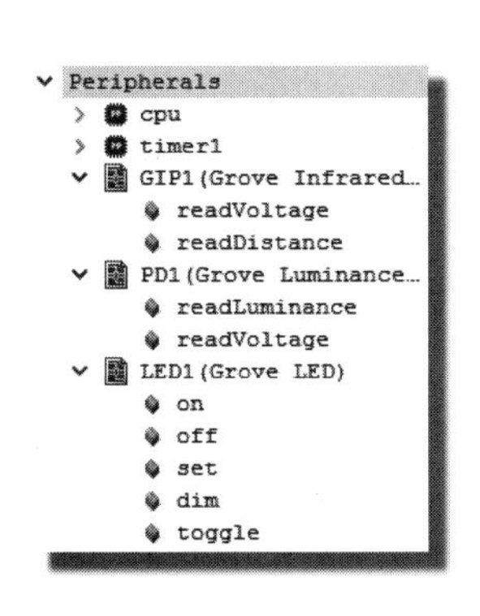

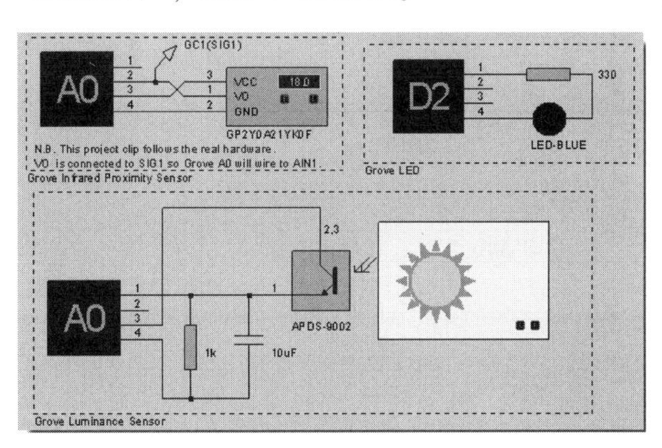

图 4-28　添加外围设备后的编辑界面

连接器都标记为 A0，需要手动更改为 A0 和 A2。

正确配置 Grove 连接器是非常重要的，这通常不像第一次出现时那么简单。下面举例说明。

真正的距离传感器只需要 3 根电线。注意，当插入插座 A0 时，传感器连接到模拟引脚 A1，如图 4-29 所示。

若把亮度传感器插入插座 A1，亮度传感器将使用插座 A1 上的模拟引脚 A1，因此发生冲突。这里应该将此传感器插入插座 A2，如图 4-30 所示。

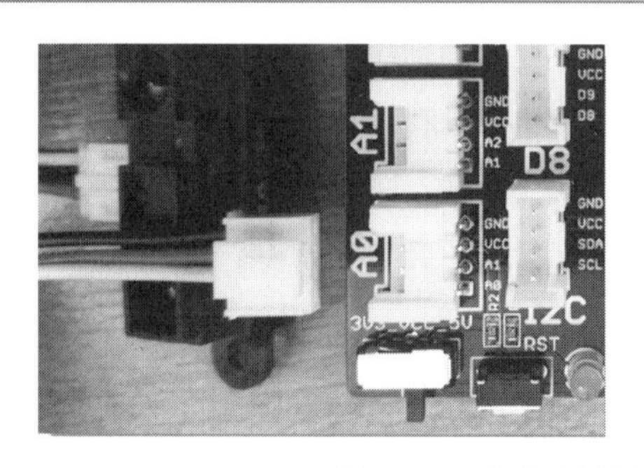

图 4-29　实物连接图（一）

黄金规则

仔细观察 Grove 板以查看连接并对传感器进行双重检查，以避免发生冲突。

插座包括到两个 Arduino I/O 引脚的连接，并且有一个引脚重叠，如图 4-31 所示。例如，插座 A0 可以使用引脚 A0 和 A1，插座 A1 可以使用引脚 A1 和 A2，插座 A2 可以使用引脚 A2 和 A3 等。每个数字插座完全相同。

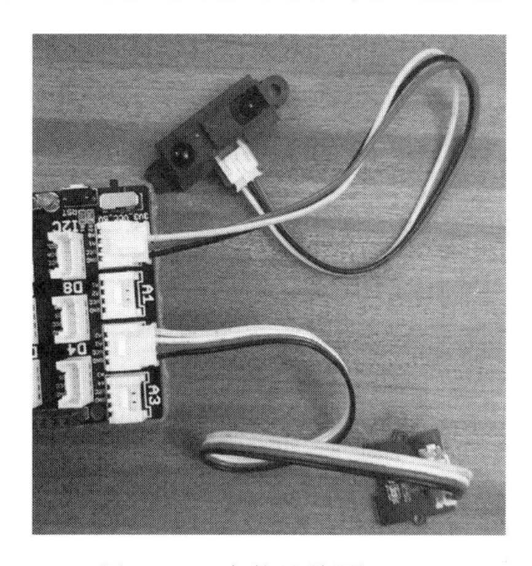

图 4-30　实物连接图（二）

图 4-31　数字插座

该工程的配置是插座 A0 中的红外距离传感器和插座 A2 中的亮度传感器。LED 可以插在任何一个数字插座，插座电路原理图如图 4-32 所示。

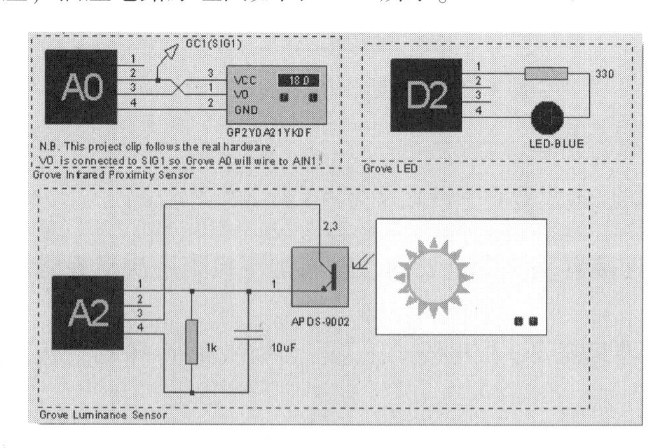

图 4-32　插座电路原理图

3. 设计程序

在夜灯仿真中，设定 LED 在下列情况中的值是 TRUE：天黑，有人靠近。这些取决于流程图的决策。通过将 readLuminance( ) 可视化命令拖放到图表的循环例程上来启动，如图 4-33 所示。该传感器返回介于 0 ～ 1000 之间的 Lux 值，0 为沥青般的黑色，最大为 1000。在决策块中使用得到的结果，并将初始测试值设置为约 100，如图 4-34 所示。

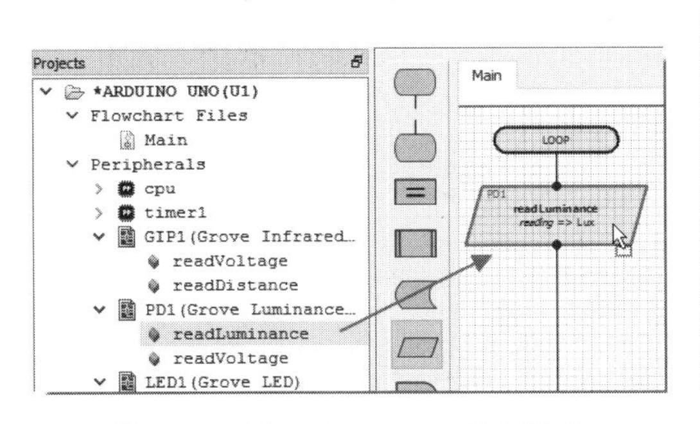

图 4-33 将 readLuminance( ) 可视化命令拖放到流程图

图 4-34 设置传感器

在此 Grove 模块中使用的 APDS-9002 光电传感器的数据表提供了 Lux 值数据。

对于距离传感器，这里要读取一个距离，所以将其拖放到循环的顶部，如图 4-35 所示。距离传感器可以检测的最大距离达 80cm，但将初始测试值定为 20cm，如图 4-36 所示。

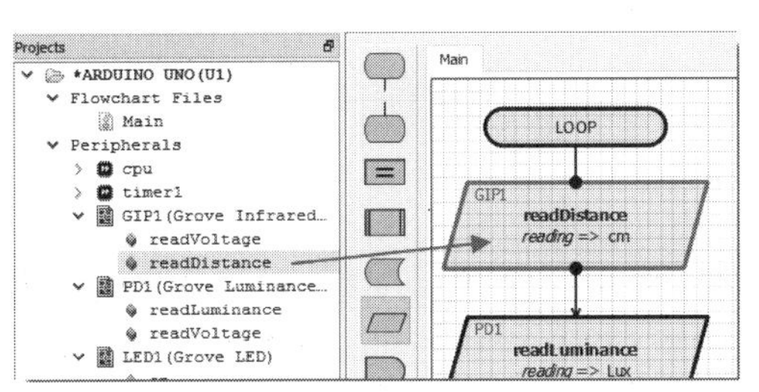

图 4-35 拖放读取距离可视化命令到流程图

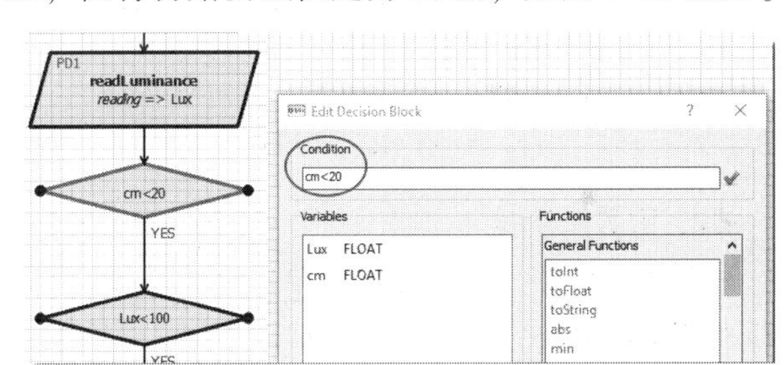

图 4-36 设置距离测试值

因为需要两个条件才能使 LED 开启，所以要确保第二个决策块是在第一个的 YES 分支上，如图 4-37 所示。接下来，拖放 LED on 可视化命令到 YES 分支底部，如图 4-38 所示。

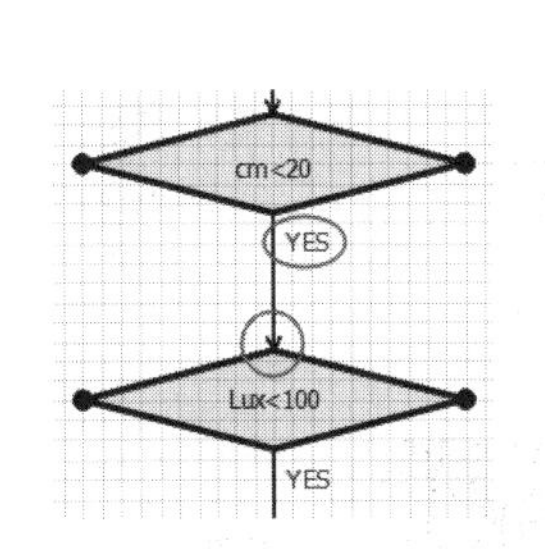

图 4-37 添加第二决策块

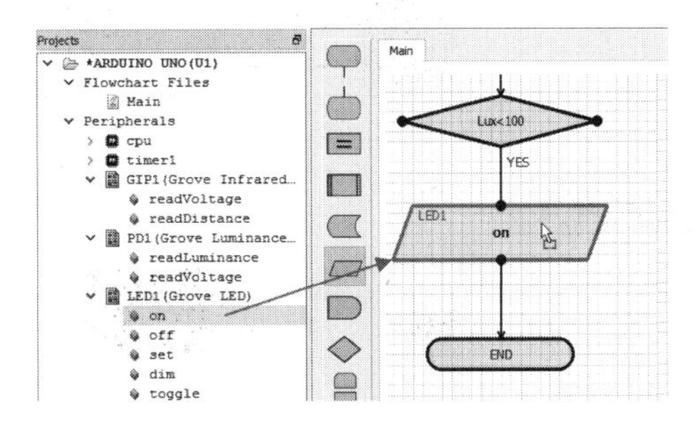

图 4-38 拖放 LED on 可视化命令到 YES 分支底部

然后，将 LED off 可视化命令置于 LED 循环旁边的主循环右边，如图 4-39 所示。

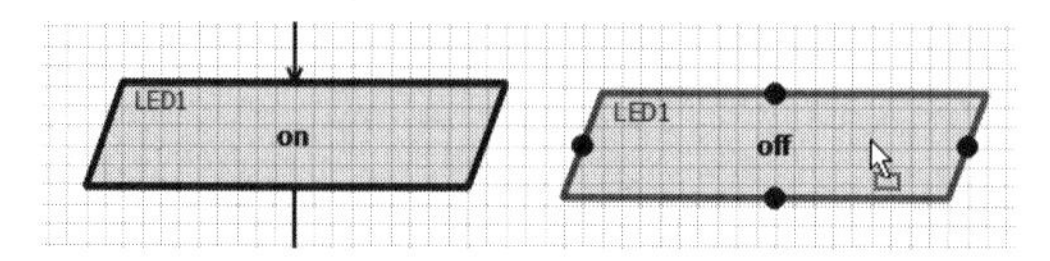

图 4-39　将 LED off 可视化命令置于主循环右边

因为如果任一条件是 FALSE，即可使 LED 关闭，可以连接决策块的两个 NO 分支到 LED off 模块，如图 4-40 所示。最后，将 NO 程序分支的底部连接回主程序循环，如图 4-41 所示。

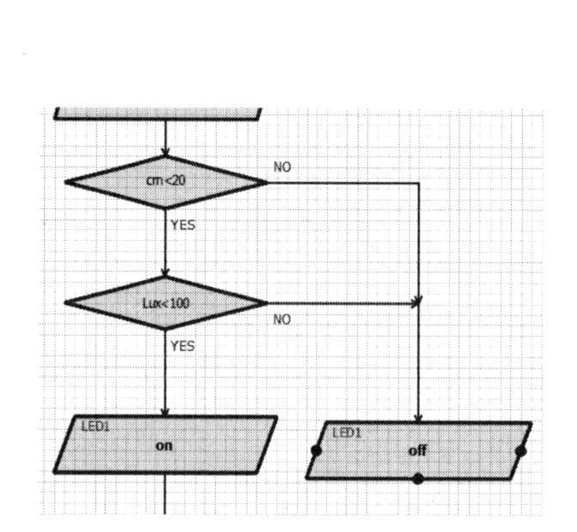

图 4-40　连接决策块的两个 NO 分支到 LED off 模块

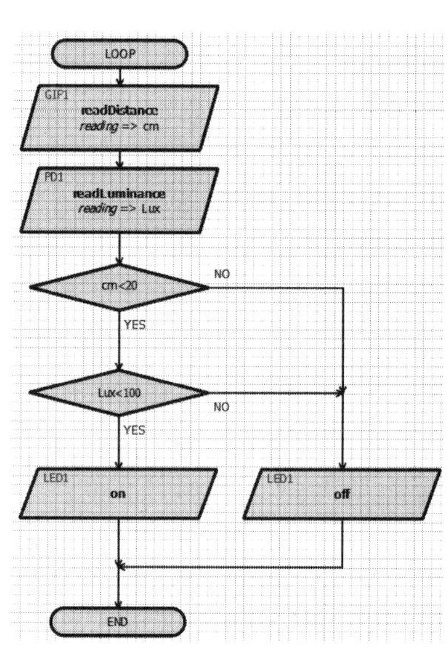

图 4-41　将 NO 程序分支的底部连接回主程序循环

4. 仿真和测试

要测试程序，需要做的是单击播放按钮，然后调整距离传感器上的距离显示和亮度传感器上的 Lux 显示，如图 4-42 所示。当距离值小于 20 时，LED 应该亮起，如图 4-43 所示。

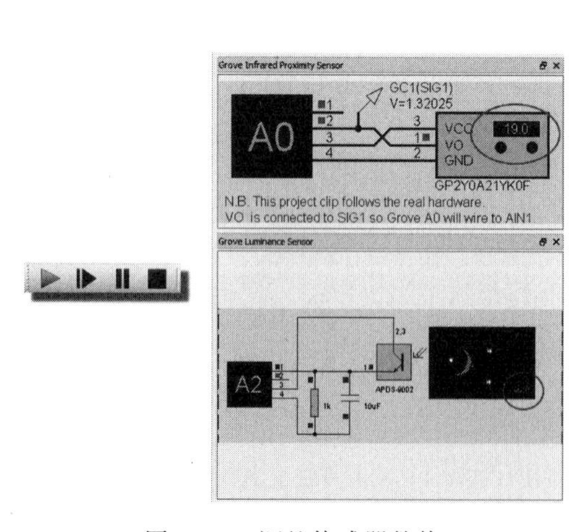

图 4-42　调整传感器数值

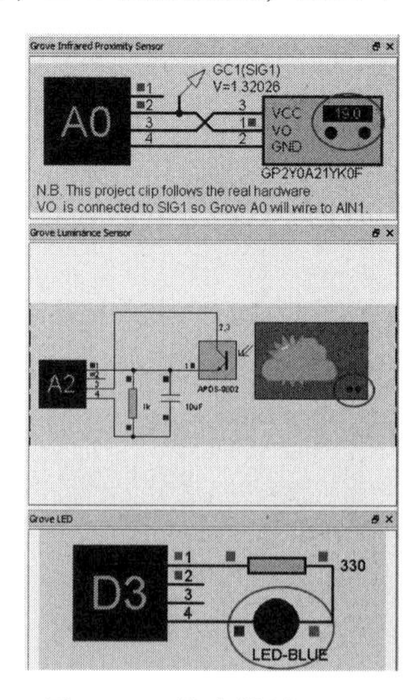

图 4-43　仿真结果（一）

暂停模拟，并在 LED off 可视化命令上设置断点，如图 4-44 所示。

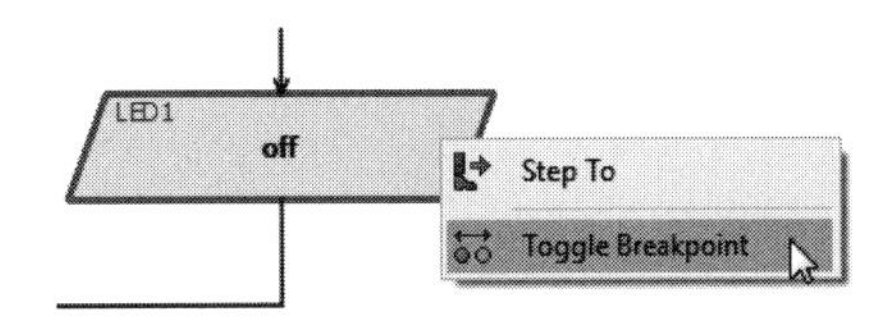

图 4-44　设置断点

再次单击播放按钮以运行仿真，并更改距离或光照强度直到断点触发，如图 4-45 所示。此时，变量在变量窗口中可用，如图 4-46 所示。

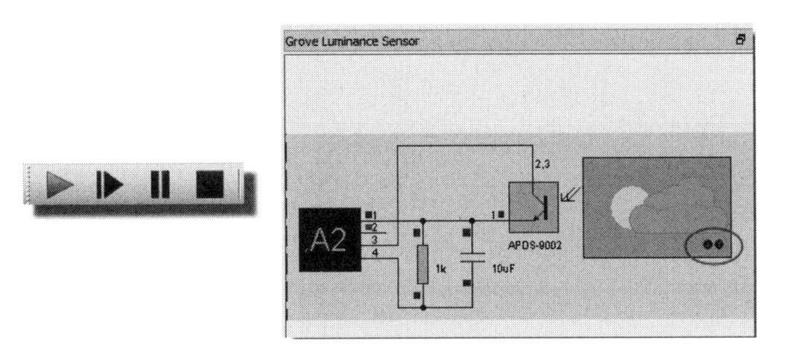

图 4-45　仿真结果（二）

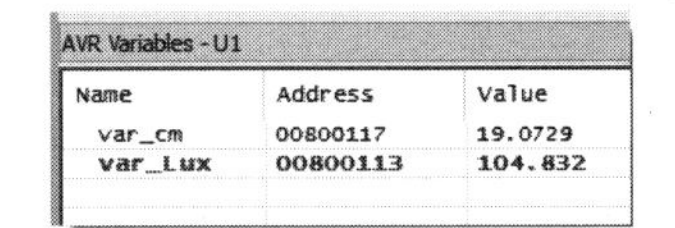
AVR Variables - U1

Name	Address	Value
var_cm	00800117	19.0729
var_Lux	00800113	104.832

图 4-46　变量窗口

将这些值与测试的决策相比较会得到哪个条件失败，如图 4-47 所示。

单击单步按钮，END 块被突出显示，使 LED 关闭，如图 4-48 所示。

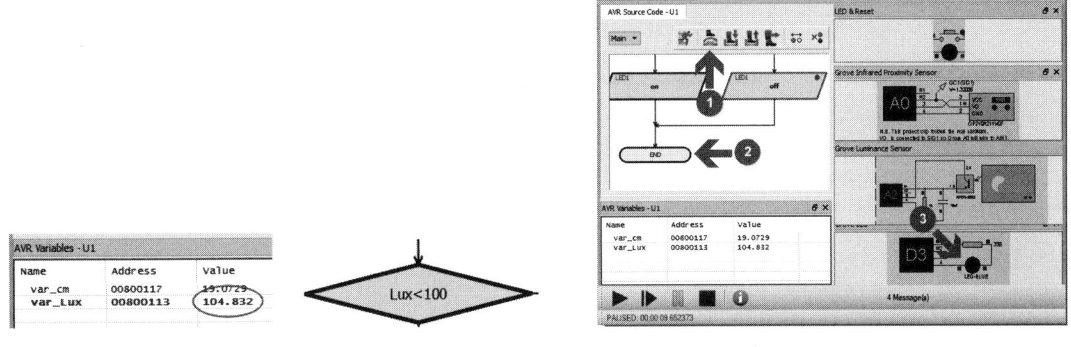
AVR Variables - U1

Name	Address	Value
var_cm	00800117	19.0729
var_Lux	00800113	104.832

图 4-47　变量比较

图 4-48　LED 关闭

5. 上传和编译程序

一切工作正常后，剩下的任务是连接上 Arduino 并编译到真正的硬件上，如图 4-49 所示。具体过程如下。

（1）将 Grove 传感器插入 Grove 基板中与原理图相同的连接器。参见前面介绍的黄金规则。

（2）将基板连接到 Arduino，并将 Arduino 连接到 PC。

在 Visual Designer 中单击程序上传按钮，如图 4-50 所示。测试硬件，如图 4-51 所示。

图 4-49　编译到真正的硬件

图 4-50　上传按钮

图 4-51　测试硬件

说明 如果编译失败，单击工程设置按钮（在上传按钮旁边），确保 COM 端口设置正确，如图 4-52 所示。

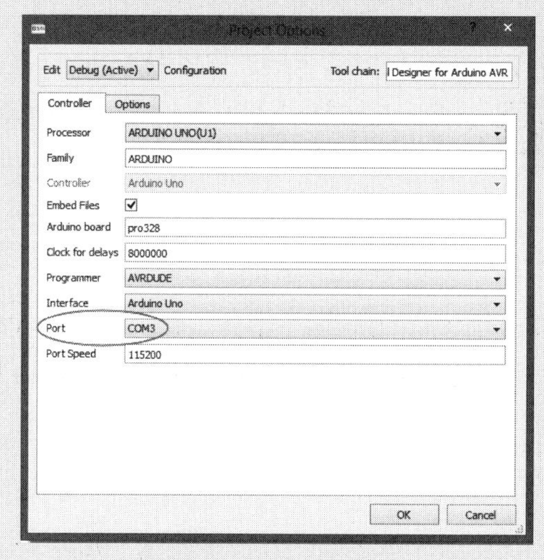

图 4-52　设置 COM 端口

4.3　数据存储

本节介绍数据资源和存储模型。通过创建一个程序来将 SD 卡上的位图显示在 TFT 显示屏上，此原理也适用于 Wave Shield 上的音频（.wav）文件。

假定到了这个阶段已经完成了其他教程，并熟悉流程图的一般布局和连接。

说明 可以在 Labcenter YouTube 频道上观看本教程的短片，网址为 https://www.youtube.com/channel/UCFNnl5S532GMtwXJUYRo-wQ。

1. 创建工程

通过新建工程向导以常规方式创建此工程，并将其配置为 Arduino Uno 流程图工程，如图 4-53 所示。

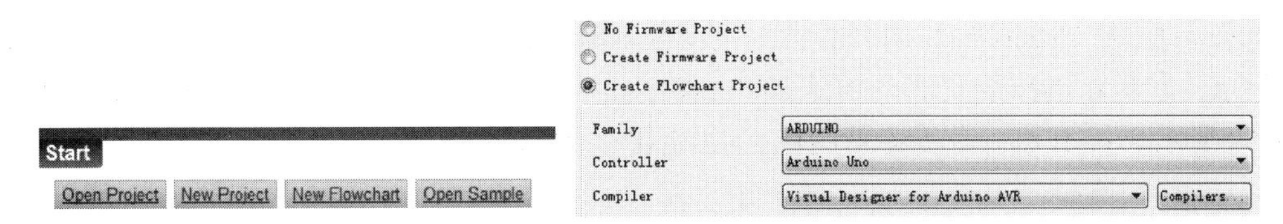

图 4-53 新建并设置工程

2. 添加外围设备和资源

需要添加相关的外围设备。右击工程树并添加 Adafruit TFT 封装，如图 4-54 所示。

> 这不是 Grove Shield 的模块，而是一个完全不同的封装，其中包含 SD 卡和 TFT 显示屏。

下面需要做的是添加资源。如果想要把图片存储在 SD 卡中并显示在 TFT 显示屏上，可以通过右键快捷菜单中的添加资源命令来执行此操作，如图 4-55 所示。

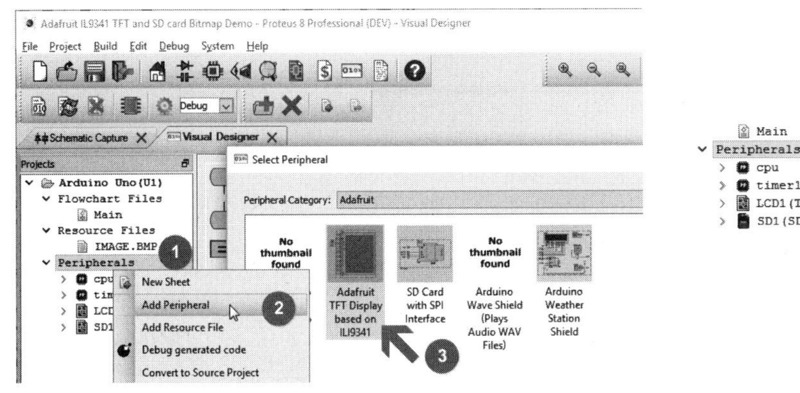

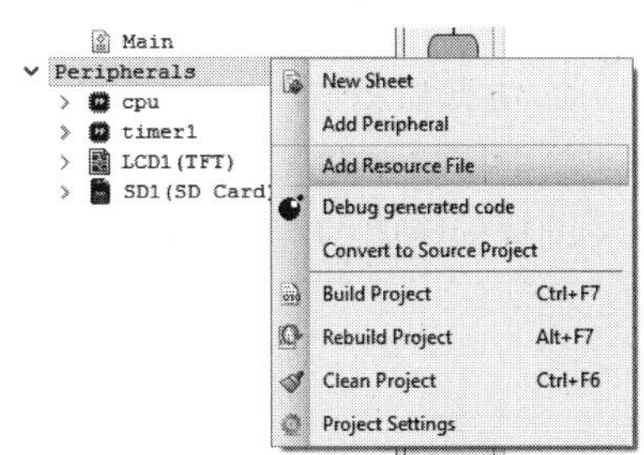

图 4-54 添加 Adafruit TFT 封装　　图 4-55 添加资源命令

> Arduino SD 堆栈默认情况下只支持“8.3”文件名，以支持 FAT16 卡。这意味着名称必须为 8 个字符或更少，扩展名必须为 3 个字符或更少。

3. 设计程序

创建程序，这在 Visual Designer 中是不容易的。首先，将 fillScreen( )可视化命令拖放到循环的顶部，并将填充颜色设置为黑色，如图 4-56 所示。

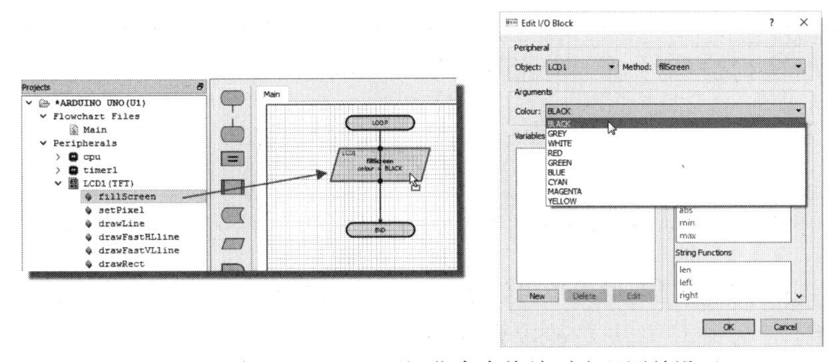

图 4-56 将 fillScreen( )可视化命令拖放到流程图并设置

下面将位图资源拖放到循环例程中。Visual Designer 识别到资源的唯一合理的目标是 TFT 显示，它提供的描绘资源的方法是 drawBitmap( )，并且它会自动为用户配置流程块，如图 4-57 所示。接下来，需要编辑图像，并将 xPos 和 yPos 设置为 0，如图 4-58 所示。

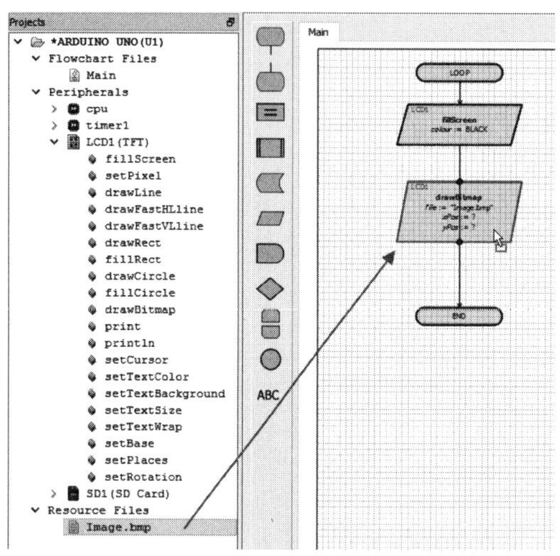

图 4-57　把资源文件拖放至流程图

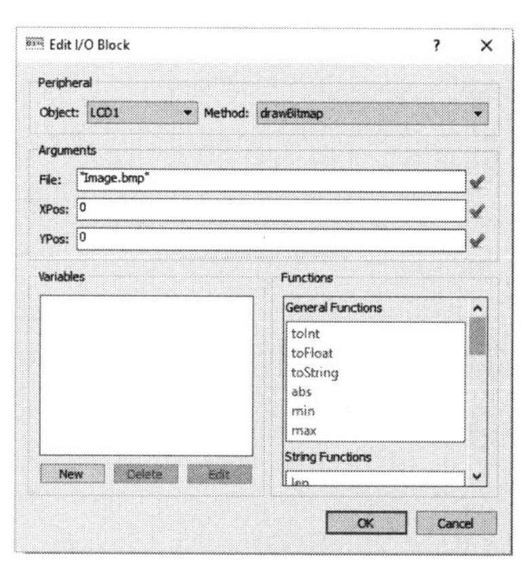

图 4-58　编辑图像

4. 仿真和测试

单击播放按钮编译并运行仿真，如图 4-59 所示。如果需要，则还可以通过相同的拖放方法设置程序中的旋转模块，如图 4-60 所示。

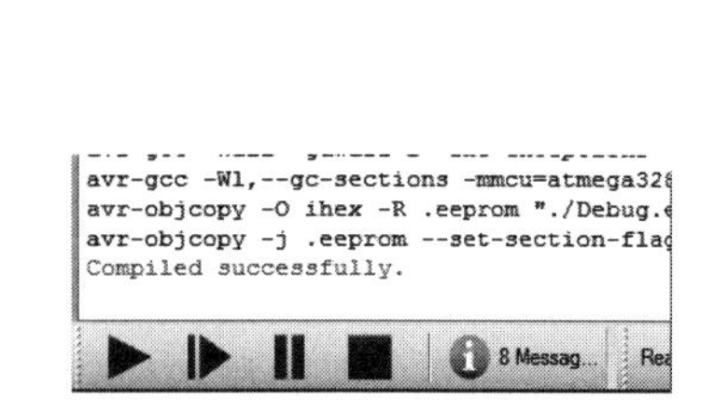

图 4-59　编译并运行仿真

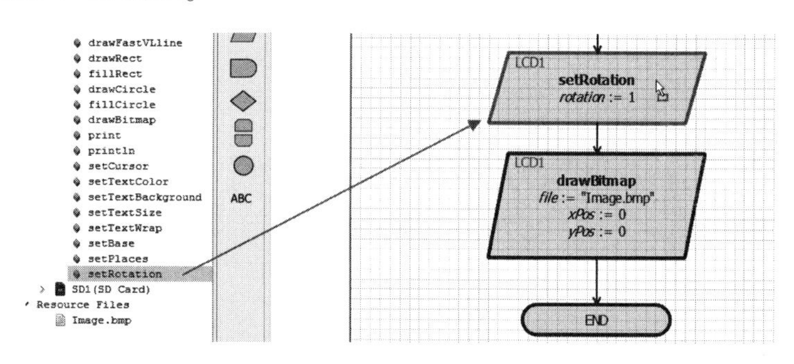

图 4-60　设置程序中的旋转模块

Visual Designer 的一个好处是它包含 Proteus 原理图。这意味着，用户可以看看在自己的设计中发生了什么。例如，在示例中，SD 卡连接到 SPI 总线上的处理器，因此可以通过放置和连接协议分析器来检查 SPI 数据包。在 Proteus 中，所有信号和波形都通过导线传输，两个相同名称的端子之间有一个“隐形导线”，如图 4-61 所示。

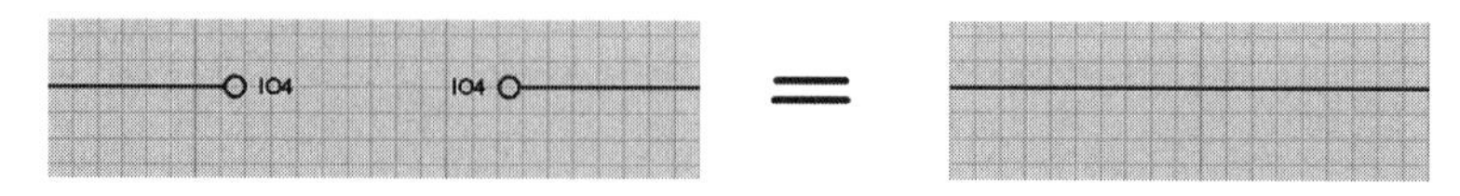

图 4-61　具有相同名称的两个端子连接在一起，看作它们之间有线相连

鉴于此，连接 SPI 端口的最简单方法是放置一个 SPI 端口并将其连接到与其他 SPI 线路名称相同的端子。另一种方法是连接到现有的电线，如图 4-62 所示。接线 SPI 分析如图 4-63 所示。

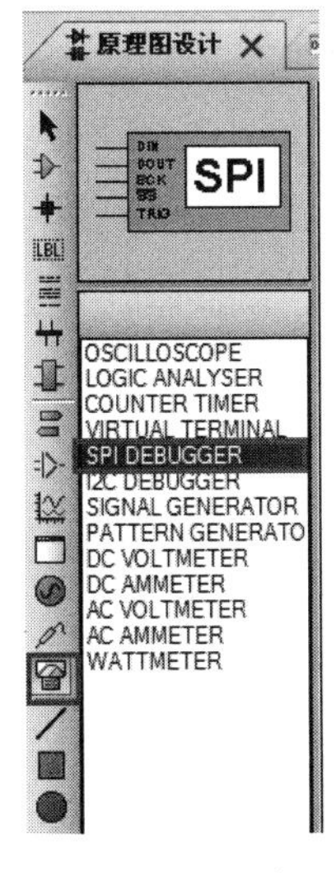

图 4-62　SPI 端口

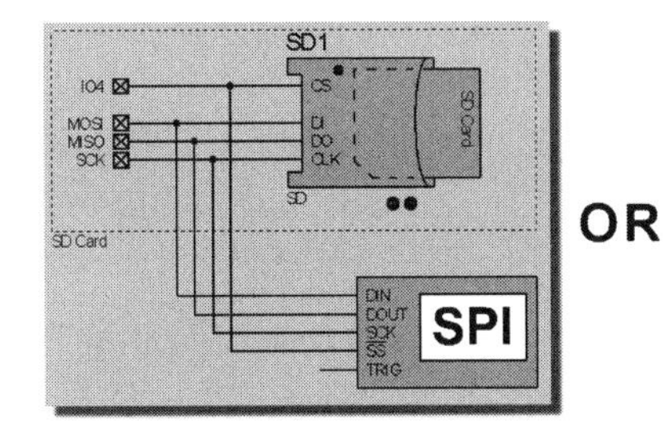

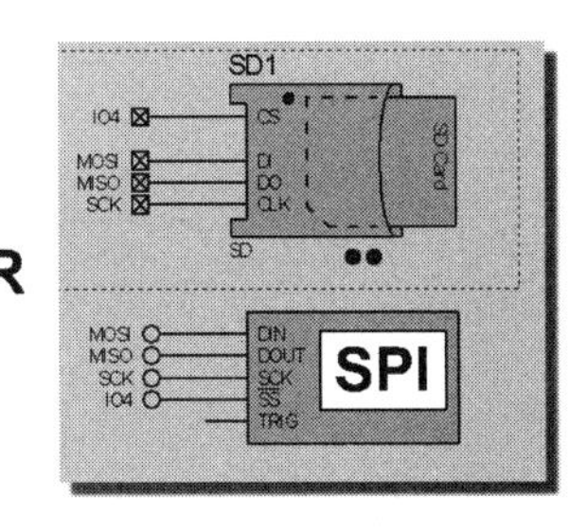

图 4-63　接线 SPI 分析

接下来，在 drawBitmap( ) 命令中设置断点，因为大多数 SPI 传输在这里进行，如图 4-64 所示。

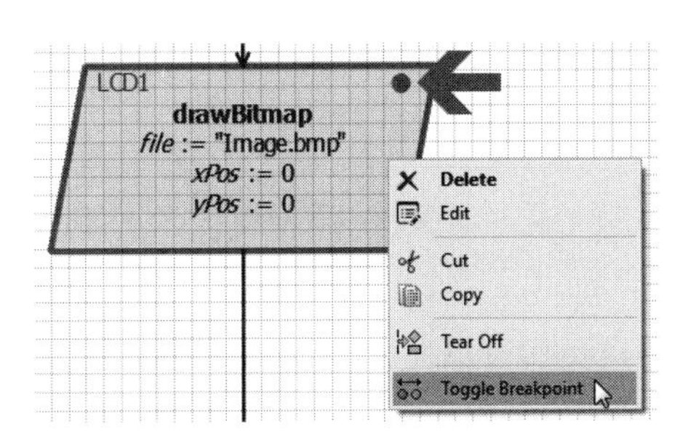

图 4-64　设置断点

现在，当运行仿真时，将在 SPI 总线上看到一些初始化 chatter，直到到达断点。当单步执行时，将看到从处理器读取的位图对应的 SD 卡中移出了大量的数据。如果需要，则可以在任何数据包上向下获取到位级别。

> 说明 相同的基本过程将适用于任何仪器（如示波器、逻辑分析仪、I²C 分析仪等）。

> 注意 附加仪器对分析至关重要，但会降低仿真速度。当调试会话完成时，可以删除工具。

5. 上传和编译程序

当完成开发时，可以轻松地将程序编译到物理硬件。首先，将 Adafruit TFT 屏连接到 Arduino Uno，并确保插入兼容的 SD 卡。然后，连接到 PC，然后只需单击上传按钮，如图 4-65 所示。如果上传没有开始，则可通过设置对话框指定用户已连接的 COM 端口，然后重试，如图 4-66 所示。

图 4-65　上传按钮

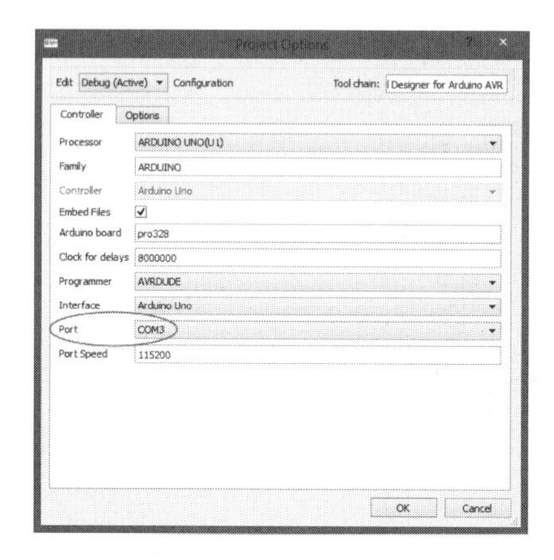

图 4-66　设置 COM 端口

正常结果是在仿真日志中看到一条上传完成的消息，并且 TFT 上应该正在显示图片。

这个编译过程是双重的。首先，将资源写入 SD 卡，然后将固件程序发送到 AVR 微控制器。其物理 SD 卡必须是 FAT16 或 FAT32 并且足够大，以保存将被编译的资源文件。

4.4　电机控制

本节将介绍如何使用 Visual Designer 轻松控制直流电机和步进电机。这里使用 Arduino Motor Shield V1 R3，如图 4-67 所示。

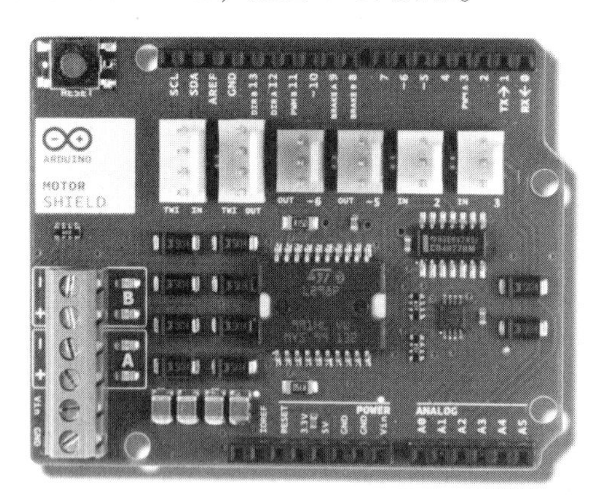

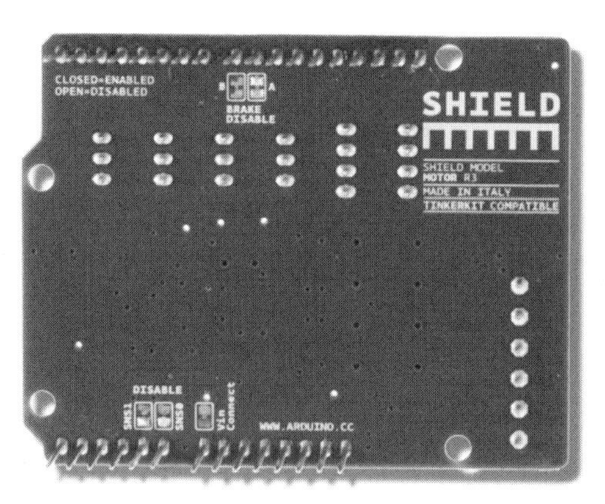

图 4-67　正面图和背面图

说明　可以使用 Grove Servo 外围设备来实验伺服电机，也可以通过绘制原理图来使用 BLDC 电机。

1. 直流电机控制

首先创建一个新的可视化设计器工程，然后以正常的方式添加 Arduino 核心板与直流电机，如图 4-68 和图 4-69 所示。

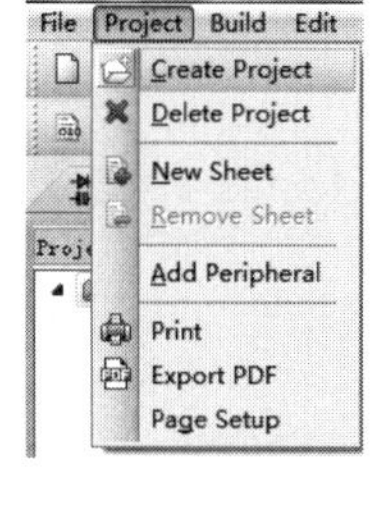

图 4-68 工程快捷菜单

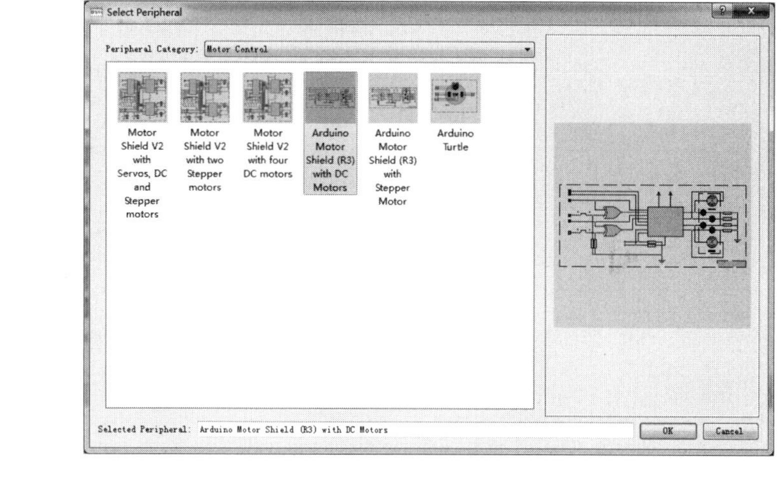

图 4-69 添加直流电机

在电机控制类别中，实际上有两个模块可用，其中一个配置两个直流电机，另一个配置一个步进电机。在真正的硬件上，需要根据编程 Arduino 的工程手动配置。

在工程树中，现在有两个电机关联可视化命令，如图 4-70 所示。想要写一个小程序，以相反的方向驱动电机。要做的第一件事是为电机的速度初始化一个变量，从而将一个赋值块拖放到初始化程序（只需要这样做一次），如图 4-71 所示。

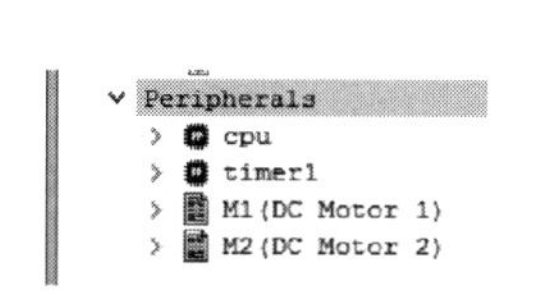

图 4-70 电机关联可视化命令

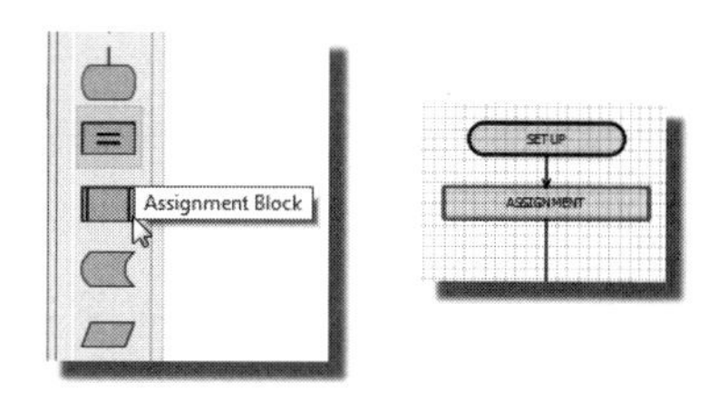

图 4-71 将赋值块拖放到初始化程序

编辑块，创建一个新变量并分配一个值，如图 4-72 所示。

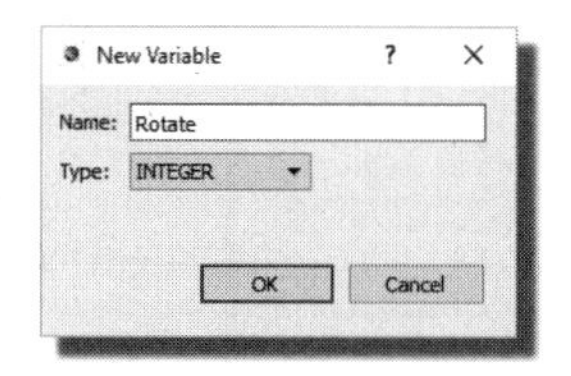

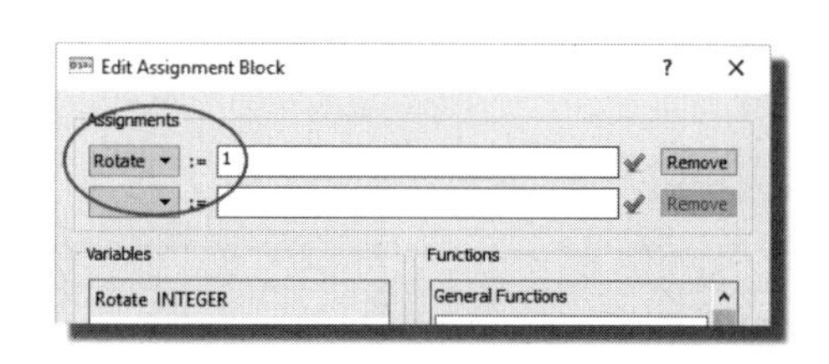

图 4-72 创建一个新变量并分配一个值

接下来向前驱动第一个电机。将运行可视化命令拖放到循环程序中，如图 4-73 所示。

编辑块，设置其方向向前并将速度分配给变量，如图 4-74 所示。重复此过程设置第二个电机，使其向后旋转，第二个电机的循环程序如图 4-75 所示。

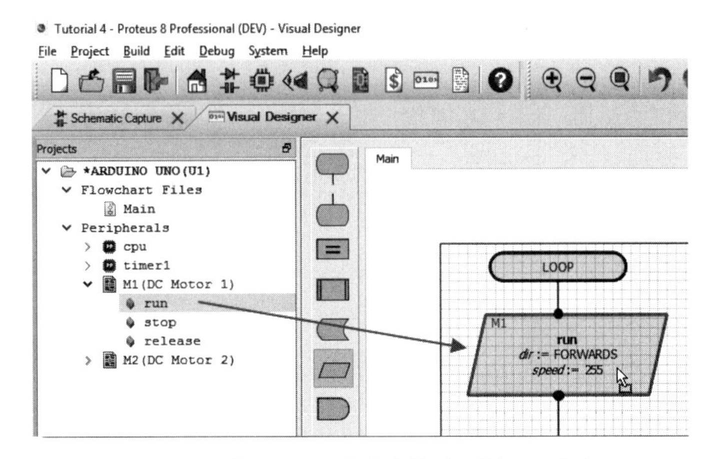

图 4-73　将运行可视化命令拖放到循环程序中

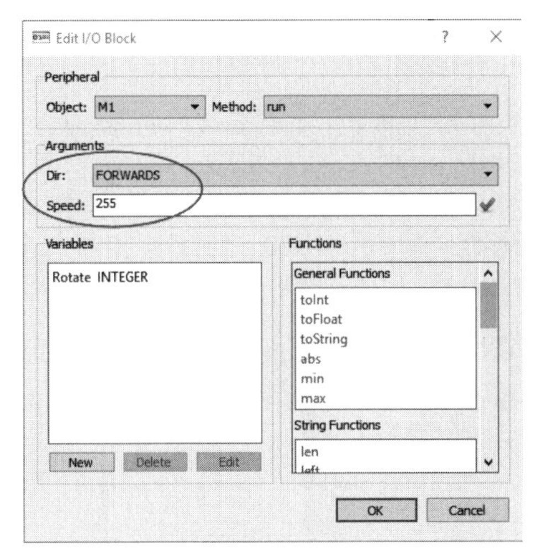

图 4-74　编辑块

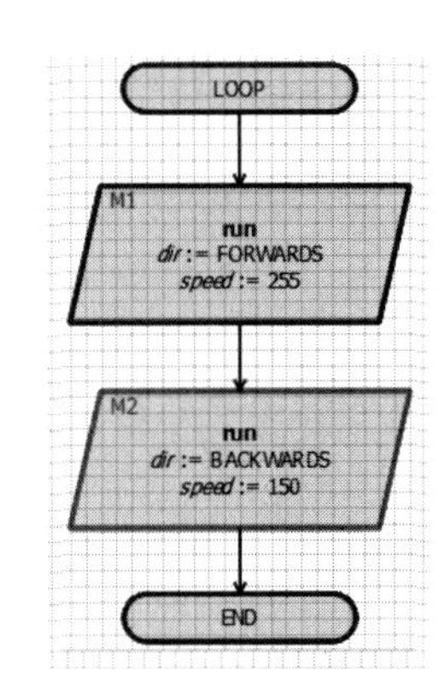

图 4-75　第二个电机的循环程序

下面将添加一个子程序来停止电机。将事件块拖放到空的位置，编辑事件块并给它一个合理的名称，如图 4-76 所示。

现在，将两个电机的停止程序拖放到添加的子程序中，如图 4-77 所示。

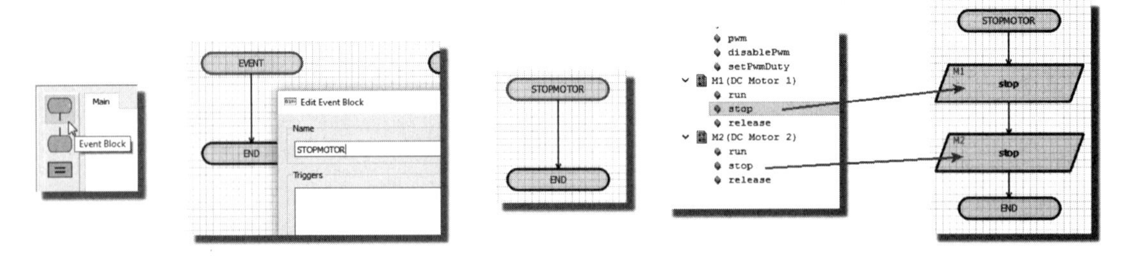

图 4-76　添加一个子程序来停止电机

图 4-77　将两个电机的停止程序拖放到流程图

最后，将一个子程序调用块拖放到主循环中，并编辑它来调用子程序，如图 4-78 所示。

要在操作中看到此调用过程，可单击暂停按钮，然后单击源窗口顶部的步进按钮单步执行代码，如图 4-79 所示。可看到代码通过子例程执行，然后返回主循环。

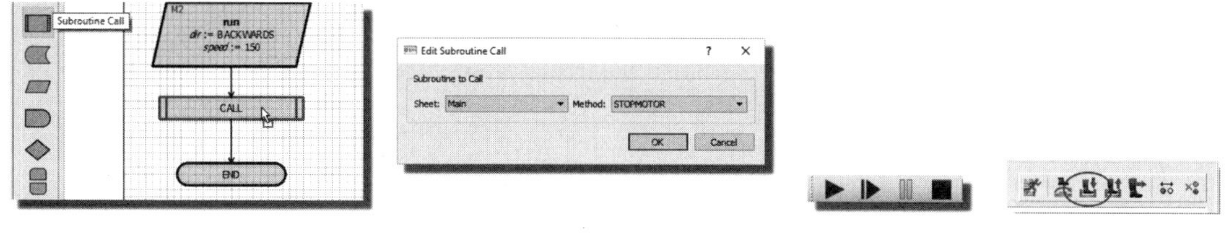

图 4-78　调用子程序　　图 4-79　执行单步仿真

程序的大部分已经完成，但如果很快启动和停止电机，则没有足够的动量使电机运转起来。更好的方法是在驱动阶段设置延迟，在停止阶段设置类似的时间延迟，如图 4-80 所示。

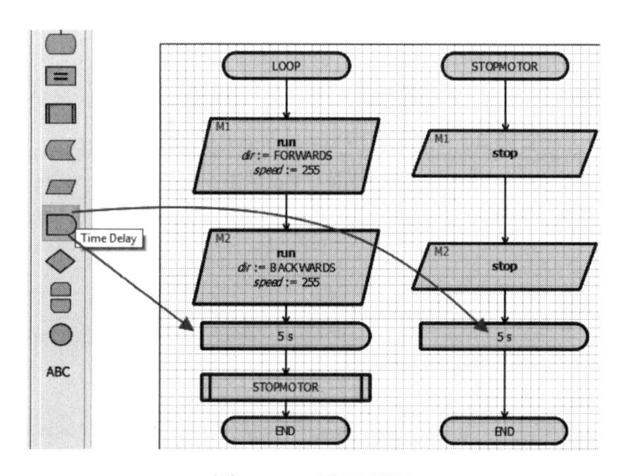

图 4-80　设置延迟

如果现在运行仿真，可以通过状态栏上显示的时间来监视驱动和自旋向下循环，如图 4-81 所示。除此之外，还可以暂停仿真，设置断点和步骤代码，如图 4-82 所示。与真正的硬件不同，当处于断点时，电机不会失去动量——这是在软件中调试的真正优势。

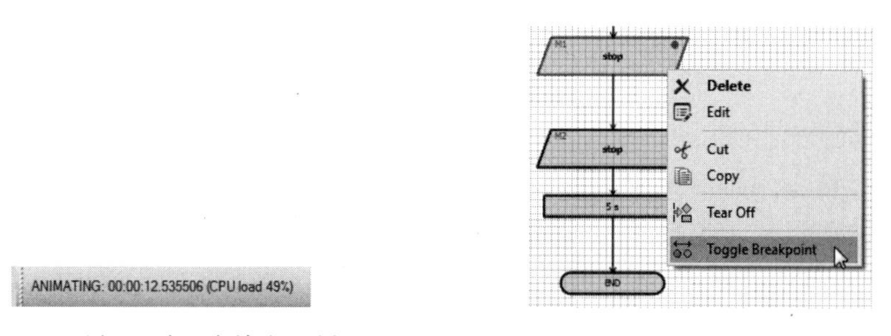

图 4-81　监视驱动和自旋向下循环　　图 4-82　设置断点和步骤代码

对于更高级的分析，可以在示意图上放置和连接示波器，观察 PWM 波形，如图 4-83 所示。

用户可以随时通过上传按钮将程序上传到物理板。

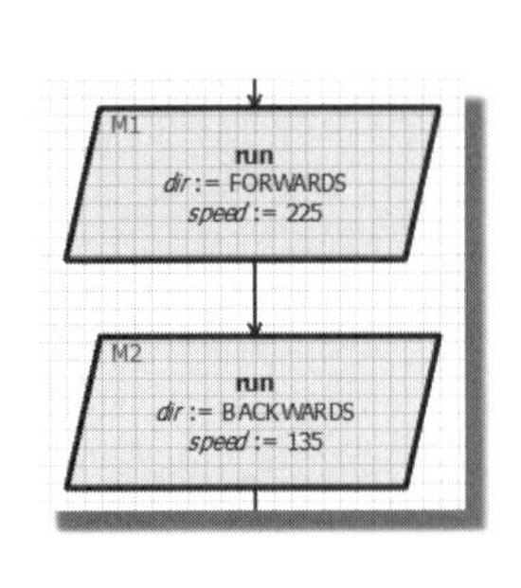

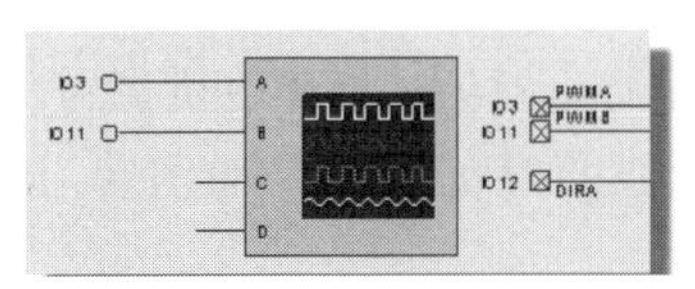

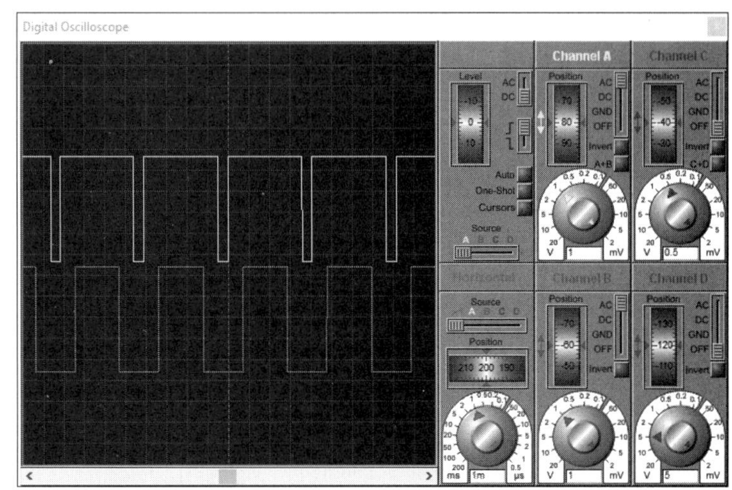

图 4-83　PWM 波形

2. 步进电机控制

对于步进电机，可以使用相同的硬件模块（Arduino Motor Shield V1 R3），但配置为单个单极步进电机。启动一个新的 Visual Designer 工程，并通过添加外围设备命令引入硬件模块，如图 4-84 和图 4-85 所示。

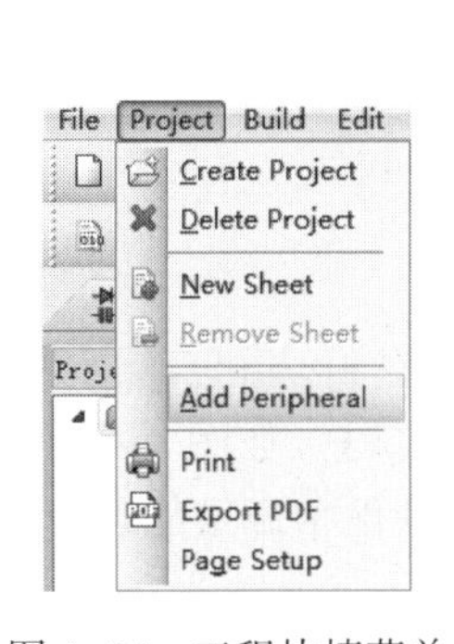

图 4-84　工程快捷菜单

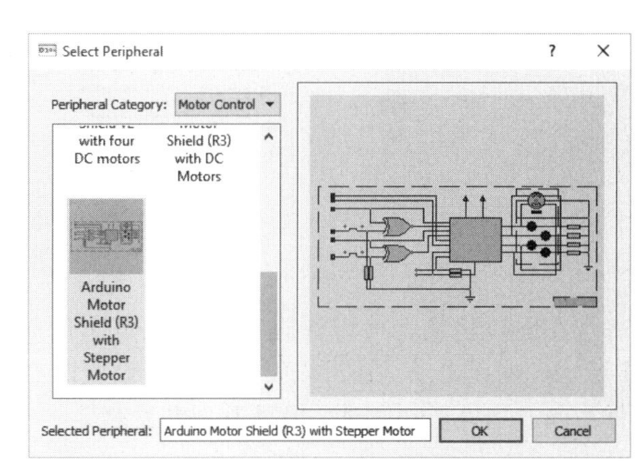

图 4-85　添加电机模块

在这里将设计一个小程序，在一个方向上驱动步进电机，然后反转方向，最后倒退。首要任务是通过将 setSpeed( ) 方法拖入初始化程序中来初始化速度，如图 4-86 所示。

步进次数可以使用循环结构设定。将一个循环结构拖放到主（循环）程序并编辑块，如图 4-87 和图 4-88 所示。在此使用一个 For-Next 循环，添加一个 count 变量，并初始化为零，设置循环次数为 12 次，如图 4-89 所示。

拖动循环中的电机的 step( ) 可视化命令——需要注意颜色的变化，颜色用于表明其是否是循环结构的一部分，如图 4-90 所示。

编辑流程块，并设置步骤数为 4，得到明确的运动，设置前进方向和交织模式，如图 4-91 所示。

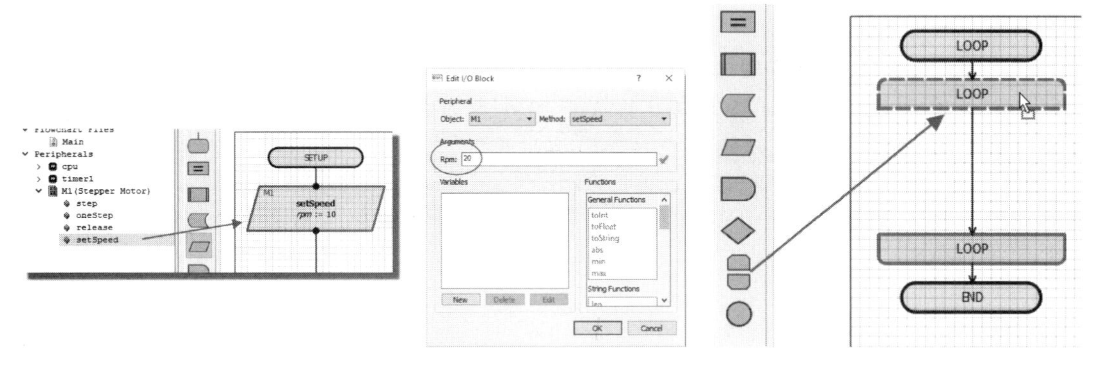

图 4-86 初始化速度

图 4-87 将循环结构拖放到主程序并编辑块

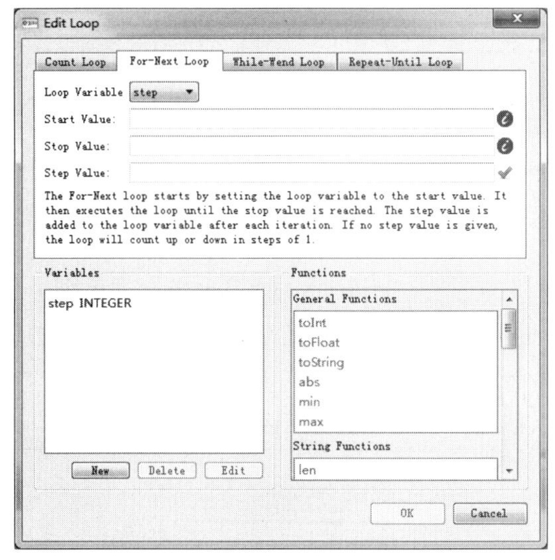

图 4-88 将一个循环结构拖放到主（循环）例程并编辑块

图 4-89 使用 For-Next 循环

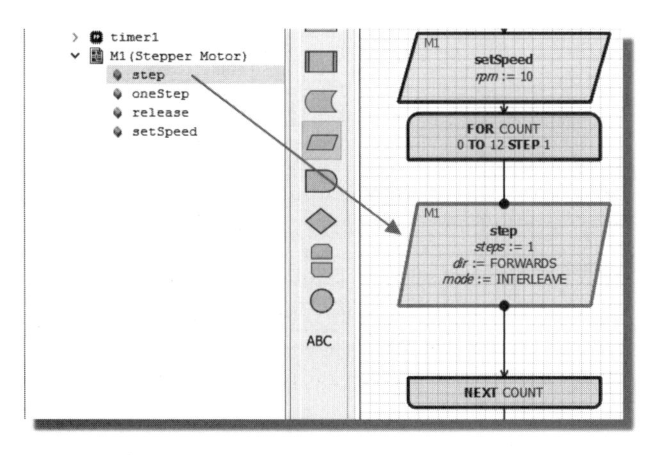

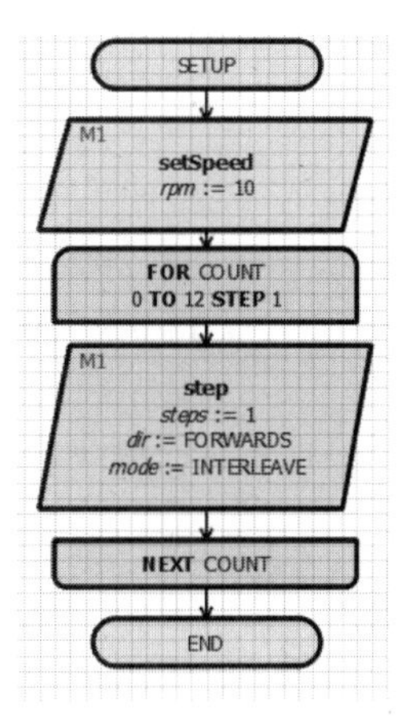

图 4-90 拖动循环中的电机的 step( ) 可视化命令

> **说明** 单模式意味着单线圈激活，双模式意味着两个线圈被立即激活（对于较高的扭矩），交织模式意味着在单模式和双模式之间交替以获得两倍的分辨率（其速度的一半）。在互联网上有关于此实验更多的资料和信息。

在步骤例程之后设置适度的延迟，使得驱动阶段完成后，再重复循环，如图 4-92 所示。

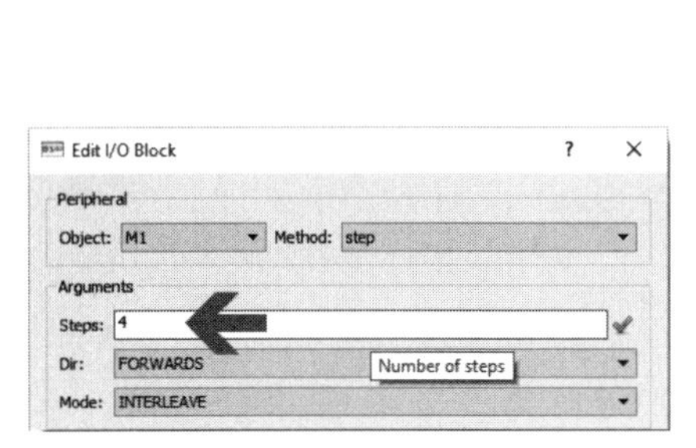

图 4-91　编辑流程块

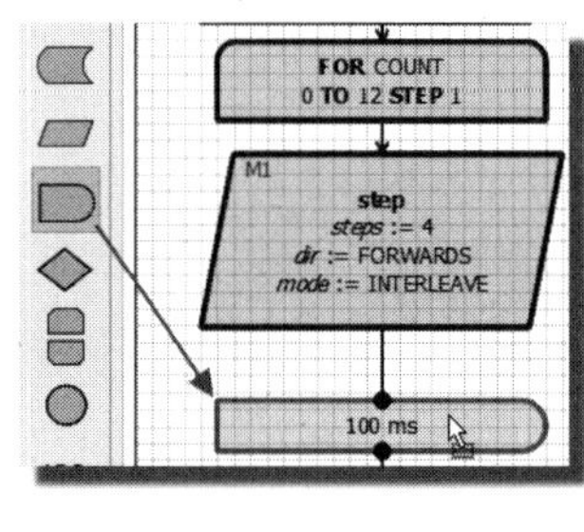

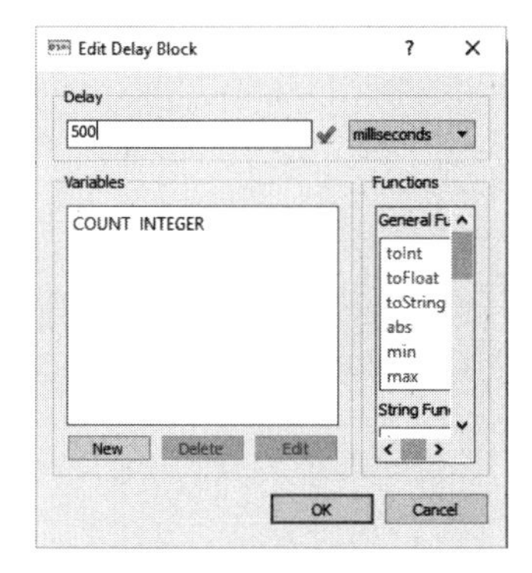

图 4-92　设置延迟

这是向前运动的方法。在相反方向上驱动电机的方法与此相同，只需改变步进程序中的方向。可以放置第二个循环并拖动可视化命令，也可以使用复制和粘贴功能。使用鼠标右键拖动一个框，并从生成的快捷菜单中选择复制命令，如图 4-93 所示。

接下来，通过右击（或按快捷键 Ctrl+V）以粘贴第二组块，如图 4-94 所示。

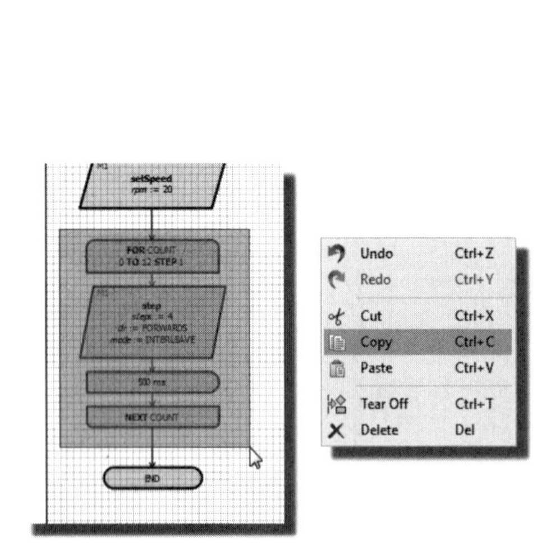

图 4-93　选择复制可视化命令

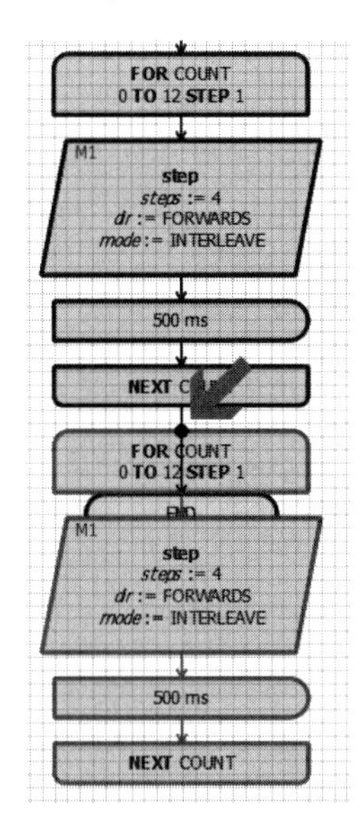

图 4-94　粘贴第二组块

将它们拖到第一个循环下方的位置，当顶部节点显示为点时释放鼠标。

最后，编辑步长可视化命令并更改方向，如图 4-95 所示。单击播放按钮并观察电机步进向前或向后或暂停，设置断点并单步执行程序。

计数器变量显示在变量窗口中（如图 4-96 所示），可以直观显示循环还有多少次迭代。

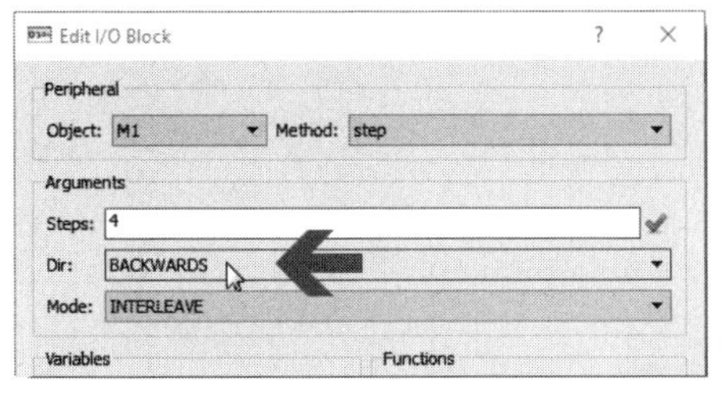

图 4-95　编辑步长可视化命令并更改方向

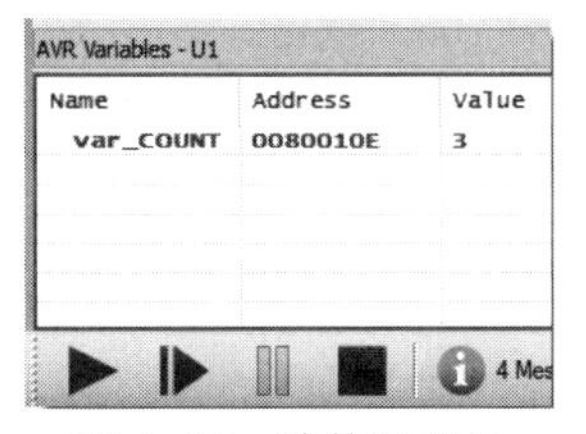

图 4-96　计数器变量

4.5　外围设备设计

前面使用的是预先存在的 Arduino Shields 或 Grove 模块的硬件，然而，还可以在原理图上直接设计自己的硬件。下面将使用按钮和 LED 来介绍相关知识。需要注意的是，在 Proteus 库中可以仿真数千个零件。首先使用 Arduino 的 Visual Designer 编译器创建一个带有原理图、无 PCB 和 Arduino Uno 固件的新工程。

说明　可以在 Labcenter YouTube 频道上观看本教程的短片，网址为 https://www.youtube.com/channel/UCFNnl5S532GMtwXJUYRo-wQ。

1. 绘制原理图

在 Proteus 主要的帮助文件中有很多原理图的文档，所以在这里只做简单介绍。我们的任务是在原理图上绘制如图 4-97 所示的目标电路。

主要步骤如下。

1）拾取

在库中单击原理图零件箱上方的 P 按钮，即可打开元件库浏览器，如图 4-98 所示。我们只对那些已经有模型并且可以模拟的器件感兴趣，所以首先需要过滤结果。

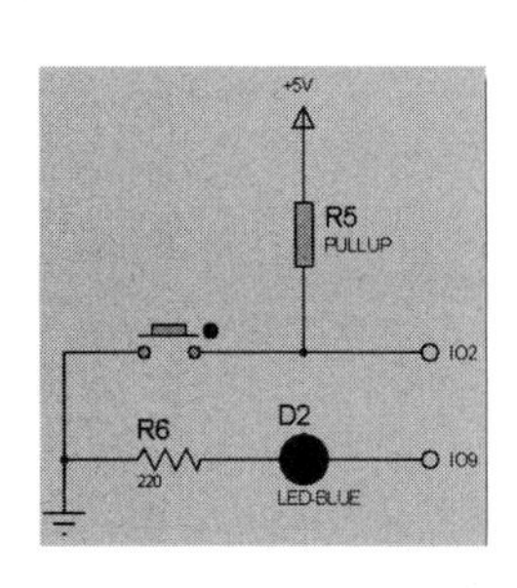

图 4-97　目标电路

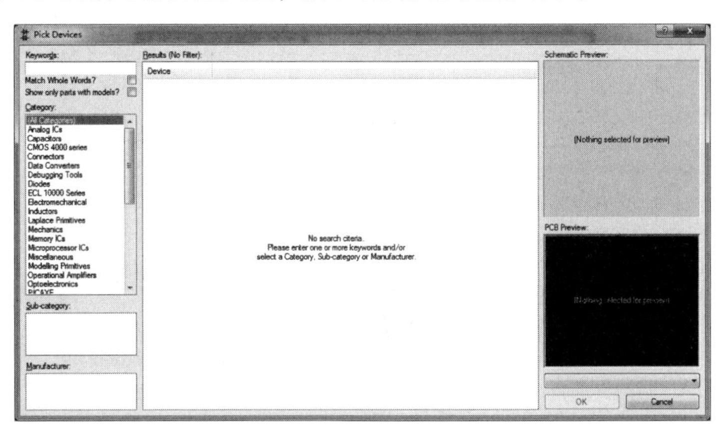

图 4-98　元件库浏览器

这里需要一个 LED、一个 220Ω 电阻、一个上拉电阻和一个按钮，所有这些元件都可以通过在对话框左上方输入关键字找到，如图 4-99 所示。双击结果，即可将零件放入零件箱中，如图 4-100 所示。

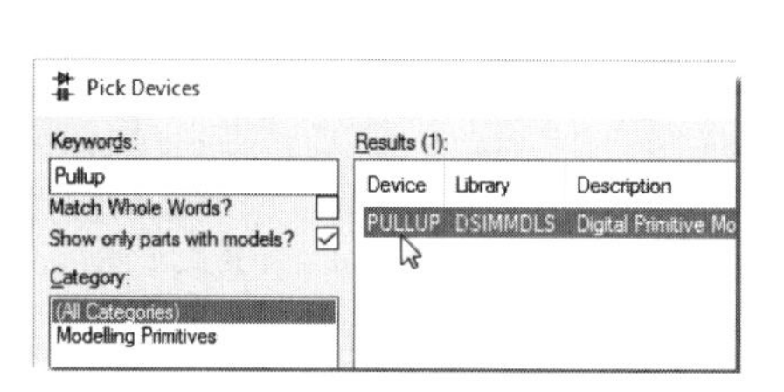

图 4-99　检索元件

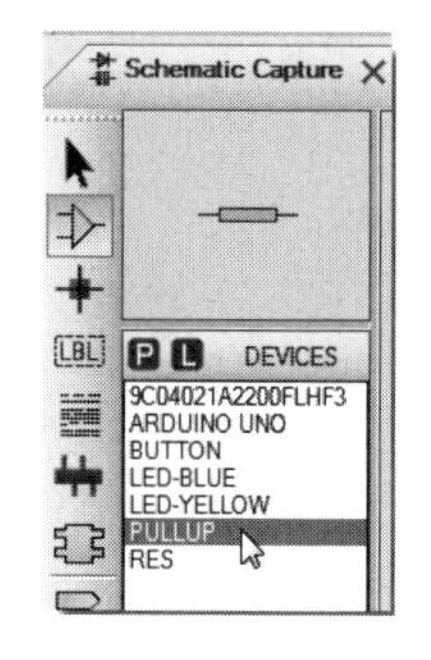

图 4-100　将零件放入零件箱中

可能会询问是否要更换现有零件，这将发生在已经选择了放在零件箱中的零件时。

2）放置

要放置零件，可在零件箱中选择零件，在原理图上单击，然后将其拖到原位，再次单击以放下，如图 4-101 所示。

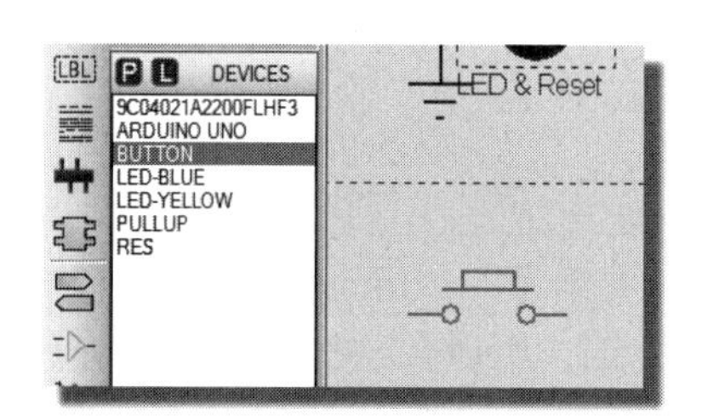

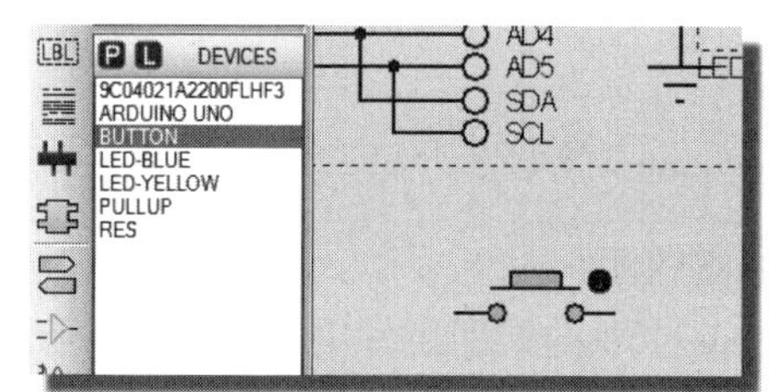

图 4-101　放置零件步骤

如果需要旋转零件，则可以在放置期间使用键盘上的加号和减号键。

将所有零件大致就位，如图 4-102 所示。可以通过选择端子模式及放置/旋转，以与要做零件相同的方式施加电源和接地，如图 4-103 所示。

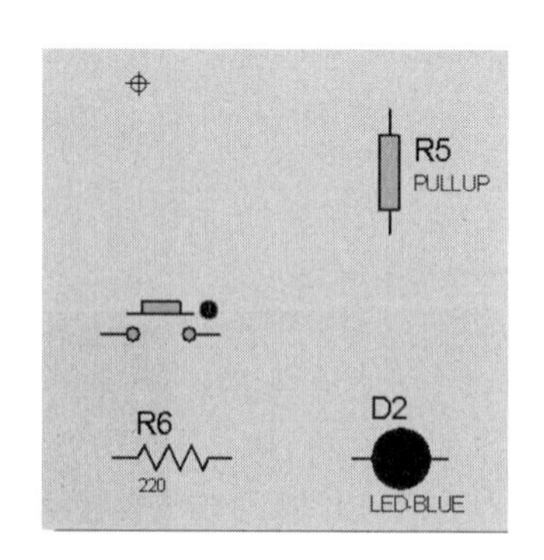

图 4-102　将所有零件大致就位

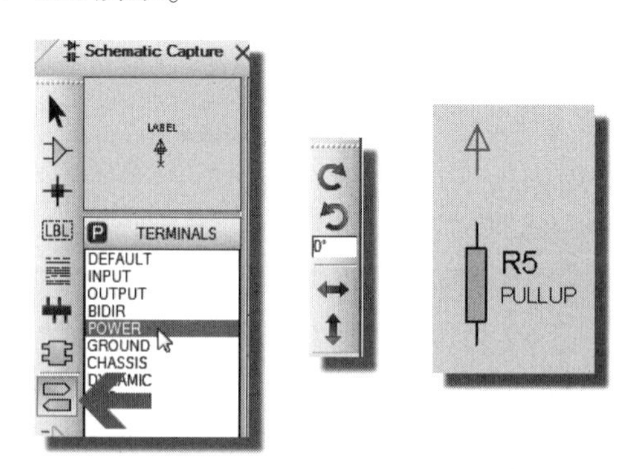

图 4-103　施加电源和接地

编辑电源端子并指定正确的电压，如图 4-104 所示。

这里还需要一个终端将按钮和 LED 连接到 Arduino 的正确引脚上，也可以使用默认终端，如图 4-105 所示。

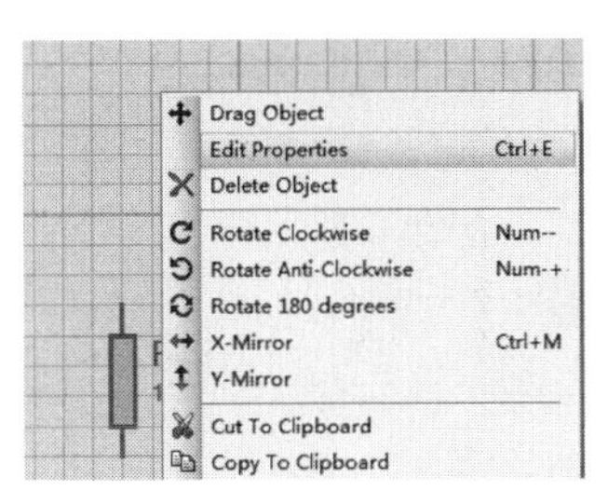

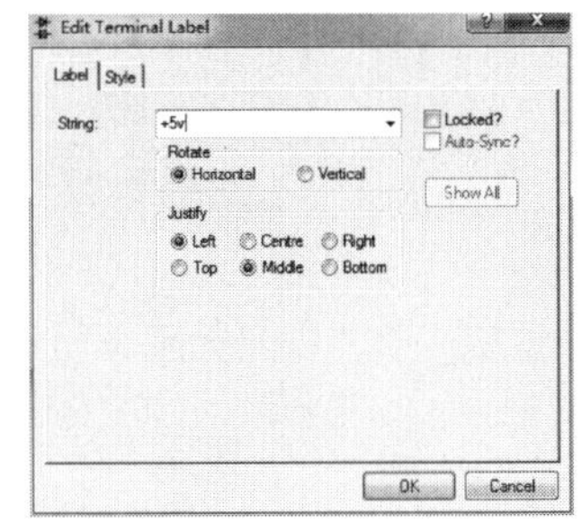

图 4-104　编辑电源端子并指定正确的电压

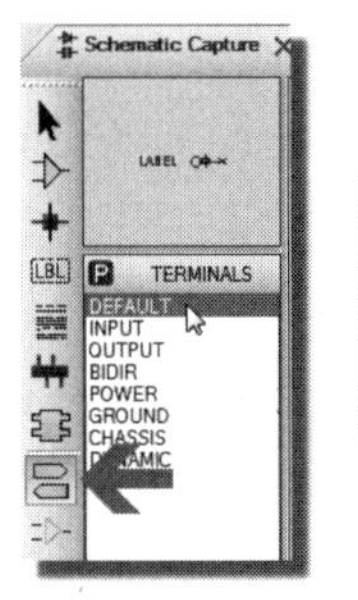

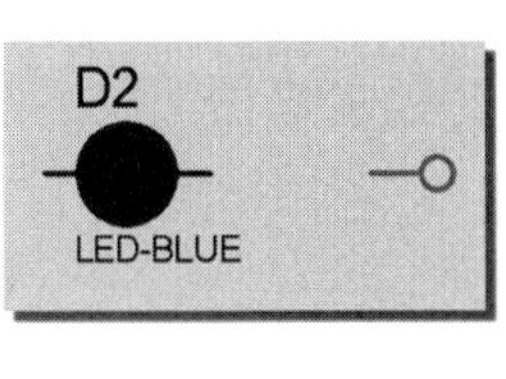

图 4-105　使用默认终端

对硬件和固件进行合并。在固件中等待按钮按压的最好方法是通过引脚改变中断。这意味着需要将按钮连接到 Arduino 的引脚以改变中断可用的引脚。在 Uno 上，可以使用 IO2，并可以将 LED 连接到任何可用的 I/O 引脚，如图 4-106 所示。摆放电路元件（在这个阶段没有电线），如图 4-107 所示。

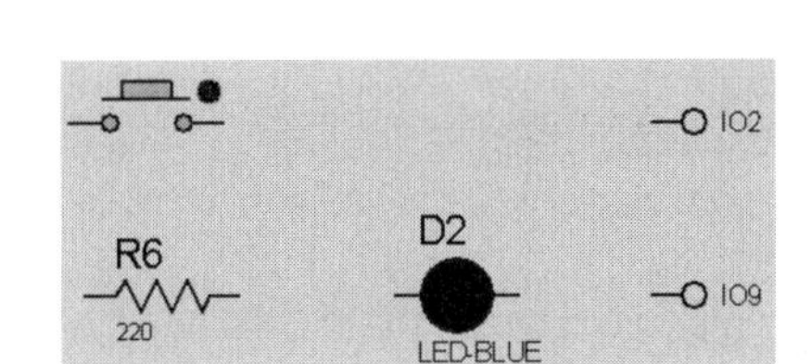

图 4-106　添加引脚到原理图

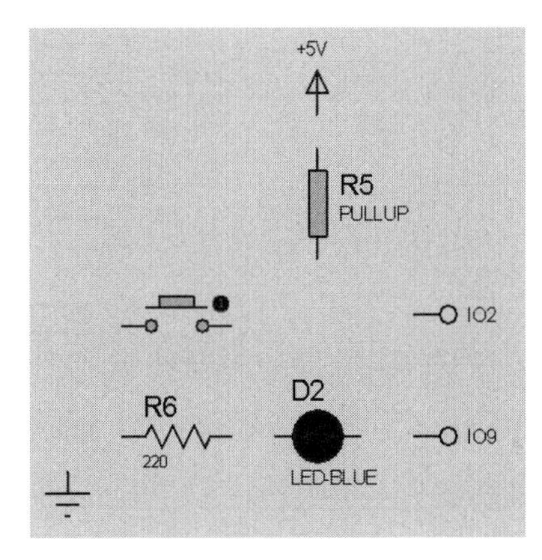

图 4-107　摆放电路元件

3）连接导线

原理图上的接线是点对点的。首先，将鼠标指针悬停在一个引脚上，直到指针变为绿色，然后单击，如图 4-108 所示。接下来，将鼠标指针移到目标针/导线，直到指针再次变为绿色，如图 4-109 所示。再次单击以完成导线连接，如图 4-110 所示。

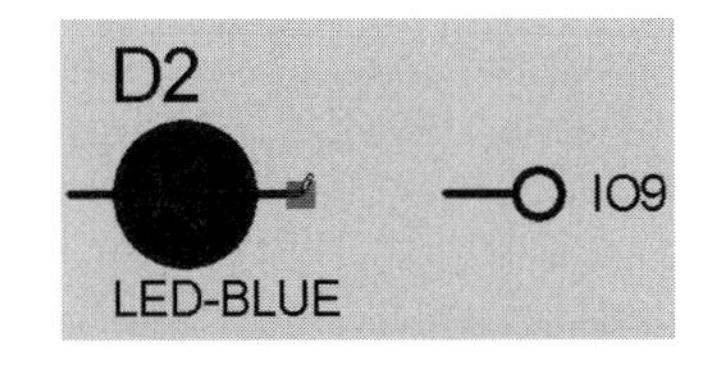

图 4-108　鼠标指针悬停在一个引脚上，直到变为绿色

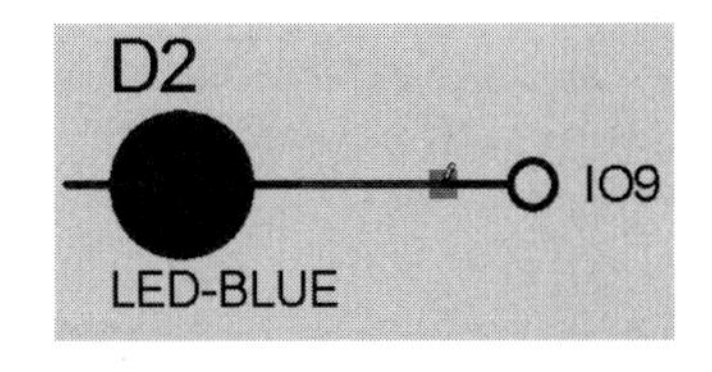

图 4-109　将鼠标指针移到目标针/导线

接线完成后，原理图如图 4-111 所示。

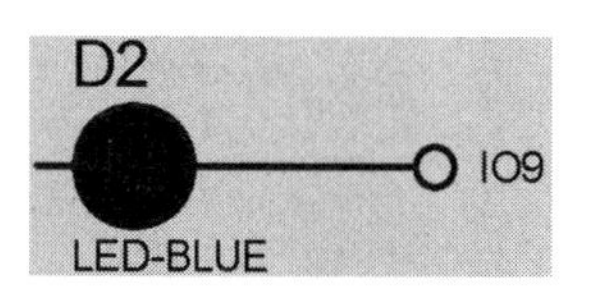

图 4-110 完成导线连接

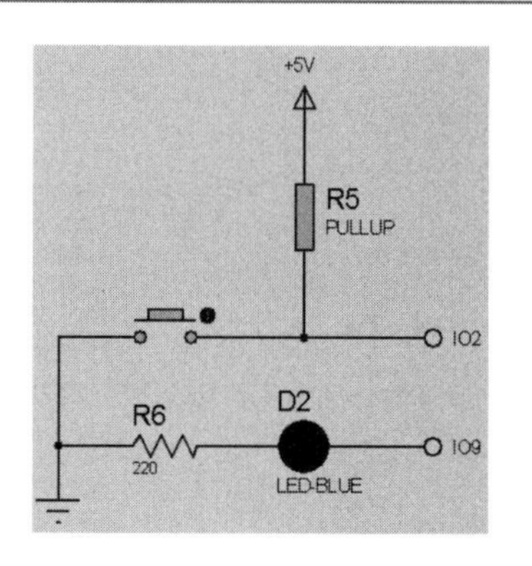

图 4-111 原理图

在原理图上，两个相同名称的端子之间有一个“隐形线”，通过将按钮连接到一个称为 IO2 的端子，我们实际上将它连接到了 Arduino 芯片的 IO2 引脚上，如图 4-112 所示。

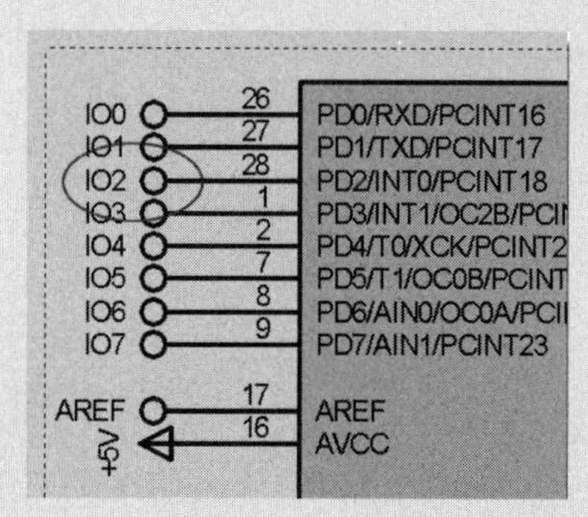

图 4-112 相同名称端子即为相连端子

2. 设计程序

前面我们所做的都是硬件设计。程序设计在可视设计器选项卡上进行。因为工程树中没有任何外部外围方法，所以必须使用 CPU 可视化命令直接驱动电子器件。

将改变引脚中断程序可视化命令拖放到初始化流程图，如图 4-113 所示。

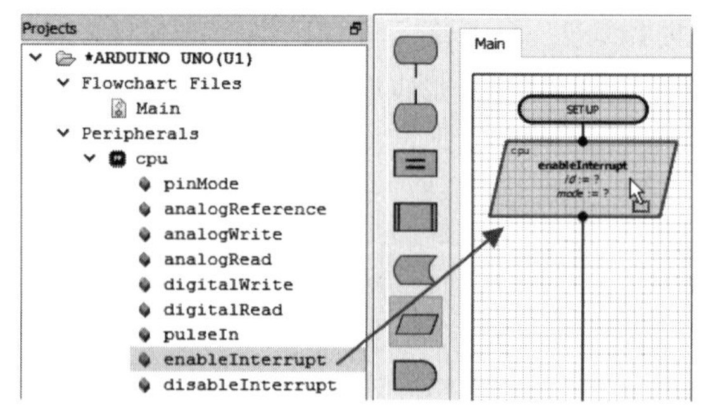

图 4-113 将改变引脚中断程序可视化命令拖放到初始化流程图

现在，Uno 有两个可用的中断引脚，但是这里需要选择 INT0，因为我们将按钮连接到 IO2，如图 4-114 所示。

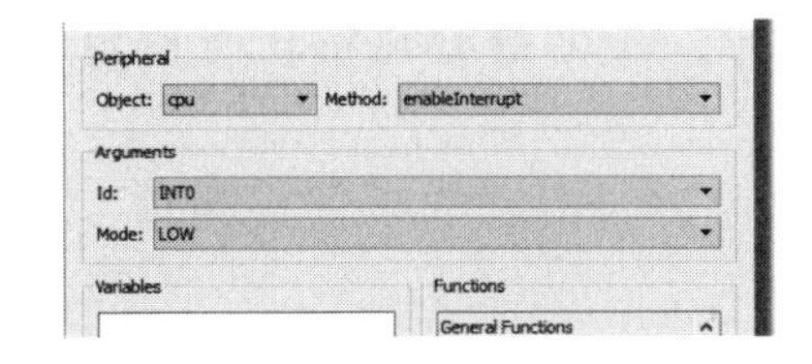

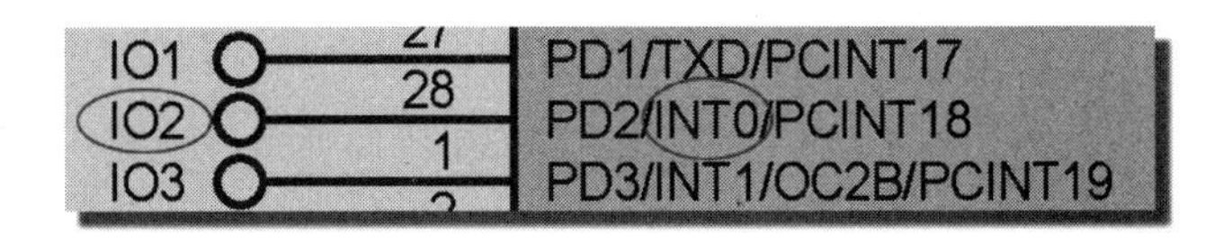

图 4-114　中断引脚

类似地，需要将中断设置为在下降沿触发，因为按下按钮时需要拉低电平，如图 4-115 所示。

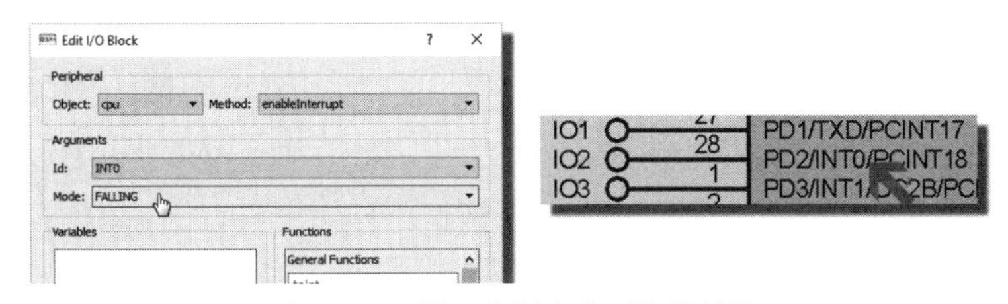

图 4-115　设置中断为在下降沿触发

现在需要处理中断事件。将事件块拖放到流程图编辑器上并进行编辑。给出一个合理的名称，然后将触发器指定为 INT0，如图 4-116 所示。

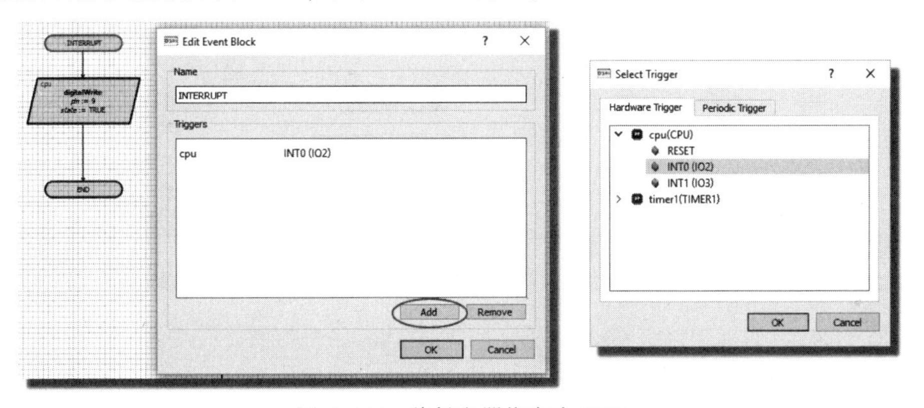

图 4-116　将触发器指定为 INT0

当按下按钮时，打开一个 LED，所以需要在其中一个 I/O 线上写出一个逻辑高电平。具体来说，这里选择 IO9，因为这是在原理图上连接 LED 的地方，如图 4-117 所示。

首先将引脚设置为输出引脚。可以直接在 Setup 程序中通过将 pinMode 可视化命令拖放到流程线上来完成，如图 4-118 所示。

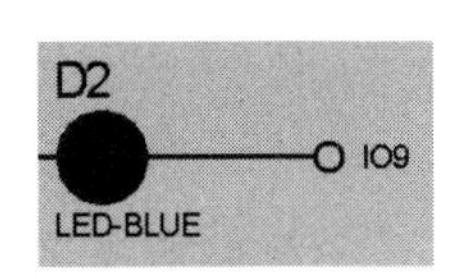

图 4-117　IO9 写出一个逻辑高电平

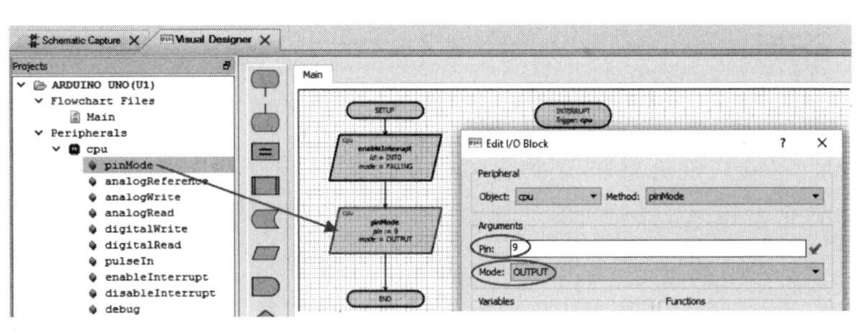

图 4-118　引脚设置及使用

然后将 digitalWrite 可视化命令拖放到中断处理程序中，命名引脚并将状态设置为 TRUE，如图 4-119 所示。

单击播放按钮进行仿真，切换到原理图选项卡，然后单击相应按钮进行测试，如图 4-120 所示。

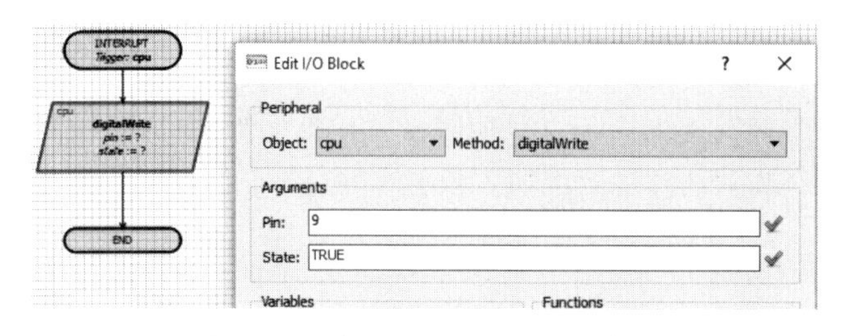

图 4-119　将 digitalWrite 可视化命令拖放到中断处理程序中

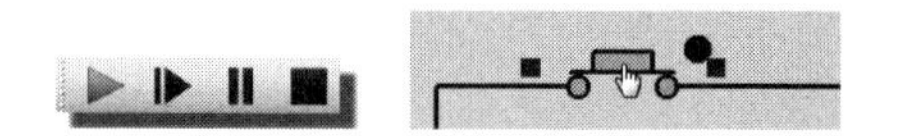

图 4-120　单击相应按钮进行测试

要将原理图的一个区域引入可视化设计器，需要将其指定为活动弹出窗口。为此，需停止仿真，选择活动弹出模式并用鼠标左键拖动感兴趣的组件框，如图 4-121 所示。此时单击播放按钮，可以在可视设计器通过活动弹出窗口进行测试。在这种情况下，这是一个偏好的问题，但是，在调试时，能够同时看到电路通常是非常有用的。程序流程图最终如图 4-122所示。

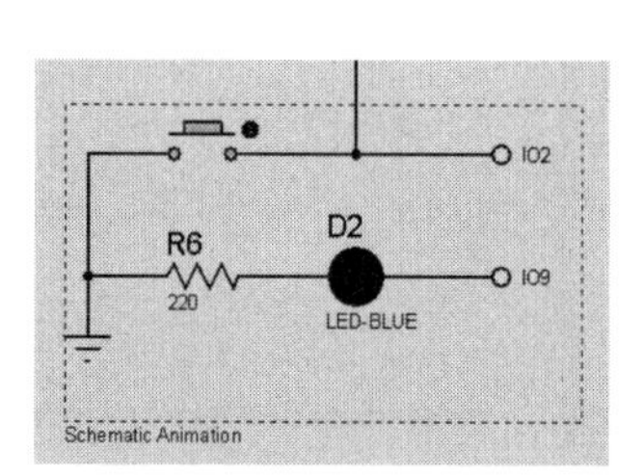

图 4-121　设置活动弹出窗口

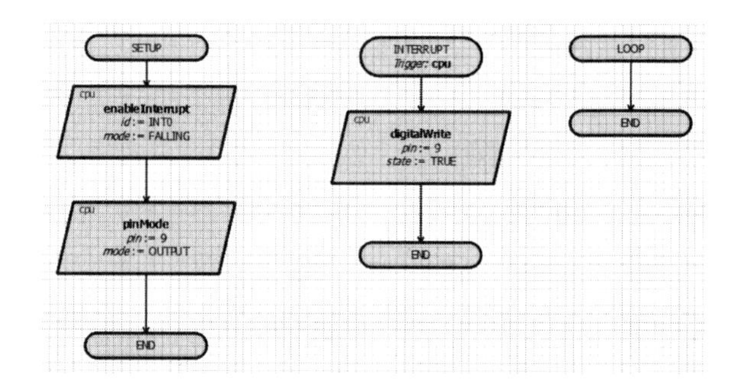

图 4-122　程序流程图

> 中断是非常有用的，但要知道，在 Arduino 环境中，可以做的事情有限。例如，尝试在中断例程内写入 LCD 将会失败，因为 Arduino 堆栈写入 LCD 本身使用了中断。

思考与练习

（1）直流电机与步进电机在控制上有何异同？在 Visual Designer 中应如何分别控制它们？

（2）中断在 Visual Designer 中有何作用？使用时应注意哪些问题？

（3）试用 Visual Designer 新建一个工程并使用若干 Grove 传感器和一个 LED 来设计一个迷你夜灯。

第 5 章　电路实例仿真

5.1　数控直流稳流电源电路

设计任务

设计一个基于单片机的稳流电源电路，通过单片机控制数模转换，转换成的模拟电压量作为数控恒流源产生电路的基准电压，并且能通过按键控制电路输出的稳定电流值。

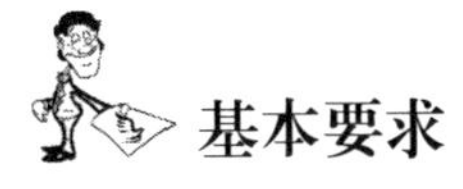

基本要求

（1）按下 ADD 键，电源电路输出电流值增大。

（2）按下 DEC 键，电源电路输出电流值减小。

（3）电路输出最小电流是 0A，最大电流是 0.38A，步进值为 0.01A，所有电流挡位可调。

设计方案

恒流源有一个定式，即利用一个电压基准，在电阻上形成固定电流。本设计采用核心控制器件单片机 Arduino Uno 控制输出一定的数字量，通过数模转换电路将数字量转换为模拟电压，这个模拟电压是一个可控的基准电压量。基准电压输入运算放大器的同相输入端，通过负反馈作用，使比较放大器的输出端电压与输入端电压相等，该电压除以固定电阻即可得到随电压变化的可控电流。

系统组成

数控直流恒流电源电路分为 3 个部分。

（1）单片机控制电路：输出一定的数字量，并且能通过判断按键的状态来输出增大或减小的数字量。

（2）数模转换电路：将单片机输出的数字量转换为模拟量，该模拟电压为恒流源输出电路提供可控基准电压。

（3）数控恒流源产生电路：利用电压跟随器，使运算放大器输出可控电压，除以固定电阻即得可控电流。

系统组成框图如图 5-1 所示。

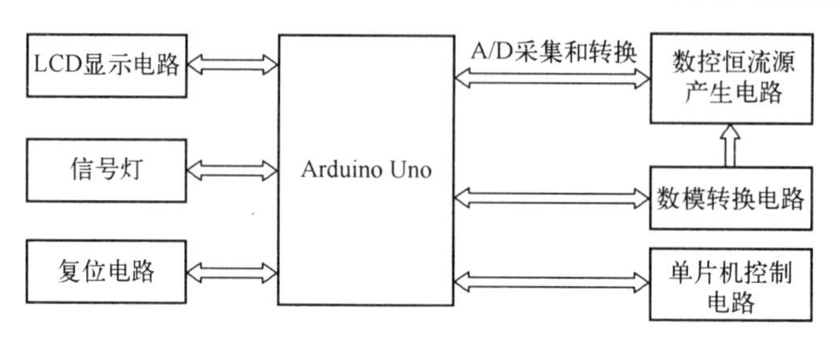

图 5-1　系统组成框图

系统原理图

1. 单片机控制电路

Arduino Uno 单片机最小系统包括复位电路及引脚接口。RST 引脚串联一个电阻接 VCC，RST 引脚同时接一个按钮，按钮另一端接 GND 用来做手工复位。

单片机控制电路还包括两个用于控制输出电压增大和减小的按键——ADD、DEC。单片机控制输出一定的数字量，以便后续的数模转换电路将其转换为模拟量。当按键部分有输入时，片内计算输出增大或减小的数字量，最终使数控恒流源产生电路部分所需的基准电压增大或者减小，如图 5-2 所示。

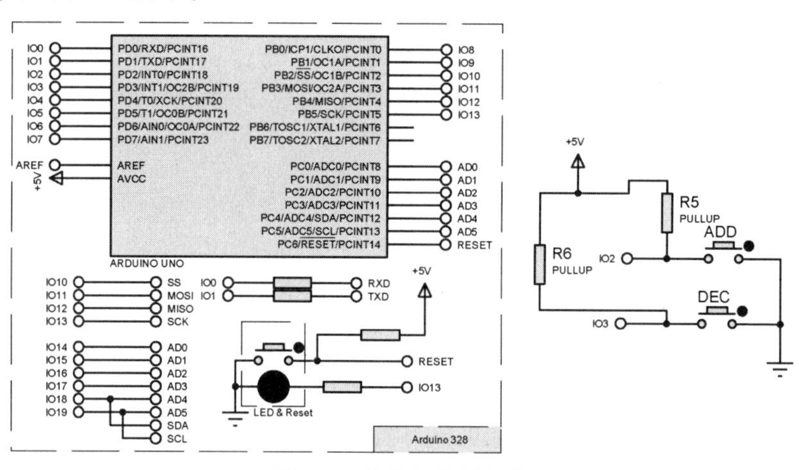

图 5-2　单片机控制电路

2. 数模转换电路

数模转换电路是整个系统的纽带，用于将控制部分的数字量转换为数控恒流源产生电路部分所需要的模拟量。这部分电路由数模转换芯片 DAC0832 和运算放大器 LM324 组成（如图 5-3 所示）。DAC0832 主要由 8 位输入寄存器、8 位 DAC 寄存器、8 位 D/A 转换器及输入控制电路 4 个部分组成。8 位 D/A 转换器输出与数字量成正比的模拟电流。本设计中$\overline{\text{WR}}$和$\overline{\text{XFER}}$同时为有效低电平，8 位 DAC 寄存器端为高电平，此时 DAC 寄存器的输出端 Q 跟随输入端 D 也就是输入寄存器 Q 端的电平变化而变化。该数模转换电路采用 DAC0832 单极性输出方式，运算放大器 LM324 使得 DAC0832 输出的模拟电流量转换为电压量。输出 VOUT1 = $-B\times$VREF/256，其中 B 的值为 DI0 ～ DI7 组成的 8 位二进制数，取值范围为 0 ～ 255，VREF 为由电源电路提供-9V 的 DAC0832 的参考电压。

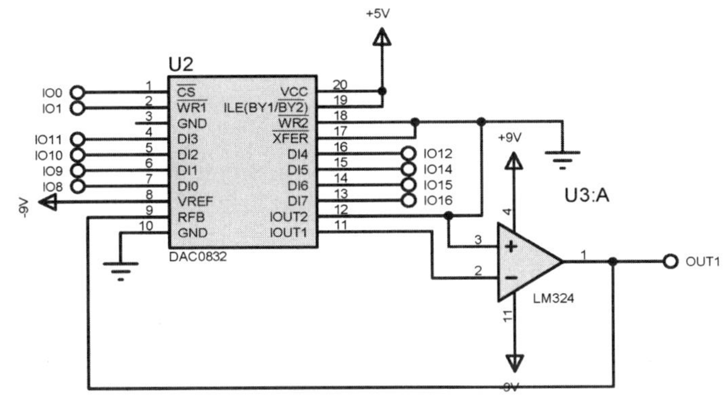

图 5-3　数模转换电路

3. 数控恒流源产生电路

这部分电路由运算放大器 LM358 搭成的电压跟随器、场效应管 IRF840 及相关电阻组成(如图 5-4 所示)。IRF840 属于绝缘栅场效应管中的 N 沟道增强型。绝缘栅场效应管是利用半导体表面的电场效应进行工作的，由于它的栅极处于不导电（绝缘）状态，所以输入电阻大大提高，最高达 $10^{15}\Omega$，这为恒流源的输出精度打下了良好的基础。N 沟道增强型场效应管的工作条件是：只有当栅极电压 $U_{GS}>0$ 时，才可能开始有 i_0。

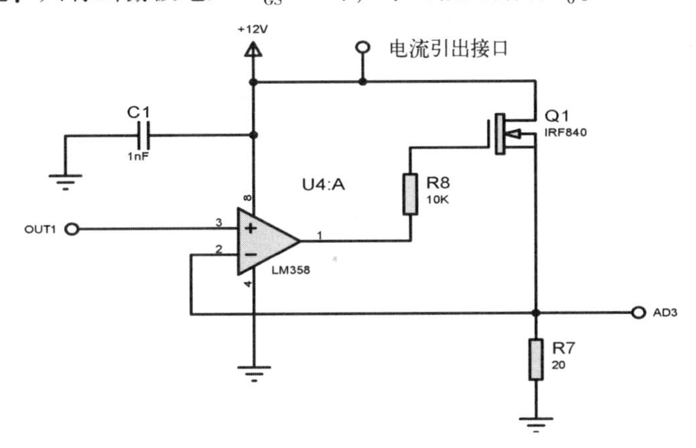

图 5-4　数控恒流源产生电路

根据虚短关系，LM358 in+端的电压与 R4 上端电压相等，电压值为前一部分数模转换电路输出的可控模拟电压值。电流可以由式 $I_R = U_{IN2}/R_4$ 计算。

将 R7 上端引出引脚接回单片机 Arduino Uno 的 AD3 引脚，进行 A/D 采集和转换，得到其位置的电压值，再除以 R_7，即得最终输出电流值，将其用 LCD 显示输出。

4. LCD 显示电路

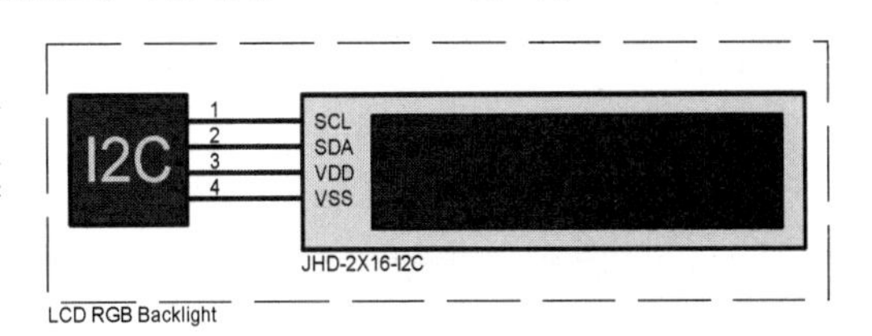

图 5-5　LCD 显示电路

这部分电路（如图 5-5 所示）属于 Proteus 集成好的部分，在工程里添加硬件模块：在 Visual Designer 界面，右击所建工程，在弹出的快捷菜单中选择 Add Peripheral 命令，打开 Select Peripheral 界面，在 Peripheral Category 下拉列表中选择 Grove，选择 Grove RGB LCD Module 作为显示模块，通过单片机 Arduino Uno 控制显示数值，实时显示电流大小。

5. 整体电路

整体电路原理图如图 5-6 所示。

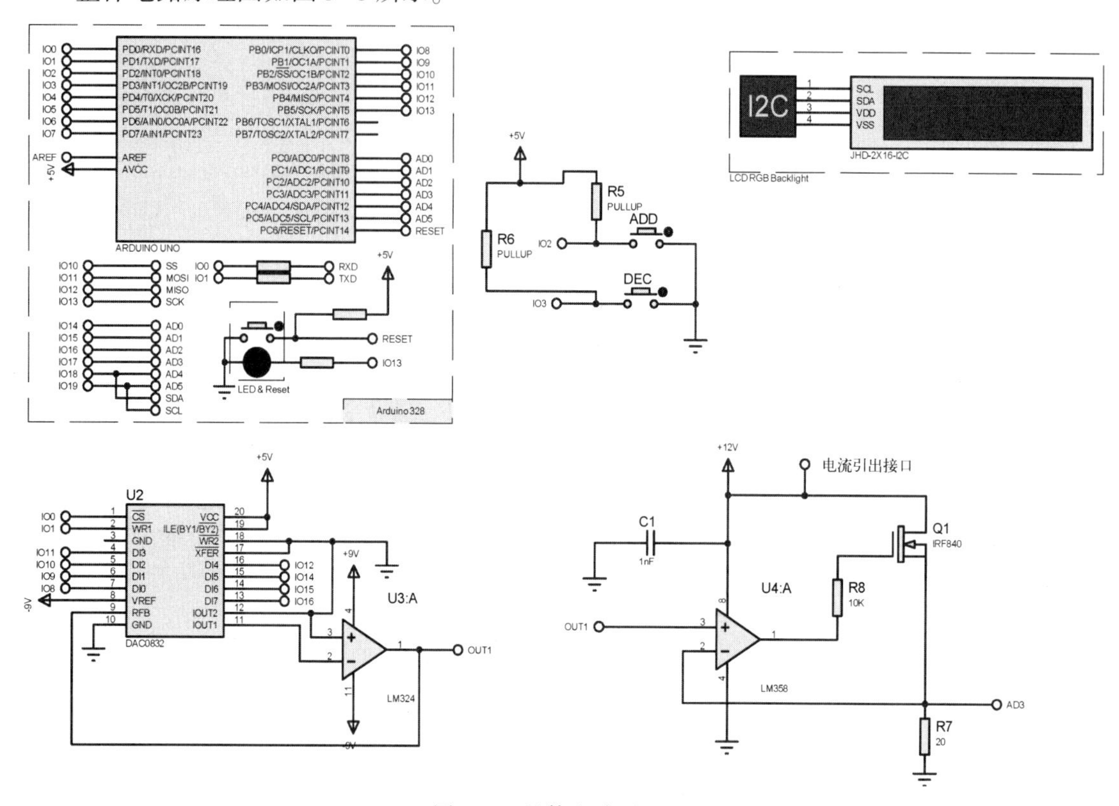

图 5-6　整体电路原理图

电路实际测量结果分析：上电后电路初始化输出电流值为 0.00A，按 ADD 键使输出电流增大，可测得输出电流为 0 ～ 0.38A 之间步进值为 0.01A 的所有电流值，满足数控直流稳流电源电路的设计要求。

可视化程序设计

1. 主程序设计

主程序结构流程图如图 5-7 所示。主程序可视化流程图如图 5-8 所示。

LOOP 程序结构流程图和可视化流程图如图 5-9 所示。

在主程序（SETUP 程序）中，先对外部中断进行设置，设置中断方式为下降沿中断；然后对引脚进行设置，设置引脚模式为输出；最后初始化相关引脚输出为低电平，设置液晶屏背景色，设置模拟量读取为默认模式。

在 LOOP 程序中，使用 Arduino Uno 自带的 A/D 转换功能，首先设置模拟量读取引脚，单片机用 AnalogRead 读入模拟量电压值后自动转为一个 0 ～ 1023 的整数值 V1，经过公式 val = V1×

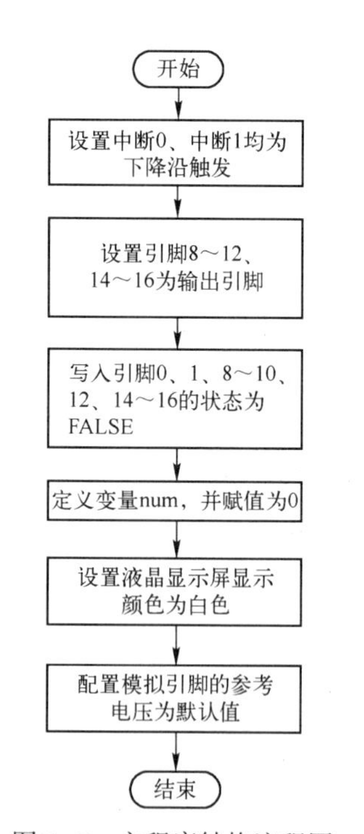

图 5-7　主程序结构流程图

(5.0/1023.0) 计算出该模拟量值电压值 val，然后除以 R_7 即可得到输出的电流值。

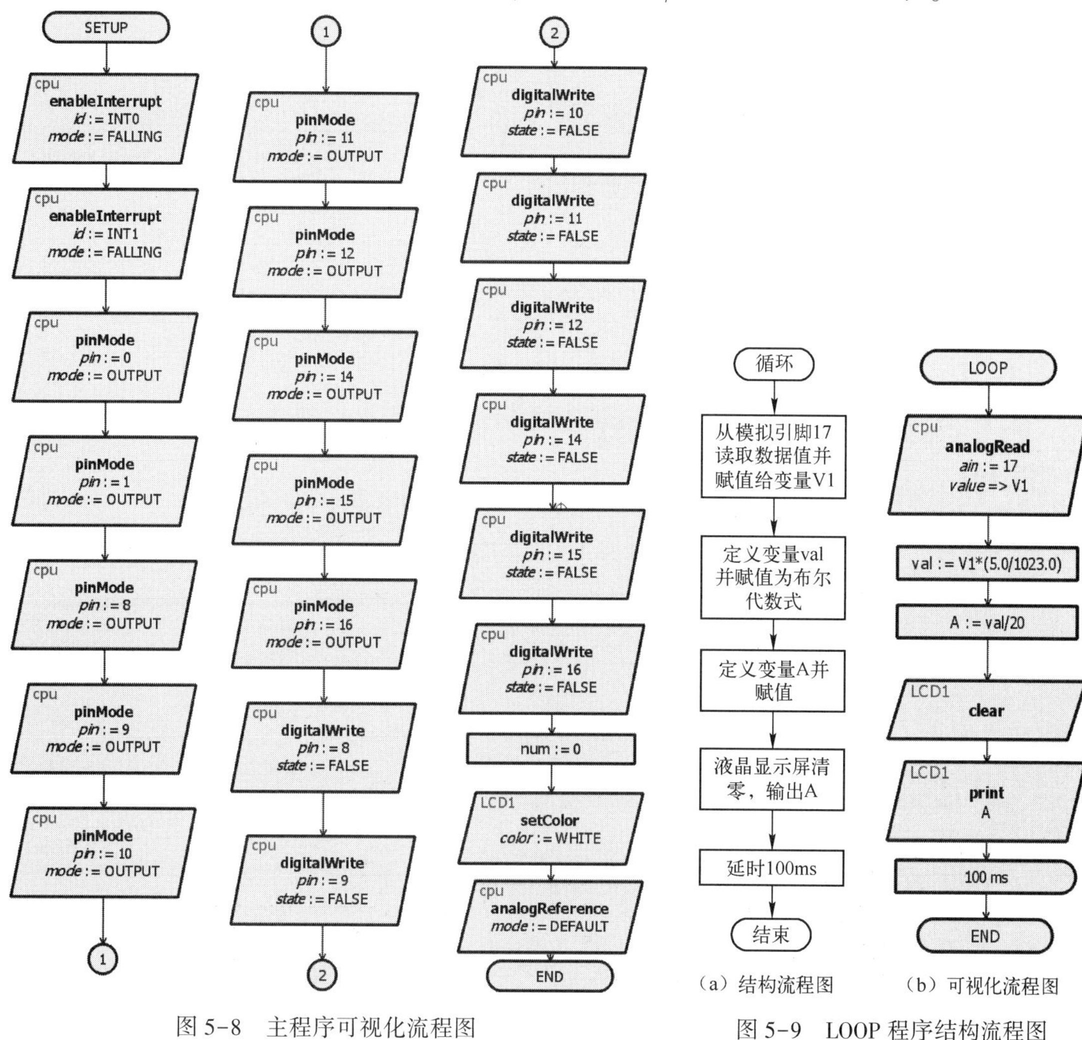

图 5-8　主程序可视化流程图

图 5-9　LOOP 程序结构流程图和可视化流程图

2. 中断子程序设计

1) ADD 子程序设计

ADD 子程序结构流程图如图 5-10 所示。ADD 子程序可视化流程图如图 5-11 所示。若检测到 ADD 按键按下，触发中断 INT0，则跳转到 ADD 子程序。在此程序流程中，首先检测 num 值是否小于 255，若小于 255，则 num 值自加 4；若不小于 255，则不做任何操作。在 num 值自加 4 后，将 num 值分解为 8 位二进制数，然后分别将 8 个输出引脚赋 0/1 值，输出到 DAC0832 进行数模转换，使其输出对应模拟量。

2) DEC 子程序设计

DEC 子程序结构流程图如图 5-12 所示。DEC 子程序可视化流程图如图 5-13 所示。若检测到 DEC 按键按下，触发中断 INT1，则跳转到 DEC 子程序。在此程序流程中，首先检测 num 值是否大于 0，若大于 0，则 num 值自减 4；若不大于 0，则不做任何操作。在 num 值自减 4 后，将 num 值分解为 8 位二进制数，然后分别将 8 个输出引脚赋 0/1 值，输出到 DAC0832 进行数模转换，使其输出对应模拟量。

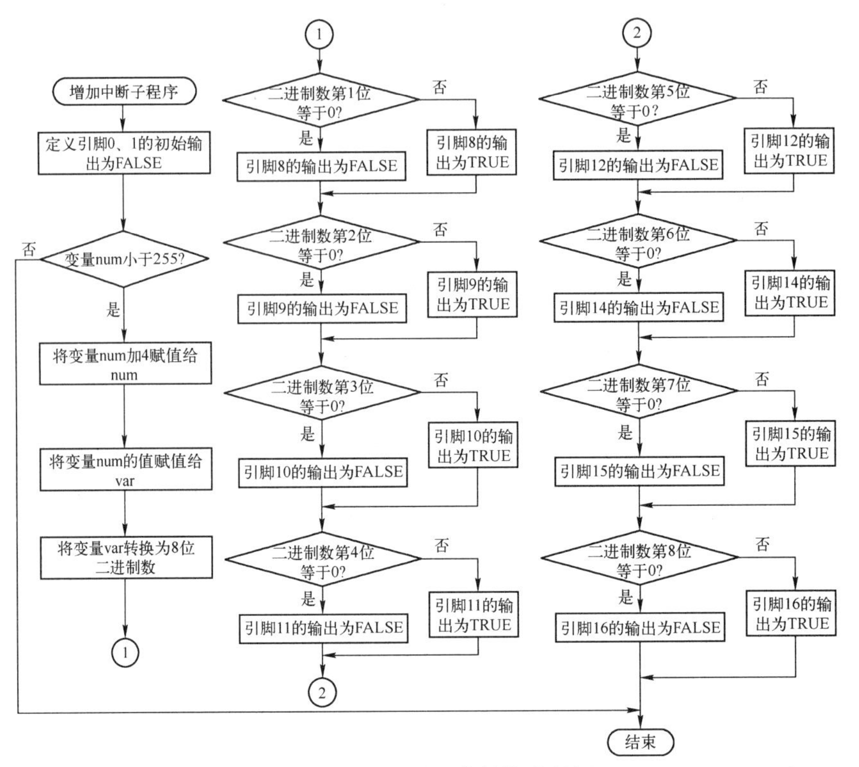

图 5-10　ADD 子程序结构流程图

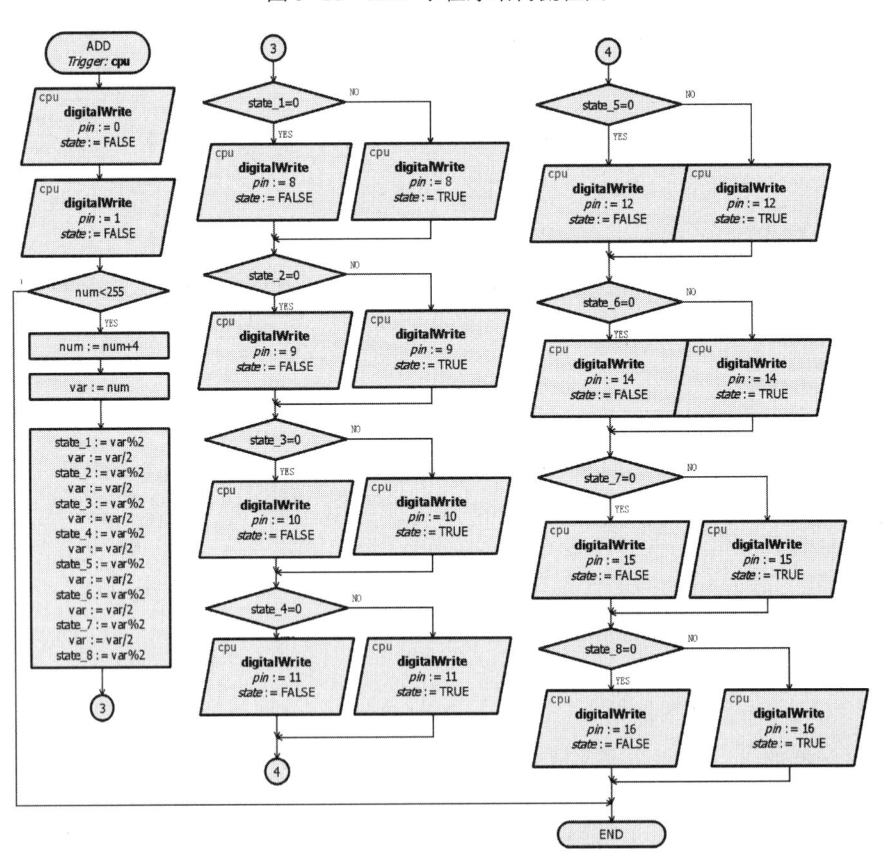

图 5-11　ADD 子程序可视化流程图

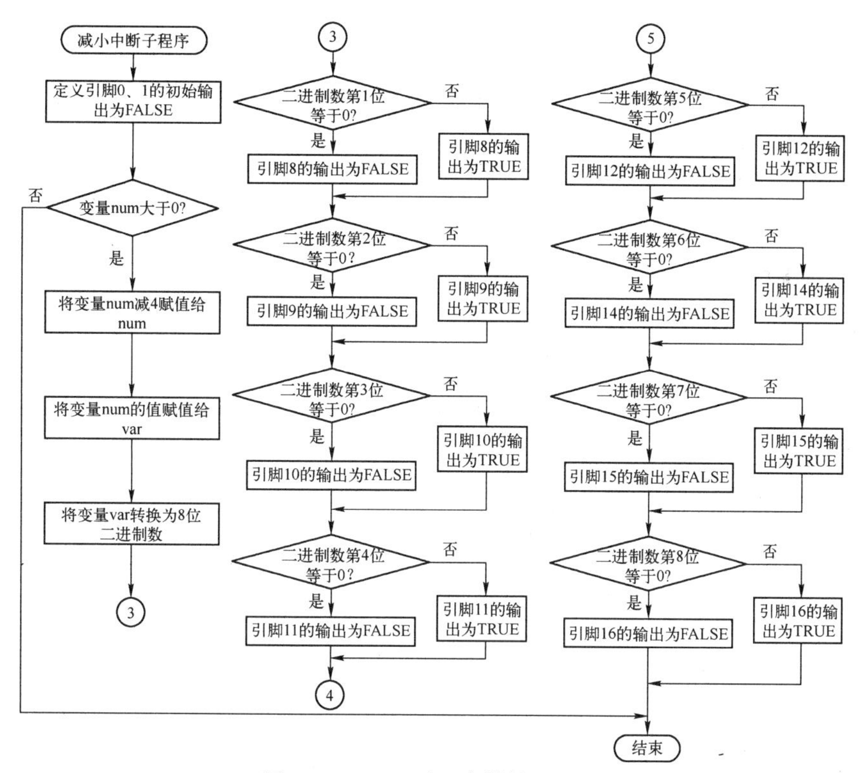

图 5-12　DEC 子程序结构流程图

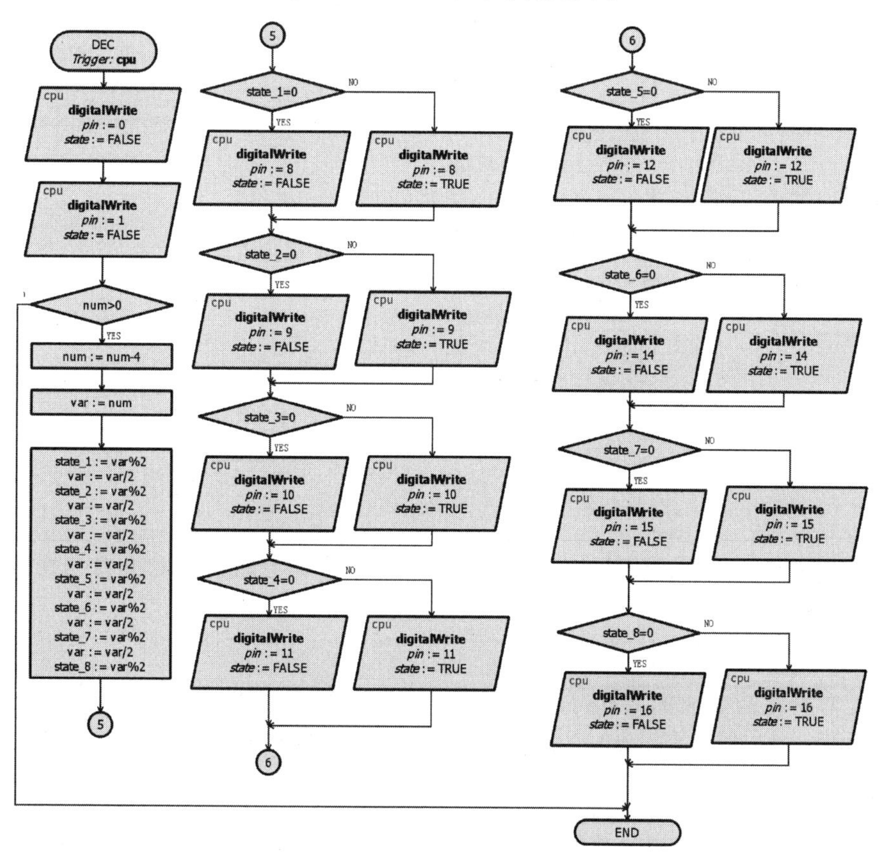

图 5-13　DEC 子程序可视化流程图

仿真结果

在开始仿真后，恒流源电路默认输出电流为 0.00A，LCD 显示 0.00A，如图 5-14 所示。

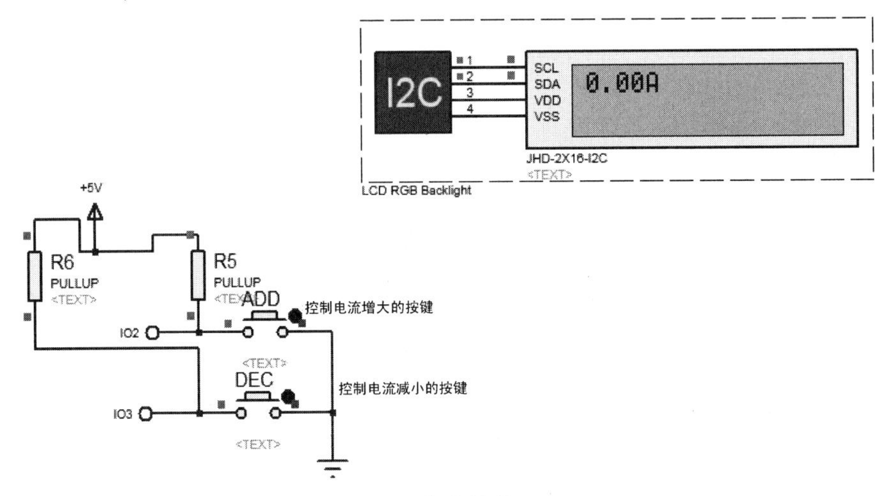

图 5-14　仿真结果（一）

按 ADD 键 5 次后，恒流源电路输出电流为 0.05A，LCD 显示 0.05A，如图 5-15 所示。

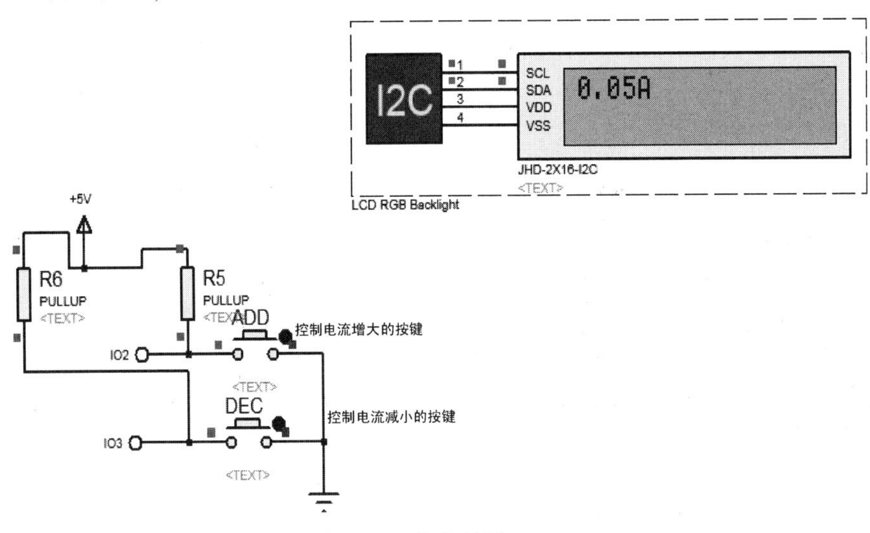

图 5-15　仿真结果（二）

随后再按 DEC 键 2 次，使输出电流减小，此时恒流源电路输出电流为 0.03A，LCD 显示 0.03A，如图 5-16 所示。

> **总结** 电路输出最小电流是 0A，最大电流是 0.38A，步进值为 0.01A，所有电流挡位可调。由于显示使用的变量为 Float 型，系统默认精度为小数点后两位，所以显示值与实际值会有微小误差。

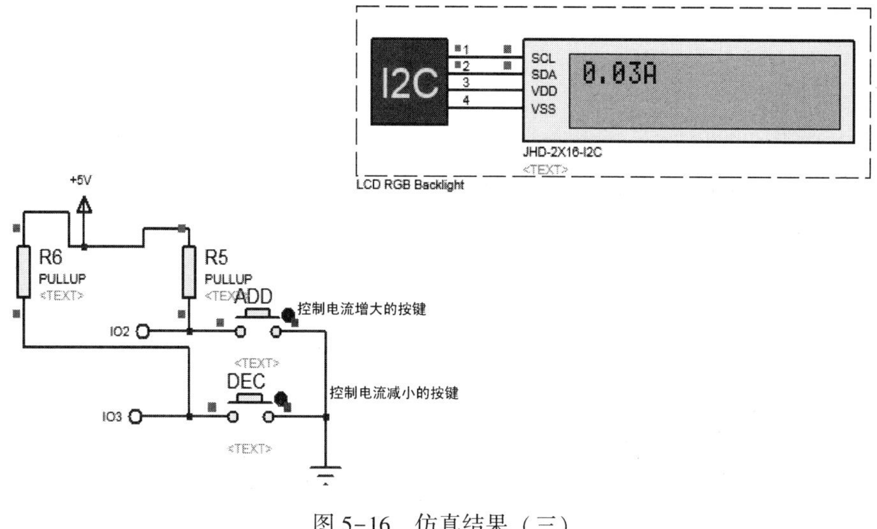

图 5-16　仿真结果（三）

5.2　温室环境测量电路

设计任务

设计一个简单的温室环境测量电路，能将光照的强弱、温度、湿度通过 LCD 进行显示；能够在光照比较弱时进行光照补偿，并且在数码管显示器上显示光照补偿时间。

基本要求

利用传感器 APDS-9002 对光照强度进行检测，数据传送给 AVR 单片机并经过 A/D 转换后通过 LCD 进行显示。利用传感器 DHT22 对温室中的温度与湿度进行检测，数据传送给 AVR 单片机并经过 A/D 转换后通过 LCD 进行显示。

（1）利用 Proteus 可视化软件编写程序并进行仿真。

（2）光照强时有报警提示。

（3）LCD 显示光照的强弱、温度、湿度。

（4）数码管显示器显示光照补偿时间。

设计方案

使用传感器 APDS-9002，采集被测光亮变化数据，利用 AVR 单片机进行模数转换及数据的处理，通过显示电路将被测光照强度显示出来。使用 DHT22 传感器，采集被测温度与湿度信息，利用 AVR 单片机进行模数转换及数据的处理，通过显示电路将被测物理量显示出来。

系统组成

光照强度测量电路主要分为 6 个部分，即光电转换电路（将光照强度转换为电压信号）、复位电路、LCD 显示电路、蜂鸣报警电路、温度与湿度测量电路、光照补偿电路。系统组成框图如图 5-17 所示。

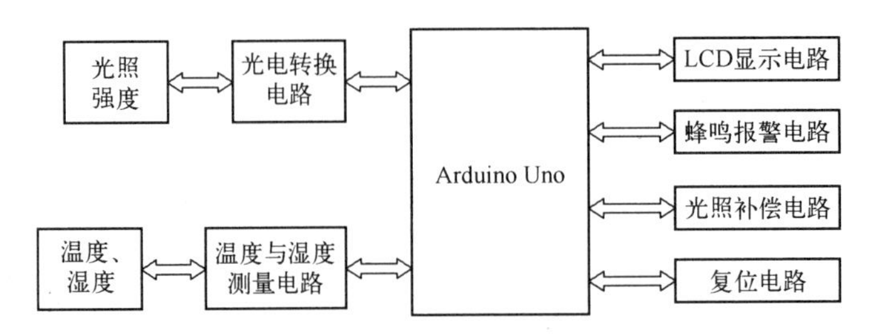

图 5-17　系统组成框图

系统原理图

1. 光电转换电路

光电转换电路采用传感器 APDS-9002 进行光电转换。电信号经过放大滤波后，将转换后的电压与光照强度传送到单片机。光电转换电路如图 5-18 所示。

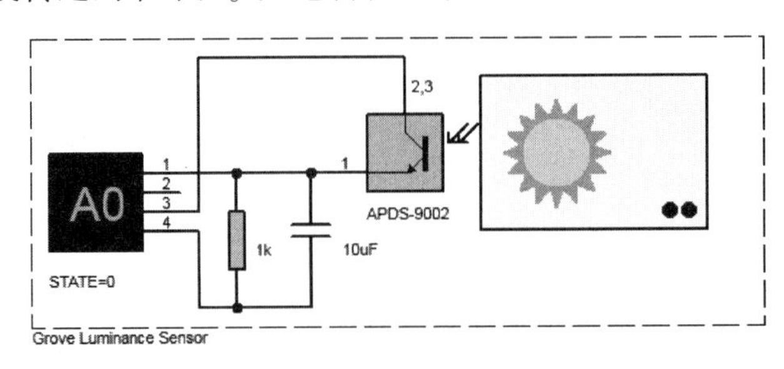

图 5-18　光电转换电路

2. 复位电路

复位电路比较常见，如图 5-19 所示。

3. LCD 显示电路

LCD 显示电路用于显示光照强度。传感器 APDS-9002 将数据传送给单片机，单片机经模数转换后送至 LCD 进行显示。LCD 显示电路如图 5-20 所示。

4. 蜂鸣报警电路

当光照强度高至某一数值时，触发单片机产生中断，在引脚 IO6 输出方波信号，蜂鸣器开始报警。蜂鸣报警电路如图 5-21 所示。

5. 温度与湿度测量电路

温度与湿度测量电路采用传感器 DHT22 进行测量，如图 5-22 所示。电信号经过放大滤波后，将采集到的信息传送到单片机。温度与湿度测量电路设有 3 个开关，当开关 1 闭合时，LCD 显示光照信息；当开关 2 闭合时，LCD 显示湿度信息；当开关 3 闭合时，LCD 显示温度信息，如图 5-23 所示。

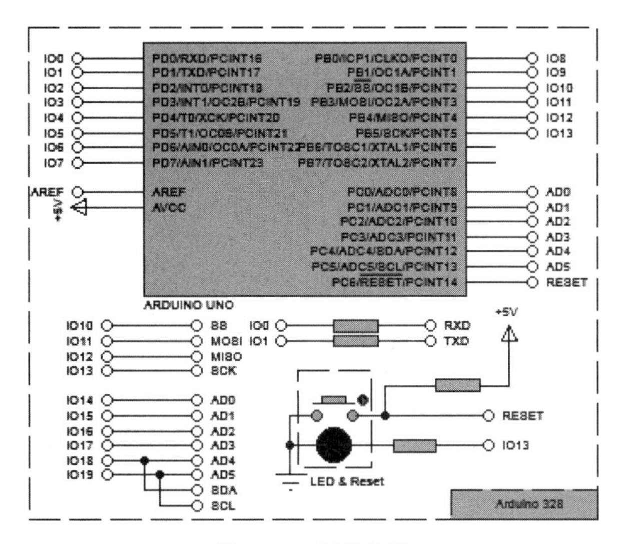

图 5-19　复位电路

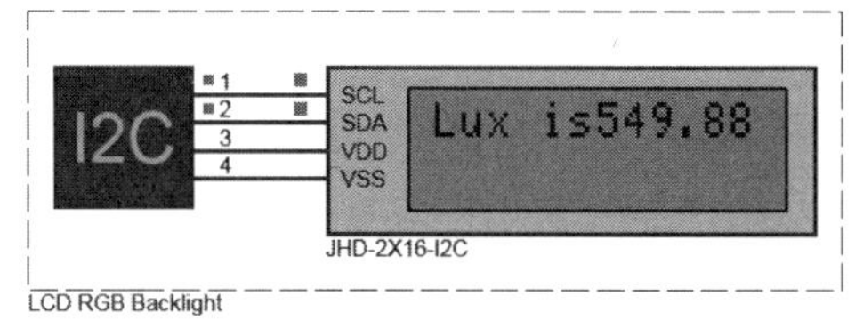

图 5-20　LCD 显示电路

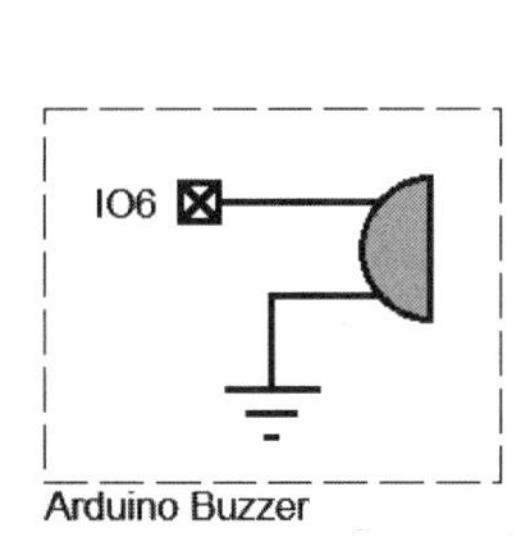

图 5-21　蜂鸣报警电路

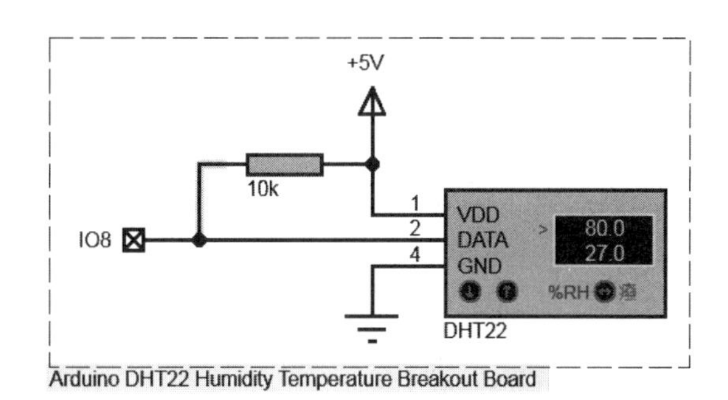

图 5-22　温度与湿度测量电路

6. 光照补偿电路

当光照强度低于 500Lux 时，打开光照补偿装置进行光照补偿，同时，AVR 单片机内部的计时器开始计时，通过数码管显示器显示光照补偿时间，如图 5-24 和图 5-25 所示。

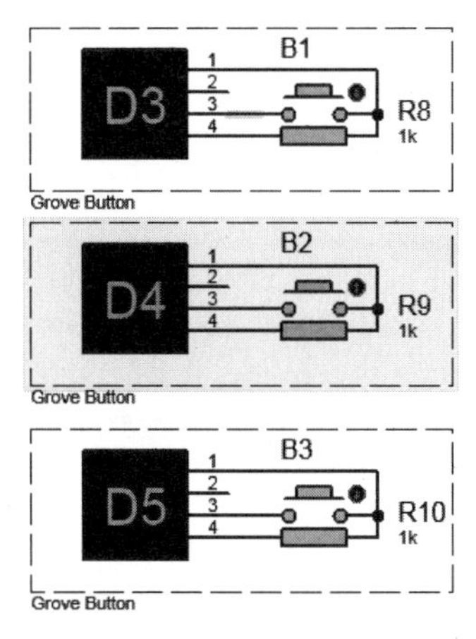

图 5-23　开关电路

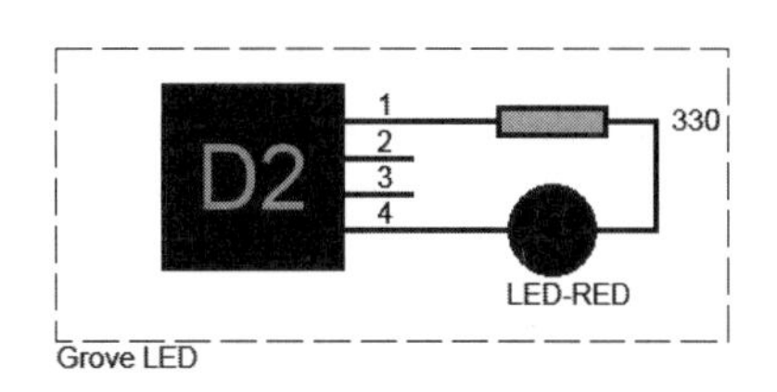

图 5-24　光照补偿采集电路

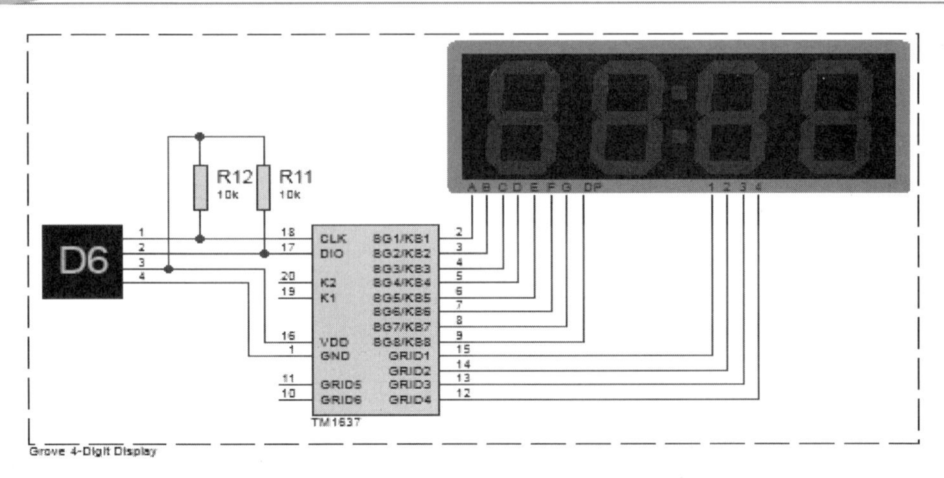

图 5-25　光照补偿时间显示电路

7. 整体电路

整体电路原理图如图 5-26 所示。

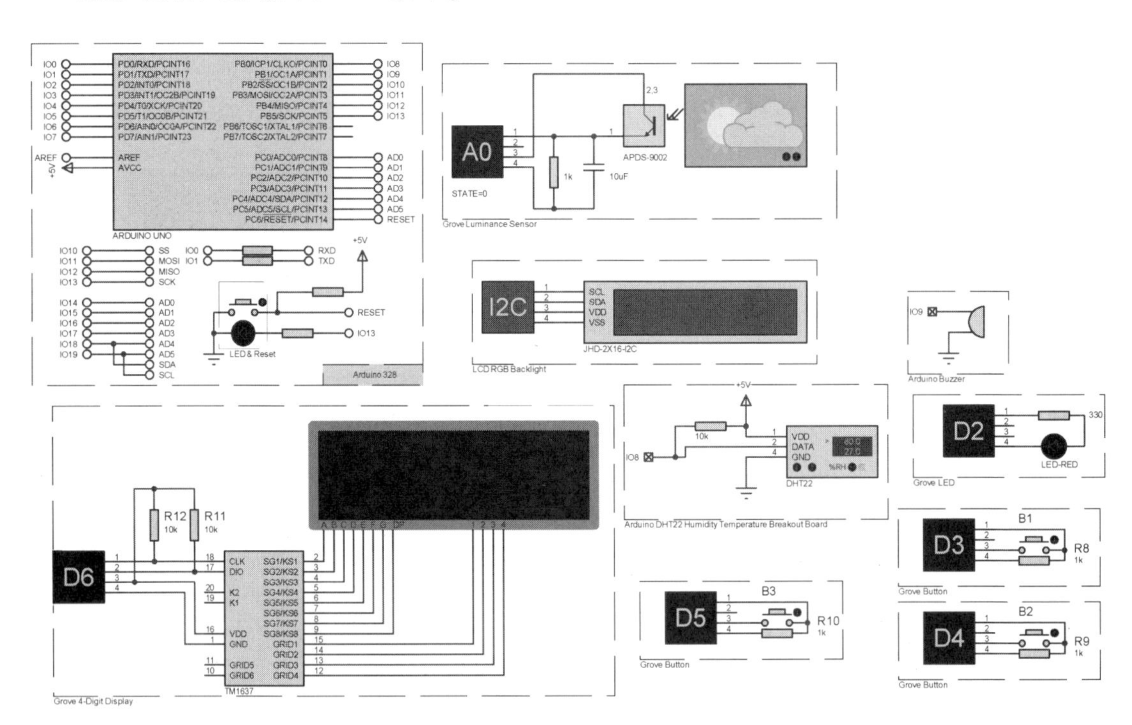

图 5-26　整体电路原理图

 可视化程序设计

1. 主程序设计

主程序结构流程图如图 5-27 所示。主程序可视化流程图如图 5-28 所示。

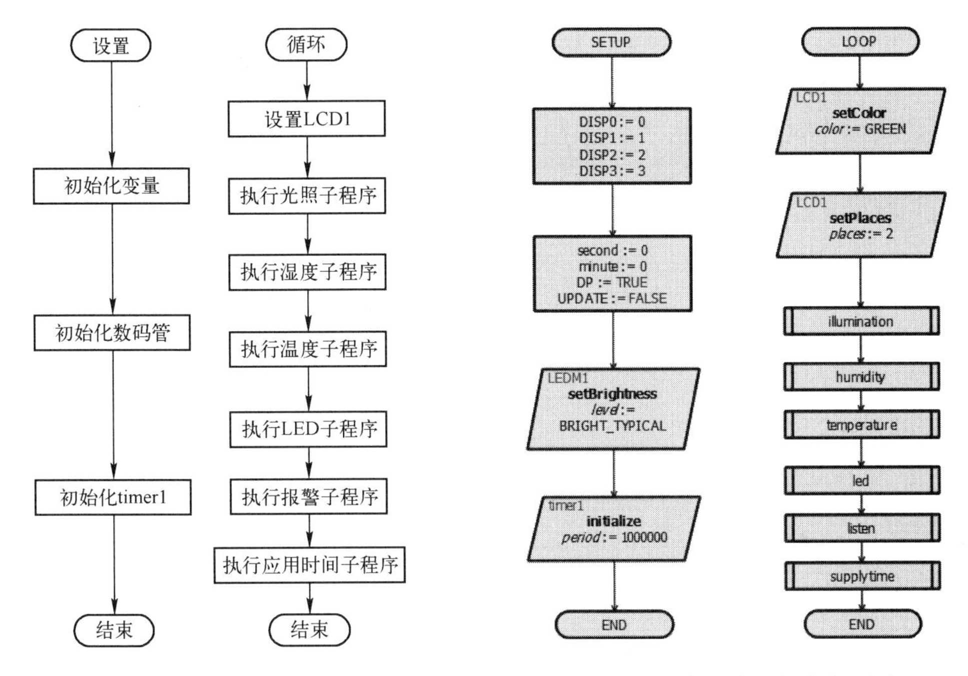

图 5-27　主程序结构流程图　　　　图 5-28　主程序可视化流程图

2. 测量电路子程序设计

测量电路子程序结构流程图如图 5-29 所示。测量电路子程序可视化流程图如图 5-30 所示。

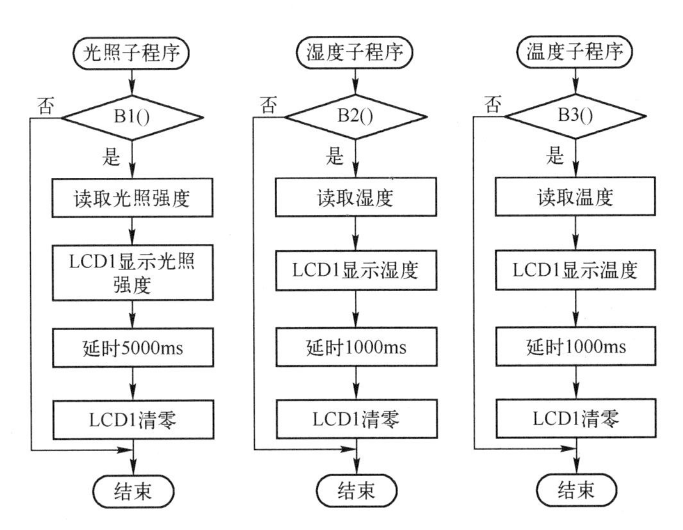

图 5-29　测量电路子程序结构流程图

3. 定时器子程序设计

定时器子程序结构流程图如图 5-31 所示。应用时间子程序可视化流程图如图 5-32 所示。定时器子程序可视化流程图如图 5-33 所示。

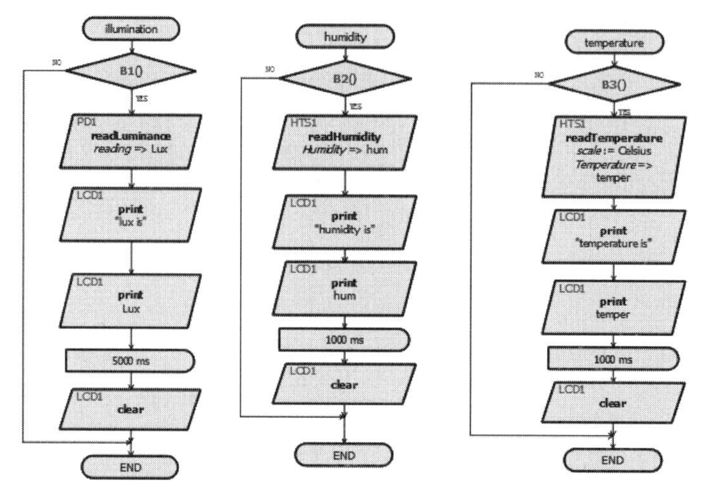

图 5-30 测量电路子程序可视化流程图

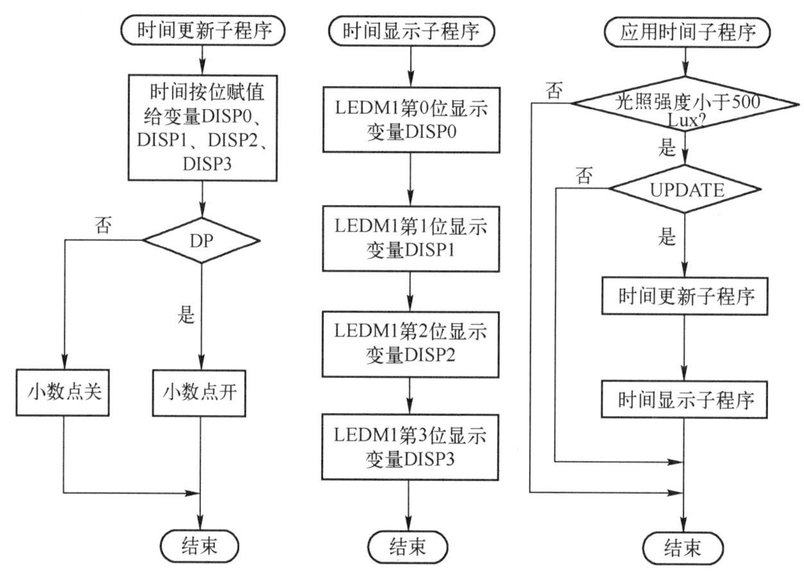

图 5-31 定时器子程序结构流程图

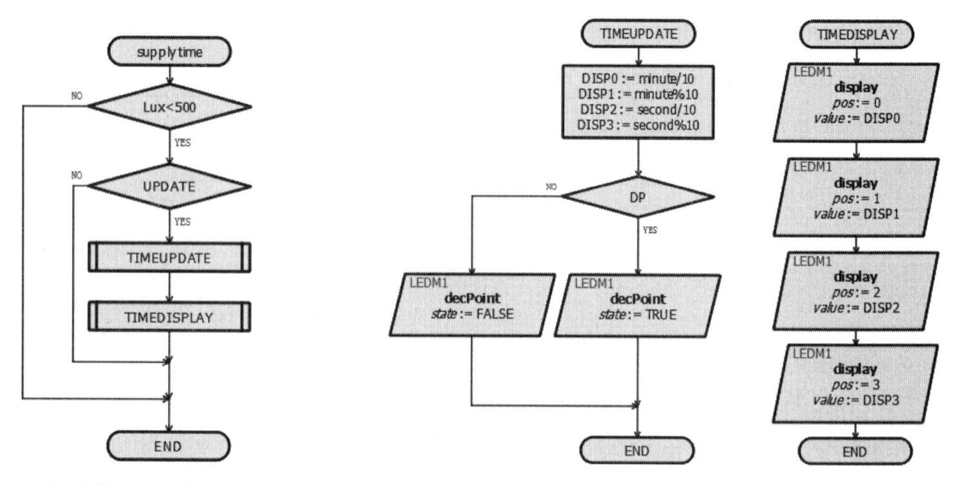

图 5-32 应用时间子程序可视化流程图

图 5-33 定时器子程序可视化流程图

4. 报警子程序设计

报警子程序结构流程图如图 5-34 所示。报警子程序可视化流程图如图 5-35 所示。

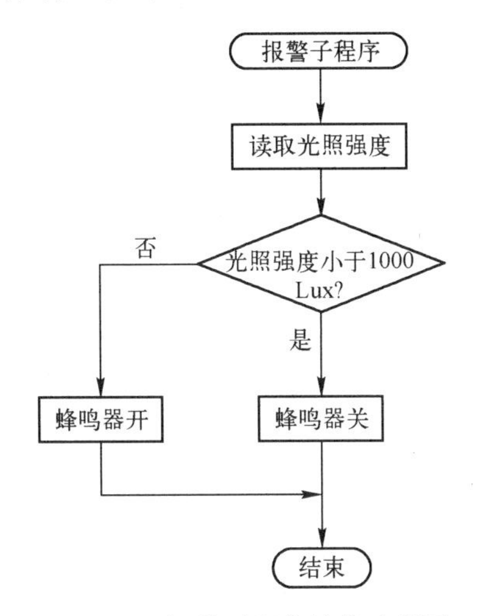

图 5-34　报警子程序结构流程图

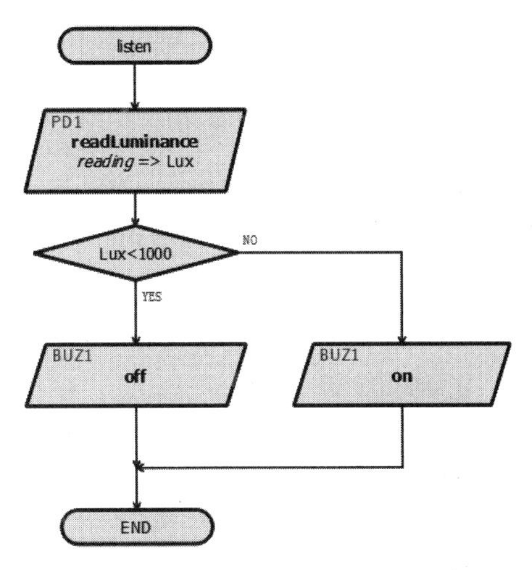

图 5-35　报警子程序可视化流程图

5. 光照补偿子程序设计

光照补偿子程序结构流程图如图 5-36 所示。光照补偿子程序可视化流程图如图 5-37 所示。

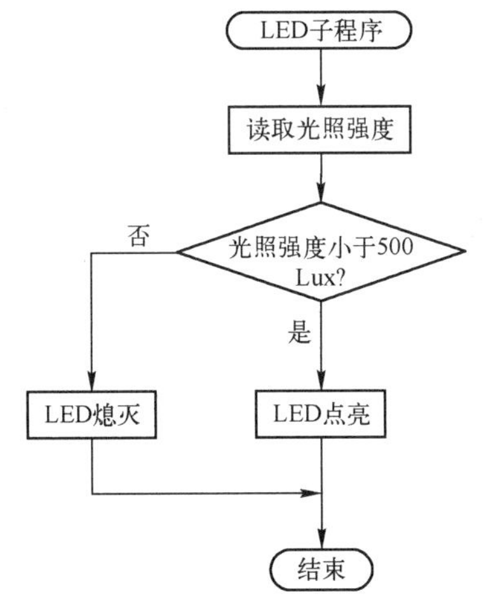

图 5-36　光照补偿子程序结构流程图

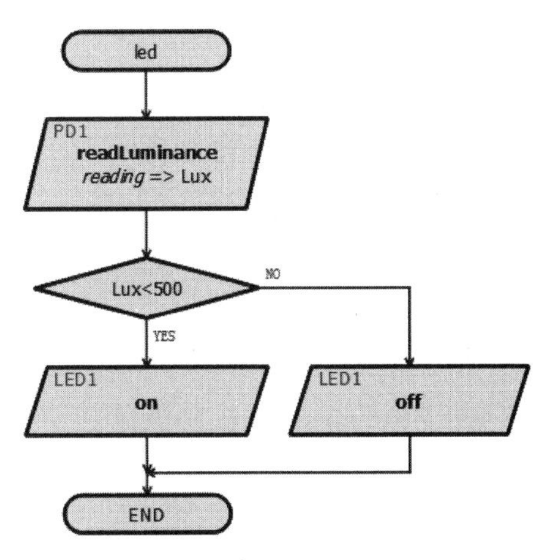

图 5-37　光照补偿子程序可视化流程图

仿真结果

如图 5-38 所示，启动仿真，按下开关 B1，此时 LCD 显示当前光照强度。

如图 5-39 所示，启动仿真，按下开关 B2，此时 LCD 显示当前湿度。

如图 5-40 所示，启动仿真，按下开关 B3，此时 LCD 显示当前温度。

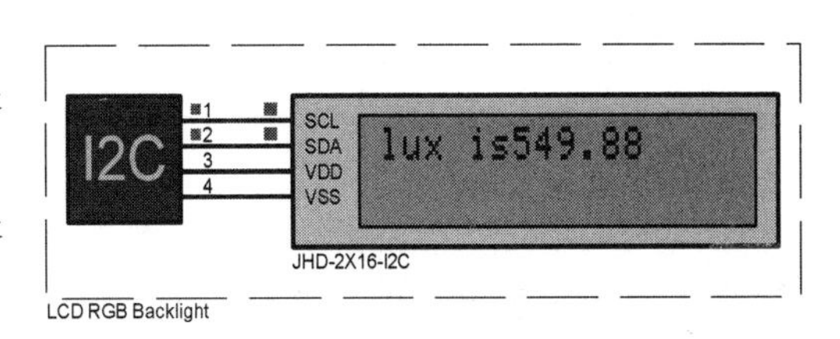

图 5-38　光照强度显示

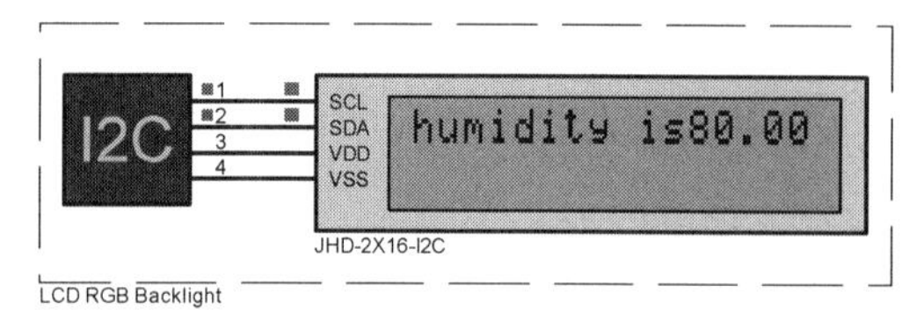

图5-39 湿度显示

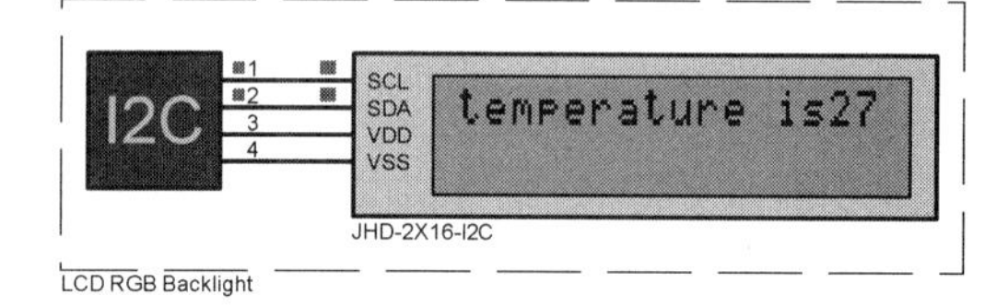

图5-40 温度显示

如图5-41所示，启动仿真，当光照强度小于500Lux时，灯泡将点亮，在温室内进行光照补偿。LED数码管将显示补偿时间。

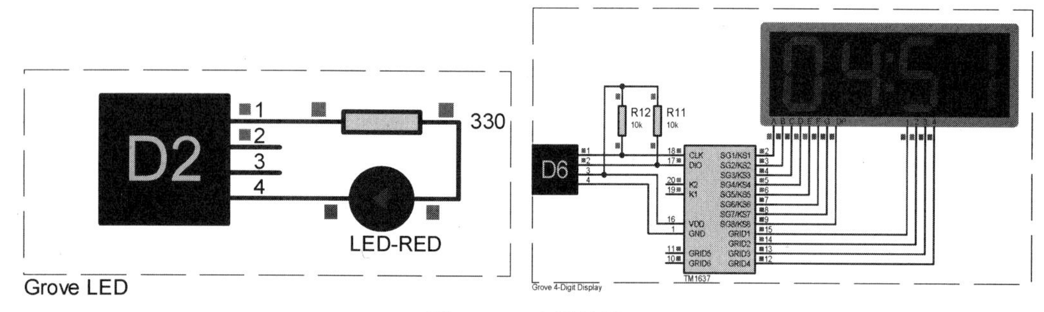

图5-41 光照补偿

5.3 电阻测量

设计任务

随着经济的发展和社会的进步，人们对电子行业的电子元器件的精度提出了越来越高的要求。为了满足电子元器件性能指标的要求，需要对电子元器件进行精密测量，我们以电阻为例。

基本要求

（1）通过Arduino Uno控制板把电压模拟量转换为数字量。

（2）终端显示放大的电压值和测量的电阻值。

设计方案

主要思路是由电阻测量电路提供恒定的电流，流过被测电阻产生电压信号，电压信号采用差动放大电路放大后，会送入通用输入电压模块，然后发送到Arduino Uno控制板，将电压模拟量转换为数字量，最后，终端显示放大的电压值和测量的电阻值。

该方案是基于恒流源电路、差动放大电路和不平衡电压调节电路的。通用输入电压模块分别与Arduino Uno控制板和终端显示模块相连接，测量的电压值和电阻值通过流程图计算后显示在终端显示模块。

为了使测量更精确，增加了不平衡电压调节电路，差分输入电压差信号为零，输出电压为零。

系统组成

该系统使用 Arduino Uno 作为系统的核心，利用差动放大电路和恒流源测量电阻两端的电压，通用输入电压模块连接 Arduino Uno，计算电阻值，并将放大的电压值和测量的电阻值显示在终端显示模块上。系统组成框图如图 5-42 所示。

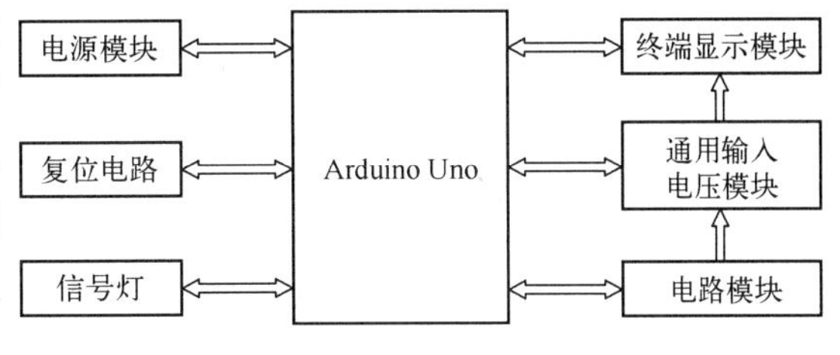

图 5-42　系统组成框图

系统原理图

该系统由 Arduino 328（如图 5-43 所示）、恒流源电路（如图 5-44 所示）、差动放大电路（如图 5-45 所示）、不平衡电压调节电路（如图 5-46 所示）、Arduino 的通用输入电压模块（如图 5-47 所示）和终端显示模块（如图 5-48 所示）组成。

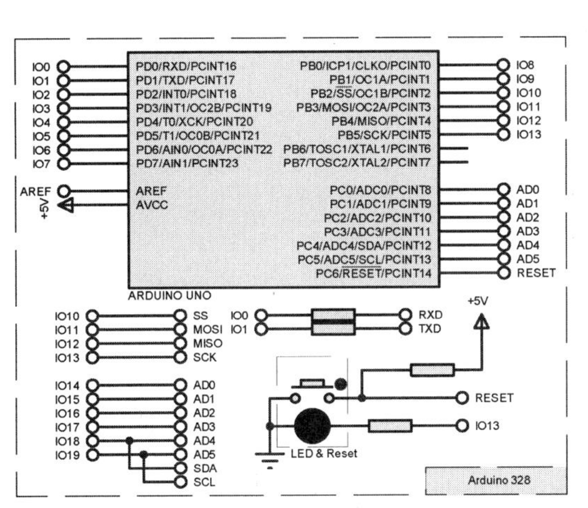

图 5-43　Arduino 328

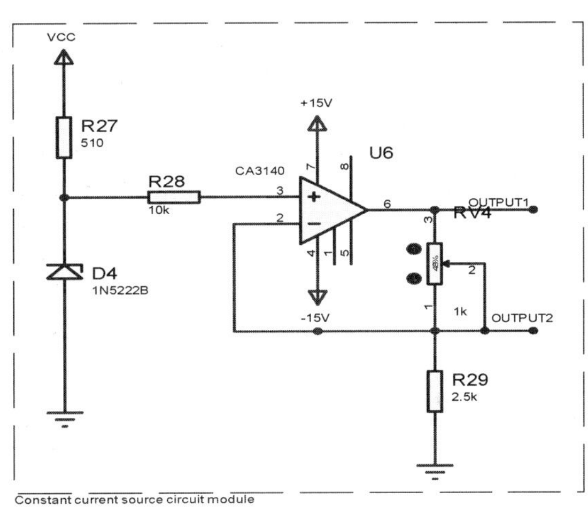

图 5-44　恒流源电路

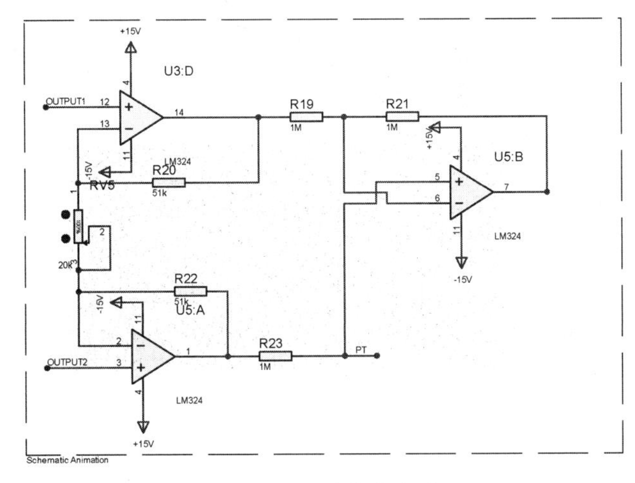

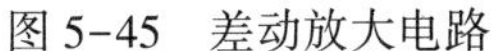

图 5-45　差动放大电路

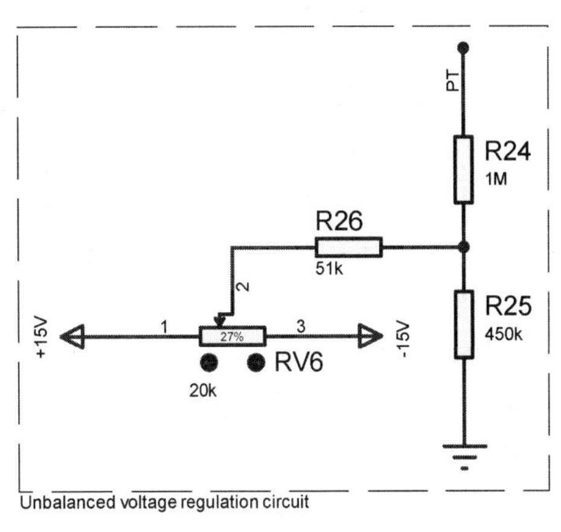

图 5-46　不平衡电压调节电路

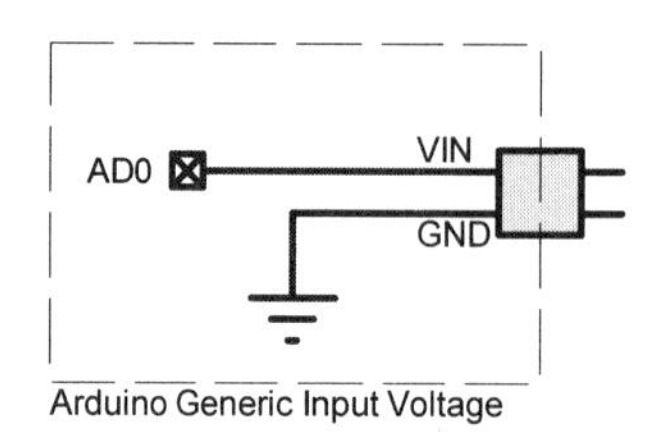

图 5-47　Arduino 的通用输入电压模块

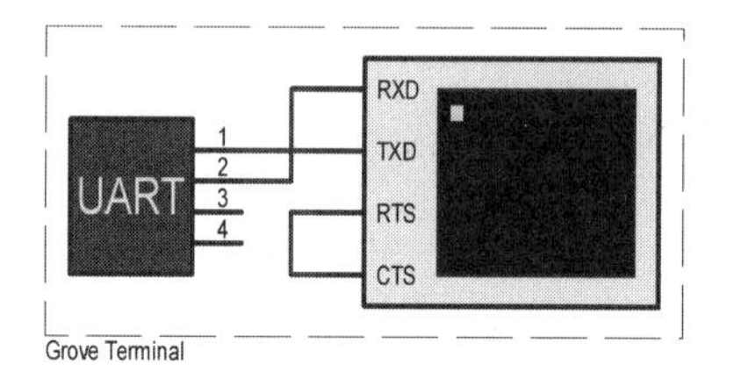

图 5-48　终端显示模块

可视化程序设计

系统可视化流程图如图 5-49 所示。

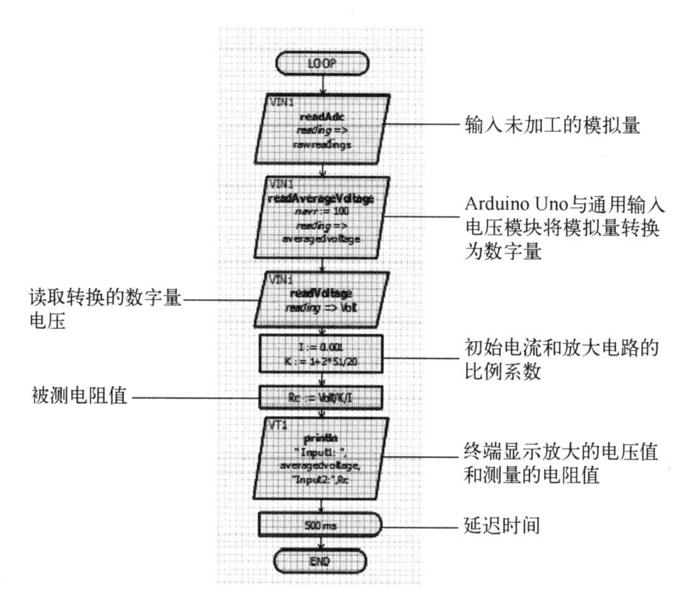

图 5-49　系统可视化流程图

仿真结果

Input1 输出的是待测电阻两端的放大电压，Input2 输出的是待测电阻的电阻值。

第一次测量结果如图 5-50 所示。实际的电阻值是 500Ω，误差值约为 3Ω，误差率约为 0.6%。

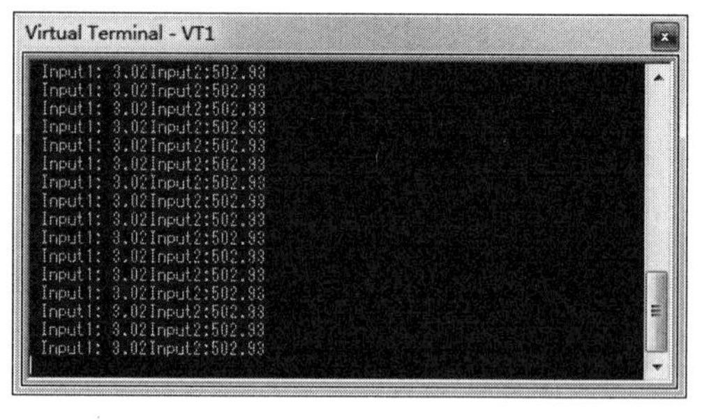

图 5-50　第一次测量结果

第二次测量结果如图 5-51 所示。实际的电阻值是 600Ω，误差值约为 5Ω，误差率约为 0.8%。

第三次测量结果如图 5-52 所示。实际的电阻值是 370Ω，其误差值约为 0.28Ω，误差率约为 0.0757%。

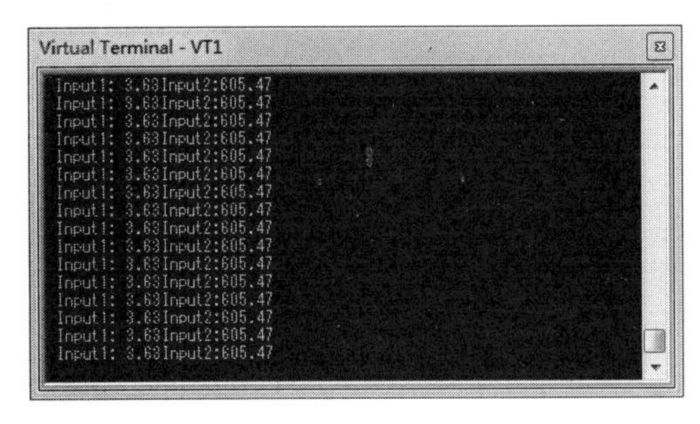

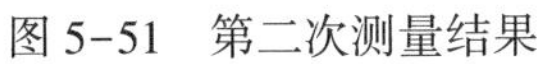
图5-51　第二次测量结果

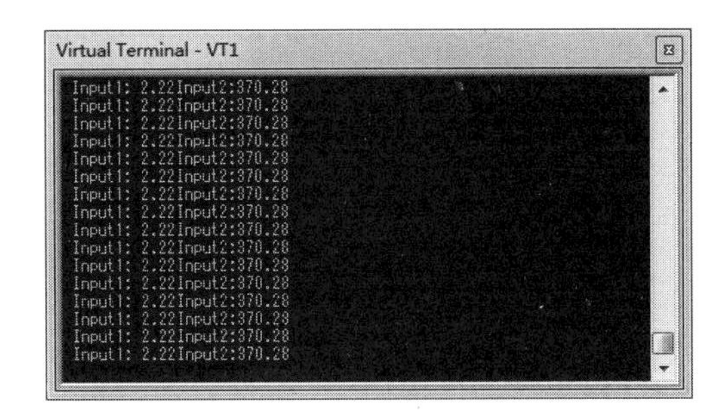

图5-52　第三次测量结果

根据电路原理图可知，电压范围为5.6mV ～ 5.6V。由以上结果可以知道，误差率为0.01% ～ 1%。可以看出，该方法的误差率很低，可以很好地测量未知电阻。

总结　因为电路由若干个元件组成，电路中的每个元件对电阻的测量都有很大的影响。由于传统伏安法测量的系统误差引起的阻力大，为了保证电阻的测量精度，本次测量的方法通过恒流源电路、差动放大电路测量电压、电阻，通过Arduino Uno和通用输入电压模块将模拟量转换为数字量，基于放大系数和恒定电流源来计算未知电阻值，最终在终端显示屏显示电压值和电阻值。因为输出的是数字，所以结果更直观。通过调节滑动变阻器，可以清楚地看到电压的变化和阻力，并计算出理论值，通过与实测值进行比较，计算误差率。在误差范围内，可以有效地提高电路元件的精度。

5.4　步进电机

设计任务

随着社会的快速发展，人们对电子产品有着更精准的要求。本设计是对步进电机的正反转和转速进行控制，同时添加一些电机控制条件（例如，由开关、电位器充当控制条件），与此同时对模块中的伺服电机进行调试。步进电机在现实生活中有着广泛的应用，即本设计可以缩短程序编写周期，并更容易让人看懂。

基本要求

（1）CPU内部中断和一些I/O口。

（2）中断控制LED亮灭。

（3）电位计的距离大于20时，步进电机2和伺服电机2运转。

（4）电位计的距离小于20时，步进电机1和伺服电机1运转。

设计方案

使用 CPU 内部中断和一些 I/O 口。中断可以控制开关，当中断产生下降沿时，LED 发亮。改变电位计，当电位计的距离大于 20 时，步进电机 2 和伺服电机 2 开始运转，其中包括：步进电机的频率是 50Hz，步数为 20，速度为 20r/min，正向转动；伺服电机转角为 90°。当电位计的距离小于 20 时，步进电机 1 和伺服电机 1 运转，其中包括：步进电机的频率是 50Hz，步数为 10，速度是 10r/min，反向转动；伺服电机转动角度为 90°（根据实际情况，可以改变参数）。

系统组成

系统使用 Arduino Uno 作为系统的核心，深入总结相关的步进电机控制的基本知识，根据电位计的变化，使步进电机转动，并自动控制电机旋转。

系统组成框图如图 5-53 所示。

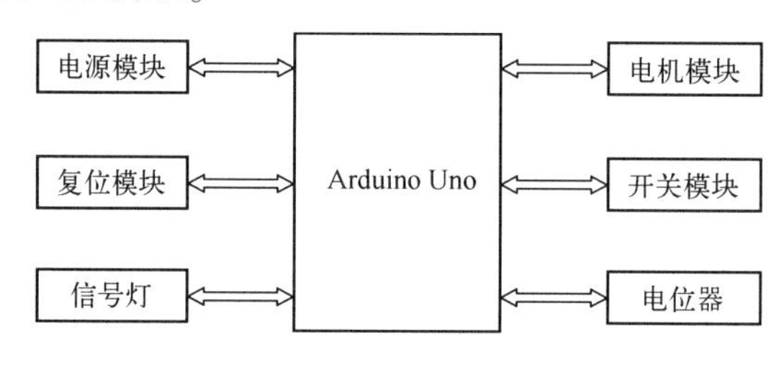

图 5-53　系统组成框图

系统原理图

该系统由 Arduino 328（如图 5-54 所示）、步进电机和伺服电机电路（如图 5-55 所示）、开关控制电路（如图 5-56 所示）和电位器电路（如图 5-57 所示）组成。

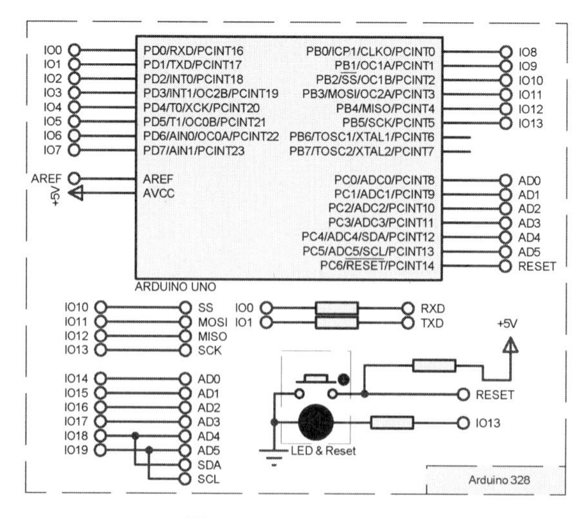

图 5-54　Arduino 328

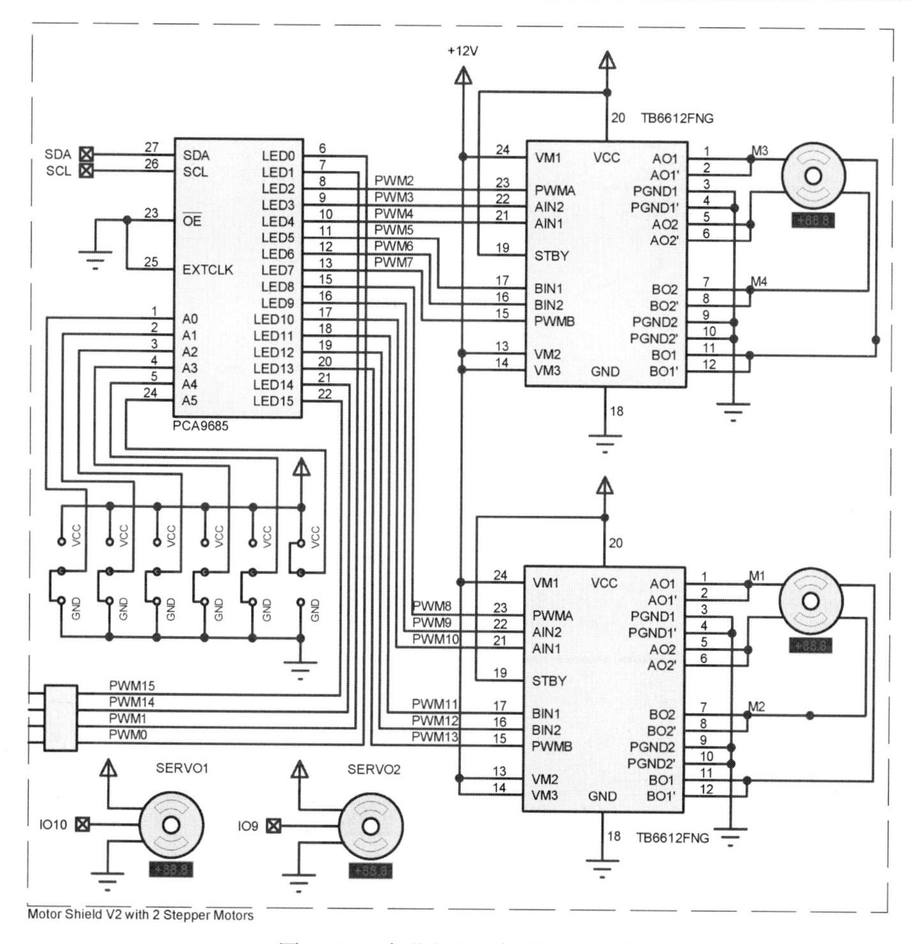

图 5-55 步进电机和伺服电机电路

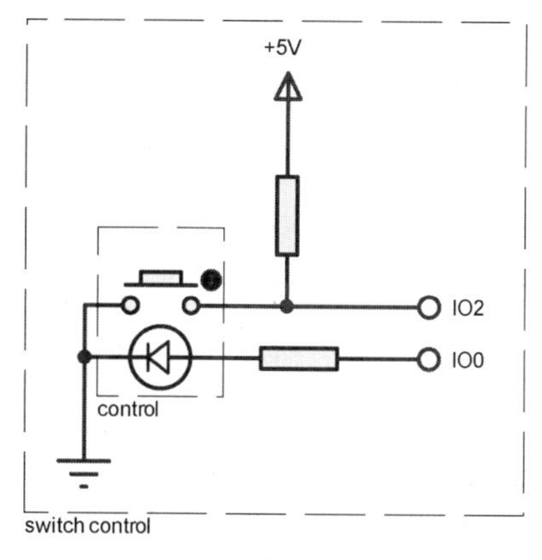

图 5-56 开关控制电路

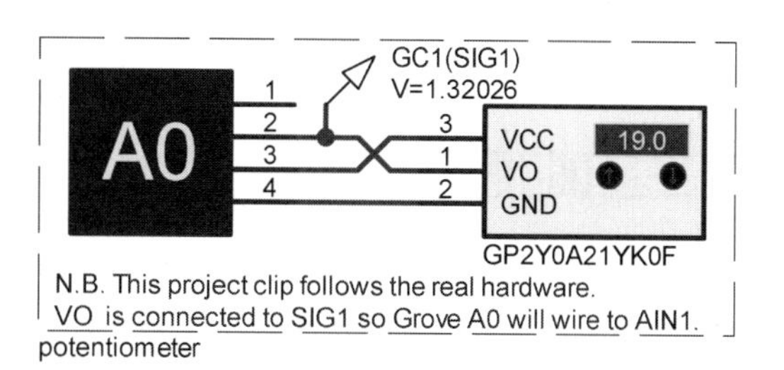

图 5-57 电位器电路

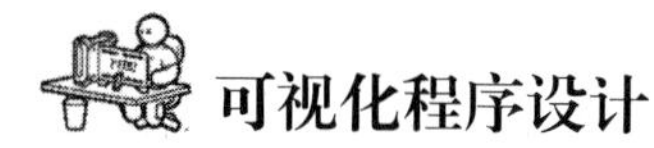

可视化程序设计

1. 主程序及开关程序设计

主程序及开关程序结构框图如图 5-58 所示。主程序及开关程序可视化流程图如图 5-59 所示。

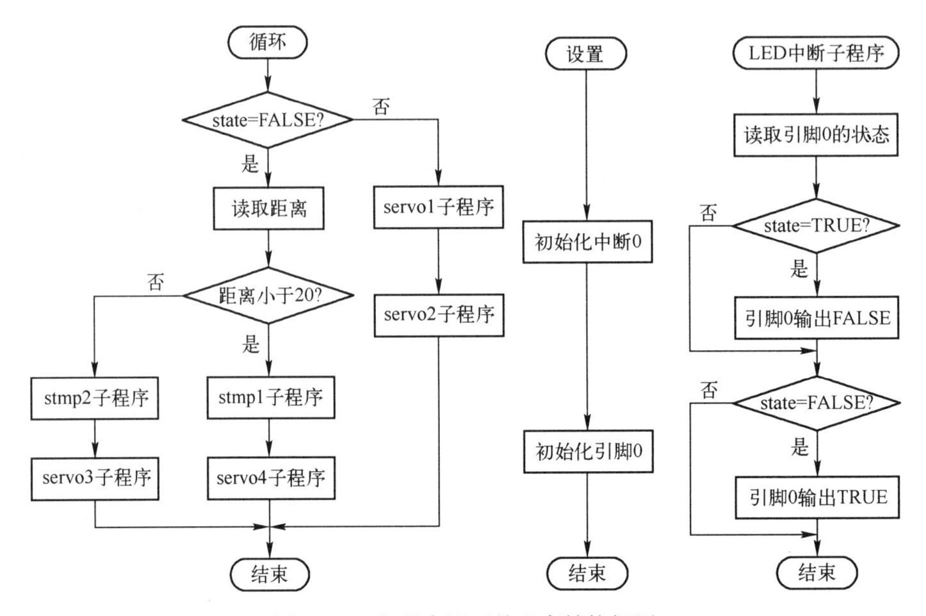

图 5-58　主程序及开关程序结构框图

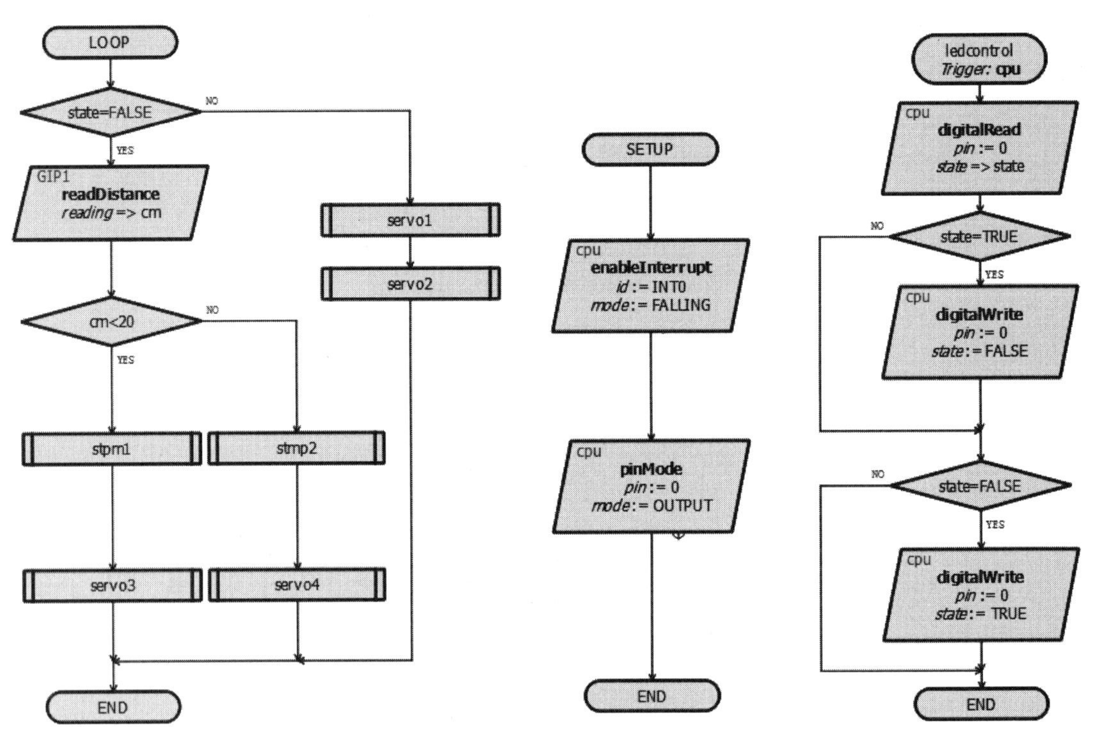

图 5-59　主程序及开关程序可视化流程图

2. 步进电机程序设计

步进电机程序结构框图如图 5-60 所示。步进电机程序可视化流程图如图 5-61 所示。

3. 伺服电机程序设计

伺服电机程序结构框图如图 5-62 所示。伺服电机程序可视化流程图如图 5-63 所示。

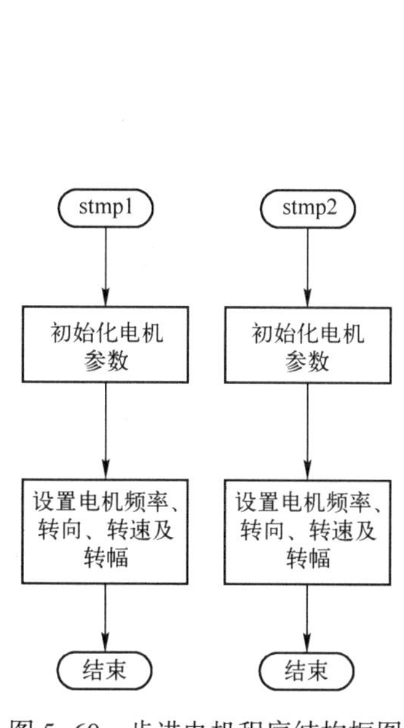

图 5-60　步进电机程序结构框图

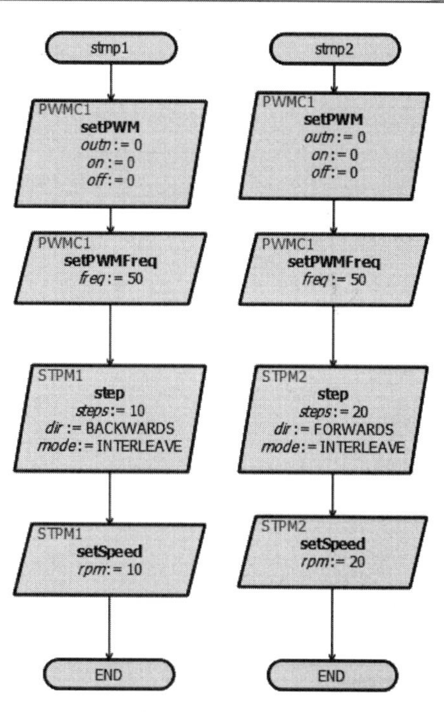

图 5-61　步进电机程序可视化流程图

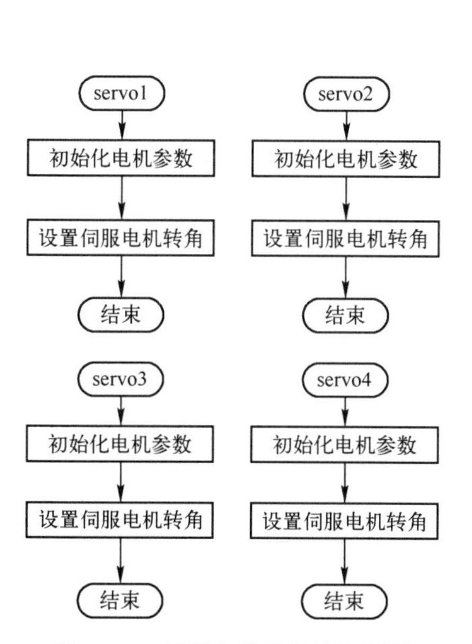

图 5-62　伺服电机程序结构框图

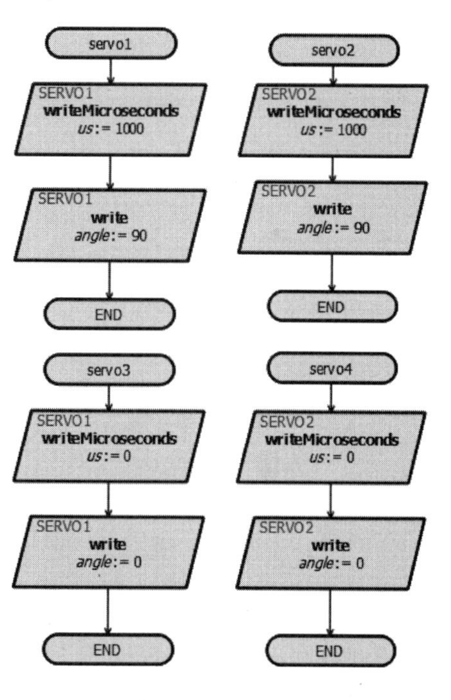

图 5-63　伺服电机程序可视化流程图

仿真结果

电位器距离大于 20 时的仿真结果如图 5-64 所示。

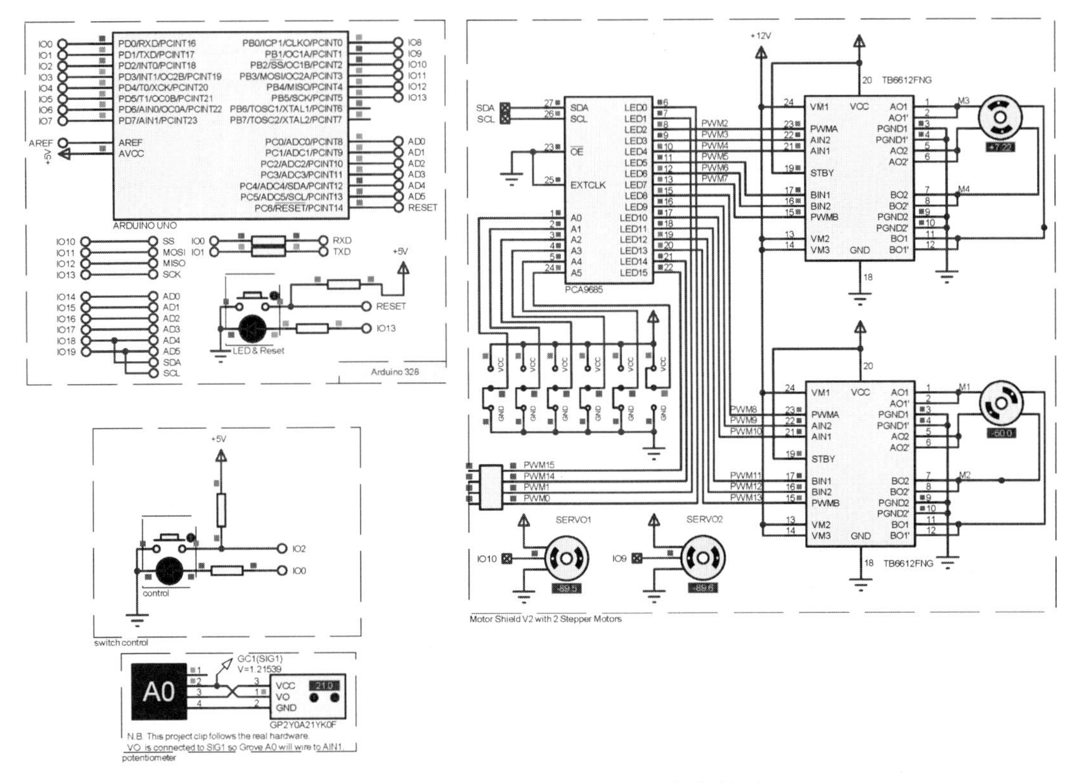

图 5-64　电位器距离大于 20 时的仿真结果

电位器距离小于 20 时的仿真结果如图 5-65 所示。

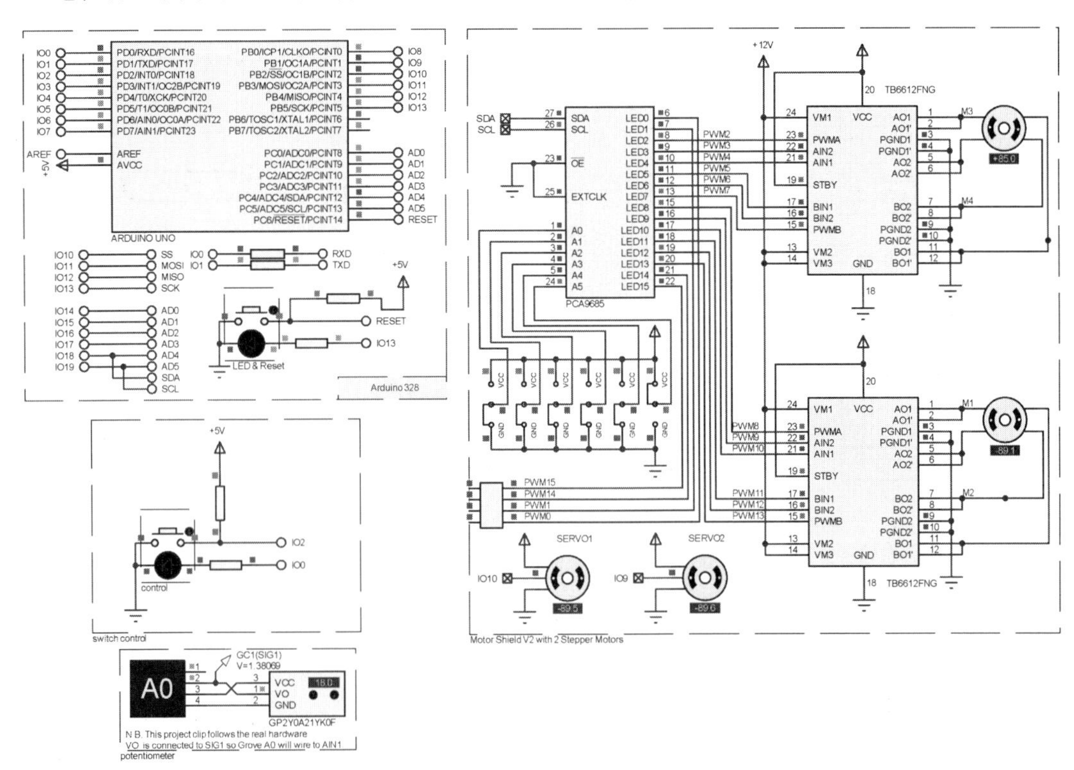

图 5-65　电位器距离小于 20 时的仿真结果

总结　目前，步进电机的应用越来越广泛，尤其是在机械、电子、纺织等行业。步进电机和其他约束条件结合，可以使步进电机发挥更大的作用，并使其应用范围进一步扩大。步进电机和一些传感器结合，可以使以步进电机为核心的系统更加智能，与此同时，系统更加符合实际应用要求。

5.5　信号发生器

设计任务

随着科学技术的发展，各种各样的信号发生器陆续出现。从前一些基于模拟电路的信号发生器（如桥式电路）只能通过改变电路电阻或电容来改变发生信号的频率，且仅能提供个别波形。具有较完备功能的高档信号发生器往往伴随较高的价格。

设计一个基于 Arduino Uno 的信号发生器，其功能为可通过调节开关选择 4 类波形（方波、锯齿波、三角波、正弦波），并且可以通过调节相关位置开关与电位器实现对信号频率和幅值的调整。波形通过对芯片内部进行编程生成，采用设定延时时间来实现频率调节。具体操作为利用单片机接口接收 6 位开关状态，并将得到的二进制数转换为十进制数，作为当前延时时间。本设计的信号发生器除具有较为完备的功能外，便携、造价低廉也是其优势之一。

基本要求

（1）编写生成不同波形的程序，输出相应波形及选择输出功能。

（2）实现对输出信号的频率调节。

（3）实现输出信号的幅值可调。

设计方案

通过启用 CPU 的接口（IO14 ～ 19），接收其当前状态并保存为 6 位二进制数，同时将其转换为十进制数，并作为延时常数保存。通过对单片机内部时钟分频，编写出能够生成设计要求中的 4 种不同波形的程序（方波、三角波、锯齿波、正弦波），并预先保存在单片机内。在读取接口（IO4 ～ 7）当前状态后，输出对应的波形，实现波形选择输出功能。此外，通过接收接口（pin14 ～ 19）当前状态得到一个 6 位二进制数。在将其转换为十进制数后，利用该数作为生成波形程序中的延时常数，即通过调整接口（pin14 ～ 19）状态实现对输出信号的频率调节；利用一可调电位器改变 D/A 转换的参考电压，实现输出信号的幅值可调。注意，经 D/A 转换后，输出的模拟量利用同相放大器放大两倍。

 系统组成

系统采用 Arduino Uno 作为核心，采用成熟的信号发生技术对单片机进行编程，从而实现对生成波形的控制。提前将生成波形程序存入 CPU 中，通过读取对应开关状态选择当前输出波形。此外，可以利用调频模块中的 6 位开关状态对信号频率进行调节，实现输出信号的频率可调；通过一可调电位器改变 D/A 转换的参考电压，实现输出信号的幅值可调。

系统组成框图如图 5-66 所示。

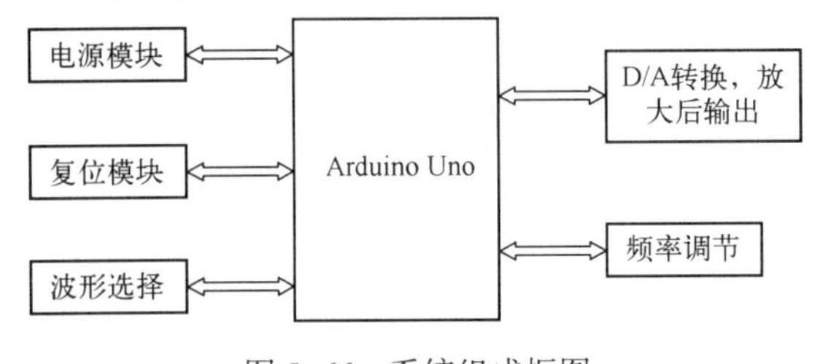

图 5-66　系统组成框图

 系统原理图

该系统由 Arduino Uno 控制电路、输出波形选择模块、信号频率调节模块、D/A 转换模块、输出幅值调节模块、同相放大模块和显示模块组成。

Arduino Uno 控制电路如图 5-67 所示。输出波形选择模块如图 5-68 所示。信号频率调节模块如图 5-69 所示。D/A 转换模块如图 5-70 所示。输出幅值调节模块如图 5-71 所示。同相放大模块如图 5-72 所示。显示模块如图 5-73 所示。

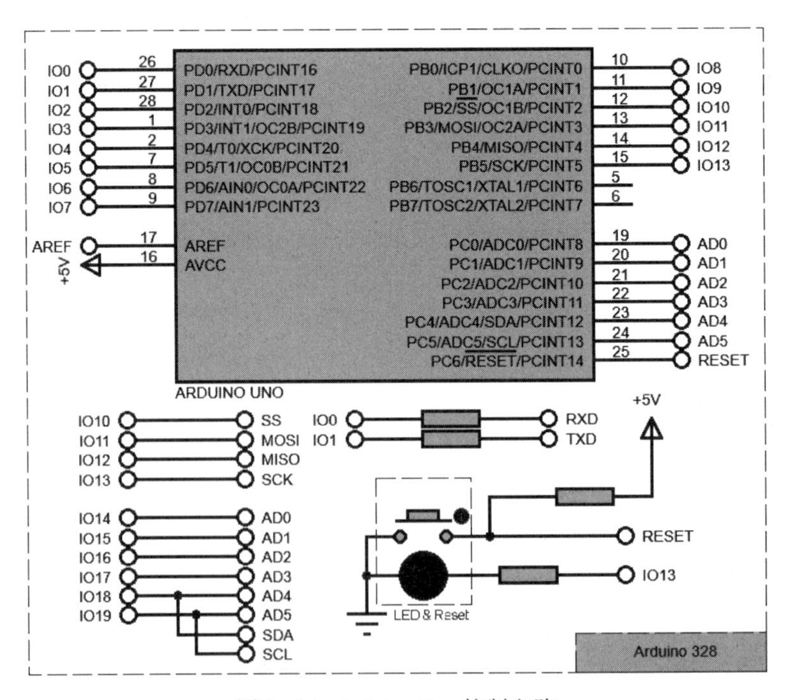

图 5-67　Arduino Uno 控制电路

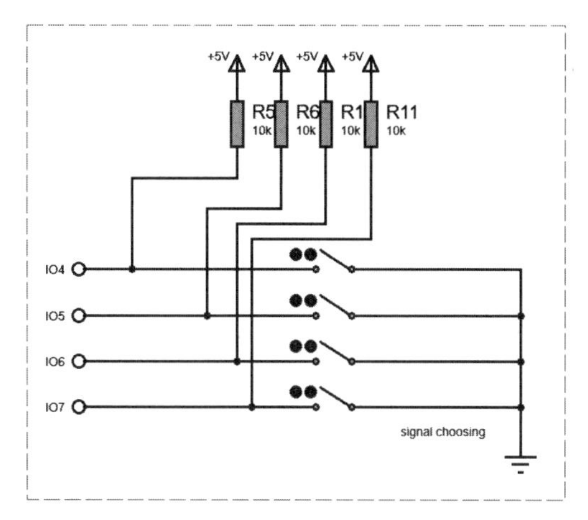

图 5-68　输出波形选择模块

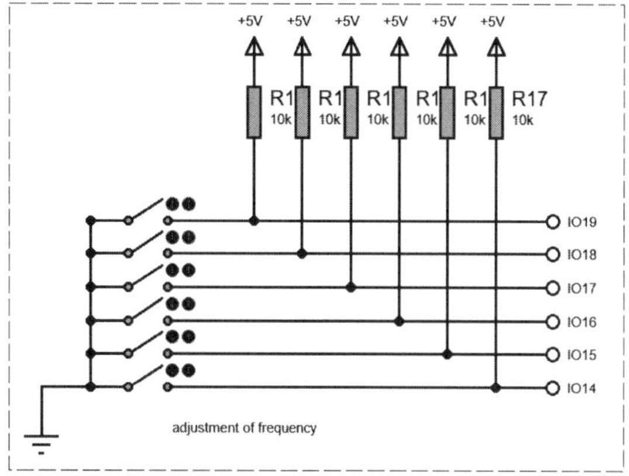

图 5-69　信号频率调节模块

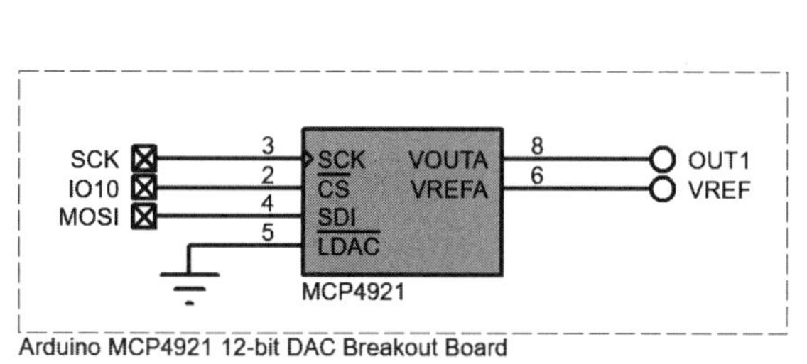

图 5-70　D/A 转换模块

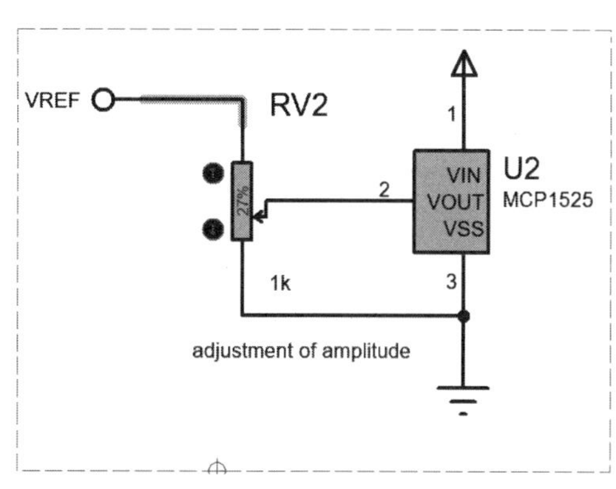

图 5-71　输出幅值调节模块

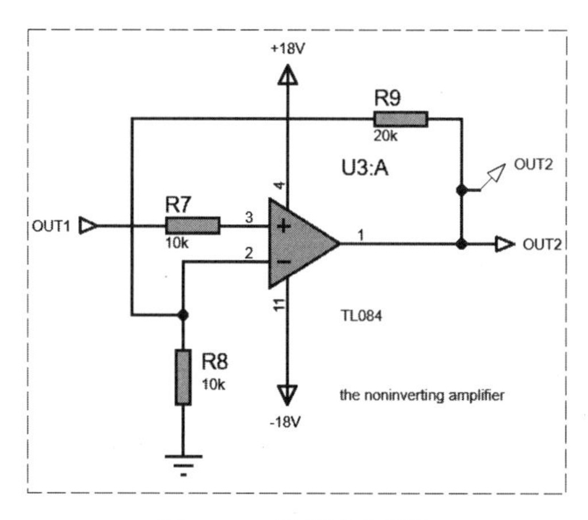

图 5-72　同相放大模块

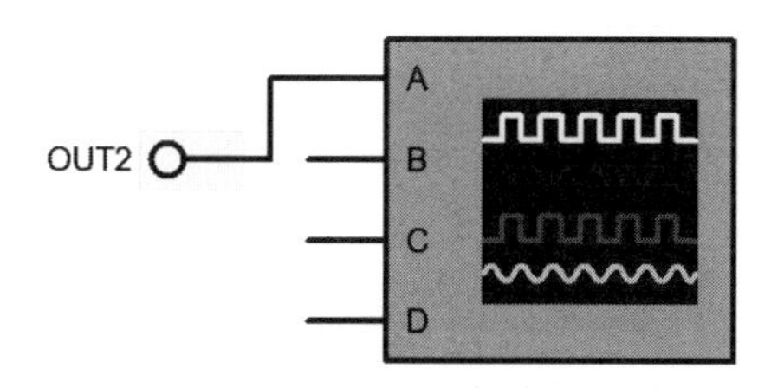

图 5-73　显示模块

 可视化程序设计

1. 主程序设计

主程序结构框图如图 5-74 所示。主程序可视化流程图如图 5-75 所示。

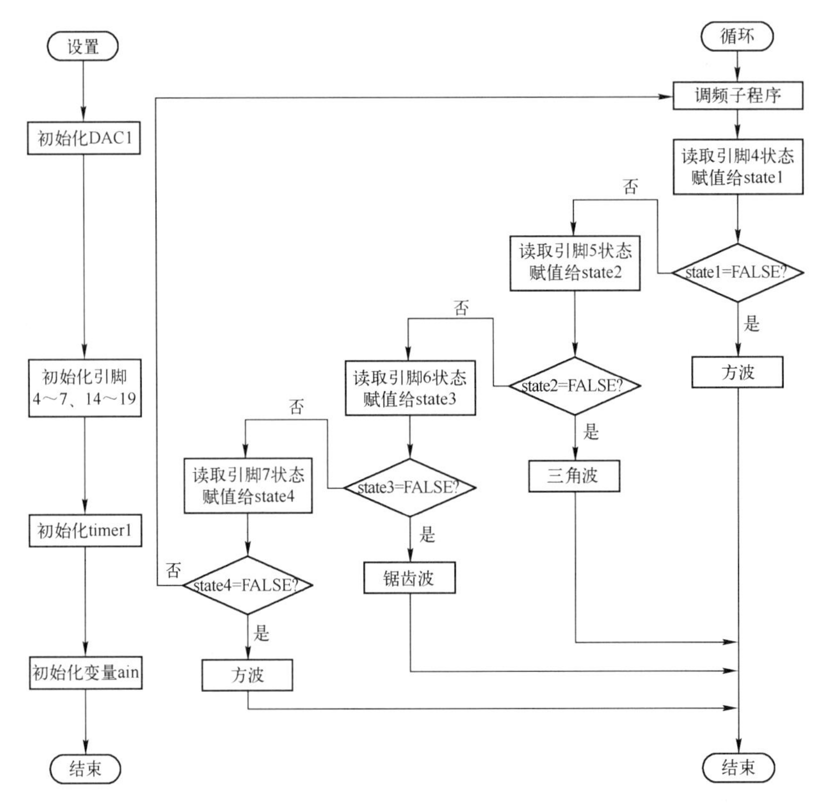

图 5-74　主程序结构框图

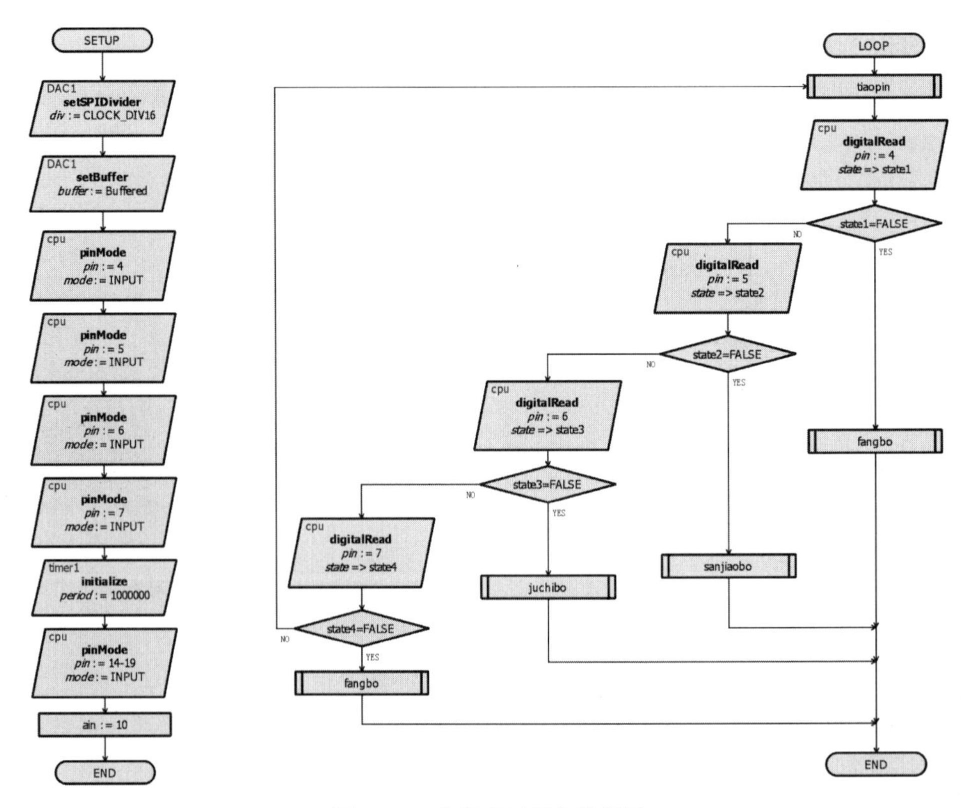

图 5-75　主程序可视化流程图

除定义初始化外，主程序规定根据接口（pin4 ～ 9）状态选择当前输出波形。

2. 调频子程序设计

调频子程序结构框图如图 5-76 所示。调频子程序可视化流程图如图 5-77 所示。

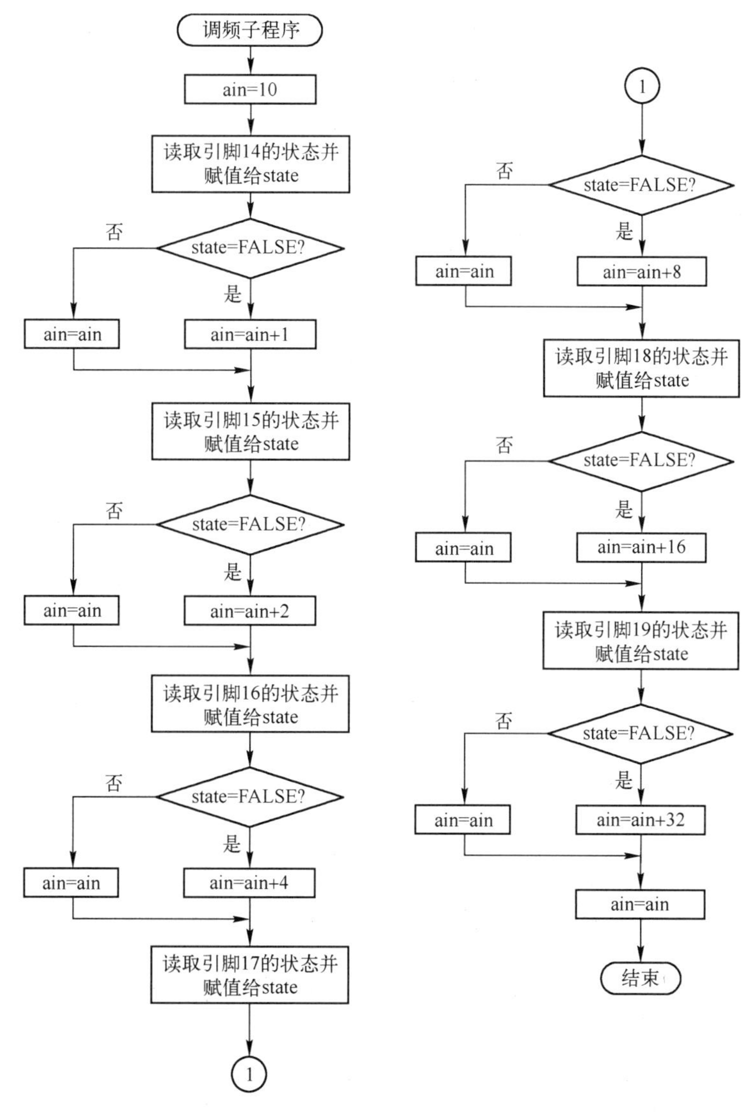

图 5-76　调频子程序结构框图

说明 在选择输出波形前，我们通过接收接口（pin14 ～ 19）当前状态得到一个 6 位二进制数。在将其转换为十进制数后，利用该数作为生成波形程序中的延时常数，即通过调整接口（pin14 ～ 19）状态实现对输出信号的频率调节。

3. 信号生成程序设计

信号生成程序如图 5-78 所示。

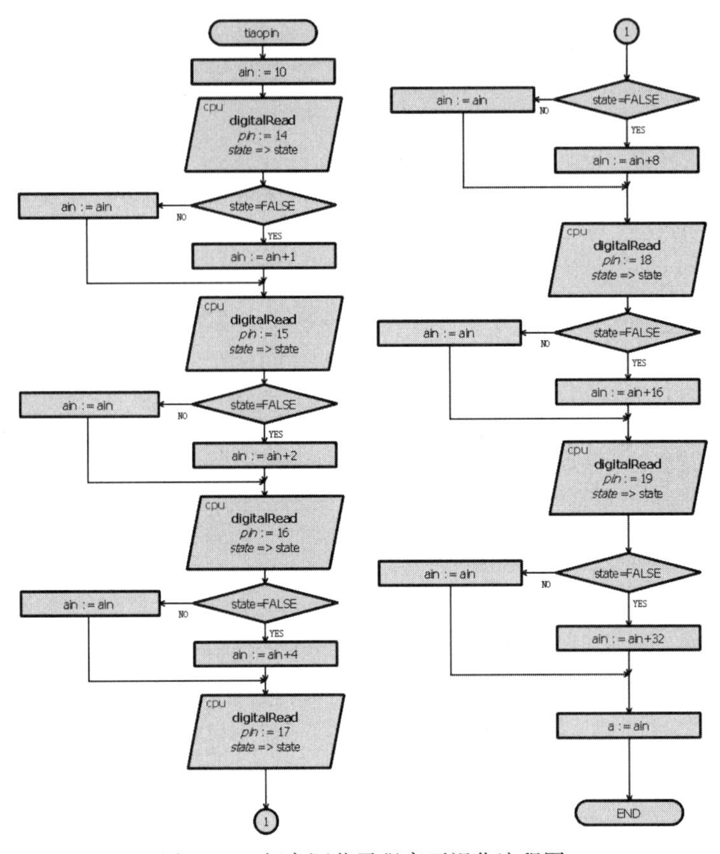

图 5-77　频率调节子程序可视化流程图

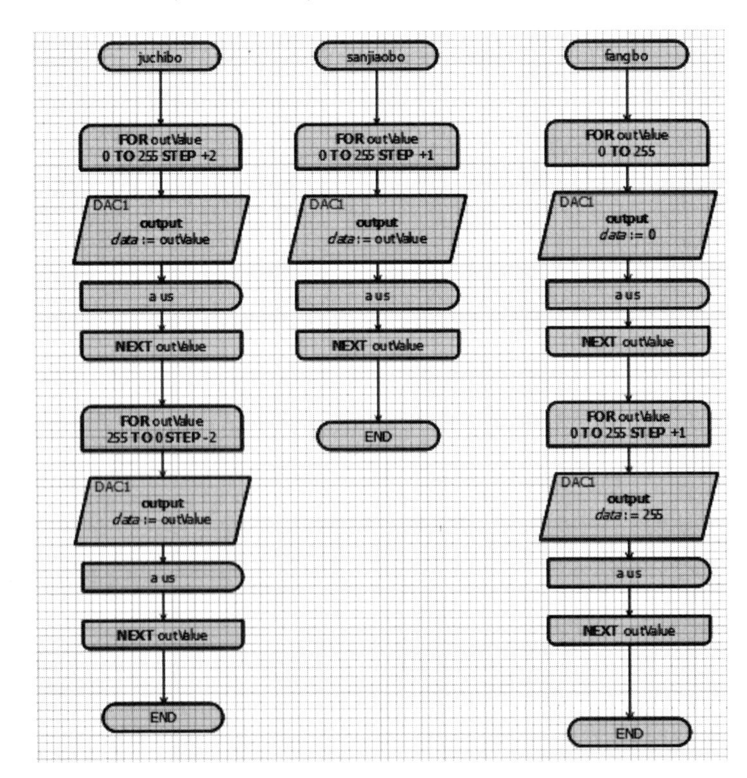

图 5-78　信号生成程序（不包含正弦波）

说明 在本设计中，我们通过编程来实现信号的发生，也就是说我们可以通过这种方式来修改输出信号的相关参数。

4. 正弦波发生程序设计

正弦波发生程序如图 5-79 所示。

```
unsigned char sin_tab [256] = {0,0,0,0,1,1,2,3,4,5,6,8,9,11,13,15,
                                17,19,22,24,27,30,33,36,39,42,46,49,53,
                                56,60,64,68,72,76,80,84,88,92,97,101,105,
                                110,114,119,123,128,132,136,141,145,150,154,
                                158,163,167,171,175,179,183,187,191,195,199,
                                202,206,209,213,216,219,222,225,228,231,233,
                                236,238,240,242,244,246,247,249,250,251,252,253,254,254,255,255,255};
void chart_LOOP() {
l2:; chart_tiaopin();
 var_state1=io_cpu.digitalRead(4);
 if(var_state1==false) {
  chart_fangbo();
 } else {
  var_state2=io_cpu.digitalRead(5);
  if(var_state2==false) {
   chart_sanjiaobo();
  } else {
   var_state3=io_cpu.digitalRead(6);
   if(var_state3==false) {
    chart_juchibo();
   } else {
    var_state=io_cpu.digitalRead(7);
    if (!(var_state==false)) goto l2;
    chart_zhengxian(); }}}}
void chart_zhengxian() {
for (var_outValue=0; var_outValue<92; var_outValue++) {
  io_DAC1.output(sin_tab[var_outValue]);
  delayMicroseconds(var_a);
 }
 for (var_outValue=var_outValue-1; var_outValue>0; var_outValue--) {
  io_DAC1.output(sin_tab[var_outValue]);
  delayMicroseconds(var_a);
 }
}
```

图 5-79　正弦波发生程序

注意 在本设计中，正弦波的发生方法为利用代码函数定义，并不在流程图中显示（提交工程文件分为两份，一份不包括正弦波的信号发生器，另一份包括正弦波的信号发生器）。

仿真结果

在本设计中，信号发生器可生成 4 种不同波形：方波、三角波、锯齿波、正弦波。

方波的仿真结果如图 5-80 所示。锯齿波的仿真结果如图 5-81 所示。三角波的仿真结果如图 5-82 所示。正弦波的仿真结果如图 5-83 所示。

下面以方波为例，可以通过改变频率调节模块中对应的开关状态来实现信号频率调节功能，如图 5-84 所示。

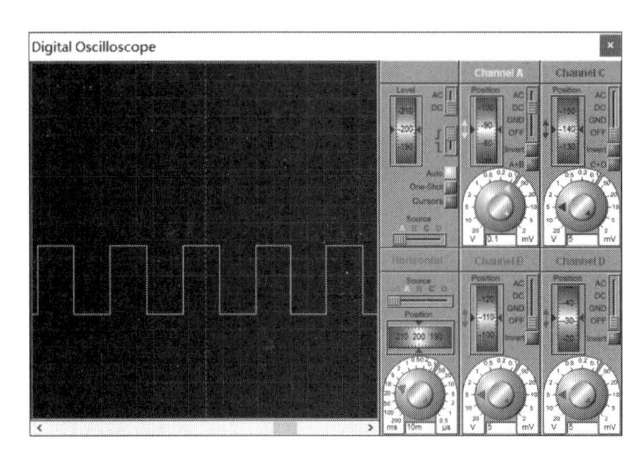

图 5-80　方波的仿真结果

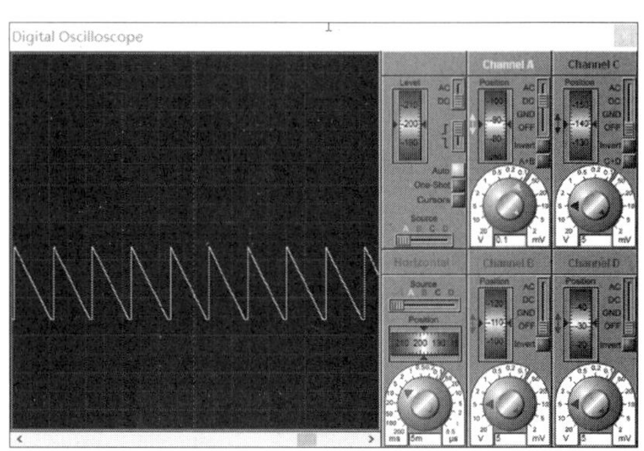

图 5-81　锯齿波的仿真结果

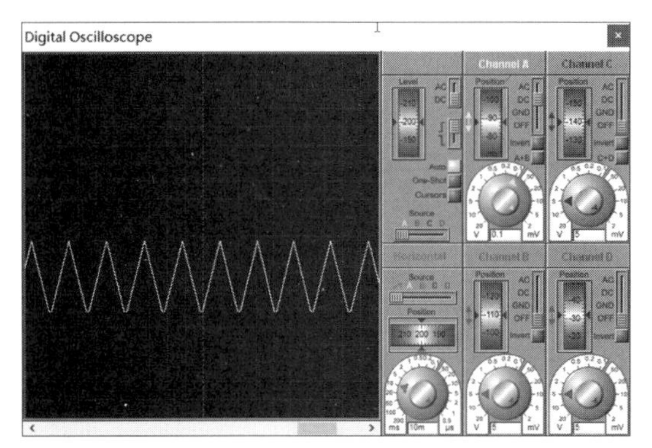

图 5-82　三角波的仿真结果

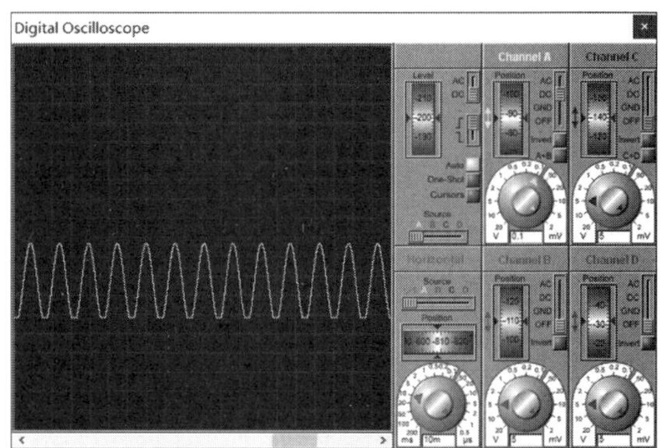

图 5-83　正弦波的仿真结果

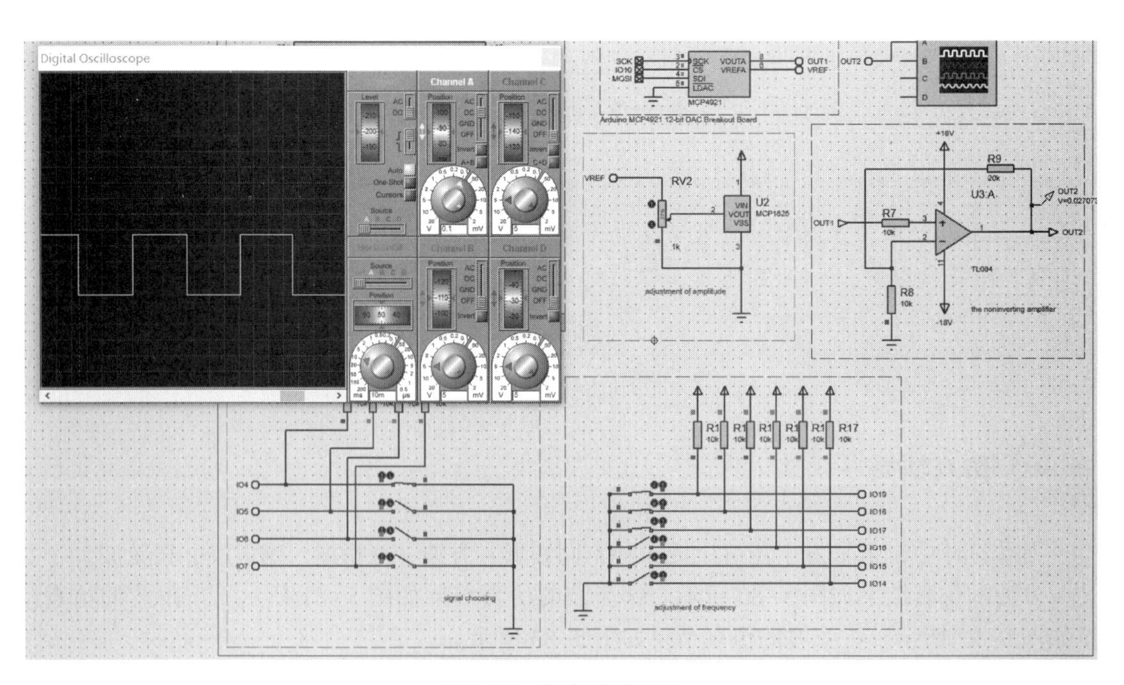

图 5-84　频率调节功能

以方波为例，可以通过调节幅值调整模块中的电位器 RV2 来实现输出信号的幅值调节功能，如图 5-85 所示。

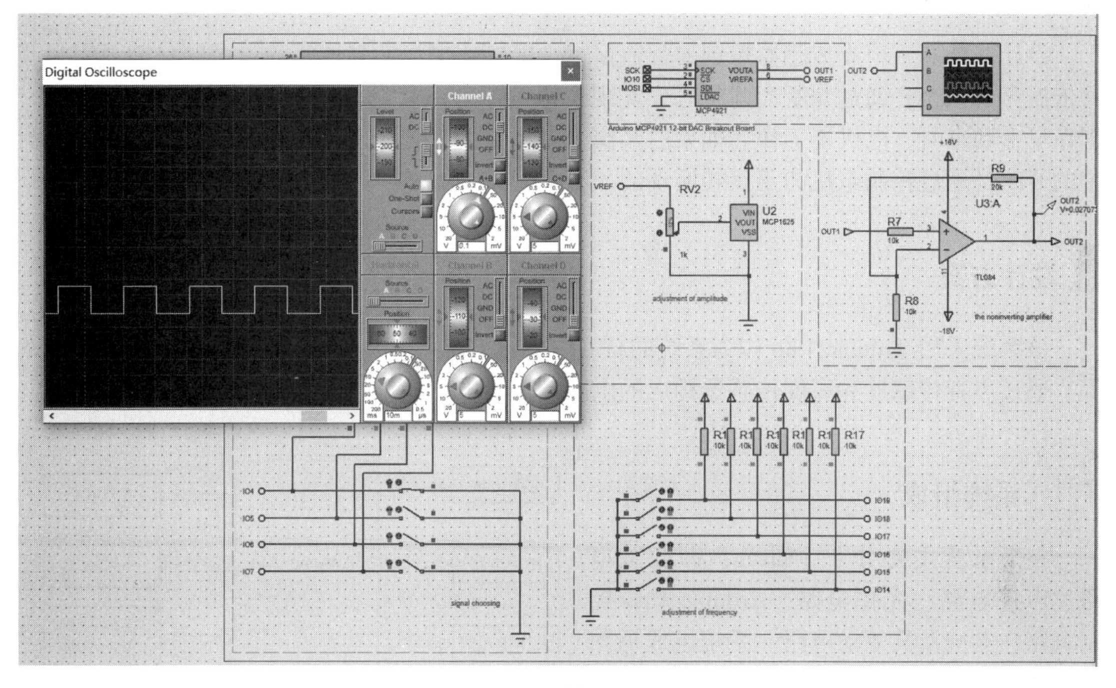

图 5-85　幅值调节功能

总结　自 20 世纪 60 年代以来，信号发生器技术已经历了一个长时间发展的过程。在此期间，信号发生器曾一度主要基于模拟电子技术，常常由复杂集成电路实现。本节设计的是以 Arduino Uno 为系统核心的信号发生器。该信号发生器不仅能够自由选择输出 4 种不同波形，而且可以通过流程图设计实现频率调节、幅值调节等功能。对其本身而言，除拥有较完备的信号发生器功能外，相比其他常见信号发生器，其更具有简易便携、价格低廉等优点。综上所述，本设计可以满足信号发生器设计的基本要求，是一例较为成功的微处理器设计。

5.6　智能窗帘

设计任务

基于单片机设计一个能实现光照强度和声音控制的、实现电机正反转的电路，以此模拟窗帘的开闭。

基本要求

设计一个基于声光传感器控制的智能窗帘，能够依据光照强度实现窗帘的自动开闭；能够依据声音大小，通过判断当前状态，实现窗帘的闭合。特殊地，如果夜晚窗帘是打开的，则在早上到来时，电机不工作。如果白天窗帘是闭合的，则在傍晚到来时，电机不工作。窗帘的开闭是通过控制电机的正反转实现的。

设计方案

该系统采用 Arduino Uno 作为系统的核心，主要封装了 CPU、存储器、时钟和外围设备等。通过声音传感器和亮度传感器构成的电路实现对电机正反转的控制。

系统组成

整个系统主要分 5 个部分，即开关电路、声控电路、光控电路、Arduino Uno 控制电路、电机及其驱动电路。系统组成框图如图 5-86 所示。

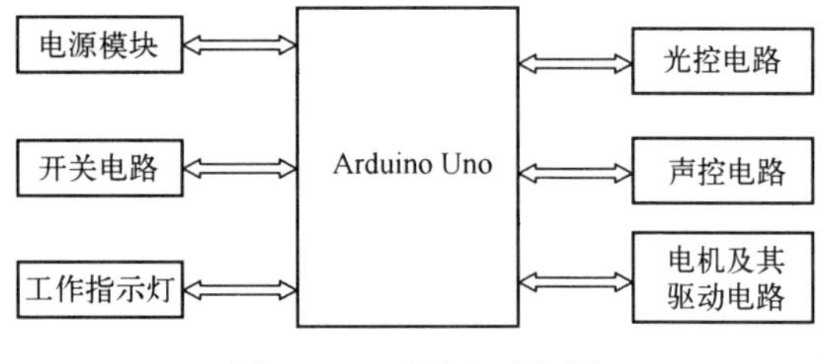

图 5-86　系统组成框图

系统原理图

自锁开关电路部分如图 5-87 所示，需要+5V 供电。当开关按下时，电路进入工作状态；当开关弹起时，电机停止工作。Arduino Uno 控制电路如图 5-88 所示。该系统采用 Arduino Uno 作为系统的核心——主要封装了 CPU、存储器、时钟和外围设备等。

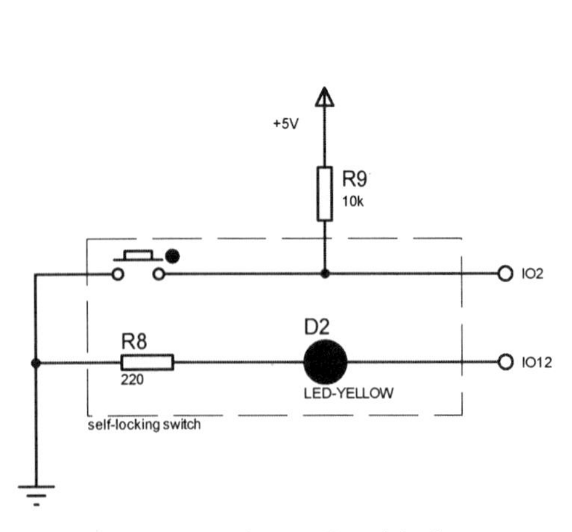

图 5-87　自锁开关电路部分

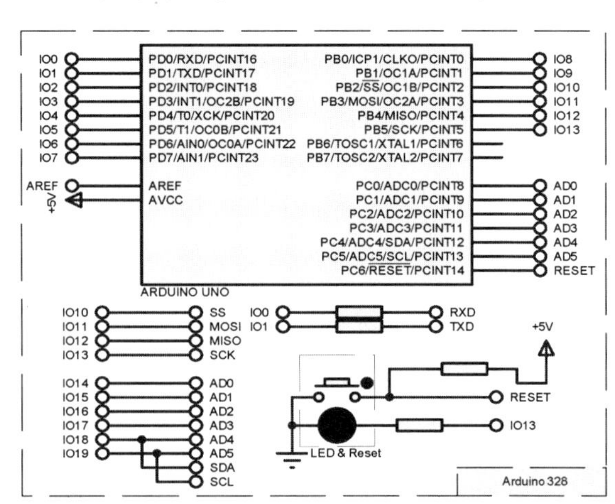

图 5-88　Arduino Uno 控制电路

智能窗帘能够依据光照强度的变化，自动实现窗帘的开闭。亮度传感器模块如图 5-89 所示。

声音传感器模块如图 5-90 所示。声音传感器能够依据声音的大小，在窗帘已经关闭的情况下使其自动打开，在窗帘已经打开的情况下使其自动关闭。

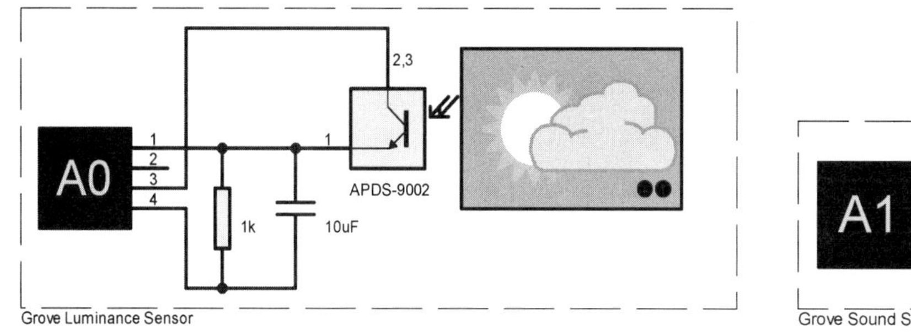

图 5-89　亮度传感器模块

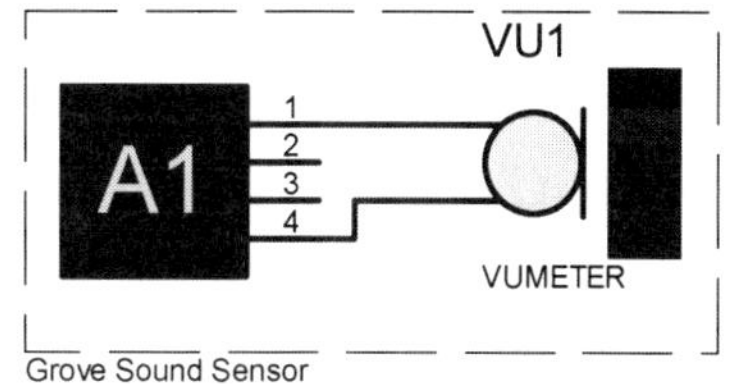

图 5-90　声音传感器模块

光照强度或声音大小的改变会影响步进电机的工作状态。电机驱动电路如图 5-91 所示。该电机的设计是为了驱动窗帘的开闭。图 5-92 所示为电机工作情况与窗帘状态关系图。

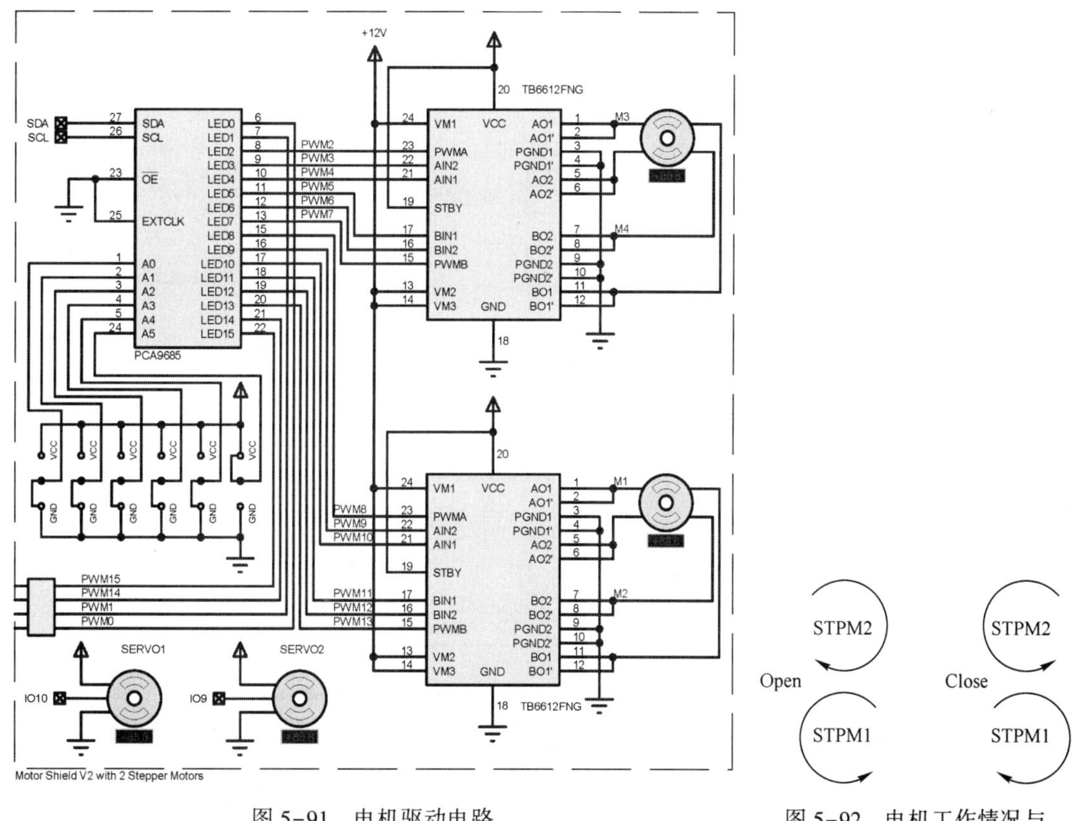

图 5-91　电机驱动电路

图 5-92　电机工作情况与窗帘状态关系图

当光照强度到达一定值发生改变时，电机工作，此时，LED1（BLUE）亮起；同理，当声音传感器判断声音大小到达一定值时，电机工作时，LED2（GREEN）亮起。电机转动结束，LED 灯熄灭。工作指示灯如图 5-93 所示。

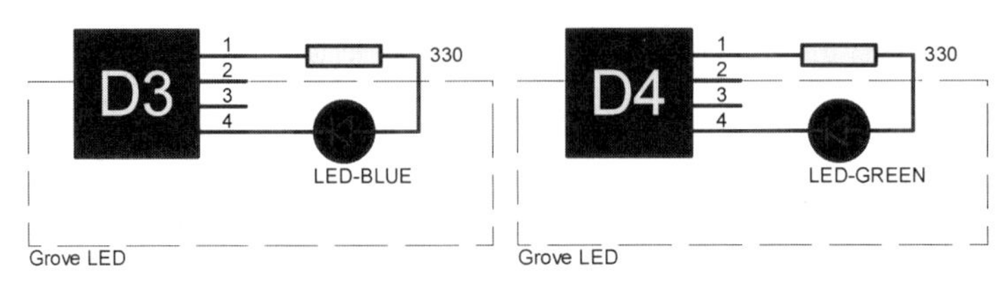

图 5-93　工作指示灯

可视化程序设计

利用 Proteus 可视化软件编写流程图。

1. 主程序设计

主程序结构框图如图 5-94 所示。主程序可视化流程图如图 5-95 所示。

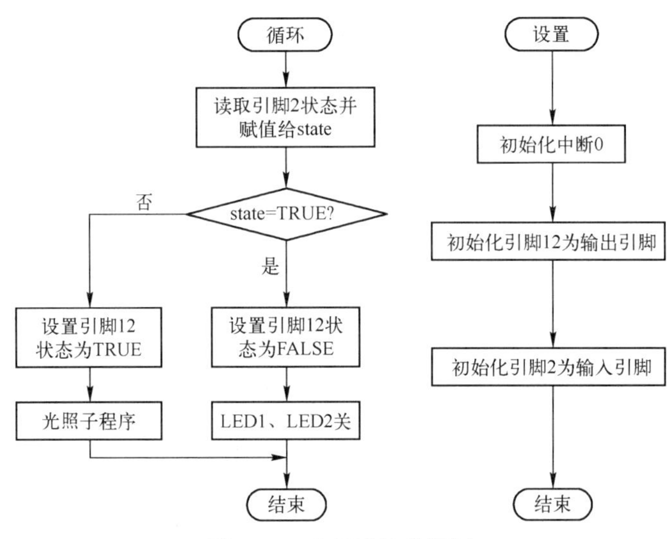

图 5-94　主程序结构框图

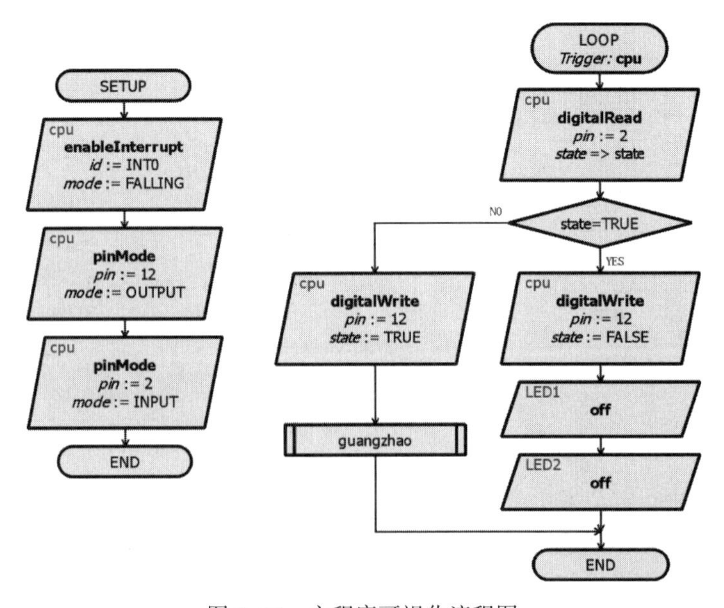

图 5-95　主程序可视化流程图

2. 光强子程序设计

光强子程序结构框图如图 5-96 所示。光强子程序可视化流程图如图 5-97 所示。

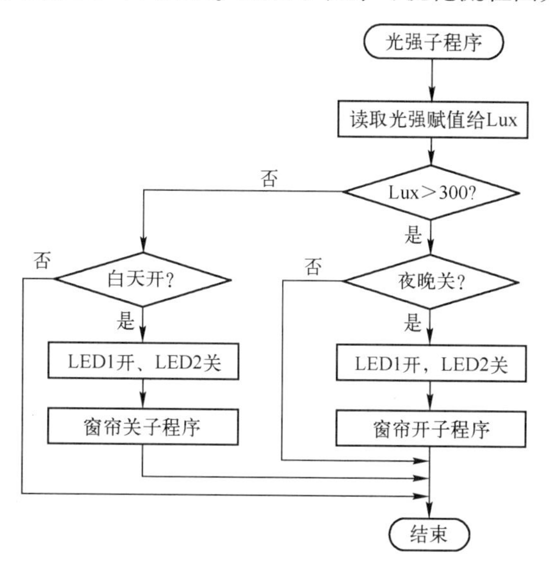

图 5-96　光强子程序结构框图

3. 电机控制程序设计

电机控制程序结构框图如图 5-98 所示。电机控制程序可视化流程图如图 5-99 所示。

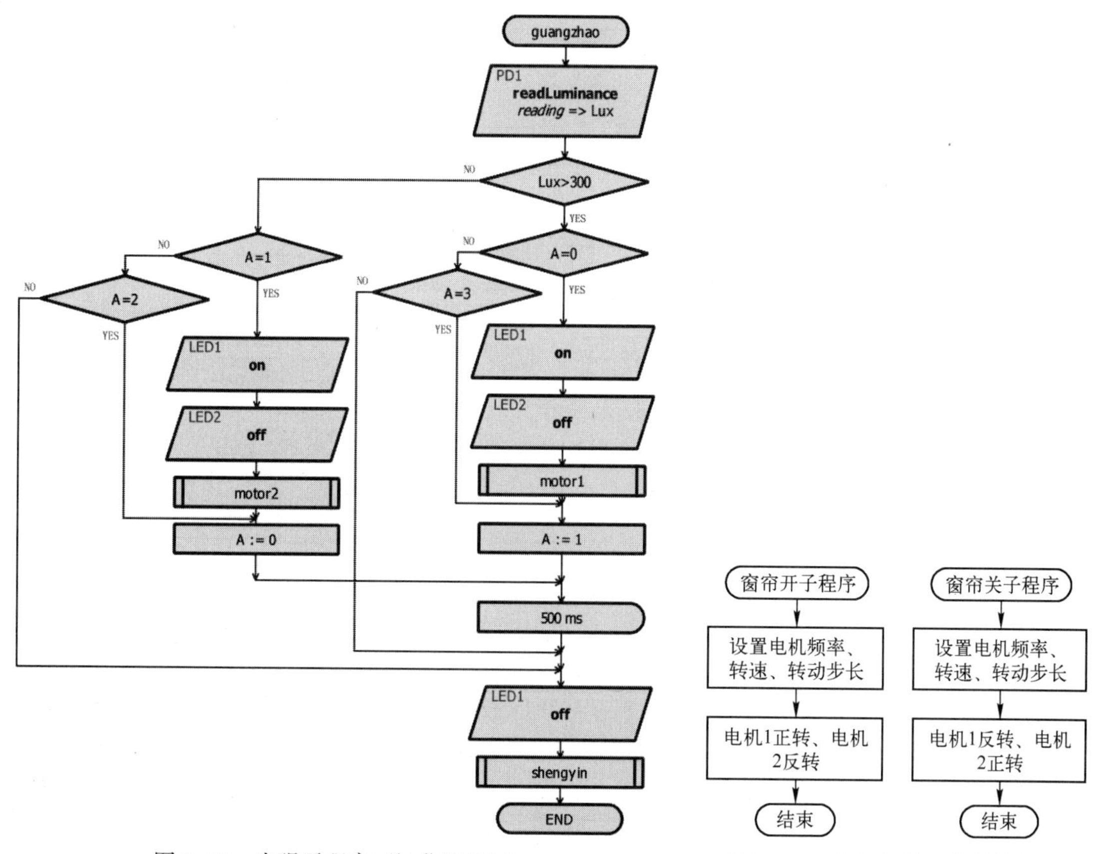

图 5-97　光强子程序可视化流程图

图 5-98　电机控制程序结构框图

4. 声音控制子程序设计

声音控制子程序结构框图如图 5-100 所示。声音控制子程序可视化流程图如图 5-101 所示。

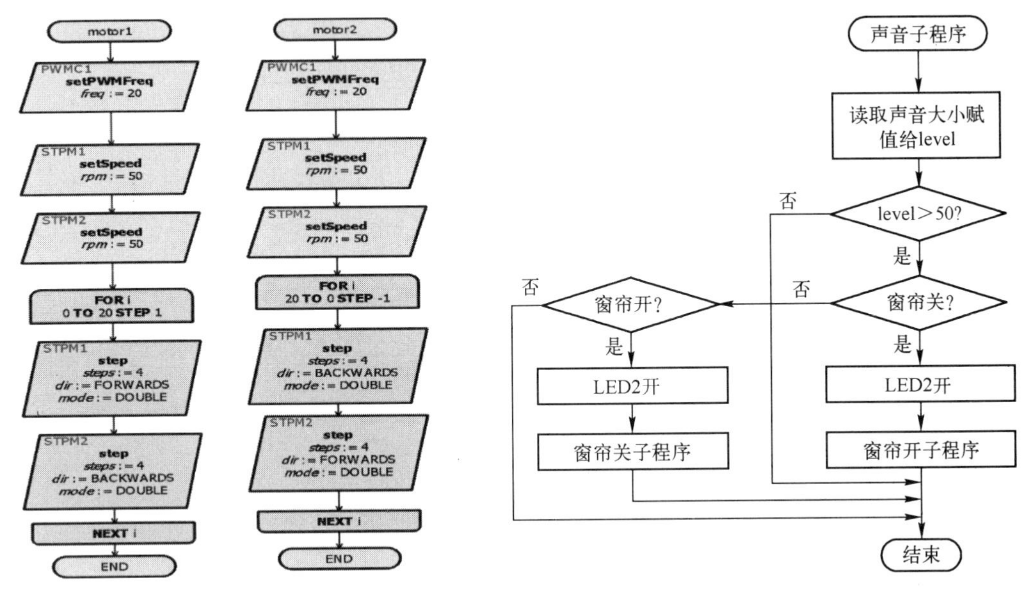

图 5-99　电机控制程序可视化流程图

图 5-100　声音控制子程序结构框图

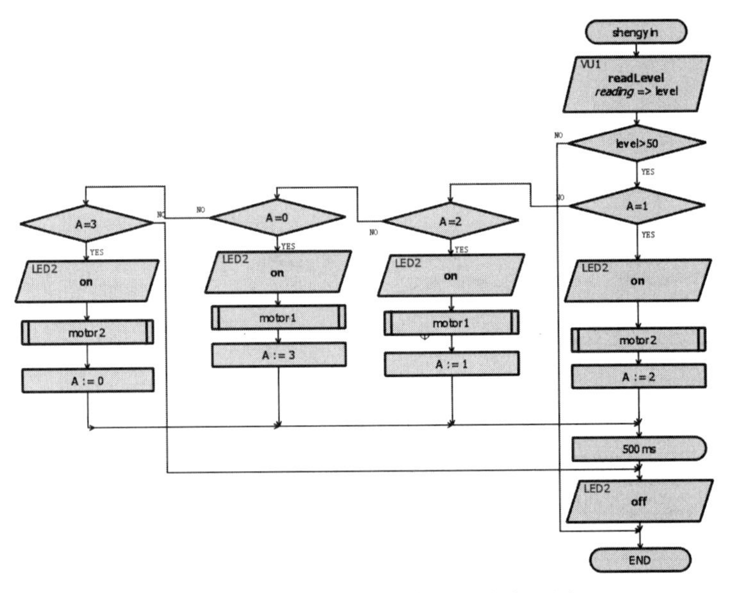

图 5-101　声音控制子程序可视化流程图

总结　该项目以提升家居生活的便捷性和舒适性为目的，研究设计了一种基于声光传感器控制的智能窗帘，能够依据声音大小和光照强度实现窗帘的自动开闭，帮助人们及时地做出防御措施，旨在实现窗帘的自动化和智能化，以便让人们的生活更便捷、更有效率，在可靠性和实时性等方面具有实用价值。

5.7　新型交通灯

设计任务

设计一个十字路口的模拟交通灯系统。

基本要求

（1）东西路口红灯亮，南北路口绿灯亮，同时开始 25s 倒计时，以七段数码管显示时间。

（2）计时到最后 5s 时，南北路口的绿灯闪烁，计时到最后 2s 时，南北路口黄灯亮。

（3）25s 结束后，南北路口红灯亮，东西路口绿灯亮，并重新 25s 倒计时，依此循环。

（4）新增了模式选择功能，可以灵活选择某一路口的倒计时时间。

设计方案

本设计主要由 Arduino Uno 内部定时器定时，并由计数器计数，将时间显示在数码管上，计数到相应的时间后，Arduino Uno 输出相应的控制信号控制对应的 LED 灯亮或者闪烁。

系统组成

交通灯电路主要分为 4 个部分。

（1）LED 灯显示电路：模拟十字路口交通灯的亮灭情况。

（2）LED 数码管显示电路：显示十字路口交通灯的倒计时情况。

（3）微处理器电路：根据片内计时驱动数码管显示相应的时间，并且控制红、绿、黄灯的亮灭。

（4）按键电路：模拟红外遥控。

系统组成框图如图 5-102 所示。

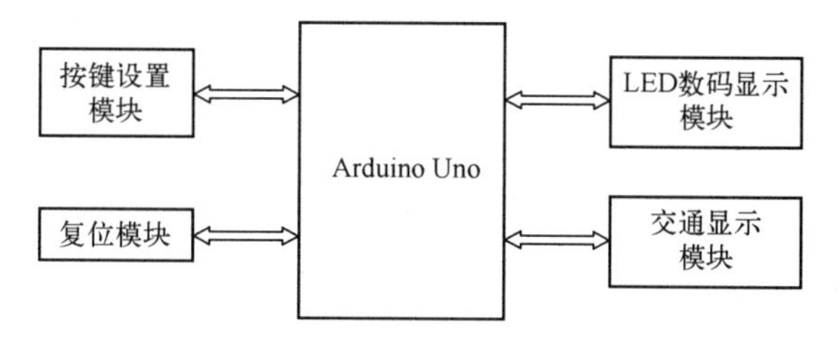

图 5-102　系统组成框图

系统原理图

1. LED 灯显示电路

LED 灯显示电路原理图如图 5-103 所示。东西、南北方向各自有 3 路红、绿、黄灯，方便 Arduino Uno 控制每一路的导通。每一路由相同的灯连接到 Arduino Uno 的同一端口，当 Arduino Uno 控制相应的 I/O 口为高电平时，这一路的 LED 将全部亮。在相应的时刻 Arduino Uno 给相应的 I/O 口输出相应的高电平，即可点亮相应颜色的 LED。

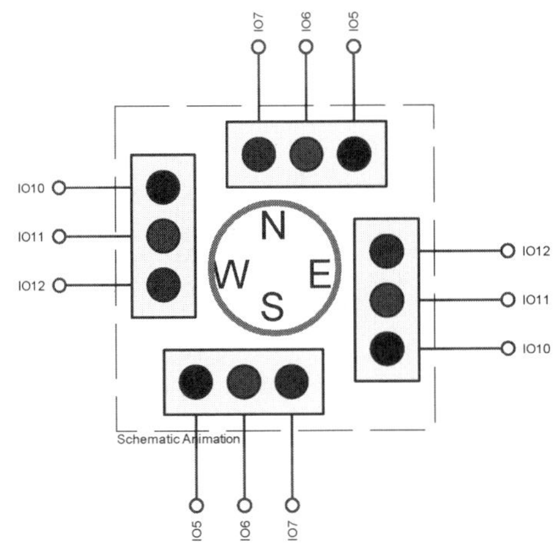

图 5-103 LED 灯显示电路原理图

2. LED 数码管显示电路

LED 数码管显示电路原理图如图 5-104 所示，它由 1 片 TM1637 和 4 位一体数码管组成。TM1637 是一种带键盘扫描接口的 LED 驱动控制专用电路，内部集成了 MCU 数字接口、数据锁存器、LED 高压驱动、键盘扫描等电路。

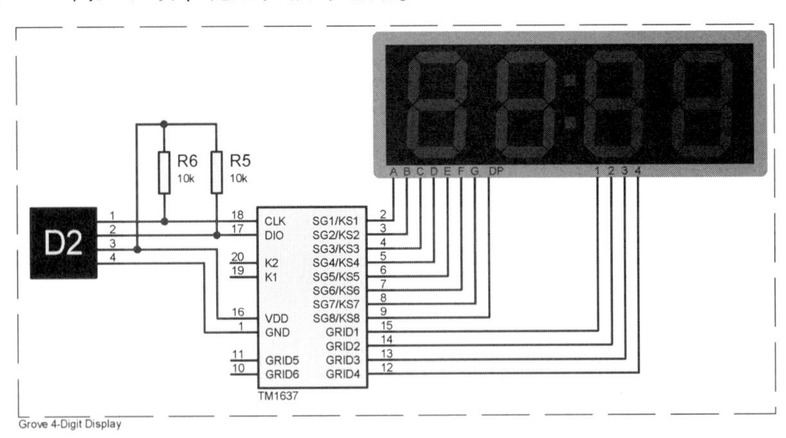

图 5-104 LED 数码管显示电路原理图

微处理器的数据通过两线总线接口和 TM1637 通信，在输入数据时，当 CLK 为高电平时，DIO 上的信号必须保持不变；只有 CLK 上的时钟信号为低电平时，DIO 上的信号才发生改变。数据输入的开始条件是 CLK 为高电平时，DIO 由高电平变为低电平；结束条件是 CLK 为低电平时，DIO 由低电平变为高电平。

3. 微处理器电路

Arduino Uno 工作时，Arduino Uno 判断内部计时是否达到相应的时间，以控制 LED 灯控制电路成为相应的状态。例如，在状态 1，东西路口绿灯亮，南北路口红灯亮时，Arduino Uno 将 IO12 和 IO5 置 1，同时驱动 TM1637 在相应的数码管上显示倒计时。如图 5-105 所示为微处理电路原理图。

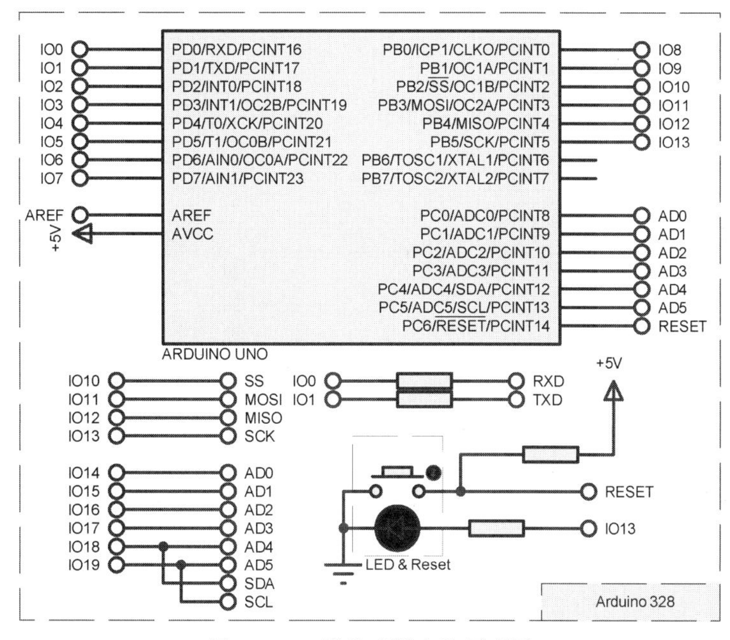

图 5-105　微处理器电路原理图

4. 按键电路

按键电路用于模拟红外遥控改变路口倒计时时间。按键按下时，模拟红外接收器接收到一次高电平。当路面通行状况出现某一方向拥堵时，可以通过模式选择来匹配合适的通行时间。在本设计中，我们设定了 3 种计时方案。当然，可以方便地对这些方案进行修改及拓展。方案一是南北方向与东西方向倒计时均为 25s；方案二是东西方向倒计时 40s，南北方向倒计时 25s；方案三是东西方向倒计时 25s，南北方向倒计时 40s。在进行模式选择的时候，先要按一次“暂停”按键，然后选择“模式”按键，“模式”按键按一次选择方案一，按两次选择方案二，按两次以上选择方案三，之后再按一次“暂停”按键，就设定好了将要执行的通行时间方案。按键电路原理图如图 5-106 所示。

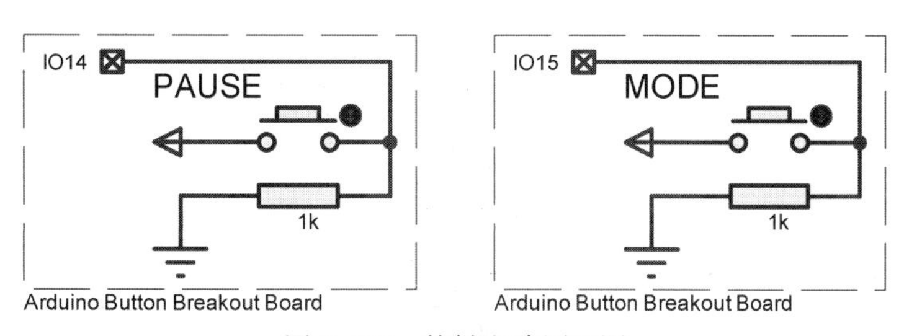

图 5-106　按键电路原理图

新型交通灯电路原理图如图 5-107 所示。

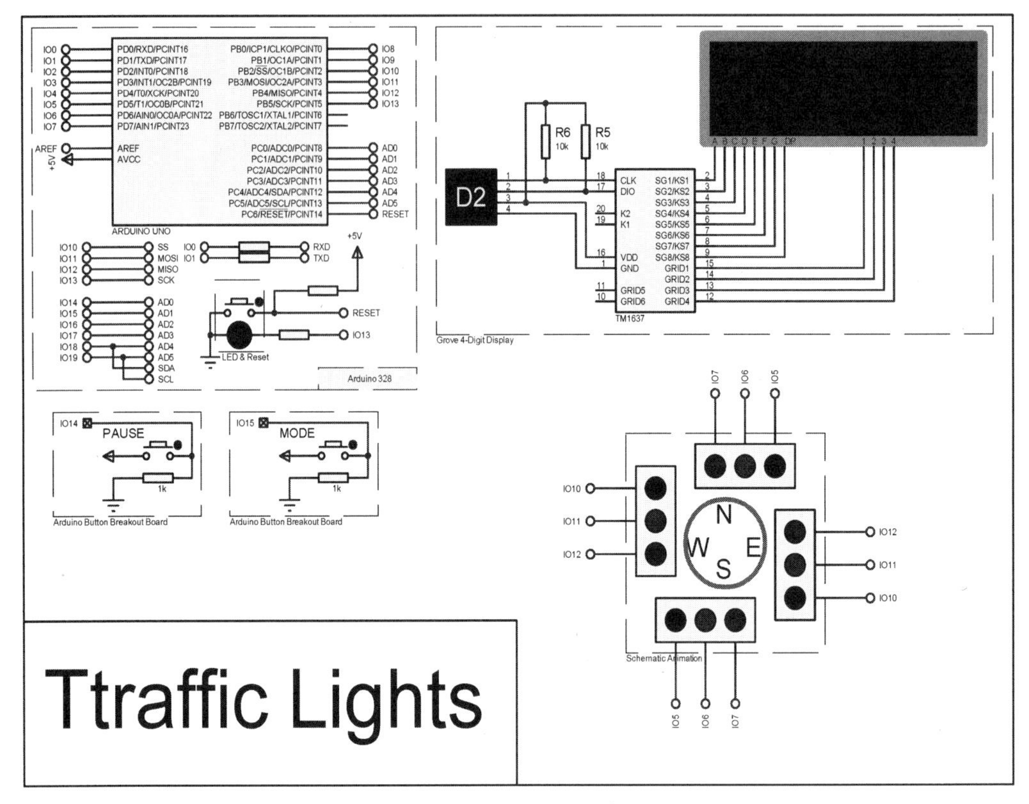

图 5-107　新型交通灯电路原理图

可视化程序设计

软件主程序结构框图如图 5-108 所示。定时中断子程序如图 5-109 所示。

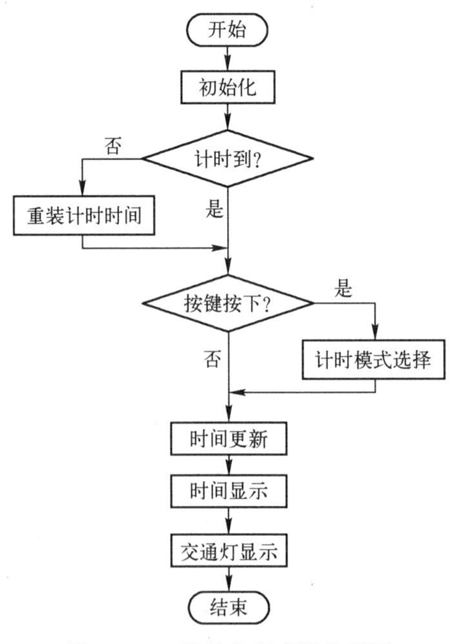

图 5-108　软件主程序结构框图

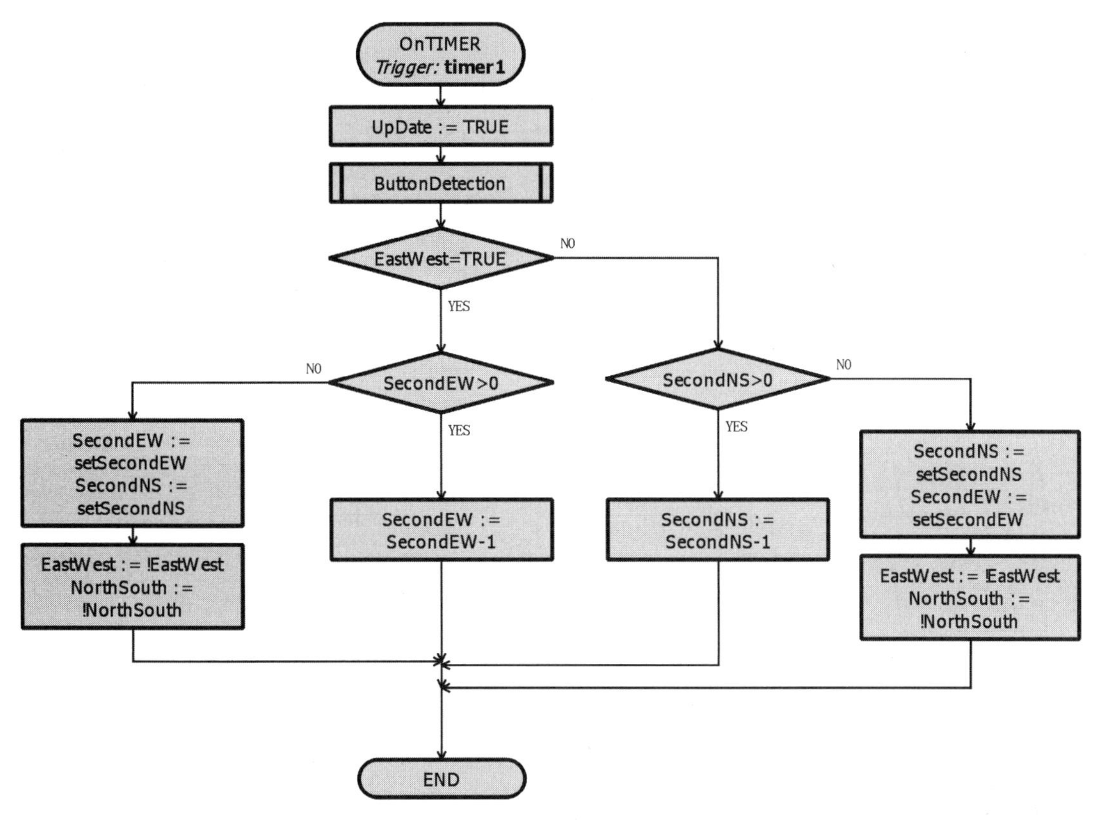

图 5-109　定时中断子程序

LOOP 程序如图 5-110 所示。

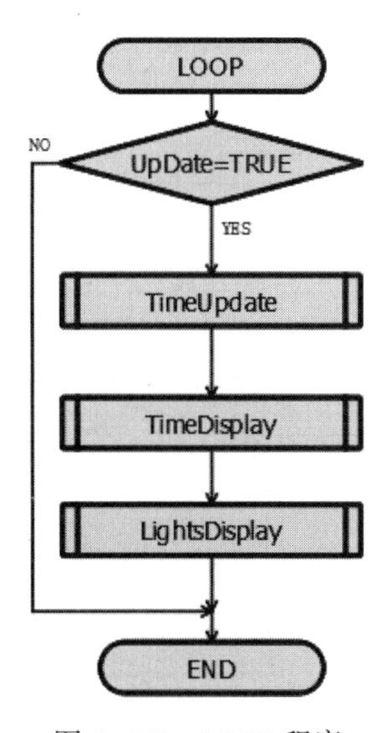

图 5-110　LOOP 程序

初始化程序和模式选择程序如图 5-111 所示。
定时子程序如图 5-112 所示。
LED 控制子程序如图 5-113 所示。

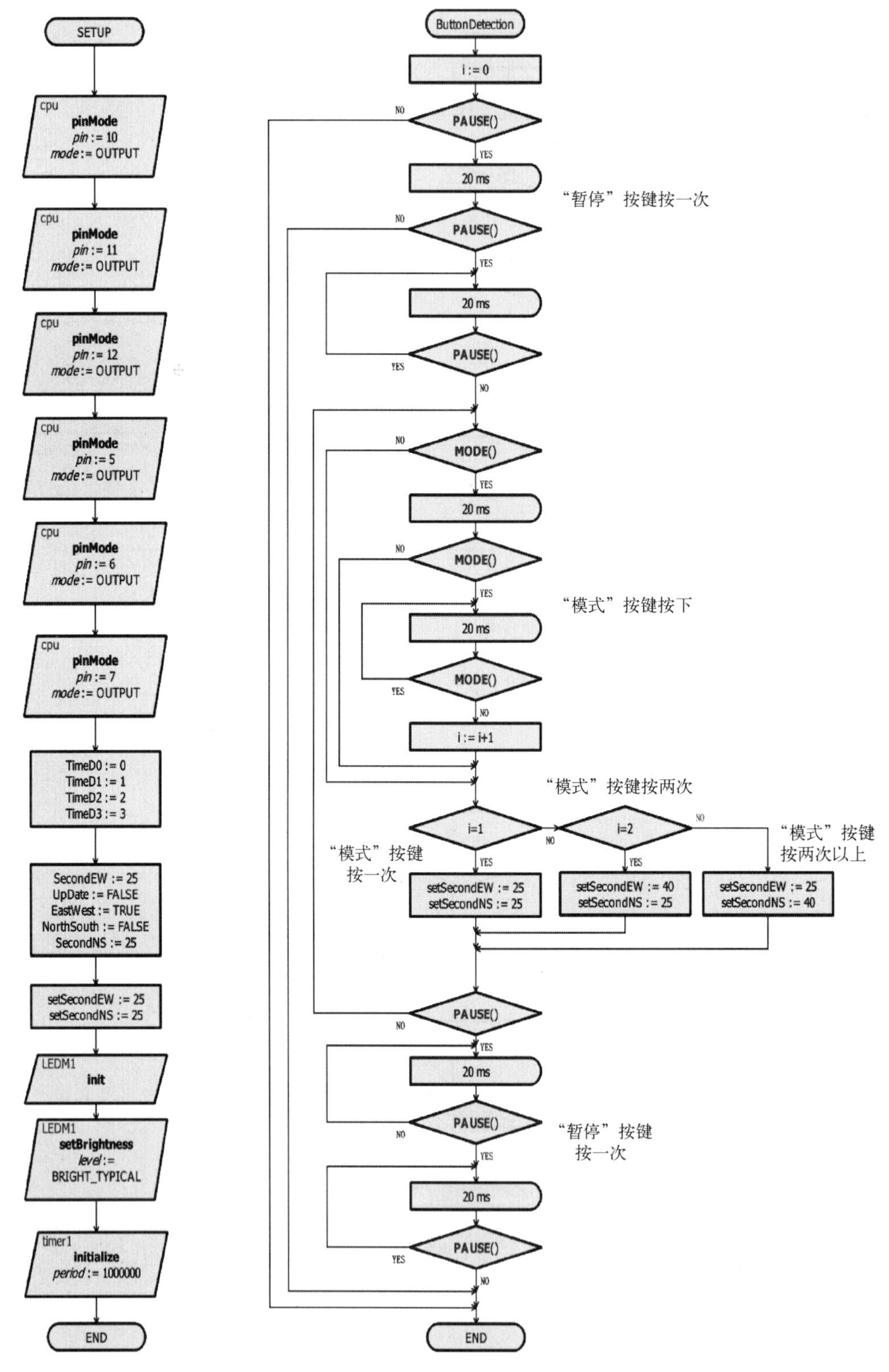

图 5-111 初始化程序和模式选择程序

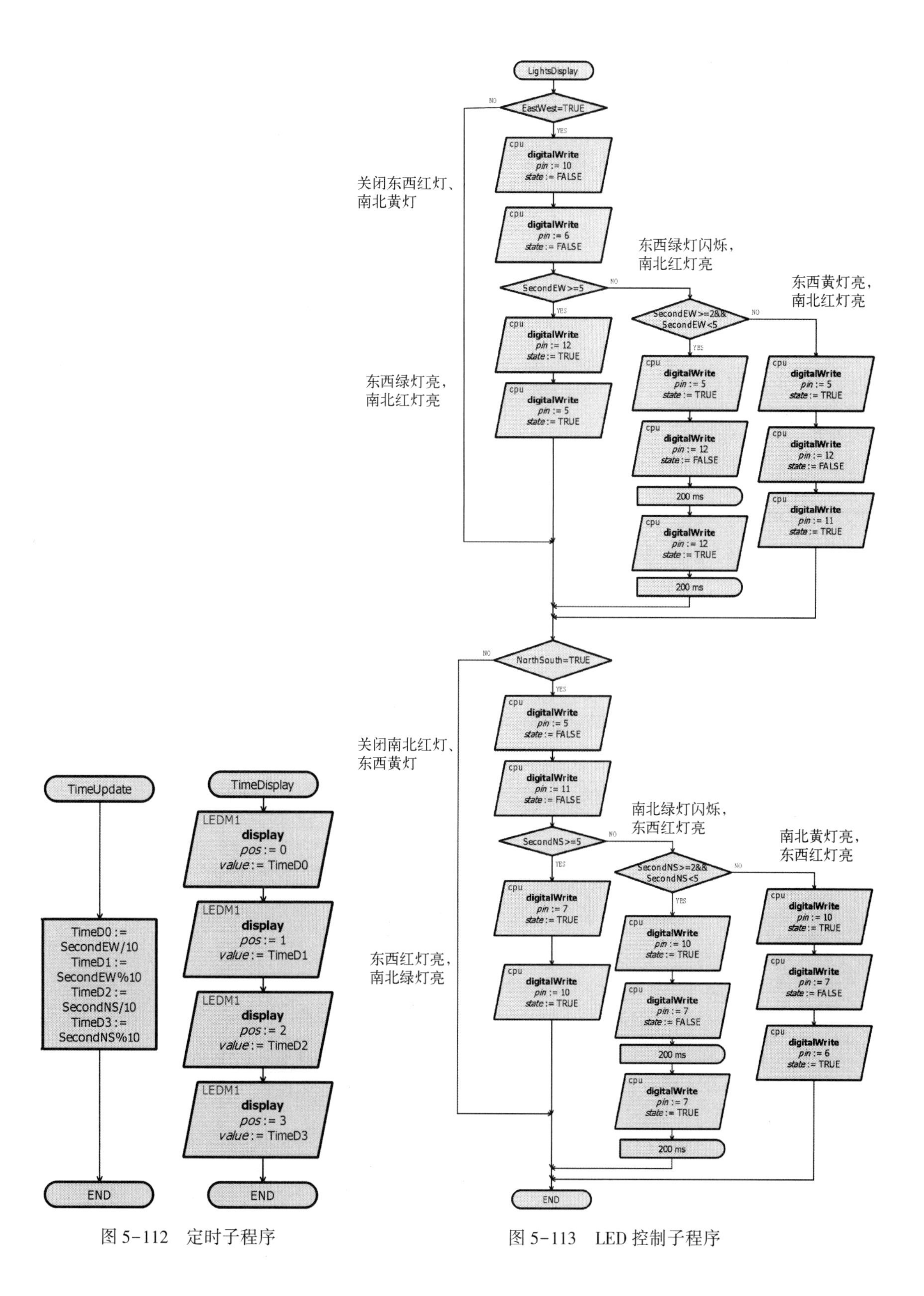

图 5-112　定时子程序

图 5-113　LED 控制子程序

仿真结果

电路实现了设定的基本功能，运行效果如下。

东西方向 25s 倒计时交通灯的显示情形如图 5-114 和图 5-115 所示。

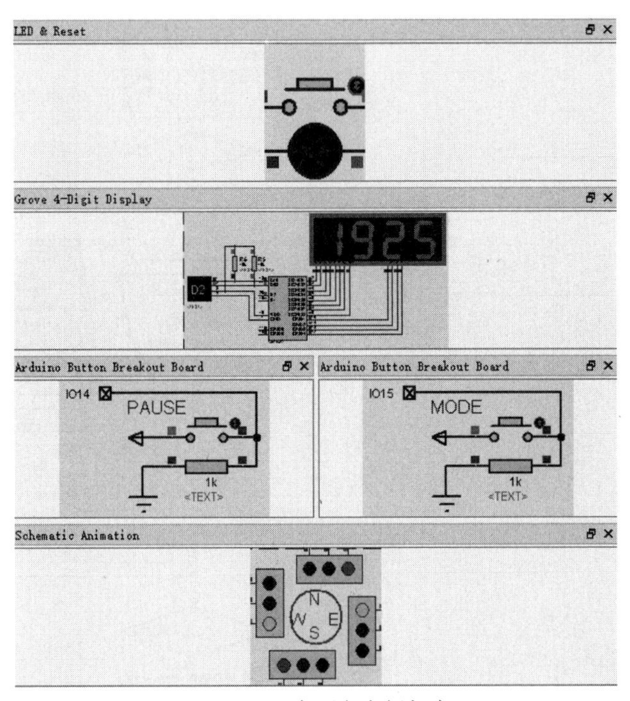

图 5-114　东西方向绿灯亮

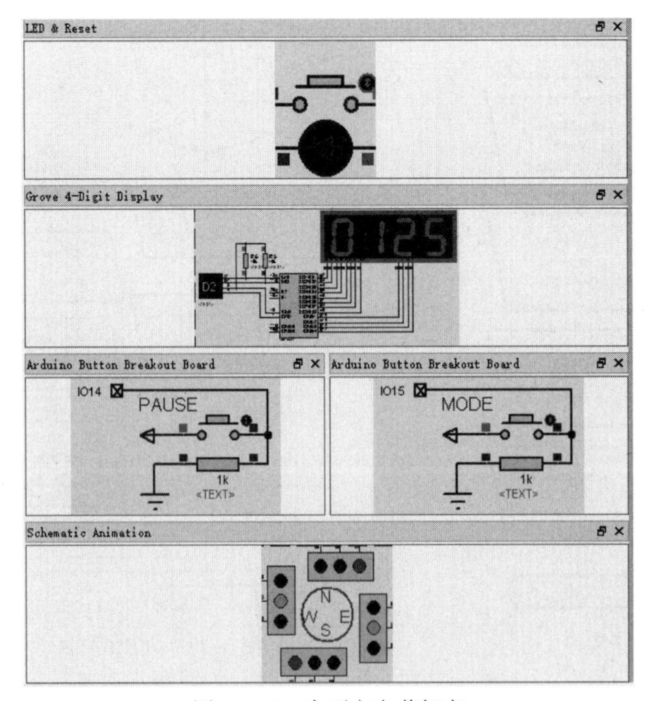

图 5-115　东西方向黄灯亮

南北方向 25s 倒计时交通灯的显示情形如图 5-116 和图 5-117 所示。

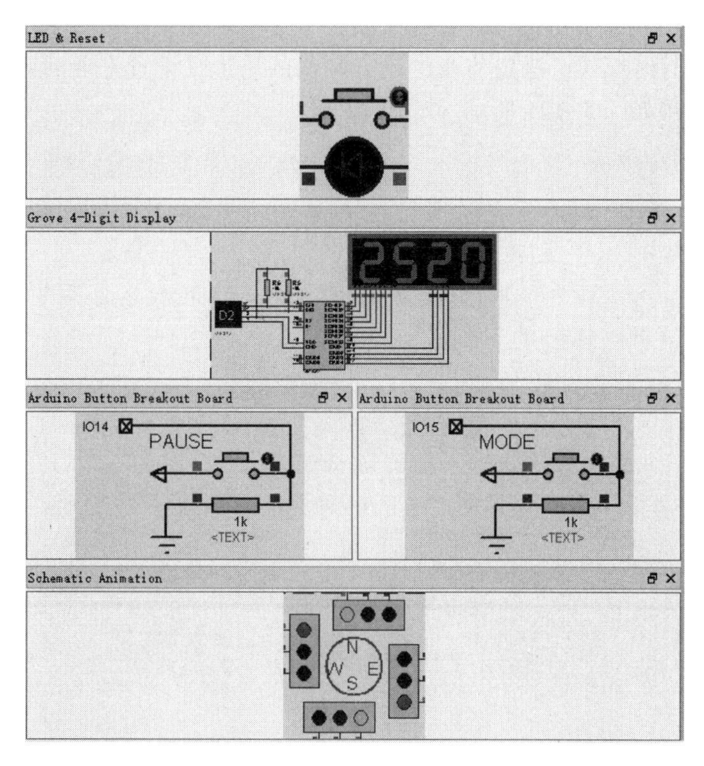

图 5-116　南北方向绿灯亮

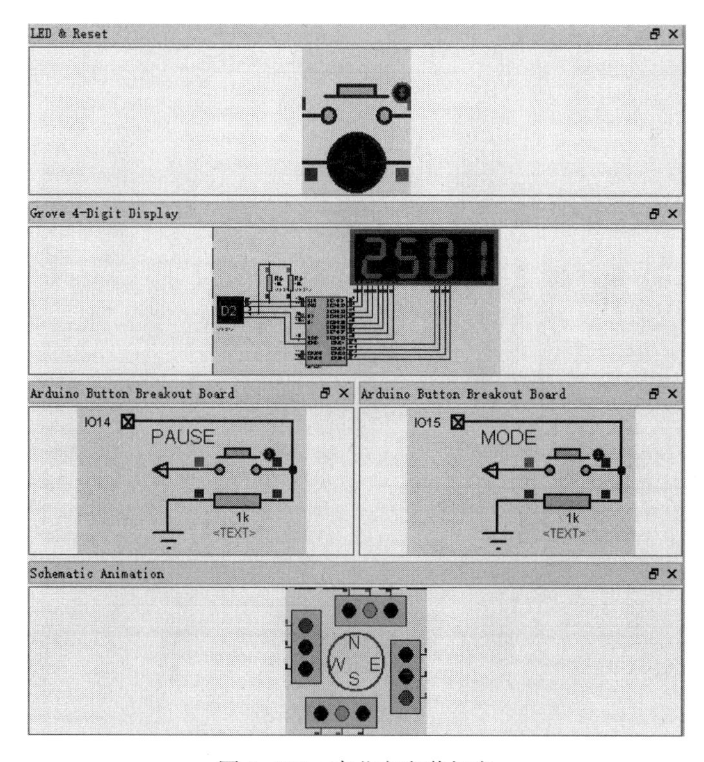

图 5-117　南北方向黄灯亮

如图 5-118 所示，当“暂停”按键按下时，交通灯系统计时暂停。“暂停”按键弹起时，选择合适的“模式”按键按下并弹起，如图 5-119 所示，再次按下“暂停”按键并弹起，就设定好了倒计时模式。这里仿真的是方案二的情形，设置完成后效果如图 5-120 所示，计时结束后效果如图 5-121 所示。

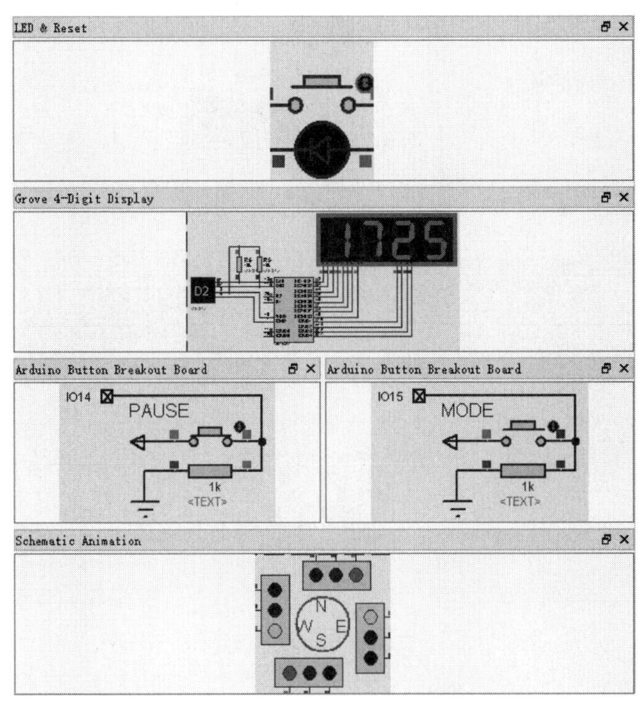

图 5-118 “暂停”按键按下

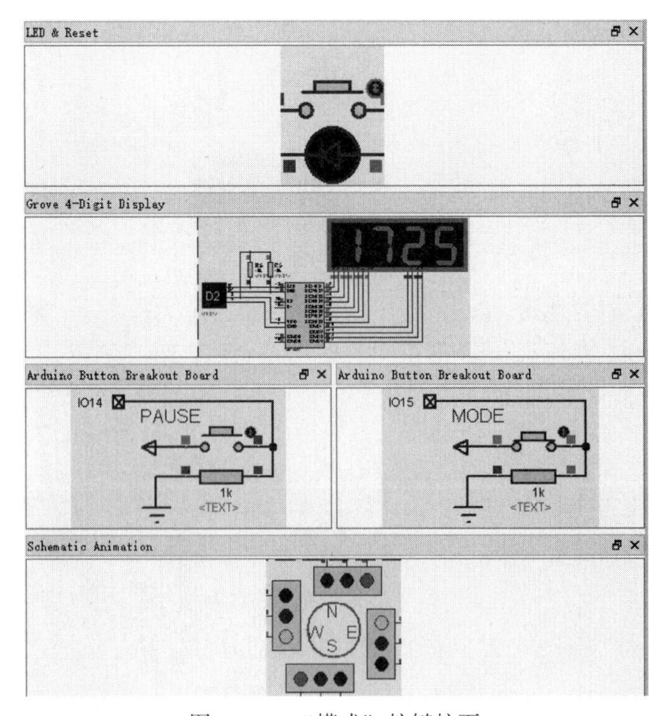

图 5-119 “模式”按键按下

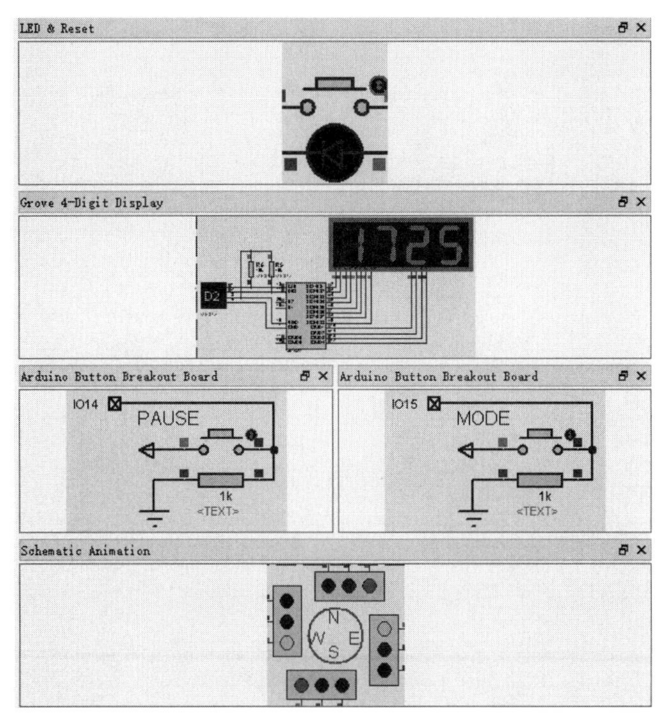

图 5-120　设定好方案二

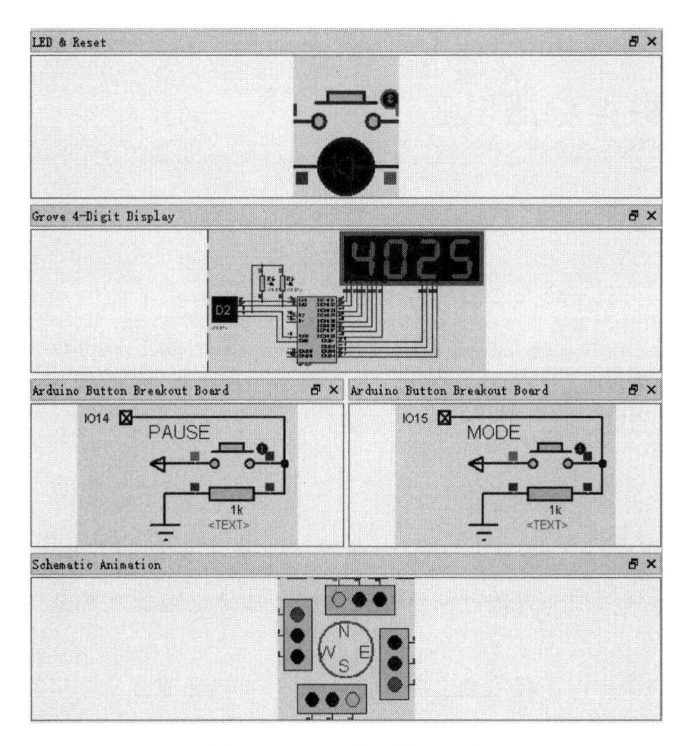

图 5-121　方案二演示效果

同样，方案三演示效果如图 5-122 所示。

备注：使用的软件为 Proteus 8 可视化编辑软件。

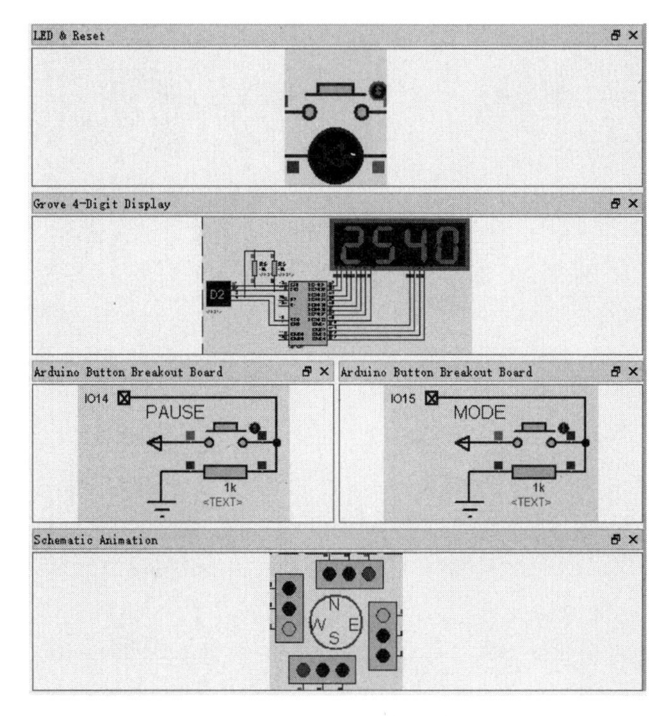

图 5-122 方案三演示效果

5.8 数控稳压电源

设计任务

设计一种基于 Arduino Uno 的数控稳压电源，其原理是通过 Arduino Uno 控制 D/A 转换，再经过模拟电路电压调整实现后面的稳压模块的输出。

基本要求

系统输出电压在 4.5 ～ 30.0V 之间步进可调，步进值为 0.1V，初始化显示电压为常用电压 10V。电压调整采用独立式按键调整，按一次增加键，电压增加 0.1V，按一次减少键，电压减少 0.1V。

数控稳压电源的输出电压精度高，挡位多，而且能直观地显示输出的电压，可以满足大多数实验及工作场合的需要。

设计方案

本设计的原理是通过 Arduino Uno 控制 D/A 转换，再经过模拟电路电压调整实现后面的稳压模块的输出。控制核心 Arduino Uno 输出一定的数字量。当 ADD 键或者 DEC 键按下时，外部中断导致数字量加 1 或者减 1。通过 D/A 转换，模拟电压放大和调整，最终输出电压会增加或减少 0.1V。在 D/A 转换模块，$V_{OUT1}=-BV_{REF}/256$，其中 B 的值为 DI0 ～ DI7 组成的 8 位二进制数，取值范围为 0 ～ 255，V_{REF} 为-9V。

在反相放大模块，有

$$V_{OUT2}=-\left(\frac{R_9}{R_7}\right)V_{OUT1}=-2V_{OUT1}$$

在电压调整模块，有

$$V_{OUT}=-(V_{OUT2}+V_P)\frac{RV_2}{R_{12}}$$

在输出稳压模块，有

$$V_{output}=\left(1+\frac{R_{15}}{R_{16}}\right)V_{out}$$

系统组成

数控稳压电源电路分为 6 个部分。

（1）Arduino Uno 控制电路：控制 LCD 显示电压，通过按键电路调整输出的数字量及输出电压的显示。

（2）LCD 显示模块：显示与最终输出端的模拟电压相等的电压值。

（3）D/A 转换电路：将单片机输出的数字量转换为模拟量，便于后续电压调整电路调整电压。

（4）反相放大电路：将模拟电压放大 2 倍。

（5）电压调整电路：反相求和运算电路，进一步调整电压值，使输出模拟电压为 LCD 显示的值。

（6）稳压电路模块：使电路的输出随着调整后的电压变化，并且达到稳压输出的效果。

系统组成框图如图 5-123 所示。

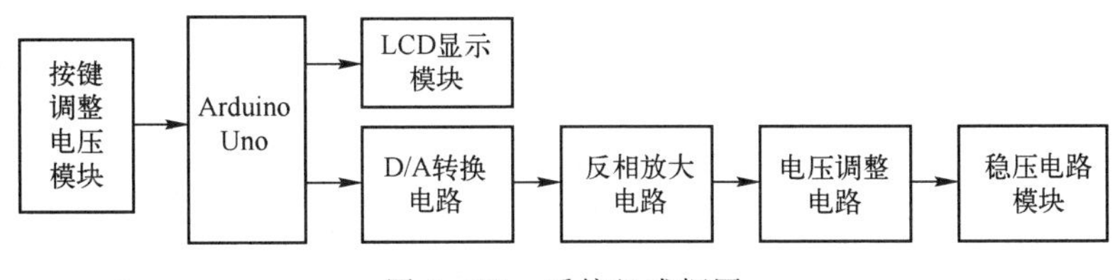

图 5-123　系统组成框图

系统原理图

Arduino Uno 控制电路如图 5-124 所示。该系统采用 Arduino Uno 作为系统的核心，主要封装了 CPU、存储器、时钟和外围设备等。

D/A 转换电路如图 5-125 所示。反相放大电路如图 5-126 所示。

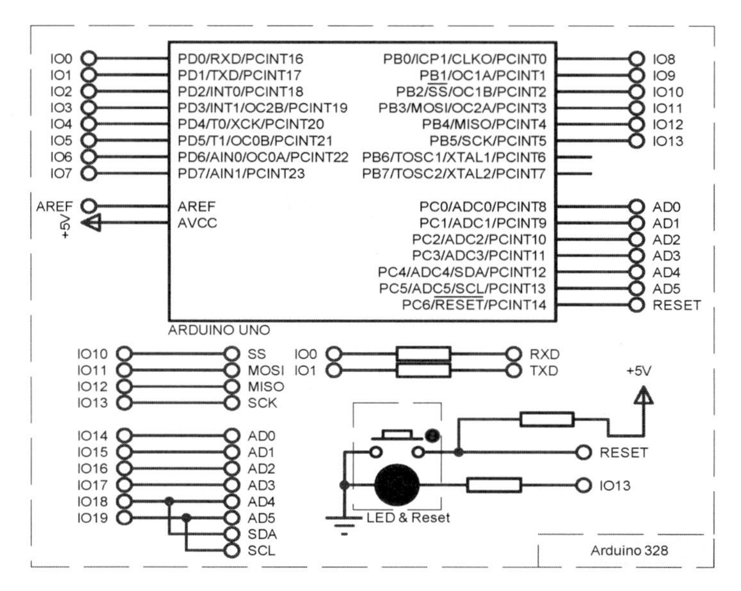

图 5-124　Arduino Uno 控制电路

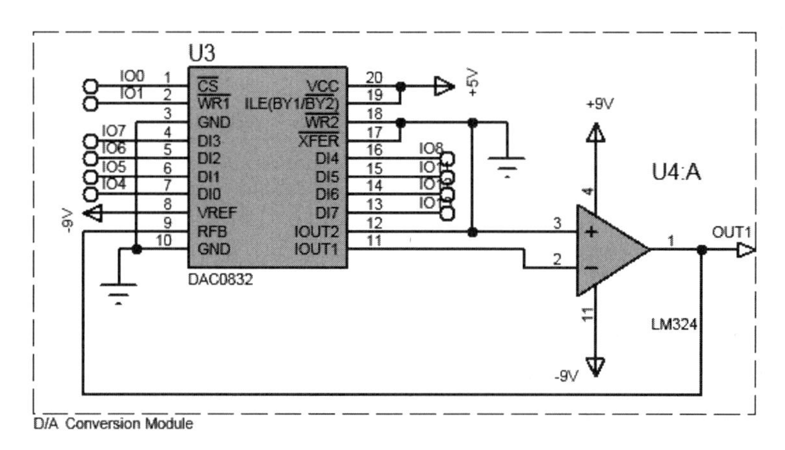

图 5-125　D/A 转换电路

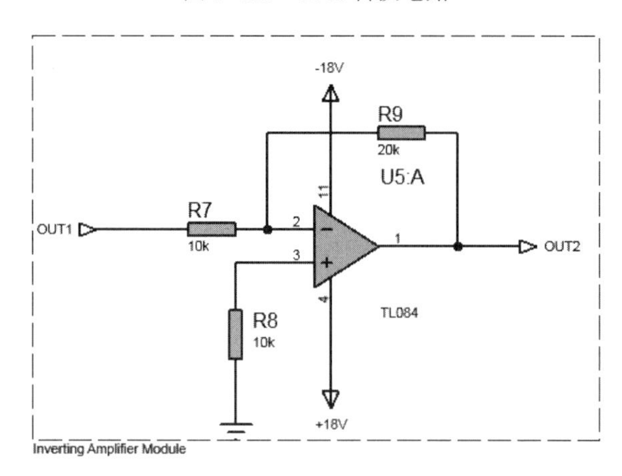

图 5-126　反相放大电路

电压调整电路如图 5-127 所示。稳压电路模块如图 5-128 所示。

LCD 显示模块如图 5-129 所示。按键调整电压模块如图 5-130 所示。

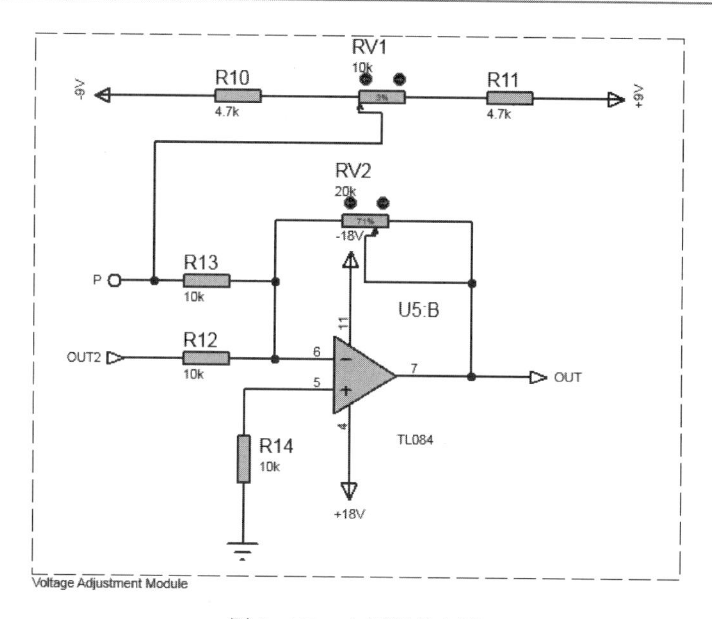

图 5-127　电压调整电路

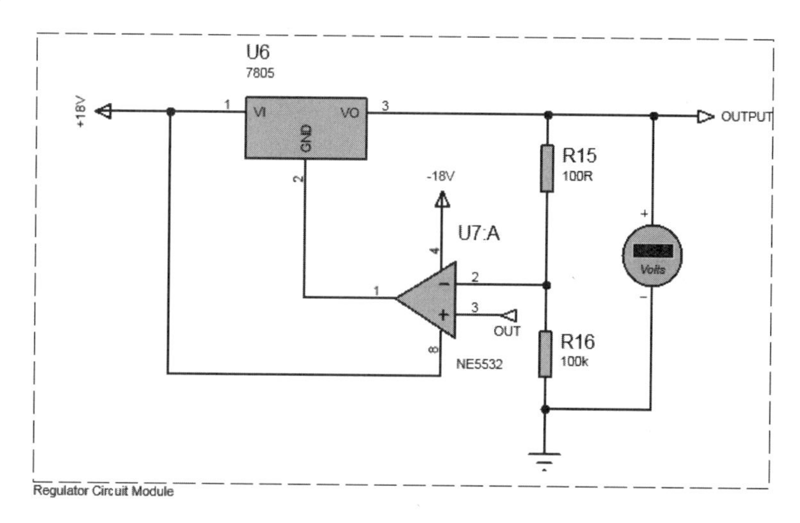

图 5-128　稳压电路模块

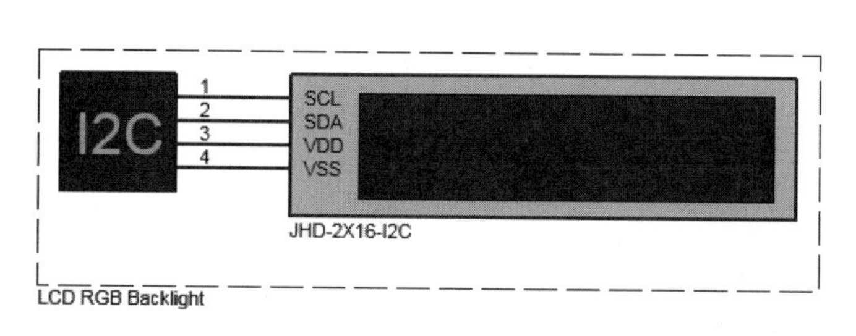

图 5-129　LCD 显示模块

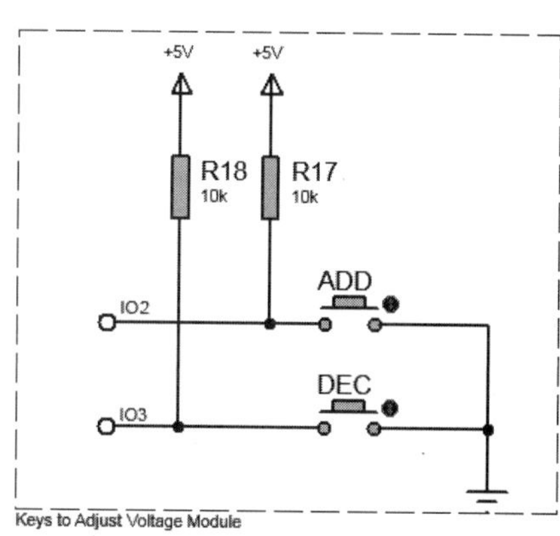

图 5-130　按键调整电压模块

 可视化程序设计

初始化流程图如图 5-131 所示。

 初始化引脚模式、I/O 口，初始化布尔变量 update 及整数型变量 ain。

主程序如图 5-132 所示。

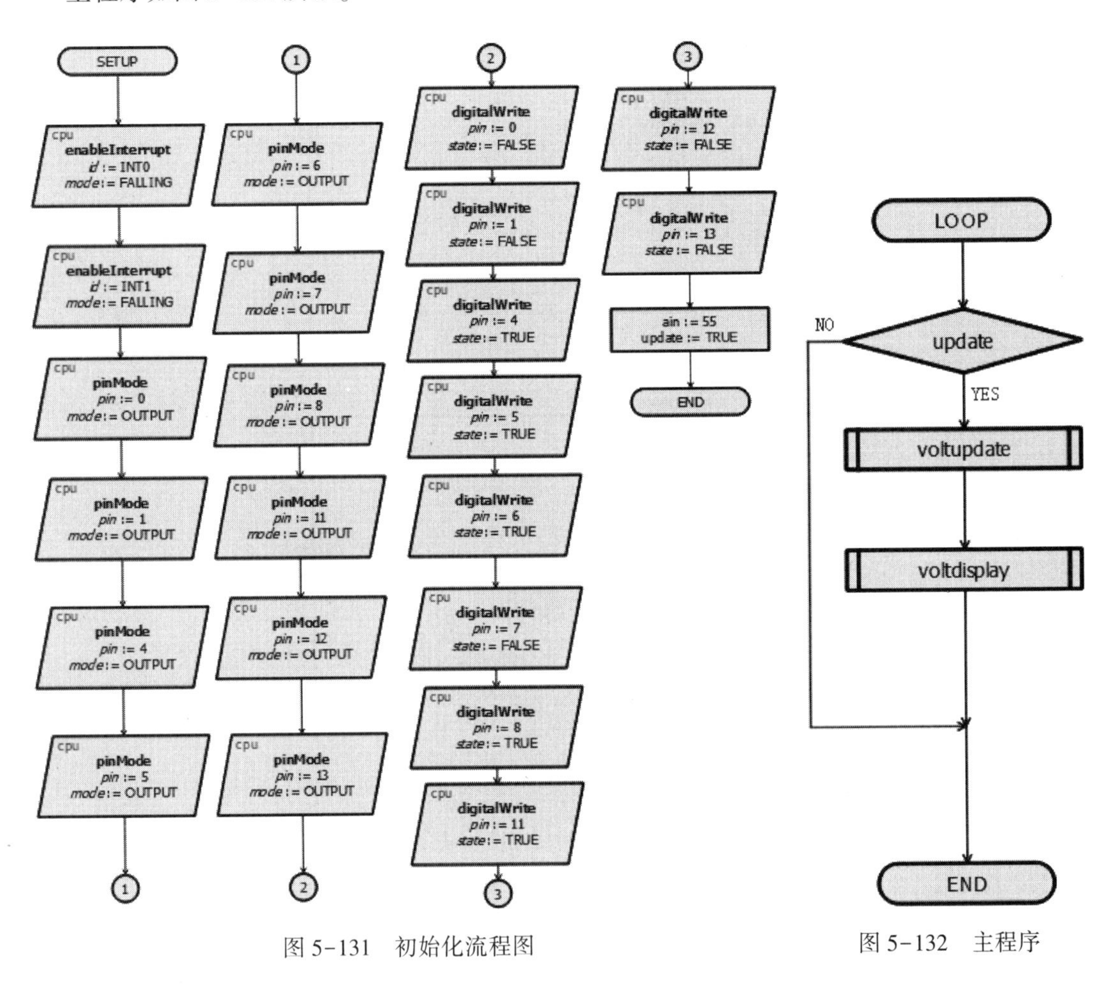

图 5-131　初始化流程图　　　　图 5-132　主程序

INT0 子程序如图 5-133 所示。

 当 ADD 按键被按下时，外部中断 INT0 使单片机输出到 I/O 口的数字量加 1。

INT1 子程序如图 5-134 所示。

 当 DEC 按键被按下时，外部中断 INT1 使单片机输出到 I/O 口的数字量减 1。

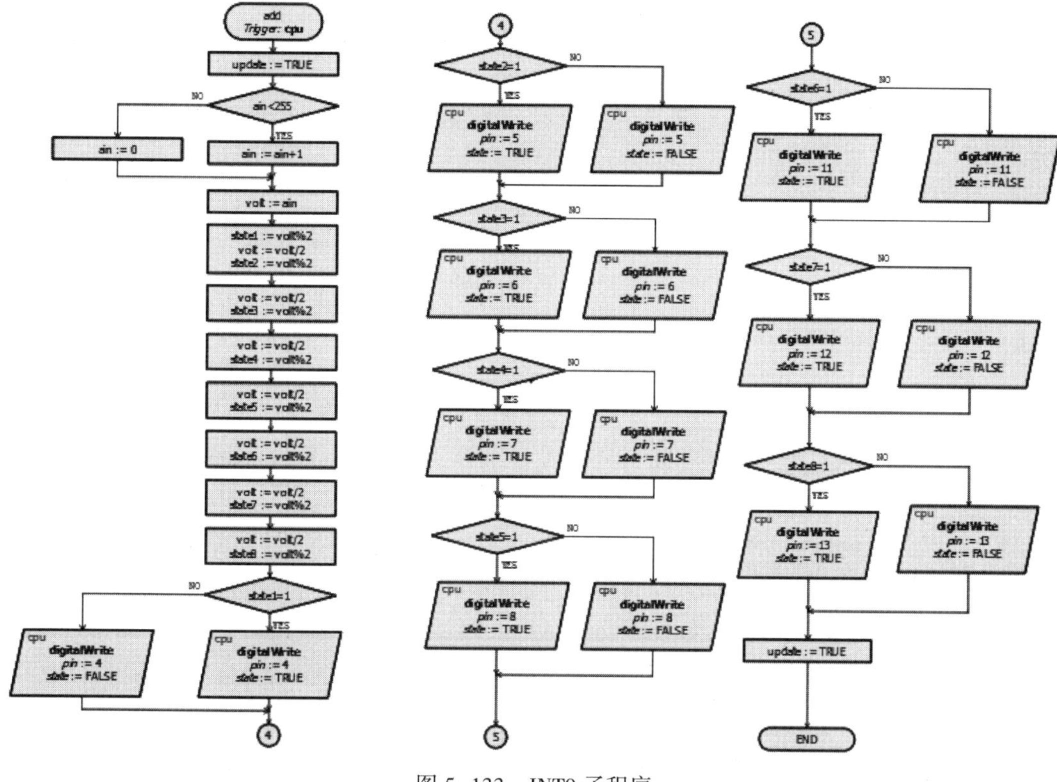

图 5-133　INT0 子程序

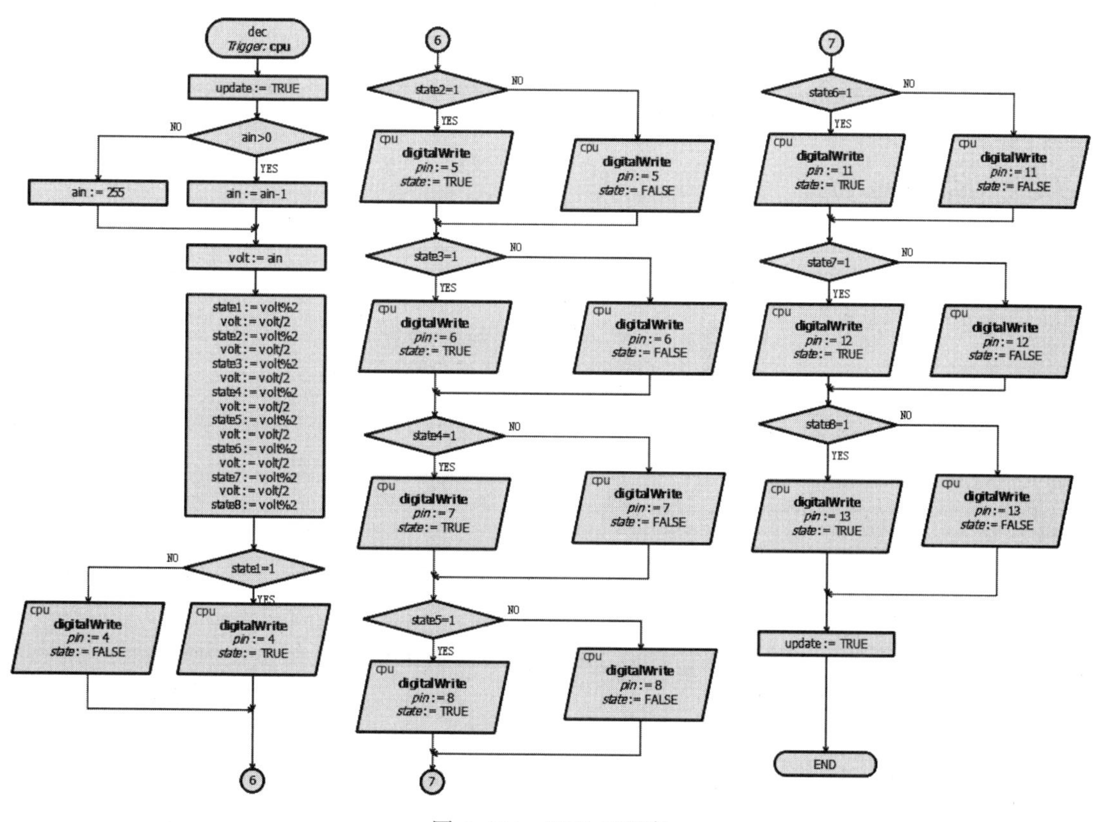

图 5-134　INT1 子程序

电压值更新子程序如图 5-135 所示。

电压值更新子程序用来更新要显示的电压值。

电压显示子程序如图 5-136 所示。

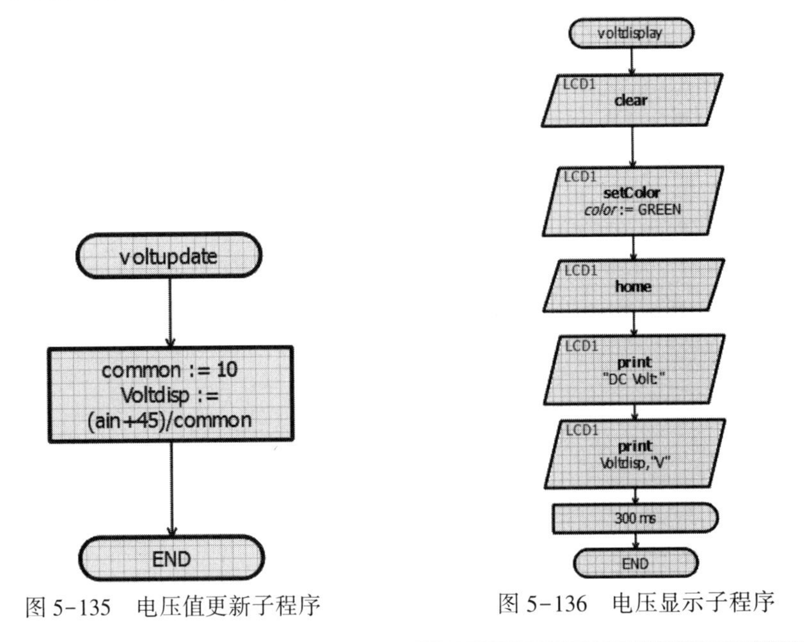

图 5-135 电压值更新子程序　　图 5-136 电压显示子程序

电压显示子程序用来在 LCD 上显示最终输出的电压。

仿真结果

单击仿真按钮，仿真结果如图 5-137 和图 5-138 所示。

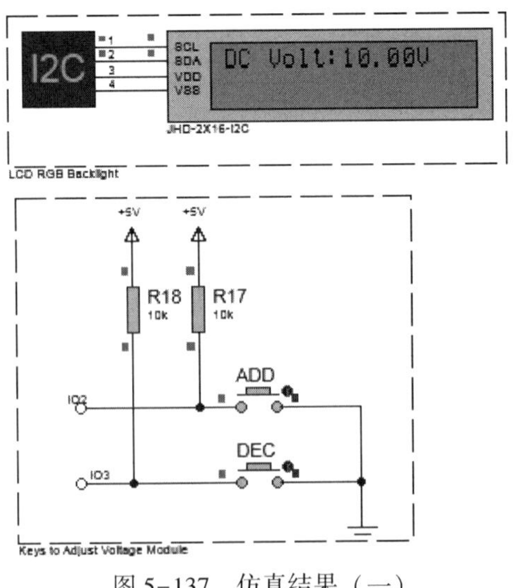

图 5-137 仿真结果（一）

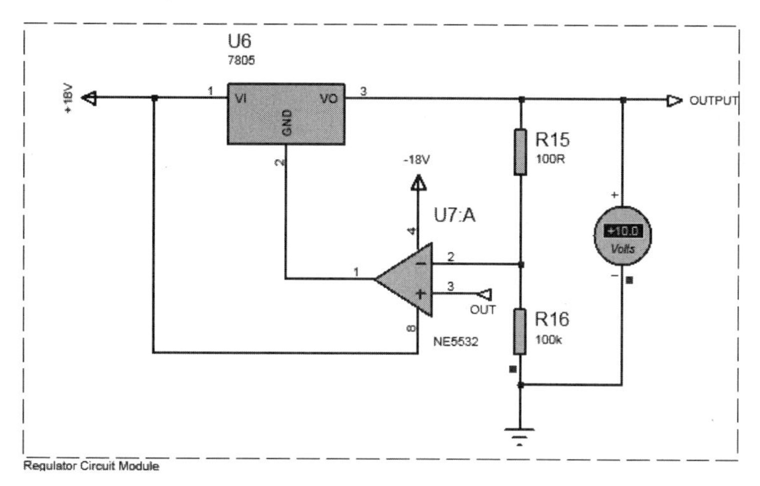

图 5-138　仿真结果（二）

说明 LCD 初始化显示 10.0V，仿真结果显示电路的最终输出也是 10.0V。

当 ADD 键按下时，仿真结果如图 5-139 和图 5-140 所示。

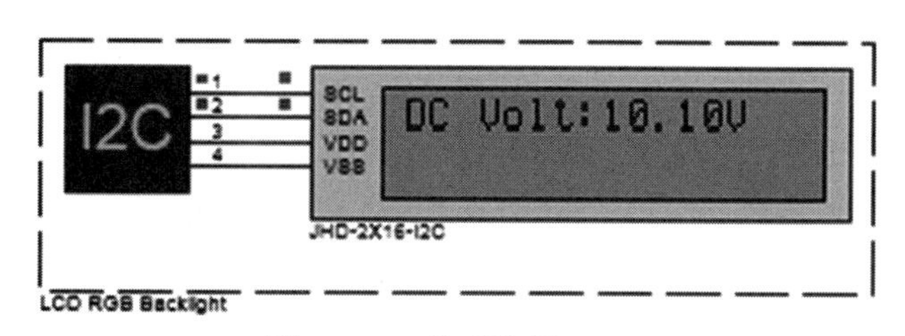

图 5-139　仿真结果（三）

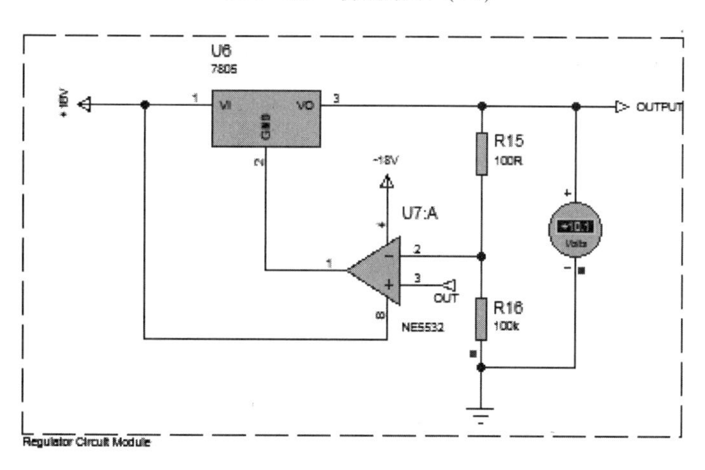

图 5-140　仿真结果（四）

说明 当按下 ADD 按键时，LCD 显示 10.1V。数控稳压电源电路的最终输出增加 0.1V 为 10.1V。

当 DEC 键按下时，仿真结果如图 5-141 和图 5-142 所示。

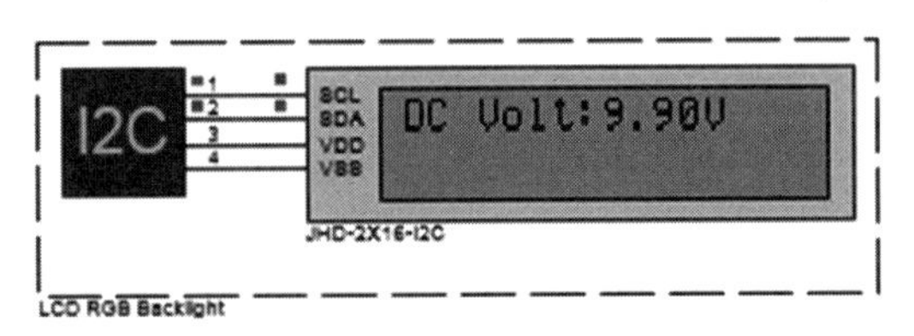

图 5-141 仿真结果（五）

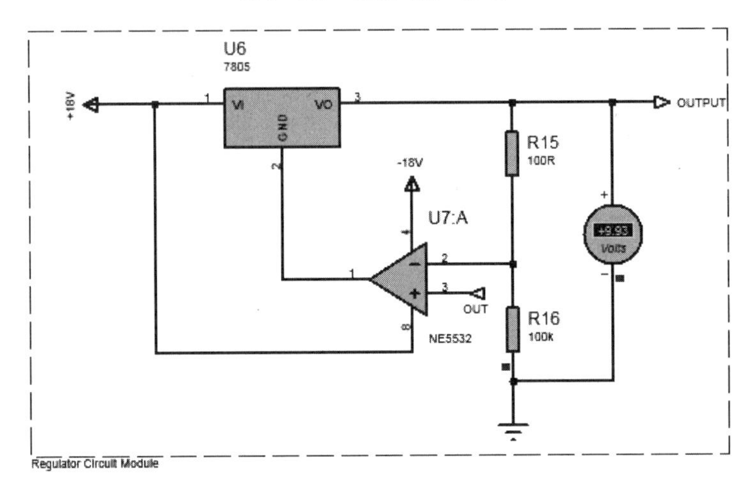

图 5-142 仿真结果（六）

说明 当 DEC 键按下时，LCD 显示 9.9V。数控稳压电源电路的最终输出减少 0.07V 为 9.93V，电压输出有 0.03V 的误差。

5.9 室内天然气泄漏报警装置

设计任务

设计一个简单的室内天然气泄漏报警装置。当室内天然气泄漏时，其能马上报警提醒，防止事故发生。

基本要求

(1) 需要对天然气灵敏度很高的传感器。

(2) 能够及时报警，无延时。

设计方案

MQ-4 传感器将感应到的气体信号输入给 Arduino Uno 开发板，通过 Arduino Uno 控制外围设备蜂鸣器报警，同时 LED 闪烁。

系统组成

室内天然气泄漏报警系统主要分为 5 个部分。

（1）Arduino Uno 控制电路：负责接收传感器的信号，并对蜂鸣器及 LED 等外围设备进行控制。

（2）气体检测模块：MQ-4 传感器将气体信号转换为电信号发送给 Arduino Uno。

（3）声光报警电路：当天然气泄漏时，LED 灯闪烁，蜂鸣器报警。

（4）温度检测模块：DHT22 将温度直接转化为串行数字信号，将数据传入单片机进行处理。

（5）温度显示模块：用于显示实时温度。

系统组成框图如图 5-143 所示。

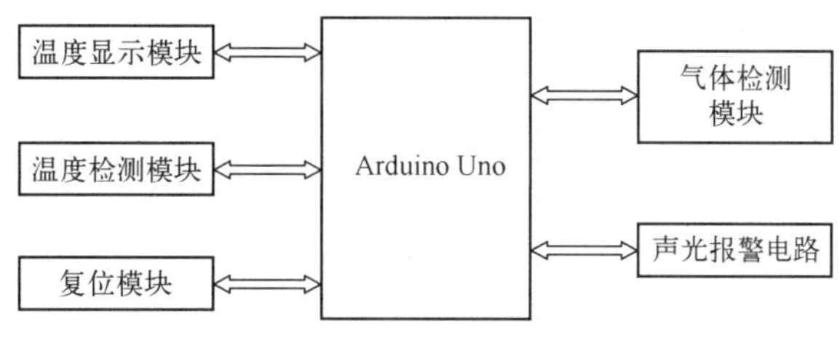

图 5-143　系统组成框图

系统原理图

室内天然气泄漏报警电路原理图如图 5-144 所示。

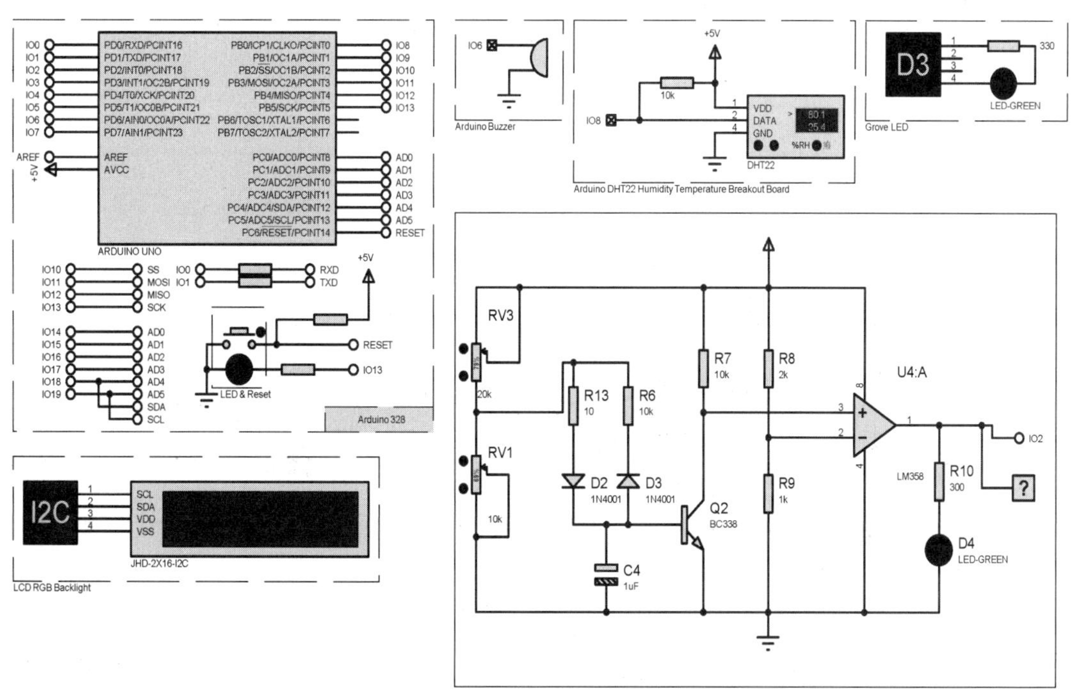

图 5-144　室内天然气泄漏报警电路原理图

1. Arduino Uno 控制电路

Arduino Uno 控制电路如图 5-145 所示。

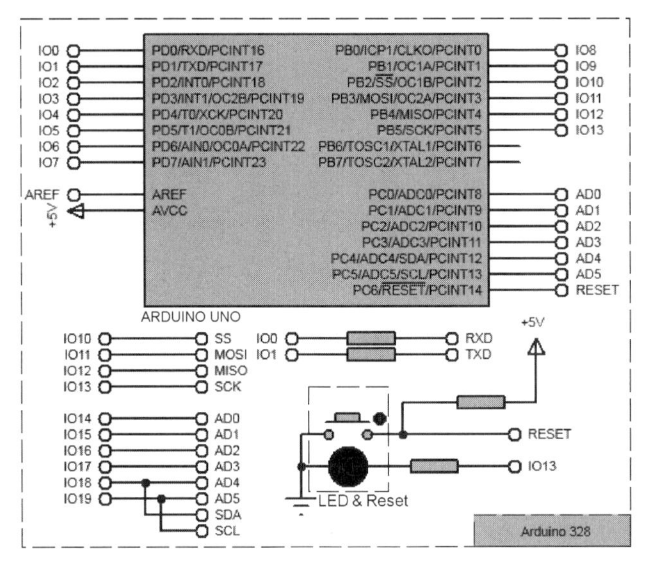

图 5-145　Arduino Uno 控制电路

2. 气体检测模块

当外部有天然气泄漏时，传感器内部阻值发生变化，该变化信号传递给 Arduino Uno 控制电路。MQ-4 传感器在较宽的浓度范围内对可燃气体有良好的灵敏度，对甲烷的灵敏度较高，长寿命、低成本，配备简单的驱动电路即可使用。

在本设计中，选择的气体传感器属于电阻式传感器，而 Proteus 元件库中没有 MQ-4 传感器。MQ-4 传感器的两个信号输出端的输出信号为电阻信号，由 MQ-4 传感器的灵敏度特性可知 R 的取值范围为 2 ～ 20kΩ，所以仿真时，MQ-4 传感器由 20kΩ 的滑动变阻器代替。气体检测模块原理图如图 5-146 所示。

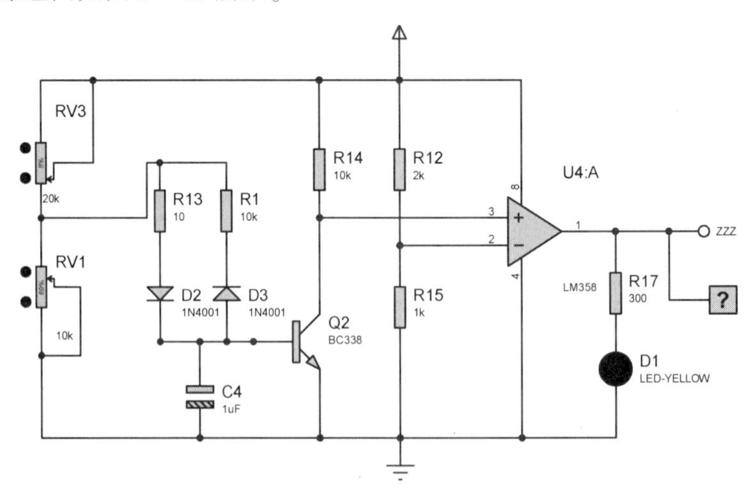

图 5-146　气体检测模块原理图

当外部没有天然气泄漏时，RV3 约为 20kΩ，此时该检测模块的输出端为高电平，绿色 LED 发光，如图 5-147 所示。当外部有天然气泄漏时，RV3 约为 2kΩ，此时该检测模块的输出端为低电平，绿色 LED 熄灭，如图 5-148 所示。

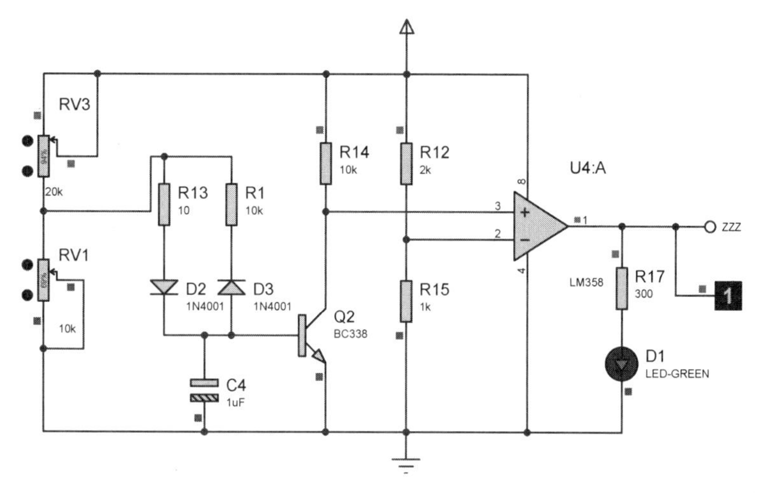

图 5-147　无天然气泄露时的电路图

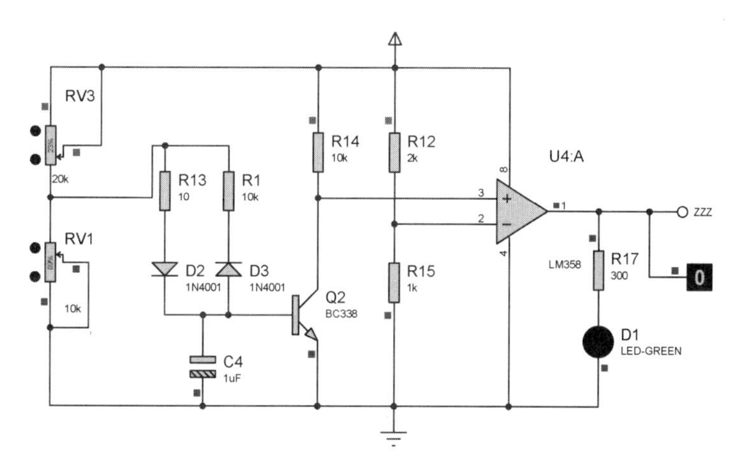

图 5-148　有天然气泄漏时的电路图

3. 声光报警电路

当外部无天然气泄漏时，D4 灭，蜂鸣器不响；当外部有天然气泄漏时，D4 亮，蜂鸣器报警。声光报警电路原理图如图 5-149 所示。

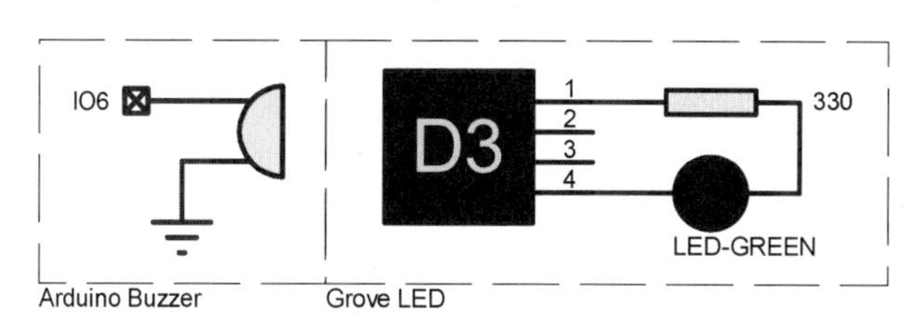

图 5-149　声光报警电路原理图

4. 温度检测模块

DHT22 可以把温度直接转化为串行数字信号，使用中不需要附加电路，但与主机通信有严格的时序要求。DHT22 输出端 XZ 与单片机引脚 P1.0 相接，将数据传入单片机进行处理。温度检测模块原理图如图 5-150 所示。

5. 温度显示模块

温度显示模块原理图如图 5-151 所示。

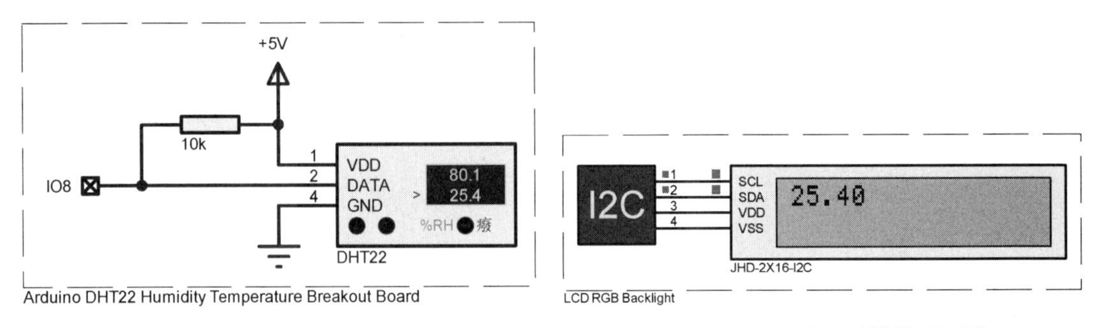

图 5-150　温度检测模块原理图　　　　图 5-151　温度显示模块原理图

温度为正值时的仿真结果如图 5-151 所示。此时 DHT22 设定温度为 25.4℃，经 LCD 液晶显示为 25.40℃，显示结果正确。

可视化程序设计

室内天然气泄漏报警装置的程序设计流程图如图 5-152 所示。

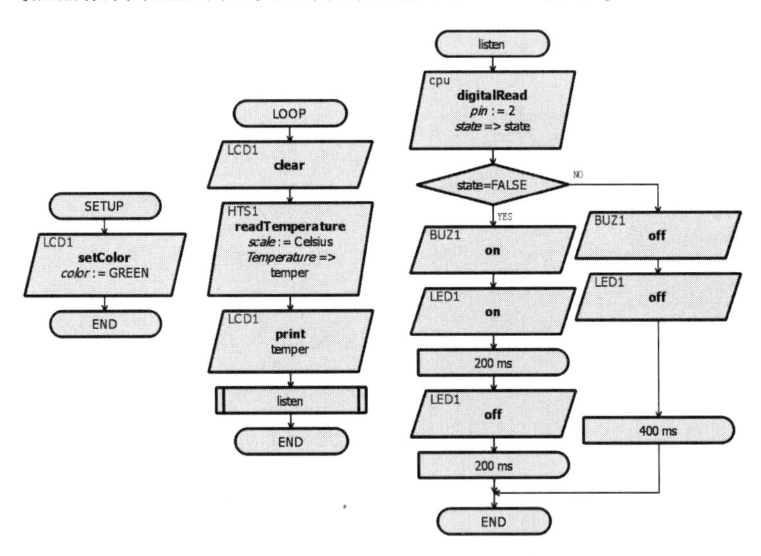

图 5-152　室内天然气泄漏报警装置的程序设计流程图

仿真结果

系统仿真结果如图 5-153 和图 5-154 所示。

由图 5-153 可以看出，当外部没有天然气泄漏时，气体检测模块的输出端为高电平，绿色 LED 发光，黄色 LED 熄灭，DHT22 测温结果显示正确。

由图 5-154 看出，当外部有天然气泄漏时，气体检测模块的输出端为低电平，黄色 LED 闪烁，蜂鸣器报警，绿色 LED 熄灭，DHT22 测温结果正常显示。

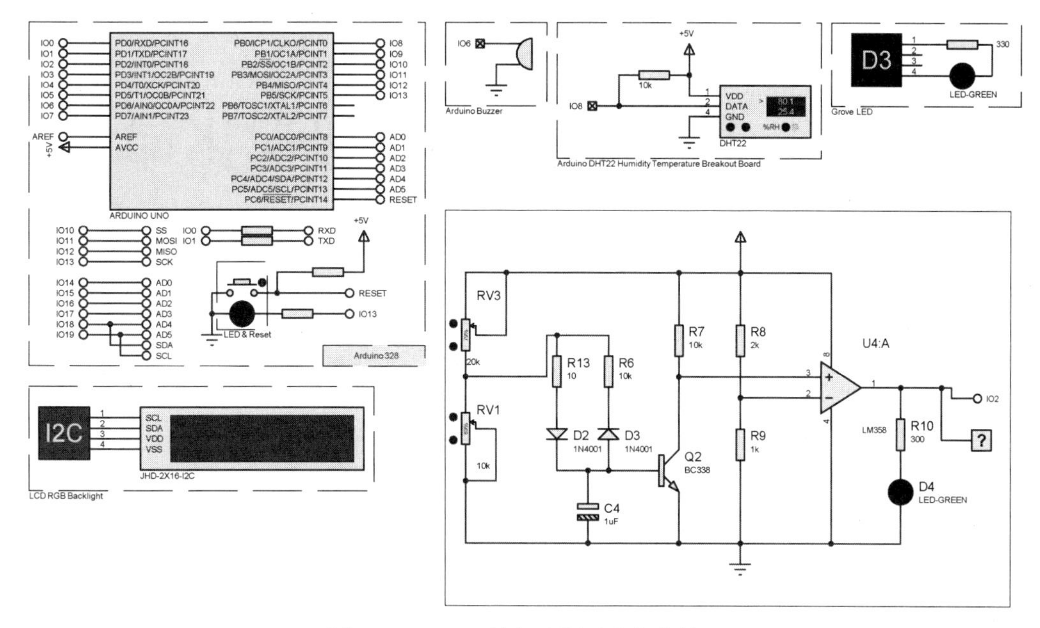

图 5-153　无天然气泄漏时的仿真结果

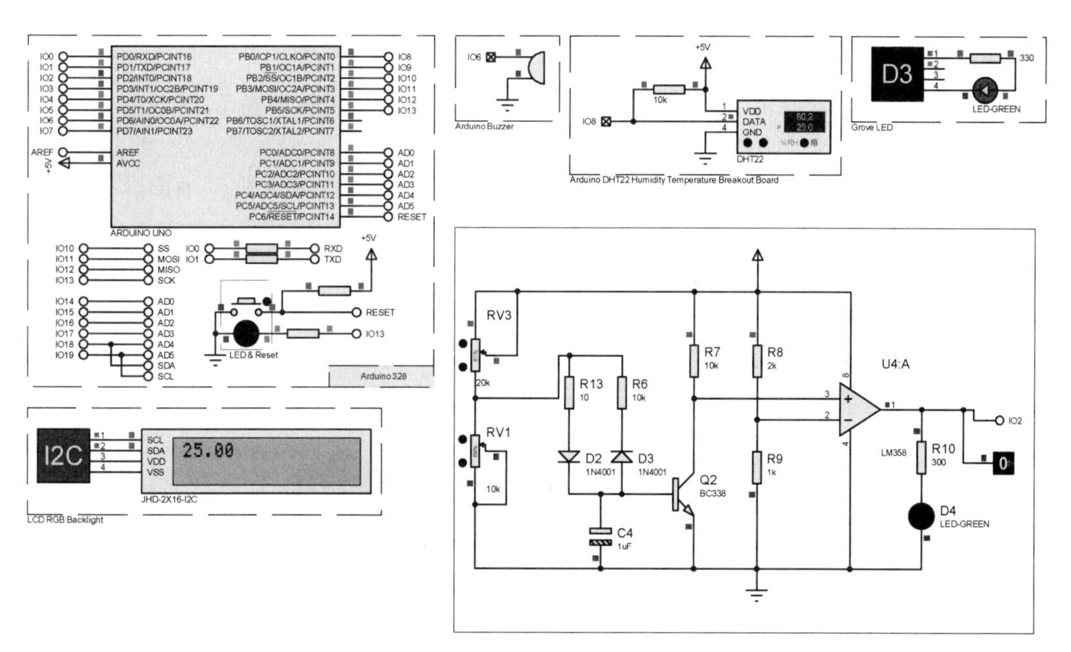

图 5-154　有天然气泄漏时的仿真结果

思考与练习

(1) A/D 转换与 D/A 转换在 Visual Designer 可视化设计系统时如何进行?

(2) Visual Designer 可视化程序设计中如何定义端口?

(3) 使用 Visual Designer 新建工程练习本章所有实例并进行仿真。

第6章　智能机器人与可视化命令

6.1　智能小车

智能小车非常有趣，而且深受教育行业和电子爱好者的欢迎。通常情况下，智能小车有3个不同的开发类别，即线路循迹、避障、迷宫逃脱。

Proteus将智能小车的模型（电机、传感器等）与Arduino基板结合在一起，然后呈现出了一个简单而灵活的虚拟世界，可以仿真小车的运动。通过在流程图中使用高级编程方法，大大简化了Visual Designer中的小车控制编程，而通过直接用Arduino C语言代码编程可以管理和开发其他更加灵活和复杂的功能。无论选择任何编码方式，在程序下载到物理小车之前，仿真、测试和调试完全在Proteus软件内进行。

目前支持以下的智能小车：Funduino、Zumo。

Funduino小车（如图6-1所示）由Arduino Uno基板、电机驱动板及3线路的循迹传感器组成。超声波测距仪位于顶部，并带有步进电机，允许旋转传感器头。以上部分均在Proteus中建立了模型，因此可以编写流程图或固件程序，然后在Proteus软件中调试。

Zumo机器人（如图6-2所示）是一个Arduino可控循迹机器人平台。它包含2个微型金属减速电机（以一对硅树脂履带连接）、1片不锈钢推土机型挡板、6个红外反射传感器阵列（用于线路跟踪或边缘检测）、蜂鸣器（可播放简单的声音和音乐）、3轴加速度计、磁力计和陀螺仪（用于检测冲击和跟踪定向）。Zumo比Funduino更为先进，在线路跟随和迷宫逃生挑战中表现更好，但它没有超声波测距仪，因此不太适合避障挑战。

图6-1　Funduino小车

图6-2　Zumo机器人

1. 虚拟环境/障碍地图

为了测试程序，智能小车需要一个在仿真期间运行的操作环境。虽然市面上有许多复杂和尖端的物理引擎，但仿真的目标是检查和调试固件程序，所以某些东西并不复杂。虚拟世界是一幅绘制在 Microsoft Print 或同类型的图片，如图 6-3 所示。其遵循以下简单规则：1 像素为 1mm；需循迹的轨迹为黑色；需躲避的障碍为红色；绿色是一个断点，将暂停程序。

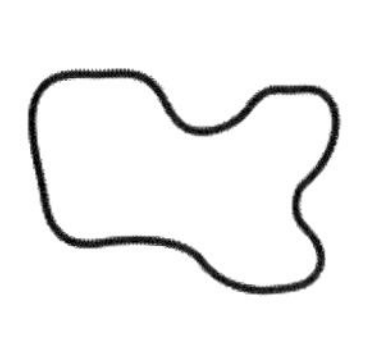
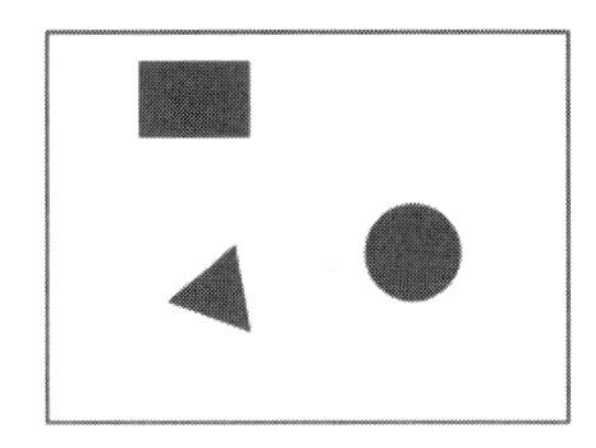
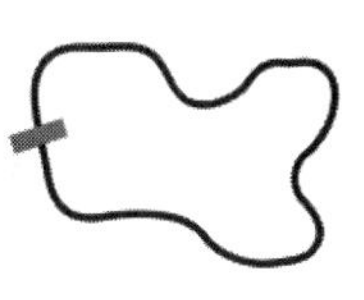

图 6-3　循迹示例、避障示例和循迹及障碍物示例

2. 在仿真中创建并运用环境

在选择的图形包中绘制所需的路线/障碍物，如图 6-4 所示。

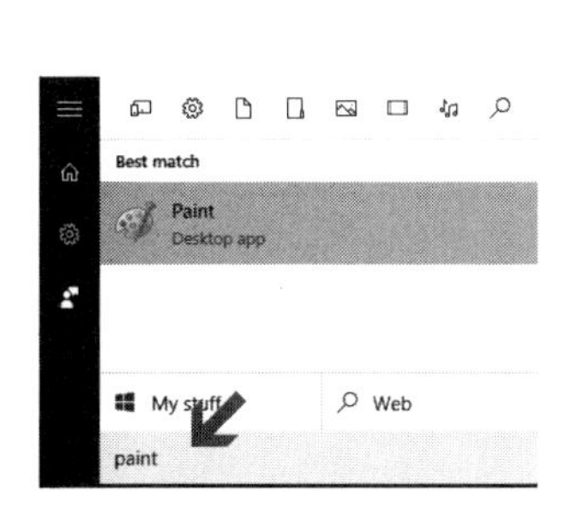

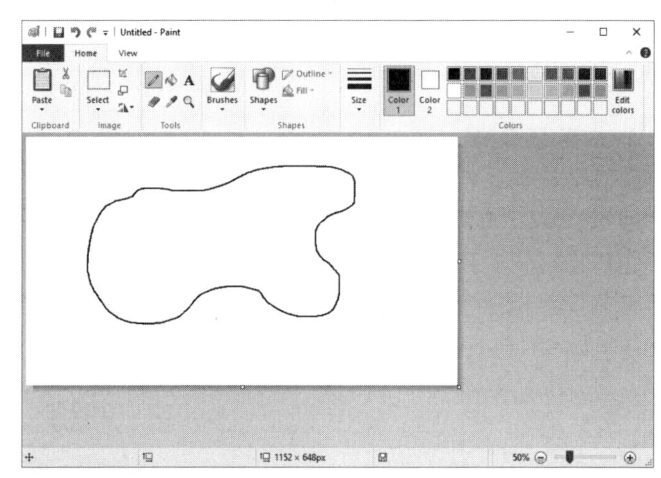

图 6-4　绘制所需的路线/障碍物

1 像素为 1mm，所以绘制一个 5 像素宽的线相当于现实世界中的 5mm 宽的线。循迹线的宽度可能会影响算法，所以这一点非常重要。

将图片以 PNG 文件格式保存到 Proteus 工程的同一目录下，如图 6-5 所示。在原理图设计中编辑智能小车的属性，并指定刚刚保存为障碍物地图的图片，如图 6-6 所示。运行仿真。

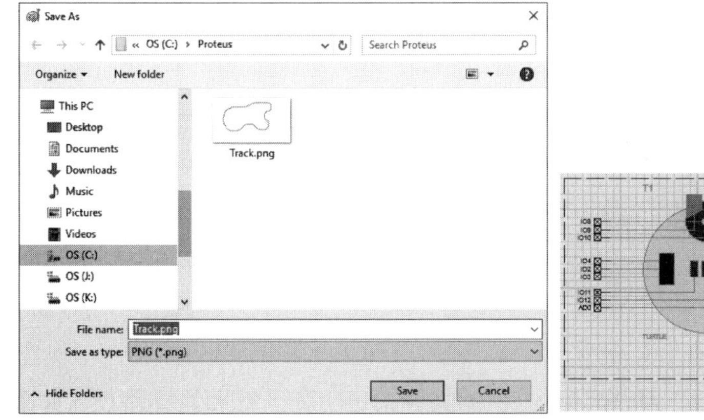

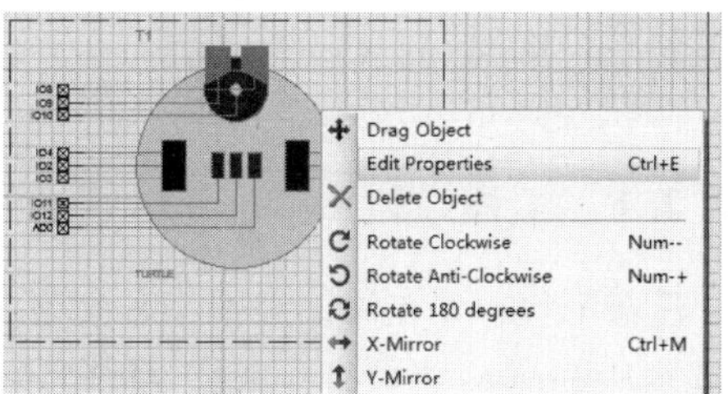

图 6-5　将图片以 PNG 文件格式保存

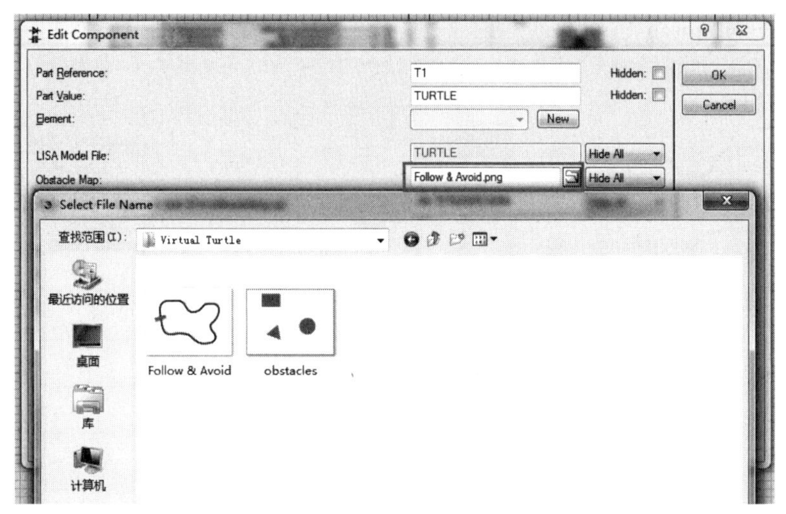

图 6-6　编辑智能小车的属性

3. 小车在虚拟世界中的定位

☺ 单击可以将小车拾起，并将其放置到其他地方。

☺ 单击鼠标左键并按 Ctrl 键可旋转小车。

可以通过先暂停仿真，然后根据需要进行定位，最后右击并将当前位置指定为新的起始位置来指定初始位置，如图 6-7 所示。

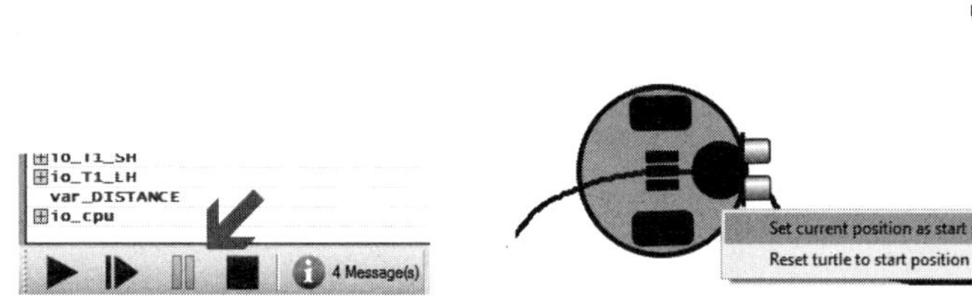

图 6-7　指定初始位置

6.2　避障小车

下面介绍如何使用 Funduino 小车设置 Visual Designer 工程，编写避障程序，然后测试并部署到真正的硬件。

> 说明　这里可以使用 Funduino 小车，也可以使用 Zumo 小车，并可以很容易地将挑战改为循迹。两个小车的原理是一样的。

6.2.1　工程设置

创建新工程，并在添加虚拟小车模型。

(1) 从 Proteus 主页打开新建工程向导，并根据需要指定工程名称和目标路径，如图 6-8 所示。

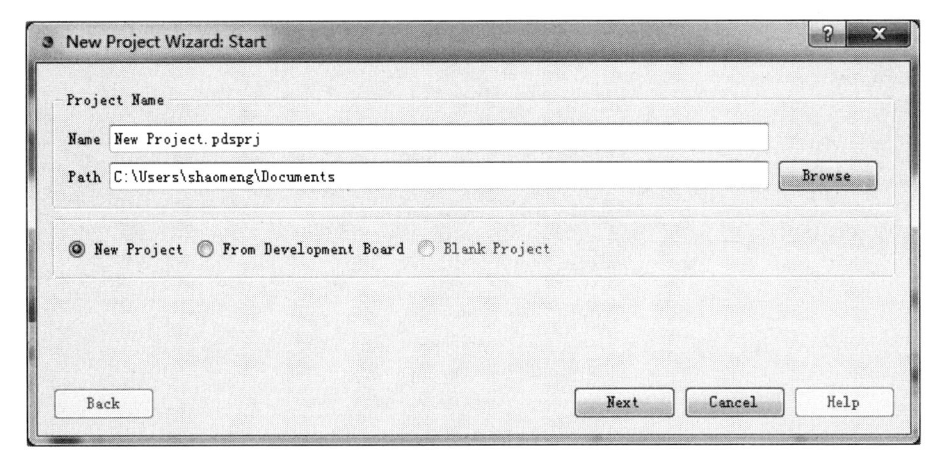

图 6-8　指定工程名称和目标路径

（2）以默认模板创建原理图，然后使用 Arduino Uno 创建流程图工程，如图 6-9 所示。

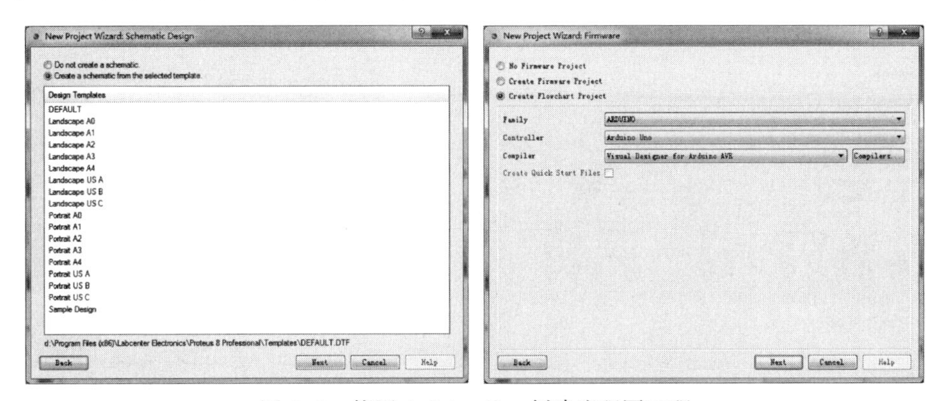

图 6-9　使用 Arduino Uno 创建流程图工程

> 如果许可证密钥包括 Proteus PCB 设计模块，则需要在向导页面上选择不创建 PCB 选项。如果许可证不包括 PCB 设计模块，则将看不到 PCB 设计创建向导页面。

（3）继续下一步并创建工程。可以在可视化设计器选项卡上看到熟悉的 Arduino 设置和循环例程的框架流程图，并在原理图上会发现 Arduino Uno 已经预先放置好了，如图 6-10 所示。

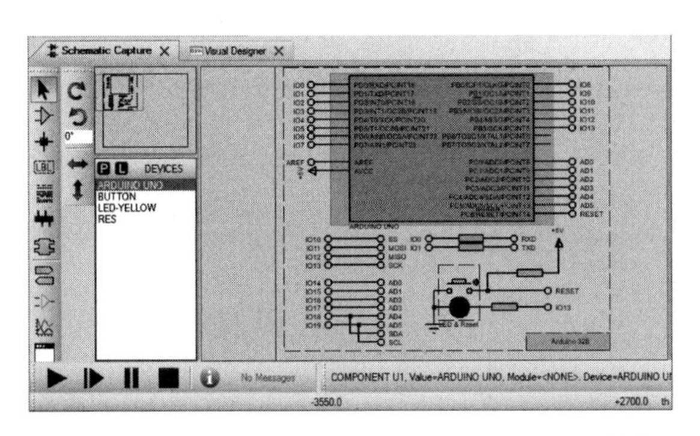

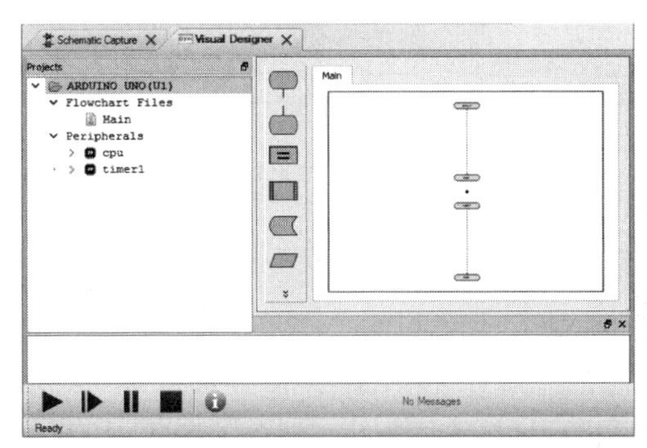

图 6-10　创建工程后初始界面

（4）将虚拟小车添加到工程中，利用 Visual Designer 的添加外围设备命令执行此操作，如图 6-11 所示。

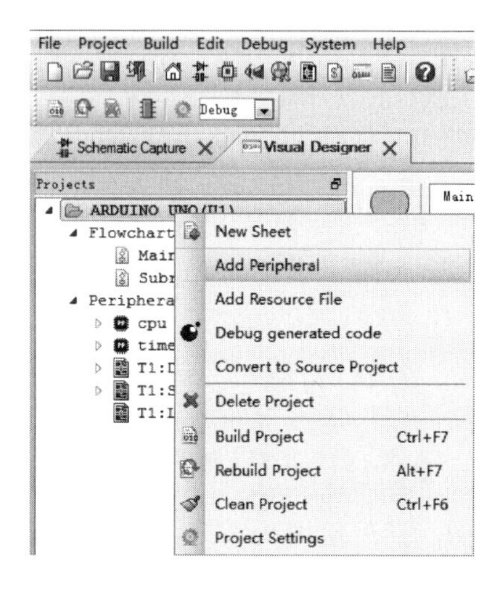

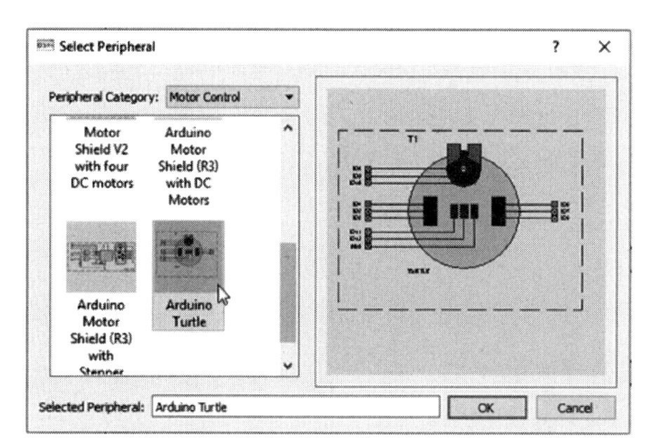

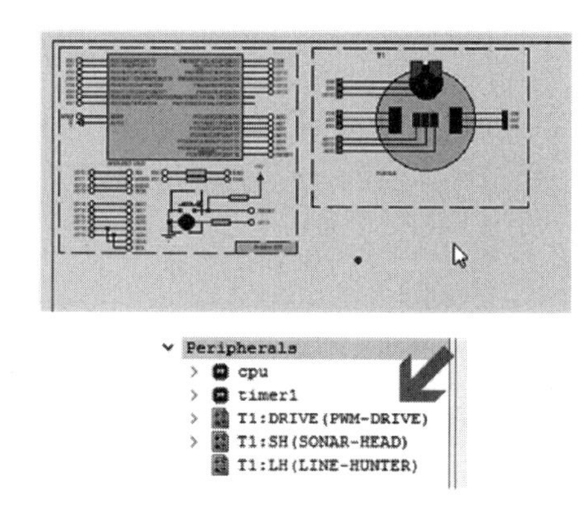

图 6-11　将虚拟小车添加到工程

（5）创建一个障碍地图或虚拟世界，以让小车在里面仿真。为此，打开 Microsoft Paint（Windows 自带画图软件）或类似的软件，绘制一些障碍。要记住的两个要点是，红色为障碍，1 像素等于 1mm。如果将画布设置为 2000 像素×1500 像素，对应于真实世界中大约为 2m×0.5m，这对避障运动的场地来说足够了。之后，只需在活动区域内放置几个红色图形作为障碍，然后将它保存为 PNG 文件即可，如图 6-12 所示。

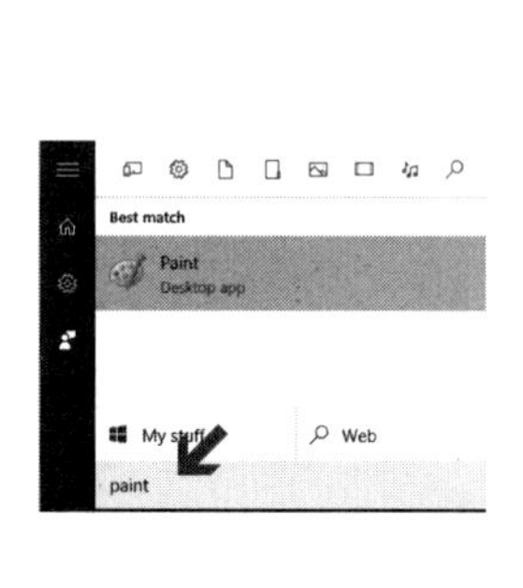

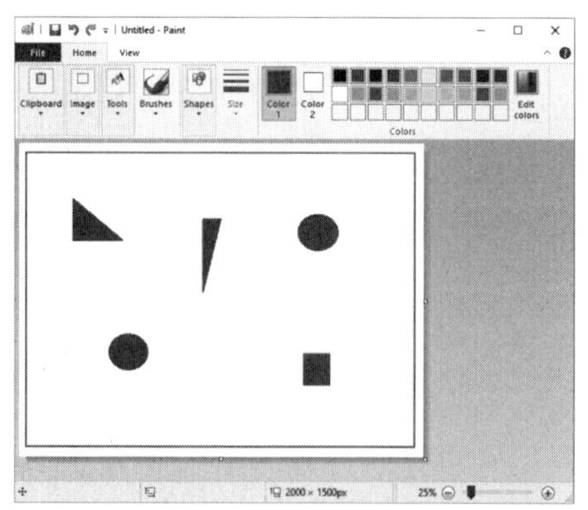

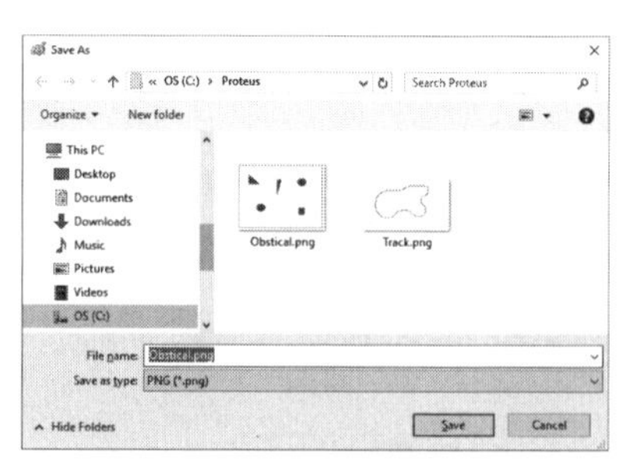

图 6-12　创建一个障碍地图

说明　如果设置的是一个循迹地图，则使用黑线代表要跟踪的路线，然后缩小画布的大小（现实并不需要太大的赛道）。

（6）告诉 Proteus 在哪个障碍图里面仿真小车。在原理图设计中编辑小车的属性，并指定刚刚保存为障碍物地图的图片，如图 6-13 所示。

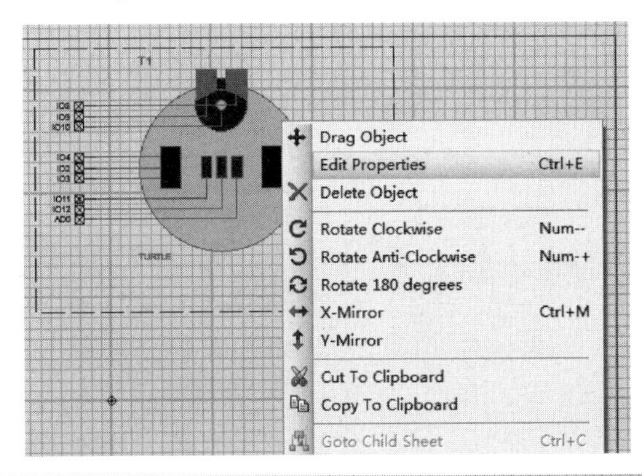

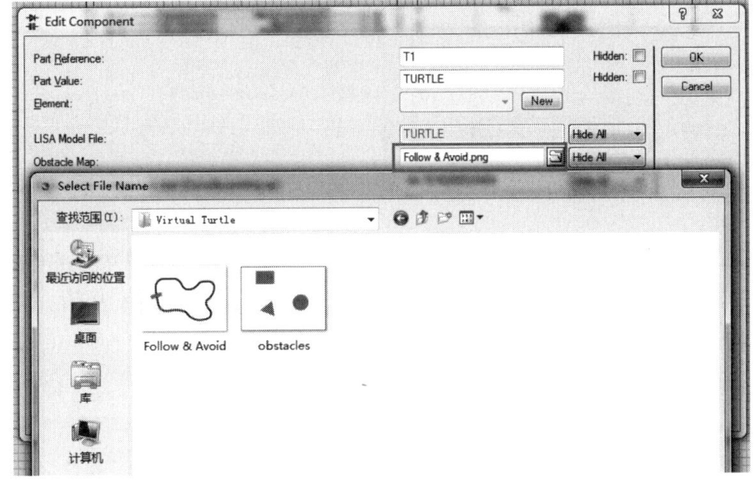

图 6-13　编辑属性

6.2.2　可视化编程设计

当在工程中添加 Funduino 小车时，可在流程图中使用一些高级方法来控制小车。这些内容会在 Visual Designer 方法主题中单独讨论，在完成程序时，可作为参考。

说明　可以在软件中找到避障挑战的完整示例工程，如果对程序设计感到满意，则可以加载完成的版本（文件菜单→打开示例工程，输入“obstacle avoidance”，选择并打开），然后继续进行仿真和调试。

基本算法是用超声波测距仪连续发出声呐（ping 方法），与以前的值进行比较（检测是否卡住），然后检查到障碍物的距离，如果没有卡住，则检测现在是否需要转向。第一步是创建一些工作变量并在安装程序中初始化它们，如图 6-14 所示。

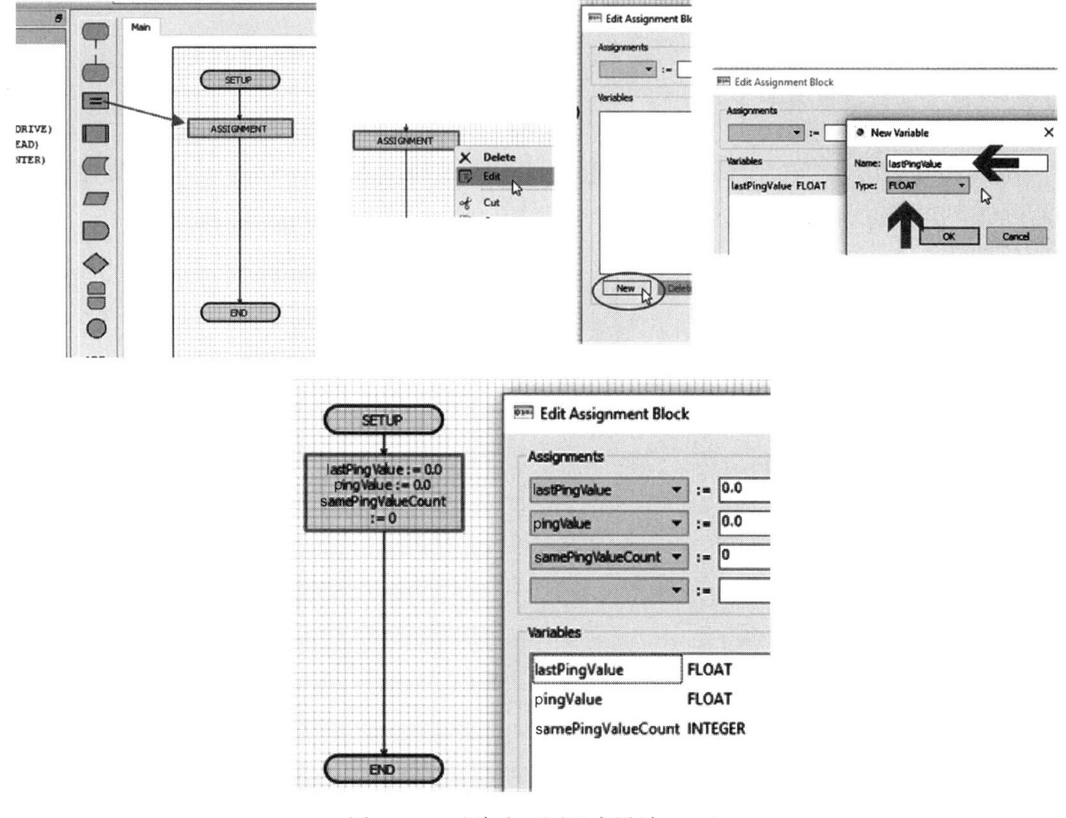

图 6-14　避障流程图程序设计（一）

添加 3 个变量：lastPingValue（Float）、pingValue（Float）和 samePingValueCount（Integer）。

在循环程序的顶部，通过从项目树中拖放程序框图来设置 ping 方法，并将结果分配给 pingValue 变量，如图 6-15 所示。

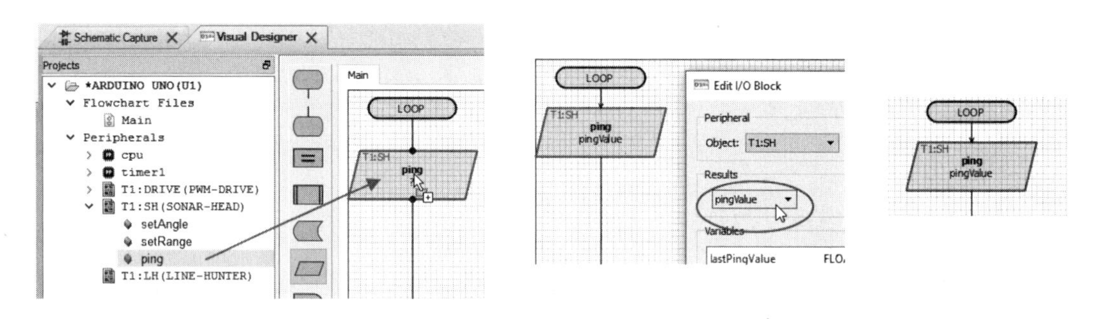

图 6-15　避障流程图程序设计（二）

这个结果是做下一个决策的依据。第一个测试是看看该值是否大致与最后一个相同。如果是，则认为自己距离障碍物的距离相同。需要放置一个决策块，从 lastPingValue 值中减去 pingValue 值，如果这个差值小于 0.5，则表示自己与障碍物的距离不变，如图 6-16 所示。注意，这里使用 fabs( ) 数学函数来返回绝对浮点值。

这里程序将分成两个分支，一个被认为是与障碍物相同的距离，而另一个不是。如图 6-17 所示，可以在一个方向（YES）增加 samePingValueCount 变量值，或者在另一个方向（NO）重置它。通过拖放任务块来完成。

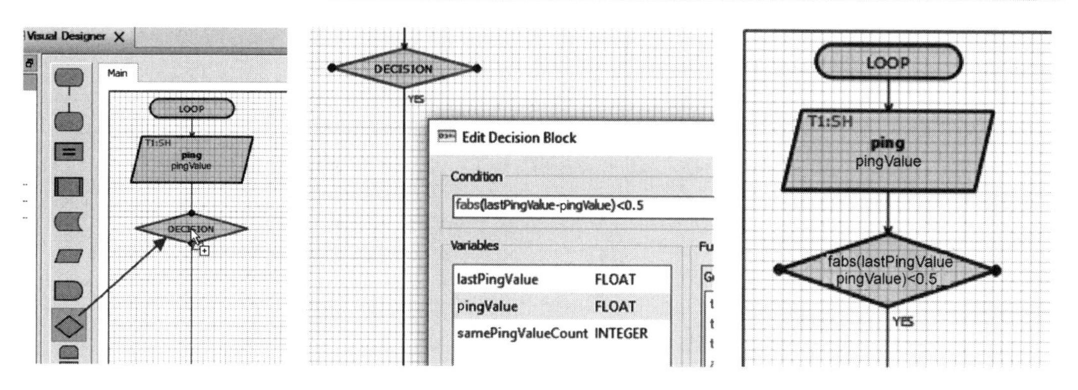

图 6-16　避障流程图程序设计（三）

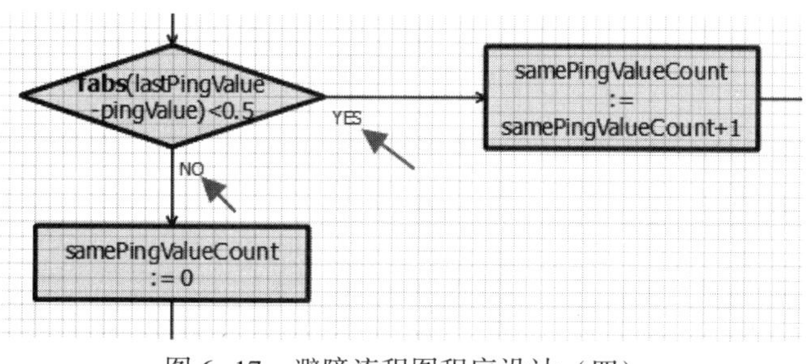

图 6-17　避障流程图程序设计（四）

在没有停滞的情况下，需要做的工作相当简单。不需要深入分析细节，只需检测与障碍物的距离是否小于 15cm，如果是则右转，如果不是则继续前进。在结束时设置延迟，使得在下一次循环之前有一点儿驱动时间，如图 6-18 所示。在可能出现被卡住的情况下，需要测试是否与障碍物多次记录了相同的距离，如果是这样，则必须使其后退一点儿，然后右转一点儿，重新加入主循环底端，如图 6-19 所示。

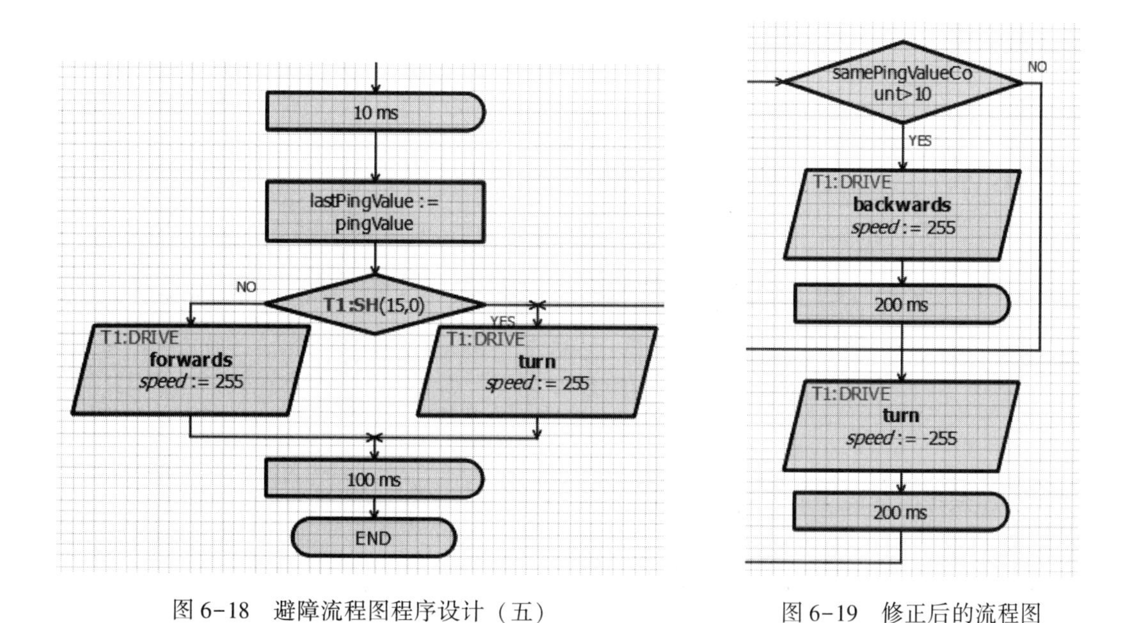

图 6-18　避障流程图程序设计（五）

图 6-19　修正后的流程图

如前所述，可以在 Visual Designer 中的 Avoid Obstacle 示例工程中找到完成的代码。

6.2.3 仿真和调试

如图 6-20 所示，编写完程序后，可以通过 Build Project 命令或 Visual Designer 顶部的图标进行编译。进度将显示在编辑窗口底部的输出窗口，最终应该能看到编译成功的消息。

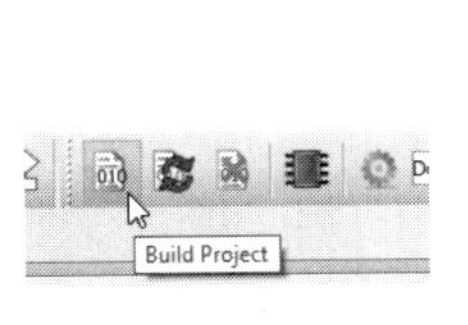

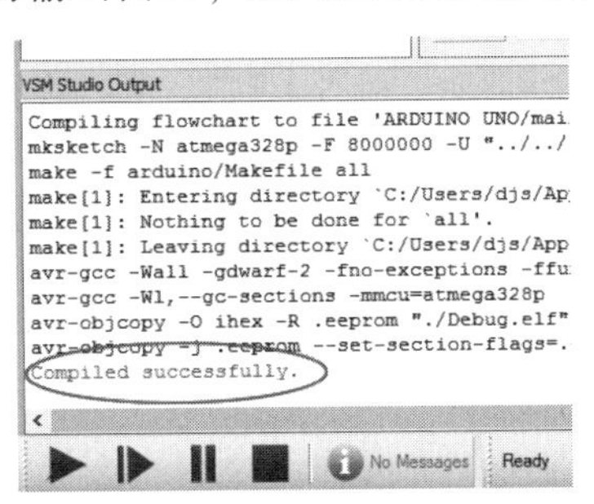

图 6-20　编译结果

单击动画控制面板上的播放按钮将开始仿真。一个小车在创建的障碍物地图中行驶，如图 6-21 所示。紫色锥形表示的声呐探测范围和小车行为由刚刚编写的程序决定。例如，如果停止仿真并将距离测试从 15cm 改为 5cm，然后重新运行仿真，会看到小车在转弯之前越来越接近障碍物，并且在以某个角度接近障碍物时碰撞到障碍物。

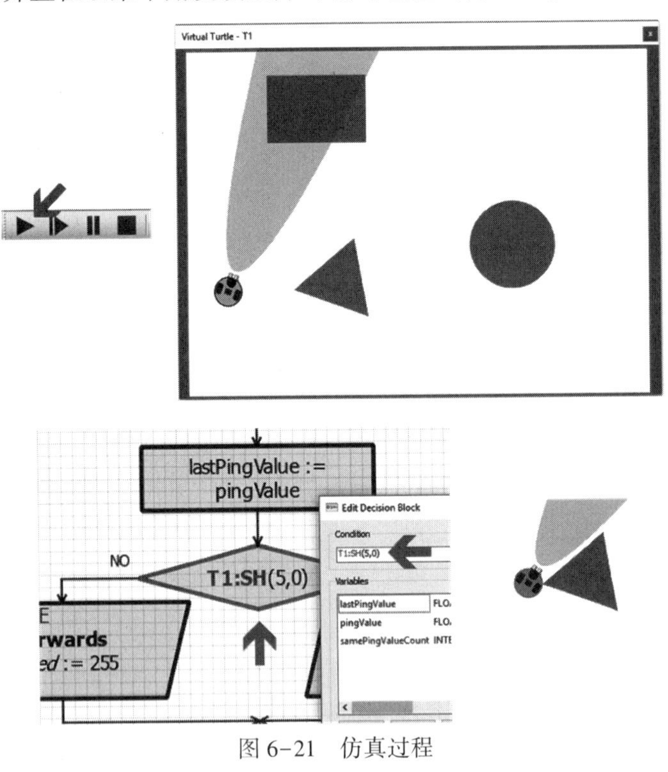

图 6-21　仿真过程

单击动画控制面板上的暂停按钮可以随时暂停仿真，如图 6-22 所示。

图 6-22　暂停仿真

6.2.4　设置断点

1. 设置断点的方式

（1）通过右击其中一个流程图块设置断点（右键快捷菜单如图 6-23 所示）。

（2）在障碍图上绘制有颜色的线条，如图 6-24 所示。

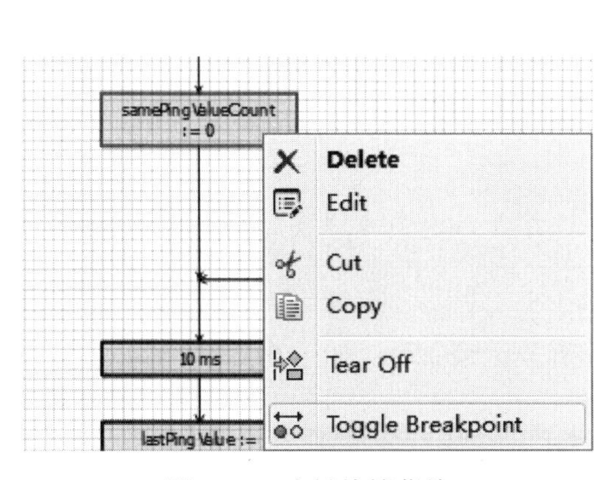

图 6-23　右键快捷菜单

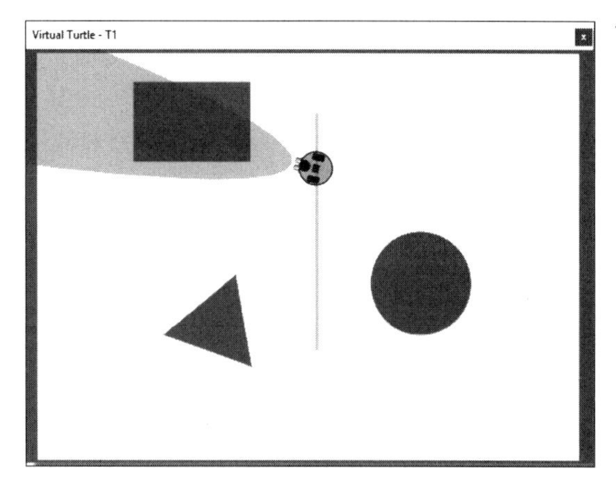

图 6-24　在障碍图上绘制有颜色的线条

（3）在监视窗口设置条件，如图 6-25 所示。

无论如何触发断点，设置断点的目的是更密切地调查小车的行为。

对于 Proteus，我们可以控制时间，因为小车的仿真在我们的控制下进行。例如，我们可以单步遍历代码，而小车的动作与单步执行的程序到的地方保持一致（电机不会失去动力）。

2. 单步调试

可以在多个层次上单步仿真小车程序。

（1）在流程图中通过右击流程图块设置断点，如图 6-26 所示。

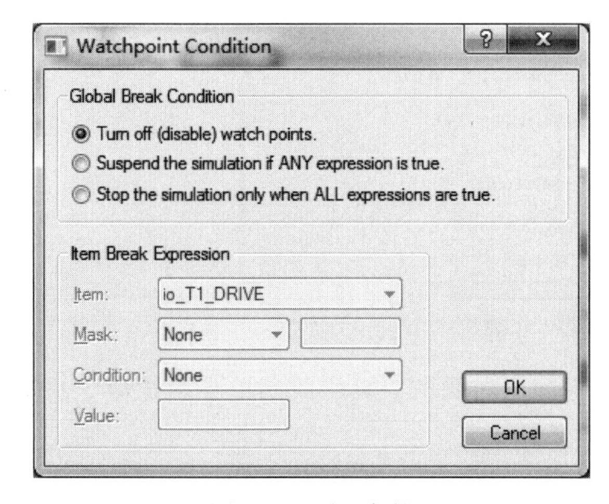

图 6-25　设置条件

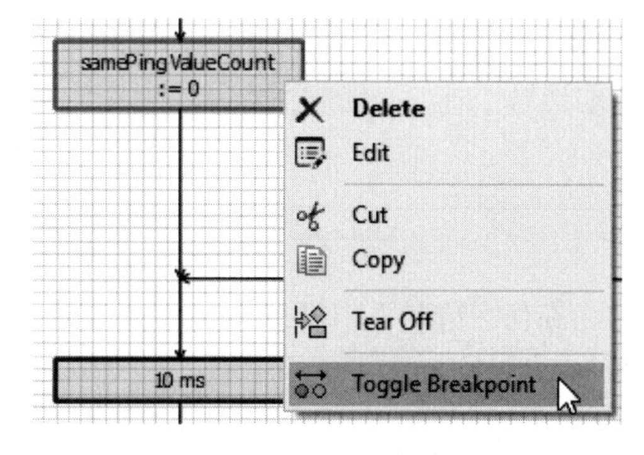

图 6-26　设置断点

（2）在源代码级别，先停止仿真，然后从工程树中选择调试生成的代码命令，如图 6-27 所示。

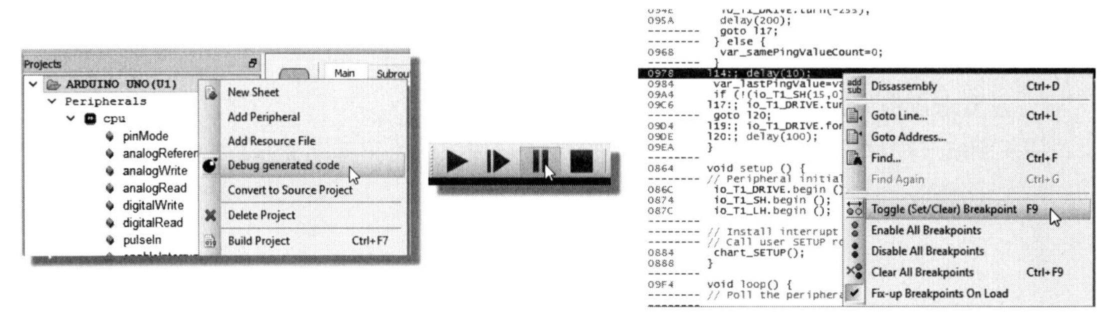

图 6-27 停止仿真并选择调试命令

确保在此处使用的是调试生成的代码命令，而不是转换为开源项目命令。这会使项目从流程图切换到源代码，需要注意的是，该操作不可逆。

（3）在机器代码级别，通过右键快捷菜单选择拆开汇编命令，如图 6-28 所示。

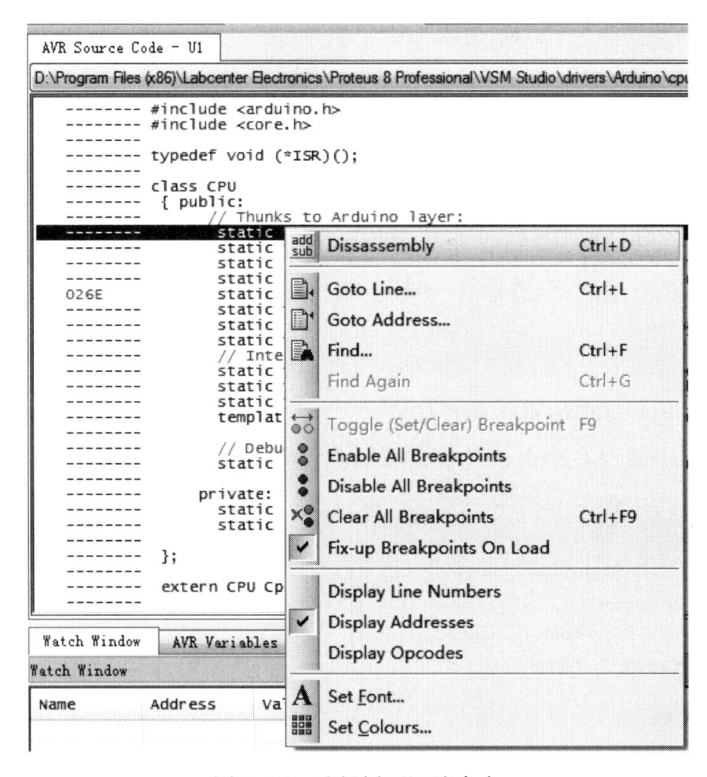

图 6-28 选择拆开汇编命令

在任一情况下，可以在调试菜单或通过主窗口右侧的工具栏找到单步调试命令，如图 6-29 所示。

可以使用快捷键 F10 实现单步执行，使用快捷键 F11 实现跳进。

3. 更改虚拟环境

虚拟小车仿真的巧妙之处在于它可以轻易并快速地测试程序，以应对不同大小和复杂性的挑战。需要做的只是更改图片，然后在组件的属性中输入图片名称。这里有几个虚拟环境示例，如图 6-30 所示。

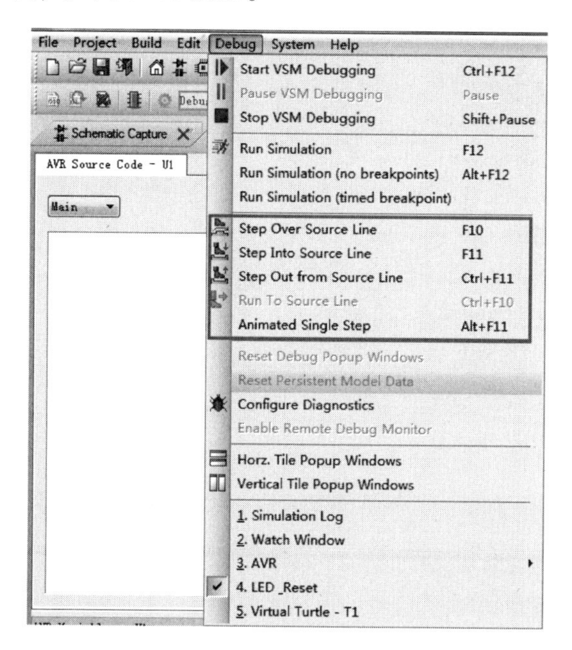

图 6-29　单步调试命令

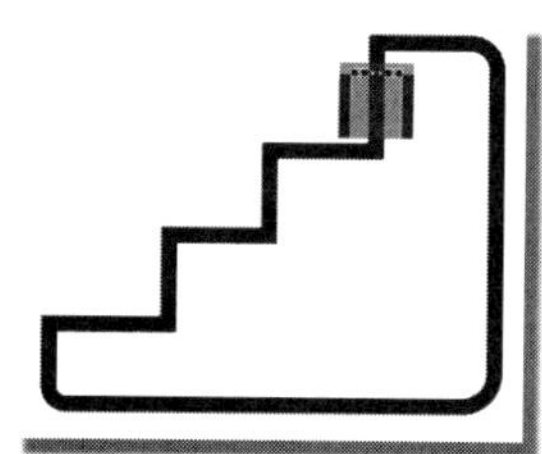
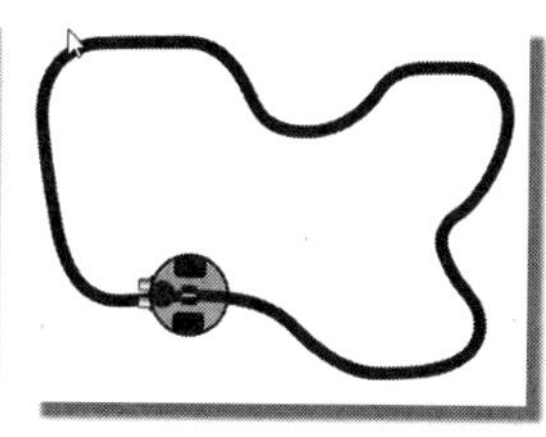

图 6-30　虚拟环境示例

6.2.5　物理小车编程

Proteus 内置常见的 AVRDUDE 编译器，可以直接从 Proteus 软件中为实际硬件编程，如图 6-31 所示。

此过程可参考 Visual Designer 帮助文档。

图 6-31　上传按钮

6.3　可视化命令参考

在可视化设计器中，可以采用高级方法来驱动小车的多个功能，这些方法提炼了多种该电子设备的复杂功能，让用户专注于控制算法。因为每个小车是由不同部分组成的，Visual Designer 中的驱动方法也各不相同。下面将会讨论这些方法。

用户可以通过工程树的快捷菜单命令将项目转换为源代码项目，然后用 Arduino C 编写程序，如图 6-32 和图 6-33 所示。

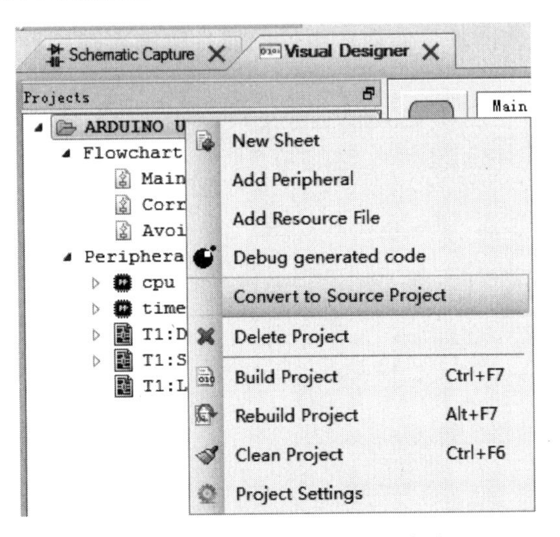

图 6-32 工程树的快捷菜单命令

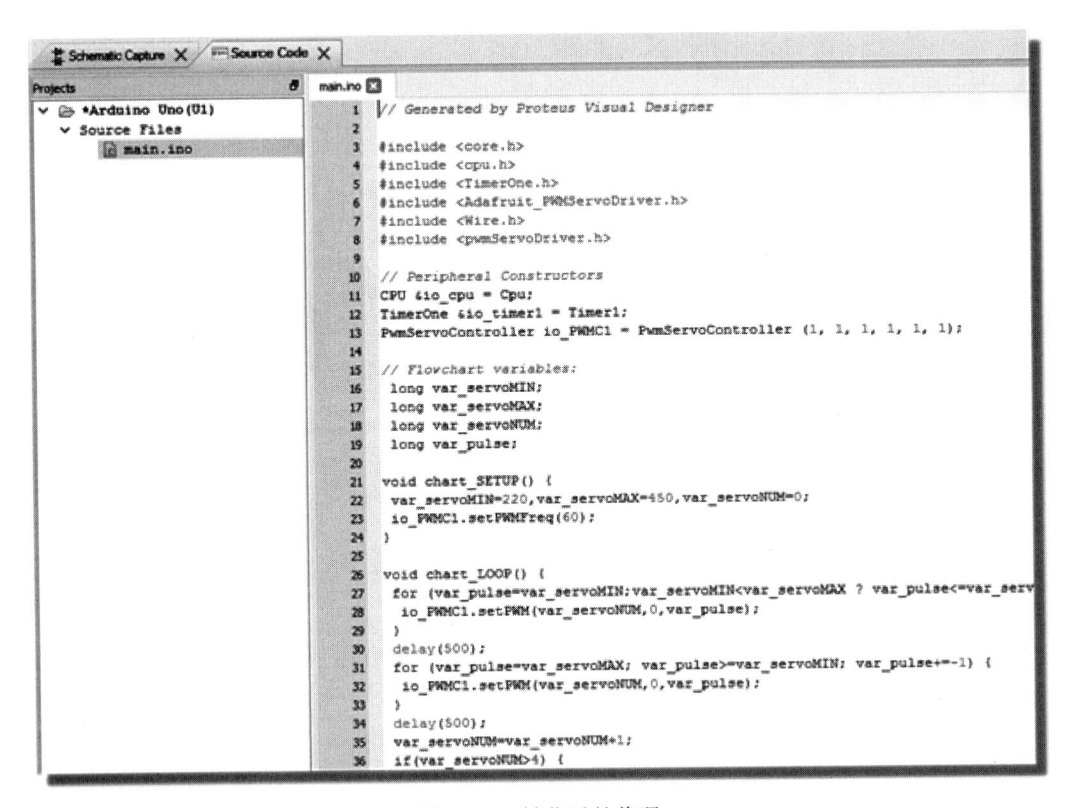

图 6-33 转化后的代码

程序从流程图项目切换到源代码项目，该操作不可逆。

这样做有一些优点，因为用户可以在寄存器级访问板上外围设备（如陀螺仪、加速度计），但是毫无疑问将更具挑战性。Proteus 是基于真正的硬件仿真的，这意味着用户可以按照他们想要的方式开发他们的程序，也意味着互联网上的第三方库和源代码示例可以在 Proteus 代码工程中添加、使用和测试。

6.3.1　Funduino 小车

Funduino 小车有 3 种控制方式。

☺ 使用循迹传感器来检测相对于线的位置。

☺ 使用声呐探测器来检测障碍物。

☺ 驱动车轮上的两个直流电机。

1. 循迹控制

Funduino 小车下面有 3 个循迹传感器，电路会基于它们是否检测到线来对回路发出数字响应。Visual Designer 使用一个称为传感器函数的决策块读取这些传感器的信息。通过从工程树中的外围设备直接拖放来使用传感器的方法，如图 6-34 所示。

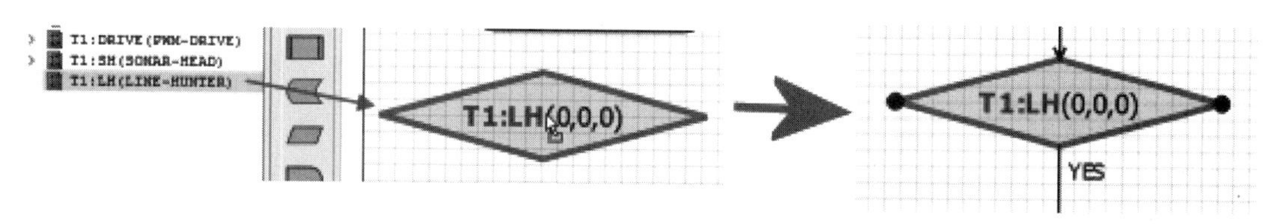

图 6-34　使用传感器函数的决策块

编辑决策块，以根据一组希望输出 TRUE 的条件来检测传感器。有 3 个参数对应于左、中、右传感器，每一个传感器的真值如下：

1:Must be TRUE.

0:Must be FALSE.

-1:Don't care.

学例　如果想测试 3 个传感器是否都在线上，则将 3 个参数均设置为 1，如图 6-35 所示。

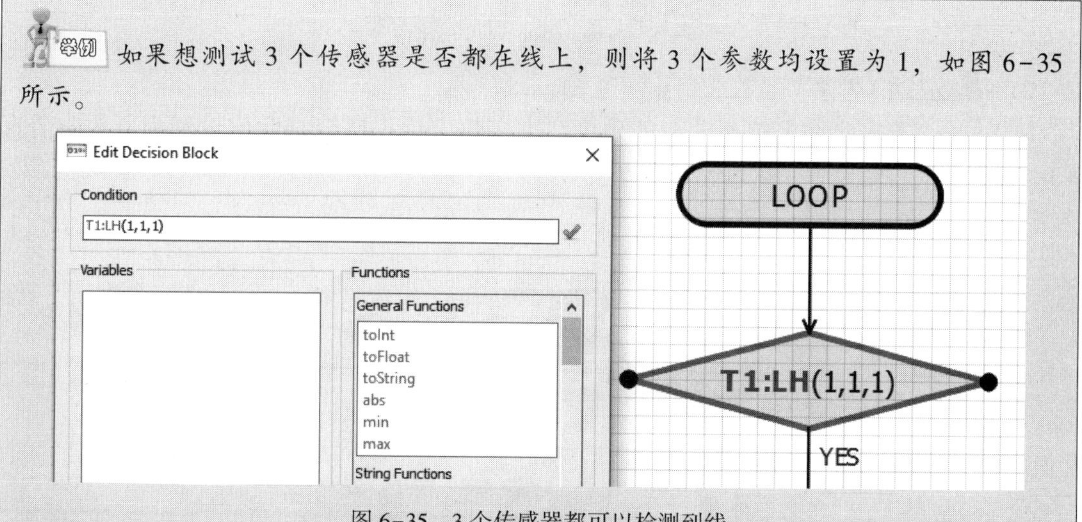

图 6-35　3 个传感器都可以检测到线

想检查什么时候需要做一个急转弯，如图 6-36 所示，只有右边的传感器检测到线。若想简单地向前驱动，在其他相关条件测试过后，那么只测试中间传感器压线即可，如图 6-37 所示。

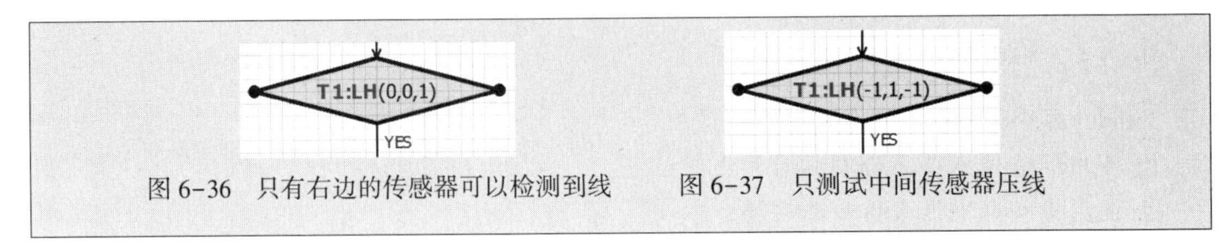

图 6-36　只有右边的传感器可以检测到线　　图 6-37　只测试中间传感器压线

2. 声呐头控制

超声波声呐发出短脉冲（ping）以检测障碍物，并安装在可旋转单元上。这需要用户首先定位声呐头，然后检查一定范围内的障碍物。声呐头有 3 种驱动方式和传感器控制方法。

1）Sensor（Sonar）方法

传感器方法是一个决策块，允许查询外围设备信息，并通过在项目树中从外围设备拖放来使用。在此情况下，决策块取决于探测距离和声呐头舵机角度这两个参数。如果在给定头部角度的指定距离内检测到对象，则返回 TRUE。如果障碍物在小车左侧 50cm 以内，则下面的示例将返回 TRUE，如图 6-38 所示。

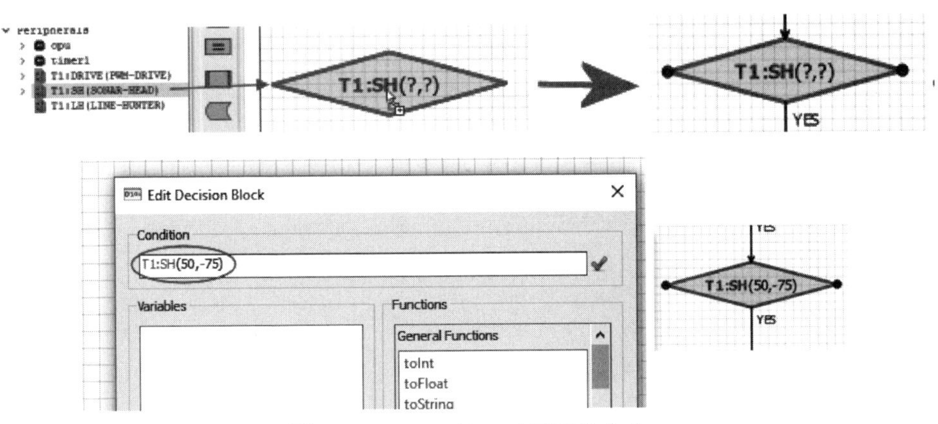

图 6-38　Sensor(Sonar)可视化命令

2）setAngle()方法

setAngle()方法允许定位声呐头的角度。大多数应用程序会将此值设置为 0（向前直视），如有需要将通过程序执行，如图 6-39 所示。

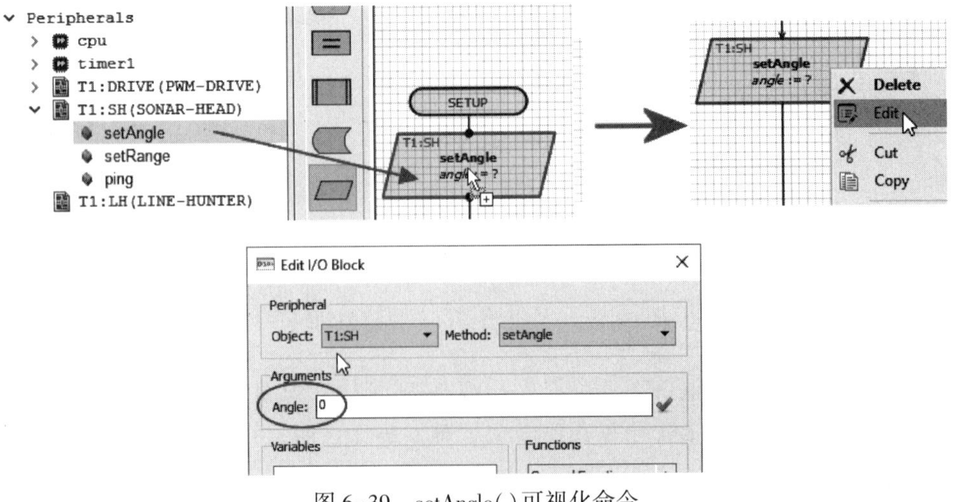

图 6-39　setAngle()可视化命令

3）setRange( )方法

setRange( )方法允许定义要检测障碍物的最大范围。这很重要，因为它将决定固件计算来自障碍物的反射时间的范围。通常该值在程序中设置（尽可能小），然后根据需要在程序中进行调整，如图 6-40 所示。

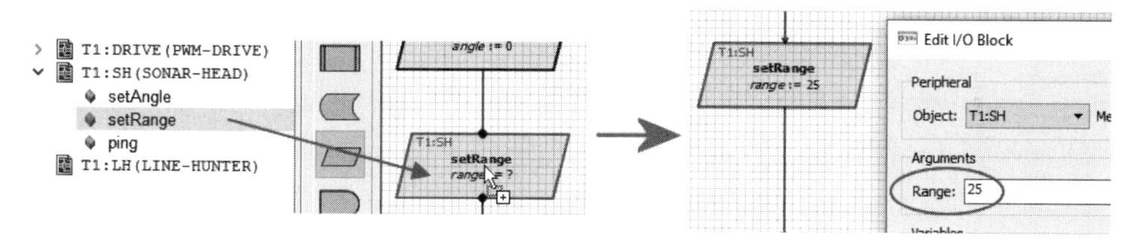

图 6-40　setRange( )可视化命令

4）ping( )方法

ping( )方法会触发声呐，将响应时间转换为以 cm 为单位的距离，如果没有检测到则返回-1。放置块后，用户必须编辑方法去调用它，并将返回值分配给变量，如图 6-41 所示。

此变量必须是 Float 变量，否则它不会出现在“结果”下拉列表中。

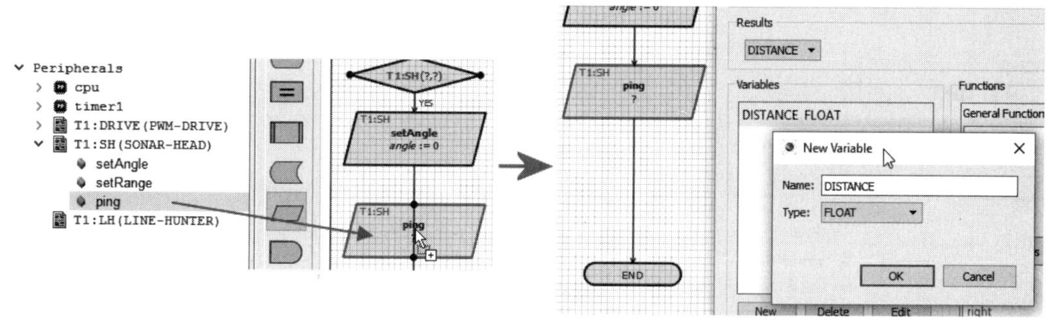

图 6-41　ping( )可视化命令

3. 电机驱动控制

电机驱动方法可以控制电机的左、右轮。下面将向用户展现一些简单的控制方法。

1）drive( )方法

drive( )方法允许指定要控制的车轮、行驶方向和速度。速度是 0 ～ 255 的值，表示 PWM 驱动信号的占空比。例如，可以设置全速前进，此时两个车轮以大约 200 的速度前进，如图 6-42 所示。

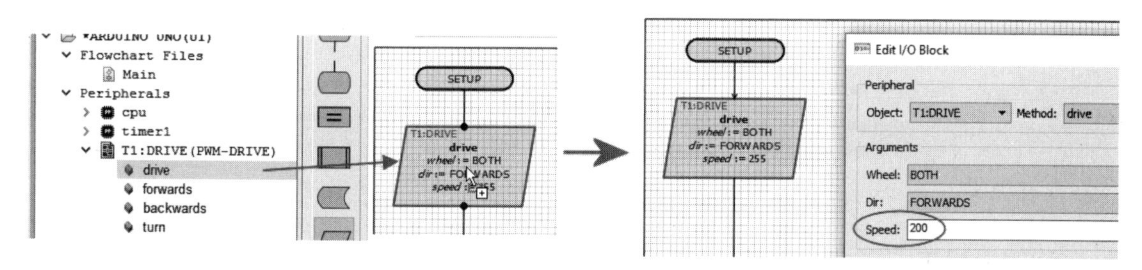

图 6-42　drive( )可视化命令

2）forwards( )方法

使用 forwards( )可视化命令，行进方向已经确定，因此所需要的是速度值，如图 6-43 所示。

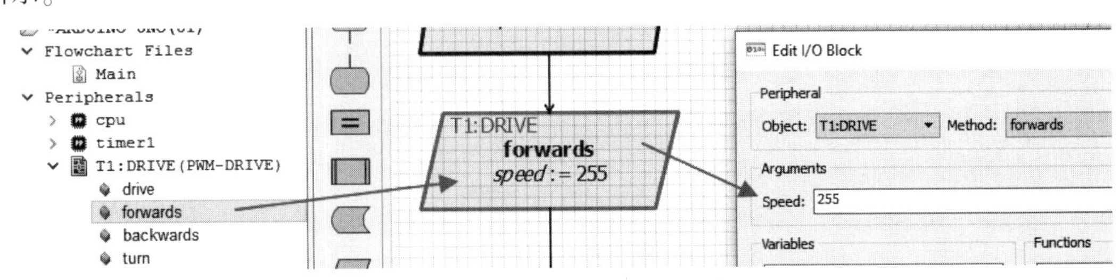

图 6-43　forward( )可视化命令

3）backwards( )方法

和 forward( )可视化命令类似，所需要的只是后退的速度，如图 6-44 所示。

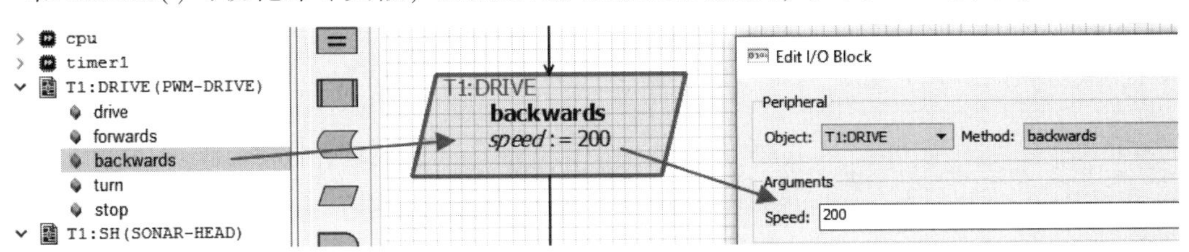

图 6-44　backwards( )可视化命令

4）turn( )方法

turn( )方法通过允许指定转弯速度来简化小车的转向控制。负值表示左转，正值表示右转，值的大小为转速，如图 6-45 所示。

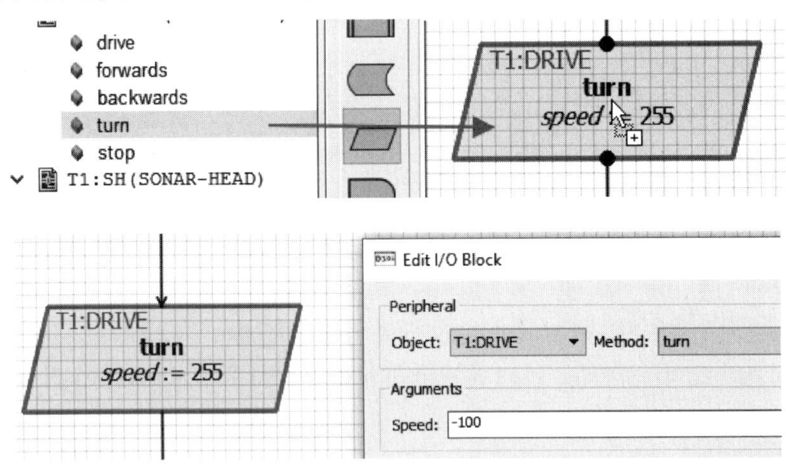

图 6-45　turn( )可视化命令

> 说明　通过使用 drive( )命令两次并且独立地控制车轮的速度，可以以更高的精度实现相同的效果。

5）stop( )方法

stop( )方法用于立即停止两个轮的驱动，如图 6-46 所示。

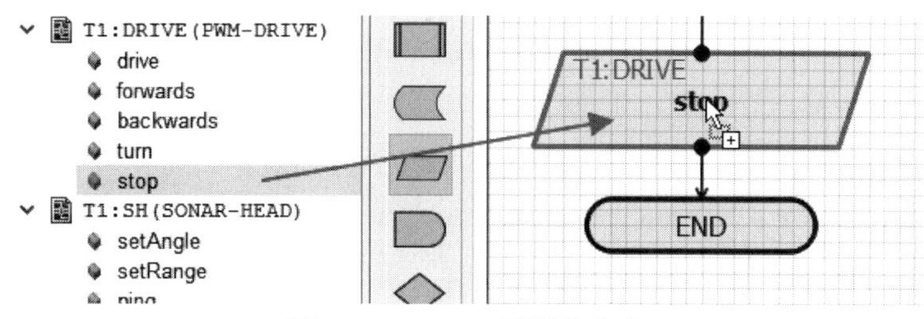

图 6-46　stop( )可视化命令

6.3.2　Zumo 小车

Visual Designer 将 Zumo 小车的控制分为 3 个基本类别：

☺ 使用循迹传感器来检测相对于线的位置。

☺ 使用陀螺仪和指南针来定位或定向小车。

☺ 驱动连接到履带的两个电机。

1. 循迹传感器控制

Zumo 装有 6 个 IR 反射传感器阵列，允许 Zumo 检测其叶片正下方的反射率的对比度，其可用于检测边缘。每个反射传感器由与光电晶体管耦合的 IR 发射器组成，该光电晶体管基于多少发射器光被反射回来而响应。与 Funduino 不同，在跟随线路时，Zumo 非常适合于比例积分微分（PID）控制算法。

1）readLinePos( )方法

该方法不使用参数；返回介于 0 和 5000 之间的整数，表示 6 个红外传感器下方的线的位置。

该方法首先把 6 个传感器的校准值都读取到阵列中。每个传感器的值范围为 0 ～ 1000，以抽象单位的反射率为量度，其中较高的值对应于较低的反射率（如黑色表面或空隙）。然后使用传感器值乘以 1000 的加权平均来计算机器人相对于线的估计位置。这意味着返回值为 0 表示线路正好在传感器 0 下，返回值为 1000 表示线路正好在传感器 1 下方，以此类推。中间值表示线在两个传感器之间。使用的公式是

$$\frac{0*\text{value0}+1000*\text{value1}+2000*\text{value2}+\cdots}{\text{value0}+\text{value1}+\text{value2}+\cdots}$$

举例　（1）将 Zumo 小车添加到可视化设计器工程中，如图 6-47 所示。

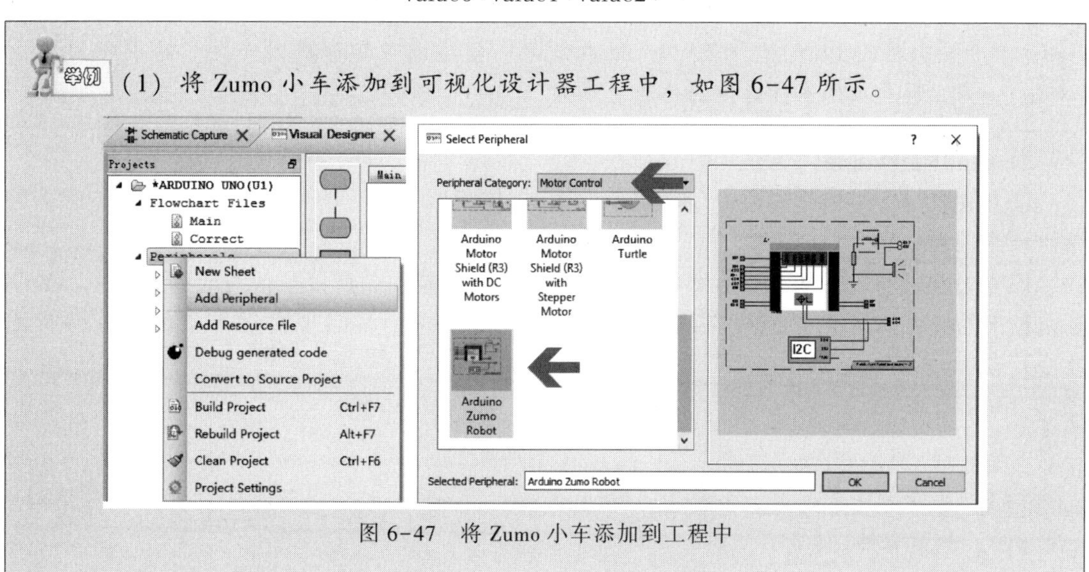

图 6-47　将 Zumo 小车添加到工程中

(2) 将 readLinePos()可视化命令拖放到流程图上，如图 6-48 所示。

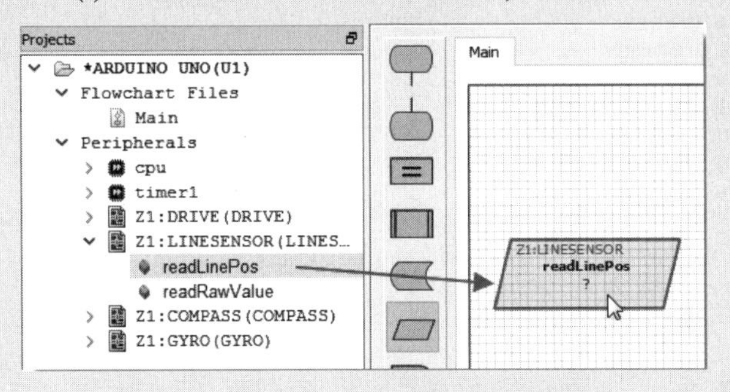

图 6-48 将 readLinePos()拖放到流程图上

(3) 编辑可视化命令并创建一个整数变量（如 linePos）。设置变量以存储方法的返回值，如图 6-49 所示。

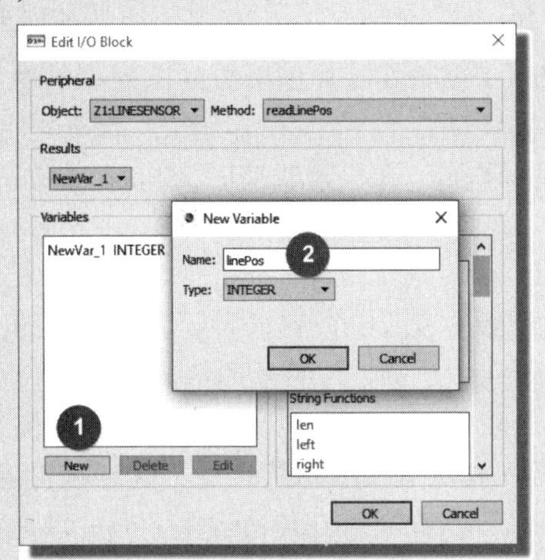

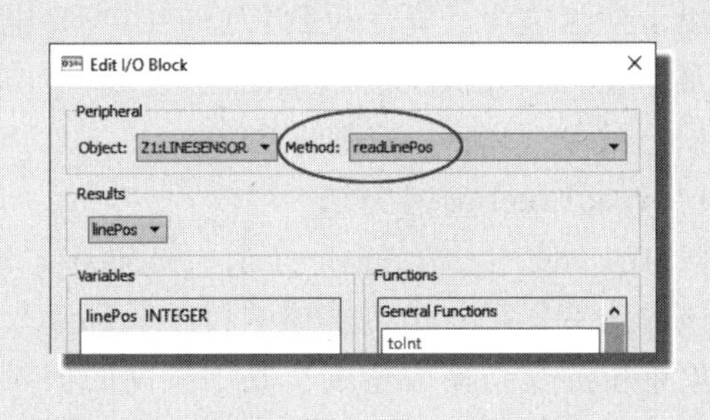

图 6-49 编辑可视化命令

如果得到的值为 0，则该线在左侧第一个传感器的下方；值为 1000，则表示线在左侧第二个传感器的下方；值为 2500，则表示线在传感器 3 和传感器 4 之间的中间位置；值为 6000，则表示线在最右侧的传感器下方。

2）readRawValue()方法

该方法取得一个整型参数，对应想读取的 IR 传感器参数（0 ~ 5）；返回指定传感器的原始（未校准）值。

该方法返回的数字基于反射率。数字越高，反射率越小，所以黑线对应的值最高。数字是未校准的，意味着用户需要关心的是返回值，因为它们将因现实世界中的不同条件而改变。

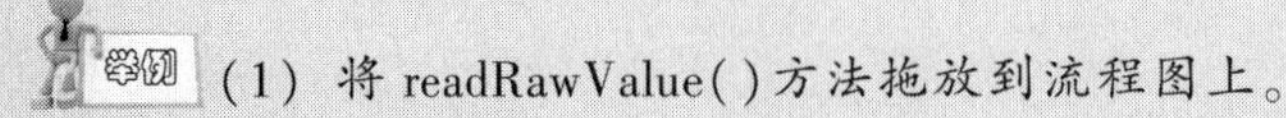
(1) 将 readRawValue()方法拖放到流程图上。

(2) 编辑方法并创建一个整型变量（如 rawSensorValue）。设置方法的返回值存储到变量中，如图 6-50 所示。

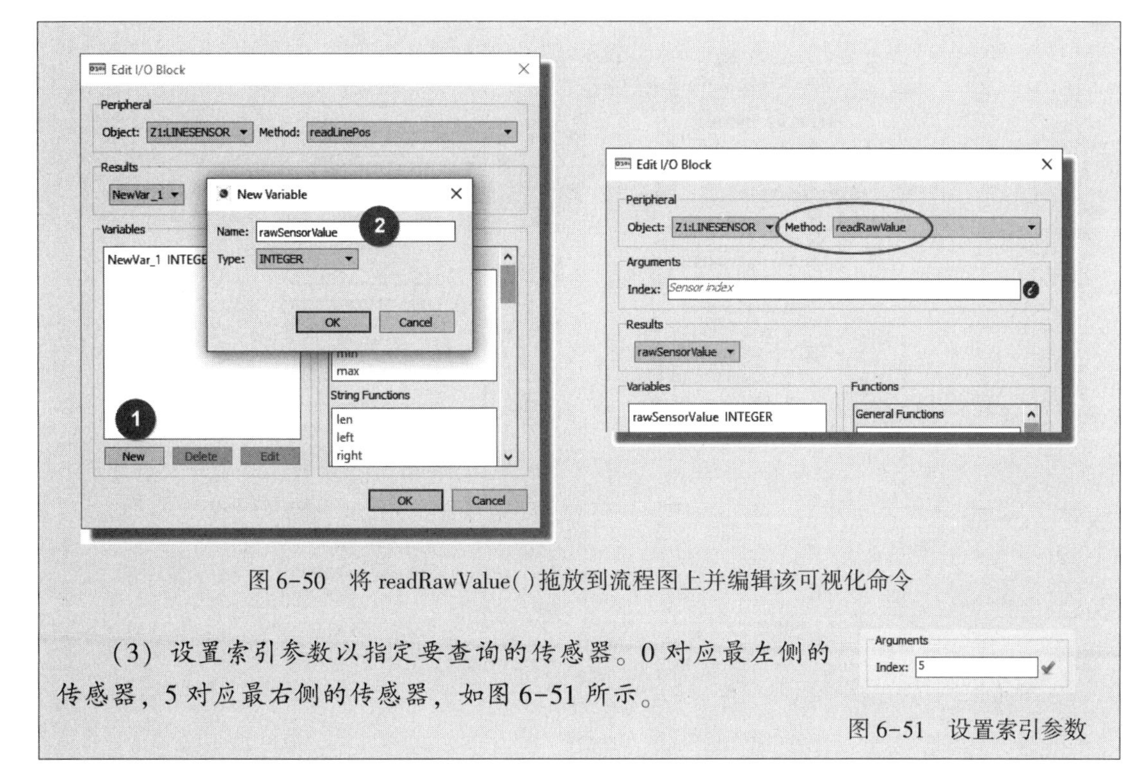

图 6-50　将 readRawValue( )拖放到流程图上并编辑该可视化命令

（3）设置索引参数以指定要查询的传感器。0 对应最左侧的传感器，5 对应最右侧的传感器，如图 6-51 所示。

图 6-51　设置索引参数

2. 指南针控制

Zumo 包括一个集成的 LSM303D 芯片，可以通过以下 Visual Designer 方法块控制。

1） readMagneticField( )方法

该方法可获取 3 个浮点参数（void readMagneticField(float * magX, float * magY, float * magZ)）；以高斯为单位返回磁场的 *X*、*Y*、*Z* 分量。

该方法将指针传递到 3 个浮点变量，然后内部程序用磁场的 *X*、*Y* 和 *Z* 分量给它们赋值。注意，指南针在相对值和绝对值方面是非常不准确的。也就是说，矢量偏离原点，并且不能在不进行校准的情况下确定方向。

说明　读取设备的过程中，指南针会受到来自电机、电池、PCB 及其周围环境的大量干扰，因此通常不适用于精确导航。然而，校准之后，它可以用于许多环境中的粗略取向测量。

举例　（1）将可视化命令拖放到流程图上，如图 6-52 所示。

（2）编辑可视化命令并创建 3 个新浮点变量（如 magX、magY、magZ），如图 6-53 所示。

（3）在结果字段中输入 3 个变量，用逗号分隔。这 3 个变量作为这个方法的输出参数，如图 6-54 所示。

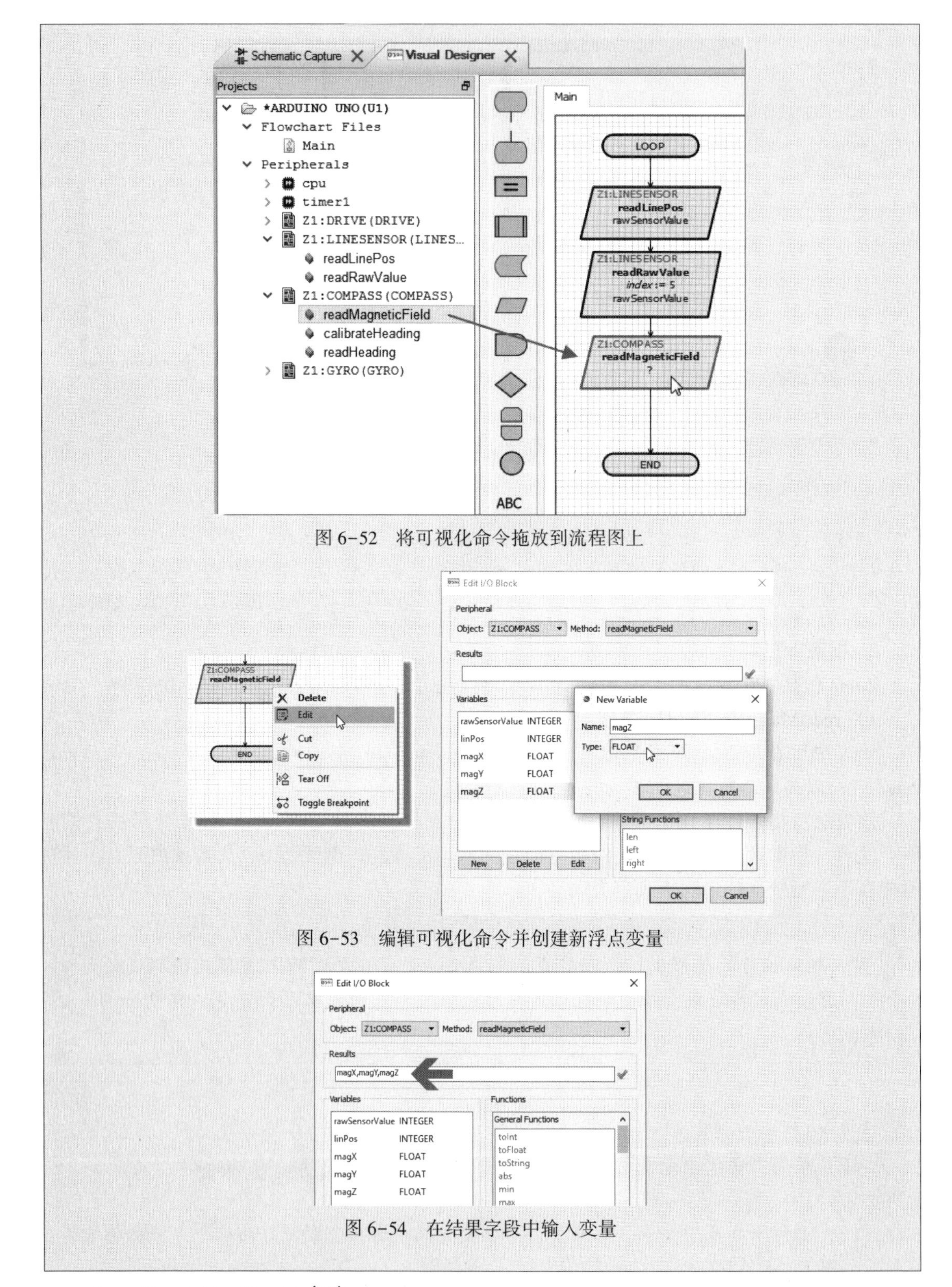

图 6-52　将可视化命令拖放到流程图上

图 6-53　编辑可视化命令并创建新浮点变量

图 6-54　在结果字段中输入变量

2）calibrateHeading( )方法

该方法不使用任何参数，不返回任何值。

举例 （1）将 calibrateHeading( )方法拖放到流程图上，如图 6-55 所示。该操作最好在循环开始时做，Zumo 可以指向北，所以设置程序才有意义。

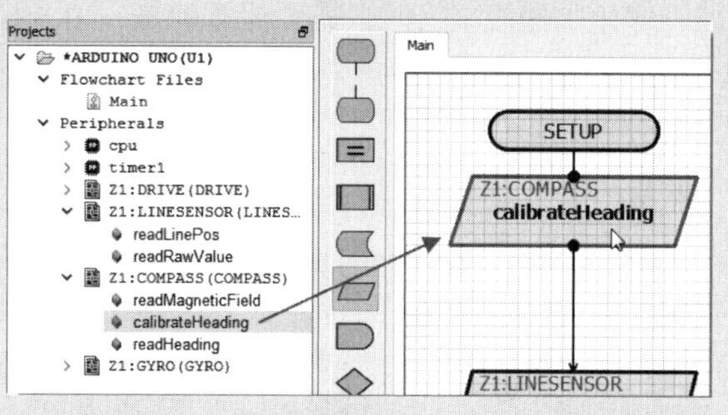

图 6-55　将 calibrateHeading( )方法拖放到流程图上

（2）将 readHeading( )方法拖放到校准例程之后的任何地方，如图 6-56 所示。

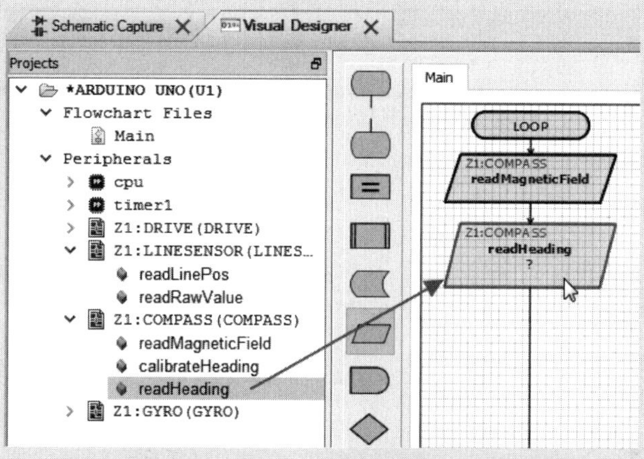

图 6-56　将 readHeading( )方法拖放到流程图上

（3）编辑 readHeading( )方法并创建一个浮点类型的变量（如 heading）来接收函数 return，如图 6-57 所示。

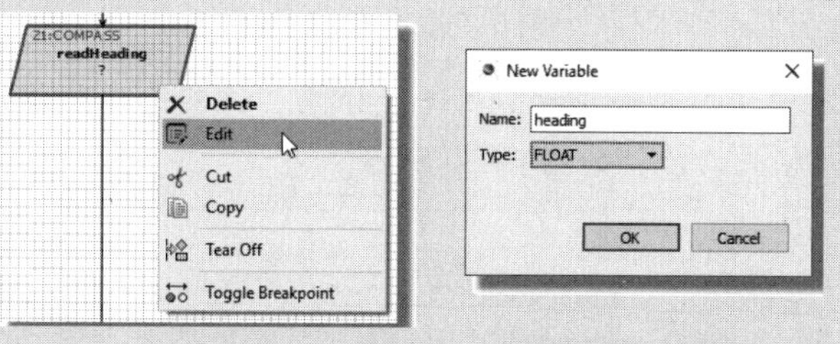

图 6-57　编辑 readHeading( )

值为 0 表示 Zumo 指向北，值为 180 表示 Zumo 指向南，值为-90 表示 Zumo 指向西，如此类推。

3. 陀螺仪控制

Zumo（V1.2）包括一个集成的 L3GD20H 三轴陀螺仪，可用于跟踪旋转，并与 LSM303D 一起有效地提供一个程序可以调用的惯性测量单元。Visual Designer 使用两种高级方法来包装这些功能。

1）readAngularAcc( )方法

该方法可获取 3 个浮点参数（void readAngularAcc(float * angX, float * angY, float * angZ)）；以度/秒为单位返回 *X*、*Y*、*Z* 分量角加速度。

该函数返回 Zumo 的三维角加速度。然而，需要注意的是，由于模拟环境的 2D 特性，只有 angZ 参数是非零的。

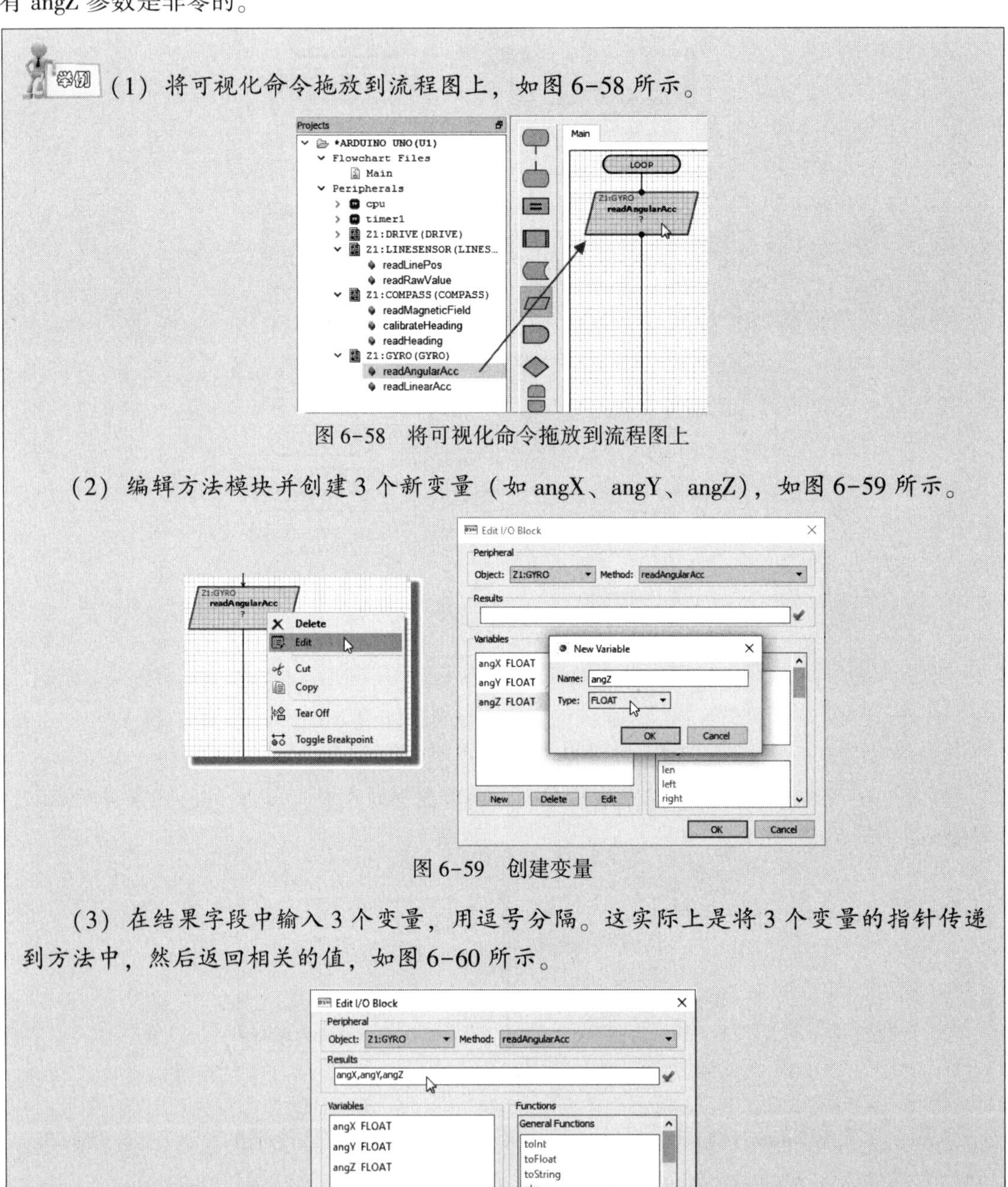

（1）将可视化命令拖放到流程图上，如图 6-58 所示。

图 6-58　将可视化命令拖放到流程图上

（2）编辑方法模块并创建 3 个新变量（如 angX、angY、angZ），如图 6-59 所示。

图 6-59　创建变量

（3）在结果字段中输入 3 个变量，用逗号分隔。这实际上是将 3 个变量的指针传递到方法中，然后返回相关的值，如图 6-60 所示。

图 6-60　在结果字段中输入变量

2）readLinearAcc( )方法

该方法可获取 3 个浮点参数（void readLinearAcc(float * linX, float * linY, float * linZ)）；返回以 g 为单位的 *X*、*Y*、*Z* 分量角加速度。

该函数返回三维线性加速度。

线性加速度的实际测量值在 LSM303 设备上，而角加速度从 L3GD20H 设备读取。在仿真环境中测量线性加速度是棘手的问题，因为它将在很短的时间内发生。以下是实施说明：

物理建模不模拟加速度——当小车被驱动时，立即设置速度。这样做的原因是，小车和 Zumo 加快速度的过程很快，没有对它进行直接建模。然而，测量加速度是不明智的。因此，加速度通过观察从一个（仿真）帧到下一个帧的速度变化来建模，并且将变化限制为对于驱动加速度的最大值 1g 和用于碰撞的 10g 的变化。显然，1g 加速度发生在比 10g 加速度更多的帧上，因此在对轮询设备进行更改时捕获的数据会更加成功。

在实践中，我们假定线性加速度可以在与障碍物碰撞试验的紧密循环中使用。

4. 电机驱动控制

Zumo 包含两个集成的微型金属减速电机，并由 DRV8835 双电机驱动器来控制它们。在 Visual Designer 中可使用以下方法来控制此硬件。

1）drive( ) 方法

该方法采取 3 个参数（左/右车轮、方向和速度），没有返回值。

这是移动 Zumo 小车的主要方法，允许选择方向和速度驱动一个或两个车轮。

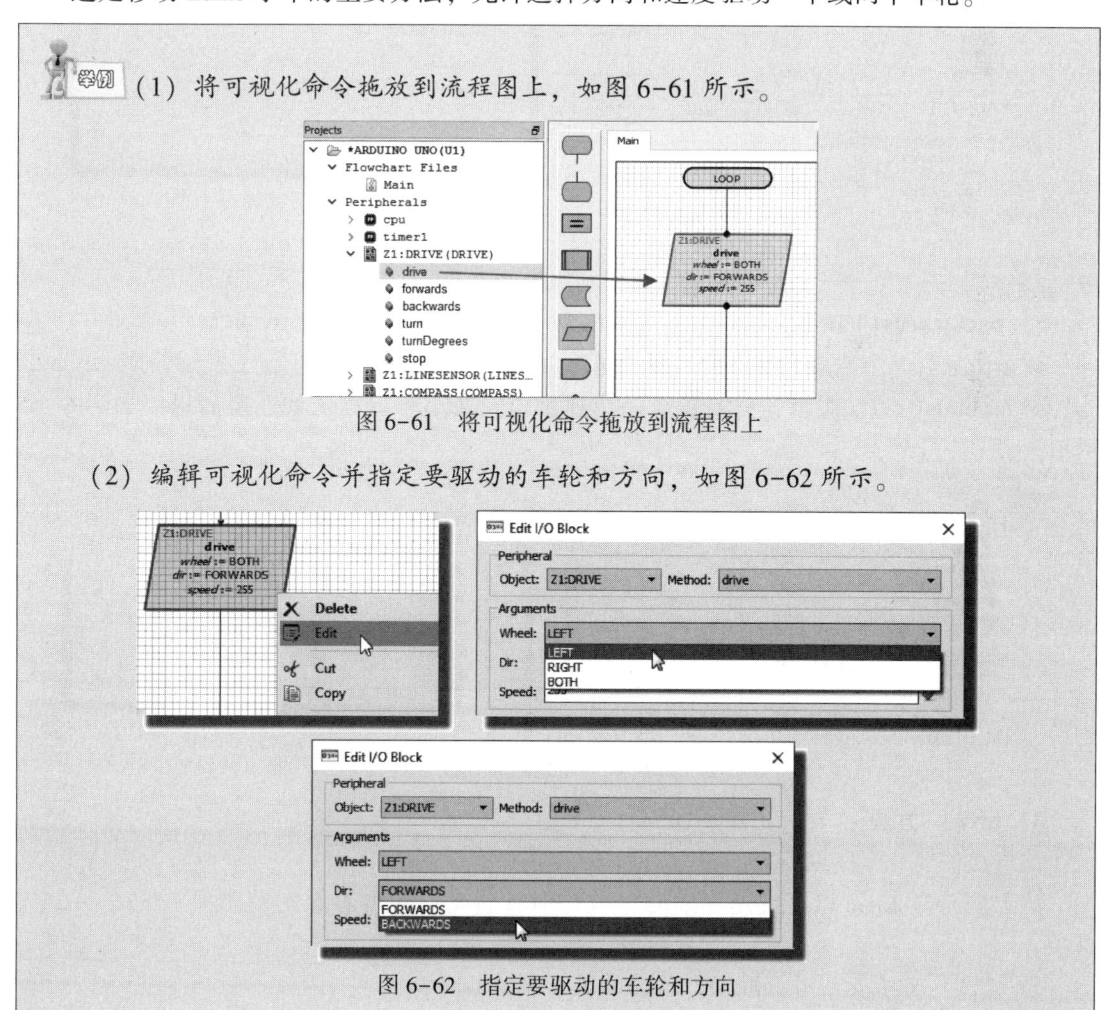

（1）将可视化命令拖放到流程图上，如图 6-61 所示。

图 6-61　将可视化命令拖放到流程图上

（2）编辑可视化命令并指定要驱动的车轮和方向，如图 6-62 所示。

图 6-62　指定要驱动的车轮和方向

（3）指定要驱动车轮的速度（介于 0 和 255 之间的值，其中 255 表示全速），如图 6-63 所示。

图 6-63 指定要驱动车轮的速度

车轮的速度范围为 0 ～ 255，因为该范围可表示一个字节。在较低级别电机驱动控制方式中，可通过更改 PWM 信号的占空比（使用 Arduino analogWrite( ) 方法）来控制电机。

2）forwards( ) 方法

该方法只有一个速度参数，没有返回值。

使用 forwards( ) 方法，行进方向已经确定，因此所需要的是速度值，如图 6-64 所示。

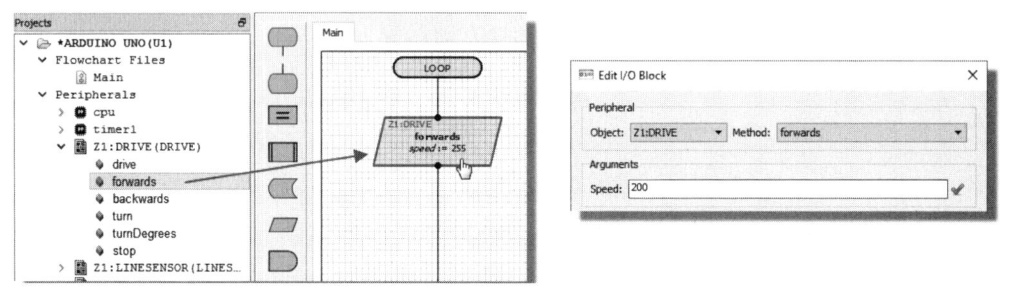

图 6-64 指定后退速度

3）backwards( ) 方法

该方法只有一个速度参数，没有返回值。

与 forwards( ) 方法类似，只是需要一个速度值，使小车以指定的速度后退，如图 6-65 所示。

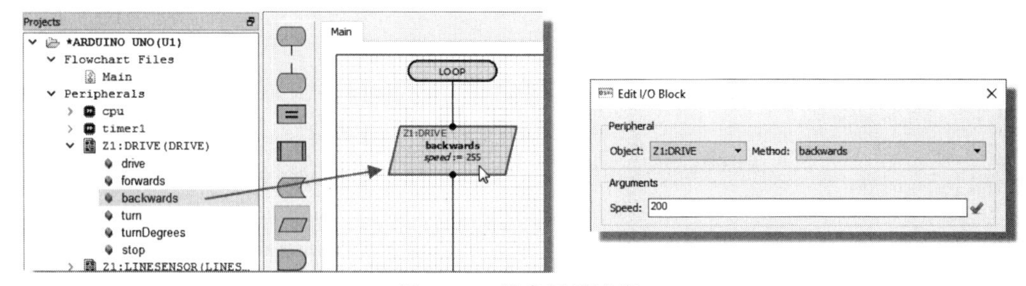

图 6-65 指定后退速度

4）turn( ) 方法

该方法需要一个速度参数，没有返回值。

该方法允许 Zumo 以给定速度顺时针或逆时针转动。速度参数的范围是 -255 ～ +255，其中：

☺ -225 ～ 0 表示逆时针转动，右轮前进，左轮后退；

☺ 0 ～ 225 表示顺时针转动，左轮前进，右轮后退。

举例　(1) 将可视化命令拖放到流程图上，如图 6-66 所示。

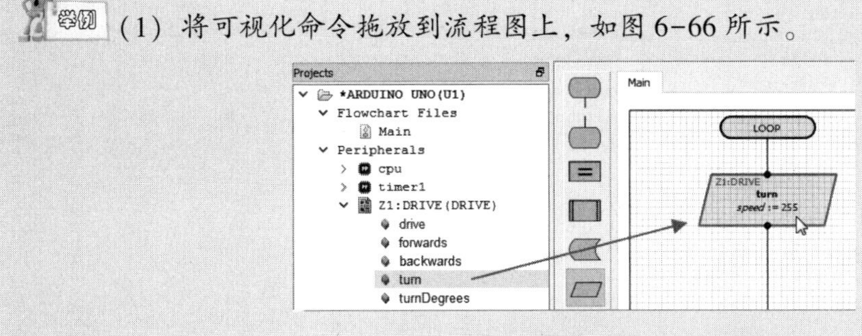

图 6-66　将可视化命令拖放到流程图上

(2) 编辑可视化命令并将速度值设置为 0 ～ 255 之间的值。如果想逆时针旋转，则加负号前缀，如图 6-67 所示。

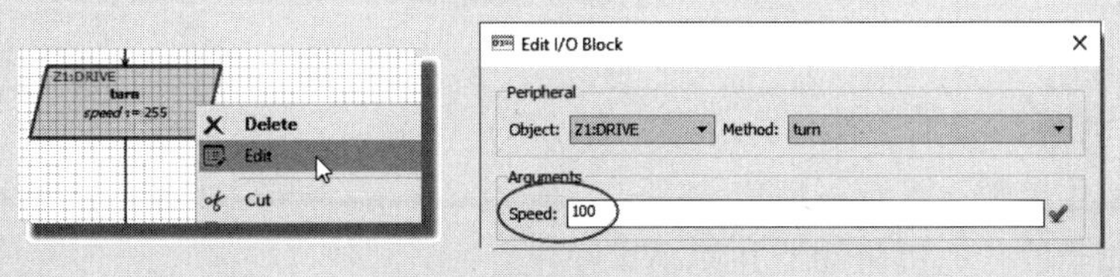

图 6-67　设置速度值

5）turnDegrees( ) 方法

该方法取两个整型参数，一个是转动的角度，另一个是转动速度；没有返回值。

turnDegrees( ) 方法允许以编程方式控制转向量，需指定要旋转的度数（0° ～ 360°）和希望执行此操作的速度（-255 ～ 255）。

在系统内部，该方法使用了陀螺仪，读取 *Z* 中的角加速度，然后计算转动指定角度所需的时间。因此，设置的角度虽然相当准确，但实际转动的角度是一个近似值。

举例　(1) 将可视化命令拖放到流程图上，如图 6-68 所示。

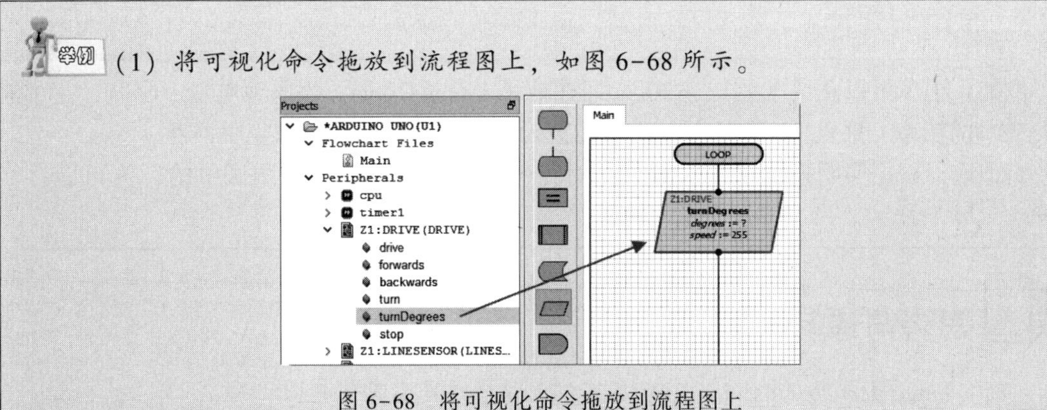

图 6-68　将可视化命令拖放到流程图上

(2) 编辑可视化命令并将速度值设置为 0 ～ 255 之间的值。如果想逆时针旋转，则加负号前缀，如图 6-69 所示。

(3) 设置转动的度数，如图 6-70 所示。

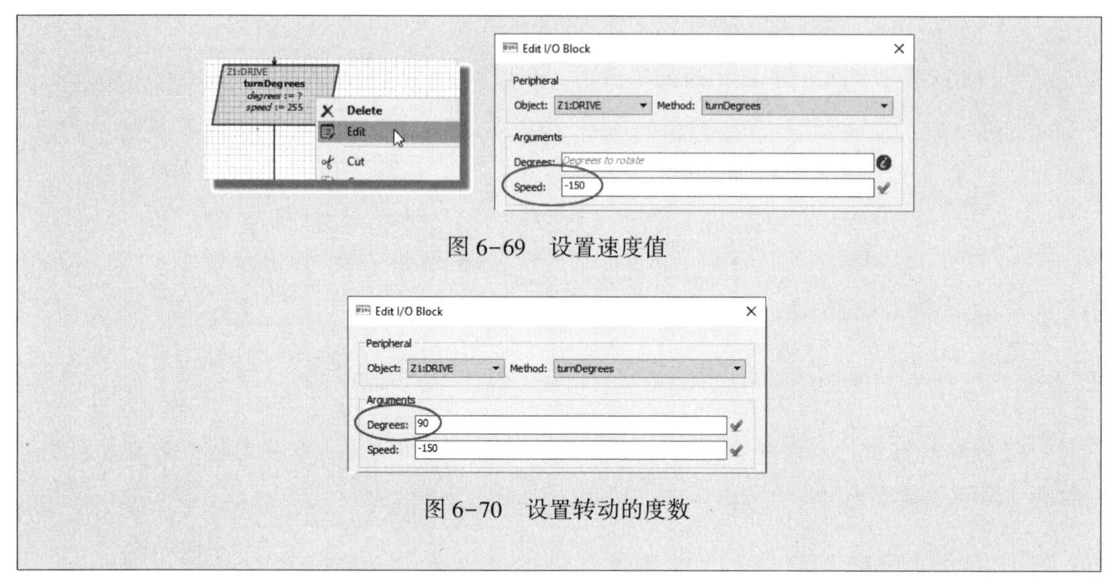

图 6-69　设置速度值

图 6-70　设置转动的度数

6）stop( )方法

该方法不使用参数，没有返回值。

这种方法用于停止电机驱动器并使小车停止。

6.3.3　机械力

对于 Proteus 仿真的虚拟小车，虽然其电子仿真很精确，但不是物理意识仿真，这点很重要。小车的电机控制是开环的，因此小车在一段时间内行驶的距离的量是不确定的。各种物理效应（如惯性、动量、摩擦、负载和电池功率）都会对实际设备行驶的距离产生重大影响。因此，除非确信现实世界条件不会改变，否则不应该太依赖设备编程设定的时间值。

说明　在 Zumo 小车中，可以通过查询陀螺仪获得其行驶的距离，这有助于极大地编写固件，但仍然无法确定此前上一段时间内小车行驶的距离。

例如，小车可以在桌子上行进 20cm 而在地毯上行进 10cm，当电池电量下降时，它可能损失 20%的功率，并且 PWM 的占空比可能会无法提供足够的功率来克服惯性。

类似地，根据照明条件和线对背景的对比度不同，小车在循迹测试中的行为可能存在差异。

思考与练习

（1）Zumo 小车与 Funduino 小车在可视化程序设置上有何异同？

（2）Zumo 小车与 Funduino 小车的可视化设计命令有哪些？该如何使用？

（3）试用 Visual Designer 新建一个工程并添加 Funduino 小车，设置 Visual Designer 工程，编写避障程序来控制小车避障。

参考文献

[1] 周润景，刘晓霞．单片机实用系统设计与仿真经典实例 [M]．北京：电子工业出版社，2014.

[2] BARRETT S F. Arduino 高级开发权威指南 [M]．潘鑫磊，译．北京：机械工业出版社，2014.

[3] 程晨．Arduino 开发实战指南 [M]．北京：机械工业出版社，2012.

反侵权盗版声明

举报电话：（010）88254396；（010）88258888
传　　真：（010）88254397
E-mail：dbqq@phei.com.cn
通信地址：北京市海淀区万寿路173信箱
　　　　　电子工业出版社总编办公室
邮　　编：100036